Cuadernos de lógica, epistemología y lenguaje

Volumen 23

Modelos y teorías

Una reflexión filosófica

Volumen 13
Aventuras en el Mundo de la Lógica. Ensayos en Honor a María Manzano
Enrique Alonso, Antonia Huertas y Andrei Moldovan, editors

Volumen 14
Infinito, lógica, geometría
Paolo Mancosu

Volumen 15
Lógica, Conocimiento y Abducción. Homenaje a Ángel Nepomuceno
C. Barés Gómez, F. J. Salguero Lamillar and F. Soler Toscano, editores

Volumen 16
Dilucidando π. Irracionalidad, trascendencia y cuadratura del círculo en Johann Heinrich Lambert (1728-1777)
Eduardo Dorrego López and Elías Fuentes Guillén. With a preface by José Ferreirós

Volumen 17
Filosofía posdarwiniana. Enfoques actuales sobre la intersección entre análisis epistemológico y naturalismo filosófico
Rodrigo López-Orellana and E. Joaquín Suárez-Ruíz, editors. Prólogo de Antonio Diéguez Lucena

Volumen 18
De Mathematicae atque Philosophiae Elegantia. Notas Festivas para Abel Lassalle Casanave
Gisele Dalva Secco, Frank Thomas Sautter, Oscar Miguel Esquisabel and Wagner Sanz, editores

Volumen 19
Pasado, Presente y Futuro
Arthur N. Prior. Traducción de Manuel González Riquelme

Volumen 20
Husserl, Carnap y los conceptos de completud en lógica
Víctor Aranda

Volumen 21
Lógica Dialógica. Reglas y ejercicios para hacer lógica con diálogos
Juan Redmond and Rodrigo López-Orellana

Volumen 22
Ensayos sobre lógica y lenguaje en honor a Alfredo Burrieza
Carlos Aguilera-Ventura, Emilio Muñoz-Velasco, Manuel Ojeda-Aciego y Antonio Yuste-Ginel, editors

Volumen 23
Modelos y teorías. Una feflexión filosófica
Roman Frigg. Traducción de Juan Redmond

Cuadernos de Lógica, epistemología y lenguaje
Series Editors Shahid Rahman
Assistant Editor Lucas Hinojosa

Modelos y teorías

Una reflexión filosófica

Roman Frigg

Traducción de Juan Redmond*

*Instituto de Filosofía, Universidad de Valparaíso, Chile; ANID, Fondeyt Regular 1241930

ISBN 978-1-84890-514-6

College Publications
Scientific Director: Dov Gabbay
Managing Director: Jane Spurr

http://www.collegepublications.co.uk

Cover produced by Laraine Welch

Para mi esposa Benedetta,

mi madre Margrit y en memoria de mi padre Martin

PRÓLOGO A LA EDICIÓN EN ESPAÑOL

En las últimas décadas, el estudio filosófico de los modelos y las teorías científicas ha generado interés no solo entre los filósofos de la ciencia, sino también entre los científicos cuya labor consiste en elaborar y poner a prueba modelos y teorías. Por ello, el tema se ha convertido en parte integrante de los cursos de filosofía de la ciencia que se imparten en muchas universidades. Este libro está diseñado para servir de punto de partida a estos debates a quienes que estén interesados en el tema. Su objetivo es ofrecer una exposición concisa no solo de cuál es la situación actual de estos debates, sino también de cómo hemos llegado hasta aquí y cómo podemos avanzar.

Me alegra mucho que este libro ahora esté disponible en español, solo tres años después de la publicación de la versión inglesa. A través de mi trayectoria académica, he colaborado con colegas e instituciones de países hispanohablantes, tanto en Europa como en América Latina. Las conversaciones con colegas en Barcelona y Buenos Aires han sido importantes para mi durante muchos años, y más recientemente he tenido numerosas interacciones fructíferas con colegas en Santiago de Chile y Valparaíso. Espero que esta lista se alargue en los próximos años. Mi interés por la obra filosófica de mis colegas hispanohablantes ha ido acompañado de un interés por su lengua. He aprendido español y he intentado mejorar mis habilidades lingüísticas a lo largo de los años. Aunque me queda un largo camino por recorrer (¡y este prólogo es testimonio de ello!), recientemente he dado mi primera charla académica en español, y el público tuvo la amabilidad de quedarse hasta el final y participar luego en un debate. Esto me anima a seguir adelante. Menciono estas cosas para decir que la traducción al español de “Models and Theories” es más que un simple agregado a mi lista de publicaciones. Es algo que tiene un significado personal para mí.

Esta traducción no existiría sin los esfuerzos de Juan Redmond. La idea de traducir el libro fue suya, y él se encargó de todo el trabajo para realizar y publicar la traducción. Quiero dar las inmensas gracias a Juan por todo el trabajo y el esfuerzo que ha dedicado a este proyecto. Por último, estoy profundamente agradecido a mi esposa, Benedetta Rossi, por su amor y apoyo inquebrantables. Sus incansables esfuerzos por mantener centrada mi mente distraída y su pasión ilimitada por el trabajo intelectual, que resulta productivamente contagiosa en los momentos desesperados en los que nada parece avanzar, fueron fundamentales para completar este proyecto.

Roman Frigg
Londres, mayo de 2026

CONTENIDO

Introducción

Lo desconocido nos cautiva. Desde la antigüedad, el ser humano ha ideado métodos y técnicas para desvelar lo oculto. En la ciencia moderna, los modelos y las teorías desempeñan un papel indispensable en este empeño. Muchas disciplinas científicas desarrollan teorías que se utilizan tanto para descubrir, explorar y controlar fenómenos como para sistematizar, organizar y resumir nuestros conocimientos sobre ellos. A menudo, para dominar un campo es necesario comprender sus teorías. La teoría cuántica, la teoría de la relatividad, la teoría electromagnética y la teoría evolutiva son ejemplos de teorías fundamentales en sus respectivos campos. Pero las teorías no son el único medio por el que los científicos amplían los límites del conocimiento. Los modelos desempeñan un papel destacado en muchas disciplinas. El modelo de bola de billar del gas, el modelo Bohr del átomo, el modelo Lotka-Volterra de la interacción depredador-presa, los modelos de circulación general de la atmósfera y los modelos basados en agentes de los sistemas sociales son ejemplos de modelos fundamentales en sus campos.

¿Qué son las teorías? ¿Qué son los modelos? ¿Y cómo se relacionan entre sí los modelos y las teorías? Éstas son las cuestiones centrales de este libro. Son preguntas que vienen de tiempo atrás. Desde principios del siglo pasado ha surgido una impresionante literatura sobre la naturaleza de los modelos y las teorías. Como era de esperar, las distintas escuelas de pensamiento han dado respuestas diferentes a estas preguntas y, de hecho, las han interpretado de forma diferente. El lector se encuentra con un apabullante abanico de posturas que a menudo resultan difíciles de precisar y delimitar.

Este libro pretende orientar al lector en este difícil terreno de tres maneras. En primer lugar, ofrece una introducción a los problemas, cuestiones y retos que han configurado el campo, así como una introducción a las posiciones filosóficas que han impulsado los debates sobre modelos y teorías. En segundo lugar, presenta una guía bibliográfica en la que se documenta qué se ha dicho, cuándo y por quién, y se sitúan las contribuciones individuales en un contexto intelectual más amplio. En tercer lugar, se hace balance y se evalúa la situación de los distintos debates. ¿Qué se ha conseguido, qué se ha quedado en el camino y qué podemos aprender de los intentos fallidos? En ocasiones, los objetivos primero y segundo entran en tensión entre sí. Por un lado, se pueden exponer argumentos sin necesidad de citarlos extensamente, y quienes estén interesados sobre todo en los argumentos en sí pueden encontrar las referencias una distracción. Por otro lado, quienes estén interesados en cómo se han desarrollado los debates y, de hecho, en lecturas posteriores, no quedarán satisfechos con un argumento abstracto descontextualizado. He intentado mitigar este conflicto utilizando las referencias dentro del texto y a pie de página. Dichas notas sirven para anclar los argumentos en los debates y ofrecen lecturas adicionales para quienes deseen profundizar en un tema.

A lo largo del libro, ilustro argumentos y posiciones con ejemplos para hacer palpables los puntos abstractos. Existe la tentación de ser original en la elección de los ejemplos y utilizar los favoritos de cada uno en lugar de casos que se han convertido en puntos de referencia estándar. En la medida de lo posible, me he resistido a esta tentación y me he ceñido a los casos conocidos que se analizan en la bibliografía. No se trata de un letargo intelectual, sino de una elección deliberada. En primer lugar, en consonancia con el objetivo de ofrecer una guía de la bibliografía, el libro pretende familiarizar al lector con casos que se han tratado realmente en la bibliografía, en lugar de con una colección de favoritos personales. En segundo lugar, los casos estándar sirven de referencia. Los relatos y argumentos deben tener sentido a partir de casos paradigmáticos aceptados y ser contrastados con ellos. Un debate basado en ejemplos inéditos (y posiblemente idiosincrásicos) despertaría con razón sospechas de cherry-picking o de cambio de objetivos. En tercer lugar, cuanto más intrigantes sean los ejemplos, más probabilidades habrá de que desvíen la atención de los problemas y cuestiones principales. Mantener los casos dentro de los límites de lo esperado es también un medio de centrar la atención en las cuestiones conceptuales. Una vez aclarado un punto, los lectores pueden sustituir los ejemplos del libro por los suyos propios.

En particular, en las dos primeras partes del libro, los ejemplos proceden en gran medida de la física. Esta elección se debe principalmente al hecho de que los puntos de vista que se discuten en estas partes han sido estudiados y desarrollados con ejemplos de la física. Dicho esto, admito que he hecho poco por resistirme a esta concentración en la física, que coincide con mis propios intereses y, lo que es más importante, mis propias competencias. Si este libro lo hubiera escrito un filósofo de la biología o de la economía, es posible que hubiera tomado decisiones diferentes. Sin embargo, las elecciones no deberían suponer un obstáculo para la lectura del libro. Los conocimientos de física necesarios para entender los puntos filosóficos rara vez, o nunca, van más allá del currículo de la escuela secundaria, y aquellos que pasaron sus años de formación estudiando las epopeyas de Homero en lugar de los axiomas de Newton serán capaces de obtener suficiente física para seguir los ejemplos pasando un poco de tiempo en una página relevante de Wikipedia.

Goodman señaló que "[n]o hay términos que se utilicen en el discurso popular y científico de forma más promiscua que 'modelo'" (1976, 171). Goodman tiene razón. Por lo tanto, merece la pena repasar brevemente algunos de los significados de "modelo" y dejar de lado los que son irrelevantes en el contexto actual. La palabra "modelo" deriva del latín "modulus", que significa "medida" o "patrón". Reaparece en el siglo XVI en italiano como "modello" y en inglés como "model", donde designa planos o dibujos arquitectónicos que representan las proporciones de un edificio o, más generalmente, una semejanza hecha a escala. La noción de modelo como réplica fiel a escala sigue siendo un uso posible del término en la ciencia actual, aunque, como veremos, no es ni mucho menos el único. No puede decirse lo mismo de otros muchos usos del término. Excluimos expresamente los siguientes usos de "modelo" en este libro. En primer lugar, en ocasiones "modelo" se utiliza como sinónimo de "teoría", por ejemplo, cuando los físicos llaman a su mejor teoría de las partículas elementales "modelo estándar", o cuando se hace referencia al modelo de Bohr del átomo como "teoría de Bohr del átomo". No tiene mucho sentido preguntarse, como hacemos en este libro, cómo se relacionan los modelos y las teorías a menos que se considere que los modelos y las teorías son diferentes, por lo que dejamos de lado un uso del término "modelo" que considere que los modelos son teorías. En segundo lugar, frases como "es sólo un modelo" indican o bien que los científicos adoptan una actitud cautelosa ante una determinada proposición que consideran especulativa o provisional, o bien que se sabe que algo es falso y sólo se tiene en cuenta con fines heurísticos. Hasta qué punto un producto del pensamiento científico se apoya en hechos es una cuestión importante. De hecho, esta cuestión es tan importante que tiene su propio subcampo dentro de la filosofía de la ciencia, a saber, la teoría de la confirmación. Nuestra pregunta es previa a la de la teoría de la confirmación. Preguntamos: ¿cuál es la cosa sobre la que más tarde se puede preguntar si está confirmada por pruebas y, en caso afirmativo, en qué grado? Por esta razón, no utilizamos "modelo" como calificativo de apoyo probatorio.

Otros usos de "modelo" son tan obviamente ajenos al tema de este libro que no debería haber peligro de confusión. "Modelo" puede utilizarse como sinónimo de "noción" o "concepción", por ejemplo, cuando hablamos del "antiguo modelo del átomo" o del "modelo ilustrado de la libertad de expresión". Un modelo puede ser algo que sirve de modelo para la producción de otra cosa, por ejemplo, cuando decimos que los gremios medievales proporcionaron el modelo para las primeras universidades en los siglos XI y XII. Un modelo también puede ser un método o una receta para conseguir algo, por ejemplo, cuando decimos que el contractualismo es el modelo justificativo en los sistemas sociales regidos por normas sociales. El "estudiante modelo" del departamento es un ejemplo a imitar. El Modelo T de Ford y el último modelo del MacBook Air son productos particulares. La maqueta de ferrocarril del pequeño Jimmy es un juguete. Y luego hay modelos que no despiertan por menos de diez mil dólares al día. No es posible ni deseable regimentar el lenguaje, pero debe quedar claro que "modelo" no se utiliza en ninguno de estos sentidos en este libro.

"Teoría" desciende del término griego antiguo theōría, estrechamente relacionado con theōrós (espectador). Así pues, theōría significa literalmente algo así como la visión del espectador y evoca los actos de mirar u observar. Posteriormente se ha utilizado para designar la consideración y la especulación. En el siglo XVI, "teoría" pasó a referirse a la base conceptual de un área de estudio y a los principios de un campo. Se trata de una primera indicación factible del significado de "teoría" en el contexto de la ciencia contemporánea, concepción que desarrollaremos más adelante en este libro. Sin embargo, al igual que "modelo", "teoría" también ha adquirido una serie de significados divergentes y, al menos en el contexto actual, poco útiles, que debemos dejar de lado. En una inversión del carácter tentativo que supuestamente expresa "modelo", una teoría se ve a veces como algo con un fundamento seguro, o como una descripción verdadera de la realidad. El uso, sin embargo, no es uniforme y "teoría" también puede tener el significado exactamente opuesto. Antes de hacer una resonancia magnética, los médicos tienen la teoría de que un tumor es benigno, pero sólo podrán confirmarlo cuando tengan los resultados; usted puede tener la teoría de que su vecino no paga sus impuestos; y los científicos piden cautela exclamando "¡oh, bueno, eso es sólo una teoría!". Sea cual sea el uso que queramos dar a "teoría", como ya hemos dicho, los grados de confirmación no nos interesan, por lo que dejamos de lado estos usos de "teoría".

A veces, "teoría" se contrapone a "práctica". Se dice que algo es una "teoría" si pertenece al ámbito de la contemplación inmaculada y si es antitético a la acción. Cuando un ingeniero se enfrenta a una sugerencia poco práctica, puede descartarla como algo que "sólo funciona en teoría"; calificar una afirmación de "correcta en teoría" equivale a decir que es inviable; y a mitad del periodo de exámenes, un estudiante puede resignarse a la idea de que ahora "sólo existe una posibilidad teórica" de obtener una matrícula de honor. Aunque no es infrecuente en las expresiones idiomáticas, el uso de "teoría" como eufemismo de lo irrealizable es irrelevante para nuestro debate. La historia de muchas innovaciones técnicas (pensemos en la radiotransmisión o el GPS) demuestra que no hay nada más práctico que una buena teoría.

Ahora que hemos identificado los sentidos pertinentes de "modelo" y "teoría", estamos en condiciones de preguntarnos qué son y cómo funcionan los modelos y las teorías. Nuestra discusión de estas cuestiones comienza con el movimiento del empirismo lógico que ganó prominencia en la década de 1920. Hay un grado de arbitrariedad en cada corte, y el mío no es una excepción. Se podría haber comenzado el debate con Poincaré, Duhem y Mach, o con los grandes "físicos filosóficos" de finales del siglo XIX, Boltzmann, Hertz, Kelvin y Maxwell. O quizá con Mill y Hume, o. . . . Hay algo que decir a favor de cada una de estas posibles opciones. Sin embargo, aunque no cabe duda de que estos autores hicieron importantes contribuciones, el enfoque en teorías y modelos tal y como lo conocemos en los debates actuales sólo cristalizó en la obra de los empiristas lógicos. Sólo gracias a sus trabajos, los "modelos y teorías" se convirtieron en un subcampo reconocible de la filosofía de la ciencia. Esto motiva mi elección de tomar el empirismo lógico como punto de partida de la discusión.

La disposición del material en el libro es, en líneas generales, cronológica, comenzando con el empirismo lógico y terminando con temas que han surgido hace relativamente poco tiempo. Esto podría dar la impresión de que se trata de un libro histórico. Pero no lo es. El enfoque de la discusión es sistemático: se centra en la sostenibilidad de los argumentos y la coherencia de los relatos, más que en las figuras históricas y sus trayectorias intelectuales. El amplio enfoque histórico del material es una estratagema para facilitar el seguimiento de los argumentos, ya que ciertas posturas sólo resultan inteligibles cuando se contrastan con sus predecesoras y cuando se discuten con determinados antecedentes. El calificativo "en general" es esencial. A lo largo de todo el libro hago un esfuerzo consciente por subrayar cómo las posiciones históricas influyen en los problemas contemporáneos. De hecho, una de las tesis de este libro es que las posiciones que durante mucho tiempo han sido destinadas al cubo de la basura de la historia resultan ser sorprendentemente relevantes para las preocupaciones contemporáneas cuando se les da una nueva lectura. Los lectores se verán confrontados con problemas y preocupaciones actuales desde el principio, y no tendrán que abrirse paso a través de largos capítulos que tratan de material que sólo tiene interés histórico para finalmente "volver al futuro" al final del libro.

El libro está dividido en cuatro partes, y cada parte tiene cuatro capítulos. A continuación presentaré el contenido y los objetivos de las cuatro partes, y luego daré una visión general de cada uno de los capítulos.

La Parte I se ocupa de lo que yo llamo el punto de vista lingüístico de las teorías (el punto de vista lingüístico, para abreviar), en general la opinión de que una teoría científica es una descripción de su objeto en un lenguaje formal. El punto de vista lingüístico es más conocido como el "punto de vista sintáctico de las teorías", pero, como veremos, se trata de un término equivocado y prefiero la etiqueta descriptivamente más precisa de "punto de vista lingüístico de las teorías". Este punto de vista está estrechamente relacionado con el empirismo lógico y se cree que desapareció para siempre con su desaparición en la década de 1960. Así que algunos lectores se preguntarán: ¿por qué empezar un libro sobre modelos y teorías con un análisis de una postura filosófica que hace tiempo que desapareció?

La respuesta es que los informes sobre la muerte del punto de vista lingüístico han sido prematuros. Entablar un extenso debate sobre el punto de vista lingüístico no es un acto de necrofilia filosófica; es una expresión de la convicción de que hay mucho de interés contemporáneo que aprender de él. En concreto, uno de los argumentos de este libro es que la división entre concepciones lingüísticas y no lingüísticas de las teorías es una falsa dicotomía, y que el giro antilingüístico que se produjo en la filosofía de la ciencia en torno a 1960 fue un error. Las teorías tienen elementos lingüísticos y no lingüísticos, y el reto para un análisis de las teorías es mostrar cómo funcionan juntos y cómo pueden integrarse en un todo coherente. Una reflexión sobre el punto de vista lingüístico es un punto de partida para este proyecto. Los lectores que sigan sin estar convencidos de que los temas y posturas asociados a la visión lingüística tengan mucha vida por delante encontrarán estos capítulos útiles por otra razón. La discusión moderna sobre la naturaleza de los modelos y las teorías tiene su origen en el empirismo lógico, y las posiciones y doctrinas de los empiristas lógicos siguen siendo el telón de fondo de muchos debates. Familiarizarse con estas posiciones y doctrinas es, por tanto, una condición sine qua non para todo aquel que desee participar en las discusiones contemporáneas. Quienes sigan sin estar convencidos del valor sistemático del punto de vista lingüístico pueden leer estos capítulos como el trasfondo necesario para lo que viene a continuación.

La desaparición del punto de vista lingüístico marca un punto de inflexión en el debate. Aquellos que compartían el énfasis de los empiristas lógicos en el análisis formal, pero pensaban que este análisis tenía que proceder a lo largo de diferentes líneas, se reunieron bajo el paraguas del Enfoque Modelo-Teórico de las Teorías (Enfoque Modelo-Teórico, para abreviar), en general la opinión de que una teoría científica es una familia de modelos. Los defensores de este punto de vista suelen identificarse a sí mismos como contribuyentes a la "visión semántica de las teorías", pero por razones que quedarán claras más adelante, la "visión semántica de las teorías" no es menos engañosa que la "visión sintáctica de las teorías" y, por lo tanto, es una etiqueta que es mejor evitar. Analizaremos el Enfoque Modelo-Teórico en la Parte II.

Aquellos que no sólo no estaban de acuerdo con la forma en que los empiristas lógicos utilizaban los métodos formales, sino que además consideraban que el énfasis en los métodos formales no era útil, tomaron un camino diferente. Aunque compartían el énfasis del Enfoque Modelo-Teórico en los modelos, pretendían evitar la dependencia de los métodos formales y desarrollar una explicación filosófica de los modelos a través de un análisis de la práctica científica. Discutiremos este enfoque en la Parte IV. Los filósofos que trabajaron en ese paradigma nunca formaron una escuela de pensamiento cohesionada, y no existe una noción general bajo la que pudieran englobarse todos ellos. Esto no es casual. Los escritores que trabajaban en esta tradición estaban comprometidos con el desarrollo de sus puntos de vista en estrecha proximidad con la práctica científica y, en general, desconfiaban de los programas globales y las reconstrucciones racionales. Un cierto grado de desunión es la consecuencia inevitable de esta perspectiva filosófica. Resulta difícil escribir sobre un movimiento que, por su propia naturaleza, es dispersivo, por lo que existe la tentación de agrupar lo inagrupable. A veces, esto se hace subsumiendo a los filósofos que trabajan en esta tradición intelectual bajo el paraguas del "programa de modelos como mediadores". Esto no es del todo afortunado. "Modelos como mediadores" fue el nombre de un proyecto de investigación sobre modelos llevado a cabo en la LSE en la década de 1990, así como el título de un influyente libro que surgió del proyecto. Aunque el proyecto se inscribe de lleno en esta tradición intelectual, la propia tradición se remonta a la década de

1950 y tiene una historia más larga y diversa que el proyecto "modelos como mediadores". Si hubiera que acuñar una etiqueta, el Programa de Modelos en la Práctica Científica sería probablemente una opción adecuada, y el proyecto de los modelos como mediadores sería un proyecto concreto incluido en esa etiqueta.

Los debates sobre el Enfoque Modelo-Teórico en la Parte II y el Programa de Modelos en la Práctica Científica en la Parte IV están conectados por un debate sobre la representación científica, que es el tema central de la Parte III. La razón de situar el debate sobre la representación científica entre los debates sobre los dos enfoques principales de los modelos es que la cuestión de cómo los modelos representan sus sistemas objetivo ya se ha convertido en un punto central en varias partes de la Parte II, y que importantes puntos de desacuerdo entre el Enfoque Modelo-Teórico y el Programa de Modelos en la Práctica Científica giran en torno a cómo se interpreta la relación entre los modelos y sus objetivos (targets). Así pues, la Parte III concluye el debate iniciado en la Parte II y sienta las bases para el debate sobre el Programa de Modelos en la Práctica Científica de la Parte IV. Más allá de esta función estratégica, la Parte III aborda un tema importante por derecho propio: cómo se relacionan los modelos con las partes o aspectos del mundo de los que tratan. Este problema tiene un aspecto universal y otro específico. El aspecto universal concierne a la discusión de la representación científica en general, y discutiremos una serie de versiones diferentes de la representación científica. El aspecto específico se refiere a determinadas relaciones modelo-mundo que desempeñan un papel importante en las aplicaciones: analogía, idealización, abstracción y aproximación. Comprender estas relaciones es crucial, y una gran parte de la Parte III se dedica a analizarlas.

Ahora que tenemos claro el contenido de las cuatro partes y las relaciones entre ellas, echemos un vistazo a los argumentos centrales de cada uno de los capítulos. Los cuatro capítulos de la Parte I analizan distintos aspectos del punto de vista lingüístico. En el capítulo 1 articulamos el punto de vista lingüístico y lo defendemos frente a una serie de críticas que, de prosperar, lo socavarían de inmediato. Los principios básicos del punto de vista lingüístico se extraen de la forma en que Newton desarrolló su mecánica en su Philosophiae Naturalis Principia Mathematica, y luego se trabaja hacia una formulación general del punto de vista, que se ha conocido como el Enfoque Recibido de las Teorías. A continuación, discutiremos cuatro objeciones contra este punto de vista: que está comprometido con un tipo de lógica que es demasiado débil para captar cualquier matemática seria; que considera las teorías como elementos puramente sintácticos; que está comprometido con criterios de identidad absurdos para las teorías; y que no logra iluminar cómo operan las teorías en la práctica científica. Veremos que estas objeciones no dan en el blanco. Por tanto, está justificado tomarse en serio el punto de vista lingüístico y ver cómo pueden desarrollarse sus diversos aspectos. En el capítulo 2 analizamos el papel que desempeñan los modelos en el Enfoque Recibido. Empezaremos distinguiendo entre dos tipos de modelos: los modelos representacionales y los modelos lógicos. Los primeros son representaciones de un sistema objetivo; los segundos son elementos que hacen que una sentencia formal sea verdadera si la sentencia se interpreta como una descripción del modelo. El Enfoque Recibido emplea esta última noción y considera los modelos como interpretaciones alternativas del formalismo de una teoría. Esta noción de modelo proporciona la entrada a la semántica formal, que desempeña un papel importante tanto en la discusión del Enfoque Recibido como en el desarrollo del Enfoque Modelo-Teórico. Discutimos la noción de estructura teórica de conjuntos en la que se basa esta semántica, junto con la noción de que dos estructuras sean isomorfas. Esto conduce a una discusión sobre el poder expresivo de la lógica de primer orden, que también implica una discusión de dos famosos resultados en lógica formal, el teorema de Löwenheim-Skolem y el primer teorema de incompletitud de Gödel. Los conocimientos adquiridos en este debate también serán importantes a la hora de evaluar el Enfoque Modelo-Teórico en el capítulo 5.

Tras esta discusión de los aspectos formales de una teoría, pasamos a la relación entre teoría y observación. En el capítulo 3 vimos que la comprensión de esta relación llevó a los empiristas lógicos a bifurcar el vocabulario de una teoría en términos de observación y términos teóricos. Los primeros son términos como "rojo" que se refieren a observables, mientras que los segundos son términos como "electrón" que (supuestamente) se refieren a no observables. Esta bifurcación se enfrenta a tres objeciones importantes: que la distinción epistémica entre observables y no observables no se traduce en una distinción lingüística entre términos diferentes; que no existe una línea clara entre lo observable y lo no observable; y que la observación siempre está cargada de teoría. Se trata de objeciones serias, y la forma más prometedora de sortearlas consiste en bifurcar el vocabulario de una teoría de forma diferente, a saber, entre términos entendidos de antemano y términos nuevos. Las observaciones suelen hacerse y registrarse en forma de datos, y los datos brutos recogidos en experimentos se procesan para formar modelos de datos. Estudiamos cómo se destilan las observaciones en modelos de datos, y nos aclaramos sobre lo que implica este proceso.

Como hemos visto, el Enfoque Recibido se basa en una bifurcación del vocabulario de una teoría en términos observacionales y términos teóricos. Aunque parece claro, al menos a primera vista, cuál es el significado de los términos observacionales, no puede decirse lo mismo de los términos teóricos. En el capítulo 4 abordamos la cuestión de cómo adquieren significado los términos teóricos. Comenzamos nuestra discusión con el verificacionismo, y luego pasamos por las importantes respuestas empiristas al problema: definiciones explícitas, definiciones implícitas, sentencias de reducción, sistemas interpretativos, significado de los modelos, eliminación mediante el teorema de Craig o la sentencia de Ramsey, la sentencia de Carnap, el operador ε de Hilbert y las descripciones definidas. A continuación, abordamos el programa realista alternativo, que considera que los términos teóricos están a la par con los términos observacionales: ambos se refieren a cosas del mundo. Terminamos el capítulo con una discusión de la teoría causal-histórica de la referencia, que explica exactamente cómo los términos pueden hacer esto.

Como hemos visto anteriormente, al Enfoque Lingüístico le siguió el Enfoque Modelo-Teórico, que es el tema central de los capítulos de la Parte II. El capítulo 5 comienza con una discusión detallada de la versión estructuralista de Suppes del Enfoque Modelo-Teórico, que considera una teoría como una familia de modelos y los modelos como estructuras teórico-conjuntistas (set-theoretical structures). Esto ayuda a estructurar el debate en esta parte del libro, ya que otras formulaciones del punto de vista se basan en el relato de Suppes de diversas maneras. Una de las cuestiones centrales de la visión teórico-modular es el papel del lenguaje. Este punto de vista interpreta las teorías como entidades no lingüísticas y, al prohibir el lenguaje en las teorías, pretende resolver las cuestiones que hemos tratado en los capítulos 2 a 4. La cuestión de cuándo dos teorías son idénticas constituye un enigma para este punto de vista y, mediante el debate de esta cuestión, llegaremos a la conclusión de que el lenguaje es una parte importante de una teoría que no puede omitirse. Por lo tanto, el reto para una explicación sostenible de las teorías es integrar los elementos lingüísticos y no lingüísticos de forma convincente. En la última sección del capítulo, esbozo una explicación que intenta hacerlo, a la que llamo "visión dual" de las teorías.

En el capítulo 6 nos planteamos la cuestión de cómo una explicación que considera una teoría como una familia de modelos, entendidos como estructuras teórico-conjuntistas, analiza la relación de una teoría con su objeto de estudio. Este es el problema fundamental de la representación científica: ¿cómo representan los modelos de una teoría sus sistemas objetivo? Comenzamos nuestro análisis de esta cuestión con una reflexión sobre el propio problema, ya que, si se examina más detenidamente, queda claro que no existe "el" problema de la representación científica. Distinguimos entre cinco cuestiones diferentes a las que debe responder una explicación de la representación, y formulamos cinco condiciones de adecuación que debe cumplir una respuesta satisfactoria a estas cuestiones. Esto proporciona la lente a través de la cual analizamos las dos concepciones de la representación que están implícitas en la versión estructuralista del Enfoque Modelo-Teórico: la concepción de la correspondencia de los datos y la concepción del morfismo. La primera dice que los modelos deben tener subestructuras que sean isomórficas a los modelos de datos del tipo que encontramos en el capítulo 3; la segunda dice que los propios sistemas objetivo tienen estructuras y que los modelos son isomórficos a ellas. Llegamos a la conclusión de que ninguna de las dos proporciona una explicación satisfactoria de la representación: la teoría de la correspondencia de datos confunde el apoyo probatorio con la representación, y la teoría del morfismo sólo proporciona respuestas incompletas a los problemas de la representación. Así pues, la cuestión de la representación queda sin resolver en la versión estructuralista del Enfoque Modelo-Teórico.

En el capítulo 7 nos ocupamos de la organización interna de una teoría. El planteamiento básico del Enfoque Modelo-Teórico es que una teoría es una familia de modelos. Pero no cualquier colección de modelos es una teoría, y hasta ahora poco se ha dicho sobre lo que une a esta familia. ¿Cuáles son los "lazos familiares" entre los modelos de una teoría? La respuesta más detallada a esta pregunta se ha dado en un programa de investigación conocido como Estructuralismo de Múnich. Este programa ofrece una respuesta exhaustiva a la pregunta de qué conecta los modelos de una teoría. Articulamos esta respuesta e introducimos la noción central del programa de una teoría-red (theory-net). Como ventaja añadida, este análisis de la organización interna de las teorías ofrece una nueva perspectiva sobre el problema de la carga teórica (theory-ladenness) de la observación. Discutiremos qué implica esta perspectiva y la relacionaremos con la discusión del capítulo 3.

Las versiones del Enfoque Modelo-Teórico discutidas en los capítulos 5 a 7 son versiones estructuralistas porque consideran los modelos de una teoría como estructuras teórico-conjuntistas y analizan a la vez cómo los modelos representan y cómo los modelos se relacionan entre sí en términos estructurales. En el capítulo 8 analizamos dos versiones alternativas. La primera considera los modelos como entidades abstractas y analiza la representación en términos de similitud: un modelo representa a su objetivo porque es similar a él. Utilizando las cinco preguntas y las cinco condiciones para una explicación de la representación del capítulo 6, analizamos la explicación de la representación basada en la similitud y la encontramos deficiente en varios aspectos. La segunda alternativa considera los modelos como réplicas abstractas y explica la representación en términos de idealización y abstracción. Esta propuesta mueve el debate en una dirección interesante, pero sigue siendo demasiado esquelética para proporcionar una explicación sostenible de la representación. Una vez más, la cuestión de la representación queda sin resolver.

Una conclusión importante que se desprende de la discusión de la Parte II es que, aunque la representación científica es un problema central para cualquier explicación de modelos y teorías, no ha surgido ninguna explicación sostenible de la representación desde el Enfoque Modelo-Teórico. Los capítulos de la Parte III se centran en este problema. El capítulo 9 está dedicado al examen de las explicaciones alternativas de la representación que han surgido en debates recientes. Presentamos y discutimos las posiciones que navegan bajo las banderas del griceanismo general, la representación directa, el inferencialismo, la representación-como (representation-as) y DEKI. Algunas de ellas ofrecen alternativas prometedoras a los relatos que hemos analizado en la Parte II.

Muchas de las descripciones de la representación analizadas en el capítulo 9 son descripciones "globales". Definen la estructura general del funcionamiento de la representación, pero requieren como datos de entrada en varios lugares relaciones modelo-mundo específicas. Los tres capítulos siguientes analizan algunas de las relaciones más importantes de este tipo. El capítulo 10 trata de las analogías y los modelos analógicos. Comenzamos ofreciendo una caracterización general de las analogías y, a continuación, analizamos algunos tipos importantes de analogías, entre los que destacan las analogías formales, las analogías materiales y las analogías funcionales. A continuación, pasamos a los distintos usos de las analogías y analizamos primero los modelos analógicos -modelos que se relacionan con sus sistemas objetivo por analogía- y luego revisamos el uso heurístico de las analogías en la construcción de teorías. Concluimos con un análisis de la relación entre analogías y metáforas.

Los dos capítulos siguientes tratan de las idealizaciones. El capítulo 11 comienza distinguiendo entre los conceptos de idealización, aproximación y abstracción, estrechamente relacionados pero, como veremos, diferentes. De este modo, analizamos la abstracción y la aproximación. La idealización resulta más difícil de circunscribir, y un extenso debate sobre los intentos de definir las idealizaciones nos lleva a la conclusión de que no existe una definición unificada. En consecuencia, el debate sobre la idealización debe realizarse de forma fragmentaria, introduciendo diferentes tipos de idealizaciones y analizándolas una por una. Este es el proyecto del capítulo 12, en el que tratamos dos tipos importantes de idealizaciones: las idealizaciones límite y las exclusiones factoriales. Las idealizaciones límite llevan al extremo una determinada propiedad, por ejemplo, considerando que una superficie resbaladiza no tiene fricciones; una exclusión factorial consiste en omitir por completo un determinado factor, por ejemplo, despreciando la colisión de partículas en un gas. Después de proporcionar algunos antecedentes matemáticos sobre los límites, presentamos un análisis de las idealizaciones de límites y las exclusiones de factores, y discutimos sus consecuencias para nuestra comprensión de la información que podemos obtener de los modelos idealizados sobre sus sistemas objetivo.

Los capítulos de la Parte IV del libro se ocupan de los modelos tal y como se utilizan en la práctica científica. El capítulo 13 reconsidera la relación entre modelos y teorías. Como hemos visto, tanto el Enfoque Lingüístico como el Modelo-Teórico consideran que los modelos están subordinados a las teorías, aunque de formas muy distintas. Para el Enfoque Lingüístico, son interpretaciones alternativas del formalismo de una teoría; para el Enfoque Modelo-Teórico, son los componentes básicos de las teorías. Ninguna de estas visiones hace justicia a la forma en que los modelos funcionan en la práctica, donde pueden mantener relaciones diferentes y complejas con las teorías. Analizamos una serie de relaciones entre los modelos y las teorías que van desde la independencia total a la estrecha alianza, y nos preguntamos si el Enfoque Modelo-Teórico podría dar cuenta de estas relaciones y cómo.

Si los modelos se separan de la teoría, la cuestión de qué son los modelos aparece bajo una nueva luz. Éste es el tema del capítulo 14. Comenzamos nuestra discusión distinguiendo entre una lectura ontológica y funcional de la cuestión. En la primera, la cuestión es qué clase de cosas son los objetos modelo; en la segunda, la cuestión es qué significa que algo funcione como modelo. Discutimos diferentes respuestas y llegamos a la sobria conclusión de que no existe una definición de lo que es un modelo, ni ontológica ni funcionalmente. No obstante, es interesante preguntarse qué tipo de cosas suelen servir como modelos. Para enfocar la cuestión, formulamos cinco desideratas que debe satisfacer una explicación de los objetos modelo. Estos desiderata son menos apremiantes en el caso de los modelos materiales, objetos físicos como bloques de madera con forma de barco y sistemas de tuberías y depósitos de agua. Sin embargo, adquieren importancia en el contexto de los modelos no materiales. Analizamos las estructuras teórico-conjuntistas, los objetos abstractos, las descripciones, los objetos matemáticos, las ecuaciones, las estructuras computacionales, los objetos ficticios y los artefactos como posibles objetos modelo, y llegamos a la conclusión de que, tras un análisis más detallado, sólo hay dos tipos de modelos: los modelos matemáticos y los modelos ficticios. A continuación, formulamos una explicación de los modelos ficticios que responde a los desafíos.

En muchos contextos, las comunidades científicas acaban produciendo una multiplicidad de modelos del mismo sistema objetivo. La física nuclear y la climatología son ejemplos paradigmáticos de disciplinas en las que esto ocurre. Esto resulta desconcertante: ¿por qué lo hacen los científicos y cómo gestionan estas "situaciones multi-modelos"? En el capítulo 15 analizamos, en primer lugar, las motivaciones para construir múltiples modelos del mismo objetivo y, a continuación, las distintas formas de abordar los "conjuntos de modelos" resultantes: análisis de robustez, perspectivismo y gestión de la incertidumbre. Identificamos las situaciones en las que son apropiados y discutimos sus pros y sus contras.

Los modelos proliferan. Quienes se adentren en la literatura sobre modelos científicos encontrarán una asombrosa variedad de tipos de modelos. Un recuento reciente, aunque casi seguro incompleto, arrojó más de 120 tipos de modelos diferentes. Esto resulta desorientador y desconcertante. El capítulo 16 pretende poner orden en esta "maraña de modelos" presentando brevemente cada uno de ellos, explicando cómo se relacionan entre sí y clasificándolos en grandes grupos. De este modo, la colección de modelos será más fácil de entender y manejar.

El libro termina con un Epílogo.

Las limitaciones de espacio han impedido incluir en este libro los debates sobre el cambio de teoría, las relaciones entre teorías, las leyes de la naturaleza, la explicación científica, la comprensión científica, la confirmación, los experimentos mentales, la teoría de la medida, los mecanismos, las simulaciones por ordenador y el papel de los modelos en las ciencias especiales. Espero que la riqueza del material tratado en el libro compense estas y otras omisiones. No hay nada de pleonástico en señalar que los capítulos de este libro se han escrito como capítulos de libro. No se han publicado previamente como artículos, y están concebidos para que se desarrollen unos a partir de otros y contribuyan a una narración en desarrollo. Dicho esto, he intentado que los capítulos sean independientes, por lo que también pueden leerse de forma aislada. Por desgracia, la linealidad de la escritura no siempre hace justicia a los sinuosos caminos del pensamiento y a las complejas interrelaciones de diversos temas. He intentado mitigar la tensión entre la progresión lineal de un texto y la complejidad de las relaciones entre ideas añadiendo señales y referencias cruzadas que indican cómo se relacionan los materiales de las distintas partes del libro. Algunas secciones del libro son técnicamente más exigentes que otras, ya que se basan en resultados de lógica formal o hacen un uso extensivo de la notación simbólica. Las secciones de este tipo están marcadas con un asterisco. Los lectores con poco entusiasmo por la lógica y el material formal pueden saltarse estas secciones sin perder el hilo, ya que el libro está escrito de tal manera que nada de lo que aparece en las partes posteriores se basa en el material de las secciones marcadas con asterisco. Por último, como es habitual en filosofía analítica, el símbolo ":=" indica una definición (con el definiendum al lado de los dos puntos).

PARTE I

Capítulo 1: TEORÍA Y LENGUAJE

1.1 Introducción

Las teorías constituyen el núcleo de muchas disciplinas científicas. Pero, ¿qué clase de objetos son las teorías científicas? En este capítulo analizamos una familia de enfoques que consideran que las teorías son objetos lingüísticos: descripciones de su objeto de estudio. Para introducir y motivar este punto de vista, comenzamos por la mecánica newtoniana, una de las teorías más importantes y exitosas de la historia de la ciencia. Siguiendo la discusión del propio Newton, nos familiarizamos con las líneas generales de una comprensión lingüística de las teorías (Sección 1.2). La imagen de las teorías implícita en la discusión de Newton puede resumirse en lo que yo llamo el punto de vista lingüístico de las teorías. Lo que se ha dado en llamar el Enfoque Recibido de las Teorías, la visión de las teorías desarrollada por los empiristas lógicos, es una versión específica de la Visión Lingüística de las Teorías según la cual una teoría es un sistema axiomático interpretado (Sección 1.3). El Enfoque Recibido se enfrenta a una serie de cuestiones difíciles, y se ha enfrentado a una serie de críticas. En la segunda mitad de este capítulo revisamos una serie de objeciones al Enfoque Recibido que, si tuvieran éxito, lo echarían inmediatamente abajo. Las objeciones son que el punto de vista está comprometido con un sistema de lógica que es demasiado débil para captar las matemáticas en las que se basan la mayoría de las teorías científicas (Sección 1.4); que el punto de vista considera las teorías como elementos puramente sintácticos desprovistos de cualquier semántica y que obstaculiza y malinterpreta el progreso científico (Sección 1.5); que está comprometido con criterios de identidad absurdos para las teorías (Sección 1.6*); y que es insostenible porque no capta cómo son las teorías en la práctica científica (Sección 1.7). Veremos que estas objeciones se basan en malentendidos, atribuciones erróneas y sinsentidos, y que no consiguen socavar el Enfoque Recibido. Esto justifica que nos tomemos en serio este punto de vista y que sigamos de cerca algunos de sus desarrollos más importantes (Sección 1.8).

1.2 Un vistazo a la mecánica newtoniana

Los *Philosophiae Naturalis Principia Mathematica* (*Principia*, para abreviar) de Newton son una de las contribuciones más significativas a la ciencia de todos los tiempos (el título latino significa "los principios matemáticos de la filosofía natural"). Presenta lo que hoy llamamos *mecánica newtoniana*. Publicado por primera vez en 1687 (con segunda y tercera ediciones en 1713 y 1726 respectivamente), tuvo una enorme influencia en el curso de la física moderna, y sus ideas centrales siguen siendo influyentes hoy en día. Por esta razón, los Principia son un buen lugar para buscar una respuesta a la pregunta de qué es una teoría científica.

Los *Principia* comienzan con un capítulo titulado "Definiciones". En este capítulo Newton presenta ocho definiciones en las que define los términos centrales de su teoría.[31] En la primera definición introduce la noción de "cantidad de materia" (1726/1999, 49), que ahora llamamos masa. La segunda definición presenta la noción de "cantidad de movimiento", que define como "una medida de movimiento que surge de la velocidad y la cantidad de materia conjuntamente" (*ibid*., 50).[32] En terminología moderna, ésta es la definición de *momentum p*, que es el producto de la masa m y la velocidad v de una partícula: $p=mv$. Las otras seis definiciones se refieren a diferentes tipos de fuerzas. Las ocho definiciones van seguidas de un *Scholium* (comentario explicativo) en el que Newton expone que "[h]asta ahora ha parecido mejor explicar los sentidos en que deben tomarse en este tratado las palabras menos familiares" (*ibid*., 54). Inmediatamente añade que las definiciones no cubren todas las palabras que utilizará porque él no definirá palabras que son "muy familiares para todos" (*ibid*., 54). Newton piensa que "espacio", "tiempo", "lugar" y "movimiento" son palabras muy familiares para todos, y añade que "los significados de las palabras deben definirse por el uso" (*ibid*., 59). De ahí que Newton tomara el significado de estas palabras como algo manifiesto para sus lectores.

El segundo capítulo se titula "Axiomas o leyes del movimiento". En este capítulo, Newton formula sus famosas leyes del movimiento, que siguen siendo parte integrante de todos los manuales de mecánica. La primera ley es la ley de la inercia: "Todo cuerpo persevera en su estado de reposo o de movimiento rectilíneo uniforme, salvo en la medida en que se vea obligado a cambiar de estado por fuerzas aplicadas" (*ibid*., 62). La segunda ley dice: "Un cambio en el movimiento es proporcional a la fuerza motriz aplicada y tiene lugar a lo largo de la línea recta en la que se aplica dicha fuerza" (*ibid*., 62). En noción moderna, la segunda ley es la ecuación $\vec{F} = m\,\vec{a}$, donde $\vec{F}$ es la fuerza que actúa sobre la partícula (la flecha indica que la fuerza es un vector, es decir, tiene dirección en el espacio) y a es la aceleración del objeto (que también es un vector). Hoy en día, la segunda ley también se conoce como ecuación del movimiento de Newton. La tercera ley es el *principio de acción-reacción*: "A toda acción corresponde siempre una reacción opuesta e igual; en otras palabras, las acciones de dos cuerpos entre sí son siempre iguales y de sentido opuesto" (*ibid*., 63). En el *Scholium* al final del capítulo Newton observa que estas leyes están "confirmadas por experimentos de muchos tipos" (ibid., 70).

El capítulo siguiente enuncia una serie de "lemas" (un lema es un teorema subsidiario o intermedio). Estos lemas son principalmente proposiciones geométricas, que no tienen que ver con las fuerzas o el movimiento. Sin embargo, son

[31] Para un análisis de la naturaleza de las definiciones de Newton, véase Cohen (2002).

[32] Omito las notas editoriales a pie de página en todas las citas. Las definiciones y las leyes aparecen en cursiva en la traducción que utilizo, pero reproduzco el texto en letra normal para evitar la confusión con la cursiva en el resto del libro, donde se utiliza para indicar énfasis o para marcar expresiones latinas.

útiles en las derivaciones porque, como dice Newton, "lo que se ha demostrado respecto a las líneas curvas y las superficies [planas] comprendidas por ellas se aplica fácilmente a las superficies curvas y sus contenidos sólidos" (*ibid.*, 87). En otras palabras, los lemas de la geometría pura pueden utilizarse para describir las situaciones físicas que interesan a Newton.

Una vez establecidos los lemas, Newton enuncia varias "proposiciones". Algunas de las proposiciones son "problemas", pero la mayoría son "teoremas" (*ibid.*, 90 y ss.). Los teoremas son proposiciones que pueden deducirse de definiciones, axiomas, lemas y otras proposiciones que se han enunciado anteriormente. El primer teorema, por ejemplo, afirma que "[l]as áreas que los cuerpos que se mueven en órbitas describen por radios trazados hacia un centro de fuerzas inmóvil se encuentran en planos inmóviles y son proporcionales a los tiempos" (*ibid.*, 90). En la demostración Newton apela a su primera ley del movimiento y al tercer lema. Para demostrar sus teoremas, Newton apela tácitamente a una lógica de fondo que le permite deducir proposiciones a partir de otras proposiciones.

La mayor parte de los *Principia* (después del primer teorema aún quedan más de 500 páginas) se dedica a deducir resultados a partir de proposiciones y axiomas previamente establecidos. Algunos de los más célebres aparecen hacia el final, cuando Newton establece la ley de la gravedad general (*ibid.*, 448-460), según la cual dos cuerpos se atraen por una fuerza proporcional al producto de sus masas e inversamente proporcional al cuadrado de la distancia. En notación contemporánea, la ley es $\vec{F}=\vec{e}Gm_1m_2/r^2$ donde m_1 y m_2 son las masas de los dos objetos, r es la distancia entre ambos, G es la constante de gravitación y $\vec{e}$ es el vector que apunta del primer cuerpo al segundo. De esto Newton deriva un teorema que dice que "[l]os planetas se mueven en elipses que tienen un foco en el centro del sol, y por radios trazados a ese centro describen áreas proporcionales a los tiempos" (*ibid.*, 463). Esto es, de hecho, un enunciado de la primera y segunda leyes del movimiento planetario de Kepler, que Newton consiguió derivar de sus propias leyes del movimiento y de la ley de la gravedad.

Para deducir las leyes de Kepler, Newton supone (tácitamente) que la interacción gravitatoria entre el sol y el planeta es la única fuerza relevante para el movimiento del planeta y que todas las demás fuerzas, sobre todo la interacción gravitatoria entre el planeta y otros objetos del universo, son despreciables. Además, se supone que tanto el Sol como el planeta son esferas perfectas con una distribución homogénea de la masa (es decir, que la masa está distribuida uniformemente dentro de la esfera), lo que implica que la interacción gravitatoria entre el planeta y el Sol se comporta como si toda la masa de cada objeto estuviera concentrada en su centro.[33] Dado que la masa del Sol es mucho mayor que la del

[33] Newton no es muy explícito sobre estos supuestos. Sin embargo, habla del "diámetro" de planetas como Júpiter (véase, por ejemplo, ibid., 444), lo que indica que los considera esferas. En el Corolario 3 se propone determinar la densidad de los planetas considerando las propiedades de las "esferas homogéneas" (ibid., 460).

planeta, los cálculos también suponen que el Sol está en reposo y el planeta orbita a su alrededor. Con estos supuestos, se puede obtener el resultado. El conjunto de estas suposiciones, o el objeto ficticio al que se refieren estas suposiciones, se conocen ahora como el modelo newtoniano del movimiento planetario.

1.3 El punto de vista lingüístico y el Enfoque Recibido

Aunque Newton no articula una explicación explícita de la naturaleza de las teorías científicas, existe una visión de la estructura de las teorías científicas implícita en su presentación de la mecánica. Para Newton, una teoría es una entidad lingüística. Comienza su exposición definiendo términos y reflexionando sobre su significado, y a continuación formula "proposiciones" y "teoremas". Pero no cualquier entidad lingüística es una teoría. Un artículo de periódico, por muy detallado que sea, no es una teoría; como tampoco lo es el relato de un viajero sobre su viaje. Plausiblemente, se pueden identificar tres condiciones de una teoría en la discusión de Newton:

(L1) El lenguaje en el que se formula la teoría tiene una estructura lógica que permite a los científicos derivar proposiciones de otras proposiciones y formular demostraciones de teoremas.

(L2) Una teoría contiene principios generales, o axiomas, que son las leyes de la teoría.

(L3) El lenguaje de la teoría contiene términos que se comprenden antes de la formulación de la teoría, así como los términos técnicos que se introducen en el contexto de la teoría (y que, por tanto, sólo son inteligibles en ese contexto).

Una versión abreviada de (L3) dice que el lenguaje de la teoría se divide en términos "antiguos" y "nuevos", donde los términos antiguos se conocen y comprenden antes de que se formule la teoría, mientras que los términos nuevos se originan en la propia teoría. Por razones obvias, llamo a esto el *punto de vista lingüístico de las teorías* (*punto de vista lingüístico*, para abreviar). Este punto de vista constituye el punto de partida de nuestra discusión sobre las teorías.

Como hemos visto, Newton también menciona que sus leyes son confirmadas por la experiencia. Esto plantea la cuestión de si tener apoyo empírico, o ser confirmado, debería formar parte de la noción de una teoría científica. Hay argumentos a favor y en contra, pero la opción más natural es no incluir la confirmación en la *noción* de teoría científica. De este modo, una teoría científica puede estar confirmada o sin confirmar, seguir siendo objeto de investigación o incluso haber sido desconfirmada o refutada. Si las teorías científicas estuvieran confirmadas *ipso facto*, nunca podrían cuestionarse las evidencias probatorias de una teoría científica, ni podría resultar falsa una teoría científica. Este uso del término no encajaría bien con la forma en que los científicos hablan de las teorías.

La mecánica newtoniana no es un caso especial. De hecho, al menos en lo que se refiere a la física, las teorías suelen ajustarse a la imagen de las teorías que surge de los *Principia.* La teoría del electromagnetismo de Maxwell, la teoría especial de la relatividad, la teoría general de la relatividad, la mecánica cuántica, la termodinámica y, al menos, ciertas formulaciones de la teoría cuántica de campos (sobre todo la teoría cuántica axiomática de campos) encajan en el molde del punto de vista lingüístico: utilizan un lenguaje matemático que proporciona los recursos inferenciales para hacer deducciones y formular pruebas; tienen en su núcleo ecuaciones generales que son los axiomas o leyes de la teoría (las ecuaciones de Maxwell, las transformaciones de Lorentz, la ecuación de campo de Einstein, la ecuación de Schrödinger, etc.); y los términos de su lenguaje son una mezcla de términos descriptivos que se entendían antes de la formulación de la teoría y términos técnicos que son específicos de la teoría.

Un primer análisis filosófico explícito de las teorías científicas surgió en el movimiento filosófico del *empirismo lógico*. El epicentro de este movimiento fue el Círculo de Viena en las décadas de 1920 y 1930, pero había grupos activos en otros lugares de Europa, sobre todo en Berlín[34]. El análisis de la naturaleza de las teorías científicas que surgió en el empirismo lógico se conoce hoy en día con muchos nombres diferentes, sobre todo como "enfoque recibido" y como "enfoque sintáctico".[35] Por razones que pronto quedarán claras, "enfoque sintáctico" es un término equivocado, por lo que utilizaré "enfoque recibido" en todo el texto (y lo pondré en mayúsculas para indicar que el término se utiliza como nombre).

El Enfoque Recibido es una versión específica y elaborada del punto de vista lingüístico. Esto no es una coincidencia. Los empiristas lógicos estaban firmemente comprometidos con una filosofía científicamente informada y tenían el objetivo declarado de producir puntos de vista filosóficos que no sólo estuvieran en consonancia con la ciencia, sino que de hecho fueran coherentes con ella.

[34] Véase la nota 2 de la Introducción para una explicación de mi uso de "empirismo lógico". Para una visión general de las ideas centrales del empirismo lógico, véase Creath (2017); para discusiones en profundidad véase, por ejemplo, Kraft (1953), Richardson (1997), Stadler (2001), Uebel (2007), y los ensayos reunidos en Richardson y Uebel (2007).

[35] El calificativo "Enfoque Recibido" se debe a Putnam (1962, 215). El calificativo "sintáctico" es de van Fraassen, que lo denomina "enfoque sintáctico" o "cuadro sintáctico de una teoría" (1980, 44). Otras etiquetas son "concepción ortodoxa" o "concepción estándar" (Feigl 1970, 3), "concepción del enunciado" (Moulines 2002, 5; Stegmüller 1979, 4); "concepción del enunciado" (Savage 1998, 3), "relato hipotético-deductivo de las teorías" (Rosenberg 2000, 76), "visión sentencial" (Churchland 1989, 153), "interpretación axiomática del sistema" (Ackermann 1966, 312), "visión clásica" (Giere 2000, 515), "concepción estándar" (Glymour 1992, 118), "interpretación estándar" o "análisis estándar" (Hempel 1973, 367), "visión formal-lingüística" (Muller 2011, 91), y "visión una vez recibida" (Craver 2002, 55; Rickles 2020, 143).

Introduciremos ahora el Enfoque Recibido con referencia al punto de vista lingüístico, haciendo explícito dónde se basa en él y dónde va más allá.[36]

Comencemos con (L1). En sus pruebas y derivaciones Newton utilizó ciertos principios de inferencia lógica, pero la apelación a estos principios era tácita y Newton no articuló cuáles eran. Los empiristas lógicos consideraban que la lógica era crucial para el análisis de los problemas filosóficos, y el recurso a la lógica era una parte declarada de su programa filosófico, de ahí lo "lógico" en "empirismo lógico". En este sentido, estaban en consonancia con el programa más amplio de la filosofía analítica, que estaba crucialmente vinculado a los avances en lógica formal y que consideraba la lógica como una herramienta crucial en los debates sobre problemas filosóficos. Se consideraba que el lenguaje ordinario estaba plagado de imprecisiones y ambigüedades, y que la formulación de un problema filosófico en un lenguaje formal preciso era un paso necesario hacia su solución. Por esta razón, los empiristas lógicos estipularon que una teoría científica debía expresarse en un sistema de lógica formal.[37] Los empiristas lógicos no se pronunciaron sobre la naturaleza precisa de este sistema y sólo insistieron en que tenía que haber un sistema formal. Volveremos sobre la cuestión de la elección de un sistema formal en la próxima sección.

En consonancia con el punto de vista lingüístico (L2), el Enfoque Recibido postula que en el núcleo de una teoría científica se encuentran los principios generales. Dado que toda la teoría debe formularse en un lenguaje de lógica formal, los propios principios generales también se formulan en ese lenguaje. Esto nos lleva a una precisión. Para Newton, "ley" y "axioma" podían utilizarse indistintamente. En la lógica moderna, sin embargo, los axiomas se entienden como elementos puramente formales: son cadenas de símbolos bien formadas en el lenguaje formal del sistema lógico. Un axioma así entendido no es una ley. Una sentencia formal se convierte en ley sólo cuando los símbolos que aparecen en la sentencia se interpretan en términos de la materia de la teoría (pronto hablaremos más de la interpretación). La cadena "$\vec{F} = m\,\vec{a}$" es una ley mecánica sólo si "$\vec{F}$" se interpreta como fuerza, "m" como masa y "$\vec{a}$" como aceleración. Sin esta interpretación, "$\vec{F} = m\,\vec{a}$" no sería más que una cadena de símbolos. Un axioma formal se convierte en ley cuando se le dota de una interpretación física (Carnap 1938, 199).[38]

[36] Los primeros enunciados del Enfoque Recibido son los de Carnap (1923) y Schlick (1925). Pueden encontrarse desarrollos completos en Carnap (1938, Sec. 23), Braithwaite (1953, Caps. 1-3, 1954), Nagel (1961, Cap. 5) y Hempel (1966, Cap. 6, 1969, 1970). Para una discusión del desarrollo histórico del Enfoque Recibido en el empirismo lógico, véase Mormann (2007).

[37] A veces se hace referencia a este lenguaje como un "cálculo"; véase, por ejemplo, Hempel (1970, 145) y Braithwaite (1954, 156, 1962, 124). No utilizo este término para evitar confusiones con las matemáticas, donde "cálculo" se refiere al subcampo de las matemáticas que estudia la diferenciación e integración de funciones.

[38] A veces también se hace referencia a las leyes como "principios teóricos" o "postulados T".

Hay dos razones relacionadas para el requisito de que una teoría debe tener leyes. La primera razón es que las leyes hacen afirmaciones generales sobre una materia. Exponen relaciones entre propiedades y describen estas relaciones de manera eficiente. El mundo contiene una miríada de objetos en movimiento: piedras que caen, planetas en órbita, péndulos que oscilan, cohetes que aceleran, etcétera. Una descripción de cada uno de los movimientos, aunque pudiera hacerse de algún modo, sería inabarcablemente larga y aportaría muy poca o ninguna información sobre cómo se mueven los objetos y por qué se mueven del modo en que lo hacen. La mecánica newtoniana engloba todos los casos de movimiento en una ley simple, $\vec{F} = m\,\vec{a}$. De este modo, da cuenta de lo que todos los movimientos tienen en común y ofrece una explicación de su comportamiento dinámico. Dependiendo de la interpretación que se haga de estas afirmaciones generales, o bien "gobiernan" lo que ocurre en el mundo, o bien proporcionan el resumen más eficaz de los procesos en el dominio de la teoría.[39] En cualquier caso, las leyes proporcionan una declaración sistemática y general de las interconexiones entre las propiedades físicas relevantes y, por tanto, proporcionan una declaración compacta de las proposiciones centrales de una teoría.

La segunda razón para tener leyes tiene que ver con el aspecto formal de las leyes, su carácter axiomático. Antes dijimos que los axiomas son cadenas de símbolos en el lenguaje formal del sistema lógico de la teoría. Esto es cierto, pero son cadenas que tienen una característica especial. Consideremos un conjunto *S* de oraciones formuladas en el lenguaje de la teoría. El llamado cierre deductivo *D(S)* de *S* contiene todas las oraciones que pueden deducirse de S con las reglas de lógica contenidas en el lenguaje. Si, por ejemplo, S contiene las afirmaciones "p" y "si p entonces q", y el lenguaje contiene *modus ponens*,[40] entonces *D(S)* también contiene "q" porque "q" se deduce lógicamente de "p" y "si p entonces q". S es deductivamente cerrado, si y solo si la formación del cierre deductivo no "añade" nada a S; es decir, si al tomar el cierre deductivo de S se devuelve S mismo: *S= D(S)*. Podemos decir entonces que una teoría, en términos formales, es un conjunto de oraciones deductivamente cerrado. Es decir, una teoría *T* debe satisfacer el requisito *T=D(T)* (Machover 1996, 216).

Un conjunto de axiomas para una teoría *T* no es entonces cualquier conjunto de enunciados formales, sino un conjunto que satisface *T= D(A)*: la teoría es el cierre deductivo de los axiomas. Es decir, si se toman los axiomas y se deduce de ellos todo lo que permiten el lenguaje de la teoría y su aparato deductivo, se obtiene la teoría completa. Tener un conjunto de axiomas no es en sí un gran problema. Trivialmente, una teoría se deduce de sí misma y, por tanto, un enunciado completo de *T* es siempre también un conjunto de axiomas. Para ser interesante, A debe ser "más pequeño que" *T* y generar toda la teoría a partir de un

[39] Para la opinión de que las leyes "gobiernan", véase, por ejemplo, Armstrong (1983); para la opinión de que las leyes resumen, véase, por ejemplo, Lewis (1994).

[40] Modus ponens es la regla según la cual q puede inferirse de las premisas p y p → q (en palabras: "si p entonces q").

pequeño conjunto de axiomas. Hay una buena pregunta sobre lo que significa "pequeño", pero como mínimo significa que *A* debe ser finitamente especificable (Machover 1996, 238). Por lo tanto, decimos que una teoría *T* es axiomatizable si existe un conjunto A que puede ser especificado por una *receta finita* tal que *T= D(A)*. Si tenemos tal receta, entonces vemos cómo todo se sigue de un pequeño conjunto de supuestos, y esto ofrece una gran comprensión de la teoría porque sabemos lo que está garantizado por los axiomas.[41]

La parte más importante del Enfoque Recibido es su articulación de (L3), que es también el aspecto en el que más diverge del punto de vista lingüístico. El punto crucial de (L3) es que los términos de una teoría se dividen en distintos grupos que deben tratarse de forma diferente. Los empiristas lógicos están de acuerdo con esta idea general, pero ven la línea divisoria relevante en un lugar diferente al de Newton.

Para formular el problema correctamente, primero tenemos que aclarar qué tipo de términos hay en una teoría. Los símbolos de un lenguaje formal se dividen en dos grupos. El primer grupo, los *términos lógicos*, contiene variables, conectivas, cuantificadores y, si trabajamos en lógica con igualdad, el símbolo de igualdad. El segundo grupo, *términos extralógicos* (a veces *términos no lógicos*), contiene constantes individuales, símbolos de predicado y relación, y símbolos de función. Llamamos primera bifurcación a la bifurcación de los símbolos en lógicos y extralógicos. Esta bifurcación es importante para el desarrollo del Enfoque Recibido porque los dos tipos de símbolos plantean cuestiones diferentes. A los símbolos extralógicos hay que darles una interpretación empírica. En cambio, los símbolos lógicos no necesitan tal interpretación. Son estudiados por la lógica y, en lo que respecta al uso de un sistema lógico en las ciencias empíricas, pueden darse por sentados.

El reto consiste, pues, en ocuparse de los símbolos extralógicos. La distinción de Newton entre términos que son "muy familiares para todos" y términos que tienen que ser definidos dentro de una teoría pertenece a lo que el Enfoque Recibido llama términos extralógicos. En principio, los empiristas lógicos podrían haberse atenido a la distinción de Newton, pero trazaron la línea en un lugar diferente. De hecho, al trazar esta línea el "empirismo" en "empirismo lógico" se vuelve relevante. En términos generales, el *empirismo* es la doctrina según la cual la experiencia es la única fuente de conocimiento. Todo lo que sabemos procede en última instancia de lo que vemos, oímos, tocamos, olemos y saboreamos. En otras palabras, el conocimiento es *a posteriori*. El empirismo contrasta con el racionalismo, según el cual hay formas importantes de obtener conocimiento independientemente de la experiencia. Para los racionalistas existe el conocimiento *a priori* y, por tanto, al menos algunas verdades sobre la naturaleza pueden descubrirse mediante la introspección. Los empiristas, por el contrario, insisten en

---

[41] Para una discusión de los detalles de lo que se entiende por una receta finita y de los valores de la axiomatización, véase Smith (2013), en particular el capítulo 4.

que la experiencia es la *única* fuente de información sobre la naturaleza y rechazan la idea de que existan hechos sobre la naturaleza que puedan reconocerse únicamente a través de la razón. En consecuencia, los empiristas sostienen que el significado de los términos extralógicos debe analizarse en función de los experimentos que realizamos. Un término adquiere significado al estar conectado con la experiencia; los términos que no pueden, de un modo u otro, conectarse con la experiencia carecen de significado.

Ilustremos esta idea básica con el relato clásico de Hume sobre la causalidad.[42] Las afirmaciones causales forman una parte importante tanto de la ciencia como de la vida cotidiana. Como ejemplo, consideremos la afirmación "la aspirina hace que disminuyan los dolores de cabeza". Hume argumenta que no podemos experimentar las relaciones causales en sí mismas: vemos a la gente tomar aspirinas y poco después los vemos informar de que sus dolores de cabeza han desaparecido, pero la relación causal como tal no tiene correlato en nuestra experiencia sensorial. Por esta razón, argumenta Hume, tenemos que encontrar la base experiencial de las afirmaciones causales. En su análisis, la causalidad no es más que sucesión temporal, contigüidad espaciotemporal y conjunción constante. Lo ilustra con el ejemplo de una bola de billar que choca contra otra y la pone en movimiento. La primera bola que choca con la segunda es la causa del movimiento de ésta, porque el movimiento de la primera precede al de la segunda; en el momento de la colisión, las dos son contiguas espaciotemporalmente; y vemos que el mismo patrón se repite cada vez que chocan dos bolas. Por lo tanto, la propiedad inobservable de que algo causa otra cosa se remonta a las propiedades observables de sucesión, contigüidad y conjunción constante. Y esto es todo lo que podemos decir sobre la causalidad. Ninguna introspección nos enseñará nada sobre las causas más allá de lo que obtenemos de la experiencia, y el término "causa" no tiene más significado que el que recibe de la combinación de "sucesión", "contigüidad" y "conjunción constante".

Por tanto, los empiristas lógicos consideraron que la línea divisoria relevante entre los distintos términos extralógicos era entre los términos cuya aplicación puede determinarse directamente mediante la observación y los términos para los que esto no es posible. Los términos del primer tipo se denominan *términos observacionales*; los términos del segundo tipo se denominan *términos teóricos*.[43] En el ejemplo de Hume, "sucesión temporal", "contigüidad espaciotemporal" y "conjunción constante" son términos observacionales, y "causa" es un *término teórico*. Así, en lugar de dividir los términos entre los que son "muy

[42] Véase Hume (1748/2007, Secs. IV-VII). En aras de la ilustración, adopto aquí una interpretación radical de los puntos de vista de Hume. Diferentes interpretaciones se discuten en Strawson (2014).

[43] En lo que sigue me atengo al uso común y llamo "términos teóricos" a los términos que (supuestamente) se refieren a no observables. Sin embargo, como veremos en la sección 3.2, esta elección de palabras puede ser engañosa.

familiares para todos" y los que deben ser definidos, los empiristas lógicos dividieron los términos en términos observacionales y términos teóricos.[44] Ésta es la *segunda bifurcación*.

Los términos observacionales están anclados en la observación, pero ¿en qué están anclados los términos teóricos? El Enfoque Recibido postula que los términos teóricos están relacionados con los términos observacionales mediante las llamadas *reglas de correspondencia*.[45] En general, las reglas de correspondencia conectan un término que no está directamente relacionado con la experiencia con un término, o términos, que sí lo están. En efecto, Hume ha introducido la definición explícita "*C* causa *E* si y solo si *E* sigue temporalmente a *C*, *C* y *E* son espacio-temporalmente contiguos, y hay una conjunción constante entre *C* y *E*". Se trata de una regla de correspondencia porque conecta el término teórico "causa" con los términos observacionales "sigue temporalmente", "contiguo espaciotemporalmente" y "conjunción constante" a través de una definición. Como veremos más adelante (en el capítulo 4), las definiciones explícitas son sólo un tipo especial de regla de correspondencia, y la mayoría de estas reglas tienen una forma diferente. Pero por ahora podemos tomar las definiciones explícitas como nuestro ejemplo paradigmático de regla de correspondencia y utilizarlo para potenciar las intuiciones.

Los términos observacionales de una teoría, tomados en su conjunto, forman el vocabulario observacional de la teoría, y los términos teóricos, tomados en su conjunto, forman el vocabulario teórico de la teoría. Obtenemos el lenguaje observacional de la teoría añadiendo una estructura lógica al vocabulario observacional (por ejemplo, añadiendo conectivos lógicos como "y" y reglas inferenciales como el modus ponens). Del mismo modo, obtenemos el lenguaje teórico de una teoría añadiendo una estructura lógica al vocabulario teórico (Suppe 1977, 50). Por último, el formalismo de una teoría es el sistema lógico de una teoría junto con los axiomas (no interpretados).

---

[44] Dejo aquí de lado la cuestión de si los términos de observación se refieren a objetos físicos o "autopsicológicos", que fue objeto de un acalorado debate en el Círculo de Viena. Véanse las discusiones de Cat (2006) y Uebel (2007).

[45] Las reglas de correspondencia son oraciones mixtas porque contienen tanto términos observacionales como términos teóricos. También se denominan "postulados de correspondencia" (Carnap 1956a, 47), "definiciones coordinantes" (Hanson 1969, 62), "definiciones coordinadas" (Reichenbach 1929, 155) o "definiciones coordinativas" (ibid., 161), "reglas C" (Hempel 1965, 195), "reglas semánticas" o "correlaciones epistémicas" o "reglas de interpretación" (Nagel 1961, 93), "principios interpretativos" (Hempel 1970, 146) y "diccionario" (Campbell 1920, 122). Ocasionalmente, las reglas de correspondencia también se denominan "principios puente" (Schaffner 1969, 280). Esto es desafortunado porque a los principios puente, o "leyes puente", también se apela en la reducción nageliana, donde establecen una conexión entre los términos de una teoría y los términos de otra teoría a la que se reduce. Para un análisis de las leyes puente, véase Dizadji-Bahmani et al. (2010).

Reuniendo estos elementos, podemos ahora dar una declaración de los principios básicos del Enfoque Recibido. Según este punto de vista, una teoría T es una entidad lingüística que satisface los siguientes criterios:

(R1) T está formulada en un sistema apropiado de lógica formal.

(R2) T contiene axiomas que, cuando se interpretan, son las leyes de la teoría.

(R3) Los términos de T se dividen en términos lógicos y extralógicos (primera bifurcación). Los términos extralógicos se dividen a su vez en términos observacionales y términos teóricos (segunda bifurcación). Los términos observacionales se interpretan en términos de algo que se da por observación. Los términos teóricos están conectados a los términos observacionales por reglas de correspondencia.

El Enfoque Recibido se resume a veces en el eslogan de que una teoría es un sistema axiomático interpretado, donde "sistema" se debe a (R1), "axiomático" a (R2) e "interpretado" a (R3).[46] Feigl (1970, 6) ilustró el punto de vista en el ahora famoso diagrama reproducido en la figura 1.1. En la parte inferior está el "suelo" de la experiencia que se capta en los "conceptos empíricos" (que se expresan mediante términos de observación). En la parte superior del diagrama está el formalismo de la teoría, que consiste en conceptos teóricos conectados entre sí mediante postulados (nuestros "axiomas"). Algunos conceptos teóricos son primitivos (como la "fuerza" de Newton), mientras que otros se definen mediante conceptos primitivos (por ejemplo, cuando decimos que el momento es igual a la masa por la velocidad). Los conceptos teóricos se relacionan con los observacionales mediante reglas de correspondencia, simbolizadas por las líneas discontinuas.

[46] Véase, por ejemplo, Hempel (1970, 145). Nagel (1961, 90), también incluye modelos en la definición de una teoría. Esto, sin embargo, no se ha convertido en costumbre. El papel de los modelos en el Enfoque Recibido se tratará en el capítulo 2.

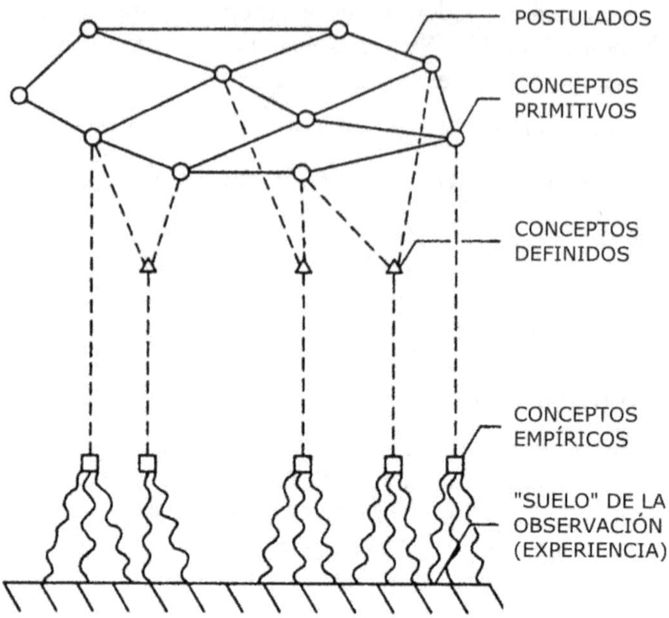

FIGURA 1.1 El enfoque recibido de acuerdo con Feigl

Estas son las líneas generales del Enfoque Recibido, tal y como lo desarrollaron Carnap y Hempel, así como Braithwaite, Nagel y Schlick (véanse las referencias en la nota 6).

El Enfoque Recibido se considera inextricablemente ligado al empirismo lógico y, según se dice, cuando el empirismo lógico pereció en la década de 1960, el Enfoque Recibido pereció con él. Craver capta lo esencial de esta narrativa cuando se refiere a este enfoque como el "enfoque otrora recibido" (2002, 55). Examinaremos los argumentos contra el Enfoque Recibido en los próximos capítulos, pero es importante añadir inmediatamente un correctivo a esta narrativa. Los análisis de teorías *muy parecidas* al Enfoque Recibido han sido sostenidos - y siguen siendo sostenidos - por filósofos que no tienen ninguna asociación con el empirismo lógico. Por ejemplo, en el tercer capítulo de su *The Logic of Scientific Discovery*, titulado "Theories", Popper dedica una sección entera al problema de "interpretar un sistema de axiomas" (1959, 51-54), y a lo largo de su obra enfatizó la importancia de probar las consecuencias observacionales de las teorías. Esto requiere entender una teoría como un sistema axiomático interpretado. Del mismo modo, en el núcleo del llamado "análisis de los mejores sistemas" de leyes de la naturaleza, que tiene su origen en la obra de Mill, Ramsey y Lewis, subyace la idea de que nuestro conocimiento del mundo está organizado en un sistema axiomático deductivo cuyos axiomas logran el mejor equilibrio entre simplicidad y solidez. Los axiomas son las leyes de la naturaleza y las verdades sobre el mundo se derivan como consecuencia deductiva del sistema.[47] La imagen de una teoría como sistema lógico axiomático también es importante en el debate sobre el realismo científico. Una de las articulaciones importantes del realismo estructural trabaja con la llamada *Sentencia de Ramsey* de una teoría (Worrall 2007a). Como veremos en la sección 4.6, apelar a la Sentencia de Ramsey requiere entender una teoría como un sistema axiomático con un vocabulario bifurcado.

Esta lista no es completa ni mucho menos. Sin embargo, debería ser suficiente para mostrar que los informes sobre la muerte de un análisis de las teorías en términos de sistemas axiomáticos interpretados pueden haber sido prematuros. Nos hemos referido a estos puntos de vista como "muy parecidos" al Enfoque Recibido. Esto debe matizarse. Las principales diferencias entre el Enfoque Recibido formulado por los empiristas lógicos y los puntos de vista mencionados en el párrafo anterior radican en su explicación de la noción de interpretación, sobre todo en su articulación, o incluso rechazo, de la segunda bifurcación. Existen controversias sustanciales en torno a la cuestión de dónde trazar la línea entre lo observable y lo no observable, y de si dicha línea debe trazarse a nivel del lenguaje, así como en torno a la naturaleza de los conceptos teóricos y su relación con lo observacional. Se trata de cuestiones fundamentales de la filosofía de la ciencia, que van directamente al meollo de la cuestión. Pero no perdamos de vista el contraste pertinente. Todas las posturas mencionadas hasta ahora están de acuerdo en que las teorías son sistemas axiomáticos interpretados, y no se sugiere que las teorías sean familias de modelos, conjuntos teóricos (*set-theoretical*) de otro tipo, como sostiene el Enfoque Modelo-Teórico (*Model-Theoretical View*). El desacuerdo se refiere a la articulación de los detalles, no a los contornos generales del punto de vista.

Esto es posible porque el Enfoque Recibido es una versión especial del punto de vista lingüístico. Los argumentos contra el Enfoque Recibido no son *ipso facto* argumentos contra el punto de vista lingüístico, e incluso quienes se oponen al Enfoque Recibido pueden apoyar el punto de vista lingüístico.[48] De hecho, hay

---

[47] Para una discusión sobre el mejor análisis de sistemas y otras referencias, véase Cohen y Callender (2009).

[48] Lutz hace esta afirmación estableciendo un contraste entre lo que él llama "enfoques sintácticos" y el Enfoque Recibido. Todos los "marcos que se basan en formalizaciones en lógica de predicados de primer orden o superior" son instancias de un enfoque sintáctico, mientras que "el Enfoque Recibido es un enfoque sintáctico específico que además asume una bipartición del vocabulario y permite una interpretación directa sólo de los términos observacionales" (Lutz 2014a, 1476, énfasis original). Señala que esta distinción es importante porque "[l]os enfoques sintácticos han sido a menudo descartados con referencia a las críticas al Enfoque Recibido" (ibid.; cf. Lutz 2017, 323-325). Los "enfoques sintácticos" de Lutz son, más o menos, lo que yo llamo el punto de vista lingüístico. Un punto similar es planteado por Mundy, quien insiste en que la comprensión de una teoría como un cálculo interpretado debe disociarse "de los temas positivistas con los que engañosamente se ha llegado a asociar" (1987, 173).

una multitud de posiciones posibles entre el relativamente amplio punto de vista lingüístico y el punto de vista más específico del Enfoque Recibido, y quienes rechazan, por ejemplo, las reglas de correspondencia pueden formular una versión del punto de vista lingüístico que no incluya reglas de correspondencia.

En el resto de este capítulo, discutimos un número de objeciones inmediatas al Enfoque Recibido. Si estas objeciones tuvieran éxito, socavarían inmediatamente el Enfoque Recibido y harían superfluas las discusiones posteriores. Veremos que no es así. Estas objeciones se basan en atribuciones erróneas (secciones 1.4 y 1.6), malentendidos (sección 1.5) o conclusiones precipitadas (sección 1.7). Esto despeja el camino para un examen de los graves problemas a los que se enfrenta el Enfoque Recibido y, de hecho, el punto de vista lingüístico. En el capítulo 2 presentamos los modelos y analizamos el papel que desempeñan en el Enfoque Recibido. En el capítulo 3 analizamos en detalle la separación del vocabulario de una teoría en términos observacionales y teóricos, y las líneas divisorias entre lo observacional y lo teórico en general. En el capítulo 4 se analiza el papel y la función de los términos teóricos, y cómo debe descifrarse su significado.

1.4 Axiomatización exhaustiva y el rumor de primer orden

Como hemos visto en la sección anterior, el cierre deductivo de un conjunto *A* de axiomas para una teoría debe ser la teoría *T=D(A)*. Hasta ahora pretendíamos que los axiomas de una teoría fueran enunciados generales como las tres leyes del movimiento de Newton. Hay un problema inmediato con esta forma de pensar sobre los axiomas, a saber, que no se deduce gran cosa de las leyes del movimiento de Newton por sí solas y que, por tanto, el cierre deductivo de las leyes de Newton no sería idéntico a lo que normalmente consideramos mecánica newtoniana. El origen del problema es obvio: Newton hizo un uso extensivo de varias teorías matemáticas de base, que le proporcionaron los conceptos y reglas matemáticas relevantes para realizar derivaciones y formular pruebas. Sin estas teorías de base, los tres axiomas son prácticamente inútiles. Se podría decir que esto es poco más que una cuestión de presentación. Todo lo que tenemos que hacer para rectificar el problema es reconocer una teoría matemática de fondo B como uno de los axiomas para restaurar la imagen: *T=(D&B)*. La naturaleza exacta de B dependería del contexto teórico, pero en la mayoría de los casos incluiría elementos de teoría de números, análisis, teoría de medidas, teoría de probabilidades y álgebra.

Suppes argumenta que esta vía está vedada al Enfoque Recibido porque el requisito de axiomatización obliga e este punto de vista a escribir explícitamente los axiomas de cada concepto matemático que aparece en la teoría. Discutiendo lo que él llama la "formalización estándar", afirma que los axiomas relativos a "la ocurrencia conjunta de dos eventos", "axiomas sobre los números reales", y "axiomas que pertenecen sólo a la teoría de la probabilidad" todos tienen que ser explícitamente escritos en la axiomatización de la teoría (1992, 207; cf. 2002, 27). Lutz (2012b, 88) llama a esto el requisito de "axiomatización exhaustiva". Este requisito, argumenta Suppes, no es deseable porque en "esta maraña de axiomas" se pierden de vista los que son específicos de la teoría en cuestión y porque "no tiene sentido ni interés repetir continuamente estos axiomas generales sobre conjuntos y sobre números cada vez que consideramos formalizar una teoría científica"; de hecho, el resultado de tal reconstrucción axiomática es "una teoría demasiado torpe y desgarbada para ser de alguna utilidad" (*ibid.*, 207-208).

Lutz le echa en cara a Suppes que imponga al Enfoque Recibido un requisito con el que ni está ni tiene por qué estar comprometido (*ibid.*, 89-91). Argumenta que el Enfoque Recibido puede apelar a teorías de fondo, y posiblemente incluso a paquetes de teorías, y que puede asumirlas como fondo *sin* enumerarlas explícitamente. La mecánica newtoniana puede asumir la teoría de números, el álgebra, el análisis y cualquier otra cosa que necesite como dada y no está obligada a escribirlo todo explícitamente. El Enfoque Recibido no está obligado a empezar *ab ovo* cada vez que axiomatiza una teoría. Puede centrarse en aquellas partes del material que son específicas de la teoría y empaquetar el "resto" en el trasfondo *B*, que se supone que se desarrollará en otro lugar. Se trata de una práctica científica habitual (un libro de texto sobre mecánica rara vez, o nunca, incluye un capítulo sobre, por ejemplo, teoría de números), y el Enfoque Recibido puede, en principio, adoptar esta práctica sin detrimento.

La especificación "en principio" es crucial. La cuestión es que para poder empaquetar el trasfondo en una "*B*" que aparezca como premisa en los argumentos, el trasfondo debe estar disponible en una forma axiomática adecuada, y existe la duda de si éste es el caso. Para ver cuál es la preocupación, necesitamos decir más sobre la lógica que se utiliza en una teoría. Ni (L1) ni (R1) son específicos sobre la naturaleza del sistema lógico en el que debe formularse una teoría. Se ha convertido en parte del folclore filosófico atribuir al Enfoque Recibido un firme compromiso con la lógica de primer orden, una lógica en la que los cuantificadores sólo abarcan individuos. En esta lectura, (R1) debería decir realmente que *T* está formulado en lógica de primer orden.[49]

El problema es que la lógica de primer orden tiene importantes limitaciones, y en la medida en que el Enfoque Recibido está comprometido con la lógica de primer orden hereda estas limitaciones. Una limitación importante es que muchos conceptos matemáticos no pueden expresarse en lógica de primer orden. Como señalan Barwise y Feferman, nociones como *función continua, variable*

[49] Véanse, por ejemplo, las de Churchland (1989, 153), Suppe (1977, 16, 50), Suppes (2002, 4, 27-29), Thompson (1989, 26) y van Fraassen (1985, 302). La afirmación ha llegado hasta las enciclopedias, las obras de referencia y las encuestas, donde se recoge como un hecho. Véase, por ejemplo, Craver's (2002, 55-60), Lloyd's (2006, 822), Morgan and Morrison's (1999, 2), Morrison's (2016, 381-382) y Winther's (2016, Sec. 3).

aleatoria, probabilidad mayor que algún número real r, conjunto numerable, conjunto infinito y conjunto de medida cero no pueden expresarse en lógica de primer orden (1985, 5-6).[50]

Esto supone un problema para el requisito de que una teoría esté axiomatizada. Si nociones como *función continua* y *variable aleatoria* no pueden formalizarse en la lógica de primer orden, entonces *B* no puede formalizarse en la lógica de primer orden y, por tanto, la expresión "*D*(*A*&*B*)" carece de sentido porque no existe *B* en el lenguaje de la teoría para introducirla. De ello se deduce que las teorías científicas que utilizan cualquiera de las herramientas formales que están fuera del alcance de la lógica de primer orden no pueden axiomatizarse en un lenguaje de primer orden. Dado que casi cualquier teoría hace uso de tales herramientas, se concluye que casi ninguna teoría puede ser axiomatizada.[51]

Si el Enfoque Recibido estuviera realmente comprometido con la lógica de primer orden, esto supondría un grave problema. Pero no es así. La afirmación de que el punto de vista recibido está comprometido con la lógica de primer orden es un rumor para el que no hay ni una razón sistemática ni pruebas históricas. En cuanto al primer punto, no hay nada en lo que se ha dicho hasta ahora sobre las teorías científicas que nos obligue a usar la lógica de primer orden, y vincular la lógica de primer orden al Enfoque Recibido (o, de hecho, al Enfoque Lingüístico) es una estipulación inmotivada. Cualquier sistema formal que permita a los científicos realizar derivaciones y pruebas puede utilizarse en principio para sistematizar una teoría, y cualquier requisito adicional debe basarse en otras consideraciones.[52]

En cuanto al segundo punto, no hay pruebas textuales de que los empiristas lógicos insistieran en analizar las teorías en términos de lógica de primer orden. A menudo señalaban la lógica de los *Principia Mathematica* de Russell y Whitehead como la lógica de una teoría científica.[53] Pero ni la lógica de los *Principia Mathematica* es de primer orden;[54] ni hay ninguna prueba de que los empiristas lógicos estuvieran fuertemente comprometidos con esa versión particular de la

---

[50] Para una evaluación detallada, véase Shapiro (1991, Cap. 5) y nuestro análisis en la Sección 2.8 y la Sección 2.9.

[51] Véanse, por ejemplo, Lloyd's (2006, 824), Stegmüller (1979, 4-7) y Suppes (1967, 58, 1992, 207).

[52] Azzouni (2014, 2994) lo señala explícitamente. Algunos filósofos, en particular Quine (1953, cap. 6), han propuesto lo que Barwise y Feferman llaman la "tesis del primer orden": "la lógica es lógica de primer orden, de modo que cualquier cosa que no pueda definirse en lógica de primer orden está fuera del dominio de la lógica" (1985, 5). Las motivaciones de esta tesis son numerosas y variadas, entre las que destacan el nominalismo y el rechazo de las entidades abstractas. Sin embargo, el Enfoque Recibido no tiene por qué seguir a Quine en su apoyo a la tesis del primer orden. Para una revisión de las cuestiones en torno a la lógica de orden superior, véase Linnebo (2011).

[53] Véase, por ejemplo, Kraft (1950).

[54] Para una discusión histórica de la aparición de la lógica de primer orden, véase Moore (1988).

lógica. La lógica de *Principia Mathematica* se consideraba el mejor sistema lógico a principios del siglo XX, y parecía razonable basar el análisis de la ciencia en la mejor lógica disponible. Pero Carnap, en particular, seguía sin comprometerse con los sistemas lógicos. El lenguaje que utilizó en su primera obra importante, *Der Logische Aufbau der Welt* (1928), no era un lenguaje de primer orden (Lutz 2012b, 83), y tampoco lo era el lenguaje de su Introducción a la lógica simbólica de 1954 (*ibid.*).[55] En su (1956a, 42) Carnap señaló que las modalidades lógicas o causales podrían introducirse en un sistema si fuera necesario, y en su (1958) tomó explícitamente los lenguajes científicos como lenguajes de orden superior. Desde 1958 Carnap hizo un uso frecuente de la sentencia de Ramsey, que es una sentencia que sólo puede formularse en lógica de segundo orden (tratamos la sentencia de Ramsey en la sección 4.6). En una conferencia pronunciada en 1959 dijo explícitamente que un lenguaje científico "contiene una lógica global que incluye toda la matemática, ya sea en forma teórica de conjuntos o en forma teórica de tipos" (citado en Psillos 2000c, 159). Además, ni las discusiones de Nagel (1961, caps. 5-6) ni las de Hempel (1966, cap. 6) sobre el Enfoque Recibido hacen referencia a ningún sistema formal en particular, y ciertamente no hay ninguna sugerencia de que la lógica de las teorías científicas tenga que ser lógica de primer orden.[56]

En resumen, ni el punto de vista lingüístico ni el Enfoque Recibido están comprometidos con la lógica de primer orden, y ambos son libres de utilizar cualquier lógica que se considere apropiada en un contexto determinado. Pero tener libertad de elección no exime al punto de vista de hacer realmente una elección, y aquí es donde las cosas se ponen difíciles. Al hacer una elección surgen muchas consideraciones difíciles, y no hay respuestas fáciles. Volveremos sobre este problema en las secciones 2.8-2.10, después de haber introducido los modelos.

1.5 Piedras de Rosetta y escollos

Hanson desaprueba el Enfoque Recibido porque considera que una teoría es un formalismo vacío sin contenido. Acusa a los empiristas lógicos de habernos "invitado a pensar en una *teoría* como una Piedra Rosetta totalmente sin interpretar y descubierta en el desierto semántico árido de significado" (1969, 63, énfasis original) y más tarde se queja de que "[d]ividir las teorías en *formalismo* e *interpretación* -y luego identificar sólo el formalismo con la "teoría"- es el simple error de una discreción equivocada" (*ibid.*, 77, énfasis original). A pesar de su atractivo retórico, esta crítica revela una total incomprensión del Enfoque Recibido. Como hemos visto en la última sección, el Enfoque Recibido define una teoría como un formalismo interpretado. Una interpretación es parte integrante

[55] Véase Leitgeb (2011) para una discusión del programa filosófico en el Aufbau de Carnap.
[56] Para una discusión de la postura de Hempel al respecto, véase la de Lutz (2012b, 84-87). Meyer (2002) proporciona más argumentos en contra de lo que él llama la "tesis de primer orden", la opinión de que las teorías científicas deben, y pueden, formalizarse en lógica de primer orden.

de una teoría, y nadie ha dicho nunca que un formalismo "desnudo" sea una teoría. Sin embargo, este error se ve alentado por la etiqueta "visión sintáctica", que sugiere que una teoría es un elemento sintáctico. Por lo tanto, Liu señala acertadamente que "enfoque sintáctico" es un nombre inapropiado porque da la impresión errónea de que este enfoque "solo considera como una teoría el cálculo no interpretado y altamente abstracto..., lo cual no es el caso. Las interpretaciones y las reglas de correspondencia también son componentes esenciales de una teoría" (1997, 151).

Otra crítica es que el Enfoque Recibido es un obstáculo para el progreso científico.[57] La afirmación es que la axiomatización de una teoría la congela y le impide evolucionar: la axiomatización obstruye la creatividad y pone fin al proceso de investigación. Por esta razón, la axiomatización es desventajosa y debería evitarse. Esta crítica es infundada. Los axiomas no son inamovibles y, si dejan de ser útiles, pueden modificarse. Tampoco hay pruebas históricas de que las teorías axiomatizadas sufran de subdesarrollo. La geometría floreció después de que Euclides axiomatizara la teoría, y la mecánica newtoniana se ha desarrollado de numerosas formas en los siglos posteriores a Newton (y, de hecho, los desarrollos continúan). Los axiomas pueden hacer explícitas las afirmaciones básicas de una teoría, sacar a la luz supuestos ocultos y revelar las lagunas de un argumento. El tristemente célebre quinto postulado de Euclides ha sido uno de los principales impulsores de los avances en geometría, y el escrutinio de la ecuación del movimiento de Newton ha acabado dando lugar a nuevas formas de mecánica (clásica y no clásica). Schlimm (2006) ofrece un extenso análisis del papel de los axiomas en la ciencia del siglo XX y señala que, de hecho, los axiomas fueron decisivos para el progreso en muchas partes de las matemáticas y la física, refutando así la afirmación de que los axiomas son un impedimento para el progreso[58].

Una crítica relacionada es que el Enfoque Recibido es descriptivamente inadecuado porque, como dice Craver, el punto de vista "es negligente o distorsiona la dinámica de las teorías científicas - el prolongado proceso de generación, evaluación, revisión y sustitución de teorías a lo largo del tiempo" (2002, 60, énfasis original). De hecho, Craver menciona dos puntos distintos. Empecemos por "negligente". Para abordar este punto, necesitamos establecer una distinción entre dos tipos diferentes de descripciones filosóficas de las teorías. Un relato sincrónico describe una teoría en un instante dado del tiempo y explica qué partes tiene, cómo funcionan las partes, cómo interactúan entre sí y cómo todas las partes se unen para formar un todo operacional. Un relato diacrónico describe cómo cambia una teoría a lo largo del tiempo y explica cómo evolucionan las partes y sus funciones, cómo se ajustan sus interacciones y cómo se transforma toda la teoría.

---

[57] Véase Craver (2002, 61) y sus referencias; véase también Rosenberg (2000, 100), que menciona la crítica sin apoyarla.

[58] Schlimm (2013) señala además que incluso en matemáticas los axiomas no deberían ser, y en la práctica no lo son, considerados como verdades autoevidentes inmutables, y en su (2011) examina en detalle el papel creativo que desempeñaron los axiomas en el descubrimiento de los entramados.

Para hacer más palpable esta distinción, consideremos la misma en el contexto de un edificio. Un relato sincrónico de, por ejemplo, el Tower Bridge de Londres explica la ingeniería del puente explicando qué partes tiene y cómo se integran para formar una estructura estable, lo que implica especificar la capacidad de carga de los pilares, las propiedades estáticas de la suspensión, etc. Un relato diacrónico del puente describe cómo ha cambiado el puente a lo largo de los años, qué modificaciones se han hecho, qué revisiones ha sufrido, etcétera. Está claro que el Enfoque Recibido ofrece un relato sincrónico de las teorías y no un relato diacrónico. Pero, ¿por qué esta elección equivale a "negligente"? El cambio de teorías es un tema importante, pero no hay ningún imperativo de que toda exposición de teorías deba abordarlo. Acusar al Enfoque Recibido de negligente es acusarlo de no haber hecho algo que nunca pretendió hacer. Es como acusar de negligencia a un ingeniero estructural que da cuenta de las propiedades estáticas del Tower Bridge por no explicar también la historia del puente.

El segundo argumento de Craver es que el Enfoque Recibido "distorsiona" la dinámica de las teorías. En particular, a raíz de *La estructura de las revoluciones científicas* de Kuhn (1970), el cambio de teoría se convirtió en un tema importante en la filosofía de la ciencia, y la opinión de que el progreso científico es una acumulación más o menos lineal de conocimientos fue sustituida por una cuenta que ve el progreso científico como pasar por fases revolucionarias en las que un paradigma es sustituido por otro, inconmensurable, paradigma.[59] La acusación es que el Enfoque Recibido se ha comprometido a un error, y anticuado, visión del progreso científico. Esto es infundado en dos sentidos. En primer lugar, el Enfoque Recibido no está comprometido con ninguna visión del progreso científico y, por tanto, no puede estar comprometido con una visión "distorsionada". De hecho, ¡es difícil ver cómo el Enfoque Recibido podría ser culpable *al mismo tiempo* de negligencia respecto del desarrollo diacrónico de las teorías *y* de promulgar una visión distorsionada de ese desarrollo! En segundo lugar, Richardson (2007) ofrece un análisis histórico de la acusación y señala que los empiristas lógicos no eran en absoluto hostiles a una imagen kuhniana del progreso científico. Carnap comentó con aprobación la obra de Kuhn y, de hecho, Kuhn (1970) se publicó originalmente como monografía en la serie *Foundations of the Unity of Science*, que coeditó Carnap (Richardson 2007, 354-355). Por lo tanto, ni el punto de vista en sí incorpora ninguna explicación particular del progreso ni hay pruebas históricas de que (al menos los principales) empiristas lógicos se opusieran a una interpretación kuhniana del progreso científico.

[59] Para una amplia discusión del relato de Kuhn sobre el cambio de teoría, véanse Bird (2000) y Hoyningen-Huene (1993).

1.6* ¿Identidad en crisis?

La mecánica de Newton describe correctamente el movimiento de objetos de tamaño medio (al menos con un buen grado de aproximación), pero es difícil de aplicar a determinadas situaciones, por ejemplo cuando los objetos se mueven bajo restricciones externas. Por ejemplo, el movimiento de un carrito en un *helter skelter* es difícil de calcular con la ecuación de Newton. Para resolver este problema, Lagrange reformuló la mecánica newtoniana de forma que las restricciones se tratasen de forma diferente y fuesen más manejables. Esta reformulación se conoce ahora como Mecánica de Lagrange. Así pues, tenemos ante nosotros lo que parecen dos formulaciones diferentes de la misma teoría. Unos 250 años más tarde tuvo lugar la revolución cuántica. En 1925 Heisenberg presentó la mecánica matricial, y en 1926 Schrödinger formuló la mecánica ondulatoria. Schrödinger no tardó en argumentar que ambas teorías eran idénticas en el sentido de que en realidad eran la misma teoría sólo que formulada de formas diferentes. Este argumento se confirmó en 1932, cuando von Neumann presentó una formulación unificada de la teoría cuántica basada en las matemáticas de los espacios de Hilbert.[60]

Casos como éste plantean la cuestión de los criterios de identidad de las teorías: ¿qué condiciones deben darse para que dos teorías sean idénticas? Para debatir esta cuestión, debemos distinguir entre una teoría y una formulación teórica. Una *formulación teórica* Φ se da en un lenguaje particular. Es lo que encontramos cuando leemos un libro de texto o un artículo científico. La teoría en sí *se expresa* mediante un conjunto de oraciones que constituyen una formulación. Sea $T(\Phi)$ la teoría que *expresa* la formulación Φ. Una teoría es independiente de una formulación concreta y puede expresarse mediante diferentes formulaciones. Supongamos ahora que nos dan dos formulaciones diferentes Φ_1 y Φ_2. ¿Bajo qué condiciones dos formulaciones expresan la misma teoría? Una respuesta a esta pregunta tiene la siguiente forma general:[61]

Φ_1 es equivalente a Φ_2 si y solo si $T(\Phi_1)$ es idéntica a $T(\Phi_2)$.

Llamemos a esto el *esquema de identidad*. El esquema regula la terminología: "equivalente" se aplica a las formulaciones teóricas e "idéntico" a las teorías. El esquema dice que dos teorías son idénticas si sus formulaciones son equivalentes. Como se trata de un bicondicional, se puede utilizar la verdad o falsedad de un lado del bicondicional para determinar la verdad o falsedad del otro lado. Sin

---

[60] El caso de la mecánica newtoniana y lagrangeana se discute en todos los libros de texto avanzados de mecánica clásica; véase, por ejemplo, Goldstein (1980). Para el caso de la mecánica cuántica, véase, por ejemplo, Muller (1997a, 1997b).

[61] Gracias a Laurenz Hudetz por sugerirme este esquema. Para un estudio reciente de los diferentes enfoques de la equivalencia teórica, véase Weatherall (2019a, 2019b).

embargo, normalmente sólo tenemos acceso a las teorías a través de sus formulaciones y la única forma de decidir si dos teorías son idénticas es decidir si las formulaciones son equivalentes.

Los críticos del Enfoque Recibido afirman que éste se compromete a individualizar las teorías sintácticamente, lo que tiene como consecuencia que cada cambio en la descripción conduce a una nueva teoría.[62] Suppe lo ilustra con el ejemplo de una traducción (1977, 204). Supongamos que una teoría se formula primero en inglés y luego se traduce al francés. La formulación inglesa y la francesa constan de frases diferentes. Si las teorías son colecciones de sentencias, entonces la traducción al francés produce una nueva teoría. Pero éste es un veredicto erróneo, porque las frases inglesas y francesas expresan la misma teoría. Por supuesto, las traducciones entre distintos idiomas corrientes son sólo una ilustración. El mismo problema se plantea con los ejemplos que hemos mencionado antes. La mecánica newtoniana y la lagrangeana utilizan un formalismo diferente; las cadenas de símbolos que resultan cuando se escriben las teorías son diferentes; y por lo tanto, afirma Suppe, el Enfoque Recibido se ve obligado a considerarlas como teorías diferentes. Y por la misma razón la mecánica matricial (*matrix mechanics*) y la mecánica ondulatoria tienen que salir como teorías diferentes.

Por supuesto, Suppe tiene razón al señalar que la formulación inglesa de una teoría y sus traducciones francesas expresan la misma teoría, pero se equivoca al creer que el Enfoque Recibido no puede emitir este veredicto. Su crítica se basa en dos supuestos. En primer lugar, afirma que el Enfoque Recibido elimina la distinción entre formulación de una teoría y teoría propiamente dicha, identificando así una teoría con su formulación: $T(\Phi)= \Phi$. En segundo lugar, afirma que el Enfoque Recibido está comprometido con un criterio de equivalencia puramente sintáctico según el cual dos formulaciones teóricas son equivalentes si son *sintácticamente* idénticas; es decir, si están formadas por cadenas idénticas de símbolos. Por eso, incluso el más mínimo cambio en la formulación de una teoría da lugar a una nueva teoría.

Echemos un vistazo a estos supuestos. El primero es difícil de evaluar. Hay poca o ninguna discusión explícita de la distinción entre fórmulas teóricas y teorías en la literatura en la que se origina el Enfoque Recibido, y es una cuestión de interpretación si uno quiere atribuir al Enfoque Recibido la afirmación de que $T(\Phi)= \Phi$. Suppe basa esta atribución en la afirmación de que, según el Enfoque Recibido, las teorías son "entidades lingüísticas" (1989, 3). Pero que las teorías sean entidades lingüísticas no implica que las teorías sean idénticas a sus fórmulas. Las proposiciones son entidades lingüísticas y, sin embargo, no son idénticas a las oraciones que las expresan; y los significados son entidades lingüísticas y, sin embargo, no son idénticos a las expresiones que los portan. Suppe podría

[62] Véase Suppe (1977, 204-205, 1989, 3-4, 82, 1998, 345, 2000c, 103, 2000b, 525). Véase también da Costa y French (2003, 24), French (2008, 271) y Giere (1988, 84).

replicar que esto enturbia las aguas porque las proposiciones y los significados no son entidades lingüísticas. Si es así, entonces necesitamos una definición más precisa de lo que cuenta como entidad lingüística (y un argumento para la conclusión de que las teorías son entidades lingüísticas en el sentido de esa definición más precisa).

Sea como fuere. El verdadero problema del argumento de Suppe radica en el segundo supuesto: que dos formulaciones teóricas son equivalentes si son sintácticamente idénticas. Este criterio es totalmente inverosímil. Su propio caso de traducción linguística pone de manifiesto el problema. Veamos un ejemplo trillado: "La nieve es blanca", "la neige est blanche" y "雪是白的" expresan el mismo hecho, pero en lenguas distintas. Si las tomamos como formulaciones de nuestra teoría de la nieve, un criterio puramente sintáctico de equivalencia teórica tiene que considerarlas no equivalentes porque no son sintácticamente idénticas. Se trata claramente de un veredicto erróneo. La raíz del problema es que el lenguaje es mucho más que sintaxis, y no hay ninguna razón para considerar la *identidad sintáctica* como un criterio de *equivalencia lingüística*. De hecho, como señala Worrall, "el axiomatizador sensato no es el prisionero de ningún lenguaje particular" porque la elección de un lenguaje para expresar una teoría sólo se hace sobre "la base de la idoneidad y la conveniencia sin que se haga ninguna afirmación de que éste sea el 'verdadero' lenguaje de la teoría" (1984, 72). Del mismo modo, Halvorson observa que ningún defensor del Enfoque Recibido ha defendido nunca nada parecido al criterio de Suppe y que no hay nada en el Enfoque Recibido que nos obligue a aplicar tal criterio (2016, 588).

Existen varias alternativas plausibles. Hendry y Psillos sugieren que dos formulaciones teóricas son equivalentes si tienen idénticas condiciones de verdad (2007, 137). Rosenberg afirma que dos formulaciones teóricas son equivalentes si expresan las mismas proposiciones (2000, 99).[63] Quine sostiene que dos fórmulas son equivalentes si ambas teorías son empíricamente equivalentes y las dos formulaciones pueden hacerse idénticas cambiando los predicados en una de ellas (1975, 320). Worrall observa que las formulaciones de una teoría pueden volver a considerarse equivalentes si los términos primitivos de ambas teorías se convierten en términos definidos (1984, 72). Glymour propone que dos formulaciones son equivalentes si son equivalentes desde el punto de vista de la definición (1971, 279), lo que, a grandes rasgos, significa que el vocabulario utilizado por una teoría puede definirse en la otra y viceversa. Otros criterios han surgido en un debate reciente sobre la identidad de las teorías iniciado por Halvorson (2012), que revisamos en la sección 5.5.

No hay necesidad de adjudicar entre estas propuestas aquí. La cuestión es que todas estas opciones están disponibles para el Enfoque Recibido, que por lo tanto

[63] Thomson-Jones (2012) hace una sugerencia similar en el contexto de un debate sobre modelos.

no está obligado en modo alguno a aceptar la absurda opinión de que las teorías se individúan por la sintaxis de su formulación.

Otra supuesta fuente de dificultades con los criterios de identidad son las reglas de correspondencia. Puesto que la teoría incorpora reglas de correspondencia, la teoría cambia cada vez que cambian las reglas de correspondencia.[64] Las reglas de correspondencia pueden cambiar cuando cambia la base observacional. Si, por ejemplo, los termómetros de mercurio se sustituyen por termómetros de infrarrojos, la regla de correspondencia que relaciona la "temperatura" con las observaciones cambia, con lo que cambia la teoría. Esto se considera inverosímil porque las teorías no cambian cuando introducimos nuevas técnicas de observación.

Es cierto que una teoría cambia como resultado de alteraciones de las reglas de correspondencia, pero no está claro *prima facie* que esto sea un resultado inverosímil o indeseable. En la medida en que las teorías se basan en observaciones (¡el postulado básico del empirismo!), deberíamos esperar que las teorías cambien cuando cambien las observaciones. El aire de inverosimilitud que se atribuye a la idea de que se produce un cambio teórico concomitante cuando cambia la base observacional tiene mucho que ver con una interpretación errónea de "nuevo". Si la novedad se entiende como una cuestión de todo o nada, entonces la afirmación es realmente inverosímil: no obtenemos una teoría completamente nueva o completamente diferente añadiendo una nueva técnica de observación. Pero si vemos la novedad como algo que viene en grados, podemos decir que el tipo de cambios que hemos estado discutiendo sólo producen un cambio muy pequeño, lo que no parece inverosímil en absoluto. Que la temperatura sea algo que no sólo puede medirse con columnas de mercurio, sino también con radiación infrarroja, tiene cierta influencia en el concepto de temperatura y, *a fortiori*, en las teorías en las que la temperatura desempeña un papel. La relación entre los conceptos observacionales y teóricos se trata en detalle en el capítulo 4. En este punto nos limitaremos a señalar que no hay nada obviamente absurdo en admitir que puede haber cambios teóricos como resultado de cambios en la base observacional de una teoría.

1.7 Los supuestos estragos de la reconstrucción racional

Una objeción común al Enfoque Recibido es que las teorías, tal como las formulan los científicos en ejercicio, no se parecen a un sistema axiomático interpretado. Suppe afirma que "volviendo a la ciencia misma, la axiomatización ocurre sólo infrecuentemente, y entonces usualmente en estudios fundacionales de teorías bien desarrolladas" (2000a), y Carver observa que el Enfoque Recibido "no

[64] Véase, por ejemplo, Da Costa y French (2003, 24) y Suppe (1989, 4-5, 2000b, 525).

es típicamente defendido como una descripción exacta de teorías en la naturaleza" (2002, 58).

Esto es cierto sólo en parte. Como hemos visto en las secciones 1.1 y 1.2, el desarrollo de la mecánica de Newton se aproxima a la imagen de las teorías que el Enfoque Recibido presenta, y otras teorías de la física se ajustan, al menos en líneas generales, a la imagen de Newton. Así que el Enfoque Recibido es algo más que una quimera de filósofos. Dicho esto, es cierto que la presentación de las teorías en la práctica científica no siempre se ajusta a las prescripciones de la visión recibida o, de hecho, a la visión lingüística. Es poco probable que alguien que abra un libro de texto sobre física del estado sólido, física nuclear, física de partículas elementales, astrofísica o teoría del caos encuentre un desarrollo axiomático de la teoría.

Esto no debería sorprendernos ni alarmarnos. El Enfoque Recibido nunca pretendió ser una descripción objetiva de las "teorías en la naturaleza". Una teoría que se presenta bajo la forma del Enfoque Recibido ha sido objeto de una *reconstrucción racional*.[65] Así pues, el Enfoque Recibido proporciona una descripción normativa de las teorías, más que descriptiva, y nos informa de cómo deberían ser las teorías tras una reconstrucción racional, en lugar de cómo deberíamos esperar encontrarlas en los libros de texto y los trabajos de investigación. La idea de la reconstrucción lógica fue ampliamente debatida entre los neokantianos a principios del siglo XX, y se convirtió en el núcleo del programa filosófico de *Der Logische Aufbau der Welt* de Carnap.[66] En el prefacio a la segunda edición, Carnap ofrece la siguiente caracterización:

> Por reconstrucción racional se entiende la búsqueda de nuevas definiciones para conceptos antiguos. Los conceptos antiguos no se originaron normalmente mediante una formulación deliberada, sino en un desarrollo más o menos irreflexivo y espontáneo. Las nuevas definiciones debían superar a las antiguas en claridad y exactitud y, sobre todo, debían encajar en una estructura sistemática de conceptos. Tal clarificación de conceptos, hoy en día frecuentemente llamada "explicitación", me sigue pareciendo una de las tareas más importantes de la filosofía, especialmente si se ocupa de las principales categorías del pensamiento humano. (Carnap 1967, v)

La sugerencia de que las teorías deben reconstruirse racionalmente no implica que los científicos hayan hecho mal su trabajo. La construcción y la exploración de una teoría son actos creativos, que pueden dejar algunas cuestiones sin resolver: las definiciones de los conceptos básicos pueden ser opacas, la conexión de los postulados teóricos con la observación puede ser tenue, etcétera. Un enfoque

---

[65] Los defensores del Enfoque Recibido eran explícitos al respecto. Véase, por ejemplo, Hempel (1969, 20, 1970, 148) y Feigl (1970, 13).

[66] El título alemán significa "La estructura lógica del mundo". Para un análisis del uso que Carnap hace de la reconstrucción racional, véanse Demopoulos (2007) y Richardson (1997).

comprometido con la reconstrucción racional considera que la tarea de la filosofía consiste en sustituir los pronunciamientos vagos o imprecisos por formulaciones transparentes y explícitas.[67]

Las reconstrucciones racionales no son sólo una estratagema filosófica. Cuando los fundamentos de una teoría científica (o disciplina) resultan poco claros o controvertidos, los propios científicos pueden ofrecer reconstrucciones de las teorías. La mecánica cuántica es un buen ejemplo. En respuesta a las muchas cuestiones difíciles que surgieron en relación con la teoría cuántica, von Neumann (1932/1955) propuso una axiomática de reconstrucción racional de la mecánica cuántica con el objetivo de comprender mejor su estructura conceptual, que sigue vigente en la actualidad.[68] También existen proyectos de reconstrucción de otras teorías de la física, sobre todo de la mecánica estadística, la termodinámica, la teoría de la relatividad y la teoría cuántica de campos, y más allá de la física, de la teoría evolutiva, la filogenética y la teoría de la toma racional de decisiones, por mencionar sólo algunas.

La reconstrucción racional no goza de popularidad universal. Uno de los primeros ataques provino de Quine, quien argumenta que es "mejor descubrir cómo se desarrolla y aprende la ciencia que fabricar una estructura ficticia" (1969, 78). Así pues, la filosofía de la ciencia debería describir las teorías tal y como aparecen en la práctica científica, y el análisis de las teorías debería ser descriptivo. Esta perspectiva ha ganado adeptos y muchos filósofos de la ciencia se consideran ellos mismos hoy en día como analistas de la práctica científica, rastreando el desarrollo histórico de las ideas y observando la estructura social de las comunidades científicas. Sin embargo, como se ha señalado en el párrafo anterior, la desestimación de la reconstrucción racional no es en absoluto universal, y en muchas partes de la filosofía de la ciencia se siguen llevando a cabo proyectos reconstructivos (de hecho, el Enfoque Modelo-Teórico, ahora dominante, que analizamos en la Parte II, también propone un programa filosófico basado en la reconstrucción racional de las teorías)[69]. Lo que queremos decir es algo más modesto: que un punto de vista sea una reconstrucción racional, o que un programa filosófico implique una reconstrucción racional, no es *ipso facto* una refutación de ese punto de vista o de ese programa.

Una línea diferente de crítica dejaría intactas las ideas centrales de la reconstrucción racional pero insistiría en que el Enfoque Recibido pide una reconstrucción del tipo equivocado. Esta parece ser la línea de Suppe cuando desafía a los defensores del Enfoque Recibido a mostrar que cada ejemplo claro de una teoría científica puede ser axiomatizado de una *manera fructífera* (1977, 62-66). Una

---

[67] Para una discusión de la noción de explicación de Carnap, véanse las de Dutilh Novaes y Reck (2017), Kitcher (2008) y Lutz (2012b, Sec. 5).

[68] Una contribución reciente a este proyecto es la de Hardy (2011). Para un análisis de los axiomas de von Neumann, véanse Rédei y Stöltzner (2006) y Stöltzner (2001).

[69] Para una visión general de las cuestiones relacionadas con la reconstrucción racional, véase Richardson (2006).

axiomatización es fructífera si "reducirá el contenido de la teoría a una base axiomática compacta de tal manera que muestre las interconexiones sistemáticas entre los varios conceptos en versiones pre-axiomáticas de la teoría" (*ibid.*, 64). Su veredicto es que el Enfoque Recibido falla esta prueba porque tales axiomatizaciones están disponibles en el mejor de los casos para una pequeña clase de teorías:

> Es evidente que las interconexiones sistemáticas entre los conceptos que ocurren en cualquiera de las siguientes teorías en la actualidad son insuficientemente conocidas o comprendidas para admitir una axiomatización fructífera: La teoría del sistema nervioso de Hebb, la teoría darwiniana de la evolución, la teoría del principio del universo de Hoyle, la teoría tagmémica de la estructura del lenguaje de Pike, la psicología de Freud, la teoría de Heyerdahl sobre el origen de la vida humana en la isla de Pascua o la teoría de que todas las lenguas indoeuropeas tienen un ancestro común, el protoindoeuropeo. Además, es manifiesto que la mayoría de las teorías en antropología cultural; la mayoría de las teorías sociológicas sobre la familia; las teorías sobre el origen del indio americano; la mayoría de las teorías en paleontología; las teorías de la descendencia filogenética; la mayoría de las teorías en histología, celu-lar y microbiología, y anatomía comparada; las teorías de historia natural sobre la decadencia de los dinosaurios y otros animales prehistóricos; y las teorías sobre los procesos superiores en psicología, todas son tales en la actualidad que cualquier intento de axiomatización sería prematuro e infructuoso, ya que están insuficientemente desarrolladas para permitir su reducción a una base altamente sistemática. (Suppe 1977, 64-65)

Suppe, o cualquier defensor del Enfoque Modelo-Teórico, no está en posición de dar mucha importancia a tales ejemplos. Es cierto que estas teorías no son formalismos interpretados. Pero tampoco son familias de modelos; ni es obvio que puedan reconstruirse fructíferamente como tales. Pero dejemos esto de lado por ahora. Una respuesta contundente al desafío de Suppe podría considerar la reconstructibilidad axiomática como un criterio para la madurez de una disciplina y rechazar como inmaduras, o incluso acientíficas, las teorías que no pueden ser llevadas a la forma axiomática relevante (Baur 1990, 327). Esto encajaría con la observación de Suppe de que "actualmente" dichas teorías no pueden axiomatizarse; que los intentos de axiomatizarlas serían "prematuros"; y que estas teorías están "insuficientemente desarrolladas" para ser reducidas a una base sistemática (*op. cit.*).

Aunque existen preocupaciones legítimas sobre las credenciales de algunos elementos de la lista de Suppe (la psicología freudiana, por ejemplo), no sería aconsejable descartar la teoría evolutiva, la microbiología y la anatomía comparada como inmaduras o incluso no científicas. Esto deja al Enfoque Recibido con dos opciones. La primera es restringir el alcance del análisis y afirmar que sólo *al-*

gunas teorías tienen (o pueden tener) la forma de un sistema axiomático interpretado, mientras que otras teorías tienen una estructura diferente que el Enfoque Recibido no capta. La segunda es insistir en que Suppe se ha declarado vencido prematuramente y que existen formas axiomáticas para dichas teorías.

A fin de cuentas, es una cuestión de hecho si las teorías pueden axiomatizarse de forma fructífera, y mucho dependerá de lo que uno entienda por fructífero".[70] Sin embargo, parece relativamente seguro pensar que algunas teorías no son como la mecánica newtoniana, y que los intentos de refundirlas para que cumplan los criterios del Enfoque Recibido parecen empezar con mal pie. Las ciencias clasificatorias, como la taxonomía de las plantas de Linné, las teorías genealógicas, como los relatos del origen de las lenguas europeas, y los relatos históricos de acontecimientos singulares, como la extinción de los dinosaurios, no parecen encajar nunca en el molde del Enfoque Recibido.[71] Así pues, parece razonable limitar el alcance del Enfoque Recibido a las teorías que, como la mecánica newtoniana, se construyen en torno a principios generales que pretenden subsumir un gran número de casos bajo el mismo marco teórico.[72] En la medida en que el Enfoque Recibido capta la estructura de estas teorías, parece haber logrado su objetivo.

La cuestión que se plantea entonces es cuáles son "estas" teorías. ¿Hay algo más que unas pocas teorías de la física fundamental que entren en el ámbito del Enfoque Recibido? Las opiniones al respecto son divergentes. Beatty (1981) sostiene que el punto de vista recibido es insostenible porque las teorías de la biología no pueden reconstruirse dentro de su marco. El problema, dice Beatty, es que el Enfoque Recibido presupone una noción de ley que ve las leyes como universales y necesarias. Un ejemplo de ley en biología es la ley de Hardy-Weinberg en genética. Sin embargo, esta ley no es ni universal ni necesaria. Y la lección se generaliza: otras leyes de la biología tampoco son universales ni necesarias. Dado que el Enfoque Recibido requiere que una teoría tenga leyes universales y necesarias, es incompatible con la biología.[73] En aras de la argumentación, supongamos que el análisis de Beatty de las leyes de la biología como no

[70] Recordemos que T = D(T) , por lo que cualquier teoría puede axiomatizarse trivialmente simplemente declarando que cada frase de la teoría es un axioma. Tal axiomatización no sería fructífera. Pero hay muchas opciones entre declarar toda la teoría un conjunto de axiomas y encontrar un pequeño número de axiomas centrales. No está claro cuál es exactamente el término medio correcto o "fructífero", y la respuesta a esta cuestión puede depender del contexto.

[71] Incluso en las ciencias "duras", puede ser motivo de controversia si un determinado campo ha sido axiomatizado con éxito, o si puede serlo. Como ejemplo, véase la controversia entre Hettema y Kuipers (1988), por un lado, y Scerri (1997), por otro, sobre la axiomatización de la tabla periódica.

[72] Aceptar esta limitación no equivale a renunciar a todos los elementos del Enfoque Recibido. Los sistemas clasificatorios, los relatos genealógicos y las narraciones históricas siguen siendo entidades lingüísticas y, por tanto, podrían tener cabida en un punto de vista lingüístico generalizado que abandone los requisitos de axiomas y formalización.

[73] También han hecho afirmaciones similares Lloyd (1994, 2-5) y Craver (2002, 62); para un breve repaso del debate sobre las leyes en biología, véase Odenbaugh (2008, 513-515).

necesarias y no universales es correcto. ¿Qué problema supone esto para el Enfoque Recibido? Savage (1998, 5-6) señala que Beatty yerra el blanco porque el Enfoque Recibido no hace tales requisitos. Que las leyes sean necesarias o universales no forma parte del Enfoque Recibido, y la existencia de disciplinas que no tienen tales leyes no es una amenaza para el Enfoque Recibido.[74] En línea con la conclusión de Savage, una discusión de las ventajas relativas del Enfoque Modelo-Teórico (al que se refiere como "punto de vista semántico") y el Enfoque Recibido lleva a Ereshefsky a la conclusión de que "[a]doptar el punto de vista semántico de las teorías no facilitará nuestros intentos de representar completamente tales leyes" (1991, 76-77), y Collier concluye que "el enfoque sintáctico debe ser tan bueno como cualquier otro enfoque" cuando se trata de captar la naturaleza de las leyes en genética de poblaciones (Collier 2002, 292). Por tanto, si las teorías de la biología encajan en el molde del Enfoque Recibido es una cuestión abierta, y probablemente pueda decirse lo mismo de las teorías de otros ámbitos.

Por último, von Fraassen hace una interpretación totalmente distinta de "fructífero" en su análisis del Enfoque Recibido. Señala que "[e]n muchos textos y tratados sobre mecánica cuántica, por ejemplo, encontramos un conjunto de proposiciones llamadas 'axiomas de la teoría cuántica'. No se parecen mucho a lo que un lógico espera que sean los axiomas" (1980, 65). Así pues, van Fraassen nos acusa de equivocarnos de "axioma" cuando llamamos "axiomas" a principios generales como la ecuación de Newton, porque el tipo de axiomas que se encuentran en los sistemas formales son de una clase diferente a los axiomas de la teoría científica. Por esta razón, es "simplemente un error" pensar que al ver los axiomas de la teoría cuántica en un libro de texto que la "teoría se presenta aquí axiomáticamente en el sentido en que Hilbert presentó la geometría euclidiana, o la aritmética Peano" (*ibid.*). Pero si los axiomas científicos son diferentes de los axiomas de un sistema formal, entonces axiomatizar una teoría en un sistema formal no puede ser fructífero. Se trata de una acusación seria, pero aún no estamos en condiciones de evaluarla. Primero tenemos que decir algo más sobre los sistemas formales en los que se formulan las teorías (hasta ahora sólo hemos dicho que no tienen por qué ser de lógica de primer orden), y sobre la naturaleza de los axiomas científicos. Volveremos sobre estas cuestiones en los capítulos 2 y 5.

1.8 Conclusión

El Enfoque Recibido no es tan obvio como muchos de sus oponentes afirman. Varias críticas son infructuosas porque se dirigen a hombres de paja o sacan conclusiones demasiado precipitadas. Por supuesto, esto no significa que el Enfoque

[74] Savage señala que las restricciones a las leyes pueden formularse en el Enfoque Recibido, y argumenta que el Enfoque Recibido tampoco se ve amenazado por el problema de las provisiones de Giere (1988, 6-8).

Recibido sea el análisis correcto de las teorías, pero sí motiva el proyecto de profundizar en los muchos problemas difíciles que plantea la articulación precisa de la teoría, sobre todo el uso de modelos y la elección de un sistema lógico adecuado (capítulo 2), la separación del vocabulario de una teoría en términos observacionales y teóricos (capítulo 3) y el significado de los términos teóricos (capítulo 4).

Capítulo 2: MODELOS EN EL ENFOQUE RECIBIDO

2.1 Introducción

Los modelos desempeñan un papel importante en la ciencia, por lo que un análisis de la estructura de las teorías científicas debe decir qué son los modelos e identificar su lugar en el edificio de la ciencia. Empezaremos distinguiendo entre dos tipos básicos de modelos: los modelos de representación y los modelos lógicos (sección 2.2). Esto nos permite explicar el papel de los modelos en el Enfoque Recibido, que ve los modelos como interpretaciones alternativas del formalismo de una teoría (Sección 2.3), y plantear la cuestión de cuál es el valor de tener tales modelos (Sección 2.4). La concepción de los modelos del Enfoque Recibido se ha enfrentado a duras críticas (sección 2.5). A continuación, introducimos las estructuras teóricas y la semántica formal (sección 2.6), y discutimos lo que significa que dos estructuras sean isomórficas (sección 2.7). Una vez establecida esta maquinaria formal, podemos pasar a las limitaciones de la lógica de primer orden. Comenzamos discutiendo las limitaciones que tienen su origen en el restringido poder expresivo de los lenguajes de primer orden (Sección 2.8*) y luego pasamos a los resultados limitantes de las teorías de primer orden, centrándonos en el teorema de Löwenheim-Skolem y en el primer teorema de incompletitud de Gödel (Sección 2.9*). Concluimos señalando que estas limitaciones no son argumentos ipso facto contra el Enfoque Recibido (Sección 2.10).

2.2 Modelos lógicos y modelos representacionales

Los modelos son importantes. En su entrada sobre modelos de la 10ª edición de la *Encyclopaedia Britannica*, Boltzmann señalaba que "[l]os modelos en la ciencia matemática, física y mecánica son de la mayor importancia" (1911/1974, 213), y pocos estarían en desacuerdo con él. Por desgracia, la confusión sobre la naturaleza de los modelos es aún mayor que su importancia. Como hemos visto en la Introducción, Goodman señaló acertadamente que pocos términos se utilizan tan promiscuamente como "modelo" y que, por tanto, casi cualquier cosa puede, en algún sentido, denominarse modelo. Gran parte de este libro se centrará en identificar y desentrañar los diversos usos del término "modelo", así como en comprender el papel que desempeñan los distintos tipos de modelos en la ciencia. La primera distinción crucial es entre modelos lógicos y modelos representacionales.[75] Estos dos tipos de modelos nos acompañarán a lo largo del

[75] El término "modelo lógico" es de Hesse (1967, 354). Ella se refiere a lo que yo llamo modelos representacionales como "réplicas, modelos a escala y análogos" (ibid.). Como veremos en la Parte III, ser una réplica, un modelo a escala o un análogo son formas diferentes de ser una representación, por lo que prefiero el término más general "modelo representacional". La distinción entre modelos lógicos y modelos representacionales se discute, o al menos se menciona, en Achinstein (1964, 329), Balzer et al. (1987, 2), Harré (2004, 50), Hesse (1967, 354) y Thomson-Jones (2006). Hodges' (2018, Sec. 5) ofrece un esbozo histórico de cómo el término adquirió este doble significado.

libro y desempeñarán papeles clave en muchos contextos diferentes. De hecho, proporcionarán el telón de fondo sobre el que se debatirá gran parte de lo que viene a continuación, por lo que merece la pena presentarlos con cierto detalle.

Un modelo lógico es un conjunto de objetos, que tienen propiedades y se relacionan entre sí, que hacen que una oración formal sea verdadera si se interpreta que los términos de la oración se refieren a esos objetos junto con sus propiedades y relaciones. Por lo tanto, ser un modelo lógico es un atributo relacional que algo tiene con respecto a una oración formal y una interpretación. Un ejemplo ayudará a aclarar esta idea. Consideremos la sentencia "Fa &Ga". La sintaxis del lenguaje lógico que utilizamos es tal que letras minúsculas como "a" se refieren a objetos, letras mayúsculas como "F" y "G" designan propiedades, y "Fa" indica que el objeto designado por "a" tiene la propiedad designada por "F" (y lo mismo para "Ga"). Así, la frase "Fa &Ga" dice "el objeto a tiene la propiedad F y el objeto a tiene la propiedad G". A este nivel se trata de una oración puramente formal, porque no se especifica de qué objeto y de qué propiedades trata la sentencia; la oración es en realidad una "cáscara vacía". Una interpretación especifica a qué objetos y propiedades se refieren los términos no lógicos de una sentencia formal. Por ejemplo, podemos interpretar que "a" se refiere a la Torre de Londres, que "F" se refiere a la propiedad de haber sido fundada en el año 1066 y que "G" se refiere a la propiedad de ser el lugar de ejecución de Lady Jane Grey. Bajo esta interpretación, "Fa &Ga" dice "la Torre de Londres fue fundada en 1066 y fue el lugar de la ejecución de Lady Jane Grey". Esto es cierto, y por lo tanto la Torre de Londres junto con las dos propiedades mencionadas son un modelo lógico de "Fa &Ga".

La semántica se ocupa de la relación entre los símbolos y lo que representan. Un modelo lógico es lo que denotan los símbolos de una oración formal bajo una determinada interpretación, por lo que puede decirse que el modelo ofrece una semántica de la oración. Los modelos no son únicos, y una misma oración puede tener muchos modelos diferentes. Immanuel Kant, con las propiedades de haber nacido en Königsberg y ser el autor de la Crítica de la Razón Pura, es un modelo de "Fa &Ga", y también lo es Sudamérica, con las propiedades de tener forma de cono y tener la mayor parte de su masa terrestre al sur del ecuador. No hay límites a lo que puede ser un modelo lógico. De hecho, cualquier cosa puede ser un modelo lógico si los términos de una oración formal se interpretan de modo que denoten objetos junto con sus propiedades y relaciones, de manera que la oración resulte verdadera.

La misma idea se expresa a veces en términos de la noción de satisfacción: se dice que un modelo es una clase de objetos y relaciones que satisfacen una determinada oración formal. En este contexto, "satisfacción" es un término técnico y significa simplemente "hacer verdadera una oración bajo una determinada interpretación". En el contexto de la discusión de teorías científicas, las oraciones formales relevantes se expresan en el lenguaje del formalismo de una teoría, por lo que a veces se hace referencia a los modelos lógicos como "modelos de una teoría" o "modelos para una teoría".[76] Ésta es también la terminología común en lógica formal, donde los formalismos se consideran teorías y los modelos lógicos son modelos de dichas teorías. La terminología no es del todo afortunada porque, como hemos visto en la sección 1.3, una teoría es algo más que un formalismo y, como veremos más adelante en la sección 2.3, el Enfoque Recibido añade un requisito adicional para que algo sea un modelo de una teoría científica.

Un modelo representacional es un elemento que representa otra cosa. La réplica en miniatura de un crucero en el escaparate de la agencia de viajes es un modelo del *RMS Laconia*. La reproducción de madera en el museo de aviación es un modelo del *Spirit of St. Louis*, el monoplano monomotor en el que Lindbergh realizó el primer vuelo transatlántico en solitario. La estructura de cartón de la sala de exposiciones del promotor es una maqueta del bloque de pisos que están construyendo. El sistema hidráulico en forma de bahía de San Francisco del Cuerpo de Ingenieros del Ejército de Estados Unidos es un modelo de la bahía de San Francisco. El llamado mapa logístico es un modelo del crecimiento de una población de animales. Una cadena de cuentas unidas por muelles es un modelo de un polímero. Las piezas de un tablero de ajedrez son un modelo de segregación social. El modelo de Bohr es un modelo del átomo de hidrógeno. Y así sucesivamente. Lo que todos estos modelos tienen en común es que son representaciones de algo más allá de ellos mismos, y esto es lo que los convierte en modelos representacionales.[77] Es común referirse a la parte o aspecto del mundo que es representado por un modelo como el sistema objetivo del modelo (*target system*).[78] En esta etapa operamos con una noción intuitiva de representación, y no hay nada malo en hacerlo. Nada en la noción de modelo representacional depende de un análisis particular de la representación. Seguiremos utilizando el término de este modo hasta el capítulo 6, en el que empezaremos a analizar en detalle lo que implica que algo represente a otra cosa.

Los conceptos de modelo lógico y modelo representacional son independientes. Algo puede ser un modelo lógico sin ser también un modelo representacional, y viceversa. Bajo una interpretación particular de "a", "P" y "G", la Torre de Londres es un modelo lógico de la oración "Fa &Ga", pero esto no implica que la Torre sea una representación de otra cosa. Por supuesto, la Torre podría representar otra cosa (tal vez los horrores de la pena capital), pero cualquier relación de representación de este tipo es totalmente independiente de la función de la Torre como modelo lógico de "Fa &Ga". Del mismo modo, la réplica en miniatura en el escaparate de la agencia de viajes representa el *RMS Laconia* independientemente de si también es un modelo lógico de alguna oración formal. Ser un modelo lógico y ser un modelo representacional no son propiedades intrínsecas

[76] Véase, por ejemplo, Braithwaite (1954, 156, 1962, 225).

[77] A veces se añade que los modelos son representaciones simplificadas, idealizadas o distorsionadas. Discutiremos este punto en la sección 14.2, donde veremos que es innecesario.

[78] Damos por sentado que los científicos son capaces de identificar los sistemas objetivo. Para un análisis del proceso de especificación de sistemas objetivo, véase Elliott-Graves (2020).

de los objetos, sino funciones que éstos desempeñan en un determinado contexto. A veces los objetos funcionan como interpretación de una oración formal; a veces los objetos funcionan como representación de otra cosa; y a veces los objetos no hacen ni lo uno ni lo otro.

Independencia no es incompatibilidad, y nada impide que ambos conceptos coincidan. De hecho, como señala Hesse (1967, 354), muchos modelos de la ciencia son a la vez modelos lógicos y modelos representacionales. El modelo de movimiento planetario de Newton es un buen ejemplo. Al final de la sección 1.2 señalamos que Newton dedujo la primera y segunda leyes del movimiento planetario de Kepler a partir de su ecuación del movimiento y la ley de la gravedad. Para ello construyó un modelo. El modelo es un objeto imaginario que consiste en dos esferas perfectas con una distribución de masas homogénea que interactúan gravitatoriamente entre sí, pero nada más (es decir, las esferas están gravitatoriamente aisladas del resto del universo). La suposición de homogeneidad le permitió realizar cálculos como si toda la masa estuviera concentrada en el centro de las esferas. Newton también supuso que la gravedad era la única fuerza entre las dos esferas. La masa de la esfera grande es mucho mayor que la de la pequeña, por lo que supuso que la esfera grande estaba en reposo y que la pequeña orbitaba a su alrededor. Con estas suposiciones, recurrió a $\vec{F} = m\vec{a}$. Tomando $\vec{F}$ como la fuerza gravitatoria ejercida sobre la esfera pequeña por la esfera grande, m como la masa de la esfera pequeña y $\vec{a}$ como la aceleración de la esfera pequeña, pudo calcular la trayectoria de la esfera pequeña y demostrar que era una elipse.

La determinación de una órbita planetaria por parte de Newton implica tanto un modelo lógico como un modelo representacional. Para realizar sus cálculos, Newton introdujo un sistema imaginario formado por dos esferas perfectas homogéneas que interactúan gravitatoriamente entre sí y nada más, con la esfera mayor ocupando una posición fija. Llamemos a este sistema imaginario el *modelo newtoniano del movimiento planetario* ("modelo newtoniano", para abreviar).[79] El modelo newtoniano es un modelo lógico de la ecuación del movimiento porque los términos de la ecuación – $\vec{F}$, m y $\vec{a}$ – se han interpretado como referidos a características del modelo y la ecuación es cierta bajo esta interpretación. Así, el modelo newtoniano es a "$\vec{F} = m\vec{a}$" lo que la Torre de Londres es a "Fx &Gx". Pero el modelo de Newton es mucho más que eso. Interpretar una ecuación en términos de dos esferas perfectas homogéneas no crea un modelo de cualquier otra cosa, y mucho menos del movimiento planetario. Para que el modelo newtoniano se refiera al sistema solar, el modelo debe ser también un modelo representacional: las dos esferas deben tomarse como representación del sol y de un planeta. Por lo tanto, las dos esferas son para el sol y el planeta lo que la réplica en miniatura es para el RMS Laconia. Así pues, el ejemplo del modelo

---

[79] Observo que existe una controversia sobre cuál de las muchas cosas que ocurren en la determinación de las órbitas planetarias de Newton debería llamarse "modelo". Discutiré esta cuestión en el capítulo 14.

de Newton muestra que, y cómo, un mismo objeto puede ser a la vez un modelo lógico y modelos representacionales.

2.3 Modelos en el Enfoque Recibido

Como hemos visto en la sección 1.3, el Enfoque Recibido considera que una teoría es un sistema lógico con axiomas cuyo vocabulario no lógico se interpreta en términos de algo observable o en términos de algo inobservable con la ayuda de reglas de correspondencia. Llamemos formalismo de la teoría al sistema lógico de la teoría junto con sus axiomas (no interpretados). En otras palabras, el formalismo de una teoría es lo que se obtiene cuando se elimina la interpretación de la teoría. El formalismo es como "Fa &Ga": es una "cáscara vacía" y *per se* no trata de nada. Frente a una oración formal, siempre se puede buscar un conjunto de objetos y propiedades que hagan que la oración sea verdadera si se interpreta que sus términos se refieren a esos objetos y propiedades. En otras palabras, siempre se puede buscar un modelo lógico. El formalismo de una teoría no es una excepción. Dado un formalismo, se puede intentar encontrar un modelo lógico del formalismo. Como hemos visto anteriormente, los modelos lógicos no son únicos, por lo que existen, al menos en principio, muchos modelos lógicos. Así que uno puede ponerse a la tarea de encontrar una interpretación del formalismo de una teoría que no sea la interpretación dada por la formulación original de la teoría, y así construir un modelo lógico del formalismo de la teoría que sea diferente de la interpretación estándar de la teoría.

Dentro del Enfoque Recibido, los modelos son básicamente eso: modelos lógicos alternativos para el formalismo de la teoría (en breve se hará una matización). Braithwaite dice que un modelo es una "segunda interpretación del cálculo" (1954, 156) u "otra interpretación del cálculo de la teoría" (1962, 225), por lo que su "cálculo" es sinónimo de mi "formalismo".[80] Por lo tanto, para obtener un modelo tomamos una teoría, la despojamos de su interpretación y luego reinterpretamos el formalismo de la teoría en términos de algo distinto del dominio de aplicación "estándar" de la teoría.

En principio, no hay restricciones en la elección de un modelo lógico, y se puede encontrar un número indefinido de modelos lógicos para una teoría dada. Sin embargo, una proliferación sin sentido de modelos lógicos no aporta nada a nuestra comprensión de una teoría. Para que un modelo sea útil debe tener una característica crucial: el modelo debe resultarnos familiar. Es decir, el formalismo

[80] La noción de modelo como interpretación alternativa del formalismo de una teoría es ampliamente compartida entre los defensores del Enfoque Recibido. Pueden encontrarse más afirmaciones en Braithwaite (1953, 89-90, 1962, 227), Carnap (1938, 209-210), Hempel (1965, 434-435), Hutten (1956, 82), Nagel (1961, 90) y Spector (1965, 124-125). Estos autores también hacen hincapié en el aspecto de familiaridad de los modelos, al que nos referiremos más adelante. Una excepción es Ackermann (1966, 315), que define un modelo como el lenguaje de observación de una teoría.

debe interpretarse en términos de algo reconocible. O, en palabras de Hesse, "un modelo se extrae de un proceso familiar y bien entendido" (1961, 21).[81] Este requisito se aplica a todos los términos del formalismo, en particular a los que se consideraban términos teóricos según la interpretación estándar de la teoría. Estos términos recibían una interpretación "indirecta" a través de las reglas de correspondencia, lo que dificultaba su comprensión intuitiva. Ahora estos términos también reciben una interpretación directa en términos de algo que nos resulta familiar. En otras palabras, *el modelo de una teoría científica* es un modelo lógico *reconocible*. O, dicho de otro modo, es una reinterpretación de todo el vocabulario no lógico de la teoría en términos de algo familiar.[82]

Por ejemplo, la teoría cinética de los gases. Según esta teoría, un gas está formado por un gran número de moléculas que se mueven libremente a menos que choquen entre sí o con las paredes del recipiente que lo contiene. A partir de los axiomas de la teoría se deduce un teorema que describe el comportamiento manifiesto del gas (por ejemplo, que se propaga cuando se retira una pared de confinamiento). Dado que las moléculas y sus movimientos son inobservables, y que términos como "molécula de gas" y "trayectoria de una molécula" son términos teóricos, la teoría no es fácil de comprender. Para tener una idea intuitiva de la teoría, podemos encontrar un modelo que nos resulte familiar. Una forma de hacerlo es reinterpretar la teoría en términos de bolas de billar. Los términos que antes se interpretaban como referidos a las moléculas se interpretan ahora como referidos a las bolas de billar; los términos que se interpretaban como referidos a las trayectorias de las moléculas se interpretan ahora como referidos a la trayectoria de las bolas de billar; y así sucesivamente. Un puñado de bolas de billar es un modelo lógico del formalismo de la teoría, porque hace que las afirmaciones de la teoría sean ciertas[83] y, puesto que estamos familiarizados con las bolas de billar, también son un modelo de la teoría cinética de los gases. Otros ejemplos conocidos de modelos de este tipo son las ondas de agua como modelo de la teoría acústica de las ondas sonoras, y el sistema solar como modelo de la teoría de Bohr del átomo.[84]

---

[81] En una línea similar, Meyer señala que "[l]os científicos utilizan imágenes mentales de "modelos", como los llamaremos a partir de ahora, que tienden a hacer intuitivamente claras las ideas incorporadas en sus teorías" (1951, 112-113). Pero la familiaridad no debe equipararse a la observabilidad. La interpretación alternativa que constituye el modelo puede ser en términos de algo inobservable si estamos -por las razones que sean- familiarizados con ello (Braithwaite 1962, 227).

[82] Muchos autores suelen utilizar "modelo" y "analogía" indistintamente (véase, por ejemplo, Nagel 1961, cap. 6). Como veremos en el capítulo 11, dos objetos están en relación de analogía formal si son interpretaciones del mismo formalismo. De ahí que los modelos lógicos sean formalmente análogos entre sí. Sin embargo, el concepto de analogía se extiende más allá de las analogías formales, por lo que no hablaré de los modelos lógicos como analogías.

[83] En sentido estricto, esto sólo es cierto si hacemos algunas suposiciones idealizadoras, por ejemplo, que las bolas se mueven sin fricción y chocan elásticamente.

[84] Para una discusión de la teoría de Bohr, véase Nagel (1961, 90-97), Braithwaite (1953, 93), Spector (1965, 125) y Hempel (1969, 32, 1970, 157). Para una discusión sobre el agua y las ondas sonoras, véase Hesse (1963, Caps. 1-2). Los ejemplos de modelos de este tipo no se limitan a casos

Los modelos, tal y como los interpreta el Enfoque Recibido, no se utilizan de forma representacional y no desempeñan ningún papel a la hora de producir, o incluso comprender, la relación de la teoría con el mundo. La teoría se relaciona con su objeto a través de términos de observación y reglas de correspondencia, y los modelos son inmateriales en este sentido.

2.4 ¿Por qué tener modelos?

La primera y obvia ventaja de tener un modelo para una teoría científica es que proporciona un acceso intuitivo a una teoría potencialmente complicada y confusa porque un modelo es un objeto familiar. Nagel piensa que esta ventaja es tan considerable que en la práctica las teorías se presentan a menudo a través de sus modelos en lugar de en forma de un sistema lógico axiomático con reglas de correspondencia. Escribiendo sobre la teoría atómica, observa que

> [la teoría de Bohr no se presenta normalmente como un conjunto abstracto de postulados, aumentado por un número apropiado de reglas de correspondencia para los términos no lógicos no interpretados definidos implícitamente por los postulados. Suele exponerse... mediante nociones relativamente familiares... al menos una parte de cuyo contenido puede imaginarse visualmente. Se adopta tal presentación, entre otras razones, porque puede entenderse con más facilidad que una exposición puramente formal, inevitablemente más larga y complicada. (1961, 95)

Una de las principales ventajas de un modelo intuitivamente comprensible es que sirve al propósito de la exploración científica. Tanto Nagel (1961, 107-117) como Braithwaite (1962, 229-230) destacaron el papel heurístico de los modelos en la construcción de teorías, la exploración de las implicaciones de una teoría y la extensión de una teoría a nuevos dominios. Los modelos sirven a este propósito en parte porque proporcionan el billete de entrada al razonamiento *como si* (*as-if*): podemos pensar en los átomos de hidrógeno como si fueran pequeños sistemas solares; podemos pensar en los gases como si fueran colecciones de bolas de billar; y así sucesivamente (Braithwaite 1953, 93). Esto ayuda a los científicos a pensar en situaciones que de otro modo no serían fácilmente comprensibles, y les permite hacer cosas con las teorías que no podrían hacer si operaran únicamente a nivel formal. Sin embargo, los modelos también entrañan peligros. Nagel califica un modelo de "trampa intelectual en potencia" (1961, 115) y Braithwaite advierte de que "el precio del empleo de modelos es la vigilancia eterna" (1953, 93). El principal escollo es que los científicos se encariñan demasiado con los modelos y acaban identificando los objetos del modelo con los objetos de la teoría. La cuestión no es tanto que alguien cometa el error básico de identificar literalmente, por ejemplo, un gas con una colección de bolas de

históricos. Los llamados agujeros mudos son un ejemplo actual; véase Dardashti et al. (2017) para más discusiones.

billar. El problema es que podemos caer en la tentación de trasladar a los objetos de la teoría propiedades del modelo que no se pueden trasladar. El punto crucial es que sólo aquellas propiedades que el modelo posee en virtud de ser una interpretación del formalismo pueden proyectarse sobre el dominio de la teoría. Los modelos suelen tener muchas propiedades distintas de las que fundamentan la reinterpretación de un formalismo, y la reinterpretación no justifica la proyección de estas propiedades sobre los objetos de la teoría. Podemos deducir del modelo de la bola de billar que cuando una molécula de gas choca con la pared del recipiente el ángulo de incidencia es igual al ángulo o reflexión, pero no podemos deducir que las moléculas son de colores y llevan números escritos. En la práctica real, no siempre es fácil trazar la línea divisoria entre las propiedades que forman parte de la interpretación del formalismo y las que no, lo que puede dar lugar a controversias (volveremos sobre esta cuestión en el capítulo 10).

Otra función de los modelos es que pueden utilizarse para establecer la consistencia del formalismo de una teoría. La lógica formal nos enseña que un formalismo es consistente si tiene un modelo. Braithwaite (1953, 93, 1962, 227) señala con razón que esto proporciona una valiosa herramienta para comprobar si un formalismo es consistente.

La valoración en gran medida positiva de los modelos por parte de Nagel y Braithwaite contrasta con la actitud deflacionaria de Carnap y Hempel. Ninguno de los dos niega el valor pedagógico, psicológico, heurístico e incluso lógico de los modelos, pero insisten en que a la larga los modelos son prescindibles. La apreciación de Carnap sobre el valor de la modelización es clara e impenitente:

> Cuando se propusieron fórmulas abstractas y no intuitivas como, por ejemplo, las ecuaciones de Maxwell del electromagnetismo, como nuevos axiomas, los físicos se esforzaron por hacerlas “intuitivas” construyendo un “modelo”, es decir, una forma de representar los microprocesos electromagnéticos por analogía con los macroprocesos conocidos, por ejemplo, los movimientos de las cosas visibles. Se han hecho muchos intentos en este sentido, pero sin resultados satisfactorios. Es importante darse cuenta de que el descubrimiento de un modelo no tiene más que un valor estético o didáctico o, en el mejor de los casos, heurístico, pero no es en absoluto esencial para una aplicación exitosa de la teoría física. (1938, 209-210)

Más tarde, Carnap advirtió que un “físico siempre debe guardarse de tomar un modelo visual como algo más que un dispositivo pedagógico o una ayuda improvisada” (Carnap 1966, 174). La discusión de Hempel sobre los modelos es algo más comprensiva, pero también insiste en que los modelos “no añaden nada al contenido de la teoría y son, por tanto, lógicamente prescindibles" (1970, 157).[85]

Como señala Bailer-Jones, esta actitud respecto a los modelos no es sorprendente dado el compromiso de Carnap y Hempel con la reconstrucción racional (1999, 26). Como hemos visto en la sección 1.7, los autores comprometidos con el ideal de la reconstrucción racional consideran que su tarea es encontrar una versión depurada de una teoría que proporcione definiciones claras de conceptos previamente vagos y haga transparente la estructura lógica de la teoría. El estudio de un proceso histórico de investigación, de cómo proceden realmente los científicos y de qué heurística se utiliza, se considera un tema más propio de la psicología que de la filosofía. Así pues, el desinterés de Carnap y Hempel por los modelos no es el resultado de una comprensión errónea de la práctica científica, sino una consecuencia de su enfoque de la filosofía de la ciencia.

Antes de pasar a las críticas, cabe mencionar otra supuesta función de los modelos. Como hemos visto en la sección 1.3, el Enfoque Recibido considera que el discurso teórico depende del discurso sobre las observaciones, lo que plantea la cuestión del significado de los términos teóricos. Si un término teórico no es más que una abreviatura complicada de una descripción de algo observable, ¿qué significan los términos teóricos? Se ha sugerido que los términos teóricos obtienen su significado a partir de un modelo de teoría científica y no de reglas de correspondencia y definiciones implícitas. Analizaremos esta sugerencia en la sección 4.5.

2.5 Críticas

Spector (1965, 126-128) piensa que la noción de modelo del Enfoque Recibido es demasiado liberal porque ciertos elementos indeseables se clasifican como modelos. El primer elemento de su lista son las entidades platónicas. Un formalismo puede interpretarse a menudo en términos de entidades platónicas como formas geométricas perfectas o números. Sin embargo, dice Spector, éstas no son un modelo de una teoría. Sin embargo, no está claro si el Enfoque Recibido debe invocar entidades platónicas como modelos. Los empiristas lógicos no reconocerían tales entidades y, por lo tanto, negarían que haya algo para empezar que pueda servir como modelo. E incluso si admitieran entidades platónicas en su ontología, podrían argumentar que las entidades platónicas no cumplen el criterio de familiaridad, que es un prerrequisito para que algo sea un modelo.

El segundo punto de la lista de Spector (*ibid.*) son las teorías alternativas. Dos teorías pueden utilizar el mismo formalismo y, sin embargo, versar sobre temas completamente distintos. De hecho, los empiristas lógicos han ofrecido lo que

[85] Véase también Hempel (1965, 434-435, 440, 1969, 33). Para una discusión de la actitud de Carnap y Hempel hacia los modelos, véase la de Lutz (2012b, 92-99).

consideraban una definición alternativa a la que hemos visto en la sección 2.3, según la cual los modelos son teorías diferentes basadas en el mismo formalismo. Brodbeck dice que "[s]i las leyes de una teoría tienen la misma forma que las leyes de otra teoría, entonces se puede decir que una es un *modelo* para la otra" (1959, 379, énfasis original), y Braithwaite afirma que "*un modelo para una teoría T* es otra teoría M que corresponde a la teoría *T* con respecto a la estructura deductiva" (1962, 225). Braithwaite considera que esta definición es "equivalente" a la definición de la sección 2.3 (*ibid.*).[86] Spector discrepa de esta noción de modelo. Discute el ejemplo de la teoría acústica y la teoría de circuitos eléctricos, que tratan de cosas diferentes y, sin embargo, utilizan la misma estructura formal. Por ello, el Enfoque Recibido debería considerar una teoría como modelo de la otra. Esta es una conclusión a la que Spector quiere resistirse alegando que no hay unidad en el objeto de las teorías. Del mismo modo, Achinstein (1964, 332-334, 1965, 111) argumenta que la definición de modelo de los empiristas lógicos conduce a una proliferación inverosímil de modelos porque no todos los casos de formalismo compartido deben ser considerados como un modelo.[87] Esta proliferación no es una consecuencia desatendida de la noción de modelo del Enfoque Recibido, y los partidarios del punto de vista explícitamente abrazan la proposición de que las teorías que comparten un formalismo son modelos unas de otras. Por lo tanto, Spector y Achinstein no pueden apelar a "consecuencias imprevistas (*unintended consequences*)" internas al Enfoque Recibido, y deben rechazar la noción de modelo del Enfoque Recibido por razones externas al mismo. La razón ofrecida es una apelación a la práctica científica. Spector (*ibid.*) se refiere a lo que los físicos reconocerían como modelos, y Achinstein (*ibid.*) argumenta que la noción de modelo de los empiristas lógicos no hace justicia a los ejemplos de modelos que uno encuentra en las ciencias. A los defensores del Enfoque Recibido no les habría impresionado esta crítica porque no consideran que el análisis de lo que piensan los físicos ni el análisis de los ejemplos de la práctica científica sean competencia de la filosofía de la ciencia. Para que esta crítica prospere, es preciso entablar un debate metafilosófico sobre los objetivos y métodos del análisis filosófico, lo que nos remite a la discusión sobre la reconstrucción racional de la sección 1.7.

Una crítica que apunta en una dirección similar es que los modelos en ciencia no son modelos lógicos. Achinstein (1964, 330-334, 1972, 236), Spector (1965, 130-135) y Swanson (1966, 302-303) argumentaron que los modelos, en lugar

---

[86] Sin embargo, hay una sutil diferencia: en la primera definición, el modelo es el objeto que satisface la teoría; en la segunda definición, el modelo incluye también el propio formalismo y la interpretación. Para nuestros fines actuales, esta diferencia es irrelevante. Sin embargo, como veremos en la sección 5.5, en determinados contextos la diferencia entre una interpretación de los modelos que los considera un lenguaje y otra que los considera "meros objetos" es importante.

[87] Girill (1971) acusa a Achinstein de un grave malentendido de la noción de modelo. Achinstein (1972) replica enérgicamente, y Girill (1972) reitera su acusación. Este intercambio mal inspirado gira en gran medida en torno a puntos que son tangenciales a los intereses contemporáneos, por lo que lo dejo de lado.

de ser una interpretación de un formalismo, deberían verse como elementos que guardan una relación sustantiva con una parte del mundo.[88] Esta relación sustantiva se ha identificado a menudo como analogía, similitudes físicas importantes entre el modelo y el sistema del que trata el modelo. En efecto, esta crítica insiste en que los modelos científicos no son modelos lógicos, sino modelos representacionales. Esto pone en tela de juicio el Enfoque Recibido, al menos si no se argumenta por qué los modelos deben ser modelos representacionales. Tal argumento se basaría, presumiblemente, en la práctica científica, lo que nos llevaría de nuevo al punto del párrafo anterior.

2.6 Estructuras y modelos lógicos

En la sección 2.2 introdujimos la noción de modelo lógico como algo que hace verdadera una oración formal. Nuestro ejemplo fue la Torre de Londres, que es un modelo lógico de la oración formal "Fa & Ga" si las dos variables de predicado se interpretan, respectivamente, como referidas a las propiedades de haber sido fundada en el año 1066 y ser el lugar de la ejecución de Lady Jane Grey. Esto es todo lo que necesitamos en cuanto al uso de modelos dentro del Enfoque Recibido, y podríamos dejarlo así y seguir adelante. Sin embargo, la noción se ha desarrollado aún más en la lógica, y este desarrollo ha resultado ser crucial tanto para la formulación del Enfoque Modelo-Teórico, que discutimos en la Parte II, como para las críticas que este punto de vista levantó contra el Enfoque Recibido. Discutiremos este desarrollo ahora para que tengamos las herramientas necesarias más adelante en el libro. El desarrollo en cuestión es el advenimiento de los modelos estructurales y la subdisciplina de la lógica llamada teoría de modelos.[89] En el sentido más amplio, la teoría de modelos es el estudio de la interpretación de lenguajes formales en términos de estructuras.

Como hemos visto en la sección 2, la Torre de Londres no es el único modelo de la oración "Fa & Ga". Immanuel Kant, Sudamérica e innumerables objetos más también son modelos de "Fa & Ga". Aunque la constitución material de los modelos importa en algunos contextos, es irrelevante en otros. Desde un punto de vista lógico, a menudo interesan poco los objetos y las propiedades y relaciones en sí, y lo que importa es la "estructura formal" de los modelos. Lo que tienen en común los modelos de "Fa & Ga" que hemos visto hasta ahora es que consisten en un objeto con dos propiedades instanciadas por el objeto, y es obvio que cualquier objeto con dos propiedades es un modelo de "Fa & Ga". Lo que importa desde un punto de vista formal es sólo que hay un objeto (en este contexto, a menudo denominado individuo); no importa si el objeto es un castillo, un filósofo o un continente. Estas características "materiales" pueden eliminarse y nos

[88] Farre (1967) critica el relato de Swanson de los modelos como vacíos y esencialmente insta a volver a la noción original de modelos del Enfoque Recibido.

[89] Las introducciones clásicas a la teoría de modelos son las de Hodges (1997) y Chang y Keisler (1990).

encontramos con maniquíes o marcadores de posición: objetos cuya única característica es "ser un objeto". No existen tales objetos en nuestro mundo; son abstracciones matemáticas, y los tenemos en cuenta porque son útiles para el análisis formal. En lo que sigue utilizamos letras romanas minúsculas en cursiva con subíndices para designar tales objetos. Por ejemplo, a_1, a_2, a_3 denotan tres objetos de este tipo.

Los objetos tienen propiedades. La Torre de Londres se construyó en 1066. Las relaciones se establecen entre objetos; definen cómo son los objetos entre sí. Algunos ejemplos son *estar a la derecha de*, *estar enamorado de* y *ser más simpático que*. Son ejemplos de relaciones binarias porque se establecen entre dos objetos. Existen relaciones para cualquier número natural n. *Estar en medio* es una relación ternaria (porque una cosa está entre otras dos), y así sucesivamente. La *aridad* de una relación es el número *n* de objetos que entran en la relación, y hablamos de una relación n-aria si *n* objetos entran en ella.[90] Una vez que tenemos la noción de aridad a mano, una *propiedad* es simplemente una relación con aridad 1, y por esta razón es común en lógica no distinguir entre propiedades y relaciones, y tomar el término "relación" para incluir también propiedades. Seguiré esta convención.

Las cosas entre las que existe una relación son su *extensión*. La extensión de "azul" es la clase de todas las cosas azules; la extensión de *más caliente que* es la colección de todos los pares de objetos en los que el primero tiene una temperatura más alta que el segundo; y así sucesivamente. Dos relaciones son *coextensivas* si tienen la misma extensión. Que dos relaciones sean coextensivas no significa que las relaciones mismas sean iguales. Ser con corazón y ser con estómago son coextensivas porque todas las criaturas que tienen corazón también tienen estómago y viceversa; y sin embargo las dos propiedades no son idénticas porque tener corazón y tener estómago son cosas diferentes.

Un movimiento "deflacionario" similar al que hicimos en el caso de los objetos es ahora también necesario para las relaciones. Desde un punto de vista formal, no importa qué es la relación "en sí misma", y sólo importa qué objetos entran en la relación. Russell lo explica sucintamente en su Introducción a la filosofía matemática:

> A efectos matemáticos... lo único importante de una relación son los casos en que se cumple, no su naturaleza intrínseca. Del mismo modo que una clase puede definirse mediante varios conceptos diferentes pero coextensivos -por ejemplo, "hombre" y "bípedo sin plumas"-, dos relaciones conceptualmente diferentes pueden darse en el mismo conjunto de casos. . . . Desde el punto de vista matemático, lo único importante de

---

[90] El término "aridad" procede de las terminaciones de "binario", "ternario", etc.

la relación "padre" es que define este conjunto de parejas ordenadas. (1919/1993, 60)

Es decir que las relaciones se especifican de manera puramente extensional: una relación no es nada más allá de su extensión. Y para especificar una extensión sólo necesitamos el tipo de objetos ficticios que acabamos de introducir, no cosas físicas "reales".

Esta idea puede expresarse de forma más elegante si introducimos la noción de *n-tupla* ordenada ("tupla" para abreviar). Una *n-tupla* es una lista *ordenada* de *n* objetos. Es una convención enumerar los elementos de una tupla entre paréntesis. Si intercambiamos dos objetos de la lista, obtenemos una tupla distinta. Por lo tanto, las tuplas (a_1, a_2, a_3) y (a_1, a_3, a_2) son tuplas diferentes. Podemos definir una relación *n-aria r* como un conjunto de *n-tuplas*. Por ejemplo, el conjunto $r = \{(a_1, a_2), (a_2, a_3)\}$ define una relación binaria particular sobre tres objetos. Esta definición satisface el requisito de Russell porque no se ha dicho nada sobre lo que la relación es "intrínsecamente", ni sobre lo que los objetos son "intrínsecamente". Los tres objetos podrían ser tres mujeres -Jane, Nora y Lily- y la relación podría ser madre de. La definición de *r* dice entonces que la relación se da entre Jane y Nora, y entre Nora y Lily. Pero los objetos también podrían ser ladrillos y la relación podría ser *colocado directamente encima de*. Hay infinidad de posibilidades. El punto crucial es que estas posibilidades no importan para una relación definida de forma puramente extensional.

Las relaciones así entendidas sólo pueden tener propiedades formales, es decir, propiedades que pertenecen a su extensión. Un ejemplo de tal propiedad es la asimetría. Una relación binaria es asimétrica si se da el caso de que siempre que sea válida una tupla (a_1, a_2) no lo es la tupla "invertida" (a_2, a_1). Esta propiedad puede ilustrarse con el ejemplo anterior: *la madre de* es asimétrica porque si Juana es la madre de Nora, entonces Nora no puede ser también la madre de Juana. Pero para definir la asimetría, que puede introducirse en el plano puramente formal, no necesitamos la madre de, ni ninguna relación sustantiva. Desde el punto de vista de las relaciones definidas extensionalmente, no hay diferencia entre ser madre de y estar directamente encima de: ambas son relaciones binarias asimétricas.

Una vez establecidas estas nociones, podemos definir una *estructura*: una estructura *S* es una entidad compuesta formada por (i) un conjunto no vacío *U* de objetos denominado el *dominio* (o universo) de la estructura y (ii) un conjunto indexado *R* (es decir, una lista ordenada) de relaciones sobre U.[91] La especificación

[91] Véanse, por ejemplo, las de Boolos y Jeffrey (1989, 98-99), Bourbaki (1957, 12), Muller (2004, 716, 2011, 103), Rickart (1995, 17), Shapiro (2000, 259) y Solomon (1990, 168). Más concretamente, lo que hemos introducido aquí son estructuras de primer orden. Las estructuras de orden superior se definen mediante la construcción escalonada de Bourbaki (1968, Cap. 4); véase también Hudetz (2019). En su mayor parte trabajaremos con estructuras de primer orden; las estructuras de orden superior intervendrán brevemente en la sección 5.8.

de que R sea un conjunto indexado simplemente significa que las relaciones están etiquetadas y podemos hablar de la primera o la quinta relación, lo que será conveniente más adelante cuando definamos un isomorfismo entre estructuras. Decimos entonces que una estructura es la tupla *S = (U, R)*. Como ejemplo sencillo de una estructura de este tipo, consideremos una estructura que tiene un dominio U = {a_1, a_2, a_3} con tres objetos y un conjunto R = (r_1, r_2, r_3) de relaciones que consiste en una relación binaria r_1 = {(a_1, a_2), (a_2, a_3), (a_1, a_3)} y dos relaciones unarias (es decir propiedades) r_2 = {a_1, a_2, a_3} y r_3 = {a_2}.[92]

Las estructuras que hemos definido en el párrafo anterior podrían llamarse más bien "estructuras abstractas", "estructuras matemáticas" o "estructuras teórico conjuntistas" para subrayar que no consisten más que en objetos ficticios y relaciones definidas extensionalmente. En estos términos, Russell señala que las estructuras abstractas son todo lo que necesitamos para los fines de las matemáticas y, de hecho, de la lógica y la teoría de conjuntos; en la medida en que estas disciplinas estudian estructuras, estudian estructuras abstractas. Como señala Redhead, las estructuras abstractas pueden contrastarse con lo que él llama "estructuras concretas" (2001, 74). Ejemplos de estructuras concretas son "un montón de ladrillos, maderas y pizarras, que luego se "encajan" para hacer una casa, o pinceladas que se "relacionan" para formar un cuadro" (*ibid*.). En términos de Russell, una estructura concreta es aquella en la que tanto los objetos como las relaciones tienen "naturalezas intrínsecas" específicas; las estructuras abstractas son aquellas en las que no es así. La estructura con el dominio *U* = {Jane, Nora, Lily} y un conjunto *R* = (*madre de*) es una estructura concreta porque está especificado que los objetos del dominio son tres mujeres concretas y la relación entre ellas es *madre de*. La estructura que consiste en el dominio *U* = {a_1, a_2, a_3} y el conjunto *R* = (r_1) con r_1 = {(a_1, a_2), (a_2, a_3)} es una estructura abstracta, porque ni los objetos ni la relación tienen una naturaleza intrínseca. Hay una cuestión filosófica interesante sobre lo que se necesita para que una cosa física - una pila de ladrillos o un grupo de mujeres - sea una estructura concreta en contraposición a una entidad "desnuda", y discutiremos esto con cierto detalle en la Sección 6.5. Por ahora, nos basamos en una interpretación intuitiva de lo que es una estructura concreta (lo que podemos hacer sin perjuicio de nuestra interpretación intuitiva, que, como veremos, habrá que aclarar pero no revisar). En lo que sigue adopto la convención de que "estructura" (cuando se usa sin calificativo) significa estructura abstracta; cuando me refiera a estructuras concretas lo diré explícitamente.

Hay que mencionar dos variantes de nuestra definición de estructura porque desempeñan un papel en diversos contextos y se utilizarán en capítulos posteriores. La primera variante define las estructuras de modo que también incluyan

---

[92] La ontología de las estructuras es una cuestión polémica. Algunos las consideran universales ante rem (Resnik 1997; Shapiro 1983); otros, clases de isomorfismo de objetos concretos (Redhead 2001); y otros, objetos modales (Hellman 1989). Dejamos esta cuestión para la filosofía de las matemáticas.

operaciones.[93] Una operación (o función) de *n* lugares *o* sobre una clase A, es un mapa desde el conjunto de *n* tuplas que pueden formarse con elementos de A hacia A.[94] Si $a_1, ..., a_n \in A$ entonces el valor de la operación se denota por $o(a_1, ..., a_n)$. Al igual que las relaciones, las operaciones se definen de forma puramente extensional, simplemente enumerando qué *n*-tuplas se asignan a qué elemento. Es obvio que las operaciones pueden reducirse a relaciones porque la operación de *n* lugares *o* es equivalente a la relación $n+1$-aria formada por las tuplas $(a_1, ..., a_n, o(a_1, ..., a_n))$. A veces se introducen operaciones a pesar de ser estrictamente redundantes. La razón de ello es que las reconstrucciones estructurales de las teorías científicas resultan más naturales en un marco con operaciones, ya que las operaciones son omnipresentes en la ciencia y refundirlas como relaciones acaba pareciendo artificioso. Veremos ejemplos de esto en el capítulo 5. En el caso de que se incluyan operaciones, una estructura es una tripleta $S = (U, R, O)$ donde *U* y *R* son como arriba, y *O* es un conjunto ordenado de operaciones sobre *U*.[95]

La segunda variante desempeñará un papel importante cuando discutamos las condiciones de identidad de teorías en la sección 5.5. Tal y como se ha definido hasta ahora, una estructura sólo contiene objetos y relaciones (y posiblemente operaciones). Algunos autores utilizan una definición más amplia de estructura, que también incluye ciertos constituyentes lingüísticos: *constantes*, símbolos de relación y *símbolos de operación*. Específicamente, para cada objeto *a* en *U* hay un símbolo lingüístico, usualmente llamado *constante* σ_a, que se interpreta como denotando *a*; para cada relación r en la estructura hay un símbolo de relación σ_r que se interpreta como denotando *r*, y para cada operación *o* en la estructura hay un símbolo de operación σ_o que se interpreta como denotando *o*. Una *interpretación I* (a veces *función de interpretación*) es una asignación de símbolos a partes de la estructura (es decir, una interpretación equivale a una especificación de qué símbolo se refiere a qué partes de la estructura).[96] La colección de estos símbolos se conoce como el *distintivo* (*signatura*) de *S* y se denota por Σ. Una estructura se define entonces como el triple (S, I, Σ). Sobre esta definición, una estructura consiste en una estructura teórico conjuntista más un conjunto de símbolos y una interpretación. Siguiendo a Hudetz (2019) llamo a tales estructuras como estructuras modelo-teóricas,[97] y el estudio de la relación entre símbolos en un lenguaje formal y estructuras se conoce como *semántica formal*.

---

[93] Véase, por ejemplo, Bell y Machover (1977, 9) y Machover (1996, 148).

[94] El conjunto de n-tuplas que pueden formarse con elementos de A se denota normalmente por A_n.

[95] Una estructura sin operaciones se denomina a veces estructura relacional, y una con operaciones se denomina estructura algebraica (Hodges 1997, 5).

[96] Véase, por ejemplo, Hodges (1997, 2-4).

[97] La terminología varía. Lutz llama a las estructuras teórico-conjuntistas "estructuras indexadas" (2017, 330) o "estructuras puras" (2014c, 1481), y se refiere a las estructuras modelo-teóricas como "estructuras etiquetadas" (2017, 330).

A modo de ilustración, considere de nuevo el ejemplo anterior de $S = (U, R)$ con $U = \{a_1, a_2, a_3\}$, $R = (r_1, r_2, r_3)$, y $r_1 = \{(a_1, a_2), (a_2, a_3), (a_1, a_3)\}$, $r_2 = \{a_1, a_2, a_3\}$ y $r_3 = \{a_2\}$. Si no se añade nada más, se trata de una estructura teórico conjuntista. Consideremos ahora el distintivo $\{\sigma_{a1}, \sigma_{a2}, \sigma_{a3}, \sigma_{r1}, \sigma_{r2}, \sigma_{r3}\}$ y la interpretación *I* que dice: el símbolo σ_{a1} se refiere al elemento a_1, el símbolo σ_{r1} se refiere a la relación r_1, etc. Σ es el distintivo de *S*, y el triple (S, I, Σ) es una estructura modelo-teórica.

Por lo tanto, las estructuras modelo-teóricas contienen símbolos que denotan partes de la estructura. Lo que una estructura de este tipo no contiene son elementos sintácticos que nos permitan formar oraciones o formular un argumento: no hay conectivos, cuantificadores ni reglas de inferencia. Así que la estructura contiene un lenguaje rudimentario que nos permite referirnos a partes de la estructura, pero no formular afirmaciones sobre ella.

El punto crucial, y esto nos devuelve a nuestro punto de partida, es que las estructuras teórico-conjuntistas pueden ser modelos lógicos. De hecho, un paso crucial en la lógica moderna es que interpretemos los símbolos que aparecen en las oraciones formales como referidos a los elementos de una estructura (y si definimos las estructuras de modo que contengan símbolos, entonces las oraciones que formamos en un lenguaje emplean estos símbolos).[98] Consideremos de nuevo nuestra oración "Fa & Ga". Podemos interpretar que los símbolos de esta oración se refieren a partes de la estructura del ejemplo anterior. Por ejemplo, podemos interpretar que "*a*" se refiere al objeto a_2, que "*F*" se refiere a r_2 y que "*G*" se refiere a r_3. Bajo esta interpretación "Fa & Ga" es verdadera (porque a_2 tiene ambas propiedades r_2 y r_3). Por tanto, *S* es un modelo (lógico) de la oración. Si, por el contrario, interpretamos que "*a*" se refiere al objeto a_1, dejando inalteradas las interpretaciones de "F" y "G", la oración es errónea (porque a_1 no tiene la propiedad r_3). Bajo esta interpretación *S* no es un modelo de la oración.

El hecho de que una cierta estructura modelo-teórica (S, I, Σ) haga verdadera una oración *p* se expresa diciendo que "(S, I, Σ) satisface *p*". En notación simbólica esto se escribe utilizando el llamado doble torniquete: $(S, I, \Sigma) \models p$. Esta forma de pensar sobre modelos y lenguajes se remonta a Tarski, por lo que lo que hemos estado describiendo hasta ahora también se conoce como *semántica tarskiana* y las estructuras que emplea a veces se llaman *modelos tarskianos*.[99]

Una distinción que será útil más adelante (en particular en el capítulo 5) es la que existe entre lenguaje-objeto y metalenguaje. Un lenguaje objeto es un lenguaje que habla directamente de la materia. En el ejemplo anterior interpretamos los símbolos de la oración "Fx &Gx" como referidos a partes de la estructura *S*. Puesto que *S* es el objeto de estudio, "Fa & Ga" es una oración en el lenguaje-

---

[98] De hecho, la segunda variante construye este hecho ya en la definición de una estructura al hacer que los símbolos y una interpretación formen parte de ella.

[99] Véase, por ejemplo, la de Tarski (1953), donde dice: "Una realización posible en la que se satisfacen todas las oraciones válidas de una teoría T se llama modelo de T" (ibid., 11).

objeto. En el contexto de la aritmética, el número arábigo "7" es un símbolo del lenguaje-objeto que se refiere al número siete, y en el contexto de la mecánica newtoniana "*v*" es un símbolo de la lenguaje-objeto que se refiere a la velocidad de un objeto. Un metalenguaje es un lenguaje que se utiliza para describir el lenguaje objeto. Al interpretar "Fa & Ga" dijimos "el símbolo "*a*" se refiere al objeto a_2". Se trata de una oración en un metalenguaje porque habla del propio lenguaje (especifica la referencia de un símbolo). El enunciado "la oración "Fa & Ga" es verdadera" también es una oración en un metalenguaje porque se refiere a la propia oración "Fa & Ga".

2.7 Estructuras isomorfas

Las estructuras pueden tener relaciones entre sí. Dichas relaciones son cruciales para comprender las limitaciones de los formalismos, a las que nos referiremos más adelante en este capítulo, y para formular criterios de identidad para las teorías, que trataremos en el capítulo 5. La relación más importante en la que pueden entrar dos estructuras es el *isomorfismo*. La palabra "isomorfo" se compone de las palabras griegas "igual" y "forma", y significa literalmente "de igual forma". Por tanto, dos estructuras son isomorfas si tienen la misma forma. Intuitivamente, dos estructuras tienen la misma forma si sus dominios tienen el mismo número de elementos y se pueden emparejar entre sí los elementos de las dos estructuras de forma que los elementos emparejados de ambas estructuras entren en las mismas relaciones. Formalmente, entonces, dos estructuras $S^{(1)} = (U^{(1)}, R^{(1)})$ y $S^{(2)} = (U^{(2)}, R^{(2)})$ son isomorfas si existe un mapeo f: $U^{(1)}$: $\rightarrow U^{(2)}$ de modo que (i) f sea biyectiva (uno a uno) y (ii) f preserva el sistema de relaciones de la estructura.

Desglosemos estas condiciones, empezando por (i). Un mapeo f es biyectivo si es inyectivo y suryectivo. Es inyectiva si nunca mapea elementos distintos de $U^{(1)}$ al mismo elemento de $U^{(2)}$: $f(x) \neq f(y)$ para todo $x \neq y$. Un mapeo f es suryectivo si cada elemento de $U^{(2)}$es mapeado por al menos un elemento de $U^{(1)}$: para todo z en $U^{(2)}$existe un x en $U^{(1)}$ de modo que $z = f(x)$. Hablando coloquialmente, un mapeo suryectivo "golpea" todo el codominio $U^{(2)}$. Por lo tanto, un mapeo biyectivo empareja todos los elementos de $U^{(1)}$ *y* $U^{(2)}$ de modo que ningún elemento de ninguno de los dominios quede fuera y que ningún elemento quede emparejado con más de un elemento. Volviendo a (ii), f preserva un sistema de relaciones si se cumple lo siguiente. Para todas las relaciones r en $R^{(1)}$, la n-tupla $(a_1, ..., a_n)$ de elementos de $U^{(1)}$ satisface la relación r si la n-tupla $(f(a_1), ..., f(a_n))$ de elementos de $U^{(2)}$ satisface la relación s en $R^{(2)}$ donde s es la relación en $R^{(2)}$ que corresponde a r en $R^{(1)}$, y viceversa.[100,101] Queda por decir qué entendemos por relaciones y operaciones "correspondientes". Recordemos que $R^{(1)}$ y $R^{(2)}$ son conjuntos *indexados* (es decir, listas ordenadas).

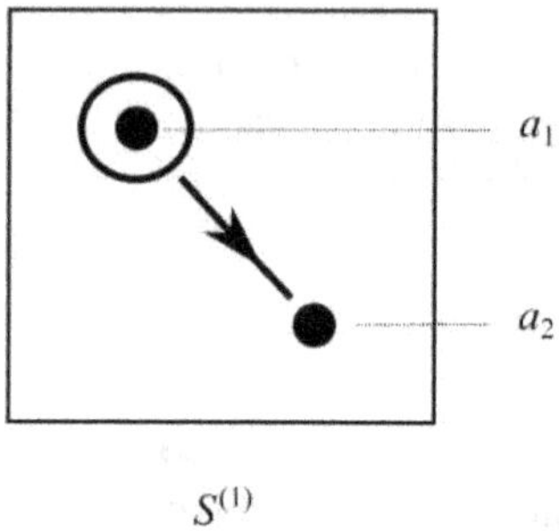

Figura 2.1 Ilustración de la estructura $S^{(1)}$

Así, la noción de una relación en $R^{(1)}$ que corresponde a una relación en $R^{(2)}$ significa que las dos tienen el mismo índice, que ambas estructuras tienen el mismo conjunto de índices (y por tanto contienen el mismo número de relaciones) y que las relaciones correspondientes tienen la misma aridad; por ejemplo, r_3 en $R^{(1)}$ corresponde a s_3 en $R^{(2)}$ y no a s_2. Si una correspondencia cumple todas estas condiciones, se trata de un isomorfismo.

Para que esta definición sea más intuitiva, ilustremos visualmente lo que significa que dos estructuras sean isomorfas. Tomemos $S^{(1)}$ como una estructura simple que consiste en un dominio con dos objetos, $U^{(1)} = \{(a_1, a_2)\}$, y un conjunto indexado $R^{(1)}$ que contiene una propiedad $\{a_1\}$ y una relación binaria $\{(a_1, a_2)\}$ (donde la propiedad tiene índice 1 y la relación índice 2). Esta estructura se ilustra en la figura 2.1. Los puntos simbolizan los objetos del dominio (las líneas de puntos se utilizan para indicar qué punto es a_1 y cuál es a_2); el círculo simboliza la propiedad (es decir, el punto que está rodeado significa que el objeto tiene la propiedad); y la flecha simboliza la relación binaria (es decir, los dos puntos que están conectados por la flecha significan que la relación existe entre ellos). En la figura 2.2 vemos de nuevo $S^{(1)}$, ahora acompañada de otras tres estructuras $S^{(2)}$, $S^{(3)}$ y $S^{(4)}$ que se simbolizan de la misma manera. Para indicar que se trata de estructuras distintas, con objetos, propiedades y relaciones diferentes, utilizamos

[100] Viceversa significa aquí que para todas las relaciones s en $R^{(2)}$, la n-tupla $(f(a_1), ..., f(a_n))$ de elementos de $U^{(2)}$ satisface la relación s en $R^{(2)}$ si la n-tupla $(a_1, ..., a_n)$ de elementos de $U^{(1)}$ satisface la relación r donde s es la relación en $R^{(2)}$ que corresponde a r en $R^{(1)}$.

[101] Si se trabaja con una estructura que también contiene operaciones, se añade la siguiente condición: para todas las operaciones o en $O^{(1)}$, $o(a_1, \ldots, a_n) = a_{n+1}$ sí y solo si $p(f(a_1), \ldots, f(a_n)) = f(a_{n+1})$ donde p es la relación en $O^{(2)}$ que corresponde a o en $O^{(1)}$, y viceversa, donde viceversa se explica, mutatis mutandis, como en la nota final anterior.

cuadrados, triángulos y hexágonos para simbolizar los objetos, y distintos estilos de trazo para los círculos y las flechas.

En la figura 2.3 comprobamos si existe un isomorfismo entre $S^{(1)}$ y las demás estructuras. En la parte superior de la figura vemos que $S^{(1)}$ y $S^{(2)}$ son isomorfas. Las estructuras cumplen la condición (i) porque sus objetos están en una relación biyectiva, lo que se indica por las flechas finas entre los elementos de las dos estructuras; y la forma en que se emparejan los objetos cumple la condición (ii) porque preserva el sistema de propiedades y relaciones, lo que se indica por las flechas "onduladas" que conectan la propiedad y la relación en $S^{(1)}$ con la propiedad y la relación $S^{(2)}$. En el centro de la figura intentamos establecer un isomorfismo entre en $S^{(1)}$ y $S^{(3)}$, pero no lo conseguimos porque el primer objeto de $S^{(3)}$ no tiene ninguna propiedad (¡no hay ningún círculo a su alrededor!), y por tanto no hay nada en $S^{(3)}$ que correspondería a la propiedad del primer objeto de $S^{(1)}$. Así que la condición (ii) falla y las dos estructuras no son isomorfas. En la parte inferior de la figura vemos que $S^{(1)}$ tampoco es isomorfa a $S^{(4)}$ porque no hay ningún objeto en $S^{(1)}$ que pueda corresponder al tercer objeto de $S^{(4)}$, lo que significa que la condición (i) falla.

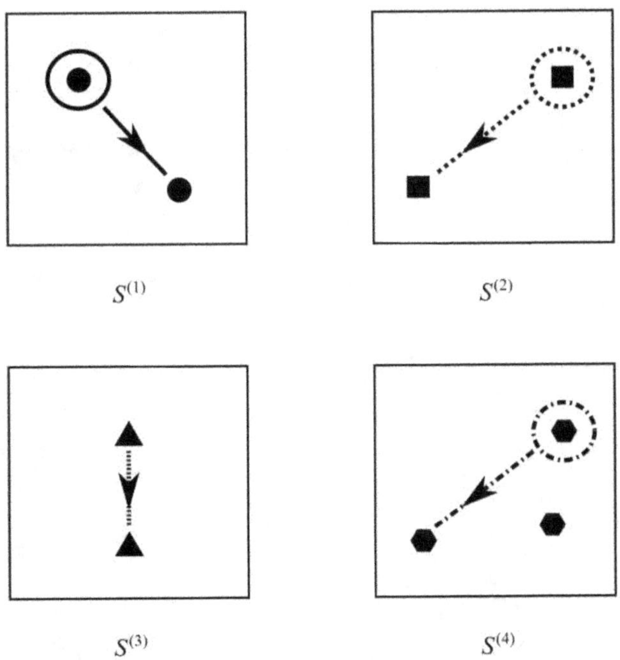

FIGURA 2.2 Ilustración de las estructuras $S^{(1)}$ a $S^{(4)}$.

En efecto, que dos estructuras sean isomorfas significa que son idénticas en cuanto a sus propiedades estructurales, razón por la cual los matemáticos suelen identificar las estructuras isomorfas entre sí. Podemos llamar a dos estructuras con nombres diferentes, o pueden originarse en contextos diferentes, y por estas razones podemos pensar que son diferentes. Pero si resultan ser isomorfas, entonces no son diferentes después de todo, al menos desde un punto de vista estructural. Obsérvese que la noción de isomorfismo tal como se introduce aquí es simétrica (si $S^{(1)}$es isomorfa a $S^{(2)}$, entonces $S^{(2)}$ es isomorfa a $S^{(1)}$), reflexiva (toda estructura es isomorfa a sí misma) y transitiva (si $S^{(1)}$es isomorfa a $S^{(2)}$, y $S^{(2)}$ es isomorfa a $S^{(3)}$, entonces $S^{(1)}$es isomorfa a $S^{(3)}$).

El isomorfismo no es el único tipo de mapeo entre estructuras, y se han definido y estudiado muchos otros mapeos. Nos referiremos colectivamente a todos estos mapeos como morfismos. No nos detendremos aquí en mapeos alternativos porque sólo desempeñarán un papel marginal en el resto del libro, pero hay dos que merecen ser mencionados brevemente. Un mapeo es una *incrustación* si isomorfiza $S^{(1)}$ en una subestructura de $S^{(2)}$, donde subestructura de $S^{(2)}$ es una parte de esa estructura que satisface todos los requisitos de una estructura. Un mapeo es un homomorfismo si satisface todos los requisitos de un isomorfismo excepto que no necesita ser uno a uno.[102]

[102] Tal como se define aquí, el homomorfismo implica un bicondicional. Esto coincide con la forma en que se definen los homomorfismos en Enderton (2001, 94). Sin embargo, hay definiciones que sólo implican un condicional; véase, por ejemplo, la de Hodges (1997, 5). Para una discusión de diferentes definiciones de varios mapeos, véase Pero y Suárez (2016).

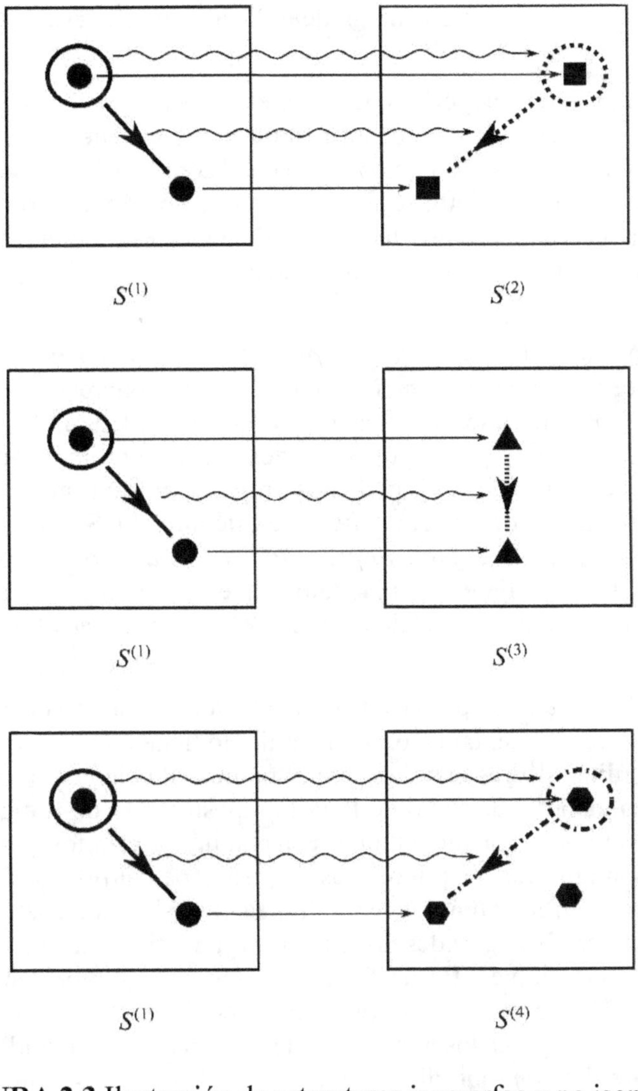

FIGURA 2.3 Ilustración de estructuras isomorfas y no isomorfas.

Con estas herramientas en la mano, ahora se puede estudiar la clase de modelos de una teoría. Consideremos un conjunto de oraciones formales del tipo que hemos analizado en la sección 2.2. De acuerdo con el espíritu del Enfoque Recibido, consideramos este conjunto una teoría y lo denotamos por T. Podemos definir la clase C_T de todas las estructuras que son modelos de T (es decir, C_T contiene todas las estructuras que hacen que todas las oraciones de T sean verdaderas bajo alguna interpretación de los términos de T). Esto plantea la cuestión de cómo es esta clase. ¿Qué tipo de estructuras encontramos en esta clase y cómo se relacionan entre sí? En casos especiales puede ocurrir que todos los modelos de una teoría sean isomorfos. Dado que los modelos isomórficos son (como hemos visto anteriormente) idénticos entre sí desde un punto de vista estructural, una teoría de este tipo sólo tiene un modelo. Una teoría con esta característica se denomina *categórica*.

Muchas teorías no son categóricas. Como ejemplo sencillo consideremos la oración "$\forall x(Px)$", donde "$\forall$" es el cuantificador universal que expresa que lo que sigue es válido para todos los objetos x. Así que la oración dice "todos los objetos x tienen la propiedad P". Entonces supongamos que nuestra teoría consiste sólo en esa oración. Obviamente, esta teoría es válida para estructuras con un número diferente de elementos (y que, por tanto, no son isomórficas), y por tanto no es categórica.

Esto nos lleva a la noción de *modelo no previsto* (*unintended model*). En algunas aplicaciones se puede tener en mente una estructura concreta y buscar un conjunto de axiomas que describa eficazmente dicha estructura. Así, en lugar de empezar con una oración (o clase de oraciones) y preguntarnos "¿qué estructuras son modelos de esta oración?", podemos empezar con un modelo (o clase de modelos) y buscar una descripción eficaz de este modelo. Si esto ocurre, el modelo del que partimos es el *modelo previsto* (*intended model*). Si luego resulta que la oración también tiene otros modelos –que no teníamos en mente al elegir la oración–, entonces estos modelos son *modelos no previstos* (*unintended models*).

La *cardinalidad* de un conjunto es una medida del número de elementos que lo componen, es decir, de su tamaño. Si un conjunto tiene un número finito de elementos, su cardinalidad es simplemente el número de elementos que contiene. Así, la cardinalidad del dominio de la primera estructura de la figura 2.2 es 2. Las cosas se complican cuando tratamos con conjuntos infinitos, porque no todos los infinitos son iguales.[103] El tipo "más pequeño" de cardinalidad infinita es el que encontramos en los números naturales. Esta cardinalidad se denota por $\aleph^0$ (digamos "alef-cero"). A grandes rasgos, un conjunto tiene cardinalidad $\aleph^0$ si sus elementos son numerables. En un famoso argumento, Cantor demostró que el conjunto de los números racionales (es decir, el conjunto de todas las fracciones) tiene cardinalidad $\aleph^0$ y que los números reales tienen una cardinalidad mayor que $\aleph^0$. La hipótesis del continuo dice que la cardinalidad de los números reales es $\aleph^1$. Los cardinales superiores ($\aleph^2$, $\aleph^3$, . . .) son construcciones que no tienen una explicación intuitiva ni en términos de recuento ni de números reales. Los alefs se conocen como *cardinalidades infinitas*.

La cardinalidad de una estructura es la cardinalidad de su dominio. Por razones obvias es condición necesaria para que dos estructuras sean isomorfas que tengan

[103] Lo que sigue es solo un esbozo intuitivo. Para una discusión rigurosa de los cardinales, véase, por ejemplo, Machover (1996, cap. 6).

la misma cardinalidad (porque si tienen cardinalidad distinta no hay mapeo biyectivo entre ellas). Si una teoría (entendida como una oración en un lenguaje formal) tiene modelos de cardinalidades diferentes, entonces la teoría no es categórica.

2.8* Pronunciable e impronunciable en los lenguajes de primer orden

En la sección 1.4 mencionamos que la lógica de primer orden es demasiado débil para proporcionar un marco formal adecuado para las teorías científicas. En el resto de este capítulo discutiremos dónde residen estas limitaciones.[104] Ya hemos encontrado el cuantificador universal "∀" anteriormente en este capítulo. El otro cuantificador importante es el cuantificador existencial "∃", que expresa "existe". Así, la oración "∃x(*Px*)" dice "existe un objeto x que tiene propiedad P". Volviendo a nuestro ejemplo anterior con la estructura $S^{(1)} = (U^{(1)}, R^{(1)})$, la oración "∃x(*Px*)" es verdadera en esa estructura si interpretamos que P se refiere a la propiedad $\{a_1\}$ porque existe un objeto que tiene la propiedad a la que se refiere "P", a saber, a_1. La característica distintiva de la lógica de primer orden es que "∀" y "∃" sólo pueden ponerse delante de variables que abarcan individuos, es decir, los objetos del dominio de una estructura; no pueden ponerse delante de símbolos de predicado. Así, "∃x(*Px*)" y "∀x(*Px*)" son oraciones de primer orden, mientras que las oraciones que empiezan por "∀P" y "∃P" están prohibidas. El resultado de esta regla es que la lógica de primer orden sólo permite la cuantificación sobre individuos y descarta la cuantificación sobre relaciones (y recuérdese que las relaciones, tal como se definen en el contexto actual, incluyen propiedades). Esto cambia cuando pasamos a la llamada lógica de segundo orden, en la que las oraciones con "∀P" y "∃P" son legítimas y, por tanto, se permite la cuantificación sobre relaciones. En la lógica de segundo orden no sólo podemos decir cosas como "hay un objeto tal que..." o "todos los objetos son tales que...", sino también "hay una relación tal que..." o "todas las relaciones son tales que...".[105]

En la sección 1.7 discutimos la reconstrucción racional y señalamos que el hecho de que el punto de vista recibido sea una reconstrucción racional no es *ipso facto* una razón para rechazarlo. Este argumento, sin embargo, se tambalea si una reconstrucción resulta ser imposible, y los oponentes del Enfoque Recibido han

---

[104] La discusión en esta sección y en la siguiente es informal y relativamente breve. Esto es así por necesidad, ya que los resultados que limitan son complejos, e incluso una discusión medianamente rigurosa requeriría la exposición de todo un libro. Bell y Machover (1977), Machover (1996), Enderton (2001) y Smith (2003) ofrecen introducciones completas a la lógica; Button y Walsh (2018), Krause y Arenhart (2017) y Smith (2013) proporcionan discusiones en profundidad de los resultados limitantes y sus consecuencias filosóficas.

[105] Agradezco a Laurenz Hudetz y James Nguyen muchas discusiones útiles sobre los argumentos de esta sección y la siguiente, y comentarios sobre borradores anteriores.

argumentado que este es el caso. Suppes ofrece una clara exposición de esta postura:

> Un punto importante que quiero destacar es que no es posible una simple formalización estándar de la mayoría de las teorías de las ciencias empíricas. La fuente de la dificultad es fácil de describir. Casi todas las teorías científicas sistemáticas de algún interés o potencia asumen una gran cantidad de matemáticas como parte de su trasfondo formal. No hay una manera sencilla o elegante de incluir este trasfondo matemático en una formalización estándar que asuma sólo el aparato de la lógica elemental. Este único punto ha sido responsable de la falta de contacto entre gran parte de la discusión de la estructura de las teorías científicas por parte de los filósofos de la ciencia y las discusiones científicas estándar de estas teorías. (2002, 27)

Por "formalización estándar", Suppes entiende una formalización en lógica de primer orden. La preocupación que expresa Suppes es algo difícil de precisar, porque lo que se considera "simple o elegante" puede depender del contexto y, de hecho, del gusto. A pesar de ello, es una preocupación que debe tomarse en serio, porque es un hecho de la práctica científica que las formulaciones de primer orden de las teorías tienden a ser raras. Hay excepciones notables, como la axiomatización de primer orden de las teorías deterministas de Montague (1974) y la axiomatización de primer orden de la relatividad especial de Andréka et al. (2012). Pero, en general, los científicos parecen preferir trabajar en alguna versión (informal) de la lógica de orden superior, lo que sugeriría que encuentran ese marco más conveniente.

Una versión más radical de la preocupación de Suppes es que las formulaciones de primer orden no sólo no son "simples o elegantes", sino que no son posibles *tout court*. Nos hemos encontrado con esta afirmación en la Sección 1.4, donde vimos a Barwise y Feferman diciendo que nociones importantes como función continua y variable aleatoria no pueden expresarse en lógica de primer orden. La razón es que las limitaciones de los lenguajes de primer orden los hacen demasiado débiles para poder captar ciertos conceptos matemáticos cruciales.

Llegados a este punto, el lector puede preguntarse por qué toda la discusión se ha centrado tanto en la lógica de primer orden. Si trabajar, por ejemplo, en lógica de segundo orden es más cómodo, ¿por qué no trabajar simplemente en lógica de segundo orden? La razón es que la lógica de primer orden tiene una propiedad particular que es realmente importante y de la que carece la lógica de segundo orden, a saber, la completitud. Sea Φ cualquier conjunto de fórmulas formuladas en el lenguaje de la lógica de primer orden, y sea α una fórmula en el mismo lenguaje. Recordemos (de la sección 2.2) que una interpretación especifica a qué individuos y relaciones se refieren los términos no lógicos de una oración formal. Entonces decimos que Φ implica semánticamente a α si y solo si *toda* interpretación que hace verdaderos todos los elementos de Φ también hace verdaderos a

α. Si ese es el caso, escribimos $\Phi \models \alpha$ (donde, como hemos visto en la Sección 2.6, "$\models$" es el molinete doble). La implicación semántica (a veces también llamada "consecuencia lógica") contrasta con la deducibilidad (*deducibility*). La fórmula α es deducible de Φ si α puede derivarse de Φ utilizando las reglas de inferencia del sistema lógico. Si ese es el caso escribimos $\Phi \vdash \alpha$ (donde "$\vdash$" es el molinete simple). La deducibilidad *per se* no tiene nada que ver con la verdad; sólo se refiere a la noción formal de que una fórmula sea deducible de otra. Una teoría es *completa* si toda implicación semántica es también deducible en la teoría: si $\Phi \models \alpha$ entonces $\Phi \vdash \alpha$.[106] En una lógica completa, todas las implicaciones son también deducibles. Esta es una característica crucial porque gran parte del trabajo con una teoría consiste en deducir oraciones a partir de un conjunto de premisas. La completitud garantiza que no "pasamos por alto" ninguna implicación: no puede darse el caso de que Φ implique α mientras α no sea deducible de Φ. En una teoría incompleta puede ocurrir exactamente esto: puede haber implicaciones que no se "reflejen" en el nivel de deducción. Esto significa que puede darse el caso de que Φ implique α y al mismo tiempo α no sea deducible de Φ, y eso es una preocupación para los que hacen pruebas. Por esta razón, la completitud es una característica muy deseable.

En resumen, la lógica de primer orden es completa mientras que la lógica de segundo orden no lo es. Para ver que esto es un problema serio piensa en Φ como los axiomas de una teoría (que siempre podemos porque Φ puede ser cualquier conjunto de fórmulas) y en α como una proposición de la teoría. En lógica de segundo orden puede ocurrir entonces que α sea verdadera en la teoría (en el sentido de que esté implicada por los axiomas) y sin embargo no sea demostrable (en el sentido de que no sea deducible de los axiomas). Esto limita el poder del formalismo.[107]

¿Dónde nos dejan estas consideraciones? Hemos visto que la lógica de primer orden tiene limitaciones, pero también ventajas. Por lo tanto, hay que plantearse qué marco formal se quiere utilizar para formular una teoría, y no es en absoluto una conclusión inevitable que la lógica de primer orden no sea una opción. En realidad, depende de cómo se sopesen los pros y los contras de los distintos tipos de lógica, y esto puede depender del contexto. Volveremos sobre esta cuestión en la sección 5.8.

---

106 Una propiedad estrechamente relacionada es la corrección (soundness): si $\Phi \vdash \alpha$, entonces $\Phi \models \alpha$. Así que se puede decir que la corrección es la "inversa" de la completitud.

107 En todo momento asumo que trabajamos con semántica estándar. Las cosas se complican más cuando se consideran también las llamadas lógicas multivariadas (many-sorted logics). Para una visión general de las cuestiones en la lógica de muchos ordenados, véase Väänänen (2020); para discusiones en profundidad, véase, por ejemplo, Barrett y Halvorson (2017), Manzano (1996), y las contribuciones a Meinke y Tucker (1993).

2.9* Limitación de resultados en lógica de primer orden

En esta sección echamos un vistazo a dos importantes limitaciones de resultados en lógica de primer orden: el teorema de Löwenheim-Skolem y el primer teorema de incompletitud de Gödel.[108]

La breve discusión de las cardinalidades en la Sección 2.7 preparó el terreno para enunciar el teorema de Löwenheim-Skolem, que desempeña un papel importante en los argumentos contra el Enfoque Recibido. Consideremos una teoría *T* en forma de un conjunto numerable de oraciones en un lenguaje de primer orden. Entonces es cierto lo siguiente: si *T* tiene un modelo de una cardinalidad infinita particular, entonces *T* también tiene modelos de todas las demás cardinalidades infinitas. O expresado en términos de alephs, si la teoría tiene un modelo cuya cardinalidad es un aleph particular, entonces, para *cualquier* aleph, la teoría tiene un modelo cuya cardinalidad es ese aleph. Esto significa que no se puede formular una teoría de primer orden que sea tal que sólo tenga modelos de una cierta cardinalidad infinita. Por lo tanto, la lógica de primer orden es incapaz de controlar la cardinalidad de sus modelos infinitos, lo que implica (trivialmente) que ninguna teoría de primer orden con un modelo infinito es categórica.

Para comprender las implicaciones de este teorema, echemos un vistazo a la aritmética, el estudio de los números naturales. Podemos realizar operaciones elementales con estos números, por ejemplo, sumar o multiplicar dos números. Las reglas para manipular los números se establecen en las leyes de la aritmética. Estas leyes están codificadas en los axiomas de la aritmética, o bien se deducen de estos axiomas como teoremas. Una de las axiomatizaciones más importantes de la aritmética es la Aritmética de Peano (véase, por ejemplo, Machover 1996, Cap. 10). No es sorprendente que los números naturales sean un modelo de la aritmética de Peano; de hecho, son el modelo previsto de la aritmética de Peano porque los axiomas se han formulado con el propósito expreso de describir estos números. Sin embargo, la aritmética de Peano está formulada en lógica de primer orden y el Löwenheim-Skolem nos dice que la teoría no sólo tiene modelos de cardinalidad $\aleph^0$, como cabría esperar, sino también uno de cardinalidad $\aleph^1$, la cardinalidad de los números reales y, de hecho, ¡de cualquier otra cardinalidad infinita! Estos modelos "extra" son "modelos no previstos" en el sentido de que la Aritmética de Peano fue concebida como una teoría de los números naturales y es un accidente de la lógica, por así decirlo, que también sea una teoría para modelos que no son isomorfos a los números naturales.[109]

Dado que casi todas las teorías científicas se basan en el recuento de cosas, implicarán los axiomas de la aritmética y, por tanto, tendrán modelos no previstos

---

[108] También hay una serie de cuestiones que surgen en relación con la axiomatizabilidad efectiva de las teorías y la decidibilidad efectiva de las afirmaciones. Pero una discusión de estas cuestiones nos llevaría demasiado lejos en detalles técnicos. Los lectores pueden encontrar una introducción a estas nociones en Smith (2013).

[109] En el contexto de la aritmética, a menudo se denominan "modelos no estándar".

del tipo que acabamos de describir. Esto significa que las teorías de primer orden suelen ser incapaces de precisar la clase de modelos a los que pretenden aplicarse. Esto significa que no son capaces de precisar su objeto de estudio porque acaban siendo verdaderas en dominios que no sólo no están previstos, sino que además son muy diferentes de los dominios previstos. Los defensores del Enfoque Modelo-Teórico sostienen que éste es un problema importante para el Enfoque Recibido y ofrecen una solución. Discutiremos sus razones para pensar así, junto con la solución propuesta en la sección 5.6. En este punto nos limitamos a señalar que el problema es un auténtico problema de primer orden: la lógica de segundo orden puede precisar la cardinalidad de sus modelos y, por tanto, evitar el problema. Pero, como hemos visto en la última sección, esto tiene el precio de que es incompleta. Así que, una vez más, nos enfrentamos a una disyuntiva.

El segundo resultado limitante que se considera un problema para el enfoque Recibido es el primer teorema de incompletitud de Gödel. Consideremos un sistema aritmético como la aritmética de Peano, y dejemos que Φ sean los axiomas de ese sistema. Entonces sea α cualquier proposición que pueda ser formulada en el lenguaje de la aritmética - entonces α es alguna afirmación sobre los números. Parece razonable esperar que los axiomas "fijen" la corrección de α en el sentido de que α o su negación, $\neg\alpha$, sean deducibles de los axiomas. Es decir, uno esperaría que o bien $\Phi \vdash \alpha$ o bien $\Phi \vdash \neg\alpha$. Una teoría que tiene esta característica para cada α en el lenguaje de la teoría es *negación-completa*. Nuestra expectativa entonces es que la aritmética sea *negación-completa*. El primer teorema de incompletitud de Gödel nos dice que esta expectativa es falsa.[110] Más específicamente, el teorema dice que cada teoría de la aritmética que es lo suficientemente fuerte como para expresar los hechos estándar sobre la aritmética es *negación-incompleta*: hay una oración α en el lenguaje de la aritmética tal que ni $\Phi \vdash \alpha$ ni $\Phi \vdash \neg\alpha$ es el caso. Las oraciones de este tipo se denominan *oraciones de Gödel*. De hecho, el teorema dice algo aún más fuerte. Dice que no es casualidad que hayamos olvidado incluir algo en la teoría, lo que significaría que podríamos completar la teoría incluyendo lo que se ha omitido inicialmente. El teorema de Gödel dice que la teoría es negación-incompletable: no importa cuánto se añada a la teoría inicial, lo que resulte será otra teoría *negación-incompleta*.[111] La oración α será verdadera en el modelo previsto de Φ, razón por la cual el teorema de Gödel se parafrasea a veces como la afirmación de que hay oraciones indemostrables pero verdaderas. Se afirma que esto supone un reto

[110] El segundo teorema de incompletitud de Gödel dice, a grandes rasgos, que las teorías que son lo suficientemente fuertes como para expresar la aritmética básica no pueden demostrar su propia consistencia.

[111] Para evitar confusiones, obsérvese que la noción de completitud en juego en el teorema de Gödel es diferente de aquella a la que se apela cuando dijimos en la sección anterior que la lógica de primer orden era completa. La lógica de primer orden es completa en el sentido de que si $\Phi \models \alpha$, entonces $\Phi \vdash \alpha$. Las teorías de la aritmética consideradas en el teorema de Gödel son completas en ese sentido. Son incompletas en el sentido de no ser negación-completas, lo que significa que ni $\Phi \vdash \alpha$ o bien $\Phi \vdash \neg\alpha$ es el caso.

para la formalización de teorías basadas en la lógica de primer orden, porque cada afirmación de la teoría tiene que ser demostrable o refutable basándose en los axiomas.

El teorema de Löwenheim-Skolem ha desempeñado un papel importante en los argumentos contra el Enfoque Recibido y a favor del Enfoque Modelo-Teórico. El papel del teorema de Gödel en este debate es bastante menos claro. Ninguno de los principales argumentos contra el Enfoque Recibido o a favor del Enfoque Modelo-Teórico se basa en él. Sin embargo, Anapolitanos (1989, 210) menciona brevemente varios argumentos de ese tipo basados en el teorema de Gödel, y es instructivo echar un breve vistazo a lo que él considera el problema más importante. El problema de Anapolitanos es que el teorema de Gödel nos dice que "puede existir una oración en el lenguaje de la teoría, verdadera en el mundo real pero no demostrable por la teoría". Por esta razón, "cualquier teoría vista como un sistema deductivo no capta ni puede captar toda la imagen del mundo". Esto, argumenta Anapolitanos, "asesta un golpe decisivo al enfoque sintáctico", es decir, al Enfoque Recibido, y deja "como única alternativa viable a éste un Enfoque Modelo-Teórico".

En la medida en que es un argumento contra el Enfoque Recibido, cabe preguntarse por qué cabe esperar que una teoría científica proporcione todas las verdades sobre el mundo. Las teorías científicas son incompletas por naturaleza y están sujetas a revisión. Pero incluso si uno se atreve a soñar con una teoría final que lo contenga todo, ¿por qué pensar que las oraciones de Gödel de la teoría son estados científicamente relevantes? Los ejemplos conocidos de oraciones de Gödel son enunciados teórico-numéricos muy específicos y poco intuitivos, y cabe preguntarse al menos por qué los biólogos o los economistas se preocuparían por ellos. En la medida en que el argumento de Anapolitanos es un argumento a favor del Enfoque Modelo-Teórico, no está claro cuál es la epistemología que lo sustenta. Anapolitanos parece pensar que, desde una perspectiva modelo-teórica, de alguna manera podemos reconocer directamente estas oraciones como verdaderas o falsas sin depender de argumentos en forma de pruebas. En general, esto parece demasiado optimista. Las proposiciones científicas interesantes no se reconocen fácilmente como verdaderas o falsas, y su verdad o falsedad tiene que establecerse mediante argumentos largos e intrincados. Estos argumentos se formularán en una metateoría más sólida. En este caso, el argumento no señala al Enfoque Modelo-Teórico "como la única alternativa viable". Volveremos sobre el papel de la metateoría en la sección 5.8.

2.10 Conclusión

Hemos establecido una distinción entre modelos representacionales y modelos lógicos, y hemos visto que el Enfoque Recibido se basa en esta última noción cuando dice que los modelos son interpretaciones alternativas de un formalismo.

Haciendo abstracción de la constitución material de un sistema se llega a la noción de estructura, que es aquello en términos de lo cual suelen interpretarse las oraciones en lógica formal. Con esta maquinaria formal en su lugar, hemos visto que la lógica de primer orden se enfrenta a una serie de limitaciones: su lenguaje no parece ser lo suficientemente fuerte como para formalizar conceptos matemáticos esenciales y hay resultados limitantes dentro de ella que parecen poner en duda su idoneidad para una reconstrucción racional de las teorías.

El Enfoque Modelo-Teórico promete resolver estos problemas cambiando a un marco completamente diferente para analizar teorías. Discutiremos este punto de vista en el capítulo 5 y, por tanto, pospondremos hasta entonces una evaluación completa de la gravedad y las consecuencias de estos problemas. Los lectores que estén especialmente interesados en esta cuestión pueden avanzar rápidamente hasta el capítulo 5 y volver a los capítulos 3 y 4 más adelante.

En este punto me gustaría reiterar que el Enfoque Recibido no está comprometido con la lógica de primer orden y que, por tanto, los argumentos contra la lógica de primer orden no son ipso facto argumentos contra el Enfoque Recibido (o cualquier otra versión del punto de vista lingüístico). De hecho, el Enfoque Recibido no está comprometido con ningún marco formal en particular. En relación con esto, como han señalado varios comentaristas, el Enfoque Recibido no está comprometido con la prohibición de la teoría de modelos. Earman se pregunta por qué no se debería permitir a la visión sintáctica pasar de los axiomas a los modelos, y se plantea la opción de que "a un defensor de la visión tradicional no se le permita hacer el cambio porque la visión tradicional es una "visión sintáctica" de las teorías". Su veredicto sobre este punto de vista es mordaz: "Es difícil creer que alguien pueda repetir esta respuesta manteniendo la cara seria, pero le aseguro al lector que he observado tal comportamiento. Calificar el punto de vista tradicional de 'punto de vista sintáctico' es una de las principales tácticas de los defensores del punto de vista semántico/modélico. Es pura calumnia". (2005, 8). Esto se debe a que pasar de un conjunto deductivamente cerrado de oraciones a la clase de modelos de estas oraciones "no es un paso a una concepción diferente de las teorías, sino sólo un reenfoque de la atención a la otra cara de la visión tradicional" (ibid., 9).

Otros comentaristas argumentan históricamente. Lutz (2014b) señala que Przełęcki (1974) hizo un amplio uso de la teoría de modelos en su reconstrucción de teorías y, sin embargo, se consideraba a sí mismo como un defensor del Enfoque Recibido. Halvorson (2016, 585) ve la razón por la que se creó la impresión de que el Enfoque Recibido prohíbe la teoría de modelos en la historia del área. No había semántica formal en las décadas de 1920 y 1930, cuando aparecieron la mayoría de las publicaciones fundacionales del empirismo lógico, y los filósofos pusieron énfasis en la "sintaxis" porque se consideraba que el estudio de la semántica pertenecía a la psicología. Esto se malinterpretó más tarde como un rechazo de la teoría de modelos y de la semántica formal, pero en realidad el énfasis en la sintaxis sólo era un énfasis en el rigor formal - ¡y el rigor formal se puede tener, por supuesto, con la teoría de modelos!

No comprometerse con algo indeseable es una cosa; tener una alternativa viable es otra. Hasta ahora, sigue faltando esto último. Como se ha señalado, volvemos a la cuestión de un marco formal adecuado para reconstruir teorías en el capítulo 5, donde veremos que el Enfoque Modelo-Teórico liberal es de hecho indistinguible de un Enfoque Modelo-Teórico liberal, y que tal enfoque liberal es un candidato plausible para un marco sostenible.

Capítulo 3: DELINEANDO LO OBSERVABLE

3.1 Introducción

La idea principal del empirismo lógico es que la observación proporciona una base neutral sobre la que se formulan y se prueban las teorías. Para cumplir este propósito, la observación debe ser objetiva y libre de presuposiciones e interpretaciones. El Enfoque Recibido formula esta idea con precisión al postular que el vocabulario descriptivo de una teoría se bifurca en términos observacionales y términos teóricos (en la sección 1.3 llamamos a esto la segunda bifurcación). En el caso de los términos observacionales, "es posible, en circunstancias adecuadas, decidir mediante la observación directa si el término se aplica o no a una situación dada" (Hempel 1965, 178). "Redondo", "verde", "bola", "líquido", "rueda", "caliente", "más largo que" y "contiguo a" son ejemplos de términos observacionales. Por el contrario, no podemos decidir mediante la observación directa si términos como "electrón", "orbital", "campo electromagnético", "gen", "salto cuántico" y "tasa de inflación" son aplicables, por lo que son ejemplos de términos teóricos.[112]

La segunda bifurcación se ha enfrentado a tres familias de críticas. La primera crítica es que la distinción epistémica entre lo que podemos y no podemos observar no se traduce en una distinción lingüística entre términos de diferentes tipos (sección 3.2). La segunda crítica es que no existe una frontera clara entre lo observable y lo no observable. Por lo tanto, incluso si el vocabulario pudiera bifurcarse como prevé el Enfoque Recibido, no estaría claro dónde trazar la línea entre términos observacionales y términos teóricos (Sección 3.3). La tercera crítica se refiere a la cuestión de si existe realmente algo así como una observación neutral desde el punto de vista teórico. Los críticos argumentan que la observación está cargada de teoría porque las teorías siempre están implicadas en las observaciones (Sección 3.4). Al menos en parte en respuesta a estas críticas, Hempel propuso una bifurcación diferente que traza la línea históricamente entre términos entendidos anteriormente y términos nuevos, en lugar de entre términos observacionales y términos teóricos (sección 3.5). A lo largo del debate sobre las tres familias de críticas, se dice poco sobre cómo se registran y procesan los resultados de las observaciones. En contextos científicos, la realización de observaciones suele adoptar la forma de mediciones con dispositivos de medición, y estas mediciones producen datos cuantitativos como resultados. ¿Cómo se recopilan, procesan, regulan y ponen en una forma utilizable los datos? Analizamos el proceso de recopilación de datos en experimentos y su transformación en un modelo de datos, que es la forma en que se confrontan con las teorías (sección

[112] Véase también Carnap (1936, 454-455, 1956a, 41, 63) y Hempel (1969, 14, 1973, 371). En el debate sobre el realismo científico, el predicado "teórico" no solo se aplica a los términos, sino también a las entidades (putativas) a las que se refieren (supuestamente) los términos teóricos (véase, por ejemplo, Psillos 1999, cap. 1). Así, "electrón" es un término teórico, mientras que un electrón es una entidad teórica.

3.6). Concluimos que articular la idea empirista de que el conocimiento proviene de la experiencia plantea cuestiones importantes que aún no se han resuelto por completo (sección 3.7).

3.2 Distinciones para eliminar ambigüedades

Putnam sostiene que la segunda bifurcación, que separa el vocabulario no lógico de una teoría en términos teóricos y términos observacionales, parte de una base errónea:

> Un término teórico, propiamente dicho, es aquel que proviene de una *teoría* científica. ... En este sentido (y creo que es el sentido importante para los debates sobre ciencia), "satélite" es, por ejemplo, un término teórico (aunque las cosas a las que se refiere son bastante observables...), y "disgustos" claramente no lo es. (1962, 219, énfasis original)

Putnam plantea dos cuestiones. La primera es que "teórico" debe entenderse en el sentido de que un término tiene su origen en una teoría, y no en el sentido de que el término (supuestamente) se refiere a algo no observable. Si mantenemos el uso tradicional de "teórico" que proviene del empirismo lógico y le añadimos el de Putnam, entonces "teórico" es ambiguo. Por un lado, puede significar "no observable"; por otro lado, también puede significar "que tiene su origen en una teoría". "Observable" es entonces ambiguo de la misma manera, porque puede significar tanto "accesible a la observación" como "que no tiene su origen en una teoría". Esto muestra que hay dos distinciones donde pensábamos que solo había una: la distinción *epistémica* entre términos que designan algo observable y términos que (supuestamente) designan algo no observable, y la distinción *genealógica* entre términos que derivan de una teoría y aquellos que no tienen pedigrí teórico. En lo que sigue me referiré a ellas como la distinción observable/no observable y la distinción no teórica/teórica, respectivamente.[113]

Se podría decir que esta ambigüedad es inofensiva porque estas distinciones coinciden: los términos que designan observables también son no teóricos, y los términos que designan no observables también son teóricos. Por ejemplo, términos como "verde", "mesa" y "árbol" designan observables y son no teóricos; y

[113] También sigo a Putnam al discutir las cuestiones relativas a la observabilidad y la teoreticidad a nivel de los términos. Una alternativa sería discutir el problema a nivel de las oraciones. Carnap (1932) introdujo la noción de oración de protocolo. Estas oraciones son informes de la experiencia directa de un individuo y, por lo tanto, están redactadas en términos observacionales. Un ejemplo sencillo es "rojo aquí ahora". La veracidad o falsedad de una oración protocolo debe poder decidirse apelando a la experiencia directa. Esto, por supuesto, plantea las cuestiones que acabamos de ver. El contenido y la forma de un informe de observación fue objeto de un acalorado debate en el Círculo de Viena a principios de la década de 1930, y no se llegó a un acuerdo sobre las credenciales necesarias para que una oración se considerara una oración protocolo. El debate se conoce ahora como el "debate de las oraciones protocolarias". Véanse los debates de Cat (2006), Gillies (1993, cap. 6) y Uebel (2007).

términos como “electrón”, “supercuerda” y “gen” designan no observables y son teóricos. Generalizando a partir de estos ejemplos, se podría decir que todos los términos son así y que, por lo tanto, las dos distinciones trazan la línea entre los términos en el mismo lugar.

El segundo punto de Putnam es que esto es incorrecto porque hay términos teóricos que designan observables y, viceversa, hay términos que designan no observables y que, sin embargo, no son teóricos. El ejemplo de Putnam para el primer caso es “satélite”, que, según él, designa algo observable y es teórico. El ejemplo puede no ser del todo acertado porque no está claro en qué teoría se origina “satélite”. Pero la observación se mantiene, y se nos ocurren fácilmente otros ejemplos: “antena” tiene su origen en la electrodinámica clásica, “contador Geiger” tiene su origen en la teoría atómica y “placa tectónica” tiene su origen en la teoría de la tectónica de placas, y sin embargo todos ellos son objetos que podemos ver a simple vista. El ejemplo de Putnam para este último caso es “aversiones”, que, según él, no es teórico y, sin embargo, designa algo no observable. Es de suponer que otros términos que transmiten actitudes y sentimientos de las personas, como “amores”, “odios” y “deseos”, se clasificarían de la misma manera.

Siguiendo a Bird (1998, 86), podemos presentar la situación en forma de matriz de términos científicos, como se muestra en la figura 3.1. El segundo punto de Putnam puede expresarse entonces como la constatación de que la matriz tiene entradas no solo en la diagonal (que va de arriba a la izquierda a abajo a la derecha), sino también en los campos fuera de la diagonal.

Veamos ahora los cuatro campos y evaluemos sus implicaciones para el Enfoque Recibido. El campo inferior derecho contiene términos que son teóricos en ambos sentidos. Estos términos se ajustan al cuadro esbozado en la sección 1.3 y, por lo tanto, no plantean ningún problema adicional. Desgraciadamente, las cosas se complican en los demás campos. Tomemos el campo de la parte superior derecha. Aquí tenemos términos que designan observables aunque sean teóricos. Esto no encaja bien con la visión de los empiristas lógicos de que las observaciones proporcionan una base neutral sobre la que se construyen las teorías y contra la que se prueban.

Genealogía / Epistemología	No Teorético	Teorético
Observable	verde mesa árbol	satélite antena placa tectónica
Inobservable	disgusto amor deseo	átomo gen suercuerda

FIGURA 3.1 Matriz de términos científicos

Para cumplir este propósito, las observaciones deben estar libres de presuposiciones e interpretaciones, y en particular de teorías. La observación es donde la naturaleza "habla por sí misma", por así decirlo, y las teorías deben tomar las declaraciones de la naturaleza al pie de la letra. Sin embargo, si los términos se originan en teorías, llevan consigo un "bagaje teórico", en el sentido de que al menos parte de su significado y sus condiciones de aplicabilidad estarán determinadas por sus teorías ancestrales. No basta con que algo sea una antena para que sea una varilla metálica colocada en una posición elevada con respecto a su entorno inmediato. También tiene que ser capaz de emitir o recibir señales de radio, y solo se puede determinar si es así o no con referencia a la teoría electromagnética. Por lo tanto, aunque "antena" se refiere a un objeto observable, su significado y sus condiciones de aplicación dependen de una teoría. Esto no encaja bien con la idea de que la observación es la base libre de teoría sobre la que se construyen las teorías. Si los términos con los que describimos las observaciones se originan en teorías y solo tienen sentido en el contexto de las teorías originales, entonces los informes de observación no están libres de teoría. El fenómeno de que las observaciones dependan de teorías y que los informes que damos de las observaciones utilicen un lenguaje dependiente de la teoría se conoce como la *carga teórica de la observación*. La carga teórica supone un serio desafío para el Enfoque Recibido. Volveremos a este desafío en la sección 3.4.

Exploremos ahora la columna con términos no teóricos, comenzando por el campo superior izquierdo de la matriz. Putnam plantea una cuestión también para este campo. Los términos de color como "rojo" son el tipo de términos que los empiristas lógicos clasificarían fácilmente como términos observacionales. Como señala Putnam, Newton postuló que la luz roja estaba compuesta por corpúsculos rojos (1962, 218). Sin embargo, el color de los corpúsculos es no observable. O si los microscopios modernos hubieran hecho observables los corpúsculos de Newton, entonces tendríamos otros ejemplos a mano: hablamos de la vibración de una supercuerda, el diámetro de un átomo, la forma de una molécula y la frecuencia de un gen en una población. En todos estos casos, los términos que uno clasificaría fácilmente como observacionales —vibración, diámetro, forma, frecuencia— se aplican a objetos no observables. Esto significa que las propiedades designadas por estos términos son, en los casos que nos ocupan, también no observables (al menos en el sentido de "no observables" previsto en el Enfoque Recibido). Esto nos coloca en la incómoda posición de tener términos observacionales que designan algo no observable.[114]

Se puede responder a esto de dos maneras. La primera respuesta vuelve a Hempel y subraya que Hempel define un término como observacional si la propiedad que designa puede observarse *en circunstancias adecuadas*. "Rojo" es un término observacional porque si tengo los ojos abiertos, mi visión es normal y la luz está encendida, puedo decidir mediante observación directa si las cortinas son rojas. El hecho de que no pueda ver si un corpúsculo es rojo no es, por lo tanto, un problema, ya que observar un corpúsculo no se considera una circunstancia adecuada y, por lo tanto, el hecho de que no pueda ver que el corpúsculo es rojo no socava el estatus de "rojo" como término observacional. Sin embargo, ahora cabe preguntarse en qué se basa esta decisión. ¿Qué circunstancias se consideran adecuadas? De hecho, la vaguedad del concepto de circunstancias adecuadas también permitiría la reacción contraria. En lugar de salvar el estatus de "rojo" como término observacional declarando que las circunstancias no son adecuadas, se podría decir que hay circunstancias adecuadas en las que el color rojo de los corpúsculos sería realmente observable y que, hasta ahora, simplemente no hemos logrado encontrarnos en esas circunstancias. Por lo tanto, a pesar de las primeras apariencias, en las circunstancias adecuadas, la forma de una molécula e incluso la vibración de una supercuerda serían observables. Esto haría ociosa la noción de lo no observable y eliminaría la necesidad de la distinción entre observable y no observable. Así que, en efecto, hemos cambiado el problema de decir qué es observable por el problema de decir cuáles son las circunstancias adecuadas, y no está claro que este último sea más fácil de resolver que el primero.

La segunda respuesta es "dividir" los términos y distinguir entre versiones observables y no observables de los términos. Entonces, por ejemplo, se distinguiría entre rojo1, que se aplica a objetos observables, y rojo2, que se aplica a objetos no observables (Andreas 2017, Sec. 2.1). Esto equivaldría a sustituir el lenguaje ancestral de la ciencia por un lenguaje altamente artificial con términos divididos. En principio, esto es compatible con el programa de reconstrucción racional, y la resolución de problemas filosóficos mediante una revisión del lenguaje tiene un importante pedigrí.[115] Sin embargo, parecería que dividir el vocabulario de una teoría de esta manera llevaría la reconstrucción más allá del punto

---

114 Esta crítica se centra en la dimensión de la observación. También se podría centrar en la dimensión teórica y argumentar que, a pesar de las primeras apariencias, incluso términos de color tan simples como "blanco" requieren una teoría de fondo para su correcta aplicación. Para un debate sobre los colores, véase, por ejemplo, Cohen (2009).

115 Para un debate, véase, por ejemplo, Lutz (2012a).

de ruptura, y el resultado de tal esfuerzo se alejaría demasiado de la teoría original como para arrojar luz sobre su funcionamiento. Además, dejaría sin resolver el problema de cómo términos como $rojo_2$ adquieren su significado.

Pasemos finalmente al campo inferior izquierdo de la matriz. Aquí encontramos términos no teóricos que designan no observables. Los ejemplos de Putnam están tomados del vocabulario que utilizamos para describir los sentimientos y las intenciones de las personas. Sin embargo, estos ejemplos parecen controvertidos. ¿Realmente no puedo ver que alguien está enfadado? Si puedo, entonces "enfadado" tendría que reclasificarse como no teórico y observable. O si se insiste en que realmente no podemos ver que alguien está enfadado, ¿entonces no apelamos a ninguna teoría cuando juzgamos que alguien está enfadado? La atribución de actitudes y sentimientos a las personas parece requerir apelar a la *psicología popular* (véase, por ejemplo, Horgan y Woodward 1985). La psicología popular puede no ser una buena teoría, pero es una teoría al fin y al cabo. Si es así, entonces términos como "enfadado" tendrían que reclasificarse como no observables y teóricos. ¿Es este un problema del ejemplo específico? Quizás. Sin embargo, no parece fácil encontrar ejemplos claros de términos no teóricos pero no observables.[116] Sea como fuere, los demás elementos de la matriz plantean suficientes problemas para el Enfoque Recibido, y habrá que encontrar una estrategia para abordar estos problemas.

La conclusión que extraemos del debate de esta sección es que la distinción *epistémica* entre observable y no observable no se traduce directamente en una distinción *lingüística* entre diferentes tipos de términos.

Antes de pasar a las posibles respuestas a esta dificultad, debemos debatir dos cuestiones más. Al trazar la matriz de términos científicos, hemos supuesto que existen divisiones nítidas. Trazar la línea horizontal presupone que existe una división nítida entre lo observable y lo no observable. Trazar la línea vertical presupone que existe una división nítida entre lo teórico y lo no teórico. Ambas presuposiciones han sido cuestionadas. Discutimos la división entre lo observable y lo no observable en la siguiente sección y pasamos a la división entre lo teórico y lo no teórico en la sección 3.4.

3.3 Límites difusos

Algunas cosas son claramente observables y otras no. Vemos que el agua del lago está congelada, pero no vemos que la molécula de H2O tiene una forma triangular con un ángulo H-O-H de 104,5 grados. Pero las cosas no siempre son

---

[116] Los términos que se refieren a objetos y lugares que están demasiado lejos de nosotros para verlos ("el centro de Andrómeda"), demasiado lejos en el pasado ("el primer ser humano") o que de otro modo son inaccesibles para nosotros ("el centro del sol") no parecen encajar en esta categoría porque, como mínimo, cabe preguntarse si son no teóricos y, como veremos en la siguiente sección, algunos empiristas los considerarían observables.

tan claras. ¿Observamos un índice de refracción cuando vemos un rayo de luz cambiar de dirección al entrar en el agua? ¿Observamos cargas cuando tocamos un cable y sentimos una descarga eléctrica? ¿Y observamos la velocidad de un tren cuando lo vemos pasar?

La forma en que hemos planteado el problema hasta ahora presupone que se puede trazar una línea clara entre lo observable y lo no observable. Maxwell (1962) sostiene que esta suposición es errónea. Argumenta, en primer lugar, que no existe una distinción no arbitraria entre lo observable y lo no observable y, en segundo lugar, que esto no es motivo de alarma porque la distinción es irrelevante para nuestra comprensión de la ciencia. Llamemos a estos como "carga de inalcanzabilidad" y "carga de irrelevancia", respectivamente.[117]

Maxwell ofrece dos argumentos en apoyo de la inalcanzabilidad. El primero es lo que yo llamo el *argumento del continuo*. Maxwell lo expresa así:

> Lo que quiero decir es que, en principio, existe una serie continua que comienza con mirar a través del vacío y que contiene los siguientes elementos: mirar a través de un cristal, mirar a través de unas gafas, mirar a través de unos prismáticos, mirar a través de un microscopio de baja potencia, mirar a través de un microscopio de alta potencia, etc., en el orden indicado. La consecuencia importante es que, hasta ahora, nos quedamos sin criterios que nos permitan trazar una línea no arbitraria entre "observación" y "teoría". (1962, 1055-1056)

La mayoría estaría de acuerdo en que vemos a través de un cristal de ventana y a través de unas gafas normales. ¿La transición del uso de gafas al uso de prismáticos marca la transición de lo observable a lo no observable? Es decir, ¿algo que solo se puede ver a través de prismáticos cuenta como no observable? ¿O la transición tiene lugar cuando pasamos del uso de prismáticos al uso de un microscopio de baja potencia? ¿O...? Alternativamente, como señala Maxwell, también se podría considerar una secuencia de objetos (*ibid.*, 1056-1057): moléculas muy pequeñas (como las del hidrógeno), moléculas de tamaño medio (como las de los ácidos grasos y las proteínas) y, finalmente, moléculas extremadamente grandes (como los cristales de sal). Las moléculas grandes son observables a simple vista. Las otras moléculas no lo son: solo son visibles con microscopios de diferentes tipos. En ambos casos hay una transición gradual de lo observable a lo no observable, y no hay una forma no arbitraria de trazar una línea entre las entidades observables y las no observables.

El segundo argumento de Maxwell a favor de la inalcanzabilidad es lo que yo llamo el *argumento de la relatividad del observador*. El argumento pretende establecer que, incluso si fuéramos capaces de trazar una línea entre lo observable

---

[117] Un argumento diferente contra la distinción entre observables y no observables es que no puede basarse en el uso ordinario de los términos científicos. Este argumento se discute y se rechaza en Suppe (1972, 2-9).

y lo no observable de una manera no arbitraria, el lugar donde se situaría esta línea dependería esencialmente de las capacidades de los seres humanos. El hecho de que no podamos ver las estrellas lejanas sin instrumentos ópticos y que no podamos ver las moléculas sin un microscopio electrónico se debe a las limitaciones de las facultades humanas, pero no tiene nada que ver con la observabilidad de las cosas *per se*. Para defender su tesis, Maxwell nos pide que imaginemos un mutante humano con la capacidad de observar la radiación ultravioleta y los rayos X de la misma manera que observamos la luz (*ibid*., 1058).[118] Estas criaturas podrían observar muchas cosas ocultas a los seres humanos normales, como virus, cadenas de ADN y moléculas de proteínas. Así pues, lo que se considera observable y no observable depende de hechos contingentes sobre el observador y, por lo tanto, una vez más, no existe una distinción no arbitraria entre cosas observables y no observables.

Analicemos estos argumentos en orden inverso. Van Fraassen (1980, 17-19) objeta al argumento de la relatividad del observador que Maxwell cambia las reglas del juego. Por supuesto, el cuerpo humano tiene ciertas limitaciones, y es precisamente a estas limitaciones a las que se refiere el término "capaz" en "observable": "Tengo un mortero de cobre que pesa aproximadamente un kilo. ¿Debo llamarlo rompible solo porque un gigante podría romperlo? ¿Debo llamar portátil al Empire State Building?" (*ibid*., 17). Se trata de preguntas retóricas, y la respuesta es "no". Lo que Van Fraassen quiere decir aquí es que la observabilidad no puede ser un concepto absoluto. Lo observable es siempre relativo a una comunidad epistémica y, en el contexto actual, la comunidad epistémica relevante es la de los seres humanos con todas sus limitaciones. Los seres humanos pueden mutar y esto puede cambiar el panorama de la ciencia, o podemos ampliar la comunidad para incluir a otras criaturas. Pero esto solo cambiará o ampliará la comunidad; no eliminará la dependencia de una comunidad epistémica. Van Fraassen señala, con razón, que la ciencia es el conocimiento procedente de y para criaturas con "ciertas limitaciones inherentes" (*ibid*.), y lo que pueden y no pueden saber depende de estas limitaciones. Por lo tanto, decir que diferentes criaturas podrían observar cosas diferentes es irrelevante, y no todo es observable simplemente porque pueda haber otras criaturas (¡en su mayoría ficticias!) que puedan observar cosas que los seres humanos no pueden observar.

Incluso si asumimos que la línea entre lo observable y lo no observable debe trazarse para los humanos, ¿dónde debe trazarse? El argumento del continuo dice que no hay una respuesta no arbitraria a esta pregunta. Una primera respuesta al argumento señala que nuestra tolerancia a la ambigüedad es mayor de lo que sugiere Maxwell. De hecho, los propios empiristas lógicos señalaron que la dis-

[118] En la misma línea, y con el mismo fin, Churchland (1982, 420) sugiere un experimento mental en el que aparece una nueva raza de criaturas humanoides que tienen todas las facultades de los seres humanos, pero que además están equipadas con un microscopio electrónico de constitución biológica situado sobre el ojo izquierdo.

tinción no es nítida, e insistieron en que tampoco era necesario que lo fuera. Carnap reconoció la existencia de casos límite y admitió que el lugar donde se traza la línea entre lo observable y lo no observable puede ser "algo arbitrario" (citado en Psillos 2000c, 158).[119] Sin embargo, Carnap insistió en que "desde un punto de vista práctico, la distinción es bastante clara entre términos como "azul", "rojo", "duro", "blando", "frío", etc. por un lado [...] y, por otro, términos como "campo electromagnético", "carga eléctrica", "protones", "neutrones", etc." (*ibid.*).

En caso de duda, recomienda adoptar una postura liberal y considerar observable todo lo que sea "directamente observable por los sentidos o medible mediante técnicas relativamente sencillas" (1966, 226). La implicación para el ejemplo de Maxwell sería que la línea entre lo observable y lo no observable tendría que trazarse presumiblemente en algún punto entre un microscopio óptico potente y un microscopio electrónico, ya que este último utiliza la teoría cuántica para reconstruir una imagen a partir de datos de dispersión, que luego se visualizan en un ordenador digital. Este proceso no puede entenderse como una extensión de la visión ordinaria y, por lo tanto, no se realiza ninguna observación a través de un microscopio electrónico.

Se podría objetar que apelar a la observabilidad directa o a la observabilidad mediante técnicas relativamente simples elimina poco de la ambigüedad inicial e insistir en que se trata de una ambigüedad que no podemos tolerar. Se podría continuar diciendo que no está claro que realmente no veamos a través de dispositivos como un microscopio electrónico, porque postular que la observación se limita a los sentidos ligeramente asistidos es tan arbitrario como postular que se limita a los sentidos sin ayuda. Además, esta postura implicaría negar que hacemos observaciones con la ayuda de equipos de visión nocturna basados en imágenes térmicas, a través de máquinas de rayos X y a través de tomógrafos de resonancia magnética. Tal negación no solo sería controvertida desde el punto de vista teórico, sino que tampoco encajaría bien con muchas prácticas comunes. Las fuerzas de seguridad utilizan equipos de visión nocturna para detener a los intrusos, y los médicos emplean máquinas de rayos X para inspeccionar huesos rotos y tomógrafos para detectar tumores.

Este tipo de problemas pueden evitarse si cambiamos el enfoque de lo que *se observa* a lo que *puede observarse* en las circunstancias adecuadas. Al introducir esta idea, van Fraassen propone el siguiente criterio de observabilidad: "*X* es observable si existen circunstancias tales que, si *X* está presente ante nosotros en esas circunstancias, entonces lo observamos" (1980, 16). Según este criterio, las lunas de Júpiter, que vemos a través de un telescopio, son observables porque "sin duda los astronautas también podrán verlas de cerca" (*ibid.*). Y, presumiblemente, el criterio para determinar si vemos correctamente a través del telescopio es si lo que verán los astronautas cuando estén cerca coincide con lo que ven los

[119] Véase también Carnap (1936, 455, 1966, 255-259), Hempel (1969, 14-17) y Nagel (1961, 80).

observadores en la Tierra a través del telescopio. Este argumento también resuelve con éxito los casos del párrafo anterior: el guardia de seguridad podría ver al intruso si encendiera la luz, y el cirujano podría ver los huesos rotos y los tumores a través de una incisión en el cuerpo. Casos como estos, dice van Fraassen, son diferentes de la supuesta observación de una micropartícula a través de un rastro en la cámara de niebla porque no hay circunstancias en las que un humano pueda observar la partícula directamente (*ibid.*, 17). Así que, después de todo, hay una línea de principio que se puede trazar entre lo observable y lo no observable. Esta respuesta se enfrenta a dos problemas. El primero es que, como hemos señalado en la sección anterior, la noción de observación en las circunstancias adecuadas es difícil de desentrañar. Si bien el ejemplo de Van Fraassen con el astronauta y la micropartícula tiene cierta plausibilidad intuitiva, es difícil precisar en qué consiste exactamente la distinción. ¿Un objeto celeste que está tan lejos que ningún ser humano podría viajar hasta él en toda su vida sigue siendo observable? Si respondemos que podemos considerar a los seres humanos ficticios que viven más tiempo que nosotros, ¿por qué no podemos considerar también a los seres humanos ficticios que tienen mejor vista que nosotros y son capaces de ver micropartículas?

El segundo problema es que el criterio de van Fraassen, aunque superior a los criterios anteriores, no es más que una reformulación ingeniosa de la noción empirista clásica de que los límites de la experiencia perceptiva son al mismo tiempo los límites de la observación. Pero, como señala Shapere (1969, 1982), esta noción de observación está en contradicción con la forma en que se entiende la observación en la ciencia moderna, donde la observación depende de manera crucial de equipos cada vez más elaborados y la percepción sensorial directa queda relegada a la periferia de la investigación.[120] La instrumentación de alta tecnología es epistémicamente significativa en muchos ámbitos de la ciencia en los que las observaciones se realizan con máquinas elaboradas, como el Gran Colisionador de Hadrones del CERN. Por lo tanto, Shapere concluye que insistir en una noción de observación estrechamente ligada a la percepción directa es un retroceso.

Es indudablemente cierto que los instrumentos avanzados son un aspecto indispensable de las prácticas experimentales en muchas ciencias. Sin embargo, esto no resuelve, ni hace irrelevante, la cuestión de si observamos con estos instrumentos y, en caso afirmativo, cómo lo hacemos. Puede que no se esté de acuerdo con el principio de observación de Van Fraassen y se desee trazar la línea en otro lugar. Pero todo el mundo tiene que trazar una línea en algún lugar y adoptar una postura sobre qué es la observación y dónde están sus límites, o bien argumentar

[120] De hecho, el propio Carnap señaló que la noción filosófica de observación es diferente de la noción científica de observación (1966, cap. 23). Véase también Franklin (1986, cap. 6) y Torretti (1990, cap. 1). Torretti también introduce la noción de "observación impersonal", que se basa en la interacción física entre el objetivo y un dispositivo de registro, en lugar de un observador humano.

por qué no se puede trazar dicha línea y justificar por qué las observaciones realizadas con instrumentos son verídicas. Estas cuestiones se han debatido ampliamente en el contexto del realismo científico, donde se ha prestado especial atención al caso de los microscopios. ¿Vemos a través de los microscopios y lo que vemos es una imagen verídica de un objeto que es demasiado pequeño para verlo a simple vista? Como era de esperar, las respuestas a estas preguntas divergen. Van Fraassen ha revisado la cuestión de la observación en publicaciones recientes, pero sigue insistiendo en que las imágenes producidas por los microscopios son "alucinaciones públicas" (2001, 155, 2008, 101). Hacking (1981, 1983) no está de acuerdo y sostiene que vemos a través de los microscopios. Alspector-Kelly (2004) y Teller (2001) ofrecen críticas sostenidas a la posición de Van Fraassen, mientras que Kusch (2015) ofrece una defensa matizada. Sea como fuere, la cuestión es que el hecho de que las observaciones se realicen habitualmente con la ayuda de instrumentos complejos no demuestra que no se pueda establecer una división entre lo observable y lo no observable, ni que la cuestión de si realizamos observaciones a través de estos instrumentos y, en caso afirmativo, cómo lo hacemos, sea obsoleta.

Pasemos ahora a la segunda acusación de Maxwell, la de irrelevancia. Maxwell sostiene que establecer una distinción entre observable y no observable no solo es inalcanzable, sino también irrelevante. Maxwell está interesado principalmente en la realidad de las entidades postuladas por la ciencia. Lo que podemos y no podemos observar es "un accidente y una función de nuestra constitución psicológica, nuestro estado actual de conocimiento y los instrumentos de que disponemos", y por esta razón "no tiene ningún significado ontológico" (*ibid.*, 1061-1062). Las entidades no existen porque podamos verlas, y no dejan de existir si se encuentran fuera del alcance de nuestros sentidos.

Por supuesto, es cierto que la existencia de una entidad no depende de que podamos observarla; las cosas existen independientemente de nuestra capacidad para verlas (al menos mientras asumamos una visión ampliamente realista de la ciencia). Pero el argumento de Maxwell confunde metafísica y epistemología. No existe una perspectiva divina desde la que podamos ver primero qué objetos existen en el mundo y luego recurrir a la ciencia para obtener su descripción exacta. La ciencia tiene que aportar *pruebas* de la existencia de ciertos objetos, y la naturaleza de las pruebas ofrecidas depende de si una supuesta entidad es observable. Creemos que vemos moléculas a través de microscopios electrónicos, pero no creemos que observamos las almas de los difuntos a través de un médium (o al menos eso supongo). Tenemos pruebas de la existencia de las moléculas, pero no de la existencia de las almas de los difuntos (o, al menos, no a través del médium). Que creamos esto tiene mucho que ver con lo que consideramos observable y cómo lo hacemos, y dejar de lado las cuestiones de observabilidad por considerarlas irrelevantes oscurece este importante hecho. La acusación de irrelevancia no es válida.

En resumen, la distinción entre observable y no observable no es irrelevante ni imposible de trazar. Sin embargo, la cuestión de dónde y cómo debe trazarse la línea es más complicada de lo que sugería el Enfoque Recibido, e implica comprender cómo se utilizan instrumentos complejos al servicio de la observación. Pasamos a esta cuestión en la siguiente sección.

3.4 La carga teórica de la observación

Como hemos visto en la sección 3.2, los términos observacionales como "antena" y "contador Geiger" están cargados de teoría, en el sentido de que su significado y sus condiciones de aplicación dependen de una teoría. La tesis de la *carga teórica de la observación* afirma que no hay excepciones: todas las observaciones están inextricablemente entrelazadas con la teoría y no existe la observación libre de teoría. Como dice Hanson: no existe la "percepción inmaculada" (1969, 74). Toda observación implica elementos que no nos son dados por nuestros sentidos, y no hay observación que no vaya más allá de lo que nos da la "experiencia misma". Esta afirmación cobró importancia a finales de la década de 1950 y principios de la de 1960 a través de los escritos de Hanson, Kuhn y Feyerabend, y desde entonces ha sido ampliamente debatida, en particular entre los filósofos de la ciencia y los científicos cognitivos.[121]

Una mirada a la bibliografía relevante revela que "carga teórica" es un término genérico que abarca una serie de fenómenos diferentes, y el predicado "cargado de teoría" se aplica a una variedad heterogénea de cosas, incluyendo conceptos, hechos, percepciones, descripciones y el proceso de observación en sí mismo. La tarea de esta sección es identificar y analizar diferentes tipos de carga teórica, y evaluar en qué medida suponen un problema para el ideal empirista de que las observaciones deben registrarse en un lenguaje que no esté contaminado por nuestras ideas preconcebidas y compromisos teóricos. Distinguimos entre cinco tipos de carga teórica: carga teórica perceptiva, sesgo de expectativa, atención dirigida por la teoría, carga teórica operativa y carga teórica conceptual.[122] Es importante que quienes estén interesados en la naturaleza de la observación com-

[121] Las referencias a las obras de Hanson, Kuhn y Feyerabend se proporcionarán más adelante en esta sección. Gillies señala que los primeros debates sobre lo que hoy llamamos la carga teórica de la observación ya se pueden encontrar en Duhem, Neurath y Popper (1993, cap. 7). Votsis señala que el término "carga teórica" tiene su origen en Dilemmas (2015, 563) de Ryle. Para una introducción y una visión general, véase Schindler (2013a).

[122] Los diferentes tipos de carga teórica no son mutuamente excluyentes y puede haber más de uno en una situación determinada. Los cinco tipos son el resultado de revisar la bibliografía existente y tratar de sistematizar los fenómenos que se describen bajo el título de carga teórica. Se podrían añadir otros tipos si se tuviera en cuenta la presencia de valores en la ciencia (véase, por ejemplo, Douglas 2009). Se pueden encontrar taxonomías alternativas de diferentes tipos de carga teórica en Brewer y Lambert (2001), Heidelberger (2003), Kuipers (2001, sec. 2.3), Kusch (2015), Schindler (2013a) y Schurz (2015).

prendan bien estos tipos de carga teórica para poder evaluar en qué medida suponen un problema para la ciencia. Por lo tanto, los analizaré con cierto detalle. Basándome en este análisis, argumentaré que los cuatro primeros son algo que el ideal empirista puede acomodar y que, por lo tanto, no amenazan la comprensión empirista de la ciencia. No se puede decir lo mismo del quinto tipo de carga teórica, que requiere un replanteamiento de la relación entre teoría y observación.

El primer tipo de carga teórica se refiere a la presencia de la teoría en la experiencia visual consciente, y me refiero a ella como *carga teórica perceptiva*. Para motivar la opinión de que la observación está cargada de teoría, tanto Hanson (1958) como Kuhn (1970) hacen referencia a la psicología de la Gestalt, que encuentra que lo que vemos en una matriz visual dada depende, al menos en parte, de nuestras expectativas y no solo de la matriz visual que tenemos delante. Este punto puede ilustrarse con imágenes que pueden verse de diferentes maneras. A continuación, se muestran algunas de las imágenes más utilizadas.[123] La figura 3.2a muestra el llamado cubo de Necker. Una persona ve un cubo desde arriba, mientras que otra lo ve desde abajo. La figura 3.2b se conoce como la ilusión del pato y el conejo, porque las mismas líneas que a una persona le parecen un pato, a otra le parecen un conejo. La figura 3.2c se llama "mi mujer y mi suegra", porque el dibujo puede verse como una anciana mirando hacia abajo y como una joven que se aleja del espectador.

La idea de estos dibujos es que, aunque todo el mundo percibe exactamente las mismas líneas, cada persona ve en ellas objetos diferentes. Lo que cada uno ve en ellos, según el argumento, depende de lo que tiene en mente: de sus expectativas y de sus conocimientos. La percepción y la cognición están indisolublemente entrelazadas. El argumento establece entonces una analogía entre dibujos de este tipo y la investigación científica: lo que vemos en una situación determinada depende de nuestros conocimientos previos y de nuestros compromisos teóricos, al igual que lo que vemos en estas imágenes depende de nuestras disposiciones psicológicas y expectativas.

Fenómenos como estos desencadenaron un acalorado debate sobre la carga teórica de la percepción. Fodor (1984) se opuso firmemente a esta postura alegando que la percepción visual es independiente de las creencias de nivel superior. Churchland (1988) discrepó de Fodor y defendió una carga teórica exhaustiva de la percepción. Bewer y Lambert (2001) sostienen que Churchland tiene esencialmente razón. Raftopoulos (2001b, 2001a) concede a Churchland que la observación implica cierto procesamiento descendente, pero mantiene que una cantidad sustancial de información perceptiva es teóricamente neutra porque la percepción es cognitivamente impenetrable. Pylyshyn (2003) sostiene que los seres humanos tienen un sistema de procesamiento de la información muy complejo denominado "visión temprana", que individualiza una escena y calcula la disposi-

[123] Hanson (1958, cap. 1) utiliza variantes de (a) y (c); Kuhn (1970, cap. 10) analiza (b).

ción espacial de las superficies visibles, y que funciona de forma totalmente independiente de las creencias de los actores. Votsis (2015) insiste en que la percepción debe estar "descargada" y sostiene que la percepción y la observación son en gran medida verídicas.[124]

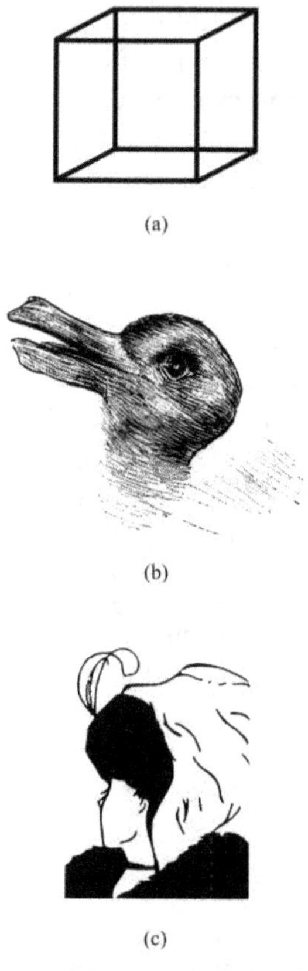

FIGURA 3.2 Imágenes ambiguas: (a) el cubo de Necker; (b) la ilusión del pato y el conejo; (c) "mi esposa y mi suegra".

Aunque interesante en sí misma, la cuestión de que la percepción esté cargada de teoría es en gran medida tangencial a las preocupaciones sobre la relación entre las teorías y el mundo en el contexto de la ciencia. Como hemos visto en la última sección, a medida que la ciencia avanza, aumenta la instrumentación y rara vez se obtiene información empírica a través de la observación perceptiva.

---

[124] Para revisiones del amplio debate sobre la carga teórica de la percepción, véase Brewer (2012, 2015), Estany (2001), Fridland (2015), Lupyan (2015), McCauley (2015) y Raftopoulos (2015). Para un debate sobre cómo se podría comprobar empíricamente la carga teórica, véase Votsis (2018, 2020).

E incluso cuando los datos se recogen a través de la percepción, parece poco probable que los patrones de datos resultantes provoquen ilusiones del tipo que experimentamos en la imagen del pato y el conejo. Sin embargo, como se ha señalado anteriormente, quienes utilizaron imágenes como las que se ven en la figura 3.2 no estaban diciendo que la observación, literalmente, funcione como las imágenes del pato y el conejo; utilizan estas imágenes como analogía para motivar la afirmación de que el marco conceptual de una teoría afecta a la forma en que se realizan los experimentos y se interpretan las observaciones. Pero las motivaciones no son argumentos. Necesitaremos un análisis de lo que es esta supuesta influencia de la teoría en la observación, y entonces se podrá evaluar la afirmación. Los cuatro sentidos siguientes de la carga teórica que discutimos en esta sección pueden verse como intentos de hacerlo.

Un segundo sentido de la carga teórica, estrechamente relacionado con el anterior, llama la atención sobre el papel de las expectativas en la interpretación de las percepciones. En un famoso estudio, los enólogos Morrot et al. (2001) colorearon artificialmente un vino blanco con un tinte inodoro y luego dieron el vino coloreado a 54 estudiantes de enología a quienes se les pidió que describieran olfativamente el vino. El resultado sorprendente fue que los catadores expertos describieron de forma abrumadora el vino blanco teñido como describirían el vino tinto. Por lo tanto, la información visual (*veían* un líquido rojo en sus copas) acabó prevaleciendo sobre la información olfativa, lo que dio lugar a una ilusión perceptiva. Kuhn (1970, 62-63) llama la atención sobre un fenómeno similar cuando señala que las expectativas pueden ser tan fuertes que incluso nos hacen "ver" cosas que no existen en absoluto. Por ejemplo, las cartas anómalas (como los corazones negros) se "veían" como una de las cartas normales (como la pica negra) que conocíamos por experiencia previa.

No solo los amantes del vino y los jugadores de cartas pueden ser engañados por sus expectativas. Brewer y Lambert (2001, 179-180) relatan un episodio de la ciencia de laboratorio en el que los científicos se vieron engañados por sus expectativas de una manera muy similar. Poco después del descubrimiento de los rayos X, el físico francés Blondlot informó de que había descubierto una nueva forma de radiación, a la que llamó rayos N. El descubrimiento fue celebrado como un gran avance y en pocos años se publicaron cientos de artículos sobre los rayos N. La técnica experimental para detectar los rayos N se basaba en sutiles discriminaciones perceptivas, como la detección visual de un aumento de la actividad de las chispas. El descubrimiento fue desacreditado cuando se descubrió que los experimentadores seguían "viendo" los patrones visuales relevantes incluso si se alteraba el aparato de tal manera que era imposible la presencia de rayos N. Así pues, los observadores se dejaron seducir por sus expectativas y vieron los patrones relevantes aunque no existieran.

Los episodios de la cata de vino y los rayos N son ejemplos del *sesgo de expectativa*, que es nuestro segundo sentido de la carga teórica.[125] El sesgo de expectativa se produce cuando las expectativas de un individuo sobre un resultado influyen en su percepción de los acontecimientos (Williams et al. 2012, 1). Los alumnos de Morrot no describieron el vino blanco en términos de vino tinto porque tuvieran una teoría al respecto, sino porque esperaban obtener vino tinto. Del mismo modo, no fue la teoría de los rayos N en sí misma lo que llevó a Blondlot y a los físicos que lo rodeaban a ver un aumento de la actividad de las chispas (lo que se interpretó como indicativo de la existencia de los rayos N); fue su expectativa subjetiva de que la teoría de los rayos N era correcta y de que se observaría ese patrón lo que indujo a error a sus percepciones. El problema del sesgo de expectativa es bien conocido, y los experimentadores son muy conscientes de él. De hecho, se dedica mucho esfuerzo al desarrollo de diseños experimentales que minimicen, o incluso eliminen por completo, el sesgo de expectativa. Los ensayos clínicos doble ciego son un ejemplo de este tipo de diseño.[126]

Además, como señalan Brewer y Lambert (2001, 179), casos como la "detección" de los rayos N son aquellos en los que las pruebas ascendentes son débiles: los estímulos son ambiguos, las señales se degradan y el juicio perceptivo requerido es difícil. En tales casos, los factores descendentes pueden influir en la percepción y, en casos extremos, incluso anular la información ascendente. Pero la ciencia puede evitar estas situaciones. Blondlot podría haber diseñado un experimento que evitara el sesgo de expectativa, por ejemplo, uno en el que se pidiera a los experimentadores que tomaran una lectura de un medidor de intensidad de chispas en lugar de pedirles que hicieran un juicio visual sobre la intensidad de las chispas. Es poco probable que los experimentadores se hubieran dejado llevar por sus expectativas si lo único que tenían que hacer era registrar si la aguja apuntaba al "5" o al "10" en el dial.

El tercer tipo de carga teórica es lo que yo denomino *atención dirigida por la teoría*. Como han señalado muchos autores, nuestra comprensión teórica del mundo guía nuestra atención y nos ayuda a seleccionar lo que hacemos y en qué nos centramos.[127] No es posible ni deseable hacer observaciones al azar e intentar examinar exhaustivamente todo el mundo. Tenemos que ser selectivos en aquello a lo que dirigimos nuestra atención y, a menudo, es una teoría la que nos dice qué cuestiones son lo suficientemente importantes como para merecer nuestra

[125] Véase Jeng (2006) para un análisis del sesgo de expectativa en física. El sesgo de expectativa está relacionado, aunque sutilmente diferente, con lo que los psicólogos denominan "sesgo del experimentador", que se produce cuando los experimentadores influyen involuntariamente en los sujetos para que den la respuesta que ellos desean (Rosenthal y Fode 1963, 183). Véase Teira (2013) para un análisis del sesgo del experimentador, y Schindler (2013b) para un análisis de la dependencia de la teoría en los experimentos.

[126] Para un análisis, véase, por ejemplo, Williams et al. (2012) y Worrall (2007b).

[127] El locus classicus de esta opinión es Popper (1959). Él enfatizó que la ciencia progresa mediante la comprobación de teorías y que es la teoría la que dicta dónde buscamos las comprobaciones. Véase también Brewer y Lambert (2001, 180-181), Kosso (1992, 114-115) y Kuhn (1970, 126).

consideración, la que atrae nuestra atención hacia fenómenos concretos, la que nos dice qué variables debemos medir y la que predice el rango de valores en el que se espera que se produzcan efectos interesantes. Las teorías hacen que determinadas partes o aspectos del mundo destaquen. Sin las predicciones de Einstein en su Teoría de la Relatividad General, Eddington difícilmente habría viajado a la isla de Príncipe, frente a la costa occidental de África, para observar un eclipse solar; y sin las predicciones de la Teoría Cuántica, nadie habría construido nunca una máquina como el Gran Colisionador de Hadrones del CERN. Un aspecto particular de esto es que una teoría puede indicarnos en qué debemos centrar nuestra atención, incluso si observamos un sistema concreto. Kuhn señala que, aunque Galileo y Aristóteles hubieran observado exactamente el mismo péndulo, no se habrían centrado en los mismos aspectos o propiedades (1970, 123-124). Aristóteles habría medido la ponderación de la pesa del péndulo, la altura vertical y el tiempo que tarda el péndulo en volver a la posición de reposo; habría ignorado el radio, el desplazamiento angular y el período, que eran las características más destacadas para Galileo. Las cuestiones de "enfoque selectivo" también se dan en la ciencia contemporánea. Brewer y Lambert (2001, 180) informan de que, tras el descubrimiento oficial de una entidad astronómica, los científicos suelen revisar las observaciones anteriores y, a menudo, son capaces de identificar el objeto en los datos, aunque antes hubiera pasado desapercibido. Por ejemplo, al revisar los datos astronómicos tras el descubrimiento de Urano, se revelaron 22 "avistamientos previos al descubrimiento" del planeta.

La capacidad de las teorías para centrar la atención es innegable e importante, pero al mismo tiempo no plantea ningún problema en lo que respecta a la relación entre teoría y observación. El ideal empirista exige que las observaciones se describan en términos observacionales, pero no especifica cómo se realizan estas observaciones, ni excluye que las consideraciones teóricas puedan motivar el diseño de un experimento y los aspectos en los que se centra. El uso de teorías como guías en la práctica de la experimentación es totalmente compatible con la comprensión de la relación entre teoría y observación tal y como la entiende el Enfoque Recibido.

La cuarta variedad de carga teórica surge en relación con el diseño experimental, y yo la denomino *carga teórica operativa*. Como hemos visto al final de la sección anterior, las observaciones científicas no se realizan en su mayoría con nuestros ojos desnudos, sino con instrumentos. Los cuerpos celestes se observan a través de telescopios; la estructura de las moléculas se puede ver a través de microscopios; la función cerebral se estudia con imágenes por resonancia magnética; y así sucesivamente. La "observación asistida por máquinas" es omnipresente en la ciencia. La pregunta crucial es qué garantiza a los observadores que los resultados de tales dispositivos proporcionan información verídica. ¿Qué justificación tiene, por ejemplo, un astrónomo para creer que realmente ve una galaxia a través de su telescopio?

A veces la justificación proviene de la teoría.[128] Los instrumentos suelen depender de teorías, tanto para su construcción como para su funcionamiento, y la confianza del observador en los resultados del dispositivo se basa en su confianza en estas teorías. Kosso se refiere a estas teorías como *teorías explicativas* (*accounting theories* 1992, 117). Dichas teorías están integradas en un montaje experimental y "describen la cadena de interacción entre la muestra y el observador" (*ibid.*). Estas teorías garantizan que las observaciones son un reflejo fiel de las propiedades de la muestra y sancionan la fiabilidad y exactitud de la observación. Solo confiamos en las observaciones asistidas por máquinas si los expertos que desarrollan y construyen las máquinas tienen un marco teórico sólido. Confiamos en el telescopio porque aceptamos la teoría de la óptica lineal en la que se basa; confiamos en el microscopio electrónico porque confiamos en la teoría cuántica; y así sucesivamente. Cuando no se dispone de teorías explicativas, a menudo no confiamos, ni debemos hacerlo, en las observaciones realizadas. Por ejemplo, no confiamos en las "observaciones" de la adivinación o la tasografía porque no hay teorías explicativas que relacionen los acontecimientos en las bolas de cristal o los patrones en los residuos del café con el futuro de una persona.

La apelación a las teorías explicativas introduce una dependencia irreducible de la teoría en las observaciones. Las observaciones realizadas con instrumentos están, por lo tanto, cargadas de teoría en el sentido de que el instrumento se basa en una teoría sobre cómo se explica. ¿Hasta qué punto es problemática esta dependencia de la teoría? En este punto, debemos distinguir entre dos casos. El primero es cuando la teoría que se investiga es independiente de la teoría sobre cómo se explica. La teoría de que los planetas se mueven en órbitas elípticas es independiente de las teorías que subyacen al telescopio que utilizan los astrónomos para confirmar esa teoría. Franklin (1986, 109) y Kosso (1988, 463-463, 1989, 147-148) sostienen que si se da esta independencia, entonces no hay ningún problema porque las teorías explicativas no son las teorías que están en juego en un experimento dado. Estas teorías explicativas habrán sido probadas normalmente antes de su aplicación en un aparato, y de forma independiente de esta, y solo se utilizan como teorías explicativas si se consideran fiables (al menos en la escala pertinente). El uso de teorías explicativas *relativiza las* observaciones con respecto a estas teorías, pero no conduce al tipo de entrelazamiento profundo entre teoría y observación que haría imposible la separación entre ambas. Un arqueólogo puede utilizar el método de datación por radiocarbono para comprobar su teoría de que un mazo de madera concreto es de principios de la Edad Media; y el resultado de esta prueba dependerá de la corrección de la teoría ató-

[128] Esto no siempre es así. La justificación del funcionamiento de los microscopios, al menos inicialmente, se basaba en la práctica experimental más que en la teoría. Véase Kusch (2015) para un análisis al respecto.

mica en la que se basa el método. Pero esto no introduce circularidades preocupantes en su teorización, porque sus observaciones y sus teorías están claramente separadas.

El segundo caso se da si la teoría explicativa y la teoría que se va a probar son la misma o comparten partes importantes. Esto ocurriría, por ejemplo, si utilizáramos observaciones de masas y fuerzas para confirmar la mecánica newtoniana, ya que la medición de masas y fuerzas presupone la mecánica newtoniana. La preocupación es que básicamente tenemos garantizado obtener el resultado que predice la teoría, ya que el experimento se describe en términos de la teoría. La buena noticia es que esta circularidad confirmatoria puede evitarse. Para ver exactamente cómo puede evitarse, debemos examinar más detalladamente cómo se relacionan los experimentos con la teoría y, de hecho, cómo se relacionan entre sí las diferentes capas de la teoría. Volveremos a esta cuestión en la sección 7.4.[129]

La quinta y última forma de carga teórica es lo que yo llamo *carga teórica conceptual*. Este es el tipo de carga teórica que encontramos en el campo superior derecho de la matriz de la sección 3.2 y que se ejemplifica con términos como "antena" y "contador Geiger". El núcleo de este tipo de carga teórica es que los términos que se utilizan en las afirmaciones observacionales están cargados de teoría porque su significado depende de la teoría en la que aparecen. Consideremos a un físico que informa de que ha observado que la resistencia del solenoide es de 120 ohmios. El físico no proporciona un informe de observación en un lenguaje teóricamente neutro; de hecho, el lenguaje del informe depende de la teoría, ya que términos como "solenoide", "ohmio" e incluso "resistencia", tal y como se utilizan aquí, solo tienen sentido en un contexto teórico.

Feyerabend argumentó que este fenómeno es universal y que no hay descripciones de una observación neutrales en cuanto a la teoría porque los significados de los términos que utilizamos en tales descripciones están siempre, al menos en parte, determinados por las teorías. Sostiene que "el significado de cada término que utilizamos depende del contexto teórico en el que aparece", y argumenta que "las palabras no "significan" algo de forma aislada; obtienen su significado al formar parte de un sistema teórico" (1965, 180).[130] En este sentido, Feyerabend afirma que la noción de temperatura en termodinámica es inconmensurable con

[129] El problema también surge en relación con los dispositivos de medición, por ejemplo, si se utiliza un termómetro de mercurio para comprobar la teoría de que los objetos se expanden cuando se calientan (Franklin 2015, 156). En este caso, el funcionamiento del aparato que utilizamos para realizar la observación, el termómetro, depende de la hipótesis que se está comprobando, por lo que cabría temer que no exista una comparación real entre la teoría y la observación y que esto impida que la teoría se compruebe adecuadamente. Para un debate sobre la medición, véase, por ejemplo, Chang (2004) y Tal (2016); para un estudio de los problemas relacionados con la medición, véase Tal (2013).

[130] De hecho, este punto ya fue anticipado por Nagel (1961, 83), y también se pueden encontrar argumentos similares en Achinstein (1965).

la noción de temperatura en la teoría cinética de los gases (1981, 79), lo que significa que el término "temperatura" tiene un significado diferente dependiendo del contexto teórico en el que aparece. Lo mismo ocurre con el término "entropía", que también tiene un significado diferente en termodinámica que en la teoría cinética de los gases (*ibid.*). Del mismo modo, los términos "masa", "longitud" y "duración" tienen significados diferentes dependiendo de si aparecen en el contexto de la mecánica clásica o en la teoría de la relatividad especial de Einstein (*ibid.*, 81). Esta variación de significado no solo se manifiesta en términos teóricos, sino también en términos observacionales. Por lo tanto, tanto los términos observacionales como los teóricos obtienen (al menos parte de) su significado del papel que desempeñan en un contexto teórico más amplio y, por lo tanto, toda descripción de una observación es a la vez una afirmación teórica. Esto hace imposible una separación clara entre términos teóricos y observacionales.

Kuhn considera que las teorías pertenecen a paradigmas y, por lo tanto, habla de una "experiencia encarnada en paradigmas" (1970, 128) que los científicos tienen cuando realizan observaciones. Señala que los intentos de rescatar el ideal de la experiencia neutral con respecto a la teoría "mediante la introducción de un lenguaje neutral de observaciones me parecen ahora inútiles" (*ibid.*, 126) y que, por lo tanto, un lenguaje de observación "encarna una serie de expectativas sobre la naturaleza y deja de funcionar en el momento en que se violan estas expectativas" (*ibid.*, 127). Los defensores de la teoría calórica del calor, por ejemplo, dan una descripción de los fenómenos diferente a la de quienes ven el calor como una forma de energía cinética. Es fundamental señalar que esta implicación de la teoría en los informes de observación es ineliminable. No hay nada que se pueda decir sobre el mundo que no vaya más allá de lo que nos proporciona la experiencia inmediata. Todo intento de describir lo que ocurre a nuestro alrededor implica un determinado lenguaje y unos conceptos determinados que no nos son dados por la experiencia directa. Un intento de hacer una afirmación libre de teoría debe resultar en un silencio completo. La observación y las oraciones que producimos para informar sobre estas observaciones están, por lo tanto, cargadas de teoría.[131]

Hanson nos invita a considerar a Tycho y Kepler de pie en una colina observando el amanecer (1958, 5).[132] Kepler consideraba que el sol era fijo y que la tierra se movía alrededor del sol. Tycho, por el contrario, se adhería a la opinión de que la Tierra era fija y que los demás cuerpos celestes se movían a su alrededor. Hanson plantea entonces la pregunta: ¿ven Kepler y Tycho lo mismo? Su respuesta es que no. Uno ve el sol moverse alrededor de la Tierra y el otro ve la

[131] Es interesante señalar que Kuhn, al menos en su obra de 1970, no utiliza el término "cargada de teoría" para describir estos fenómenos. Para un análisis detallado de las opiniones de Kuhn sobre esta cuestión, véase Bird (2000, capítulos 4 y 5) y Hoyningen-Huene (1993, capítulos 3 y 4).

[132] Para un análisis en profundidad de las opiniones de Hanson, véase Lund (2010, cap. 3); Feyerabend (1960) ofrece una reseña bastante divertida de Hanson (1958).

Tierra moverse alrededor del sol. Hanson, por supuesto, no niega que Tycho y Kepler tuvieran los mismos estímulos en sus retinas. Pero Hanson insiste en que la estimulación retiniana y el ver son cosas diferentes.

> Las personas, no sus ojos, ven. Las cámaras y los globos oculares son ciegos. . . . Que Kepler y Tycho vean o no vean lo mismo no puede sustentarse con referencia a los estados físicos de sus retinas, nervios ópticos o cortezas visuales: ver es más que lo que ve el globo ocular. (*ibid*., 6-7)

Y concluye que "decir que Kepler y Tycho ven lo mismo al amanecer solo porque sus ojos se ven afectados de manera similar es un error elemental: hay una diferencia entre un estado físico y una experiencia visual" (*ibid*., 8). Esto se debe a que el trasfondo teórico de un observador es *constitutivo* de sus observaciones: sin una teoría, no ve, y lo que ve depende del esquema conceptual que encarna su teoría.

Hanson ilustra esto con un episodio imaginario en el que Sir Lawrence Bragg y un bebé esquimal ven un tubo de rayos X (*ibid*., 15). Insiste en que alguien solo puede ver un tubo de rayos X una vez que comprende la física básica que hay detrás y tiene al menos una idea aproximada de cómo funciona y qué tipo de objeto es: "Ver un tubo de rayos X es, como mínimo, ver que, si se cayera sobre una piedra, se rompería" (*ibid*., 21). E insiste en que *vemos* que el tubo de rayos X se rompería (*ibid*., 21); no lo deducimos después de haber identificado el objeto como un tubo de rayos X. Por lo tanto, Bragg ve un tubo de rayos X, mientras que el bebé esquimal no, aunque ambos son conscientes visualmente del mismo objeto. El bebé esquimal es ciego a lo que ve el físico. Al igual que una varilla metálica colocada en una posición elevada se convierte en una antena solo en el contexto de la electrodinámica, un tubo de vidrio que contiene placas metálicas solo puede calificarse como tubo de rayos X en un determinado contexto teórico. Así, aunque las antenas y los tubos de rayos X son objetos observables, el concepto de antena y el concepto de tubo de rayos X tienen un componente teórico esencial que no puede reducirse a algo observable. Si elimináramos toda la teoría de la noción de tubo de rayos X, no "liberaríamos" el concepto de la "contaminación" teórica, sino que lo desmantelaríamos.

La carga teórica conceptual presenta un serio desafío. Si la observación está inextricablemente entrelazada con la teoría porque no hay observaciones neutrales respecto a la teoría con las que se puedan contrastar las afirmaciones teóricas, ni un lenguaje neutral respecto a la teoría en el que se puedan comunicar los hallazgos observacionales, entonces el ideal empirista de que la observación es el foro en el que la naturaleza habla por sí misma, sin coacción alguna por parte de nuestras predilecciones teóricas, es una quimera. Las consecuencias de esto son potencialmente graves. La preocupación es que la carga teórica conduzca a lo que se podría llamar el *problema de la circularidad confirmatoria*. Se supone que las observaciones son la piedra de toque de las teorías. Sin embargo, si las observaciones siempre implican teoría, entonces no está claro cómo las observaciones pueden proporcionar una prueba para una teoría y ofrecer una base objetiva sobre la que elegir entre teorías rivales. Si la teoría ya forma parte de las observaciones y si las teorías seleccionan de hecho sus propias pruebas, entonces la comprobación de la teoría se vuelve circular y los resultados positivos de la comprobación parecerían estar garantizados, ya que lo que se comprueba ya está en la observación. Referirse a las observaciones para confirmar una teoría sería entonces como si alguien que lleva gafas de sol verdes se refiriera a sus experiencias para confirmar su teoría de que el mundo es inherentemente verde.

Si esto es cierto, se llega a un relativismo radical. La observación no podría decidir entre teorías contrapuestas, y los observadores acabarían observando lo que se ajusta a las teorías que ya han sido adoptadas antes de realizar las observaciones, y que no pueden ser refutadas por las observaciones.

Como era de esperar, no todo el mundo está dispuesto a aceptar estas conclusiones, y la carga teórica conceptual ha suscitado respuestas contundentes. Dretske (1969, cap. 2) respondió que la cuestión gira en torno a una confusión entre una forma epistémica y una forma no epistémica de ver: *ver que* un objeto x tiene la propiedad P y *ver x tout court*. El primer sentido de ver implica teorías; el segundo no. Así, Tycho y Kepler veían el mismo sol, pero uno veía *que* giraba alrededor de la Tierra, mientras que el otro veía *que* estaba inmóvil y que la Tierra giraba alrededor de él. Van Fraassen (1980, 15) convierte la distinción de Dretske entre dos formas de ver en una distinción entre dos formas de observar y sostiene que ejemplos como el del sol son una confusión entre *observar* y *observar que*. Al discutir el ejemplo de una persona de la Edad de Piedra que ve una pelota de tenis (lo que lleva a las mismas cuestiones que el bebé esquimal de Hanson que ve el tubo de rayos X), concluye que "decir que no ve las mismas cosas y acontecimientos que nosotros... es simplemente una tontería; es un juego de palabras que se aprovecha de la ambigüedad entre ver y ver que" (*ibid.*).

Sin embargo, esto no parece suficiente para disipar estas preocupaciones. Incluso si asumimos que la distinción entre observar *eso* y observar *tout court* es válida y que hay un sentido en el que los espectadores con diferentes antecedentes teóricos ven lo mismo, muchas de las cuestiones planteadas por la teoría conceptual siguen sin resolverse. Señalar, por ejemplo, que Kepler y Tycho ven el mismo objeto no va al meollo de la cuestión. En lo que respecta a la comprobación de teorías, lo crucial es que Kepler ve que la Tierra se mueve alrededor del Sol, mientras que Tycho ve que el Sol se mueve alrededor de la Tierra. Lo que importa es ver eso, y no ver *tout court*. Se necesita una respuesta más exhaustiva. En la siguiente sección nos esforzamos por encontrarla.

3.5 Redibujando la frontera

Hasta ahora, el debate se ha desarrollado partiendo de la premisa de que existe una oposición binaria entre observación y teoría, y la cuestión era cómo y dónde trazar la frontera. Los debates de las tres últimas secciones han puesto en duda nuestra capacidad para trazar esa línea, o incluso la existencia misma de dicha línea. Esto sugiere que quizá hayamos partido de una base errónea y que debamos intentar otro enfoque. En esta sección analizamos uno de esos enfoques alternativos y esbozamos cómo evita los problemas a los que se enfrentaban los enfoques anteriores. Sorprendentemente, ya hemos encontrado la idea central de un enfoque alternativo anteriormente en este libro. En la sección 1.2 hemos visto que Newton bifurcó el vocabulario de su teoría distinguiendo entre términos que son "muy familiares para todos" y términos que debían definirse en la teoría, en lugar de distinguir entre términos observacionales y términos teóricos. En efecto, esto equivale a introducir una distinción histórica entre el estado aceptado del conocimiento que sirve de fondo para formular una teoría y los elementos novedosos que introduce la teoría. En su obra posterior, en los años sesenta y setenta, Hempel hizo lo mismo cuando propuso distinguir entre términos que se entienden antes de formular la teoría y términos que son introducidos por una teoría:

> el requisito de una base interpretativa observacional para las teorías científicas es innecesariamente artificial. Los fenómenos que una teoría debe explicar, así como aquellos a los que se refiere para ser probada, suelen describirse en términos que no son en absoluto observaciones en un sentido intuitivo estricto, pero que tienen un uso bien establecido en la ciencia y son empleados por los investigadores en el campo con un alto grado de acuerdo intersubjetivo. Diré que tales términos pertenecen al vocabulario disponible anteriormente. A menudo, tales términos habrán sido introducidos en el lenguaje de la ciencia en el contexto de una teoría anterior. . . . Por lo tanto, parece razonable interpretar la base interpretativa de una teoría como compuesta, no por predicados observacionales, sino por predicados disponibles anteriormente. (1973, 372-373, énfasis original)

Según este punto de vista, la bifurcación pertinente no es entre términos observacionales y teóricos, sino entre términos disponibles anteriormente y términos nuevos, y no hay ninguna presuposición de que los términos comprendidos anteriormente tengan que ser observacionales.[133] Hempel pone como ejemplo la teoría atómica primitiva (la teoría de Bohr-Sommerfeld), en la que los nuevos términos, como "línea espectral", se explican mediante términos previamente disponibles, como "radiación" y "longitud de onda". Estos términos se entendían y aceptaban antes de que se introdujera la teoría de Bohr-Sommerfeld, pero no son términos observacionales en el sentido discutido en secciones anteriores;

---

[133] Véase también Hempel (1966, 79-80, 1969, 13-15, 1970, 149, 1977, 250-251). La distinción entre términos antiguos y nuevos también se utiliza en Lewis (1970, 1972).

fueron proporcionados por teorías anteriores, entre ellas la teoría electromagnética de Maxwell.

Se trata de una propuesta radical que, si tiene éxito, ofrece una respuesta a los problemas que hemos encontrado en secciones anteriores. Si los términos que se dan por sentados (y que figuran en la explicación del vocabulario específico de una teoría) son en sí mismos términos teóricos, solo que originados en teorías previamente aceptadas, entonces no es necesario trazar una línea precisa entre lo observable y lo no observable, lo que hace que las cuestiones que discutimos en las secciones 3.2 y 3.3 sean en gran medida obsoletas. En lugar de buscar una línea absoluta entre lo observable y lo no observable, que resulta difícil de trazar, la distinción de Hempel abraza la relatividad contextual y la contingencia histórica, lo que tiene la ventaja de que permite trazar una línea en una situación dada. La carga teórica se acepta en lugar de exorcizarse porque las teorías no se consideran probadas contra informes de observación libres de teoría, sino contra enunciados teóricos formulados en un vocabulario científico previamente disponible,[134] lo que elimina la carga teórica conceptual. Esto resuelve en gran medida las cuestiones discutidas en las secciones 3.4.

La razón para seguir manteniendo una bifurcación (en lugar de renunciar por completo a la idea de que el vocabulario de una teoría debe dividirse en dos grupos) es que Hempel consideraba que era una tarea crucial para una teoría explicar su propio vocabulario específico. Señala que "si el vocabulario característico representa conceptos "nuevos", no empleados anteriormente, [...] entonces parece razonable, y de hecho filosóficamente importante, indagar en cómo se especifica su significado" (1970, 149). Así pues, cuando nos enfrentamos a una nueva teoría, tenemos que identificar el vocabulario particular de la teoría y la teoría tiene que dar significado a estos términos, por ejemplo, ofreciendo reglas de correspondencia que conecten los nuevos términos con los términos comprendidos anteriormente. En el siguiente capítulo discutimos en detalle cómo se definen los nuevos términos a través de los ya disponibles.

Suppe (1972, 10-11) señala otra razón para mantener una bifurcación. Cuando se formula una nueva teoría, sus afirmaciones aún no han sido sometidas a prueba y no se ha establecido ni la verdad de sus postulados teóricos ni la exactitud de sus predicciones. Deben establecerse mediante pruebas con las pruebas disponibles, y estas pruebas consisten precisamente en afirmaciones que pueden formularse con el vocabulario previamente disponible. Pero, y este es el punto crucial, para servir como base probatoria con la que se prueban las afirmaciones teóricas, los hechos, las regularidades y las leyes que se formulan con el vocabulario previamente disponible no tienen por qué ser observables. Como señala Suppe, todo lo que se requiere para que sirvan como evidencia es que puedan "considerarse no problemáticos en relación con la teoría o ley que proporciona

[134] A esta conclusión también llega Lakatos (1970, 130).

la predicción o explicación" (*ibid.*, 10, énfasis añadido). Así pues, los datos "duros" contra los que se comprueba una teoría son duros en el sentido de que se establecen independientemente de la teoría que se va a comprobar; no son duros en el sentido de que sean directamente observables.

Según este enfoque, las sucesivas teorías científicas forman una estructura en capas ordenadas históricamente, en la que cada capa de teoría se construye sobre la capa anterior, al igual que cada fila de ladrillos de un muro se construye sobre la fila anterior. Hempel es explícito en que ser entendido de manera anticipada es una noción relacional: los conceptos de una teoría tienen ese estatus en relación con los conceptos de otra teoría. Las teorías se formulan en algún momento y, si tienen éxito, se aceptan. Las nuevas teorías se comprueban con las teorías existentes y, si tienen éxito, forman la base de las teorías futuras. Y así sucesivamente.

Esta propuesta identifica acertadamente las teorías formuladas en un vocabulario comprendido de antemano como la piedra de toque para las nuevas teorías, pero la idea de que lo que separa el vocabulario comprendido de antemano y el vocabulario teórico es el orden histórico en que los conceptos entran en escena es problemática. Consideremos el ejemplo de la temperatura. El término "temperatura" se comprende de antemano en el contexto de la asignación de temperaturas a los líquidos mediante termómetros de mercurio, y luego puede utilizarse en la descripción de las bases empíricas con las que se comprueban otras afirmaciones. La ley de Boyle-Charles dice que el producto de la presión y el volumen de un gas es proporcional a su temperatura. Esta ley se comprueba con un lenguaje que contiene los conceptos previamente entendidos de presión, volumen y temperatura. Ahora cambiemos de contexto y pasemos a la termodinámica. En ese contexto, la temperatura es altamente teórica y una parte importante de la teoría se ocupa de la introducción y justificación de la escala de temperatura. Así pues, "temperatura" se entiende de forma anticipada en un contexto, pero no en otros. Y, lo que es crucial, el orden histórico de estos contextos no es el que sugiere la perspectiva de Hempel. En la "perspectiva de capas", cabría esperar que los términos aparecieran primero como términos que deben explicarse mediante vocabulario disponible anteriormente, para luego convertirse en vocabulario disponible para la siguiente teoría. Pero en el caso de la temperatura, el orden se invierte. La ley de Boyle-Charles se formuló a principios del siglo XIX, mientras que la termodinámica no se formuló hasta la segunda mitad del siglo XIX, y sin embargo "temperatura" se consideraba un término disponible anteriormente en la primera, pero no en la segunda. Y la temperatura no es una excepción. Se podría decir lo mismo de términos como "masa", "fuerza", "partícula" y "luz".

Lo que importa no es el orden histórico en que los términos han entrado en escena, sino el contexto teórico en que aparecen y la forma en que funcionan en ese contexto. Lo que hace que un término sea previamente disponible o teórico debe depender de su uso en un contexto teórico particular y no de la secuencia histórica de los acontecimientos que vieron su introducción. La pregunta es qué significa esto exactamente: ¿cómo debe utilizarse un término en una teoría para que se considere teórico o disponible de forma previa en esa teoría?

Sneed (1971) propuso una respuesta interesante a esta pregunta, que fue desarrollada por Balzer et al. (1987). Los autores hablan de conceptos T-teóricos y T-no-teóricos en lugar de conceptos nuevos y disponibles anteriormente, pero la intuición que pretenden captar es la misma. Para trazar la línea entre conceptos T-teóricos y T-no-teóricos, sostienen que debemos centrarnos en la aplicación de los conceptos. Entendemos un concepto cuando sabemos cómo aplicarlo y si podemos distinguir las situaciones en las que se aplica de aquellas en las que no. Por ejemplo, entendemos el concepto "rojo" cuando podemos aplicarlo con éxito y separar las cosas en rojas y no rojas. Entonces se puede decir que un término es T-teórico si y solo si todos los métodos para determinar la extensión del término presuponen al menos una ley de la teoría T. En otras palabras, un término es T-teórico si no se puede aplicar sin utilizar la teoría. Un término es T-no-teórico si no es T-teórico. Si el término es tal que tiene magnitudes numéricas (como, por ejemplo, la masa y la fuerza), entonces ser T-teórico también significa que al menos una ley de T debe utilizarse en cada ocasión en que se determina el valor numérico de la magnitud.

Como ejemplo sencillo, consideremos la noción de presión. Si T es la termodinámica, entonces la presión es T-no-teórica porque no se necesita ninguna ley de la termodinámica para determinar la presión de un gas. Si, por el contrario, T es la mecánica clásica, entonces la presión es T-teórica porque la determinación de la presión del gas requiere medir la fuerza que el gas ejerce sobre el pistón, y esto requiere las leyes de la mecánica. O, por poner un ejemplo más avanzado, la mecánica newtoniana toma de la cinemática galileana las nociones de tiempo, posición y trayectoria, y no se necesita la mecánica newtoniana para aplicar estos conceptos, que son por lo tanto T-no-teóricos (si T es la mecánica newtoniana). Esta es la versión moderna de la observación de Newton de que estas nociones eran familiares para todo el mundo. Por el contrario, la noción de fuerza tiene su origen en la mecánica newtoniana y un análisis de la teoría muestra que cualquier determinación de una fuerza presupone una ley de la mecánica newtoniana. Por lo tanto, la fuerza es T-teórica.

Estos ejemplos muestran que un concepto puede ser T-teórico con respecto a una teoría y no con respecto a otra. La noción de trayectoria, por ejemplo, es no teórica en la mecánica newtoniana, pero al mismo tiempo es teórica en la cinemática galileana. Esto cumple el requisito de que el que un término esté disponible de antemano o sea nuevo debe depender del contexto teórico en el que se utilice. Se trata de un enfoque prometedor que aborda los problemas que hemos encontrado anteriormente en esta sección. Una pregunta que queda por responder es cómo aborda exactamente este enfoque la preocupación (discutida en la sección 3.4) de que el theory-ladenness conduce a una circularidad confirmatoria, ya que si se utilizan teorías en la producción de pruebas (mediante la aplicación de sus leyes), los resultados de las pruebas parecerían estar garantizados, ya que lo que se está probando ya está en las observaciones. En la sección 7.4 discutiremos cómo se desarrolla esta cuestión en el enfoque de Balzer, Moulines y Sneed, donde, como veremos, se evita con éxito este tipo de circularidad.

3.6 Observación y modelos de datos

Hasta ahora hemos analizado una serie de problemas que surgen en relación con la observación. A lo largo de estos debates hemos hablado de observaciones en términos mayoritariamente cualitativos, por ejemplo, como el proceso de ver que la pelota es roja. Si bien este sentido "cualitativo" de la observación es relevante en algunas disciplinas científicas, en muchos contextos realizar observaciones equivale a realizar mediciones con dispositivos de medición, y estas mediciones producen datos numéricos como resultados. Un ejemplo sencillo es la medición de la temperatura con un termómetro. El termómetro es el dispositivo de medición y el resultado de la medición es un número que refleja la temperatura del objeto.[135] Los resultados de las mediciones se denominan *datos*.[136] Ahora queremos centrar nuestra atención en cómo se recopilan, procesan y presentan los datos, y en cómo se comparan finalmente con las teorías.

Hay diferentes etapas en la producción y el procesamiento de los datos. Cuando un astrónomo observa el movimiento de la Luna, elige un sistema de coordenadas y mide la posición de la Luna en este sistema de coordenadas en instantes consecutivos. Este es el proceso de *adquisición de datos*. Sus datos son las coordenadas de la Luna en determinados instantes. Ella registra los datos en un informe de laboratorio. Lo que anota en su informe de laboratorio son *datos brutos*, el resultado inmediato y sin procesar de una observación. El informe puede adoptar diferentes formas. Puede escribir una serie de oraciones del tipo "en el momento t, la Luna estaba en la posición x", o puede registrarlos en una tabla o un gráfico. A nivel del informe de laboratorio, el formato en el que se registran los datos es una elección de conveniencia. El formato adquiere importancia metodológica más adelante. Los datos brutos rara vez, o nunca, se utilizan como prueba y se comparan directamente con la teoría pertinente. Ningún procedimiento experimental es perfecto. Algunas mediciones pueden ser el resultado de un mal funcionamiento del equipo o de un error humano, y esos datos deben eliminarse del registro antes de utilizar los datos. Incluso cuando los puntos no son defectuosos, el equipo solo funciona con un cierto nivel de precisión y, para

[135] Las limitaciones de espacio me impiden profundizar más en el proceso de medición. Para una introducción elemental, véase Brown (1999, cap. 4); para un análisis en profundidad, véase Krantz et al. (1971); para un debate sobre la historia de los debates sobre la medición, véase Díez (1997a, 1997b); para una revisión de las cuestiones contemporáneas en materia de medición, véase Tal (2017); y para un debate sobre la relación entre medición y representación, véase Padovani (2017).
[136] El término proviene de la palabra latina "dare", que significa dar. Un "datum" es un dato, y "data" es el plural. Por lo tanto, en sentido estricto, el resultado de una sola medición es un dato, aunque el término rara vez parece utilizarse en singular.

utilizar los datos, es necesario conocer cuál es esa precisión, lo que suele hacerse especificando barras de error. A continuación, los datos se procesan y se ordenan de forma que resulten más útiles, un proceso conocido como *reducción de datos*.[137] Esto significa que se realizan ciertas operaciones matemáticas con los datos para producir un resumen adecuado de los mismos. El resultado final de este procedimiento es un *modelo de datos*. Por lo tanto, podemos decir que un modelo de datos es un resumen procesado, corregido, rectificado, regimentado y, en muchos casos, idealizado, de los datos que obtenemos de la observación inmediata, los datos brutos.[138]

Una de las tareas de la estadística es describir y resumir un conjunto de datos de forma compacta y útil, por lo que la construcción de un modelo de datos es competencia de la estadística.[139] En principio, cualquier técnica estadística puede utilizarse en la construcción de un modelo de datos. En casos sencillos, la reducción de datos puede significar que ajustamos una curva suave a través de una colección finita de puntos discretos utilizando, por ejemplo, una regresión lineal; puede significar que calculamos la media y la desviación estándar de los puntos de datos individuales; o puede significar que construimos un histograma. En casos más complejos, puede significar que realizamos regresiones múltiples, o puede significar que primero construimos una familia de modelos y elegimos un modelo de esta familia utilizando un criterio de selección de modelos como el criterio de información de Akaike.[140] Lo importante aquí es que quienes construyen un modelo de datos tienen, en principio, todas las técnicas estadísticas a su disposición. Las operaciones que realizamos con los datos y la técnica que elegimos dependen de la naturaleza de los datos, los intereses de investigación de los modeladores y el contexto más amplio de la investigación. No existe una única forma correcta de construir un modelo de datos, y los datos en sí mismos

[137] La terminología varía. Este proceso también se conoce como "limpieza de datos" o "preparación de datos".

[138] Véase, por ejemplo, Suppes (1960, 20, 1962, 31) y Harris (2003, 1509). Para más información sobre los modelos de datos, véase también Mayo (1996, cap. 5), Suppes (2007) y van Fraassen (2008, cap. 7). Para un análisis de los modelos de datos en finanzas, véase Ippoliti (2017, 2019).

[139] Woodward (2010, 798) distingue entre los usos descriptivos e inferenciales de la estadística y considera que la descripción de los datos es la tarea de la estadística descriptiva. En el nivel más general, se puede decir que un modelo estadístico es una representación matemática de los datos observados (Stobierski 2019). En este sentido, Draper y Smith, tras introducir una ecuación de regresión simple, afirman que esta ecuación es un "modelo de lo que creemos" (1966, 10, énfasis en el original). Así pues, los modelos estadísticos son, en efecto, los modelos de datos del filósofo de la ciencia.

[140] Para un análisis exhaustivo de las técnicas estadísticas, véase, por ejemplo, Wasserman (2004); para un análisis filosófico, véase Romeijn (2017). La idea central del criterio de información de Akaike es elegir una curva que logre el mejor equilibrio entre simplicidad y adecuación satisfactoria. El criterio se introdujo en el debate filosófico en Forster y Sober (1994). Para más información, véase Forster (2002), Myrvold y Harper (2002) y Sober (2002, 2004). Sober (2015) es un libro en el que se analiza el razonamiento parsimonioso desde la antigüedad hasta la ciencia moderna.

no dictan ni la forma del modelo de datos ni las técnicas estadísticas que los científicos deben utilizar para construirlo.[141]

Ilustremos todo esto con un ejemplo. La ciudad de Venecia sufre regularmente intensas inundaciones. Esto plantea la cuestión de si existe un patrón en estas inundaciones que permita a la ciudad tomar las precauciones necesarias y si existe una tendencia general identificable. Con este fin, se recogen datos en una estación de medición situada en *Punta della Salute*, en el centro de la ciudad. La estación registra cada hora el nivel del mar con un mareógrafo. Los datos se recopilan y se ponen a disposición a través del *Servicio Permanente del Nivel Medio del Mar* (PSMSL), el banco de datos mundial sobre el nivel del mar a largo plazo.[142] Se dispone de datos para el período comprendido entre 1909 y 2000. Tradicionalmente, los mareógrafos eran de papel: el flotador del medidor estaba conectado a un lápiz que dibujaba una línea en una hoja de papel montada en un tambor que giraba a una velocidad constante. De esta manera, la línea dibujada reflejaba el nivel de la marea en un punto determinado. Las hojas de papel marcadas de esta manera contienen los datos brutos. El PSMSL cuenta con un sistema de control de calidad, denominado "buddy checking", mediante el cual se comparan los resultados de un medidor con los de las estaciones vecinas. Esto permite señalar y, en su caso, eliminar los datos dudosos. En 2001, el PSMSL, en colaboración con el Centro Británico de Datos Oceanográficos y el Centro de Niveles del Mar de la Universidad de Hawái, puso en marcha el proyecto de arqueología y rescate de datos GLOSS. Se pusieron a disposición los registros en papel digitalizados y sometidos a control de calidad de casi 100 mareógrafos, lo que dio como resultado registros de datos de mareas por hora. En el caso de Venecia, esto significa que se ha elaborado una larga lista que muestra el nivel de las mareas a cada hora entre enero de 1909 y diciembre de 2000. En nuestro lenguaje, esta larga lista es un modelo de datos: es una versión condensada, rectificada, simplificada y procesada de los registros en papel que se producían en el tambor giratorio del medidor. Sin embargo, este modelo de datos sigue siendo demasiado difícil de manejar para la mayoría de los fines, por lo que el PSMSL condensó los datos por hora en medias mensuales y luego anuales. Los gráficos de estos promedios se pueden descargar en su sitio web y se reproducen a continuación en la Figura 3.3. Los registros solo están completos en un 94 %, lo que se refleja en los huecos de los gráficos. Los niveles de las mareas se muestran con respecto a la denominada *Referencia Local Revisada*, que se define como 7000 mm por debajo del nivel medio del mar.

[141] Esto ha sido ampliamente reconocido en la literatura sobre modelos de datos. Véase, por ejemplo, Harris (2003, 1511), Wolfson (1970, 249) y Woodward (2010, 798).

[142] Para una descripción de estos datos, véase Holgate et al. (2013). Los promedios mensuales y anuales están disponibles en el sitio web de PSMSL en www.psmsl.org/data/obtaining/ stations/168.php. Para más detalles sobre la Referencia Local Revisada, véase www.psmsl.org/data/obtaining/rlr.php.

Los tres modelos de datos que hemos encontrado hasta ahora —la lista con datos por hora y los gráficos con promedios mensuales y anuales— no son los únicos modelos de datos posibles. También se podría trazar una línea recta a través de ellos, por ejemplo, utilizando una regresión lineal, y se podría seguir incluyendo un intervalo de confianza del 95 %.[143] Y, por supuesto, no hay por qué detenerse aquí. Se podrían ajustar otras curvas distintas de líneas rectas a los datos; se podría calcular la mediana en lugar de la media; se podría ajustar una curva a través de los máximos estacionales; etc.

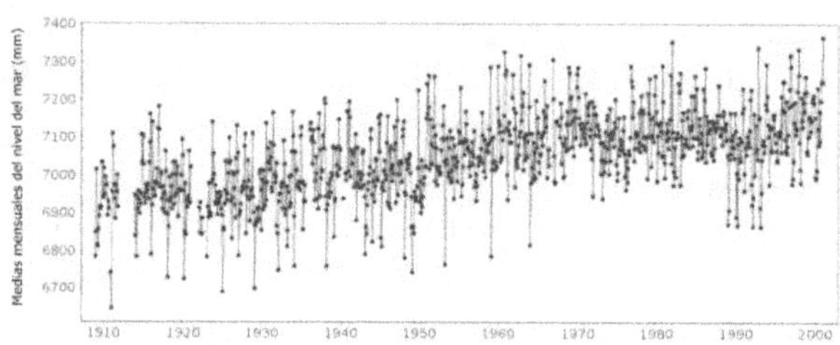

(a)

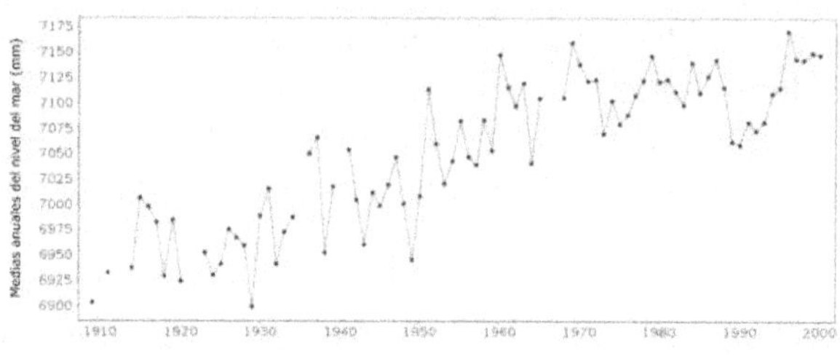

(b)

FIGURA 3.3 Niveles del mar en Venecia: (a) medias mensuales y (b) medias anuales (fuente: PSMSL).

Este ejemplo no solo ilustra los pasos que hemos descrito al principio de la sección, sino que también muestra que el procesamiento de datos es a menudo un proceso iterativo en el que un paso se basa en el siguiente.

En primer lugar, las líneas en papel se transforman en valores horarios digitalizados; a continuación, se calculan los promedios mensuales a partir de los valores horarios; y, por último, se ajusta una línea recta a los promedios mensuales.

[143] Esto se describe en Davison (2003, cap. 5) y se puede ver un gráfico al respecto en https://tidesandcurrents.noaa.gov/sltrends/sltrends_station.shtml?id=270-054.

Esto, como señala Harris (2003, 1511), a veces puede dar lugar a confusiones sobre qué es qué, y los datos pueden referirse como datos brutos cuando en realidad son un modelo de datos. Por ejemplo, parecería natural pensar que los niveles del mar por hora que figuran en la lista son datos brutos (imaginemos que alguien tomó una lectura cada hora), cuando en realidad la lista es un modelo de datos construido a partir de gráficos en papel. Por lo tanto, es necesario examinar detenidamente el proceso de medición y producción de datos para aclarar qué son los datos brutos y cómo se crean los modelos de datos.

Los modelos de datos desempeñan un papel crucial en la confirmación de las teorías, ya que son los modelos de datos, y no los datos brutos, a menudo desordenados y complejos, los que se utilizan para contrastar las teorías. Si un científico quiere comprobar, por ejemplo, la hipótesis de que el nivel del mar en Venecia ha aumentado durante el siglo XX, no buscará pruebas en la pila de papeles que han salido del tambor giratorio del observatorio, sino que recurrirá a uno de los gráficos de la figura 3.2. Suppes es explícito sobre el papel de los modelos de datos en la comprobación de teorías cuando señala que "la experiencia exasperantemente diversa y compleja que constituye un experimento no es la entidad que se compara directamente con un modelo de una teoría" y que los científicos hacen "supuestos drásticos de todo tipo" para reducir el resultado de un experimento a un modelo de datos que es "una entidad simple lista para ser comparada con un modelo de la teoría" (1960, 20).

Para entender la idea de Suppes de que un modelo de datos se compara con un modelo de la teoría, primero tenemos que dejar claro que la idea de que los datos se registran en forma numérica y luego se someten a transformaciones matemáticas que dan lugar a un modelo de datos no encaja bien con una visión que considera que las teorías son lingüísticas en su totalidad. Según el Enfoque Recibido (tal y como se entiende habitualmente), una teoría se enfrenta a la realidad deduciendo primero de ella oraciones de observación y luego examinando la verdad o falsedad de estas oraciones a través de observaciones, comparando estas oraciones de observación, que deberían ser verdaderas según la teoría, con oraciones de observación que describen observaciones que realmente ocurrieron. Según esta imagen, en lugar de dibujar el gráfico que vemos en la figura 3.3b, escribiríamos una serie de oraciones como "el nivel medio anual del mar en *Punta della Salute* en 1909 fue de 6904 mm". Pero esto no solo sería torpe, sino que también sería inútil, porque las oraciones no son el tipo de cosas que se pueden someter a análisis estadísticos. Como hemos visto, una de las cosas que se haría con los datos de los gráficos de la figura 3.3 es ajustar una línea recta (o, de hecho, alguna otra curva) a ellos. Pero los conjuntos de oraciones no son el tipo de objetos a los que se puede ajustar una curva. Las curvas se ajustan a los puntos de datos, no a las oraciones que describen los puntos de datos. Por supuesto, es posible volver a describir el proceso de procesamiento de datos para que todo se reduzca a la manipulación de oraciones, pero esto parece incómodo y poco elegante porque el trabajo real no se realiza a nivel de estas oraciones, sino a nivel de los objetos que describen las oraciones. Y los mismos comentarios se aplican a los datos brutos. En lugar de trazar una línea en un trozo de papel montado en un tambor giratorio, se podría escribir una larga cadena de oraciones del tipo "la lectura del mareógrafo en *Punta della Salute* era de x mm en el momento t". Pero el procesamiento de la información contenida en estas oraciones, para producir, por ejemplo, un gráfico con los promedios anuales, se realiza sobre los números mismos y no sobre las oraciones. Aunque en principio es posible presentar y procesar datos en forma lingüística, hacerlo no solo es poco práctico, sino que también oscurece lo que realmente ocurre en el procesamiento de datos y no se ajusta a la práctica científica.

Aquí es donde la sugerencia de Suppes cobra relevancia. En lugar de operar en el nivel lingüístico y tratar con descripciones de los datos, Suppes nos insta a comparar modelos de teoría con modelos de datos. Hemos encontrado modelos de teoría en la sección 2.6, donde hemos visto que son estructuras teórico conjuntistas que hacen verdaderas las oraciones formales de una teoría. El punto crucial que hay que comprender ahora es que los modelos de datos, desde un punto de vista formal, son también estructuras teórico conjuntistas del mismo tipo. Por ejemplo, si los puntos de datos son numéricos y el modelo de datos es una curva suave que pasa por estos puntos, entonces, desde un punto de vista formal, se trata de una relación sobre $\mathbb{R}^n$ (para algún n), o subconjuntos de la misma, y por lo tanto el modelo de datos es una estructura $\langle \mathbb{R}^n, c\rangle$, donde c es la curva. Por lo tanto, los modelos de datos y los modelos de una teoría son objetos del mismo tipo, y por lo tanto se pueden comparar entre sí. Esto, según Suppes, es una forma más productiva de pensar sobre cómo los modelos se enfrentan a los resultados de los experimentos que traducir todo a oraciones. No se puede estar más de acuerdo con Suppes en esto, y si el Enfoque Recibido se comprometiera realmente a realizar todo el procesamiento de datos a nivel de oraciones, no tendría una perspectiva convincente de la relación entre teoría y datos. Sin embargo, como hemos visto en la sección 2.10, el Enfoque Recibido no se compromete a una "política de no modelos". De hecho, es perfectamente natural volver a centrar la atención en los modelos de la formulación lingüística de la teoría en lugar de centrarse en la formulación lingüística en sí misma, por lo que el Enfoque Recibido puede valerse de todas las técnicas de procesamiento de datos que hemos discutido en esta sección, y puede analizar la relación entre la teoría y la observación en términos de la comparación de modelos teóricos con modelos de datos en lugar de en términos de oraciones. Por lo tanto, el papel que desempeñan los modelos de datos en la comprobación de teorías no es una *reductio* del Enfoque Recibido, sino que muestra que este debe utilizarse en una versión liberal que asigne a los modelos un lugar sistemático. Lo que hemos discutido hasta ahora es lo que se podría llamar la imagen tradicional de los datos. Esta imagen ha suscitado recientemente algunas críticas. El sentido de las críticas no es tanto que la imagen sea errónea, sino que es demasiado estrecha. Se pueden identificar tres corrientes de crítica. La primera es que no todos los datos son numéricos.

Leonelli señala que el fenotipado de plantas "se basa en gran medida en el análisis de grandes conjuntos de datos de imágenes, que se producen a gran velocidad y en grandes volúmenes mediante sistemas automatizados que comprenden varias cámaras, cada una de ellas diseñada para captar diferentes señales (que van desde el espectro visible hasta el infrarrojo)" (2019, 8). Señala que las técnicas estadísticas no son adecuadas, o al menos son insuficientes, para el análisis de estos datos y que se requieren otras técnicas. A continuación, ofrece una perspectiva detallada de cómo se procesan los datos en el caso del fenotipado de plantas (*ibid.*, 8-15). No se afirma que los métodos que funcionan para el fenotipado de plantas también funcionen en otros ámbitos, pero ilustran que una imagen del procesamiento de datos centrada en el análisis estadístico no capta cómo trabajan con los datos determinadas disciplinas.

La segunda línea de crítica es que tanto el procesamiento de datos como el uso de datos en la práctica científica son más complicados de lo que sugiere la imagen tradicional. Leonelli (2019, 15-18) señala que los datos se preparan mediante un proceso complicado en el que participan no solo biólogos, sino también técnicos de laboratorio, especialistas en imagen, informáticos y gestores de datos, y que los "mismos" datos son, de hecho, algo diferente para cada uno de estos grupos. Por lo tanto, la idea de que existe un proceso estadístico único que produce el modelo de datos que luego sirve como piedra de toque fija e inmutable para poner a prueba una teoría es, en muchos casos, demasiado simplista.[144]

La tercera línea de crítica se puede resumir en el lema "se necesita algo más que estadísticas". En los casos en que los datos son escasos, se utilizan modelos del sistema objetivo para "completar" los datos. En lugar de "llenar los vacíos" ajustando una curva uniforme al punto de datos mediante un método estadístico, los vacíos se pueden llenar con cálculos de modelos. Esta práctica es habitual en la ciencia atmosférica. En ese contexto, los métodos de procesamiento de datos "basados en modelos" se conocen como "*asimilación de datos*". Estos métodos combinan observaciones (por ejemplo, mediciones de estaciones terrestres, barcos, aviones y satélites) con resultados numéricos de modelos meteorológicos con el objetivo de convertir un conjunto de observaciones incompletas en una especificación completa del estado del sistema. Cuando la asimilación de datos se aplica a registros históricos para construir conjuntos de datos a largo plazo para períodos pasados, que luego se utilizan habitualmente en la investigación climática, el proceso se conoce como *reanálisis* (*reanalysis*).[145] Los modelos que se utilizan para este proceso se denominan a veces *modelos de reanálisis* y forman parte de un amplio grupo de modelos denominados *modelos de análisis de*

[144] Véase Leonelli (2016) para un análisis detallado de cómo se utilizan los datos en la biología vegetal. Cristalli y Sánchez-Dorado (2021) analizan cómo se integran los datos en modelos que constan de diferentes componentes.

[145] Para un análisis de la asimilación y el reanálisis de datos (reanalysis), véase Parker (2016). Edwards (2010, cap. 12) traza la historia del reanálisis y ofrece una perspectiva de cómo funciona el proceso en la práctica.

datos, que son los modelos utilizados para procesar registros históricos meteorológicos y climáticos (Edwards 2010, xv). Bokulich afirma que los modelos de datos producidos con métodos basados en modelos acaban estando "cargados de modelos" y, por lo tanto, prefiere referirse a ellos como "conjuntos de datos" en lugar de "modelos de datos" (2020, 794). Centrándose específicamente en los modelos de las geociencias, distingue siete tipos diferentes de carga de modelos en los datos, de los cuales la asimilación es uno de ellos. Enumera los siguientes: conversión de datos, corrección de datos, interpolación de datos, escalado de datos, fusión de datos, asimilación de datos y datos sintéticos.[146] También señala que, aunque estas técnicas se discuten a menudo en el contexto de la ciencia del clima, no se limitan a esta y, de hecho, se utilizan en otros ámbitos.

A veces, el problema es el contrario: los datos son abundantes en lugar de escasos. De hecho, la producción de datos ha aumentado enormemente en la última década, y IBM estima que los seres humanos creamos ahora alrededor de 2,5 quintillones de bytes de datos cada día (Lyon 2016, 744). Esto ha dado lugar a un auge de los denominados *macrodatos*. Algunos de estos datos se encuentran en el sector comercial, y vemos cómo grandes empresas como Google y Amazon se apresuran a obtener tantos datos como pueden. Pero los macrodatos también desempeñan un papel cada vez más importante en la ciencia. Los astrónomos, biólogos y físicos recopilan grandes cantidades de datos que se almacenan en grandes bases de datos. El procesamiento y análisis de los datos de estas bases de datos se denomina a menudo "*minería de datos*" (Leonelli 2016, 88). A menudo no es posible analizar y procesar estos datos con técnicas estadísticas convencionales, por lo que los investigadores recurren a métodos de aprendizaje automático basados en la inteligencia artificial y las redes neuronales. Estas nuevas técnicas son muy potentes, y algunos han llegado a afirmar que definen una nueva era de la ciencia. En parte, estas afirmaciones se basan en la idea de que, mientras que en el panorama tradicional el objetivo principal de los datos era poner a prueba las teorías, cuando los macrodatos se combinan con métodos de aprendizaje automático, los algoritmos generan nuevos conocimientos "desde abajo" a partir de los datos. De este modo, la combinación de *big data* y aprendizaje automático proporciona conocimientos sin necesidad de una teoría "descendente" y sin pretender poner a prueba dicha teoría. Este enfoque plantea muchas cuestiones interesantes, y el debate filosófico sobre el *big data* aún se encuentra en una fase incipiente.[147]

---

[146] Bokulich y Oreskes (2017) ofrecen un análisis sinóptico de los modelos en geociencias. Para un análisis más detallado de los datos en la ciencia del clima, véase Bokulich y Parker (2021) y Parke
r (2020).

[147] Para un análisis sinóptico de las cuestiones filosóficas que surgen en relación con los macrodatos y el aprendizaje automático, véase, por ejemplo, Floridi (2012), Lyon (2016) y Nickles (2021). Para un análisis del problema que plantea el tratamiento de los macrodatos en medicina, véase Williamson (2017).

En resumen, el concepto de modelo de datos, así como los usos de los datos, han evolucionado y se han ampliado significativamente en las últimas dos o tres décadas, sin que por ello el panorama tradicional haya quedado obsoleto.

3.7 Conclusión

La observación es crucial en todos los campos de la ciencia. Sin embargo, desentrañar el dictado empirista de que el conocimiento proviene de la experiencia plantea cuestiones importantes. En este capítulo hemos visto cuáles son estas cuestiones y cómo se pueden abordar. Algunos de los problemas que hemos encontrado eran artefactos de la doctrina del Enfoque Recibido, según la cual el vocabulario no lógico de la teoría debe bifurcarse en términos observacionales y términos teóricos. Pero no todos los problemas pueden descartarse de esta manera. Toda epistemología de la ciencia tendrá que posicionarse sobre lo que podemos y lo que no podemos observar, y abordar la cuestión de que la observación está cargada de teoría. Del mismo modo, toda epistemología de la ciencia tendrá que explicar cómo se recopilan, procesan y utilizan los datos para poner a prueba las teorías. Estas cuestiones seguirán presentes en la segunda parte del libro.

Capítulo 4: ENMARCANDO LO TEÓRICO

4.1 Introducción

En el capítulo 1 hemos visto que el Enfoque Recibido divide el vocabulario no lógico de una teoría en términos observacionales y términos teóricos. Los términos observacionales son términos cuya aplicación puede determinarse mediante la observación directa, mientras que los términos teóricos no tienen una conexión inmediata con la experiencia. Esto plantea la cuestión de cómo debemos entender la semántica de los términos teóricos. En términos generales, la semántica se refiere a la relación entre los símbolos y los objetos para los que son símbolos. Si nos centramos en los términos (y no en las oraciones), la semántica es el estudio del significado y la referencia (o denotación) de los términos. Si los términos teóricos no tienen conexión directa con la experiencia, ¿qué significado tienen y cómo refieren? El Enfoque Recibido defiende la idea de que los términos teóricos deben estar conectados a términos observacionales mediante reglas de correspondencia. Esto plantea dos cuestiones: ¿cuál es la naturaleza de esta conexión y qué tipo de semántica nos proporcionan las reglas de correspondencia?[148]

Antes de entrar en detalles, vamos a reforzar nuestras intuiciones sobre el significado y la referencia con un ejemplo clásico de Frege (1892). El término "Venus" se refiere al planeta Venus, el segundo planeta desde el Sol en nuestro sistema solar. Resulta que las expresiones "la estrella de la mañana" y "la estrella de la tarde" también se refieren a Venus.[149] Los tres términos tienen el mismo referente, a saber, el planeta Venus. Sin embargo, tienen significados diferentes. "Estrella matutina" indica que el cuerpo celeste al que se refiere es visible por la mañana; "estrella vespertina" expresa que el cuerpo aparece en el cielo al atardecer; y "Venus" lleva la impronta de una época mítica en la que los fenómenos celestes pertenecían a deidades[150]. ¿Cuál es el significado de una expresión? ¿Cómo se refiere un término a algo? ¿Cuál es la relación entre significado y referencia? Una parte importante de la filosofía analítica se ocupa de arrojar luz

[148] A lo largo del capítulo, me centro en la distinción del Enfoque Recibido entre términos observacionales y términos teóricos. Mutatis mutandis, el debate también abarca la distinción del Enfoque Lingüístico entre términos que se entienden antes de que se formule la teoría y términos que se originan en la propia teoría (Sección 1.3) y la distinción de Hempel entre términos entendidos de forma previa y términos nuevos (Sección 3.5).

[149] Aquí sigo el uso de "referencia" de Frege. Russell (1905) negó que descripciones definidas como "la estrella de la mañana" refieran. Para una discusión introductoria de este tema, véase Michaelson y Reimer (2019, Sec. 4).

[150] Aunque se podría argumentar que los orígenes míticos de "Venus" no forman parte del significado del término y simplemente pertenecen a la connotación del término. Para lo que sigue, no importa cómo se resuelva esto.

sobre estas cuestiones.[151] El objetivo de este capítulo es analizar cómo se ha respondido a estas preguntas en el caso de términos teóricos como "electrón".

Una intuición generalizada sobre el significado es que el significado de una expresión está estrechamente relacionado con la forma en que decimos si la expresión se aplica a algo. Si no tengo ni idea de cómo determinar si algo es un violín o no, entonces no sé qué significa el término "violín". Esta intuición está consagrada en el lema "el significado es el método de verificación", que constituye el núcleo del verificacionismo (Sección 4.2). Para articular el verificacionismo es necesario discutir la distinción analítico-sintética y la naturaleza de las definiciones explícitas. Esto nos adentra más en la filosofía del lenguaje de lo que suelen querer los interesados en modelos y teorías, y, a primera vista, las cuestiones que se plantean parecerían estar bastante alejadas de las preocupaciones de la filosofía de la ciencia. Apelo a la paciencia de los lectores y les pido que me acompañen en esta sección. Discutiré las cuestiones de la verificación, la analiticidad y las definiciones lo más brevemente posible (de hecho, los expertos sin duda lo considerarán demasiado breve). Los puntos que tratamos en esta sección también serán cruciales más adelante en el capítulo, cuando pasemos a enfoques más recientes de los términos teóricos basados en la oración de Carnap, el ε-operador de Hilbert y las descripciones definidas de Lewis.

Como hemos visto en la sección 1.3, las definiciones explícitas son el tipo más sencillo y conveniente de reglas de correspondencia, porque eliminan eficazmente el vocabulario teórico de los enunciados teóricos. Desgraciadamente, las definiciones explícitas adolecen de una serie de problemas, y gran parte de la discusión sobre términos teóricos que sigue puede verse como un intento de sortear estos problemas sustituyendo las definiciones explícitas por otros tipos de reglas de correspondencia. El primer intento fue la introducción por Carnap de las llamadas oraciones de reducción, que ofrecen definiciones implícitas en lugar de explícitas de los términos teóricos (sección 4.3). Hempel observó que las oraciones de reducción seguían siendo demasiado restrictivas y las sustituyó por lo que denominó sistemas interpretativos (apartado 4.4). Un enfoque diferente vuelve a la noción de modelo como interpretación alternativa del formalismo de una teoría y considera que la semántica de los términos teóricos viene dada por los modelos (apartado 4.5). Ninguno de estos enfoques es satisfactorio, por lo que cabe preguntarse si no sería mejor eliminar por completo los términos teóricos, ya que así el problema de su semántica quedaría obsoleto. Se han propuesto dos recetas en este sentido: El teorema de Craig y la oración de Ramsey (sección 4.6).

La eliminación resulta tener sus propios problemas, por lo que la discusión posterior trató de abordar la semántica de los términos teóricos mediante nuevas

[151] Las introducciones contemporáneas a los problemas del significado y la referencia se pueden encontrar en Horwich (2006) y Lycan (2008); Devitt y Hanley (2006) ofrecen una colección de artículos de investigación.

técnicas, entre las que destacan la oración de Carnap (sección 4.7*), el operador ε de Hilbert y las descripciones definidas de Lewis (sección 4.8*). La distinción entre enunciados analíticos y sintéticos, introducida en la sección 4.2, desempeñó un papel importante en la discusión de los términos teóricos. Sin embargo, la distinción encontró resistencia, sobre todo por parte de Quine, que argumentó que es insostenible. Discutiremos los argumentos de Quine y una serie de respuestas a los mismos (Sección 4.9). Feigl renuncia al principio empirista de que los términos teóricos tienen que explicarse a través de términos observacionales y propone un análisis realista de los términos teóricos que los considera al mismo nivel que los términos observacionales: los términos teóricos se refieren a objetos del mundo y describen sus propiedades y relaciones (sección 4.10). Esto deja abierta la cuestión de cómo se refieren los términos a sus objetos. Una propuesta reciente pretende colmar esta laguna formulando una semántica de los términos teóricos en el marco de la teoría causal-histórica de la referencia (apartado 4.11). Concluimos que ninguna de las propuestas analizadas en este capítulo es totalmente satisfactoria y que la comprensión del significado de los términos teóricos sigue siendo un problema abierto (sección 4.12).

4.2 Verificacionismo, analiticidad y definiciones explícitas

Una doctrina importante asociada con el empirismo lógico es la teoría verificacionista del significado (VTM), que puede encapsularse en el lema "el significado de una oración es el método de su verificación".[152] Verificamos un enunciado cuando producimos pruebas que demuestran que el enunciado es verdadero o falso.[153] Por lo tanto, la VTM dice que comprendemos el significado de una oración si sabemos qué experiencias son necesarias para poder afirmar la verdad o falsedad de la oración. Se hace hincapié en el método. El significado de una oración se especifica diciendo cómo se verificaría si la oración es verdadera; no basta con decir qué estado de cosas serviría para establecer la verdad de la oración. Consideremos la oración "la cima del Mont Blanc está a 4.810 metros sobre el nivel del mar". Según la VTM, no basta con decir que la oración es verdadera si se da en el mundo el estado de cosas de que el pico del Mont Blanc está a 4810

[152] La VTM tiene una historia compleja. Suele atribuirse a Schlick (véase, por ejemplo, Miller 2007, 95), y Schlick defendió la VTM (véase, por ejemplo, su 1936, 341). Una versión temprana fue mencionada en Carnap (1928/2003, 289), y VTM ocupó un lugar central en La eliminación de la metafísica a través del análisis lógico del lenguaje (1931/1996) de Carnap. Waismann informa de que Wittgenstein enunció la VTM en conversaciones personales en 1929 y 1930 (McGuinness 1979, 79). Ayer (1936/1946, cap. 1) y Lycan (2008, cap. 8) ofrecen debates accesibles. Para un análisis más extenso del VTM y sus raíces, véase Miller (2007, cap. 3), Scheffler (1957a, 1957b), Skorupski (1997) y Uebel (2019).

[153] El lenguaje se tambalea en este punto. "Verificar" una oración significa literalmente establecer su verdad. Pero la MTV no dice que una oración solo tiene significado si se puede establecer su verdad, ya que esto tendría la consecuencia absurda de que las oraciones falsas no tienen significado. En el contexto actual, poder verificar una oración significa que somos capaces de establecer si es verdadera o falsa.

metros sobre el nivel del mar. Tenemos que decir qué técnica emplearíamos para medir la altura de la montaña, por ejemplo, que realizamos un conjunto determinado de operaciones con un sistema GPS.

Es importante que la "verificación" en VTM se refiera a la verificabilidad en principio y no a la verificación real. Pensemos en la oración "hay vida en Marte". Nadie dispone actualmente de los medios para verificar esta oración. Pero esto no significa que la frase carezca de significado, porque se puede describir lo que, en principio, haría falta para verificarla. Esta matización es importante porque muchas hipótesis científicas interesantes hacen afirmaciones que actualmente no pueden verificarse, y producir circunstancias que hagan posible una verificación se considera un reto al que la ciencia pretende responder, por ejemplo, diseñando experimentos específicos que nos permitan poner a prueba las hipótesis.

Si no se pueden establecer métodos de verificación para una oración, entonces la oración carece de significado. Y el veredicto de falta de significado debe tomarse al pie de la letra. Una oración que no tiene método de verificación no es simplemente incognoscible, demasiado abstracta o fuera del alcance de la ciencia empírica. Carece literalmente de significado. Una oración así tiene el mismo significado que "@b€k7*±p^" o "balabala", es decir, ninguno. Para ilustrar este punto, Carnap describe un experimento mental en el que alguien describe un objeto como "teavy" (Carnap 1931/1996, 14). La persona afirma que es un hecho que algunos objetos son teavy mientras que otros no lo son. Desgraciadamente, no hay manifestaciones empíricas de la teavyness y la mente humana nunca es capaz de descubrir el secreto de qué cosas son teavy y cuáles no. Carnap descarta "teavy" como verborrea vacía. Si no se puede especificar ningún método de verificación para la oración "este objeto es teavy", entonces no se afirma nada y la oración carece de significado. Las oraciones sin significado son "pseudoafirmaciones" (*ibid.*, 11). Puesto que los enunciados metafísicos no son, por su propia naturaleza, empíricamente verificables, la metafísica consiste en pseudo-oraciones. De este modo, la VTM descarta la metafísica como carente de significado y, por tanto, como una empresa inútil que debe abandonarse. Se podría decir mucho sobre el rechazo de la metafísica por parte de los positivistas lógicos, pero aquí nos centraremos en el significado del discurso científico.

El requisito de verificabilidad deja en principio abierta la cuestión de cómo se verifican las oraciones. Esta cuestión requiere cierta atención porque no todas las oraciones son del mismo tipo. Consideremos las oraciones (1) "los solteros son hombres solteros" y (2) "los solteros viven con sus madres". La verdad de la primera oración no depende de los hechos y no es necesaria ninguna investigación empírica para determinar su verdad. De hecho, podemos constatar su veracidad basándonos en que la soltería forma parte del concepto de soltero[154]. Una

[154] En la filosofía del lenguaje es habitual distinguir entre términos y conceptos. Los conceptos son los bloques de construcción básicos del pensamiento, mientras que los términos son objetos lingüísticos. En consecuencia, se dice que los conceptos tienen contenido y los términos significado.

oración que es verdadera (o falsa) únicamente debido al significado de los términos que la componen es *analítica*. (1) es analítica y, por tanto, no se necesita ninguna investigación empírica para saber que es verdadera. Por el contrario, no forma parte del concepto de soltero que los solteros vivan con sus madres, y que sea cierto que lo hacen depende de hechos sobre los solteros en el mundo. Si resulta que todos los solteros viven con sus madres, entonces (2) es verdadera; si hay un soltero que no vive con su madre, entonces (2) es falsa. Las oraciones como (2) cuya verdad depende de cómo es el mundo son *sintéticas*.

Si la verdad o falsedad de una oración puede conocerse independientemente de la experiencia, entonces se conoce a priori. Si una proposición sólo puede ser verdadera o falsa recurriendo a la experiencia, entonces se conoce a posteriori. ¿Qué oraciones pueden conocerse a priori y qué oraciones requieren recurrir a la experiencia? Un postulado fundamental del empirismo lógico es que todo conocimiento a priori es analítico y todo conocimiento a posteriori es sintético. El cuantificador "todo" es crucial. Equivale a negar la existencia del conocimiento sintético a priori, que algunos idealistas (sobre todo Kant en la Crítica de la razón pura) consideraban posible. De hecho, la negación de la posibilidad del conocimiento sintético a priori puede considerarse el principio definitorio del empirismo lógico.[155]

Entre las verdades que pueden ser conocidas a priori se encuentran las verdades lógicas. Esto se debe a que los empiristas lógicos consideran que las verdades de la lógica son analíticas (véase, por ejemplo, Carnap 1966, 259). Consideremos la oración "si ningún soltero es un hombre feliz, entonces ningún hombre feliz es un soltero". Ni siquiera es necesario entender los términos descriptivos que contiene para poder determinar su verdad. Podríamos sustituir los términos por marcadores de posición, obteniendo "si ningún B es H, entonces ningún H es B", y seguiríamos pudiendo determinar la verdad de la oración. Esto se debe a que su verdad es una cuestión de pura lógica o, como diría Carnap, una cuestión de los significados de las conectivas lógicas "si", "entonces", "no" y "es" (1966, 259).

Por tanto, si queremos averiguar si una oración tiene significado, tenemos dos opciones:

(a) Si la oración es analítica, entonces determinamos su verdad o falsedad a priori (y si es verdadera debido al significado de las conectivas, entonces es una verdad lógica).

(b) Si la oración es sintética, entonces su verdad o falsedad debe establecerse a posteriori, es decir, apelando a la experiencia.

Sin embargo, muchos de los actores históricos que cito en este capítulo no siguieron esta distinción (moderna), y tampoco lo hacen muchos filósofos de la ciencia contemporáneos. Yo sigo esta convención ligeramente más flexible y utilizo "concepto" y "término" indistintamente.

[155] Para un debate sobre este punto, véase Fetzer (2021, Sec. 2).

Las posturas (a) y (b) juntas proporcionan un criterio para que una oración tenga significado. Especialmente en la literatura anterior sobre el tema, se utilizaba la expresión "significado cognitivo" en lugar de "significado". Las posturas (a) y (b) se denominaban entonces criterio de significación cognitiva (CCS).[156] La etiqueta verificacionismo es un término general para referirse a la VTM o al CCS, o a ambos.

CCS necesita un mayor desarrollo. En primer lugar, se basa en una separación de las oraciones en analíticas y sintéticas que hasta ahora sólo se había introducido intuitivamente, y no se ha dicho nada sobre cómo se explica esta separación. Dejamos esta cuestión de lado por ahora y volveremos a ella en la sección 4.9. En segundo lugar, el criterio se basa en la noción de establecer la verdad de una oración sintética apelando a la experiencia. Centrémonos en las *oraciones elementales*, es decir, oraciones de la forma "a es P", donde "a" se refiere a un objeto y "P" a una propiedad.[157] En algunos casos, los referentes de ambos términos son directamente observables. Si es así, la verdad o falsedad de la oración puede determinarse consultando la experiencia directa. Consideremos la oración "la mesa es verde". Suponiendo que pueda ver la mesa y percibir los colores, puedo afirmar directamente si la oración es verdadera o no, y el significado de la oración (según VTM) es algo así como: identificar la mesa, observar su color cuando hay luz en la habitación y comprobar si el color es verde. Si la verdad de una oración puede determinarse mediante la experiencia directa, se trata de una *oración observacional*[158].

[156] Véase, por ejemplo, Hempel (1951, 61). Hempel también se refiere al criterio como el "criterio empirista del significado cognitivo" (1950, 41), y dice que si una oración puede ser probada, tiene "significado o importancia empírica" (1951, 61), apoyando la opinión de que "significado" e "importancia" se usan indistintamente. El CPP tuvo una historia accidentada y sufrió numerosas reformulaciones. Véase Justus (2006) para un relato de su historia. Es parte de la sabiduría recibida de la filosofía analítica que el criterio ha demostrado ser insostenible. Justus (2014) se opone a esto y argumenta que las críticas estándar no tienen fuerza contra la formulación posterior y más sofisticada del criterio de Carnap. El VTM y el CCS a menudo se ejecutan juntos o no se distinguen en absoluto. Tal como se presenta aquí, el VTM es el principio fundamental, y el CCS se deriva del VTM junto con el principio empirista de que no existe conocimiento sintético a priori. El CCS puede verse como un procedimiento operativo para decidir si una oración determinada tiene significado. Agradezco a Thomas Uebel sus útiles debates sobre este tema.

[157] Muchas de las dificultades más serias del CPP surgen cuando se aplica a oraciones no elementales. En particular, como señala Carnap (1936, 425-427), las proposiciones generales como las leyes nunca pueden verificarse. Por esta razón, sugirió sustituir la verificación por la confirmación. Para un análisis de los problemas con otras oraciones complejas, véase Justus (2006). Aunque estos problemas son importantes para una evaluación exhaustiva del verificacionismo, son tangenciales a nuestra preocupación actual, que es la semántica de los términos teóricos.

[158] Véase Carnap (1931/1996). Las oraciones de observación están estrechamente relacionadas con las oraciones de protocolo. Como hemos señalado brevemente en la sección 3.2, la forma y el contenido de las oraciones de protocolo se convirtieron en objeto de un acalorado debate en el Círculo de Viena en la década de 1930. Cat (2006), Gillies (1993, cap. 6) y Uebel (2007) ofrecen relatos de este ahora llamado "debate de la oración de protocolo".

Por desgracia, muchas oraciones elementales que encontramos en contextos científicos no son oraciones observacionales. Una oración como “el electrón tiene una carga de $1.60217662 \times 10^{-19}$ culombios” no puede contrastarse directamente con la experiencia porque implica términos como “electrón” y “carga” cuyos referentes (putativos) no son accesibles a la observación directa. Si la verificación contra la experiencia directa es la única opción, tales oraciones deben ser declaradas sin significado. Esto nos obligaría a declarar que gran parte de la ciencia carece de significado, una conclusión que los científicos considerarían absurda y que, por tanto, los empiristas lógicos se resistían a sacar.

Para evitar esta conclusión, Carnap sugirió que los términos científicos que obstaculizan una verificación de las oraciones en las que aparecen deberían definirse mediante términos para los que es posible una verificación (Carnap 1931/1996, 12-14).[159] Su ejemplo es “artrópodo”. No es directamente observable si un animal es un artrópodo, por lo que oraciones como “los artrópodos viven en todos los continentes” no son verificables a través de la experiencia directa. Sin embargo, se puede definir “artrópodo” como “animal con cuerpo segmentado y patas articuladas”. Suponiendo que “animal”, “cuerpo segmentado” y “patas articuladas” se refieran a propiedades directamente observables, ahora se puede verificar “los artrópodos viven en todos los continentes” apelando a la experiencia, lo que da significado a la oración. En general, la prescripción es que para cada término τ que sea tal que no podamos decidir apelando a la experiencia directa si algo es un τ, tenemos que formular una oración de la forma $\forall x(\tau x \leftrightarrow \omega x)$, donde ω es un término relacionado con un método de verificación (y “ τx” significa que el término τ se aplica al objeto x, “ωx” significa que el término ω se aplica al objeto x, y “$\leftrightarrow$” es el bicondicional que puede leerse como “si y sólo si”). Esta oración dice que, para todos los objetos, el objeto es un τ si, y sólo si, es un ω. La oración $\forall x(\tau x \leftrightarrow \omega x)$ es una *definición explícita*, y establece condiciones necesarias y suficientes para la aplicación de un término. Las definiciones explícitas hacen verificables oraciones inicialmente inverificables porque nos permiten sustituir los términos problemáticos por sus definiciones observacionales, lo que transforma la oración original en otra en la que sólo aparecen términos que se refieren a objetos o propiedades directamente observables.

Esto conecta directamente con la visión de las teorías analizada en la sección 1.3. El postulado (R3) del Enfoque Recibido requería que los términos teóricos estuvieran conectados a los términos observacionales mediante reglas de correspondencia, pero la naturaleza de estas reglas quedaba abierta. La doctrina del verificacionismo llena ahora este vacío con el requisito de que las reglas de correspondencia sean definiciones explícitas. Por lo tanto, una regla de correspondencia tiene la forma $\forall x(\tau x \leftrightarrow \omega x)$, donde τ es un término teórico y ω es un término

[159] De hecho, esta opinión se remonta a los primeros trabajos de Carnap; véanse sus obras (1923, 99-100) y (1928/2003, 82-83). Braithwaite (1953, 52, 1954b, 35) atribuye esta opinión a la doctrina de la construcción lógica de Russell.

observacional.[160] Un término teórico no es entonces más que una abreviatura conveniente para un término observacional (posiblemente complicado). Por lo tanto, el discurso teórico, en la medida en que tiene significado, no es más que un discurso de observación disfrazado: las afirmaciones sobre supuestas entidades no observables son, de hecho, afirmaciones sobre entidades observables. Los términos teóricos son un mero recurso para economizar el pensamiento que, en principio, puede eliminarse en cualquier momento sustituyéndolos por definiciones allí donde aparezcan.[161]

Antes de pasar a los problemas que plantea este punto de vista, es necesario que nos ocupemos de una cuestión de orden interno. La VTM es un principio que especifica el significado de las oraciones, pero no dice nada sobre el significado de los términos. Sin embargo, empezamos nuestra discusión preguntándonos por la semántica de los términos teóricos, por lo que necesitamos un recurso adicional para responder a nuestra pregunta. Este recurso es el principio de composicionalidad: "el significado de una oración viene determinado por los significados de las palabras que la constituyen y por la forma en que esas palabras se juntan, por la estructura sintáctica de la oración" (Devitt y Hanley 2006, 3). Ahora se puede intentar explotar este hecho para extraer el significado de los términos a partir del significado de una oración en la que aparecen. El principio general deja sin determinar los detalles de tal análisis, pero lo siguiente es, al menos prima facie, plausible. Al probar "a es P" tenemos que dar definiciones de "a" y "P" en términos de observables (a menos, por supuesto, que "a" y "P" sean términos observacionales). Así pues, la contribución de cada término al significado de la oración es la definición observable asociada a él, ya que esta definición permite enunciar un método de verificación. Así pues, es natural afirmar que el significado de un término teórico es su explicación en términos observables: el significado de τ es ω. Si un término es un término de observación, su significado es la propiedad observable a la que se refiere.

Este punto de vista se enfrenta a tres retos. El primero viene de Braithwaite, que objeta que dar definiciones explícitas de términos teóricos "*osificaría* la teoría científica en la que se producen" porque "no habría esperanza de extender la teoría para explicar más generalizaciones de las que fue originalmente diseñada para explicar" (1954b, 36, énfasis original, cf. 1954a, 155). Braithwaite asume que las definiciones, una vez hechas, son inmutables. Sin embargo, no está claro por qué habría de ser así. Siempre se puede sustituir una definición por otra nueva, modificada y ampliada. Sin embargo, y ese es el grano de verdad en la

[160] El término observacional también puede ser, por supuesto, una expresión compleja basada en varias nociones simples.

[161] La definición de términos teóricos a través de términos observacionales no tiene por qué ser directa. La ciencia tendrá términos que estén muy alejados de la experiencia y que se definan en términos de otros términos teóricos. Esto no es un problema siempre que haya definiciones para estos términos que eventualmente (posiblemente a través de una larga cascada de definiciones) los vinculen con algo directamente observable.

observación de Braithwaite, tal sustitución produciría, en efecto, una nueva teoría, porque si las reglas de correspondencia forman parte de la teoría, entonces cambiar las reglas cambia la teoría. Cabe señalar, no obstante, que este punto no es específico de las definiciones explícitas, y que cualquier explicación que considere que el aparato teórico de una teoría está vinculado a la experiencia a través de reglas de correspondencia se enfrentará a este problema.

El segundo reto es lo que podríamos llamar *el problema de las definiciones múltiples*. El verificacionismo exige que un término teórico se defina mediante un método concreto de verificación. El término teórico *temperatura*, por ejemplo, se definirá mediante la condición "para todo x, x tiene temperatura $\theta \leftrightarrow$ un termómetro de mercurio muestra θ cuando se pone en contacto con *x*". El problema es que también se puede medir la temperatura con un termómetro de alcohol, una tira bimetálica, un detector de infrarrojos y, de hecho, innumerables métodos más, y cada uno de estos métodos da lugar a una definición diferente de temperatura. Y la temperatura no es una excepción: muchos términos teóricos están asociados a múltiples métodos de medición. Pero, ¿cómo definir un término si existen definiciones diferentes, pero igualmente viables?

El operacionalismo niega que esto sea un problema y sostiene que los distintos procedimientos de medición definen literalmente términos diferentes. Esta postura tiene su origen en Bridgman (1927), quien, al hablar de la longitud, afirma que "el concepto de longitud... se fija cuando se fijan las operaciones por las que se mide la longitud" y, de forma más general, que "por concepto no entendemos más que un conjunto de operaciones; *el concepto es sinónimo del conjunto de operaciones correspondiente*" (*ibid.*, 5, énfasis original). Según el operacionalismo, es erróneo decir que hay diferentes maneras de medir la temperatura. No existe la temperatura per se. Sólo existe la temperatura medida por un termómetro de mercurio, la temperatura medida por un termómetro de alcohol, etc. Bridgman considera que se trata de conceptos diferentes y que agruparlos es un error.

El *operacionalismo* se enfrenta a serias dificultades.[162] La primera es que deja sin sentido la atribución de una propiedad a un objeto si la magnitud de la propiedad está fuera del rango de los dispositivos de medición disponibles. Por ejemplo, no tiene sentido decir que la temperatura del universo una fracción de segundo después del big bang era de 1032 K porque no hay instrumentos capaces de medir esa temperatura. La segunda dificultad es que la proliferación de conceptos del operacionalismo es fundamentalmente contraria a la práctica científica. Diferentes procedimientos de medición se tratan como si midieran *la misma* cantidad y las teorías formulan leyes sobre estas cantidades. La termodinámica sólo reconoce un concepto de temperatura, y la incorporación de conceptos como la temperatura medida por un termómetro de mercurio y la temperatura medida por un dispositivo de infrarrojos exigiría una revisión fundamental de la teoría,

[162] Hempel (1965, cap. 5, 1966, cap. 7) ofrece una evaluación del operacionalismo. Para un debate general sobre el operacionalismo, véase Gillies (1972).

y esa revisión estaría completamente fuera de sincronía con la forma en que la teoría se utiliza en la práctica.

Una respuesta alternativa al problema de las definiciones múltiples es que el verificacionismo no exige que se den definiciones separadas para cada método y que somos libres de fusionarlas todas en una gran definición disyuntiva. La temperatura se definiría entonces por la disyunción "para todo x, x tiene temperatura $\theta \leftrightarrow$ un termómetro de mercurio muestra θ cuando se pone en contacto con *x*, o un termómetro bimetálico muestra θ cuando se pone en contacto con *x*, o . . .". Esta opción no ha recibido mucha atención en la literatura sobre teorías científicas, pero aparece un problema paralelo en el relato nageliano de la reducción inter-teórica, donde ciertas leyes puente son disyuntivas del mismo modo que la regla de correspondencia para la temperatura. La cuestión de las leyes puente disyuntivas ha sido controvertida, y no ha surgido ningún consenso sobre si las leyes puente disyuntivas son aceptables. Así que parece una cuestión abierta si las reglas de correspondencia disyuntivas son admisibles.[163]

El tercer reto surge en relación con los términos de disposición (Carnap 1936, 440). Los términos de disposición describen lo que ocurriría si se dieran ciertas condiciones. Algo es frágil si se rompe al golpearlo. Los términos observacionales ω para los términos de disposición toman la forma de un condicional. Sea "*sx*" para "*x* es golpeado", y "*bx*" para "*x* se rompe", y sea $\omega x := (sx \rightarrow bx)$, donde "$\rightarrow$" es el condicional material "si . . . entonces . . .". El término disposicional φ, siendo frágil, se define entonces como $\forall x(\varphi x \leftrightarrow \omega x)$.[164] En este contexto *s* se conoce como la condición de prueba de φ, *b* como la respuesta observable, y el condicional $sx \rightarrow bx$ como el *indicador científico* (Psillos 1999, 3). Así pues, esta definición dice que para todo objeto *x*, *x* es frágil si se cumple lo siguiente: si *x* se somete a la condición de prueba de ser golpeado, entonces muestra la respuesta observable de romperse.

Esta definición tiene una consecuencia indeseable: todo objeto que no satisface la condición de prueba posee automáticamente la propiedad disposicional. Un balón de fútbol nuevo, por ejemplo, resulta frágil según esta definición simplemente porque nunca ha sido golpeado. El origen del problema es que el indicador científico es un condicional material y, por tanto, es verdadero siempre que *sx* sea falso. El problema podría eludirse añadiendo la cláusula de que *sx* debe ser verdadera. Esto eliminaría el problema con el antecedente falso, pero sólo al precio de introducir uno nuevo: ahora estamos obligados a decir que a menos que

---

[163] El relato de Nagel sobre la reducción se formula en el capítulo 11 de su obra (1961); para un debate y una reformulación, véase Dizadji-Bahmani et al. (2010). Kim (1999), por ejemplo, presenta argumentos en contra de las leyes disyuntivas; Sober (1999), por ejemplo, presenta una defensa de dichas leyes. Las leyes disyuntivas están estrechamente relacionadas con la realizabilidad múltiple de las propiedades. Klein (2013) argumenta que, si bien la realizabilidad múltiple amenaza el Enfoque Lingüístico, no es un problema en el Enfoque Modelo-Teórico.

[164] Para facilitar la presentación, omito la referencia a los instantes de tiempo. Véase Carnap (1936, 440-441) para una definición de términos de disposición que incluye instantes de tiempo.

un objeto haya sido realmente golpeado, no posee la propiedad disposicional φ. Esto significa que el jarrón de porcelana no es frágil si no ha sido golpeado. Esta conclusión es igualmente indeseable, por lo que añadir una cláusula existencial no resuelve el problema.

Se podría intentar mitigar la fuerza de esta objeción argumentando que los problemas con los términos disposicionales son un problema marginal porque lo que realmente nos interesa son los términos teóricos en las teorías científicas, que es un problema diferente. Esto no resuelve el problema porque muchos términos teóricos funcionan de hecho como términos de disposición.[165] Decir, como hicimos antes, que x tiene temperatura θ si un termómetro de mercurio muestra θ cuando se pone en contacto con x equivale de hecho a hacer una afirmación disposicional, siendo el aspecto disposicional la cláusula "cuando se pone en contacto con x". Una definición adecuada de temperatura sería: "para todo x, x tiene temperatura $\theta \leftrightarrow$ (x se pone en contacto con un termómetro de mercurio $\rightarrow$ el termómetro muestra θ)", que tiene la forma de la definición anterior de términos disposicionales.[166]

Una forma eficaz de sortear estas dificultades sería sustituir el condicional material del indicador científico por un condicional contrafáctico. El indicador científico diría entonces "si se golpeara x, entonces se rompería" (o, en la notación de la lógica modal, $sx \;\Box\!\!\rightarrow bx$). El problema con esta sugerencia es que los condicionales contrafácticos vienen con una serie de problemas propios,[167] e incluso si estuviéramos dispuestos a dejarlos de lado, aún nos quedaría el problema de las definiciones múltiples para el que los contrafácticos no ofrecen solución.

Estos tres problemas no demuestran de forma concluyente que los términos teóricos no puedan definirse de forma explícita (de hecho, volveremos sobre las definiciones explícitas en la sección 4.8*). Sin embargo, ponen en duda la viabilidad del proyecto hasta tal punto que Carnap (1936) llegó a la conclusión de que era necesario un nuevo enfoque. A continuación abordaremos este enfoque.

4.3 Oraciones de reducción y definiciones implícitas

Carnap propuso sustituir las definiciones explícitas por un tipo de reglas de correspondencia que denominó *oraciones de reducción*. Sea τ el término teórico que queremos reducir a algo observable. Al igual que en la discusión de los términos de disposición en la sección anterior, consideramos tanto condiciones de

[165] Carnap pensó al principio que todos (o al menos casi todos) los términos teóricos podían caracterizarse en la línea de los términos de disposición. Más tarde rechazó esta identificación y distinguió entre los dos (1956b, 62-69). Pero abrir una brecha entre los dos no resuelve el problema de los términos de disposición, por lo que la visión de la definición explícita de los términos teóricos debe revisarse de todos modos.
[166] Para un análisis detallado del caso de la temperatura, véase Chang (2004).
[167] Para una visión general, véase Starr (2019).

prueba como respuestas observacionales para τ. En su forma más general, las oraciones de reducción vienen como pares, ahora conocidos como *pares de reducción* (1936, 441-442): $\forall x(s_1x \rightarrow (b_1x \rightarrow \tau x))$ y $\forall x(s_2x \rightarrow (b_2x \rightarrow \neg\tau x))$.[168] En la primera oración, s_1 es la condición de prueba requerida para ver si se aplica τ, y b_1 es la respuesta observable que uno espera después de s_1. En la segunda oración, b_1 es la condición de prueba necesaria para ver si τ no se aplica, y b_2 es la respuesta observable que se espera después de s_2. En la mayoría de los casos se utiliza la misma condición de prueba para ver si τ se aplica o no (es decir, $s_1 = s_2$) y b_2 es la negación de b_1 (es decir, $b_2 = \neg b_1$). El par de reducción es entonces lógicamente equivalente a la *oración de reducción bilateral* (*ibid.*, 442- 443): $\forall x(sx \rightarrow (bx \leftrightarrow \tau x))$, donde, para facilitar la notación, establecemos $s := s_1 = s_2$ y $b := b_1 = \neg b_2$. Esta oración dice que para todo objeto x, si x está sometido a la condición de prueba s, entonces τ se aplica a x si y solo si muestra la respuesta observable b. Utilizando el ejemplo anterior de un objeto que es frágil, la oración de reducción bilateral dice que para todo objeto x, si x está sometido a la condición de prueba de ser golpeado, entonces: x muestra la respuesta observable b si y solo si x es frágil.

Las oraciones de reducción bilateral y las definiciones explícitas tienen una forma lógica diferente. Una definición explícita de τ dice $\forall x(\tau x \leftrightarrow (sx \rightarrow bx))$, mientras que una oración de reducción bilateral para τ es $\forall x(sx \rightarrow (bx \leftrightarrow \tau x))$. Esto es, por supuesto, por diseño: las oraciones de reducción bilaterales no proporcionan definiciones explícitas de un término teórico τ. Carnap las vio como proporcionando una "definición condicionada" (ibid., 443). Esto se debe a que la oración puede verse como compuesta de una definición explícita, a saber, $bx \leftrightarrow \tau x$, que se hace condicional a sx. El condicional es verdadero siempre que el antecedente sx sea falso sin importar el valor de verdad del consecuente $bx \leftrightarrow \tau x$. Por lo tanto, en tales casos no se especifica si τ se aplica, lo que deja el significado de τ parcialmente indeterminado. Por esta razón, se dice que las oraciones de reducción proporcionan sólo una interpretación parcial de los términos teóricos (Carnap 1956b, 46).[169]

Las oraciones de reducción bilateral resuelven dos problemas de las definiciones explícitas. En primer lugar, como hemos visto en la sección anterior, las definiciones explícitas implican que un objeto que nunca ha sido sometido a la condición de prueba s tiene automáticamente la propiedad teórica τ (el flamante balón de fútbol sale como frágil). Las oraciones de reducción evitan esta conclusión porque si las condiciones de prueba no se instancian, entonces simplemente guardan silencio sobre τ. La oración de reducción simplemente deja abierto si el balón

[168] Como en la sección anterior, omito el tiempo para facilitar la presentación. Véase Carnap (1936, 441-444) para una declaración que incluye el tiempo.

[169] Véase también Hempel (1952, 26-27) y Feigl (1970, 7). Para un análisis de la interpretación parcial, véase Achinstein (1963), Putnam (1962, 220-224), Suppe (1971, 1972, 1977, 86-95) y Winnie (1965).

de fútbol es rompible o no. En segundo lugar, como también hemos visto en la sección anterior, las definiciones explícitas tienen problemas para acomodar múltiples condiciones de prueba para la misma propiedad teórica. Las oraciones de reducción evitan este problema porque sólo indican lo que ocurre si se cumplen las condiciones de la prueba y no dicen nada de lo que ocurre si no se cumplen. Por esta razón, se pueden tener varias condiciones de prueba y formular una oración de reducción para cada una de ellas, sin que entren en conflicto entre sí. Podemos, por ejemplo, tener una oración de reducción para "frágil" que tenga "ser golpeado" como condición de prueba y otra que tenga "ser aplastado" como condición de prueba, y ambas pueden formar parte del mismo sistema teórico. Se puede considerar que τ es introducida conjuntamente por todas las oraciones de reducción.

Una consecuencia importante de la sustitución de las definiciones explícitas por oraciones de reducción es que los términos teóricos ya no son eliminables. Si a un término se le da una definición explícita en términos de observables, en principio siempre es posible sustituir el término por la definición y traducir así un enunciado teórico en un enunciado de observación. Esta posibilidad desaparece si el término se introduce con una oración de reducción. En consecuencia, hay que renunciar a la máxima de que el discurso teórico es sólo un discurso de observación disfrazado.

Esto tiene una consecuencia importante. Si el discurso teórico no es completamente reducible al discurso observacional, entonces el significado del discurso teórico no se explica totalmente por el significado del discurso observacional. Así pues, al menos parte del significado de un término teórico procede de una fuente distinta de la experiencia. ¿Cuál es esa fuente? Una posibilidad plausible es que el "significado no experiencial" de un término proceda del contexto teórico en el que aparece.[170] La cuestión es cómo articular esta idea básica. Hempel sugiere que la mejor forma de hacerlo es apelando a *definiciones implícitas*: "los significados de los términos teóricos están determinados en parte por los postulados del cálculo, que les sirven de 'definiciones implícitas'; y en parte por las reglas de correspondencia, que les proporcionan contenido empírico" (1970, 149).[171] La idea de las definiciones implícitas de los términos se ha introducido en el empirismo lógico a través de Schlick (1925, 29-36), quien atribuye a Hilbert (en *Die Grundlagen der Geometrie*) la opinión de que los axiomas de la geometría proporcionan definiciones implícitas de los términos básicos de la geometría. Discutiendo la introducción de conceptos básicos indefinibles, Schlick señala que "según Hilbert [este problema] se resuelve estipulando que los conceptos

---

[170] Esta es una versión de la tesis del holismo semántico. Para un debate, véase, por ejemplo, Andreas (2010, 525), Papineau (1996, 2) y Psillos (1999, 13).

[171] Véase también Braithwaite (1953, 51-53, 76-78), Hempel (1969, 34, 1973, 369) y Nagel (1961, 91-93) para una exposición y discusión. Quine (1964), Wilson (1964) y Winnie (1967) ofrecen descripciones generales de las definiciones implícitas; Butterfield y Gomes (2021, Sec. 6) analizan el uso de definiciones implícitas en geometría.

básicos se *definen* por su satisfacción de los axiomas" y se refiere a esta manera de introducir términos como "definición por axiomas, o definición por postulados, o definición implícita" (*ibid.*, 31; énfasis original; mi traducción). Como señala Schlick, "la definición implícita no tiene conexión con la realidad; rechaza deliberadamente tal conexión; opera en el reino de los conceptos" (*ibid.*, 35). Desde este punto de vista, las nociones geométricas básicas como "punto" y "línea recta" son introducidas por los axiomas de la geometría -afirmaciones como "para cualesquiera dos puntos distintos existe exactamente una línea recta que pasa por ambos puntos"- y ser un punto o una línea recta no significa nada más que satisfacer estos axiomas. Las definiciones implícitas son importantes en el contexto actual porque dotan de significado a los términos. Si nos preguntamos qué significa el término "punto", la respuesta se obtiene apelando a los axiomas: "punto" significa exactamente lo que los axiomas dicen que son los puntos.

Según el Enfoque Recibido, las teorías científicas están axiomatizadas y, por tanto, los términos teóricos de las teorías científicas también pueden considerarse introducidos con definiciones implícitas. Los axiomas de una teoría como la mecánica clásica establecen conexiones sistemáticas entre los términos teóricos de la teoría, como "masa" y "fuerza", del mismo modo que los axiomas de la geometría establecen conexiones entre conceptos básicos de la geometría, como "punto" y "línea", por lo que se puede considerar que los términos teóricos están definidos implícitamente por las leyes de la teoría en la que aparecen. De este modo, las definiciones implícitas pueden utilizarse para proporcionar la parte del significado de los términos teóricos que no se da a través de la experiencia. Esa es la idea a la que apela Hempel cuando, en la cita anterior, dice que el significado de los términos teóricos viene determinado en parte por el cálculo de una teoría y en parte por las reglas de correspondencia.

La idea de que el significado de los términos teóricos viene determinado conjuntamente por las oraciones de reducción y las definiciones implícitas se enfrenta a una serie de problemas. Algunos de ellos tienen que ver con las dificultades lógicas y semánticas que conllevan las definiciones implícitas.[172] Pero, con mucho, el problema más importante es que choca con la práctica científica. Como señala el propio Hempel (1952, 32-33), un enfoque basado en oraciones de reducción se compromete a introducir los términos teóricos uno por uno, porque cada término tiene su propia oración (u oraciones) de reducción. Pero muchos términos teóricos no pueden introducirse de esta manera tan fragmentada.[173] Términos teóricos como "masa" y "fuerza" en mecánica clásica, "temperatura absoluta" y "proceso de Carnot" en termodinámica, y "función de onda" en mecánica

[172] Winnie (1967) sostiene que el enfoque no es lo suficientemente sólido como para garantizar que los términos de la teoría se refieran a los objetos o propiedades previstas en el mundo, y Psillos y Christopoulou (2009) sostienen que el enfoque tiene problemas para separar el contenido analítico y el sintético de una teoría.

[173] Cabe señalar que esto también es un problema para las definiciones explícitas, que son fragmentarias de la misma manera que las oraciones de reducción.

cuántica no se introducen vinculándolos *individualmente* a condiciones observacionales. Estos términos forman parte de una red de conceptos teóricos que no pueden disociarse unos de otros. Forman parte de un paquete que sólo funciona como un todo, y las predicciones empíricas se generan en su mayor parte por la interacción entre estos conceptos y todo el sistema en el que se producen. De hecho, algunos conceptos pueden no tener ninguna manifestación empírica directa.

4.4 Sistemas interpretativos de Hempel

Para evitar este problema con las oraciones reductivas, Hempel introdujo la noción de *sistema interpretativo*.[174] La idea principal es abandonar dos supuestos que han dado forma a las teorías anteriores. El primer supuesto es que los términos teóricos se conectan con la experiencia de forma fragmentada, especificando condiciones empíricas individualmente para cada término teórico. Hempel argumenta que esto no es coherente con la práctica científica, donde las teorías se enfrentan a la experiencia de forma integral o generalizada. En lugar de formular oraciones que conecten términos individuales con condiciones experienciales, deberíamos formular un conjunto de oraciones que conecten toda la teoría con la experiencia. Una interpretación empírica se aplica a un sistema teórico en su conjunto. El segundo supuesto es que las reglas de correspondencia deben tener una forma lógica particular (por ejemplo, que deben ser oraciones de reducción). Hempel rechaza explícitamente esta perspectiva y sostiene que para interpretar una teoría se puede emplear "cualquier oración, de cualquier forma lógica, que contenga términos teóricos y observacionales" (1965, 208).

Sean *T* los postulados teóricos de la teoría (Sección 1.3). Hempel ofrece la siguiente definición de sistema interpretativo (1965, 130, 208): un sistema interpretativo *I* es un conjunto finito de oraciones que (i) no constituyen una verdad lógica; (ii) son consistentes con *T*; (iii) no contienen términos extralógicos aparte de los términos teóricos de la teoría, junto con sus términos de observación; y (iv) son tales que cada término, tanto del lenguaje teórico como del de observación, aparece *esencialmente*. La última cláusula establece que *I* no es lógicamente equivalente a un conjunto de oraciones en el que algunos términos no aparecen (esto significa que *I* no contiene redundancias). *I* puede contener definiciones u oraciones de reducción, pero no se limita a oraciones de esa forma. En este sentido, los sistemas interpretativos son una generalización de enfoques previos.

Al igual que las oraciones de reducción, los sistemas interpretativos ofrecen solo una definición implícita de los términos teóricos. La explicación también es

[174] Véase Hempel (1965, 206-210, 130-133, 1973, secs. 4-5). Hempel remonta su propia explicación a la noción de un "diccionario" de Campbell (1920) (Hempel 1965, 207). Para más información, véase Suppe (1977, 24-27).

abiertamente holística, ya que se considera que el significado de un término teórico depende de todo el contexto teórico en el que aparece. La función principal del sistema interpretativo es autorizar la inferencia de oraciones de observación a partir de la teoría. *T* e *I* juntas implican proposiciones observables que *T* por sí sola no implicaría, y por lo tanto, *I* hace que *T* sea contrastable mediante la experiencia. Pero, a diferencia de las oraciones de reducción, esta contrastabilidad no necesita ser 'término por término'. Una oración contrastable puede ser consecuencia de la interacción de toda la teoría, lo que imposibilita correlacionar la oración de observación con un término teórico particular.

Este enfoque mejora las oraciones de reducción de Carnap, ya que no requiere una especificación individual de los términos teóricos, pero aún adolece de las dificultades semánticas propias de las definiciones implícitas.

4.5 Significado a partir de modelos

La idea principal de todas las teorías analizadas hasta ahora fue explicar el significado de un término teórico a través de su conexión con observables y, cuando esto solo se puede lograr parcialmente, a través de su lugar en el edificio de la teoría. Schaffner argumenta que estas teorías comenzaron con el pie izquierdo. Argumenta que los términos teóricos son significativos "antes del establecimiento de reglas de correspondencia" y que "la función de [...] las reglas de correspondencia no es conferir 'significado' a símbolos 'sin significado' relacionándolos con términos —generalmente 'observacionales'— que se comprenden previamente", sino más bien "permitir que una teoría con significado previo proporcione una explicación [...] y permitir la comprobación posterior de esta teoría comprendida previamente" (1969, 280). Las teorías son "significativas *per se*" y no están a merced de las reglas de correspondencia para dotarlas de contenido. Las reglas de correspondencia, en lugar de contribuir al significado de los términos de la teoría, la hacen comprobable mediante la "experiencia de laboratorio" (*ibid.*, 284).

Si los términos teóricos no carecen de significado antes de integrarse en un sistema teórico con reglas de correspondencia, ¿de dónde proviene su significado? Como vimos en la Sección 2.3, un modelo es una interpretación alternativa del formalismo de una teoría en términos de algo familiar. Si, por ejemplo, interpretamos el formalismo de la teoría cinética de los gases en términos de bolas de billar y sus movimientos, presentamos un modelo de la teoría. Schaffner (1969, 282-284) sostiene que los términos teóricos obtienen su significado de los modelos. El término "electrón", por ejemplo, no adquiere significado porque el formalismo en el que aparece esté dotado de reglas de correspondencia. Más bien, adquiere significado porque existe un modelo que lo interpreta. Citando la *Teoría de los Electrones* de Lorentz, donde los electrones se parafrasean como "partículas extremadamente pequeñas, cargadas de electricidad", Schaffner sostiene que es a través de esta interpretación alternativa del cálculo que los términos teóricos adquieren su "significado teórico antecedente" sobre el cual se construyen las teorías.[175]

Esta perspectiva tiene sus antecedentes. Hesse (1967, 357; 1969, 93) atribuye a Campbell (1920) la idea de que la "semántica" de una teoría viene "dada por el modelo", y que los términos teóricos obtienen su significado de los modelos y no de su conexión con observables. En la misma línea, Hutten señala que "el modelo da una posible interpretación a los símbolos" de una ecuación, que "adquieren así un significado" (1956, 82).

Esta teoría del significado no carece de fundamento. Los términos teóricos como "molécula" y "electrón" parecen obtener al menos parte de su significado de interpretaciones alternativas, y términos teóricos como "supercuerda", "agujero negro", "efecto túnel", "gusano espacio-temporal", "cadena de polímeros", "nivel de energía" y "barrera potencial" parecen elegirse conscientemente para que invoquen interpretaciones alternativas.[176] Pero tomada como una teoría de significado en toda regla, parece inverosímil. La afirmación teórica "un electrón atrapado entre dos barreras potenciales tiene una energía mínima distinta de cero" significaría entonces algo así como "una pequeña partícula cargada de electricidad que ha quedado encerrada entre dos vallas no pierde todo su vigor para moverse". Es dudoso que esta paráfrasis capte realmente el significado de la proposición teórica (que puede encontrarse en cualquier introducción a la mecánica cuántica). Nagel, tras introducir la idea de que los términos teóricos se introducen con modelos, advierte de que "las características adventicias de un modelo pueden inducirnos a error en cuanto al contenido real de la teoría", porque "una teoría puede recibir interpretaciones alternativas a través de diferentes modelos" (1961, 96-97). De hecho, hemos visto en la sección 2.3 que la misma oración formal puede tener diferentes interpretaciones y, por lo tanto, diferentes modelos, y si los modelos otorgan significado a una teoría, cada modelo alternativo le da un significado diferente a la teoría. Pero lo que significan los términos de, digamos, la mecánica cuántica no debería depender de, o cambiar con, nuestras elecciones de modelos.

4.6 Eliminativismo

El eliminativismo es la doctrina de que los términos teóricos deben eliminarse de las teorías. Esto haría redundante el problema de definirlos (implícita o explí-

[175] La opinión de Schaffner tiene un elemento adicional, a saber, que los científicos suelen utilizar significados antecedentes para crear términos nuevos combinando los términos disponibles de formas radicalmente nuevas (1969, 83). Sin embargo, esto solo es posible porque los términos que sirven como bloques de construcción han adquirido previamente significado a través de modelos.

[176] De hecho, son metáforas congeladas. Para un análisis de la relación entre metáforas y modelos, véase la sección 10.6.

citamente): si no hay términos teóricos, no hay problema en cuanto a su semántica. En la literatura se han discutido dos formas de eliminar los términos teóricos: el teorema de Craig y la oración de Ramsey.

Sea *T* el sistema de axiomas de la teoría, *C* sus reglas de correspondencia, $\theta_1,...,\theta_m$ sus términos teóricos y $\omega_1,....,\omega_n$ sus términos observacionales. *TC* es la conjunción de *T* y *C*, y *TCO* el conjunto de todos los teoremas de *TC* que contienen únicamente vocabulario no lógico observacional. *El teorema de Craig* establece que existe una teoría axiomatizada *TC** tal que (a) $\omega_1,....,\omega_n$ *son* los únicos términos no lógicos de *TC** y (b) los teoremas de *TC** son exactamente las oraciones en *TCO*.[177] En otras palabras, existe una teoría axiomatizada *TC** formulada únicamente en términos observacionales que tiene exactamente las mismas consecuencias observacionales que la teoría interpretada original *TC*.

Esto sugiere una forma eficaz de resolver el problema de los términos teóricos: sustituir *TC por TC** y, de este modo, deshacerse de todos los términos teóricos sin perder ninguna de las consecuencias empíricas de la teoría. Dado que la nueva teoría ya no tiene términos teóricos, no hay duda sobre su significado y referencia. Sin embargo, *TC** axiomatiza las consecuencias observacionales de *TC* solo de una manera enredada, es decir, convirtiendo efectivamente cada consecuencia observacional de *TC* en un axioma de *TC**. Así que *TC** es solo una larga lista de todas las consecuencias observables de la teoría original. Esta no es una forma esclarecedora de axiomatizar un conjunto de oraciones. Se supone que los axiomas presentan una teoría de forma condensada, identificando los principios centrales como axiomas de los que se derivan las demás oraciones de la teoría. Esto es crucial para entender una teoría; es importante para probar, mejorar y ampliar una teoría; y es vital para utilizar una teoría a la hora de generar explicaciones o diseñar experimentos. Todo esto se pierde en una axiomatización "al estilo Craig", que hace invisibles las conexiones teóricas y las dependencias sistemáticas. El precio de la eliminación de los términos teóricos es que la teoría se convierte en una cadena amorfa de oraciones sin estructura teórica. Este es un precio demasiado alto, por lo que Field descarta las axiomatizaciones al estilo Craig como "trucos extraños" (1980, 8).

Otra versión del eliminativismo emplea la llamada *oración de Ramsey* de una teoría.[178] La idea detrás de la oración de Ramsey es eliminar los predicados teóricos reemplazándolos con variables cuantificadas existencialmente. Sea

[177] Para una exposición de los supuestos del teorema y una demostración, véase Craig (1953). Craig (1956) ofrece un análisis menos técnico, y Craig (2008) contiene desarrollos adicionales. Ketland (2006) y Suppe (2000d) ofrecen breves introducciones. Se pueden encontrar discusiones sobre el teorema en Cornman (1972, 85-108), English (1973, 454-457), Hempel (1965, 210-215), Putnam (1965), Scheffler (1957b, 619-624), Suppe (1977, 30-32) y Tuomela (1973, cap. 2).

[178] La oración de Ramsey se origina en Ramsey (1929/1950). Una de las primeras aplicaciones al problema de los términos teóricos es la de Braithwaite (1953, cap. 3). Carnap (1966, cap. 26) ofrece una discusión detallada. En Psillos (2000a, 2006) se puede encontrar una explicación de la historia

$TC(\theta_1,...,\theta_m,\omega_1,....,\omega_n)$ la teoría interpretada. La *oración de Ramsey* de la teoría es $TC_R = \exists X_1,\ldots,\exists X_m TC(X_1,\ldots,X_m, \omega_1,....,\omega_n)$, donde $TC(X_1,\ldots,X_m, \omega_1,....,\omega_n)$ es la *fórmula de realización* de la teoría. *La TCR* dice que existe un conjunto de entidades $e_1,...,e_m$ tal que la fórmula de realización es verdadera si X_1 se interpreta como referido a e_1, y así sucesivamente. Utilizamos el término "entidad" en un sentido amplio para que abarque tanto a los individuos como a las propiedades. Se dice entonces que las entidades $e_1,...,e_m$ *realizan* $TC(X_1,\ldots,X_m, \omega_1,....,\omega_n)$. Dado que no hay términos teóricos en TC_R, sustituir *TC* por TC_R equivale a eliminar los términos teóricos de la teoría. Mientras que la teoría completa dice cosas como "las partículas tienen masa, y la masa multiplicada por la aceleración es igual a la fuerza que actúa sobre la partícula", la oración de Ramsey de la teoría dice "Hay X_1 y X_2 tales que las partículas tienen X_1, y X_1 multiplicado por la aceleración es igual a X_2 que actúa sobre la partícula" (donde asumimos que "masa" y "fuerza" son términos teóricos).

Una propiedad importante de la oración de Ramsey es que tiene las mismas consecuencias observacionales que *la T* misma. Es decir, para cualquier oración *p* que contenga únicamente vocabulario observacional, se cumple que: $TC \vdash p$ si y solo si $TC_R \vdash p$. Por lo tanto, la oración de Ramsey de la teoría tiene todo el *contenido observacional* de la propia teoría y, por lo tanto, el mismo poder predictivo. Al mismo tiempo, la oración de Ramsey no contiene términos teóricos porque han sido reemplazados por variables. Pero si no hay términos teóricos, no hay ningún problema en cuanto al significado de tales términos. Así pues, parece que la sustitución de *TC por* TC_R hace desaparecer los problemas asociados a los términos teóricos sin perjudicar el discurso empírico.

Pero "cuantificar" los términos teóricos no elimina las fuerzas y los electrones en sí mismos, y la teoría sigue considerándose como una referencia a estas entidades. Como señala Carnap, a través de sus cuantificadores existenciales, la oración de Ramsey afirma la existencia de algo en el mundo externo que tiene todas las propiedades que la física le atribuye (1966, 252). Así pues, la oración de Ramsey no cuestiona la existencia de las entidades teóricas; simplemente habla de ellas sin utilizar términos teóricos.[179] Por esta razón, como observa Hempel, la oración de Ramsey evita comprometerse con las entidades teóricas "solo en la letra" (1965, 216).

de la oración de Ramsey; para los debates sobre las propiedades lógicas de la oración, véase English (1973, 457-462) y Ketland (2004). Berent (1973) ofrece una versión del método de Ramsey que opera en el metalingüismo. Braddon-Mitchell y Nola (1997) defienden la ramseyficación contra la acusación de que conduce a incoherencias.

[179] Scheffler (1968, 270) va aún más lejos y sostiene que TCR (Teoría Compleja de las Relaciones) es más fuerte que TC (Teoría Compleja) porque TC R lleva consigo un compromiso ontológico con la existencia de entidades teóricas que TC en sí misma no tiene. Bohnert (1968) responde que esto es así solo si se lee la teoría original de forma nominalista, lo cual no es necesario. Díez (2005, 76-77) adopta una posición intermedia según la cual tanto la TC como la TCR apuestan por la existencia de individuos, pero solo la TCR apuesta por la existencia de propiedades.

La oración de Ramsey parecería ofrecer una peculiar "resolución" del problema de los términos teóricos. Recordemos que estos términos se consideraron problemáticos en primer lugar debido a la máxima verificacionista de que debemos ser capaces de establecer (o al menos probar) la verdad de una oración sintética apelando a la experiencia. La oración de Ramsey elimina los términos a costa de comprometerse con la existencia de exactamente aquellas entidades que se consideraban que hacían sospechosos (supuestamente) los términos que se referían a ellas en primer lugar. Esta solución empeora el problema en lugar de mejorarlo. Las afirmaciones sobre lo no observable son inverificables, independientemente de si se formulan como afirmaciones teóricas no reconstruidas ("la fuerza cambia el estado de movimiento de la partícula") o como afirmaciones existenciales en una oración de Ramsey ("existe un *X tal* que *X* cambia el estado de movimiento de la partícula"). En la medida en que uno se preocupa por los términos teóricos porque (supuestamente) se refieren a objetos y propiedades que están más allá del alcance de la experiencia, reemplazar la teoría por la oración de Ramsey respectiva no ofrece ningún consuelo.

Más allá de las dificultades intrínsecas del eliminativismo, uno podría preocuparse de que la eliminación de los conceptos teóricos ponga en peligro la práctica científica. Los científicos introducen estos términos porque los encuentran útiles para sistematizar y desarrollar una teoría, para conectar una teoría con experimentos y para proporcionar explicaciones. Estas habilidades parecen perderse si se eliminan los términos teóricos, razón por la cual los científicos no formulan teorías de manera eliminativista.[180] De hecho, el eliminativismo es un programa retrospectivo que reformula teorías que ya han sido formuladas, pero que no proporciona una heurística positiva para hacer avanzar la ciencia.

4.7* La oración de Carnap

El eliminativismo es un callejón sin salida, y el problema de la semántica de los términos teóricos vuelve a estar sobre la mesa. En la sección 4.2 hemos visto que el significado y la analiticidad están estrechamente relacionados, en el sentido de que las oraciones que son verdaderas únicamente por el significado de sus conceptos constituyentes son analíticas y pueden conocerse *a priori*, mientras que las oraciones que son sintéticas deben contrastarse con la experiencia y, por tanto, solo pueden conocerse *a posteriori*. Por lo tanto, para probar una teoría, tenemos que saber qué parte de una teoría es analítica y cuál es sintética. ¿Dónde

---

[180] Para un debate sobre argumentos en esta línea, véase Cornman (1972), Gaifman et al. (1990) y Tuomela (1973, cap. 6).

y cómo se debe trazar esta línea? Ahora discutimos la solución de Carnap a este problema.[181]

En preparación de una discusión del enfoque de Carnap, es importante señalar que la analiticidad se conserva bajo consecuencia lógica: si una oración sigue lógicamente de una verdad analítica, entonces esa oración es en sí misma analítica. “Los solteros son hombres solteros” y “Los hombres solteros no tienen esposa” son analíticamente verdaderas. De ello se deduce que “Los solteros no tienen esposa” también es analíticamente verdadera porque es una consecuencia lógica de las dos oraciones anteriores.

Carnap ofrece diferentes articulaciones de la analiticidad para los lenguajes de observación y para los lenguajes teóricos. La analiticidad en un lenguaje de observación viene dada por los *postulados de significado, los postulados de analiticidad* o los *postulados A* del lenguaje (Carnap 1966, 261-264). Algunos postulados A son especificaciones como “el término “animal” designa la conjunción de las siguientes propiedades: . . .”, donde los puntos suspensivos contendrían una lista completa de todas las propiedades definitorias de los animales. Pero no todas las reglas A tienen que ser definiciones completas. Algunas también pueden especificar relaciones de significado entre términos sin definirlos. “Todos los pájaros son animales” es una regla de este tipo. No define ni “pájaro” ni “animal”, sino que especifica una relación entre las extensiones de ambos términos. Carnap señala que es posible que no se disponga de un sistema completo de reglas A para los lenguajes ordinarios porque puede haber demasiadas reglas que enunciar y los términos pueden ser ambiguos de diversas maneras. Pero cree que el método funciona para los lenguajes de observación artificiales en los que los postulados A establecen relaciones de significado “por decreto” (*by fiat*) (*ibid.*, 262). Un sistema completo de postulados A determina todas las conexiones conceptuales entre los términos descriptivos de una teoría. Dado que la analiticidad se conserva bajo consecuencia lógica, se puede decir que una oración (en el lenguaje de observación) es analítica exactamente si se deduce lógicamente de los postulados A.

La analiticidad en un lenguaje teórico es más difícil de definir. El primer enfoque que Carnap considera es que la analiticidad en un lenguaje teórico de este tipo puede definirse de la misma manera que en un lenguaje de observación cuando se considera que el sistema de axiomas *T de* la teoría desempeña el papel del postulado A de la teoría. Inmediatamente descarta esto por considerarlo demasiado débil porque *T* es solo una “estructura no interpretada de las matemáticas puras”, y “hasta que la estructura matemática abstracta no se haya interpretado... ni siquiera surge el problema semántico de distinguir las oraciones analíticas de

[181] El enfoque tiene su origen en Carnap (1952) y recibe su primera formulación explícita en su (1958), que se traduce al inglés como su (1975). La presentación aquí sigue la versión final en Carnap (1966).

las sintéticas" (1966, 267). *C* (el conjunto de reglas de correspondencia) proporciona una interpretación parcial de *T*, por lo que cabría preguntarse si la teoría interpretada *TC* podría desempeñar el papel del postulado A de la teoría. No es así. *La TC* contiene demasiada información para servir como postulado A. De hecho, *la TC* es la teoría completa y tomar la teoría completa como postulado A equivale a decir que la teoría *en su totalidad* es analítica. Esto tiene como consecuencia que una teoría no tiene contenido fáctico y todos sus teoremas son verdaderos debido al significado de sus términos (*ibid.*, 268). Esto es absurdo. Una teoría científica debe hacer afirmaciones cuya verdad dependa de cómo es el mundo. Que los planetas giren alrededor del sol en órbitas elípticas es una afirmación que es verdadera o falsa en virtud de cómo se comportan los planetas reales y no en virtud de los significados de los términos "sol", "planeta", "órbita" y "elíptica".

Así que el postulado A de una teoría debe contener "más" que solo *T* y "menos" que *TC*. El problema entonces es cómo "dividir" *la TC* en una parte fáctica y una parte analítica de modo que la parte analítica solo contenga oraciones que sean verdaderas en virtud de los significados de los términos y la parte fáctica solo contenga oraciones que sean verdaderas en virtud de cuestiones de hecho. La solución de Carnap a este dilema se basa en la oración de Ramsey. Como hemos visto en la sección anterior, la oración de Ramsey tiene las mismas consecuencias observacionales que la teoría completa. Además, se puede demostrar que la teoría completa implica su oración de Ramsey ($TC \vdash TC_R$), pero no al revés. Estas dos observaciones proporcionan las pistas cruciales. Dado que TC_R tiene las mismas consecuencias observacionales que *TC*, contiene todo el contenido observacional de la teoría; y dado que $TC \vdash TC_R$, pero no $TC_R \vdash TC$, se deduce que TC_R es una parte legítima de *TC*. Esto justifica la identificación de la parte fáctica de la teoría con TC_R. Es decir, *la* TC_R es la parte sintética de la teoría. Dado que la parte sintética y la analítica juntas tienen que constituir la teoría completa, la parte analítica es ahora *la TC* "menos" *la* TC_R: la parte analítica de la teoría es la "parte más pequeña" que hay que añadir a *la* TC_R para obtener *la TC*. Esta "parte más pequeña" es la condicional $TC_R \rightarrow TC$ porque TC_R & ($TC \rightarrow TC$) es la conjunción más pequeña que implica *la TC*. Por lo tanto, la parte analítica de la teoría es el condicional $TC_R \rightarrow TC$ (*ibid.*, 270-272). Este condicional se conoce ahora como la *Oración de Carnap*.[182] La oración de Carnap da significado a los términos teóricos de la teoría. En efecto, dice que si existen tales y tales entidades en el mundo, ahora las etiquetamos con los términos teóricos de la teoría.

La oración de Carnap no es una verdad lógica, sino que está vacía de hecho porque no tiene consecuencias observables. Como se ha señalado, la oración dice que, *si existe* una clase de entidades que hacen que TC_R sea verdadera, *entonces los* términos teóricos de la teoría se refieren a las entidades de esta clase. No nos

[182] Para más discusiones sobre la oración de Carnap, véase, por ejemplo, Demopoulos (2013) y Friedman (2011).

dice si TC_R es verdadera; asigna a los términos sus referentes bajo el supuesto de que los referentes existen. Una oración es entonces analítica exactamente si es una consecuencia lógica de la oración de Carnap.[183]

Díez (2005, 81) pone en duda la suposición de Carnap de que todo el contenido sintético de la teoría está contenido en TC_R. El problema surge con las oraciones mixtas, es decir, las oraciones que contienen tanto términos observacionales como teóricos. Algunas de estas oraciones no son consecuencia de la oración de Carnap ni de la oración de Ramsey, por lo que no podrían considerarse ni analíticas ni sintéticas. Un ejemplo es la propia *TC,* que no puede derivarse ni de $TC_R \rightarrow TC$ ni de TC_R. Sin embargo, ya hemos descartado que *TC* pueda ser analítica; y dado que una oración debe ser analítica o sintética, debe ser sintética. Si es así, TC_R no contiene todo el contenido sintético de la teoría. Queda por ver cómo puede la teoría de Carnap tratar estos casos.

El desafío más serio proviene de la *múltiple realizabilidad* de la fórmula de realización. La oración de Ramsey dice que hay entidades $e_1,...,e_m$ tales que $TC(X_1,\ldots,X_m, \omega_1,....,\omega_n)$ resulta verdadera si las variables se interpretan como referentes a estas entidades. Sin embargo, la oración de Ramsey solo requiere que existan tales entidades. No requiere que estas entidades sean únicas, y existe la posibilidad de que haya diferentes conjuntos de entidades que hagan verdadera la fórmula de realización. Como ejemplo, considere la teoría simple "un átomo tiene niveles de energía discretos" (y por el bien del ejemplo suponga que "niveles de energía discretos" es un término observacional). La fórmula de realización de esta teoría es "X_1 tiene niveles de energía discretos". Hay átomos y, por tanto, la oración de Ramsey (que dice que hay un X_1 tal que X_1tiene niveles de energía discretos) es verdadera. Pero los osciladores armónicos cuánticos y las partículas cuánticas atrapadas en cajas también tienen niveles de energía discretos. Así que la fórmula de realización también puede hacerse verdadera mediante osciladores armónicos y partículas en cajas, y por lo tanto el término teórico en la teoría que pretendía ser una teoría sobre átomos puede acabar refiriéndose a osciladores armónicos y partículas en cajas. Esto es extraño porque la teoría con la que empezamos era una teoría sobre átomos y no sobre otras cosas.

¿Es la simplicidad de nuestra pequeña teoría la culpable de su múltiple realizabilidad, y desaparecería el problema si se le añadieran más detalles? Ciertamente es cierto que se puede modificar fácilmente nuestra pequeña teoría para que los osciladores armónicos y las partículas en cajas ya no hagan verdadera la fórmula de realización (por ejemplo, añadiendo algo como "y los átomos están formados por nucleones"). Desafortunadamente, el éxito de este movimiento se ve socavado por lo que ahora se conoce como "Teorema de Newman". Newman, en una

---

183 La oración de Carnap define las relaciones analíticas entre términos teóricos sin establecer definiciones explícitas, por lo que puede verse como una declaración formal de la definición implícita de estos términos. Para una discusión de la oración de Carnap como definición implícita, véase Psillos y Christopoulou (2009, 2018-2020) y las referencias en ella.

reseña de *The Analysis of Matter* de Russell, demostró un teorema en el sentido de que "cualquier colección de cosas puede organizarse de manera que tenga una estructura *W*, siempre que haya el número adecuado de ellas" (1928, 144).[184] La demostración del teorema es bastante trivial. En la sección 2.6 hemos visto que las propiedades y relaciones en las estructuras se definen puramente de forma extensional, y por lo tanto los objetos de una estructura siempre pueden organizarse en conjuntos que definen ciertas relaciones, siempre que haya suficientes objetos. Esto tiene como consecuencia que la oración de Ramsey siempre es verdadera siempre que la teoría sea empíricamente adecuada y la teoría tenga un modelo que tenga la misma cardinalidad que el dominio objetivo de la teoría. Este es un requisito extremadamente débil porque las teorías están diseñadas para ser empíricamente adecuadas y las restricciones de cardinalidad se cumplen fácilmente. La oración de Carnap postula que los términos teóricos de la teoría se refieren a las entidades que hacen que la oración de Ramsey sea verdadera, y si estas entidades pueden ser construcciones teóricas conjuntistas completamente artificiales, entonces los términos teóricos de la teoría pueden terminar refiriéndose a ellas. Para refutar esta conclusión, hay que empezar a restringir las relaciones permitidas en el dominio, por ejemplo, permitiendo solo las relaciones que son clases naturales. Ainsworth (2009) ofrece un análisis de las numerosas sugerencias de este tipo que se han hecho. Pero incluso un vistazo superficial a la variedad de opciones revela un problema: cada una implica suposiciones sustantivas sobre el dominio de los no observables y, por lo tanto, requiere exactamente lo que el empirismo original quería evitar: el compromiso con objetos y relaciones más allá de la experiencia.

4.8* ¿Definiciones explícitas después de todo?

Los enfoques discutidos en las Secciones 4.3 a 4.7 intentaron evitar las definiciones explícitas, y todos se han topado con dificultades. Motivado al menos en parte por estos problemas, el propio Carnap, y más tarde Lewis, volvieron a la idea de las definiciones explícitas y se esforzaron por articular una nueva explicación de las definiciones explícitas para los términos teóricos, aunque muy diferente del enfoque que discutimos en la Sección 4.2.

---

[184] En mi conocimiento, Carnap no discutió este resultado. Fue traído a la atención de la filosofía de la ciencia contemporánea por Demopoulos y Friedman (1985). Para una revisión de las ahora extensas discusiones del Teorema de Newman, ver Frigg y Votsis (2011). Winnie (1967) hace un punto que está estrechamente relacionado con el teorema de Newman. Uebel (2011) y Friedman (2011) examinan las respuestas al problema que están en el espíritu de Carnap. También se han llegado a conclusiones del mismo tipo a través del llamado argumento modelo-teórico de Putnam. Para una revisión de las discusiones de este argumento, véase Button y Walsh (2018) y Hale y Wright (2017).

Una definición explícita de un término establece las condiciones que algo tiene que cumplir para que el término se aplique. Las definiciones explícitas que encontramos en la Sección 4.2 definían un predicado a través de un conjunto de otros predicados, por ejemplo, estipulando que un objeto tiene temperatura θ si y solo si un termómetro de mercurio muestra θ cuando se pone en contacto con el objeto. Como señaló Hempel (sección 4.4), esta introducción fragmentada de términos teóricos está en desacuerdo con la práctica científica y es más realista ver un término definido a través de toda la teoría en la que aparece. La innovación de Carnap fue formalizar esta idea de una manera que diera como resultado una definición explícita. Como se ha mencionado anteriormente, la teoría viene dada por la oración $TC(\theta_1,\ldots, \theta_m, \omega_1,\ldots,\omega_n)$. El término para el que buscamos una definición explícita es θ_1. Para construir dicha definición, primero convertimos la teoría en un predicado reemplazando el término a definir por un espacio en blanco, lo que da como resultado $TC(\_\_,\ldots,\theta_m, \omega_1,\ldots,\omega_n)$.[185] Luego definimos el término diciendo que algo es un θ_1 si y solo si $TC(\_\_,\ldots,\theta_m, \omega_1,\ldots,\omega_n)$ se aplica a él. Consideremos de nuevo nuestra pequeña teoría sobre los átomos de la sección anterior. El predicado correspondiente a esta teoría es "__ tiene niveles de energía discretos". Con este predicado podemos establecer una definición explícita de "átomo": algo es un átomo si se aplica a él "__ tiene niveles de energía discretos".

Esta idea puede reformularse con la fórmula de realización de la oración de Ramsey de la teoría. Decir que aplicamos el predicado $TC(\_\_,\ldots,\theta_m, \omega_1,\ldots,\omega_n)$ a algo equivale a decir que $TC(X_1,\ldots,X_m, \omega_1,\ldots,\omega_n)$ es verdadero si interpretamos la variable X_1 como referida a ese algo. Como hemos visto anteriormente, el problema es que la fórmula de realización puede ser realizable de múltiples maneras. Carnap entendió que la realizabilidad múltiple era un obstáculo para las definiciones explícitas y sugirió tratar el problema utilizando una técnica lógica llamada *operador ε de Hilbert*.[186] El operador es un operador de *descripción indefinida*. Supongamos que hay una clase de cosas que tienen la propiedad P. El operador elige un miembro arbitrario de esa clase y la oración "εxPx" se refiere a ese miembro elegido arbitrariamente, al que llamamos representante de la clase (Carnap en Psillos 2000b, 169). Por esta razón, Hilbert también llamó εx al *operador de selección*. Si, por ejemplo, P es "__es miembro de la Orquesta Sinfónica de Londres", entonces εxPx se refiere a un miembro de la orquesta seleccionado arbitrariamente. En los casos en que P no es una propiedad monádica sino un símbolo de relación *n*-aria, el operador elige una secuencia arbitraria de objetos $e1, \ldots, en$ que satisfacen la relación.

---

[185] $TC(\_\_,\ldots,\theta_m, \omega_1,\ldots,\omega_n)$ también se denomina oración abierta.

[186] El primer uso de este operador se encuentra en una conferencia celebrada en Santa Bárbara en 1959, publicada como parte de Psillos (2000b); se desarrolla más en Carnap (1961). Avigad y Zach (2016) ofrecen una introducción; para un análisis del operador ε- en la filosofía de las matemáticas, véase Schiemer y Gratzl (2016) y Gratzl y Schiemer (2017).

La fórmula $\theta_1 := \varepsilon_{X1} \exists X_2 \ldots \exists_m T(X_1,\ldots,X_m, \omega_1,\ldots,\omega_n)$ proporciona entonces una definición explícita del término θ_1, y *mutatis mutandis* para todos los demás términos teóricos. En efecto, esta definición dice que θ_1 se refiere al primer elemento de un representante elegido arbitrariamente de la clase de secuencias de entidades que satisfacen la fórmula de realización de la teoría. Esto proporciona ahora la parte analítica de la teoría, y se puede demostrar que este nuevo postulado de significado implica la oración de Carnap (Carnap en Psillos 2000b, 170). La parte sintética sigue estando dada por la oración de Ramsey.

El uso del operador ε no resuelve el problema de realizabilidad múltiple que encontramos en la sección anterior. Más bien, pretende hacer que el problema sea benigno al integrarlo en un marco lógico. El término "átomo" se define como ε_{X1} (X_1 tiene niveles de energía discretos), donde ε_{X1} simplemente elige una entidad arbitraria a la que se aplica "tiene niveles de energía discretos" como referente del término. Como hemos visto en la sección anterior, el predicado acaba aplicándose no solo a los osciladores armónicos y a las partículas en cajas (algo que se podría evitar ampliando la teoría), sino, a través del Teorema de Newman, también a todo tipo de construcciones teóricas conjuntistas, y cualquiera de ellas puede ser ahora el referente de "átomo".

Lewis criticó esta indeterminación en el enfoque de Carnap por considerarla insatisfactoria e instó a que "deberíamos insistir en la realización única como estándar de corrección" (1970, 433). Si la teoría tiene una realización única, entonces sus términos teóricos nombran los componentes de esa realización; si no hay una realización única, entonces los términos no tienen ninguna denotación.[187] Así que, si una teoría no se realiza de forma única, entonces sus términos no están definidos. El término "átomo" en nuestra pequeña teoría no se refiere a nada. Si una teoría se realiza de múltiples maneras, la teoría en sí misma es, por lo tanto, falsa. Sin embargo, la oración de Ramsey de la teoría sigue siendo verdadera, por lo que la oración de Carnap de la teoría también es falsa (porque el condicional tiene un antecedente verdadero y un consecuente falso). Pero un postulado de significado no puede ser falso, por lo que, según la interpretación de Lewis, la oración de Carnap no puede ser el postulado de significado correcto. Por esta razón, Lewis reemplaza la oración de Carnap con tres nuevos postulados que, tomados en conjunto, forman los postulados de significado de la teoría (*ibid.*, 434-435). El primer postulado dice que si la teoría se realiza de manera única, los realizadores de la teoría son las entidades nombradas por la teoría. El segundo postulado dice que si la teoría no se realiza en absoluto, entonces sus

[187] En su discusión, Lewis no bifurca el vocabulario en términos observables y no observables, sino en términos antiguos y nuevos (véase la sección 3.5). Nada de lo que sigue depende de cómo se bifurque el vocabulario. La posición se desarrolla más en Lewis (1972). Bedard (1993) sostiene que la posición de Lewis es demasiado radical porque los términos en teorías no realizadas o realizadas múltiples pueden tener "denotación parcial". Papineau (1996) amplía el enfoque a casos en los que la teoría solo se especifica de forma imprecisa.

términos no nombran nada. El tercer postulado dice que si la teoría se realiza de manera múltiple, entonces los términos tampoco nombran nada.

El cuantificador $\exists!$ significa existencia única: "$\exists!x(Px)$" dice que hay exactamente un objeto que tiene la propiedad P. Entonces se puede definir $TC_{RU} = \exists! X_1,..., \exists!X_m\ TC(X_1,...,X_m, \omega_1,....,\omega_n)$, que es la versión de realización única de la oración de Ramsey (y se ha añadido la letra "U" al subíndice para indicar que se requiere una realización única). Percival (2000, 503) señala que los postulados de significado de Lewis pueden condensarse en la fórmula $TC_{RU} \leftrightarrow TC$, que él llama la *Oración de Lewis*. El operador ι es el operador de descripción definida: "$\iota x\ P(x)$" se refiere al objeto que tiene la propiedad P. Si P es "ser el autor de la *Crítica de la razón pura*", entonces $\iota x\ P(x)$ se refiere a Immanuel Kant. Si sustituimos $\exists$ en la definición explícita de Carnap por $\exists!$ y el *operador* ε por el operador de descripción definida, obtenemos una nueva definición explícita (1970, 438): $\theta_1 := \iota X_1 \exists!X_2 ... \exists!X_m\ TC(X_1,...,X_m, \omega_1,....,\omega_n)$. La definición dice que θ_1 es el primer elemento de la secuencia de entidades que realizan de manera única la fórmula de realización de la teoría. Todos los demás términos teóricos se definen *mutatis mutandis*.

El principal desafío para este punto de vista proviene una vez más del teorema de Newman. Incluso si solo hay una realización "prevista" o "natural", es probable que haya muchas otras que puedan construirse "al estilo de Newman". Esto altera el requisito de unicidad y Lewis tiene que concluir que los términos no refieren. Como hemos visto al final de la sección anterior, para bloquear la realización múltiple newmaniana, hay que restringir los realizadores permitidos, por ejemplo, introduciendo clases naturales. El propio Lewis podría haberse conformado con esto. En su discusión sobre el materialismo, asume que existen "propiedades naturales" y que "el mundo es como la física dice que es", donde "física" es "algo no muy diferente de la física actual, aunque presumiblemente algo mejorada", y tal física sería "una teoría integral del mundo, completa y correcta" (Lewis 1999, 33-34). Si una versión algo mejorada de la física actual identifica correctamente las verdaderas propiedades fundamentales del mundo, entonces la realizabilidad múltiple newmaniana queda bloqueada. Sin embargo, cabe señalar que esta posición implica un realismo exhaustivo y, como tal, está muy lejos del empirismo que motivó a Carnap y Hempel a definir términos teóricos a través de términos observacionales.

Bedard (1993, 502) y Díez (2005, 83) insinúan otra vía de escape menos comprometida. Como hemos visto en el ejemplo introductorio con el planeta Venus, se puede considerar que los términos tienen tanto significado (*meaning*) como referencia. Esto abre la posibilidad de decir que cuando una teoría no se realiza de forma única y la referencia falla, sus términos pueden seguir teniendo significado. Como dice Díez, "incluso si la descripción carece de denotación como consecuencia de la realizabilidad múltiple, su sentido/significado está perfectamente determinado" (*ibid.*). A modo de ilustración, ampliemos el ejemplo de

Frege y consideremos "Vulcano". Se planteó la hipótesis de que Vulcano era un planeta en una órbita entre Mercurio y el Sol. Sin embargo, resultó que Vulcano no existe. Así que el término "Vulcano" no tiene denotación. Sin embargo, todavía tiene un significado, que es algo así como "un planeta que se mueve en una órbita entre Mercurio y el Sol". La propuesta entonces es que los términos en las teorías que se realizan de múltiples maneras o que no se realizan en absoluto, pueden tener significado de una manera similar a como "Vulcano" tiene significado. Esto, sin embargo, requeriría una teoría del significado que sea independiente de una teoría de referencia, y hasta ahora no se ha proporcionado nada de este tipo.

Bedard (*ibid.*) menciona que Lewis respaldó una teoría del significado que explica el significado en términos de referencia en mundos posibles. Sin embargo, esto tendría que articularse con más detalle para disipar las preocupaciones anteriores sobre las consecuencias de la realización múltiple.

4.9 ¿Renunciar a la analiticidad?

En la sección 4.2 hemos visto que el CCS, que es la fuerza motriz detrás de la mayoría de los relatos de términos teóricos que hemos discutido hasta ahora, se basa en separar los enunciados en enunciados analíticos y sintéticos. Quine (1951) argumentó que no existe tal separación y que cualquier intento de articular una distinción entre enunciados analíticos y sintéticos es inútil. Si esto es cierto, echa por tierra el CCS. El conocimiento, dice Quine, forma una "red de creencias" en la que todas las proposiciones están conectadas y ninguna proposición puede aislarse del resto. La red contiene todo, desde simples enunciados de observación hasta principios teóricos y verdades lógicas. Las afirmaciones científicas son revisables a la luz de nuevas pruebas. Normalmente, estas revisiones se realizan en la parte empírica de una teoría. Pero, como dice Quine, "nuestras afirmaciones sobre el mundo exterior se enfrentan al tribunal de la experiencia sensorial no de forma individual, sino solo como un cuerpo corporativo (*ibid.*, 41)".[188] Por lo tanto, *cualquier* afirmación puede revisarse para restablecer la coherencia entre la teoría y las pruebas, si es necesario, incluso los principios fundamentales de la red, como los principios de la lógica y las matemáticas. Se podría, por ejemplo, revisar la lógica a la luz de la mecánica cuántica.[189] La diferencia entre las afirmaciones analíticas y sintéticas no radica en el significado de los términos, sino que depende de la ubicación de una afirmación en la red de creencias. Las proposiciones comúnmente consideradas analíticas se encuentran en el centro de la red de creencias, mientras que las afirmaciones de observación

[188] El argumento de Quine se asemeja a la tesis de Duhem (1906) de que las afirmaciones nunca se prueban de forma aislada. Véase Gillies (1993) para un análisis de la relación entre los argumentos de Quine y Duhem.

[189] De hecho, este es el proyecto de la llamada lógica cuántica. Para un debate sobre la lógica cuántica, véase, por ejemplo, Rédei (1998).

se encuentran en la periferia. Las oraciones en el centro de la red son menos fáciles de revisar que las de la periferia, lo que explica por qué las afirmaciones analíticas parecen inexpugnables. Sin embargo, la distinción es gradual y no hay una forma no arbitraria de trazar una línea entre las afirmaciones analíticas y sintéticas. Esto hace que las distinciones analítico/sintético sean ociosas.

El argumento de Quine ha sido muy influyente y ha provocado una serie de reacciones interesantes. Es imposible revisar aquí las diferentes posiciones en este debate, pero (como era de esperar) no se ha llegado a un consenso.[190] Quienes siguieron a Quine se embarcaron en proyectos que replanteaban las nociones de significado, intensión, sinonimia, necesidad y conocimiento *a priori*, mientras que quienes no quedaron convencidos por los argumentos de Quine siguieron buscando una articulación sólida de la distinción analítico/sintético. Carnap fue uno de los que no quedaron convencidos. Una década y media después del rechazo de Quine, Carnap reafirma que, en su opinión, "una distinción analítica-sintética nítida es de suma importancia para la filosofía de la ciencia" (1966, 257).[191] Carnap tenía buenas razones para resistirse a Quine. De hecho, como señala Psillos (2000b, 154-157), el argumento de Quine plantea la cuestión en contra de Carnap. Al comienzo del argumento de Quine se encuentra un sutil cambio en la definición de analiticidad. Tradicionalmente, la analiticidad se define como verdad en virtud del significado. Quine reformula esta definición como justificabilidad independiente de la experiencia, y utiliza la irrevisabilidad a la luz de la experiencia como prueba de fuego para la analiticidad. Las afirmaciones analíticas se consideran entonces verdades absolutas e irrevisables. Pero Carnap nunca pensó en la analiticidad como irrevisibilidad. Por el contrario, es parte integrante del empirismo de Carnap que cualquier afirmación puede ser abandonada en aras de resolver el conflicto con la experiencia. Ya en 1937, Carnap señaló que "ninguna regla del lenguaje físico es definitiva" y que "todas las reglas se establecen con la reserva de que pueden ser modificadas tan pronto como parezca conveniente hacerlo", y es explícito en que esto incluye las reglas de la lógica y las matemáticas (1937/2000, 318).[192] No hay reglas sacrosantas; es solo que a "ciertas reglas es más difícil renunciar que a otras" (*ibid.*). En efecto, Carnap se anticipó al argumento de Quine, pero llegó a la conclusión exactamente opuesta: en lugar de renunciar a la analiticidad, pensó que la analiticidad siempre se definía en relación con una cierta teoría y un cierto sistema lógico, y como tal estaba abierta a revisiones. Por lo tanto, Psillos expresa su desconcierto ante el hecho de que Quine simplemente ignorara la teoría de la

---

[190] Rey (2018) y Russell (2007) ofrecen resúmenes concisos; Juhl y Loomis (2010) ofrecen un debate de libro.

[191] La respuesta de Carnap a Quine se encuentra en su (1956c, 222-229), y su respuesta a Hempel, quien, al igual que Quine, rechazó la distinción analítico/sintético, se encuentra en Schilpp (1963, 962-966).

192 Él reafirma el punto en su (1966, 261).

analiticidad de Carnap y siguiera afirmando en escritos posteriores que no había una distinción clara que establecer (*ibid.*, 155).

¿Cuáles son las implicaciones de esto para el Enfoque Recibido y, de manera más general, para una comprensión lingüística de las teorías? Suppe (1977, 67-80) sostiene que el Enfoque Recibido es insostenible porque incorpora la distinción analítico-sintética. Esto es demasiado apresurado en dos sentidos. En primer lugar, como acabamos de ver, las opiniones sobre si la distinción analítico-sintética es insostenible divergen, y no hay consenso en que se haya demostrado que la distinción es insostenible. Así que el Enfoque Recibido no puede descartarse con el argumento de que se basa en la distinción. En segundo lugar, no todas las versiones del enfoque lingüístico presuponen la distinción analítico-sintética; hay formas de articular un análisis lingüístico de las teorías que se basan en una comprensión del lenguaje que no requiere la distinción analítico-sintética. De hecho, el propio Quine consideraba que las teorías eran objetos lingüísticos (véase, por ejemplo, su 1975).

4.10 Realismo semántico

Incluso si uno no ve la necesidad de renunciar a la distinción analítico/sintético, los puntos de vista que hemos discutido hasta ahora se enfrentan a serios problemas, y estos problemas tienen su origen en la doctrina empirista de que el discurso teórico es de alguna manera sospechoso y que los términos teóricos, de una forma u otra, tienen que reducirse a términos observacionales. Dados todos los problemas que esto plantea, algunos han visto la necesidad de revisar esta suposición básica. Feigl propuso darle la vuelta a la semántica de los términos teóricos y se propuso "hacer que el realismo sea un poco más tentador y aceptable de lo que ha sido hasta ahora" (1950, 38). Sus razones fueron el peso de las dificultades internas de los intentos de explicar el discurso teórico en términos de discurso observable, así como las ventajas intrínsecas de una posición realista, que ve en la contribución del realismo a la economía del pensamiento y al poder heurístico de las teorías. El *realismo semántico* considera el discurso teórico como *sui generis* y rechaza los intentos de explicar la semántica de los términos teóricos mediante términos observacionales por infundados. El discurso teórico es como el discurso observacional en el sentido de que pretende hablar de objetos del mundo y describir sus propiedades y relaciones. Ambos tipos de discurso tienen el mismo propósito y funcionan de la misma manera. Feigl caracteriza el realismo semántico como la posición de que los términos teóricos tienen "referencia fáctica" (*ibid.*, 48, 50), que también equipara con el "significado excedente" de los términos teóricos (el significado que los términos tienen más allá de lo que se da empíricamente). Un físico utiliza el término "electrón" para referirse a partículas (invisibles al ojo humano) y describe sus propiedades de la misma manera en que un ingeniero utiliza el término "puente" para referirse a una determinada construcción y hablar de sus características. El realismo semántico sostiene que debemos tomar las afirmaciones teóricas al pie de la letra y considerarlas como descripciones literales del dominio de destino que pueden ser verdaderas o falsas.

El realismo semántico es parte integrante del *realismo científico*. Psillos (1999, xvii) define el realismo científico como la conjunción de las tres tesis siguientes. En primer lugar, la tesis metafísica de que el mundo tiene una estructura de tipo natural independiente de la mente. En segundo lugar, la tesis semántica de que las teorías proporcionan una descripción literal y veraz de su tema. En tercer lugar, la tesis epistémica de que las teorías maduras y con éxito predictivo nos dan una imagen aproximadamente veraz de su dominio objetivo. La segunda de las tesis de Psillos es, por supuesto, solo realismo semántico, lo que demuestra que el realismo semántico es un componente integral del realismo científico. Pero la idea de que las teorías científicas proporcionan descripciones literales de estructuras reales no observables era desagradable para los contemporáneos de Feigl, que seguían comprometidos con la idea de que lo no observable de alguna manera tenía que tenerse en cuenta en términos de lo observable.[193] Sin embargo, Feigl pensaba que los realistas semánticos no estaban obligados a ser realistas científicos, argumentando que el realismo semántico era independiente tanto de las afirmaciones metafísicas como de las epistémicas. Hizo hincapié en la diferencia entre "la relación semántica de *la designación* (es decir, la referencia)" y "la reducción epistémica (es decir, la base probatoria)" (*ibid.*, 48), lo que abrió una brecha entre el realismo semántico y la tercera tesis de Psillos. La conexión entre el realismo semántico y la tesis metafísica de Psillos se rompe por la insistencia de Feigl en que el realismo semántico no nos lleva de vuelta a las "perplejidades del realismo trascendente y la metafísica tradicionales" y que "la concepción semántica de la referencia no justifica (demuestra) el realismo" (*ibid.*, 50).

Treinta años después, la separación de la semántica de las cuestiones epistémicas y metafísicas se convirtió en una piedra angular del *empirismo constructivo* de van Fraassen. Van Fraassen insiste en una "interpretación literal del lenguaje de la ciencia", rechaza cualquier intento de traducir las afirmaciones científicas a un lenguaje de observación y afirma que "si las afirmaciones de la teoría incluyen "Hay electrones", entonces la teoría dice que hay electrones". Al mismo tiempo, insta a que "no todas las posiciones filosóficas relativas a la ciencia que insisten en una interpretación literal del lenguaje de la ciencia son posiciones realistas"

193 El artículo de Feigl apareció en el número de enero de Philosophy of Science en 1950. El número de abril del mismo año incluía un simposio sobre el artículo de Feigl con comentarios de Churchman, Frank, Hempel, Nagel y Ramsperger, así como una réplica del propio Feigl. Estos artículos documentan el conflicto entre el realismo semántico y un enfoque positivista de los términos teóricos.

(1980, 11).[194] El empirismo de Van Fraassen se manifiesta no en la exigencia de parafrasear el lenguaje teórico, sino en el imperativo de adoptar una cierta actitud epistémica hacia las afirmaciones teóricas. Él llama a esta posición *empirismo constructivo*.[195] Según el empirismo constructivo, tenemos que interpretar las teorías literalmente. Pero no tenemos que creer todas las afirmaciones de una teoría. De hecho, la actitud correcta hacia una teoría no es creer en su verdad, sino solo creer en su adecuación empírica: debemos *creer en* lo que una teoría dice sobre lo observable, mientras que debemos simplemente *aceptar* (y no creer) lo que dice sobre lo no observable. Así pues, la actitud epistémica correcta hacia una teoría en su conjunto es el agnosticismo en lugar de la creencia (*ibid.*, 11-12). Esto identifica la posición de van Fraassen como una posición antirrealista, pero de un tipo muy diferente al empirismo de Carnap y Hempel.[196]

El realismo semántico, tal como se ha formulado hasta ahora, independientemente de si se pone al servicio del realismo o del antirrealismo, sigue siendo una posición en gran medida programática. Indica las líneas generales de una posición, pero deja abiertas cuestiones cruciales. ¿Cómo se establece la referencia a entidades no observables? ¿Cuál es el significado de los términos teóricos? ¿Y es el significado realmente, como pensaba Feigl, equiparable a la referencia? Un intento reciente de abordar estas cuestiones apela a la llamada teoría causal-histórica. A continuación analizamos este enfoque.

4.11 La teoría causal-histórica

Los enfoques sobre la referencia que han surgido en la literatura sobre la filosofía del lenguaje pueden dividirse en dos familias principales: los enfoques descriptivistas y los enfoques de referencia directa. Los enfoques descriptivistas tienen su origen en Frege (1892).[197] Según estos enfoques, los términos, tanto singulares como generales, están asociados a una descripción. En nuestro ejemplo introductorio, "Venus" se asocia con la descripción "el segundo planeta desde el Sol en nuestro sistema solar". El contenido de la descripción asociada a un término es el significado del término. Un aspecto importante del descriptivismo es que el significado determina la referencia: el significado de un término (junto con el

---

[194] Van Fraassen adopta el Enfoque Modelo-Teórico de las teorías, que discutimos en los Capítulos 5 y 6. Sin embargo, su realismo semántico es independiente de ese enfoque y, por lo tanto, puede ser discutido independientemente de él.

[195] Para una discusión de las actitudes epistémicas en el empirismo constructivo de van Fraassen, véase Halvorson (2020) y Okruhlik (2014).

[196] Rosen (1994) sostiene que el empirismo constructivo es, de hecho, una marca de ficcionalismo, la visión de que aceptar una teoría es un acto de pretensión análogo a la pretensión en la que participamos cuando leemos ficción literaria. Van Fraassen (1994) es una respuesta a Rosen, y Kalderon (2005) ofrece una visión general de diferentes programas ficcionalistas.

[197] Como hemos visto anteriormente, Russell (1905) también sostenía una explicación descriptivista de los nombres, pero negaba que las descripciones definidas refieran y, en cambio, pensaba que denotan. Como antes, me quedo con el uso de "referir" de Frege aquí.

contexto de la expresión) determinará a qué se refiere (en esa ocasión). Por lo tanto, dos términos cualesquiera con el mismo significado tendrán la misma referencia. El significado de un término explica su importancia cognitiva: es la forma en que el usuario de un término piensa en el referente del término. Esto explica la diferencia entre términos con los mismos referentes pero diferente significado, y hace que las declaraciones de identidad no sean tautológicas. Como hemos visto en la introducción, "estrella de la mañana" y "estrella de la tarde" tienen significado diferentes y, sin embargo, se refieren al mismo objeto, a saber, el planeta Venus. La oración "la estrella de la mañana es la estrella de la tarde" expresa este hecho sin ser tautológica (como lo sería la oración "la estrella de la mañana es la estrella de la mañana") porque los diferentes significados de los dos términos conducen a diferentes formas de concebir a Venus.

Las explicaciones que hemos discutido hasta ahora son explicaciones descriptivistas.[198] Esto es obvio con definiciones explícitas (Sección 4.2). Las definiciones explícitas asocian a cada término teórico un término observacional y, por lo tanto, le dan al término un contenido descriptivo. La afirmación de que "para todos *los x*, *x tiene* una temperatura de $\theta \leftrightarrow$ cuando se pone en contacto con un termómetro de mercurio muestra θ" dota al término θ de significado de la misma manera en que "Venus es el segundo planeta desde el Sol en nuestro sistema solar" dota de significado a "Venus". Las descripciones asociadas a los términos se vuelven más complejas en relatos posteriores, y en el enfoque de Lewis (sección 4.8*) la descripción relevante la proporciona la teoría en su conjunto. A pesar de las diferencias significativas en los detalles, la idea principal a lo largo de las secciones 4.2-4.3 y 4.7*-4. 8* fue que el significado de los términos teóricos viene especificado por el contenido descriptivo de la teoría y que su significado fija su referencia: los referentes de los términos son lo que hace que el contenido descriptivo de los términos sea verdadero.[199] La afirmación de que, por ejemplo, "electrón" se refiere a lo que hace que una teoría de los electrones sea verdadera es como decir que "Venus" se refiere a lo que hace que la descripción "el segundo planeta desde el Sol en nuestro sistema solar" sea verdadera.

Esta explicación de la semántica de los términos no solo se enfrenta a los problemas que hemos discutido en secciones anteriores, sino que también se enfrenta a una serie de objeciones de principio. Este no es el lugar para revisar estas objeciones,[200] pero un tema merece ser mencionado. Los enfoques más avanza-

---

[198] Aunque difieren de la explicación de Frege en que pretenden describir predicados (como "tener temperatura θ") en lugar de expresiones singulares (como "Venus" o "la estrella de la mañana").

[199] En el caso de los predicados, esto puede explicarse de diferentes maneras. Se podría decir que el referente de un predicado es la extensión del predicado, es decir, todos los objetos a los que se aplica el predicado. Una alternativa es postular la existencia de universales y decir que el predicado se refiere a un universal.

[200] Para una visión general de estos problemas, véase Braun (2008, Sec. 4) y Lycan (2008, Cap. 2 y 3). Hoefer y Martí discuten estas objeciones con especial atención a los lenguajes científicos y señalan que el descriptivismo de clústeres, una versión avanzada del relato descriptivo, no elude

dos que hemos analizado en las secciones 4.4, 4.7* y 4.8* no solo son descriptivistas, sino que también son holísticos en el sentido de que los términos no adquieren su significado de forma aislada, sino a través de su lugar en un sistema teórico *en su totalidad*. La consecuencia inmediata de esto es que el significado de un término cambia cada vez que cambia la teoría. Esto es un problema cuando las teorías evolucionan históricamente porque implicaría que Bohr y Schrödinger se referían a cosas diferentes cuando usaban la palabra "átomo", y dado que el significado determina la referencia, no habría garantía de que los términos se refieran siquiera a lo mismo. Algunos filósofos, entre los que destacan Feyerabend (1965), Hanson (1958) y Kuhn (1970), acogieron con satisfacción la conclusión de que el cambio teórico es inseparable del cambio de significado y aceptaron las consecuencias relativistas de este punto de vista. Sin embargo, muchos no se convencieron e intentaron salvar la constancia de referencia y significado, y con ello la objetividad, a través del cambio de teoría.

Un paso importante en esta búsqueda realista fue el cambio de una explicación descriptivista de la semántica de los términos a la llamada teoría de la referencia directa. La teoría de la referencia directa se remonta a Mill (1843/1974), quien sostenía que los nombres propios funcionan como *etiquetas de* los objetos: se refieren a sus portadores *de forma directa* y sin la mediación de una descripción asociada. La versión contemporánea de este punto de vista, debido a Barcan Marcus (1961), Kripke (1980) y Putnam (1973), se conoce como la *teoría causal-histórica*. Según este enfoque, una teoría de la referencia consta de dos partes. La primera parte, la fijación de la referencia, explica cómo se fija la referencia de un término cuando se introduce el término. La segunda parte, la transmisión de la referencia, explica cómo se propaga la referencia a través de un grupo de usuarios del lenguaje. En este sentido, en algún momento un astrónomo introdujo el término "Venus", por ejemplo, señalando el planeta al mirar a través del telescopio y diciendo "este es Venus"; y otros astrónomos que pronunciaron "Venus" utilizaron el término referencialmente porque podían tomar prestada la referencia que había establecido el primer astrónomo. La idea central de la segunda parte, por lo tanto, es que la transmisión ocurre a través de un proceso causal-histórico (que da nombre a este enfoque): después de que una persona ha otorgado una referencia al término, esta referencia se transmite a otros usuarios que efectivamente "toman prestada" la referencia que el usuario inicial ha fijado. Este proceso es histórico en la medida en que el término obtiene su referencia de un acto inicial de fijación de referencia y los usos referenciales posteriores del término utilizan la referencia fijada en ese acto inicial; es causal en la medida en que el uso referencial del término por parte de un hablante depende de que exista un nexo entre su uso y la introducción original, presumiblemente a través de la transmisión del término de usuario a usuario. Se puede decir mucho sobre este proceso, pero no hay una diferencia categórica entre la transmisión de términos

estos problemas (2020, Sec. 3); para más discusiones con especial atención a H2O, véase su (2019) y Chang (2012, Cap. 4).

del lenguaje ordinario y de términos científicos, por lo que una teoría de la referencia de los términos científicos puede basarse en cualquier explicación de la transmisión que parezca la opción más aceptable.

Las cosas son más complicadas en la primera parte, que se ocupa de la fijación de referencias. El caso paradigmático de la fijación de referencias es un acto que consiste en la exhibición (*ostension*) más el acto de nombrar (*dubbing*): señalamos un objeto, o lo exhibimos, y luego decimos "esto se llama τ", donde τ es el término que queremos introducir. Los bebés reciben sus nombres cuando, en algún momento, sus padres los señalan y dicen algo como "llamémosle Martín". El bebé recibe su nombre en este acto inicial de bautismo. Procedimientos como estos funcionan para muchos términos que se refieren a objetos, desde edificios hasta países, e incluso para términos que se refieren a tipos naturales. Así introducidos, los nombres se refieren a sus objetos sin la mediación de una descripción, y se evitan los problemas que conlleva el uso de descripciones. En un artículo reciente, Hoefer y Martí (2020) sostienen que la teoría causal-histórica es la teoría de referencia correcta para los términos teóricos y consideran que la capacidad de la teoría para evitar el relativismo asociado al cambio de significado (cuando el significado está asociado a descripciones basadas en teorías) es uno de sus principales puntos fuertes.

El problema es que muchas entidades que aparecen en las teorías científicas no son exhibibles como lo son los bebés, y al introducir términos que se supone que se refieren a no observables no podemos simplemente señalar los objetos en cuestión y decir "a estos se les llama bosones" y "a estos se les llama genes". Kripke reconoce esta dificultad y sostiene que la fijación de referencias también puede hacerse a fuerza de descripciones. Su ejemplo es "Neptuno", que fue introducido por Le Verrier *antes de* que se observara a Neptuno como "el planeta que causaba tales y tales discrepancias en las órbitas de ciertos otros planetas" (1980, 79). Esta prescripción se generaliza fácilmente a otros términos que se refieren a no observables, que también pueden introducirse mediante descripciones identificativas. "Electrón", por ejemplo, podría introducirse como "la partícula que produce una trayectoria en espiral cuando se dispara contra una cámara de burbujas en un campo magnético". En general, entonces, la fijación de referencias en el caso de entidades no observables se hace a través de una descripción en lugar de a través de la exhibición, mientras que la transmisión de referencias funciona a través de las mismas cadenas *causal-históricas* que en los casos observables.

En este punto uno se pregunta, sin embargo: ¿no hemos cerrado el círculo? Dejamos atrás las descripciones para evitar los problemas del descriptivismo, pero ahora reintroducimos las descripciones como herramientas para fijar referencias. La respuesta es "sí y no". "No" en la medida en que una descripción se utiliza solo para el acto *inicial de* fijación de referencias. Si introducimos "Neptuno" a través de la descripción de Le Verrier, entonces "Neptuno" se refiere a cualquier objeto que esa descripción señale. Nuestros puntos de vista, teorías y creencias sobre Neptuno pueden cambiar, y la teoría actual de Neptuno puede tener poco en común con la de Le Verrier; sin embargo, el término sigue refiriéndose a lo mismo que Le Verrier identificó con su descripción. Esto evita las conclusiones relativistas porque este punto de vista no se compromete a decir que un término se refiere a lo que sea que haga verdadera la versión actual de una teoría. Hoefer y Martí apelan a esta estabilidad cuando señalan que

> una vez que se introduce un término... la capacidad de referirse se transmite y se mantiene a través de la cadena posterior de usuarios del término, de modo que, aunque las teorías cambien más adelante (como ocurrió en el caso de los electrones), es fácil mantener que los usuarios del término siguen hablando de lo mismo. (2020, 13)[201]

La respuesta a nuestra pregunta es "sí" en la medida en que tiene que darse el caso de que la descripción inicial identifique con éxito un referente, y que este referente sea el correcto. Como hemos visto anteriormente, esto no es trivial. Si la descripción es realizable de múltiples maneras y, por lo tanto, se aplica a cosas distintas de los objetos previstos, entonces puede suceder que los términos se refieran a cosas equivocadas (como hemos visto, "átomo" puede acabar refiriéndose a osciladores armónicos). Aunque se puede intentar rectificar este problema enriqueciendo las descripciones, sigue siendo una incógnita cómo sería ese enriquecimiento y qué éxito tendría.

Dejando de lado el problema de la realizabilidad múltiple, existe la preocupación de que la referencia sea demasiado fácil de conseguir por este motivo. Como señala Papineau, "la teoría causal amenaza con atribuir referentes a una serie de términos que intuitivamente no son referentes, como "flogisto" y "posesión espiritual", cuando en realidad estos términos carecen de referencia" (1996, 4). La historia de la ciencia suele interpretarse como que la teoría de Priestly era errónea y que el flogisto no existe. Pero, si introducimos, como podría haber hecho Priestly, el término "flogisto" a través de la descripción "la sustancia química responsable de la combustión", entonces "flogisto" tiene referencia: se refiere al oxígeno. Ejemplos de este tipo sugieren que se necesitan descripciones más sustantivas para introducir términos. Pero, ¿qué quiere decir "más sustantivo"? Esta pregunta ha dado lugar a una serie de propuestas, y la cuestión es objeto de debates en curso. Varias propuestas se centran en la conexión causal entre los no observables a los que se supone que se refieren los términos teóricos y los fenómenos que producen, mientras que otras se centran en el acceso epistémico que los científicos tienen a los objetos.[202] Esta es un área fructífera para futuras investigaciones.

---

[201] Andersen critica este rasgo de la teoría como "demasiado restrictivo" porque "el cambio referencial está totalmente excluido" (2001, 52).

[202] Kroon (1985, 1987) y Psillos (2012) se centran en la causalidad; Hoefer y Martí (2020) formulan una explicación en términos de lo que ellos llaman "manejos epistémicos". Para más debates sobre la fijación de referencias en la teoría causal-histórica, véase Enć (1976) y Nola (1980).

4.12 Conclusión

Hemos analizado diferentes formas de analizar la semántica de los términos teóricos. Hemos distinguido entre los enfoques descriptivistas y las visiones de referencia directa, y hemos visto que la mayoría de las explicaciones que se han propuesto son descriptivistas. El punto de vista de la referencia directa, en la forma concreta del enfoque causal-histórico, promete evitar los escollos del descriptivismo, pero, como acabamos de ver, no puede eliminar por completo las descripciones y, por tanto, surge la pregunta sobre qué características debe tener una descripción para referirse con éxito al objetivo previsto. Este sigue siendo un campo de investigación activo.

Referencias

Achinstein, P. 1963. Theoretical Terms and Partial Interpretation. *The British Journal for the Philosophy of Science* 14: 89–105.

Achinstein, P. 1964. Models, Analogies, and Theories. *Philosophy of Science* 31: 328–350. Achinstein, P. 1965. Theoretical Models. *The British Journal for the Philosophy of Science* 16: 102–120.

Achinstein, P. 1965. The Problem of Theoretical Terms. *American Philosophical Quarterly* 2: 193–203.

Achinstein, P. 1968. *Concepts of Science: A Philosophical Analysis*. Baltimore: Johns Hopkins Press. Creath, R. 2017. Logical Empiricism. In E. N. Zalta (ed.), *The Stanford Encyclopedia of Philosophy*. https://plato.stanford.edu/archives/fall2017/entries/logical-empiricism/.

Achinstein, P. 1972. Models and Analogies: A Reply to Girill. *Philosophy of Science* 39: 235–240.

Ackermann, R. J. 1966. Confirmatory Models of Theories. *The British Journal for the Philosophy of Science* 16: 312–326.

Ackermann, R. J. 1966. Confirmatory Models of Theories. *The British Journal for the Philosophy of Science* 16: 312–326.

Ainsworth, P. 2009. Newman's Objection. *The British Journal for the Philosophy of Science* 60: 135–171.

Alspector-Kelly, M. 2004. Seeing the Unobservable: Van Fraassen and the Limits of Experience. *Synthese* 140: 331–353.

Anapolitanos, D. A. 1989. Theories and Their Models. *Journal for General Philosophy of Science* 20: 201–211.

Andersen, H. 2001. Reference and Resemblance. *Philosophy of Science* 68: 50–61.

Andreas, H. 2010. Semantic Holism in Scientific Language. *Philosophy of Science* 77: 524–543.

Andreas, H. 2017. Theoretical Terms in Science. In E. N. Zalta (ed.), *The Stanford Encyclopedia of Philosophy*. https://plato.stanford.edu/archives/fall2017/entries/ theoretical-terms-science/.

Andréka, H., J. X. Madarász, I. Németi, and G. Székely 2012. A Logic Road from Special Relativity to General Relativity. *Synthese* 186: 633–649.

Armstrong, D. 1983. *What Is a Law of Nature*? Cambridge: Cambridge University Press.

Avigad, J. and R. Zach 2016. The Epsilon Calculus. In E. N. Zalta (ed.), *The Stanford Encyclopedia of Philosophy*. https://plato.stanford.edu/archives/sum2016/entries/ epsilon-calculus/.

Ayer, A. J. 1936. *Language, Truth and Logic* (2nd ed.). New York: Dover, 1946.

Azzouni, J. 2014. A New Characterization of Scientific Theories. *Synthese* 191: 2993–3008.

Bailer-Jones, D. M. 1999. Tracing the Development of Models in the Philosophy of Science. In L. Magnani, N. J. Nersessian, and P. Thagard (eds.), *Model-Based Reasoning in Scientific Discovery*. New York: Kluwer Academic; Plenum Publishers, pp. 23–40.

Balzer, W., C.-U. Moulines, and J. D. Sneed 1987. *An Architectonic for Science: The Structuralist Program*. Dordrecht: Reidel Publishing Company.

Barcan Marcus, R. 1961. Modalities and Intensional Languages. *Synthese* 13: 303–322.

Barrett, T. W. and H. Halvorson 2017. Quine's Conjecture on Many-Sorted Logic. *Synthese* 194: 3563–3582.

Barwise, J. and S. Feferman (eds.) 1985. *Model-Theoretic Logics*. New York and Berlin: Springer.

Baur, M. 1990. On the Aim of Scientific Theories in Relating to the World: A Defence of the Semantic Account. *Dialogue* 29: 323–333.

Beatty, J. 1981. What's Wrong with the Received View of Evolutionary Theory? In P. Asquith and R. Giere (eds.), *Philosophy of Science (Proceedings)* (Vol. 2). East Lansing: Philosophy of Science Association, pp. 397–426.

Bedard, K. 1993. Partial Denotations of Theoretical Terms. *Nous* 27: 499–511.

Bell, J. and M. Machover 1977. *A Course in Mathematical Logic*. Amsterdam: North-Holland.

Berent, P. 1973. Theoretical Terms in Infinite Theories. *Philosophy of Science* 40: 129.

Bird, A. 1998. *Philosophy of Science*. London: Routledge.

Bird, A. 2000. *Thomas Kuhn*. Princeton: Princeton University Press.

Bohnert, H. G. 1968. In Defense of Ramsey's Elimination Method. *The Journal of Philosophy* 65: 275–281.

Bokulich, A. 2020. Towards a Taxonomy of the Model-Ladenness of Data. *Philosophy of Science* 87: 793–806.

Bokulich, A. and N. Oreskes 2017. Models in Geosciences. In L. Magnani and T. Bertolotti (eds.), *Springer Handbook of Model-Based Science*. Dordrecht, Heidelberg, London, and New York: Springer, pp. 891–911.

Bokulich, A. and W. S. Parker 2021. Data Models, Representation and Adequacy-forPurpose. *Europen Journal for Philosophy of Science* 11: Article 31.

Boltzmann, L. 1911. Model. In B. McGuinness (ed.), *Theoretical Physics and Philosophical Problems: Selected Writing*. Dordrecht and Boston: Reidel, 1974, pp. 213–220.

Boolos, G. S. and R. C. Jeffrey 1989. *Computability and Logic* (3rd ed.). Cambridge: Cambridge University Press.

Bourbaki, N. 1957. *Eléments De Mathémathique XXII. Livre I: Théorie Des Ensembles*. Paris: Hermann.

Bourbaki, N. 1968. *Theory of Sets*. Reading, MA: Addison-Wesley.

Braddon-Mitchell, D. and R. Nola 1997. Ramsification and Glymour's Counterexample. *Analysis* 57: 167–169.

Braithwaite, R. B. 1953. *Scientific Explanation*. Cambridge: Cambridge University Press.

Braithwaite, R. B. 1954. The Nature of Theoretical Concepts and the Role of Models in an Advanced Science. *Theoria* 2: 155–157.

Braithwaite, R. B. 1954. The Nature of Theoretical Concepts and the Role of Models in an Advanced Science. *Theoria* 2: 155–157.

Braithwaite, R. B. 1954a. The Nature of Theoretical Concepts and the Role of Models in an Advanced Science. *Theoria* 2: 155–157.

Braithwaite, R. B. 1954b. The Nature of Theoretical Concepts and the Role of Models in an Advanced Science. *Revue Internationale de Philosophie* 8: 34–40.

Braithwaite, R. B. 1962. Models in the Empirical Sciences. In E. Nagel, P. Suppes, and A. Tarski (eds.), *Logic, Methodology and Philosophy of Science*. Standford: Stanford University Press, pp. 224–231.

Braun, D. 2008. Names and Natural Kind Terms. In E. Lepore and B. Smith (eds.), *The Oxford Handbook in Philosophy of Language*. Oxford: Oxford University Press, pp. 490–515.

Brewer, W. F. 2012. The Theory Ladenness of the Mental Processes Used in the Scientific Enterprise: Evidence from Cognitive Psychology and the History of Science. In R. W. Proctor and E. J. Capaldi (eds.), *Psychology of Science: Implicit and Explicit Processes* (Vol. 68). Oxford: Oxford University Press, pp. 289–334.

Brewer, W. F. 2015. Perception Is Theory Laden: The Naturalized Evidence and Philosophical Implications. *Journal for General Philosophy of Science* 46: 121–138.

Brewer, W. F. and B. L. Lambert 2001. The Theory-Ladenness of Observation and the TheoryLadenness of the Rest of the Scientific Process. *Philosophy of Science* 68: 176–186.

Bridgman, P. W. 1927. *The Logic of Modern Physics*. New York: Macmillan.

Brodbeck, M. 1959. Models, Meaning, and Theories. In L. Gross (ed.), *Symposium on Sociological Theory*. New York: Harper and Row, pp. 373–403.

Brown, J. R. 1999. *Philosophy of Mathematics: An Introduction to the World of Proofs and Pictures*. London: Routledge.

Butterfield, J. and H. Gomes 2021. Functionalism as a Species of Reduction. Forthcoming in C. Soto (ed.), *Current Debates in Philosophy of Science: In Honor of Roberto Torretti*. Cham: Springer.

Button, T. and S. Walsh 2018. *Philosophy and Model Theory*. Oxford: Oxford University Press.

Campbell, N. R. 1920. *Physics: The Elements*. Cambridge: Cambridge University Press (Reprinted as *Foundations of Science*. New York: Dover, 1957).

Carnap, R. 1923. Über Die Aufgabe Der Physik Und Die Anwendung Des Grundsatzes Der Einfachstheit. *Kant Studien* 28: 90–107.

Carnap, R. 1928. *Der Logische Aufbau Der Welt*. Hamburg: Felix Meiner 1998.

Carnap, R. 1928. *The Logical Structure of the World and Pseudoproblems in Philosophy*. Chicago and La Salle: Open Court, 2003.

Carnap, R. 1931. The Elimination of Metaphysics through Logical Analysis of Language. In S. Sarkar (ed.), *Logical Empiricism at Its Peak Schlick. Carnap, and Neurath*. New York and London: Garland Publishing, 1996, pp. 10–32.

Carnap, R. 1932. Über Protokollsätze. *Erkenntnis* 3: 215–228.

Carnap, R. 1936. Testability and Meaning. *Philosophy of Science* 3: 419–471.

Carnap, R. 1937. *Logical Syntax of Language*. London: Routledge, 2000.

Carnap, R. 1938. Foundations of Logic and Mathematics. In O. Neurath, C. Morris, and R. Carnap (eds.), *International Encyclopaedia of Unified Science* (Vol. 1). Chicago: University of Chicago Press, pp. 139–213.

Carnap, R. 1952. Meaning Postulates. *Philosophical Studies* 3: 65–73.

Carnap, R. 1956a. The Methodological Character of Theoretical Concepts. In H. Feigl and M. Scriven (eds.), *The Foundations of Science and the Concepts of Phsychologz and Psychoanalysis* (Vol. I, Minnestota Studies in the Philosophy of Science). Minneapolis: University of Minnesota Press, pp. 38–76.

Carnap, R. 1956b. The Methodological Character of Theoretical Concepts. In H. Feigl and M. Scriven (eds.), *The Foundations of Science and the Concepts of Phsychologz and Psychoanalysis* (Vol. I, Minnestota Studies in the Philosophy of Science). Minneapolis: University of Minnesota Press, pp. 38–76.

Carnap, R. 1956c. *Meaning and Necessity: A Study in Semantics and Modal Logic* (2nd ed.). Chicago and London: Chicago University Press.

Carnap, R. 1958. Beobachtungssprache Und Theoretische Sprache. *Dialectica* 12: 236–248.
Carnap, R. 1961. On the Use of Hilbert's E-Operator in Scientific Theories. In Y. BarHillel, E. I. J. Poznanski, M. O. Rabin, and A. Robinson (eds.), *Essays on the Foundations of Mathematics*. Jerusalem: Magnes Press, pp. 156–164.
Carnap, R. 1966. *An Introduction to the Philosophy of Science*. New York: Dover, 1995 (Reprint of *Philosophical Foundations of Physics: An Introduction to the Philosophy of Science*. New York: Basic Books, 1966).
Carnap, R. 1967. *The Logical Structure of the World and Pseudoproblems in Philosophy* (R. A. George, Trans., Reprint 2005). Chicago and La Salle: Open Court. Cat, J. 2006. Protocol Sentences. In S. Sarkar and J. Pfeifer (eds.), *The Philosophy of Science. An Ecyclopedia*. New York: Taylor & Francis, pp. 610–613.
Carnap, R. 1975. Observation Language and Theoretical Language. In J. Hintikka (ed.), *Rudolf Carnap, Logical Empiricist. Materials and Perspectives*. Dordrecht: Reidel, pp. 75–85.
Cat, J. 2006. Protocol Sentences. In S. Sarkar and J. Pfeifer (eds.), *The Philosophy of Science. An Ecyclopedia*. New York: Tayolr & Francis, pp. 610–613.
Cat, J. 2006. Protocol Sentences. In S. Sarkar and J. Pfeifer (eds.), *The Philosophy of Science: An Ecyclopedia*. New York: Tayolr & Francis, pp. 610–613.
Chang, C. C. and H. J. Keisler 1990. *Model Theory* (3rd ed.). Amsterdam: North-Holland.
Chang, H. 2004. *Inventing Temperature: Measurement and Scientific Progress*. Oxford: Oxford University Press.
Chang, H. 2012. *Is Water H2O? Evidence, Realism and Pluralism*. Dordrecht: Springer.
Churchland, P. M. 1982. The Ontological Status of Observables: In Praise of the Superempirical Virtues. In D. Rothbarth (ed.), *Science, Reason, and Reality. Issues in the Philosophy of Science*. Philadelphia: Harcourt Brace, 1998, pp. 413–422.
Churchland, P. M. 1988. Perceptual Plasticity and Theoretical Neutrality: A Reply to Jerry Fodor. *Philosophy of Science* 55: 167–187.
Churchland, P. M. 1989. *A Neurocomputational Perspective: The Nature of Mind and the Structure of Science*. Cambridge, MA: MIT Press.
Cohen, B. I. 2002. Newton's Concepts of Force and Mass, with Notes on the Laws of Motion. In B. I. Cohen and G. E. Smith (eds.), *The Cambridge Companion to Newton*. Cambridge and New York: Cambridge University Press, pp. 57–84.
Cohen, J. 2009. *The Red and the Real. An Essay on Color Ontology*. Oxford: Oxford University Press.
Cohen, J. and C. Callender 2009. A Better Best System Account of Lawhood. *Philosophical Studies* 145: 1–34.
Collier, J. D. 2002. Critical Notice: Paul Thompson, the Structure of Biological Theories. *Canadian Journal of Philosophy* 22: 287–298.
Cornman, J. W. 1972. Craig's Theorem, Ramsey-Sentences, and Scientific Instrumentalism. *Synthese* 25: 82–128.
Craig, W. 1953. On Axiomatizability within a System. *The Journal of Symbolic Logic* 18: 30–32.
Craig, W. 1956. Replacement of Auxiliary Expressions. *The Philosophical Review* 65: 38–55.
Craig, W. 2008. The Road to Two Theorems of Logic. *Synthese* 164: 333–339.

Craver, C. 2002. Theories and Models. In P. Machamer and M. Silberstein (eds.), *The Blackwell Guide to the Philosphy of Science*. Malden, MA and Oxford: Blackwell, pp. 55–79.
Creath, R. 2017. Logical Empiricism. In E. N. Zalta (ed.), *The Stanford Encyclopedia of Philosophy*. https://plato.stanford.edu/archives/fall2017/entries/logical-empiricism/.
Cristalli, C. and J. Sánchez-Dorado 2021. Colligation in Modelling Practices: From Whewell's Tides to the San Francisco Bay Model. *Studies in History and Philosophy of Science* 85: 1–15.
Da Costa, N. C. A. and S. French 2003. *Science and Partial Truth: A Unitary Approach to Models and Scientific Reasoning*. Oxford: Oxford University Press.
Dardashti, R., K. P. Y. Thébault, and E. Winsberg 2017. Confirmation Via Analogue Simulation: What Dumb Holes Could Tell Us About Gravity. *The British Journal for the Philosophy of Science* 68: 55–89.
Davison, A. C. 2003. *Statistical Models*. Cambridge: Cambridge University Press.
Demopoulos, W. 2007. Carnap on the Rational Reconstruction of Scientific Theories. In M. Friedman and R. Creath (eds.), *The Cambridge Companion to Carnap*. Cambridge: Cambridge University Press, pp. 248–272.
Demopoulos, W. 2013. *Logicism and Its Philosophical Legacy*. Cambridge: Cambridge University Press.
Demopoulos, W. and M. Friedman 1985. Bertrand Russell's the Analysis of Matter: Its Historical Context and Contemporary Interest. *Philosophy of Science* 52: 621–639.
Devitt, M. and R. Hanley (eds.) 2006. *The Blackwell Guide to the Philosophy of Language*. Oxford: Blackwell.
Díez, J. A. 1997a. A Hundred Years of Numbers. An Historical Introduction to Measurement Theory 1887–1990. Part I. *Studies in History and Philosophy of Science* 28: 167–185.
Díez, J. A. 1997b. A Hundred Years of Numbers. An Historical Introduction to Measurement Theory 1887–1990. Part II. *Studies in History and Philosophy of Science* 28: 231–265.
Díez, J. A. 2005. The Ramsey Sentence and Theoretical Content. In M. J. Frápolli (ed.), *F.P. Ramsey: Critical Reassessments.* London and New York: Continuum Publishing Group, pp. 70–103.
Dizadji-Bahmani, F., R. Frigg, and S. Hartmann 2010. Who's Afraid of Nagelian Reduction. *Erkenntnis* 73: 393–412.
Douglas, H. E. 2009. *Science, Policy, and the Value-Free Ideal*. Pittsburgh: University of Pittsburgh Press.
Draper, N. R. and H. Smith 1966. *Applied Regression Analysis*. New York: John Wiley & Sons.
Dretske, F. 1969. *Seeing and Knowing*. London: Routledge and Keagan Paul.
Duhem, P. 1906. *La Théorie Physique, Son Objet Et Sa Structure* (2nd ed.). Paris: Chevalier and Rivière, 1914 (Engl. trans. by Philip P. Wiener: *The aim and Structure of Physical Theory*. Princeton, 1954).
Dutilh Novaes, C. and E. Reck 2017. Carnapian Explication, Formalisms as Cognitive Tools, and the Paradox of Adequate Formalization. *Synthese* 194: 195–215.
Earman, J. 2005. The Emperor's New Theory: The Semantic/Models View of Theories. *Draft*.
Edwards, P. N. 2010. *A Vast Machine. Computer Models, Climate Data, and the Politics of Global Warming*. Cambridge, MA: MIT Press.

Elliott-Graves, A. 2020. What Is a Target System? *Biology and Philosophy* 35: Article 28.
Enć, B. 1976. Reference of Theoretical Terms. *Nous* 10: 261–282.
Enderton, H. B. 2001. *A Mathematical Introduction to Logic* (2nd ed.). San Diego and New York: Harcourt.
English, J. 1973. Underdetermination: Craig and Ramsey. *The Journal of Philosophy* 70: 453–462.
Ereshefsky, M. 1991. The Semantic Approach to Evolutionary Theory. *Biology and Philosophy* 6: 59–80.
Estany, A. 2001. The Thesis of Theory-Laden Observation in the Light of Cognitive Psychology. *Philosophy of Science* 68: 203–217.
Farre, G. L. 1967. Remarks on Swanson's Theory of Models. *The British Journal for the Philosophy of Science* 18: 140–144.
Feigl, H. 1950. Existential Hypotheses. Realistic Versus Phenomenalistic Interpretations. *Philosophy of Science* 17: 35–62.
Feigl, H. 1970. The 'Orthodox' View of Theories: Remarks in Defense as Well as Critique. In M. Radner and S. Winokur (eds.), *Analyses of Theories and Methods of Physics and Psychology* (Vol. IV, Minnesota Studies in the Philosophy of Science). Minneapolis: University of Minnesota Press, pp. 3–16.
Fetzer, J. 2021. Carl Hempel. In E. N. Zalta (ed.), *The Stanford Encyclopedia of Philosophy*. https://plato.stanford.edu/archives/spr2021/entries/hempel/.
Feyerabend, P. K. 1960. Patterns of Discovery. *The Philosophical Review* 69: 247–252.
Feyerabend, P. K. 1965. Problems of Empiricism. In R. G. Colodny (ed.), *Beyond the Edge of Certainty*. Englewood Cliffs, NJ: Prenctice Hall, pp. 145–260.
Feyerabend, P. K. 1981. Explanation, Reduction and Empiricism. Philosophical Papers, Volume 1. In P. K. Feyerabend (ed.), *Realism, Rationalism and Scientific Method.* Cambridge: Cambridge University Press, pp. 44–96.
Field, H. 1980. *Science without Numbers*. Princeton: Princeton University Press.
Floridi, L. 2012. Big Data and Their Epistemological Challenge. *Philosophy and Technology* 25: 435–437.
Fodor, J. 1984. Observation Reconsidered. *Philosophy of Science* 51: 23–43.
Forster, M. R. 2002. Predictive Accuracy as an Achievable Goal of Science. *Philosophy of Science* 69.
Forster, M. R. and E. Sober 1994. How to Tell When Simpler, More Unified, or Less Ad Hoc Theories Will Provide More Accurate Predictions. *The British Journal for the Philosophy of Science* 45: 1–35.
Franklin, A. 1986. *The Neglect of Experiment*. Cambridge: Cambridge University Press.
Franklin, A. 2015. The Theory-Ladenness of Experiment. *Journal for General Philosophy of Science* 46: 155–166.
Frege, G. 1892. Über Sinn Und Bedeutung. *Zeitschrift für Philosophie und philosophische Kritik* 100: 25–50.
French, S. 2008. The Structure of Scientific Theories. In S. Psillos and M. Curd (eds.), *The Routledge Companion to Philosophy of Science*. London and New York: Routledge, pp. 269–280.
Fridland, E. R. 2015. Skill, Nonpropositional Thought, and the Cognitive Penetrability of Perception. *Journal for General Philosophy of Science* 46: 105–120.
Friedman, M. 2011. Carnap on Theoretical Terms: Structuralism without Metaphysics. *Synthese* 180: 249–263.

Frigg, R. and I. Votsis 2011. Everything You Always Wanted to Know About Structural Realism But Were Afraid to Ask. *European Journal for Philosophy of Science* 1: 227–276.

Gaifman, H., D. N. Osherson, and S. Weinstein 1990. A Reason for Theoretical Terms. *Erkenntnis* 32: 149–159.

Giere, R. N. 1988. *Explaining Science: A Cognitive Approach*. Chicago: Chicago University Press.

Giere, R. N. 2000. Theories. In W. H. Newton-Smith (ed.), *A Companion to the Philosophy of Science*. Oxford: Wiley-Blackwell, pp. 515–524.

Gillies, D. 1972. Operationalism. *Synthese* 25: 1–24.

Gillies, D. 1993. *Philosphy of Science in the Twetieth Century: Four Central Themes*. Oxford: Blackwell.

Girill, T. R. 1971. Formal Models and Achinstein's Analogies. *Philosophy of Science* 38: 96–104.

Girill, T. R. 1972. Analogies and Models Revisited. *Philosophy of Science* 39: 241–244.

Glymour, C. 1971. Theoretical Realism and Theoretical Equivalence. In R. C. Buck and R. Cohen (eds.), *Proceeding of the 1970 Biennial Meeting Philosophy of Science Association* (Vol. VIII, Boston Studies in the Philosophy of Science). Dordrecht: Reidel, pp. 275–288.

Glymour, C. 1992. *Realism and the Nature of Theories* (Introduction to the Philosophy of Science). Indianapolis and Cambridge: Hackett.

Goldstein, H. 1980. *Classical Mechanics*. Reading, MA: Addison Wesley.

Goodman, N. 1976. *Languages of Art* (2nd ed.). Indianapolis and Cambridge: Hacket.

Gratzl, N. and G. Schiemer 2017. Two Types of Indefinites: Hilbert & Russell. *IfCoLog Journal of Logics and their Applications* 4: 333–348.

Hacking, I. 1981. Do We See through a Microscope? *Pacific Philosophical Quarterly* 62: 305–322.

Hacking, I. 1983. *Representing and Intervening*. Cambridge: Cambridge University Press.

Hale, B. and C. Wright 2017. Putnam's Model-Theoretic Argument against Metaphysical Realism. In B. Hale, C. Wright, and A. Miller (eds.), *A Companion to the Philosophy of Language* (2nd ed.). New York: John Wiley & Sons, pp. 703–733.

Halvorson, H. 2012. What Scientific Theories Could Not Be. *Philosophy of Science* 79: 183–206.

Halvorson, H. 2016. Scientific Theories. In P. Humphreys (ed.), *The Oxford Handbook of Philosophy of Science*. Oxford: Oxford University Press, pp. 585–608.

Halvorson, H. 2020. Concluding Unscientific Image. *Metascience* 29: 177–185.

Hanson, N. R. 1958. *Patterns of Discovery*. Cambridge: Cambdridge University Press.

Hanson, N. R. 1969. Logical Positivism and the Interpretation of Scientific Theories. In P. Achinstein and S. F. Barker (eds.), *The Legacy of Logical Positivism*. Baltimore: Johns Hopkins Press, pp. 57–84.

Hardy, L. 2011. Reformulating and Reconstructing Quantum Theory. *arXiv:1104.2066v3*. https://arxiv.org/abs/1104.2066.

Harré, R. 2004. *Modeling: Gateway to the Unknown*. Amsterdam: Elsevier.

Harris, T. 2003. Data Models and the Acquisition and Manipulation of Data. *Philosophy of Science* 70: 1508–1517.

Heidelberger, M. 2003. Theory-Ladenness and Scientific Instruments in Experimentation. In H. Radder (ed.), *The Philosophy of Scientific Experimentation*. Pittsburgh: Pittsburgh University Press, pp. 138–151.

Hellman, G. 1989. *Mathematics without Numbers: Towards a Modal-Structural Interpretation*. Oxford: Oxford University Press.

Hempel, C. G. 1950. Problems and Changes in the Empiricist Criterion of Meaning. *Revue International de Philosophie* 11: 41–63.

Hempel, C. G. 1951. The Concept of Cognitive Significance: A Reconsideration. *Proceedings of the American Society of Arts and Science* 80: 61–77.

Hempel, C. G. 1952. *Fundamentals of Concept Formation in Empirical Science* (Vol. 2.7, International Encyclopedia of Unified Science). Chicago and London: University of Chicago Press.

Hempel, C. G. 1965. *Aspects of Scientific Explanation and Other Essays in the Philosophy of Science*. New York: Free Press.

Hempel, C. G. 1966. *Philosophy of Natural Science*. Princeton: Princeton University Press.

Hempel, C. G. 1969. On the Structure of Scientific Theories. In C. G. Hempel (ed.), *The Isenberg Memorial Lecture Series*. East Lansing: Michigan State University Press, pp. 11–38.

Hempel, C. G. 1970. On the 'Standard Conception' of Scientific Theories. In M. Radner and S. Winokur (eds.), *Minnesota Studies in the Philosophy of Science Vol. 4*. Minneapolis: University of Minnesota Press, pp. 142–163.

Hempel, C. G. 1973. The Meaning of Theoretical Terms: A Critique of the Standard Empiricist Construal. In P. Suppes, L. Henkin, A. Joja, and G. C. Moisil (eds.), *Logic, Methodology and Philosophy of Science Vol. IV*. Amsterdam: North Holland, pp. 367–378.

Hempel, C. G. 1977. Formulation and Formalization of Scientific Theories. In F. Suppe (ed.), *The Structure of Scientific Theories*. Urbana and Chicago: University of Illinois Press, pp. 244–254.

Hendry, R. F. and S. Psillos 2007. How to Do Things with Theories: An Interactive View of Language and Models in Science. In J. Brzezinski, A. Klawiter, T. A. F. Kuipers, K. Łastowski, K. Paprzycka, and P. Przybysz (eds.), *The Courage of Doing Philosophy: Essays Dedicated to Lezek Nowak*. Amsterdam and New York: Rodopi, pp. 123–157.

Hesse, M. B. 1961. *Forces and Fields. The Concept of Action at a Distance in the History of Physics*. London and Edinburgh: Thomas Nelson and Sons.

Hesse, M. B. 1963. *Models and Analogies in Science*. London: Sheed and Ward.

Hesse, M. B. 1967. Models and Analogy in Science. In P. Edwards (ed.), *Encyclopedia of Philosophy*. New York: Macmillan, pp. 354–359.

Hesse, M. B. 1969. Positivism and the Logic of Scientific Theories. In P. Achinstein and S. F. Barker (eds.), *The Legacy of Logical Positivism*. Baltimore: Johns Hopkins Press, pp. 85–114.

Hettema, H. and T. A. F. Kuipers 1988. The Periodic Table – Its Formalization, Status, and Relation to Atomic Theory. *Erkenntnis* 28: 387–408.

Hodges, W. 1997. *A Shorter Model Theory*. Cambridge: Cambridge University Press.

Hodges, W. 2018. Model Theory. In E. N. Zalta (ed.), *The Stanford Encyclopedia of Philosophy*. https://plato.stanford.edu/archives/fall2018/entries/model-theory/.

Hoefer, C. and G. Martí 2019. Water Has a Microstructural Essence after All. *European Journal for Philosophy of Science* 9: 1–15.

Hoefer, C. and G. Martí 2020. Realism, Reference & Perspective. *European Journal for Philosophy of Science* 10: 1–22.

Holgate, S. J., A. Matthews, P. L. Woodworth, L. J. Rickards, M. E. Tamisiea, E. Bradshaw, et al. 2013. New Data Systems and Products at the Permanent Service for Mean Sea Level. *Journal of Coastal Research* 29: 493–504.

Horgan, T. and J. Woodward 1985. Folk Psychology Is Here to Stay. *The Philosophical Review* 94: 197–226.

Horwich, P. 2006. The Nature of Meaning. In M. Devitt and R. Hanley (eds.), *The Blackwell Guide to the Philosophy of Language*. Oxford: Blackwell, pp. 43–57.

Hoyningen-Huene, P. 1993. *Reconstructing Scientific Revolutions: Thomas S. Kuhn's Philosophy of Science*. Chicago: Chicago University Press.

Hudetz, L. 2019. The Semantic View of Theories and Higher-Order Languages. *Synthese* 196: 1131–1149.

Hume, D. 1748. *An Enquiry Concerning Human Understanding*. Oxford: Oxford University Press, 2007.

Hutten, E. H. 1956. *The Language of Modern Physics. An Introduction to the Philosophy of Science* (2nd ed.). London: Novello.

Ippoliti, E. 2017. Dark Data. Some Methodological Issues in Finance. In E. Ippoliti and P. Chen (eds.), *Methods and Finance*. Cham: Springer, pp. 179–194.

Ippoliti, E. 2019. Models and Data in Finance: *Les Liaisons Dangereuses*. In Á. Nepomuceno-Fernández, L. Magnani, F. J. Salguero-Lamillar, C. Barés-Gómez, and M. Fontaine (eds.), *Model-Based Reasoning in Science and Technology. Inferential Models for Logic, Language, Cognition and Computation*. Cham: Springer, pp. 393–406.

Jeng, M. 2006. A Selected History of Expectation Bias in Physics. *American Journal of Physics* 74: 578–583.

Juhl, C. and E. Loomis 2010. *Analyticity*. London: Routledge.

Justus, J. 2006. Cognitive Significance. In S. Sarkar and J. Pfeifer (eds.), *The Philosophy of Science. An Encyclopedia*. New York and London: Routledge, pp. 131–140.

Justus, J. 2014. Carnap's Forgotten Criterion of Empirical Significance. *Mind* 123: 415–436.

Kalderon, M. E. (ed.) 2005. *Fictionalism in Metaphysics*. Oxford: Clarendon Press.

Ketland, J. 2004. Empirical Adequacy and Ramsification. *The British Journal for the Philosophy of Science* 55: 287–300.

Ketland, J. 2006. Craig's Theorem. In D. Borchert (ed.), *Encyclopedia of Philosophy* (Vol. 2, 2nd revised ed.), Farmington Hills, MI: Macmillan, pp. 583–584.

Kim, J. 1999. Making Sense of Emergence 95. *Philosophical Studies* 95: 3–36.

Kitcher, P. 2008. Carnap and the Caterpillar. *Philosophical Topics* 36: 111–127.

Klein, C. 2013. Multiple Realizability and the Semantic View of Theories. *Philosophical Studies* 163: 683–695.

Kosso, P. 1988. Dimensions of Observability. *The British Journal for the Philosophy of Science* 39: 449–467.

Kosso, P. 1989. *Observability and Observation in Physical Science*. Dordrecht: Kluwer Academic Publishers.

Kosso, P. 1992. *Reading the Book of Nature: An Introduction to the Philosophy of Science*. Cambridge: Cambridge University Press.

Kraft, V. 1950. *Der Wiener Kreis. Der Ursprung Des Neopositivismus*. Wien: Springer.

Kraft, V. 1953. *The Vienna Circle: The Origins of Neo-Positivism*. New York: Philosophical Library. Kuhn, T. S. 1970. *The Structure of Scientific Revolutions* (2nd ed.). Chicago: Chicago University Press.

Krantz, D. H., R. D. Luce, P. Suppes, and A. Tversky 1971. *Foundations of Measurement: Volume I, Additive and Polynomial Representations*. New York and London: Academic Press.

Krause, D. and J. R. B. Arenhart 2017. *The Logical Foundations of Scientific Theories: Languages, Structures, and Models*. New York and London: Routledge.

Kripke, S. 1980. *Naming and Necessity*. Cambridge, MA: Harvard University Press.

Kroon, F. W. 1985. Theoretical Terms and the Causal View of Reference. *Australasian Journal of Philosophy* 63: 143–166.

Kroon, F. W. 1987. Causal Descriptivism. *Australasian Journal of Philosophy* 65: 1–17.

Kuhn, T. S. 1970. *The Structure of Scientific Revolutions* (2nd ed.). Chicago: Chicago University Press.

Kuipers, T. A. F. 2001. Structures in Science. Heuristic Patterns Based on Cognitive Structures. An Advanced Textbook in Neo-Classical Philosophy of Science. In J. Hintikka (ed.), *Synthese Library*. Dordrecht: Springer, pp. 3–24.

Kusch, M. 2015. Microscopes and the Theory-Ladenness of Experience in Bas Van Fraassen's Recent Work. *Journal for General Philosophy of Science* 46: 167–182.

Lakatos, I. 1970. Falsificationism and the Methodology of Scientific Research Programmes. In I. Lakatos and A. Musgrave (eds.), *Criticism and the Growth of Knowledge*. Cambridge: Cambridge University Press, pp. 91–196.

Leitgeb, H. 2011. New Life for Carnap's *Aufbau*? *Synthese* 180: 265–299.

Leonelli, S. 2016. *Data- Centric Biology: A Philosophical Study*. Chicago and London: University of Chicago Press.

Leonelli, S. 2019. What Distinguishes Data from Models? *European Journal for Philosophy of Science* 9: Article 22.

Lewis, D. K. 1970. How to Define Theoretical Terms. *The Journal of Philosophy* 67: 427–446.

Lewis, D. K. 1972. Psychophysical and Theoretical Identifications. *Australasian Journal of Philosophy* 50: 249–258.

Lewis, D. K. 1994. Humean Supervenience Debugged. *Mind* 103: 473–490.

Lewis, D. K. 1999. *Papers in Metaphysics and Epistemology*. Cambridge: Cambridge University Press.

Linnebo, Ø. 2011. Higher-Order Logic. In L. Horsten and R. Pettigrew (eds.), *The Continuum Companion to Philosophical Logic*. London and New York: Continuum International Publishing Group, pp. 105–127.

Liu, C. 1997. Models and Theories I: The Semantic View Revisited. *International Studies in the Philosophy of Science* 11: 147–164.

Lloyd, E. A. 1994. *The Structure and Confirmation of Evolutionary Theory*. Princeton: Princeton University Press.

Lloyd, E. A. 2006. Theories. In S. Sarkar and J. Pfeifer (eds.), *The Philosophy of Science: An Encyclopedia*. New York: Routledge, pp. 822–828.

Lund, M. D. 2010. *N. R. Hanson. Observation, Discovery, and Scientific Change*. New York: Humanity Books.

Lupyan, G. 2015. Cognitive Penetrability of Perception in the Age of Prediction: Predictive Systems Are Penetrable Systems. *Review of Philosophy and Psychology* 6: 547–569.

Lutz, S. 2012a. Artificial Language Philosophy of Science. *European Journal for Philosophy of Science* 2: 181–203.
Lutz, S. 2012b. On a Straw Man in the Philosophy of Science: A Defence of the Received View. *HOPOS* 2: 77–120.
Lutz, S. 2014a. What's Right with the Syntactic Approach to Theories and Models? *Erkenntnis* 79: 1475–1492.
Lutz, S. 2014b. The Semantics of Scientific Theories. In A. Brożek and J. Jadacki (eds.), *Księga Pamiątkowa Marianowi Przełęckiemu W Darze Na 90-Lecie Urodzin.* Lublin: Norbertinum, pp. 33–67.
Lutz, S. 2014c. What's Right with the Syntactic Approach to Theories and Models? *Erkenntnis* 79: 1475–1492.
Lutz, S. 2017. What Was the Syntax-Semantics Debate in the Philosophy of Science About? *Philosophy and Phenomenological Research* 95: 319–352.
Lycan, W. G. 2008. *Philosophy of Language. A Contemporary Introduction* (2nd ed.). New York and London: Routledge.
Lyon, A. 2016. Data. In P. Humphreys (ed.), *The Oxford Handbook of Philosophy of Science*. Oxford: Oxford Univeristy Press, pp. 738–758.
Machover, M. 1996. *Set Theory, Logic and Their Limitations*. Cambridge: Cambridge University Press.
Manzano, M. 1996. *Extensions of First Order Logic*. Cambridge: Cambridge University Press.
Maxwell, G. 1962. The Ontological Status of Theoretical Entities. In M. Curd and J. A. Cover (eds.), *Philosophy of Science: The Central Issues*. New York and London: Norton, 1998, pp. 1052–1062.
Mayo, D. 1996. *Error and the Growth of Experimental Knowledge*. Chicago: University of Chicago Press.
McCauley, R. N. 2015. Maturationally Natural Cognition, Radically Counter-Intuitive Science, and the Theory-Ladenness of Perception. *Journal for General Philosophy of Science* 46: 183–199.
McGuinness, B. (ed.) 1979. *Ludwig Wittgenstein and the Vienna Circle. Conversations Recorded by Friedrich Waismann*. Oxford: Basil Blackwell.
Meinke, K. and J. V. Tucker (eds.) 1993. *Many-Sorted Logic and Its Applications*. Chichester and New York: John Wiley and Sons.
Meyer, H. 1951. On the Heuristic Value of Scientific Models. *Philosophy of Science* 18: 111–123.
Meyer, U. 2002. Is Science First – Order? *Analysis* 62: 305–308.
Michaelson, E. and M. Reimer 2019. Reference. In E. N. Zalta (ed.), *The Stanford Encyclopedia of Philosophy*. https://plato.stanford.edu/archives/spr2019/entries/ reference/.
Mill, J. S. 1843. Of Names. In J. M..Robson (ed.), *He Collected Works of John Stuart Mill* (Vol. VII). Toronto: University of Toronto Press and Routledge & Keagan Paul, 1974, pp. 24–45.
Miller, A. 2007. *Philosophy of Language* (2nd ed.). London and New York: Routledge.
Montague, R. 1974. Deterministic Theories. In R. H. Thomason (ed.), *Formal Philosophy. Selected Papers of Richard Montague*. New Haven and London: Yale University Press, pp. 303–359.
Moore, G. H. 1988. The Emergence of First-Order Logic. In W. Aspray and P. Kitcher (eds.), *History and Philosophy of Modern Mathematiacs. Minnesota Studies in the*

Philosophy of Science Vol XI. Minnesota: University of Minnesota Press, pp. 95–135.

Morgan, M. S. and M. Morrison (eds.) 1999. *Models as Mediators: Perspectives on Natural and Social Science*. Cambridge: Cambridge University Press.

Mormann, T. 2007. The Structure of Scientific Theories in Logical Empiricism. In A. Richardson and T. Uebel (eds.), *The Cambridge Companion to Logical Empiricism*. Cambridge: Cambridge University Press, pp. 136–162.

Morrison, M. 2016. Models and Theories. In P. Humphreys (ed.), *The Oxford Handbook of Philosophy of Science*. Oxford: Oxford University Press, pp. 378–396.

Morrot, G., F. Brochet, and D. Dubourdieu 2001. The Color of Odors. *Brain and Language* 79: 309–320.

Moulines, C.-U. 2002. Introduction: Structuralism as a Program for Modelling Theoretical Science. *Synthese* 130: 1–11.

Muller, F. A. 1997a. The Equivalence Myth of Quantum Mechanics – Part I. *Studies in History and Philosophy of Modern Physics* 28: 35–61.

Muller, F. A. 1997b. The Equivalence Myth of Quantum Mechanics – Part II. *Studies in History and Philosophy of Modern Physics* 28: 219–241.

Muller, F. A. 2004. Review of Patrick Suppes' "Representation and Invariance in Scientific Structures". *Studies in History and Philosophy of Modern Physics* 35: 713–720.

Muller, F. A. 2011. Reflections on the Revolution at Stanford. *Synthese* 183: 87–114.

Mundy, B. 1987. Scientific Theory as Partially Interpreted Calculus. *Erkenntnis* 27: 173–196.

Myrvold, W. C. and W. L. Harper 2002. Model Selection, Simplicity, and Scientific Inference. *Philosophy of Science* 69.

Nagel, E. 1961. *The Structure of Science*. London: Routledge and Keagan Paul.

Nagel, E. 1961. *The Structure of Science*. London: Routledge and Keagan Paul.

Newman, M. H. A. 1928. Mr. Russell's 'Causal Theory of Perception'. *Mind* 37: 137–148.

Newton, I. 1726. *The Principia. Mathematical Principles of Natural Philosophy. The Authoritative Translation by I. Bernard Cohen and Anne Whitman Assisted by Julia Budenz* (A. Motte, Trans.). Oakland: University of California Press, 1999.

Nickles, T. 2021. Whatever Happened to the Logic of Discovery? From Transparent Logic to Alien Reasoning. In W. J. González (ed.), *Current Trends in Philosophy of Science: A Prospective for the Near Future* (Synthese Library). Cham: Springer, pp. TBA.

Nola, R. 1980. Fixing the Reference of Theoretical Terms. *Philosophy of Science* 47: 505–531.

Odenbaugh, J. 2008. Models. In S. Sarkar and A. Plutynski (eds.), *A Companion to the Philosophy of Biology*. Malden, MA: Wiley-Blackwell, pp. 506–534.

Okruhlik, K. 2014. Bas Van Fraassen's Philosophy of Science and His Epistemic Voluntarism. *Philosophy Compass* 9: 653–661.

Padovani, F. 2017. Coordination and Measurement: What We Get Wrong About What Reichenbach Got Right. In M. Massimi, R. Jan-Willem, and S. Gerhard (eds.), *Epsa15 Selected Papers: The 5th Conference of the European Philosophy of Science Association in Düsseldorf* (Vol. 49–60). Cham: Springer.

Papineau, D. 1996. Theory-Dependent Terms. *Philosophy of Science* 63: 1–20.

Parker, W. S. 2016. Reanalyses and Observations. What's the Difference? *Bulletin of the American Meteorological Society* 97: 1565–1572.

Parker, W. S. 2020. Local Model-Data Symbiosis in Meteorology and Climate Science. *Philosophy of Science* 97: 807–818.
Percival, P. 2000. Theoretical Terms: Meaning and Reference. In W. H. Newton-Smith (ed.), *A Companion to the Philosophy of Science*. Oxford: Wiley-Blackwell, pp. 495–514.
Pero, F. and M. Suárez 2016. Varieties of Misrepresentation and Homomorphism. *European Journal for Philosophy of Science* 6: 71–90.
Popper, K. R. 1959. *The Logic of Scientific Discovery*. London: Routledge, 2002.
Przełęcki, M. 1974. A Set Theoretic Versus a Model Theoretic Approach to the Logical Structure of Physical Theories. *Studia Logica* 33: 91–105.
Psillos, S. 1999. *Scientific Realism: How Science Tracks Truth*. London: Routledge.
Psillos, S. 2000c. Rudolf Carnap's 'Theoretical Concepts in Science'. *Studies in History and Philosophy of Science* 31: 151–172.
Psillos, S. 2000a. Carnap, the Ramsey Sentence and Realistic Empiricism. *Erkenntnis* 52: 253–279.
Psillos, S. 2000b. Rudolf Carnap's 'Theoretical Concepts in Science'. *Studies in History and Philosophy of Science* 31: 151–172.
Psillos, S. 2006. Ramsey's Ramsey-Sentences. In M. C. Galavotti (ed.), *Cambridge and Vienna: Frank P. Ramsey and the Vienna Circle* (Vienna Circle Institute Yearbook, Vol. 12). Berlin: Springer, pp. 67–90.
Psillos, S. 2012. Causal Descriptivism and the Reference of Theoretical Terms. In A. Raftopoulos and P. Machamer (eds.), *Perception, Realism and the Problem of Reference*. Cambridge: Cambridge University Press, pp. 212–238.
Psillos, S. and D. Christopoulou 2009. The a Priori: Between Conventions and Implicit Definitions In N. Kompa, C. Nimtz, and C. Suhm (eds.), *The a Priori and Its Role in Philosophy*. Paderborn: Mentis, pp. 205–220.
Putnam, H. 1962. What Theories Are Not. In E. Nagel, P. Suppes, and A. Tarski (eds.), *Logic, Methodology, and the Philosophy of Science*. reprinted in *Hilary Putnam: Mathematics, Matter and Method. Philosophical Papers Vol. 1*. Cambridge: Cambridge University Press, pp. 215–227.
Putnam, H. 1965. Craig's Theorem. *The Journal of Philosophy* 62: 251–260.
Putnam, H. 1973. Meaning and Reference. *The Journal of Philosophy* 70: 699–611.
Pylyshyn, Z. 2003. *Seeing and Visualizing. It's Not What You Think*. Cambridge, MA: MIT Press.
Quine, W. V. O. 1951. Two Dogmas of Empiricism. *The Philosophical Review* 60: 20–43.
Quine, W. V. O. 1953. *From a Logical Point of View*. Cambridge, MA: Harvard University Press.
Quine, W. V. O. 1964. Implicit Definition Sustained. *The Journal of Philosophy* 61: 71–74.
Quine, W. V. O. 1969. *Ontological Relativity and Other Essays*. New York: Columbia University Press.
Quine, W. V. O. 1975. On Empirically Equivalent Systems of the World. *Erkenntnis* 9: 313–328.
Raftopoulos, A. 2001a. Is Perception Informationally Encapsulated? The Issue of the Theory-Ladenness of Perception. *Cognitive Science* 25: 423–451.
Raftopoulos, A. 2001b. Reentrant Neural Pathways and the Theory-Ladenness of Perception. *Philosophy of Science* 68: 187–199.

Raftopoulos, A. 2015. The Cognitive Impenetrability of Perception and Theory-Ladenness. *Journal for General Philosophy of Science* 46: 87–103.
Ramsey, F. P. 1929. Theories. In R. Braithwaite (ed.), *The Foundations of Mathematics and Other Logical Essays* (2nd ed.). London: Routlege and Kegan Paul, 1950, pp. 212–236.
Rédei, M. 1998. *Quantum Logic in Algebraic Approach*. Dordrecht: Springer.
Rédei, M. and M. Stöltzner 2006. Soft Axiomatisation: John Von Neumann on Method and Von Neumann's Method in the Physical Sciences. In E. Carson and R. Huber (eds.), *Intuition and the Axiomatic Method*. Dordrecht: Springer, pp. 235–249.
Redhead, M. 1980. Models in Physics. *The British Journal for the Philosophy of Science* 31: 145–163.
Redhead, M. 2001. The Intelligibility of the Universe. In A. O'Hear (ed.), *Philosophy at the New Millennium*. Cambridge: Cambridge University Press, pp. 73–90.
Reichenbach, H. 1929. The Aims and Methods of Physical Knowledge. In M. Reichenbach and R. Cohen (eds.), *Selected Writings 1909–1953* (Vol. 2). Dordrecht: Reidel, 1953, pp. 120–225.
Resnik, M. D. 1997. *Mathematics as a Science of Patterns*. Oxford: Oxford University Press.
Rey, G. 2018. The Analytic/Synthetic Distinction. In E. N. Zalta (ed.), *The Stanford Encyclopedia of Philosophy*. https://plato.stanford.edu/archives/win2020/entries/analyticsynthetic/.
Richardson, A. 1997. *Carnap's Construction of the World: The Aufbau and the Emergence of Logical Empiricism*. Cambridge: Cambridge University Press.
Richardson, A. 2006. Rational Reconstruction. In S. Sarkar and J. Pfeifer (eds.), *The Philosophy of Science. An Encyclopedia*. New York and London: Routledge, pp. 681–685.
Richardson, A. 2007. 'That Sort of Everyday Image of Logical Positivism' Thomas Kuhn and the Decline of Logical Empiricist Philosophy of Science. In A. Richardson and T. Uebel (eds.), *The Cambridge Companion to Logical Empiricism*. Cambridge: Cambridge University Press, pp. 346–369.
Richardson, A. and T. Uebel (eds.) 2007. *The Cambridge Companion to Logical Empiricism*. Cambridge: Cambridge University Press.
Rickart, C. E. 1995. *Structuralism and Structure: A Mathematical Perspective*. Singapore: World Scientific.
Rickles, D. 2020. *What Is Philosophy of Science*? Cambridge: Polity Press.
Romeijn, J.-W. 2017. Philosophy of Statistics. In E. N. Zalta (ed.), *The Stanford Encyclopedia of Philosophy*. https://plato.stanford.edu/archives/spr2017/entries/ statistics/.
Rorty, R. M. (ed.) 1967. *The Linguistic Turn. Essays in Philosophical Method*. Chicago: Chicago University Press.
Rosen, G. 1994. What Is Constructive Empiricism? *Philosophical Studies* 74: 143–178.
Rosenberg, A. 2000. *Philosophy of Science: A Contemporary Introduction*. London: Routledge.
Rosenthal, R. and K. L. Fode 1963. The Effect of Experimenter Bias on the Performance of the Albino Rat. *Behavioural Science* 8: 183–189.
Russell, B. 1905. On Denoting. *Mind* 14: 479–493.
Russell, B. 1919. *Introduction to Mathematical Philosophy*. London and New York: Routledge, 1993.
Russell, G. 2007. Fictional Characters. *Philosophy Compass* 2: 712–729.

Salmon, W. C. 2000. Logical Empiricism. In W. H. Newton-Smith (ed.), *A Companion to the Philosophy of Science*. Malden: Blackwell, pp. 233–242.
Savage, C. W. 1998. *The Semantic (Mis)Concdeption of Theories*. http://citeseerx.ist.psu. edu/viewdoc/download?doi=10.1.1.14.6280&rep=rep1&type=pdf.
Scerri, E. R. 1997. Has the Periodic Table Been Successfully Axiomatised? *Erkenntnis* 47: 229–243.
Schaffner, K. F. 1969. Correspondence Rules. *Philosophy of Science* 36: 280–290.
Scheffler, I. 1957a. Prospects of a Modest Empiricism, I. *Review of Metaphysics* 10: 383–400.
Scheffler, I. 1957b. Prospects of a Modest Empiricism, II. *Review of Metaphysics* 10: 602–625.
Scheffler, I. 1968. Reflections on the Ramsey Method. *The Journal of Philosophy* 65: 269–274.
Schiemer, G. and N. Gratzl 2016. The Epsilon-Reconstruction of Theories and Scientific Structuralism. *Erkenntnis* 81: 407–432.
Schilpp, P. A. (ed.) 1963. *The Philosophy of Rudolf Carnap* (Vol. XI, The Library of Living Philosophers). La Salle: Open Court.
Schindler, S. 2013a. Observation and Theory-Ladenness. In B. Kaldis (ed.), *Encyclopedia of Philosophy and the Social Sciences*. Los Angeles: Sage, pp. 694–697.
Schindler, S. 2013b. Theory-Laden Experimentation. *Studies in History and Philosophy of Science* 44: 89–101.
Schlick, M. 1925. *Allgemeine Erkenntnislehre* (2nd ed.). Berlin: Springer.
Schlick, M. 1936. Meaning and Verification. *The Philosophical Review* 45: 339–369.
Schlimm, D. 2006. Axiomatics and Progress in the Light of 20th Century Philosophy of Science and Mathematics. In B. Löwe, V. Peckhaus, and T. Räsch (eds.), *Foundations of the Formal Sciences IV: The History of the Concept of the Formal Sciences*. London: College Publications, pp. 233–253.
Schlimm, D. 2011. On the Creative Role of Axiomatics. The Discovery of Lattices by Schröder, Dedekind, Birkhoff, and Others. *Synthese* 183: 47–68.
Schlimm, D. 2013. Axioms in Mathematical Practice. *Philosophia Mathematica* 21: 37–92.
Schurz, G. 2015. Ostensive Learnability as a Test Criterion for Theory-Neutral Observation Concepts. *Journal for General Philosophy of Science* 46: 139–153.
Shapere, D. 1969. Notes Towards a Post-Positivistic Interpretation of Science. In P. Achinstein and S. F. Barker (eds.), *The Legacy of Logical Positivism*. Baltimore: Johns Hopkins Press, pp. 115–160.
Shapere, D. 1982. The Concept of Observation in Science and Philosophy. *Philosophy of Science* 49: 485–525.
Shapiro, S. 1983. Mathematics and Reality. *Philosophy of Science* 50: 523–548.
Shapiro, S. 1991. *Foundations without Foundationalism: A Case for Second-Order Logic*. Oxford: Oxford University Press.
Shapiro, S. 2000. *Thinking About Mathematics*. Oxford: Oxford University Press.
Skorupski, J. 1997. Meaning, Use, Verification. In B. Hale and C. Wright (eds.), *A Companion to the Philosophy of Language*. Oxford: Blackwell, pp. 29–59.
Smith, P. 2003. *An Introduction to Formal Logic* (2nd ed.). Cambridge: Cambridge University Press.
Smith, P. 2013. *An Introduction to Gödel's Theorems* (2nd ed.). Cambridge: Cambridge University Press.

Sneed, J. D. 1971. *The Logical Structure of Mathematical Physics* (2nd revised ed.). Dordrecht: Reidel.

Sober, E. 1999. Multiple Realizability Argument against Reductionism. *Philosophy of Science* 66: 542–564.

Sober, E. 2002. Instrumentalism, Parsimony, and the Akaike Framework. *Philosophy of Science* 69.

Sober, E. 2004. Likelihood, Model Selection, and the Duhem-Quine Problem. *The Journal of Philosophy* 101: 221–241.

Sober, E. 2015. *Ockham's Razors: A User's Manual*. Cambridge: Cambridge University Press.

Solomon, G. 1990. What Became of Russell's Relation-Arithmetic? *Russell* 9: 168–173.

Spector, M. 1965. Models and Theories. *The British Journal for the Philosophy of Science* 16: 121–142.

Stadler, F. 2001. *The Vienna Circle: Studies in the Origins, Development and Influence of Logical Empiricism*. Berlin and New York: Springer.

Starr, W. 2019. Counterfactuals. In E. N. Zalta (ed.), *The Stanford Encyclopedia of Philosophy*. https://plato.stanford.edu/archives/fall2019/entries/counterfactuals/.

Stegmüller, W. 1979. *The Structuralist View of Theories: A Possible Analogue of the Bourbaki Programme in Physical Science*. New York and Berlin: Springer.

Stobierski, T. 2019. What Is Statistical Modelling for Data Analysis. *Northeastern University Graduate Programs Blog*. www.northeastern.edu/graduate/blog/ statistical-modeling-for-data-analysis/.

Stöltzner, M. 2001. Opportunistic Axiomatics – Von Neumann on the Methodology of Mathematical Physics. In M. Rédei and M. Stöltzner (eds.), *John Von Neumann and the Foundation of Quantum Physics*. Dordrecht: Kluwer, pp. 235–249.

Strawson, G. 2014. *The Secret Connexion. Causation, Realism, and David Hume* (2nd ed.). Oxford: Oxford University Press.

Suppe, F. 1971. On Partial Interpretation. *The Journal of Philosophy* 68: 57–76.

Suppe, F. 1972. What's Wrong with the Received View on the Structure of Scientific Theories? *Philosophy of Science* 39: 1–19.

Suppe, F. 1977. The Search for Philosophical Understanding of Scientific Theories. In F. Suppe (ed.), *The Structure of Scientific Theories*. Urbana and Chicago: University of Illinois Press, pp. 3–241.

Suppe, F. 1989. *The Semantic Conception of Theories and Scientific Realism*. Urbana and Chicago: University of Illinois Press.

Suppe, F. 1998. Theories, Scientific. In E. Craig (ed.), *Routledge Encyclopedia of Philosophy* (Vol. 2008). London: Routledge, pp. 344–355.

Suppe, F. 2000a. Axiomatization. In W. H. Newton-Smith (ed.), *A Companion to the Philosophy of Science*. Oxford: Wiley-Blackwell, pp. 9–11.

Suppe, F. 2000b. Theory Identity. In W. H. Newton-Smith (ed.), *A Companion to the Philosophy of Science*. Oxford: Wiley-Blackwell, pp. 525–527.

Suppe, F. 2000c. Understanding Scientific Theories: An Assessment of Developments, 1969–1998. *Philosophy of Science* 67: 102–115.

Suppe, F. 2000d. Craig's Theorem. In W. H. Newton-Smith (ed.), *A Companion to the Philosophy of Science*. Oxford: Wiley-Blackwell, pp. 65–67.

Suppes, P. 1960. A Comparison of the Meaning and Uses of Models in Mathematics and the Empirical Sciences. In P. Suppes (ed.), *Studies in the Methodology and*

Foundations of Science: Selected Papers from 1951 to 1969. Dordrecht: Reidel, 1969, pp. 10–23.

Suppes, P. 1962. Models of Data. In P. Suppes (ed.), *Studies in the Methodology and Foundations of Science: Selected Papers from 1951 to 1969*. Dordrecht: Dordrecht, 1969, pp. 24–35.

Suppes, P. 1967. What Is a Scientific Theory. In S. Morgenbesser (ed.), *Philosophy of Science Today*. New York: Basic Books, pp. 66–67.

Suppes, P. 1992. Axiomatic Methods in Science. In M. E. Carvallo (ed.), *Nature, Cognition and System II. Current Systems-Scientijic Research on Natural and Cognitive Systems. Volume 2: On Complementarity and Beyond*. Dordrecht: Springer, pp. 205–232.

Suppes, P. 2002. *Representation and Invariance of Scientific Structures*. Stanford: CSLI Publications.

Suppes, P. 2007. Statistical Concepts in Philosophy of Science. *Synthese* 154: 485–496.

Swanson, J. W. 1966. On Models. *The British Journal for the Philosophy of Science* 17: 297–311.

Tal, E. 2013. Old and New Problems in Philosophy of Measurement. *Philosophy Compass* 8: 1159–1173.

Tal, E. 2016. Making Time: A Study in the Epistemology of Measurement. *British Journal for the Philosophy of Science* 67: 297–335.

Tal, E. 2017. Measurement in Science. In E. N. Zalta (ed.), *The Stanford Encyclopedia of Philosophy*. http://plato.stanford.edu/archives/sum2015/entries/measurement-science/.

Tarski, A. 1953. *Undecidable Theories*. Amsterdam: North-Holland Publishing Company. Thomson-Jones, M. 2006. Models and the Semantic View. *Philosophy of Science* 73: 524–535.

Teira, D. 2013. A Contractarian Solution to the Experimenter's Regress. *Philosophy of Science* 80: 709–720.

Teller, P. 2001. Whither Constructive Empiricism. *Philosophical Studies* 106: 123–150.

Thompson, P. 1989. *The Structure of Biological Theories*. Albany: State University of New York Press.

Thomson-Jones, M. 2012. Modeling without Mathematics. *Philosophy of Science* 79: 761–772.

Torretti, R. 1990. *Creative Understanding: Philosophical Reflections on Physics*. Chicago: The University of Chicago Press. Uebel, T. 2007. *Empiricism at the Crossroads: The Vienna Circle's Protocol-Sentence Debate*. Chicago: Open Court.

Tuomela, R. 1973. *Theoretical Concepts*. Wien and New York: Springer.

Uebel, T. 2007. *Empiricism at the Crossroads: The Vienna Circle's Protocol-Sentence Debate*. Chicago: Open Court.

Uebel, T. 2011. Carnap's Ramseyfication Defended. *European Journal for Philosophy of Science* 1: 71–87.

Uebel, T. 2019. Verificationism and (Some of) Its Discontents. *Journal for the History of Analytical Philosophy* 7: 1–32.

Väänänen, J. 2020. Second-Order and Higher-Order Logic. In E. N. Zalta (ed.), *The Stanford Encyclopedia of Philosophy*. https://plato.stanford.edu/archives/fall2020/entries/ logic-higher-order/

van Fraassen, B. C. 1980. *The Scientific Image*. Oxford: Oxford University Press.

van Fraassen, B. C. 1985. Empiricism in the Philosophy of Science. In P. M. Churchland and C. A. Hooker (eds.), *Images of Science*. Chicago: Chicago University Press, pp. 245–308.

van Fraassen, B. C. 1994. Gideon Rosen on Constructive Empiricism. *Philosophical Studies* 74: 179–192.

van Fraassen, B. C. 2001. Constructive Empiricism Now. *Philosophical Studies* 106: 151–171.

van Fraassen, B. C. 2008. *Scientific Representation: Paradoxes of Perspective*. Oxford: Oxford University Press.

von Neumann, J. 1932. *Mathematical Foundations of Quantum Mechanics*. Princeton: Princeton University Press, 1955.

Votsis, I. 2015. Perception and Observation Unladened. *Philosophical Studies* 172: 563–585.

Votsis, I. 2018. Putting Theory-Ladenness to the Test. *Cognitive Science Society Proceedings*: 2630–2635. Votsis, I. 2020. Theory-Ladenness: Testing the 'Untestable'. *Synthese* 197: 1447–1465. Wasserman, L. 2004. *All of Statistics: A Concise Course in Statistical Inference*. New York: Springer.

Weatherall, J. O. 2019a. Part 1: Theoretical Equivalence in Physics. *Philosophy Compass* 14(5): e12592: 1–11.

Weatherall, J. O. 2019b. Part 2: Theoretical Equivalence in Physics. *Philosophy Compass* 14(5): e12591: 1–12.

Williams, J. B., D. Popp, K. A. Kobak, and M. J. Detke 2012. The Power of Expectation Bias. *European Psychiatry* 27: 1.

Williamson, J. 2017. Models in Systems Medicine. *Disputatio* 9: 429–469. Wolfson, R. J. 1970. Points of View, Scientific Theories and Econometric Models. *Philosophy of Science* 37: 249–260.

Wilson, F. 1964. Implicit Definitions Once Again. *The Journal of Philosophy* 62: 364–374.

Wimsatt, W. C. 1987. False Models as Means to Truer Theories. In M. H. Nitecki and A. Hoffman (eds.), *Neutral Models in Biology*. New York and Oxford: Oxford University Press, pp. 23–55.

Winnie, J. A. 1965. Theoretical Terms and Partial Definitions. *Philosophy of Science* 32: 324–328.

Winnie, J. A. 1967. The Implicit Definition of Theoretical Terms. *The British Journal for the Philosophy of Science* 18: 223–229.

Winther, R. G. 2016. The Structure of Scientific Theories. In E. N. Zalta (ed.), *The Stanford Encyclopedia of Philosophy*. https://plato.stanford.edu/archives/win2016/entries/ structure-scientific-theories/.

Woodward, J. 2010. Data, Phenomena, Signal, and Noise. *Philosophy of Science* 182: 792–803.

Worrall, J. 1984. An Unreal Image. *The British Journal for the Philosophy of Science* 34: 65–80.

Worrall, J. 2007a. Miracles and Models: Why Reports of the Death of Structural Realism May Be Exaggerated. In A. O'Hare (ed.), *Philosophy of Science*. Cambridge: Cambridge University Press, pp. 125–154.

Worrall, J. 2007b. Why There's No Cause to Randomize. *The British Journal for the Philosophy of Science* 58: 451–488.

PARTE II

Capítulo 5: PENSAR A TRAVÉS DE ESTRUCTURAS

5.1 Introducción

Una forma radical de abordar los retos a los que se enfrenta el Enfoque Recibido es hacer borrón y cuenta nueva y empezar de cero. Este es el camino elegido por el Enfoque Modelo-Teórico de las Teorías. Este enfoque es más conocido como la "Visión Semántica de las Teorías", pero por razones que discutiremos más adelante, este nombre es erróneo y utilizaré en su lugar la etiqueta "Enfoque Modelo-Teórico de las Teorías" (o "Enfoque Modelo-Teórico", para abreviar). Esta visión tiene diferentes versiones, y encontraremos muchas de ellas en esta parte del libro. La versión original fue formulada por Suppes a finales de la década de 1950 y principios de la de 1960, y las versiones posteriores se basan en ella de diversas maneras. Por esta razón, comenzamos con una discusión detallada de la versión de Suppes del Enfoque Modelo-Teórico (Sección 5.2). A continuación, ofrecemos una visión general de otras visiones que se engloban en el Enfoque Modelo-Teórico (Sección 5.3) y revisamos las esperanzas y promesas asociadas al Enfoque Modelo-Teórico (Sección 5.4). A continuación, nos embarcamos en una discusión detallada del papel del lenguaje en el Enfoque Modelo-Teórico y de lo que significa que dos teorías sean equivalentes (Sección 5.5). Se afirma que los modelos no previstos son un problema para el Enfoque Recibido, y discutimos cómo el Enfoque Modelo-Teórico aborda esta cuestión (Sección 5.6*). El "quietismo" es una posición según la cual muchos de los problemas con los que hemos estado luchando hasta ahora pueden evitarse simplemente guardando silencio sobre lo que son las teorías. Introducimos esta postura y argumentamos que los problemas filosóficos con los que hemos estado luchando hasta ahora no pueden exorcizarse de esta manera, y que tenemos que abordarlos de frente (sección 5.7). A continuación, discutimos lo que yo llamo la visión dual de las teorías, que ofrece una sugerencia positiva sobre cómo hacerlo (sección 5.8). Terminamos haciendo un balance y comentando formas alternativas de analizar las teorías (sección 5.9).

5.2 El estructuralismo de Suppes

Suppes insta a la comunidad filosófica a abandonar la focalización del Enfoque Recibido en el lenguaje de una teoría y centrarse en cambio en los modelos de la teoría. Lamentaba "la fuerte tendencia de muchos filósofos" a discutir la estructura lógica de una teoría "en términos puramente sintácticos" e insistía en que "desde un punto de vista lógico, es pertinente y natural hablar de los modelos de la teoría" (Suppes 2002, 3, cf. 1967, 57). Tras recopilar citas sobre modelos de científicos que trabajan en las ciencias físicas, las ciencias biológicas, las ciencias sociales, la estadística matemática y las matemáticas aplicadas, Suppes afirma:

> Afirmo que el concepto de modelo en el sentido de Tarski puede utilizarse sin distorsión como concepto fundamental en todas las disciplinas de las que se han extraído las citas anteriores. En este sentido, afirmaría que (el significado de) el concepto de modelo es el mismo en matemáticas y en las ciencias empíricas. (2002, 20-21, cf. 1960, 12-17, 1962, 24-25)

En la sección 2.6 hemos visto que un modelo en el sentido de Tarski es una estructura teórico conjuntista *S* que se utiliza como modelo lógico, lo que significa que los términos de una oración formal (o conjunto de oraciones) se interpretan como referidos a elementos de la estructura, de modo que las afirmaciones de la oración formal resultan verdaderas. El conjunto de oraciones es lo que el Enfoque Recibido considera la teoría. También hemos visto que considerar modelos además de oraciones formales puede arrojar luz sobre aspectos importantes de los sistemas formales, y Suppes recomienda que utilicemos la perspectiva de la teoría de modelos al analizar teorías científicas. Pero Suppes pretende ir más allá de llamar la atención de los filósofos de la ciencia sobre un subcampo de la lógica formal. Insta a un cambio radical en la forma tradicional de pensar sobre las teorías científicas. El Enfoque Recibido considera una teoría como un sistema formal interpretado en términos de su materia y, por lo tanto, asigna al sistema formal lingüístico un papel central. Suppes considera que esto es un error y sostiene que lo importante de una teoría son sus modelos y no su expresión en un lenguaje formal. Esto tiene importantes implicaciones para la forma en que se analiza una teoría. El método tradicional para estudiar los modelos de una teoría *T* consistiría en axiomatizar primero *T* y luego examinar las estructuras que satisfacen *T*. Suppes sugiere que nos saltemos la formulación de una teoría en un lenguaje formal describiendo directamente la clase (o familia) de modelos de la teoría *T*, sin presentar primero un conjunto de axiomas.

Para aclarar esta idea, debemos introducir dos conceptos cruciales de la filosofía de Suppes: la dicotomía entre caracterizaciones intrínsecas y extrínsecas de una teoría y la noción de predicado teórico conjuntista. Si una teoría se presenta como un cálculo lógico en lógica de primer orden, entonces se le da a la teoría una *caracterización intrínseca* (2002, 5, 28). Suppes se refiere a esto como una "formalización estándar" de una teoría porque la caracterización intrínseca es la caracterización formal de una teoría atribuida al Enfoque Recibido.[203] Un enfoque alternativo es definir la clase de modelos previstos de una teoría *directamente*, sin un "desvío" a través de un cálculo de primer orden. Tal especificación es una *caracterización extrínseca* de la teoría.

[203] Sin embargo, como señalamos en el capítulo 1, el Enfoque Recibido no se compromete con la lógica de primer orden.

Dar una caracterización extrínseca equivale a formular un *predicado teórico conjuntista* (ahora a veces también llamado *predicado de Suppes*).[204] Un predicado teórico conjuntista τ se aplica a estructuras teóricas, y las estructuras que satisfacen el predicado forman la clase C_τ. El predicado en sí mismo se define en términos teóricos conjuntistas. Suppes señala que nada depende de la versión concreta de la teoría de conjuntos que elijamos: podemos elegir, por ejemplo, la teoría de conjuntos de Zermelo-Fraenkel, o podemos operar en la teoría de conjuntos naíf (o informal).[205] Dado que los conceptos matemáticos pueden definirse en términos de la teoría de conjuntos, también se pueden utilizar conceptos matemáticos al escribir predicados teóricos conjuntistas (ya que habrán sido definidos previamente y se pueden presuponer estas definiciones). Así que, en efecto, podemos utilizar todo el aparato de la teoría de conjuntos y las matemáticas para formular un predicado teórico conjuntista.

Como ejemplo, consideremos el predicado teórico conjuntista cuasi-orden (*quasi-ordering*, Suppes 1957, 250).[206] Sea Q ese predicado y $Q(S)$ la afirmación de que la estructura S es un cuasi-orden. Como hemos visto en la sección 2.6, una estructura es una tupla $S = (U, R)$, donde U es el dominio de la estructura y R es un conjunto indexado de relaciones sobre U. El predicado Q se define entonces de la siguiente manera: $Q(S)$ si y solo si existe una relación binaria $r \in R$ que es reflexiva y transitiva.[207] Este predicado se aplica a algunas estructuras, pero no a otras, y C_Q es la clase de estructuras a las que se aplica Q.

Dar una caracterización extrínseca de una teoría T equivale a definir un predicado teórico conjuntista τ tal que C_τ es la clase de modelos de la teoría. Suppes también se refiere a la definición de τ como la *axiomatización extrínseca* de T (2002, 28) y resume el núcleo de su punto de vista en el eslogan "axiomatizar una teoría es definir un predicado teórico conjuntista" (*ibid.*, 30, cf. 1957, 249).[208] En el contexto de una axiomatización extrínseca no hay ninguna oración formal sin interpretar (del tipo que hemos visto en el capítulo 2) cuyos términos se interpreten luego como referidos a elementos de la estructura, por lo que la definición original de un modelo como una estructura que hace verdadera una

---

[204] Véase Suppes (1957, 249-260, 2002, 30-35). Da Costa y Chuaqui (1988) proporcionan una definición de predicado teórico conjuntista en términos de la teoría de estructuras de Bourbaki.

[205] Véase Suppes (1967, 60-62, 2002, 5-6, 27-32). Suppes utilizaba a menudo la teoría informal de conjuntos, y algunos de sus seguidores han considerado este método como el preferible (véase, por ejemplo, Moulines y Sneed 1979, 65-66). Krause y Arenhart (2017, xii) señalan que esto no está exento de peligros, ya que la teoría informal de conjuntos es inconsistente, y ofrecen un análisis detallado de varios métodos de formalización.

[206] Otro ejemplo sería grupo; véase Suppes (1988).

[207] Una relación binaria es reflexiva si, para todo elemento de $a \in U$, la relación se aplica al propio elemento: r(a, a). Un ejemplo de relación reflexiva es la igualdad en el conjunto de los números, ya que cada número es igual a sí mismo. Una relación es transitiva si para cualquier tres elementos $a_1, a_2, a_3 \in U$ se cumple lo siguiente: si $r(a_1, a_2)$ y $r(a_2, a_3)$, entonces $r(a_1, a_3)$. Un ejemplo sencillo de relación transitiva es más alto que.

[208] Suppes (1957, 250-252) ofrece razones por las que las axiomatizaciones son generalmente deseables.

oración formal no encaja bien con una axiomatización extrínseca (de hecho, la noción pertenece a una axiomatización intrínseca). Por esta razón, Suppes ofrece una definición alternativa, a saber, que "cuando una teoría se axiomatiza definiendo un predicado teórico conjuntista, por *modelo de* la teoría entendemos simplemente una entidad que satisface el predicado" (1957, 253). Así, los modelos de la teoría son ahora los elementos de la clase C_τ.

Ahora hay tres elementos diferentes sobre la mesa: caracterizaciones intrínsecas, caracterizaciones extrínsecas (a través de un predicado teórico conjuntista τ) y la clase C_τ a la que se aplica el predicado teórico conjuntista τ. Suppes no aborda directamente la cuestión de qué constituye una teoría y su posición al respecto es algo elusiva (volveremos a esta cuestión en la siguiente sección). Sin embargo, hablar de teorías "definidas" por predicados teóricos conjuntistas (2002, 30) indica que Suppes considera que las clases definidas por predicados teóricos conjuntistas son cruciales para el análisis de las teorías, mientras que la caracterización intrínseca de una teoría a través de un formalismo lógico se considera secundaria (y apenas se le presta atención). Esta primacía de las consideraciones teórico conjuntistas se resume en el lema de que las matemáticas, y no la metamatemática, son la herramienta adecuada para el análisis de las teorías.[209]

Este es el núcleo del *Enfoque Modelo-Teórico de las Teorías*. Como señalamos al principio de este capítulo, este enfoque se refiere habitualmente como la "Perspectiva Semántica de las Teorías". Esta etiqueta se debe al hecho de que las estructuras en C_τ son modelos lógicos. Dicha etiqueta se debe al hecho de que las estructuras en C_τ son modelos lógicos. Dichos modelos son las cosas en términos de las cuales se pueden interpretar las oraciones formales, y proporcionar dicha interpretación equivale a dar una semántica. Sin embargo, llamar "semántica" a esta visión es un nombre poco apropiado por al menos dos razones.[210] En primer lugar, como hemos visto en el capítulo 2, una semántica requiere oraciones en un lenguaje formal, una función de interpretación y un objeto en términos del cual se interpretan las oraciones. Pero una clase de modelos no viene equipada con oraciones formales ni con una función de interpretación. Por lo tanto, una teoría en el sentido de Suppes ofrece una semántica solo en el sentido más mínimo, en cuanto que consiste en el tipo de objetos que, en principio, podrían

---

[209] El eslogan se atribuye a menudo a Suppes (véase, por ejemplo, van Fraassen 1972, 309, 1987, 109). Aunque sin duda resume la opinión de Suppes, no he podido encontrar una cita exacta. La idea es que la teoría de conjuntos es matemática, mientras que la lógica formal (que se utilizaría en una caracterización intrínseca) pertenece a la metamatemática, la reflexión filosófica sobre las matemáticas. Estas asociaciones resultan poco intuitivas para los lectores modernos; volveremos a esta cuestión en la sección 5.7. Otras formulaciones alternativas del mismo eslogan son "la teoría de conjuntos en lugar de los métodos metamatemáticos» (Stegmüller 1979, 4) y "las matemáticas son para la filosofía de la ciencia, no para la metamatemática» (Muller 2011, 94). Sin embargo, Lutz (2012, 88) señala que estos lemas solo tienen sentido si se parte del supuesto de que la "metamatemática» se limita a la lógica de primer orden, ya que las lógicas de orden superior no tienen ningún problema para captar la práctica matemática.

[210] Muller dice que se trata de un "error terminológico» (2004, 716).

tomarse como referentes de términos en un lenguaje formal, pero cualquier objeto podría hacerlo. En segundo lugar, y lo que es más importante, la etiqueta "semántica" podría malinterpretarse fácilmente como indicativa de que los modelos mismos tienen una semántica, es decir, que son modelos representacionales. No lo son. Los elementos de C_T son estructuras teórico conjuntistas y, como tales, son piezas matemáticas sin ninguna función representacional. De hecho, la representación en el sentido de un modelo que representa un sistema físico aún no ha entrado en escena.

Suppes y sus colaboradores analizaron la mecánica de partículas newtoniana con gran detalle. De hecho, la axiomatización extrínseca de la mecánica fue una de las motivaciones de Suppes para desarrollar el Enfoque Modelo-Teórico en primer lugar.[211] Él sostiene que el análisis de la mecánica newtoniana en términos de un cálculo formal ofrecido en el Capítulo 1 es erróneo e insta a que se revise la teoría desde su punto de vista. En lo que sigue, $\mathbb{R}$ son los números reales; $\mathbb{R}^+$ son los números reales positivos, incluido el cero; y $\mathbb{R}^3$ es un espacio euclidiano tridimensional. N es el predicado teórico conjuntista "ser un sistema de mecánica clásica de partículas". Para simplificar, trabajaremos ahora con una estructura que también contiene operaciones (véase la sección 2.6). Según el análisis de Suppes, una estructura $S = (U, R, O)$ es un N si y solo si su dominio U está formado por los conjuntos P, θ, M, L y F; el conjunto R de relaciones está vacío; el conjunto O contiene las operaciones l, m y f; y los componentes de U y O satisfacen los siguientes axiomas:

Axioma 1: El conjunto P es finito y no vacío.

Axioma 2: El conjunto θ es un intervalo de $\mathbb{R}$.

Axioma 3: L es $\mathbb{R}^3$ y la operación $l: P \times \theta \rightarrow L$ es dos veces diferenciable en θ.

Axioma 4: M es $\mathbb{R}^+$ y existe una operación

Axioma 5: F es $\mathbb{R}^3$ y la operación $f: P \times P \times \theta \rightarrow F$ es tal que $f(p, q, t) = -f(q, p, t)$ para todos los p y q en P y para todos los t en θ. d^2l

Axioma 6: Para todo p en P y para todo t en T: $m(p)\frac{d^2 l}{dt^2} = \sum_{q \in P} f(p, q, t)$

211 Los artículos fundamentales son los de McKinsey et al. (1953) y McKinsey y Suppes (1953), y se pueden encontrar variantes de estos axiomas en Suppes (1957, 291-305, 1968, 2002, cap. 7). Para axiomatizaciones alternativas pero relacionadas, véase Sneed (1971, cap. 6), Balzer et al. (1987, cap. 3) y Krause y Arenhart (2017, cap. 5). La presentación aquí es esencialmente la de Suppes (1957, 291-305), pero utiliza una notación diferente para garantizar la coherencia con las convenciones formales utilizadas en este libro y omite el sexto axioma, que parece innecesario y que tampoco figura en Suppes (1953). Para una discusión introductoria de estos axiomas, véase Vorms (2018, Sec. 3).

El lado izquierdo de la ecuación del axioma 6 denota la segunda derivada de la operación *l*. La clase C_N contiene todas las estructuras que satisfacen el predicado *N*, por lo que C_N es la clase de modelos de la mecánica newtoniana.

Para nuestros propósitos, los detalles de esta axiomatización extrínseca no importan. Lo que nos interesa en este momento no es si Suppes proporciona un análisis adecuado de la mecánica newtoniana.[212] Lo que nos interesa es qué *tipo de* análisis de la mecánica newtoniana presenta Suppes, porque esta axiomatización ejemplifica la manera en que Suppes sugiere que analicemos las teorías en general.

La primera característica llamativa de los axiomas de Suppes es que no tienen ningún contenido empírico, ya que están redactados en términos puramente teóricos conjuntistas. Los axiomas no hacen referencia alguna a partículas, movimientos o fuerzas. De hecho, los axiomas no hacen referencia a nada físico en absoluto. Esto concuerda con el hecho de que Suppes pretende definir un predicado *teórico conjuntista*, pero no concuerda con el hecho de que se supone que se trata del análisis de una teoría empírica. Si un predicado teórico conjuntista es en lo que consiste una teoría, entonces la teoría no tiene contenido empírico y no trata sobre nada del mundo real. Esto no puede ser. Una teoría científica trata sobre algo del mundo. ¿Cuál es el contenido empírico de una teoría y cómo representa su objeto de estudio?

A lo largo de la discusión de los axiomas de la mecánica newtoniana, Suppes se refiere a la "interpretación prevista" (*intended interpretation*) de los diversos conjuntos y operaciones (véase, por ejemplo, 1957, 291-305, 2002, 319-323). Explica que θ se "interpreta físicamente" como tiempo, y *P* como las partículas del sistema. *L* se interpreta como el espacio físico tridimensional y *l* como la operación de localización que asigna a cada partícula una ubicación en ese espacio. *M* se interpreta como la masa de una partícula y *m* como la operación que asigna una masa a cada partícula. Por último, *F* se interpreta como la fuerza y *f* como una operación que asigna a cada par de partículas una fuerza con la que se atraen o se repelen entre sí. Según esta interpretación, el axioma 5 es la tercera ley de Newton (el *principio de acción-reacción*, que dice que, si la partícula *p* ejerce una fuerza *f* sobre la partícula *q*, entonces la partícula *q* debe ejercer una fuerza de igual magnitud en dirección opuesta sobre la partícula *p*), y el axioma 6 es la segunda ley de Newton (su ecuación del movimiento, que dice que la aceleración que experimenta una partícula como resultado de una fuerza es proporcional a la fuerza).

Esta forma de dotar a una estructura teórica conjuntista de contenido empírico es habitual en la ciencia teórica, y no hay nada objetable en ella. Sin embargo, es importante señalar que presupone un *lenguaje plenamente interpretado* en el que

[212] Para una crítica enérgica de estos axiomas, véase Truesdell (1984, 519-554).

términos como "partícula", "ubicación" y "masa" tienen significados bien definidos. Suppes pasa por alto este punto y no dice ni de dónde viene este lenguaje ni cómo funciona.

Supongamos por el momento que disponemos de tal lenguaje y que no es necesario preocuparnos por sus orígenes o su funcionamiento. Incluso bajo esta suposición, siguen existiendo preguntas sobre cómo los modelos de la teoría se refieren a los sistemas objetivo *específicos* (*Target systems*) que la teoría pretende representar.[213] ¿Cómo se relaciona, por ejemplo, un modelo de la mecánica newtoniana con el sistema solar? Suppes no discute esta cuestión en detalle y extraer una perspectiva de la representación de sus escritos requiere un trabajo interpretativo. Sin embargo, el esfuerzo merece la pena, ya que obtendremos como recompensa nada menos que las ideas principales de dos perspectivas de la representación que desempeñarán un papel importante en versiones posteriores del Enfoque Modelo-Teórico.

La primera perspectiva, que parece ser la preferida por Suppes, se sugiere a partir de un análisis de la práctica experimental. Como hemos visto en la sección 3.6, los modelos de datos se construyen mediante un proceso de filtrado, corrección, rectificación y regimentación de los datos brutos que se recogen en los experimentos. En su discusión sobre la relación entre teoría y experimento, Suppes destaca la importancia de los modelos de datos. Tomando un ejemplo de la teoría del aprendizaje (1960, 19-23, 1962, 25-32), sostiene que evaluar una teoría equivale a preguntarse si el modelo de datos "tiene una relación de adecuación satisfactoria" (1962, 32) con un modelo en C_T. Suppes no ofrece ninguna perspectiva de la adecuación satisfactoria, pero dado que tanto el modelo teórico como el modelo de datos son estructuras teóricas conjuntistas, es natural suponer que se trata de algún tipo de relación estructural. Esto concuerda con su observación de que "al pasar del nivel de la teoría al nivel del experimento no necesitamos abandonar los métodos formales de análisis" y que, por lo tanto, "la distinción entre matemáticas puras y aplicadas es espuria" (1962, 33). Una opción plausible es que los modelos de datos estén *integrados* en los modelos de la teoría. La visión pasa entonces a considerar que una teoría representa su objetivo si C_T subsume (*embedded*) un modelo M tal que un modelo de datos D que se ha obtenido a partir de observaciones sobre el sistema objetivo pueda subsumirse en M.[214] A

[213] Suppes no utiliza el término "sistema objetivo». Yo lo utilizo aquí tal y como se introdujo en el capítulo 1.

[214] Suppes a veces hace hincapié en que la relación entre los modelos y los datos puede no ser directa, sino que está mediada por una "jerarquía de modelos» (1962, 25, 31-34, 1967, 62-64, 2002, 7-8). Sin embargo, la naturaleza de esta jerarquía sigue siendo difícil de precisar en los escritos de Suppes. Para un análisis de las jerarquías de modelos, véase Brading y Landry (2006), Bueno (1997, 2002), French y Ladyman (1999), Giere (2018), Harris (1999), Kellen (2019), Laymon (1982), Leonelli (2019), Teller (2010) y Winsberg (1999). La jerarquía también podría explicarse en términos de las nociones introducidas en la sección 7.4.

esto lo denomino la *perspectiva de la correspondencia de datos* (*Data Matching Account*) de la representación.

La segunda perspectiva de la representación puede extraerse del análisis de Suppes sobre la naturaleza de los modelos. Al discutir la "teoría orbital del átomo", señala que los físicos piensan en los modelos como "más que un cierto tipo de entidad teórico conjuntista" y que conciben un modelo como una "cosa física concreta construida sobre la analogía del sistema solar" (2002, 21). Suppes sostiene entonces "que no hay una incompatibilidad real entre estos dos puntos de vista", porque "el modelo físico puede tomarse simplemente para definir el conjunto de objetos en el modelo teórico conjuntista" (*ibid.*; cf. 1960, 13). En términos más generales, un "modelo teórico conjuntista de una teoría tendrá entre sus partes un conjunto básico que consistirá en los objetos que normalmente se consideran que constituyen el modelo físico que se está considerando, y las relaciones y funciones primitivas dadas pueden considerarse de la misma manera" (2002, 22). Así pues, la sugerencia es que reconciliemos la visión conjuntista y la física de los modelos tomando los elementos de los objetos de una estructura como los objetos materiales de interés y las relaciones y operaciones de la estructura como la interacción física entre los objetos.

Esta propuesta necesita una aclaración. Como hemos visto en la sección 2.6, las matemáticas estudian estructuras abstractas, que son estructuras que consisten en objetos ficticios y relaciones definidas puramente extensionalmente. Y es mejor que sea así. Además de los argumentos de principio que ya hemos discutido, es un hecho que muchos modelos científicos superan el inventario del mundo físico. Podemos considerar modelos del sistema solar con diez o más planetas (pero solo hay nueve)[215], y los modelos de la física estadística suelen consistir en un número infinito de partículas (pero solo hay un número finito de partículas en el universo). Por lo tanto, las estructuras de las que habla Suppes son estructuras abstractas y, como tales, no pueden tener entre sus partes objetos físicos como los planetas. Sin embargo, hay una afirmación cercana a la propuesta de Suppes que capta la esencia de su idea sin atribuir a las estructuras abstractas constituyentes que no pueden tener. Como hemos visto en la sección 2.6, las estructuras abstractas contrastan con las estructuras concretas, en las que tanto los objetos como las relaciones tienen "naturalezas intrínsecas" especificadas. Por lo tanto, las estructuras concretas *sí que* consisten en cosas que son los sistemas objetivo potenciales de los modelos, cosas como planetas, imanes y poblaciones. Apelando a la dicotomía entre estructuras abstractas y concretas, la propuesta de Suppes puede entenderse entonces como que los sistemas objetivo son estructuras concretas y que las estructuras abstractas de los modelos de una teoría son isomorfas a las estructuras concretas del objetivo (véase la sección 2.7 para un

[215] O, si se tiene en cuenta la reciente degradación de Plutón de planeta a planeta enano, en realidad solo hay ocho.

debate sobre el isomorfismo).[216] Una teoría representa entonces un sistema objetivo si C_T contiene un modelo *M* que es isomorfo al objetivo. Por derivación, una teoría representa todo su dominio objetivo si, para cada sistema del dominio objetivo, C_T contiene un modelo que es isomorfo al sistema.[217]

Una vez que se analiza la relación entre los modelos de una teoría y sus respectivos objetivos en términos de la existencia de un isomorfismo entre la estructura abstracta de un modelo y la estructura concreta de un objetivo, solo hay un pequeño paso para darse cuenta de que el isomorfismo no es la única opción: la relación podría ser de homomorfismo o de subsunción (*embedding*), o incluso de cualquier otro mapeo que pueda relacionar dos estructuras. Por esta razón, llamo a esto el *enfoque morfista* de la representación.

Debido al énfasis que pone en las estructuras, la perspectiva de Suppes es una variante del *estructuralismo*. Su estructuralismo se representa esquemáticamente en la figura 5.1. La mitad superior del diagrama cubre lo que podríamos llamar el *formalismo de la teoría*; la mitad inferior contiene las dos versiones diferentes de cómo una teoría representa los sistemas objetivo en el dominio de aplicación de la teoría.[218] El resto de este capítulo está dedicado a la discusión del formalismo de una teoría; y la cuestión de cómo un formalismo representa la realidad es el tema del capítulo 6.

5.3 La familia modelo-teórica

Dos movimientos importantes surgieron directamente del estructuralismo de Suppes. El primero es el "Programa de Estructuras Parciales", defendido por Bueno, da Costa, French y Ladyman. El segundo es lo que ahora se conoce como "estructuralismo de Múnich", el programa seguido por el grupo en torno a Balzer, Moulines, Sneed y Stegmüller. Ambos movimientos matizan y desarrollan el enfoque de Suppes de diversas maneras, al tiempo que conservan sus ideas

---

[216] Dado que a menudo se dice que las estructuras isomórficas son iguales, esto podría parafrasearse diciendo que la estructura objetivo es simplemente la estructura del modelo, que es probablemente lo que Suppes tenía en mente. Sin embargo, esto confunde las estructuras concretas y abstractas, y por razones que quedarán claras en la sección 6.5, es importante mantenerlas separadas.

[217] De hecho, esta opción ha sido propuesta de forma independiente por Ubbink al mismo tiempo que Suppes desarrollaba su punto de vista. Ubbink afirma que, si se entienden los modelos como estructuras, entonces "un modelo representa un objeto o un hecho en virtud de esta estructura; por lo tanto, un objeto es un modelo [. . .] de hechos si, y solo si, sus estructuras son isomórficas» (1960, 302).

[218] Landry (2007) cuestiona la suposición de que los modelos y sus relaciones con sus objetivos deben enmarcarse y analizarse dentro de un único marco formal, ya sea teórico conjuntista o de otro tipo. El argumento de Landry es válido, pero la cuestión de qué marco formal debe sustentar un análisis no es relevante para nuestra cuestión actual, ya que no nos interesa qué marco se elige exactamente, sino cómo se integra un marco formal en la estructura más amplia de la teoría.

fundamentales. Analizaremos estos dos enfoques en la sección 6.7 y en el capítulo 7, respectivamente.

Otra perspectiva estrechamente relacionada con el estructuralismo de Suppes es la versión del Enfoque Modelo-Teórico basada en el espacio de estados (*state-space*) de van Fraassen. Un sistema puede encontrarse en varios estados diferentes. La naturaleza de estos estados depende de la naturaleza del sistema. El estado de una partícula en movimiento viene especificado por su posición y su momento, y el estado de un gas en equilibrio viene dado por su presión, su temperatura y su volumen. Estos estados pueden representarse mediante elementos de un espacio matemático, el

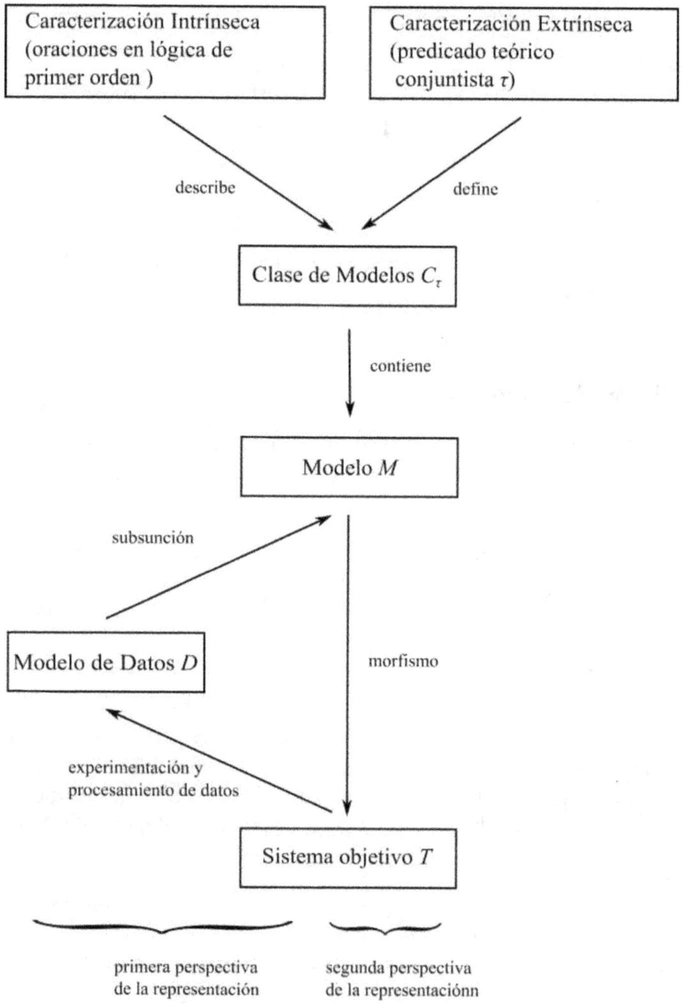

FIGURA 5.1 Estructuralismo de Suppes.

espacio de estados del sistema. En la versión de van Fraassen del Enfoque Modelo-Teórico, los modelos que constituyen una teoría son los espacios de estados de los sistemas que la teoría representa.[219] Los estados a los que el sistema puede acceder realmente están limitados por leyes, que se dividen en dos grandes categorías: leyes de sucesión y leyes de coexistencia. Las leyes de sucesión especifican qué secuencia de estados puede trazar un sistema a lo largo del tiempo. La segunda ley de Newton es de este tipo. Las leyes de coexistencia determinan qué puntos del espacio de estados puede ocupar un sistema. La ley de los gases ideales (también conocida como ley de Boyle-Charles), por ejemplo, especifica que la presión, la temperatura y el volumen de un gas se encuentran en una relación particular cuando el gas está en equilibrio.

El enfoque del espacio de estados es una versión específica del enfoque teórico conjuntista, no una alternativa al mismo.[220] Van Fraassen está de acuerdo con la perspectiva de Suppes sobre la representación basada en la correspondencia de datos y le da una formulación precisa. Una teoría no solo nos proporciona una clase de estructuras para la representación de su materia; también selecciona una *subestructura empírica* dentro de cada modelo. Esta subestructura representa aquellas partes, áreas o regiones del mundo que son observables para nosotros y, por lo tanto, son candidatas para la "representación directa de fenómenos observables" (1980, 64). Las estructuras que resultan de un proceso de medición se denominan *apariencias*. Las apariencias pueden ser "isomórficas a las subestructuras empíricas de ese modelo", y una teoría es *empíricamente adecuada* si y solo si para cada apariencia hay un modelo en la teoría tal que la apariencia es isomórfica a la subestructura empírica del modelo (*ibid.*, 64-65). Discutiremos el enfoque de van Fraassen más adelante en este capítulo y en el siguiente.

Beatty (1980, 1981, 1987), Lloyd (1984, 1989, 1994) y Thompson (1983, 1987, 1988, 1989) han propuesto enfoques cercanos al de van Fraassen o que se basan explícitamente en él. Giere y Suppe han desarrollado versiones alternativas y no estructuralistas de la visión modelo-teórica, cuyas opiniones discutimos en el capítulo 8.

5.4 Promesas revolucionarias

El Enfoque Modelo-Teórico de las teorías se anunció como una revolución en la filosofía de la ciencia y, como todas las revoluciones, pretendía romper con los

[219] Véase van Fraassen (1970, 328-330, 1972, 311-318, 1980, 66-67, 1987, 109-110, 1989, 23).

[220] Varios comentaristas han señalado que los espacios de estados son, de hecho, estructuras teóricas conjuntistas; véase, por ejemplo, Da Costa y French (2000, 119, 2003, 22-23), Hudetz (2019b, 1136) y Suppe (1989, 4). Van Fraassen (1980, 43, 64-65, 1987, 109) reconoce explícitamente la herencia suppesiana de su enfoque y se refiere repetidamente a los modelos de una teoría como "estructuras» (1997, 516, 528-529, 1980, 43-45, 64-65, 1989, 224, 1995, 6); también ofrece la definición estándar de estructura (1989, 365). A diferencia de Suppes, que se inspira en Tarski, van Fraassen se refiere a la obra de Beth como su fuente de inspiración (1970, 1972). Véase Beth (1949) para una breve exposición de sus opiniones.

errores del pasado y conducir a un futuro más brillante. Veamos a continuación cómo es de brillante ese futuro.

Independencia del lenguaje. La mayoría de los problemas que acosaban al Enfoque Recibido estaban relacionados de una forma u otra con el hecho de que ofrecía un análisis lingüístico de las teorías, por lo que es lógico que los defensores del Enfoque Modelo-Teórico enfatizaran que el suyo era un análisis no lingüístico de las teorías y que esto les permitía eludir todos los problemas de un análisis lingüístico. El Enfoque Modelo-Teórico pretende ofrecer un enfoque que libera a los filósofos de problemas espurios con el lenguaje y les permite centrarse en lo que realmente importa. Pero exorcizar el lenguaje tiene un precio, y evaluaremos si vale la pena pagarlo.

Equivalencia de teorías. Como hemos visto en la sección 1.5, las teorías pueden formularse de diferentes maneras, y el Enfoque Recibido es acusado de no ser capaz de individualizar correctamente las teorías porque confunde las teorías con sus descripciones. El Enfoque Modelo-Teórico pretende resolver este problema de forma elegante asociando las teorías con clases de modelos. Dado que la misma clase de modelos puede describirse de muchas maneras, un cambio de descripción no da lugar a una nueva teoría. Anteriormente he expresado algunas reservas sobre la afirmación de que el Enfoque Recibido no puede resolver este problema, pero, como también hemos señalado, ser capaz en principio de resolver un problema y tener una solución a mano son dos cosas diferentes. Por lo tanto, vale la pena investigar la solución del Enfoque Modelo-Teórico al problema de la equivalencia teórica, que es el proyecto de la Sección 5.5.

Modelos no previstos (*Unintended models*). Como hemos visto en la sección 2.8, un sistema formal puede tener modelos no previstos. Los defensores del Enfoque Modelo-Teórico afirman que esto es un problema porque una teoría que tiene modelos no previstos es incapaz de circunscribir adecuadamente su materia. El enfoque semántico afirma evitar esta dificultad porque define una teoría como una clase de modelos, lo que descarta los modelos no previstos desde el principio. Discutimos los modelos no previstos en la sección 5.7.

Relación teoría-mundo. La crítica de las reglas de correspondencia (Capítulo 4) y los argumentos contra la separabilidad de la teoría y la observación (Capítulo 3) se suman a la afirmación de que el Enfoque Recibido malinterpreta completamente la relación entre teoría y observación. El Enfoque Modelo-Teórico ofrece un análisis completamente diferente de las relaciones teoría-mundo, y se afirma que este análisis evita estas dificultades. Discutimos el tratamiento que el Enfoque Modelo-Teórico da a la relación entre teoría y mundo en el Capítulo 6.

Cercanía a la práctica científica. En la lista de cosas importantes en la filosofía de la ciencia, ocupa un lugar destacado el compromiso con la práctica científica, y se proclama que el Enfoque Modelo-Teórico ofrece una forma de pensar sobre las teorías que está cerca de la práctica científica. Esta afirmación se basa en la combinación de los hechos de que el Enfoque Modelo-Teórico asigna a los modelos un papel central en la estructura de una teoría y que los modelos ocupan un lugar central en la práctica científica. Volveremos a la relación entre el Enfoque Modelo-Teórico y la práctica científica en la sección 12.7, después de haber discutido los modelos en la práctica científica.

Herramientas de la lógica moderna. La teoría de modelos (como se discute en la sección 2.6) desempeña un papel importante en la lógica moderna, y se obtienen conocimientos cruciales sobre la estructura de los sistemas formales estudiando también sus modelos (en lugar de solo su sintaxis). Las consideraciones sobre la completitud y la corrección (S & C) se encuentran en el centro de la lógica moderna y describen una relación entre la sintaxis y la semántica formal de una teoría. Las cuestiones relativas a los sistemas de prueba, la definibilidad de los conceptos y la identidad de las teorías se abordan mejor en un marco que tenga en perspectiva tanto la sintaxis como la semántica de un sistema. Al introducir modelos en el análisis de las teorías, el Enfoque Modelo-Teórico pone las herramientas de la lógica moderna a disposición de los filósofos de la ciencia. Considero que esta afirmación es indiscutible, y los debates de las secciones 5.5-5.7 dan testimonio de la utilidad de la lógica moderna en el debate sobre las teorías científicas.

5.5 ¿Qué es una teoría?

El análisis modelo-teórico tal y como se ha discutido hasta ahora contiene muchos elementos. Como hemos visto en la sección 5. 2, y como hemos ilustrado con el ejemplo de la mecánica newtoniana, el análisis presenta un predicado teórico conjuntista, los modelos de la teoría que forman una clase definida por el predicado, una caracterización interna de la estructura en términos de lógica de primer orden, modelos de datos, relaciones estructurales entre los modelos de la teoría y los modelos de datos, una interpretación prevista de la estructura e isomorfismos entre los modelos de la teoría y sus sistemas objetivo. ¿Cuáles de estos elementos definen la entidad a la que nos referimos cuando hablamos de una teoría científica?

Existe la tentación de descartar esta pregunta como una cuestión de convención lingüística, ya que cualquier subconjunto de lo anterior podría llamarse "teoría". Por desgracia, las cosas no son tan sencillas. Lo que se incluye en la unidad que llamamos "teoría" tiene un profundo impacto en cómo pensamos sobre la identidad de las teorías, y si dos teorías son idénticas no es solo una cuestión de convención lingüística. Suppes no aborda esta cuestión de forma explícita y solo nos da algunas pistas sobre lo que definiría una teoría. Entre esas pistas se encuentra que parece adoptar una noción de modelo que no tiene componentes lingüísticos (en el lenguaje del capítulo 2, sus modelos parecen ser estructuras desnudas); solo menciona de pasada las caracterizaciones intrínsecas; y presta poca atención a cómo se describen los modelos de la teoría.

Van Fraassen es más explícito al afirmar que el lenguaje no debe considerarse parte de una teoría. En sus principales obras sobre la naturaleza de las teorías, Van Fraassen comienza su presentación del Enfoque Modelo-Teórico introduciendo los modelos como los objetos que hacen verdadero un conjunto de oraciones, pero luego subraya que la teoría debe asociarse con la clase de modelos y no con el conjunto de oraciones que describe esa clase (1980, 41-44, 1989, 217-220, 2008, 309). Destaca que presentamos una teoría "identificando una clase de estructuras como sus modelos" (1980, 44). Resume el análisis de Suppes de forma favorable como la visión de que "si la teoría como tal ha de identificarse con algo, si las teorías han de reificarse, entonces una teoría debe identificarse con su clase de modelos" (1989, 222), y destaca que "el impacto de la innovación de Suppes se pierde si los modelos se definen, como en muchos textos de lógica estándar, como entidades parcialmente lingüísticas, cada una de ellas vinculada a una sintaxis particular" (*ibid.*, 366). Por esta razón, "la visión semántica de las teorías hace que el lenguaje sea en gran medida irrelevante para el tema" y el lenguaje de la ciencia "puede ignorarse en gran medida" en los debates sobre la estructura de las teorías (1989, 222). En la misma línea, advierte al lector que "la principal lección de la filosofía de la ciencia del siglo XX bien podría ser esta: ningún concepto que sea esencialmente dependiente del lenguaje tiene importancia filosófica alguna" (1980, 56).[221]

Esto sugiere una definición de teoría que excluye los elementos lingüísticos: si τ es el predicado teórico conjuntista de la teoría, entonces la teoría es C_τ. O bien, en otras palabras: una teoría científica *es* una clase de modelos.[222]

En un artículo reciente, van Fraassen ha matizado sus opiniones sobre el lenguaje. Señaló que "la idea no era desterrar el lenguaje de la teorización científica" y se disculpó por haber hecho afirmaciones sobre el papel del lenguaje que se prestaban a malentendidos (2014, 281). Sin embargo, los participantes en el debate, tanto defensores como detractores, tomaron sus declaraciones iniciales al pie de la letra y, como resultado, la visión antilingüística se ha afianzado en el debate en los más de treinta años transcurridos entre las declaraciones iniciales y las aclaraciones. Se han publicado declaraciones explícitas en el sentido de que las teorías son entidades no lingüísticas, entre otros, por French y Ladyman

221 No se trata de errores ocasionales, sacados de contexto. También se pueden encontrar afirmaciones en el mismo sentido en van Fraassen (1980, 64, 1991, 483, 1995, 5-6, 1997, 528-529, 2008, 309) y, en colaboración con Muller, en sus obras (2008, 201). En sus primeros escritos, van Fraassen incluía un elemento lingüístico mínimo en su caracterización de las teorías, a saber, lo que él denominaba enunciados elementales. Los enunciados de este tipo especifican que una determinada magnitud física tiene un determinado valor en un momento determinado (1970, 328, 1972, 312). Sin embargo, comenta que las opiniones desarrolladas por Suppes y Beth "se despojaron de estos adornos lingüísticos a medida que se desarrollaban» (1980, 67) y que su propia opinión había evolucionado en una dirección que "ni siquiera hacía un guiño a la descripción sintáctica» (1989, 365).

222 Thomson-Jones (2006, 529) señala que esta postura es fundamental para la mayoría de las variantes del Enfoque Modelo-Teórico.

(1999, 114), Lloyd (1994, 15), Muller y van Fraassen (2008, 201), Suppe (1977, 221, 1989, 4, 82, 2000c, 105) y Thompson (1987, 87); Gaifman señala que El Enfoque Modelo-Teórico "se basa en el consejo de ignorar el lenguaje y utilizar estructuras al estilo de Bourbaki" (1984), y Earman señala que esta visión requiere que "las teorías se interpreten de manera que sean independientes del lenguaje" (2005, 20). Este consenso se refleja en el hecho de que el eslogan de que las teorías son entidades extralingüísticas se ha convertido también en un mantra en las entradas de las enciclopedias y en las reseñas sobre el tema (véase, por ejemplo, Da Costa y French 2003, 22; Lloyd 2006, 825; Suppe 2000b, 525, 1998, 344, 348). Por lo tanto, vale la pena investigar la validez de la opinión de que las teorías son no lingüísticas, independientemente del "mea culpa" de van Fraassen.

Si se asocia una teoría con un conjunto de modelos, se deduce inmediatamente que dos teorías son idénticas si y solo si tienen la misma clase de modelos.[223] Las consecuencias de este punto de vista son radicales. Dado que los lenguajes no pertenecen a la teoría, las afirmaciones que formulan los científicos y los teoremas que demuestran tampoco forman parte de la teoría. Para apreciar lo radical que es este punto de vista, consideremos el ejemplo de la aritmética. Aunque la aritmética rara vez es "la" teoría que nos interesa, forma parte de la mayoría de las teorías empíricas y se utiliza cada vez que contamos algo. Por lo tanto, podemos utilizar la aritmética para ilustrar los problemas que plantea una visión "sin lenguaje". Elijo la aritmética por su facilidad de presentación; lo mismo podría decirse del formalismo de las teorías de la física (lo que, sin embargo, requeriría un aparato formal considerablemente más complejo).

La estructura de los números naturales se define de la siguiente manera (Machover 1996, 149-150): el dominio U de la estructura es el conjunto {0, 1, 2, ...}, R contiene la relación de identidad y O contiene la operación que asigna a cada número su sucesor inmediato, la operación de suma, la operación de multiplicación y la operación de designar el número cero. La estructura puede describirse en diferentes lenguajes y pueden formularse diversas proposiciones sobre los números naturales. Algunas son afirmaciones simples como "5 + 7 = 12"; otras son reglas generales como $x + (y + z) = (x + y) + z$ para todos los números x, y y z (la ley asociativa); y otras son afirmaciones de alto nivel como "no existe el número primo mayor" o "todo número entero par mayor que dos puede expresarse como la suma de dos números primos" (conjetura de Goldbach). Formular tales afirmaciones y demostrarlas es el pan de cada día de un científico. Pero nada de esto cuenta ahora como "teoría". Según El Enfoque Modelo-Teórico, la teoría de la aritmética es la estructura de los números naturales, y las descripciones lingüísticas de esa estructura, así como las afirmaciones sobre los números formuladas en un lenguaje, quedan fuera de la teoría. Pero una visión de la aritmética según

[223] Véase, por ejemplo, Lorenzano (2013, 603), Moulines (2002, 6), Muller (2004, 713) y van Fraassen (1995, 5-6).

la cual ni la ley asociativa ni afirmaciones como la conjetura de Goldbach forman parte de la aritmética parecería bastante absurda.

Una respuesta obvia a esta objeción es que el Enfoque Modelo-Teórico no se compromete a identificar una teoría con una familia de estructuras. Al comentar sobre la identidad de las teorías, van Fraassen señala que "una teoría puede identificarse a través de una clase de modelos" (1995, 6, énfasis añadido). Una persona puede identificarse a través de su pasaporte, sus huellas dactilares, su retina y su ADN, y sin embargo no se identifica con ninguno de ellos. Del mismo modo, una teoría puede identificarse a través de una estructura sin ser idéntica a ella. Esto sugiere una lectura según la cual una teoría consiste en un lenguaje y una familia de modelos, pero solo la familia de estructuras figura en los criterios de identidad de la teoría. Según esta interpretación, una teoría es una tupla (L, C_τ), donde L es un lenguaje y C_τ es la clase de modelos de la teoría, donde L puede ser, por ejemplo, una descripción de primer orden tal y como se contempla en la caracterización intrínseca de Suppes. Dos teorías son idénticas si y solo si tienen la misma clase de modelos: si L_1 y L_2 son descripciones diferentes de C_τ, entonces las teorías (L_1, C_τ) y (L_2, C_τ) son idénticas. Esto evita los problemas de una visión que considera una teoría como nada más que una clase de estructuras, sin caer en la trampa de tener que decir que se tiene una nueva teoría cada vez que cambia la descripción de la estructura.

Aunque a primera vista resulta atractiva, esta posición no parece plausible si se examina más detenidamente. Las descripciones no siempre son intercambiables, y la elección de una descripción tiene una profunda influencia en la naturaleza de la teoría. Consideremos de nuevo el ejemplo de la aritmética. En el enfoque actual, una teoría se identifica mediante una familia de estructuras. Esta familia se define directamente mediante un predicado teórico conjuntista y *no* mediante una axiomatización de primer orden. Así, la aritmética se identifica especificando que su familia de estructuras tiene exactamente un elemento, a saber, la estructura de los números naturales. Una vez identificada esta estructura, puede describirse y axiomatizarse de diferentes maneras. Pero estas descripciones alternativas no aportan nada a la identidad de la teoría, que solo depende de la estructura (que se ha elegido antes de enunciar cualquier axiomatización). Esto es difícil de conciliar con los debates reales sobre aritmética. Comencemos suponiendo que el tipo de descripciones admitidas en la teoría son las caracterizaciones intrínsecas de Suppes (es decir, descripciones axiomáticas en una lógica de primer orden) y veamos diferentes axiomatizaciones de primer orden de la aritmética. Machover (1996) ofrece un útil debate sobre diferentes sistemas de aritmética. Comienza definiendo lo que él llama "aritmética infantil", que es un sistema simple basado en solo cuatro axiomas (*ibid.*, 243).[224] Dentro de la aritmética infantil se pueden demostrar algunas verdades básicas de la aritmética,

[224] Para ser precisos, se trata de esquemas axiomáticos. Nada de lo que sigue depende de la diferencia entre axiomas y esquemas axiomáticos, y todos los llamados axiomas de Suppes son en realidad esquemas axiomáticos.

como las tablas de suma y multiplicación (los resultados correctos de sumar y multiplicar números), pero nada más. Las limitaciones de la aritmética infantil se deben, al menos en parte, al hecho de que no contiene desigualdades ni relaciones comparativas como *mayor que*. Esta limitación se elimina en lo que Machover denomina "aritmética junior" (*ibid.*, 249), que contiene todos los axiomas de la aritmética infantil más tres axiomas que tratan de las igualdades y las comparaciones. La aritmética junior permite formular enunciados como "no hay ningún número primo mayor", que no se pueden expresar en la aritmética infantil. A continuación, define un sistema aritmético basado en nueve axiomas (*ibid.*, 256) y, finalmente, formula la *aritmética de Peano*. La diferencia esencial entre la aritmética de Peano y las otras teorías es que solo la aritmética de Peano contiene un esquema de inducción, aproximadamente un esquema que permite la atribución iterativa de propiedades a los números (*ibid.*, 263).

Desde la perspectiva anterior, que identifica las teorías a través de una familia de estructuras, nos vemos obligados a decir que todos estos sistemas de aritmética son la misma teoría, lo cual es inverosímil. Las teorías tienen diferentes poderes expresivos y ofrecen diferentes instrumentos a quienes trabajan con ellas. ¿Es todo esto irrelevante para la aritmética? Machover, al menos, no lo cree así, y presenta las diferentes versiones de la aritmética *como teorías diferentes*. La elección de un lenguaje y los axiomas que se formulan en el lenguaje elegido tienen un profundo impacto en la naturaleza de una teoría, y no todas las teorías basadas en la misma familia de modelos son idénticas.

Un tema recurrente en los debates sobre las teorías son las limitaciones de la lógica de primer orden (véase la sección 1.4), por lo que se podría pensar que estos problemas son un artefacto de la lógica de primer orden que desaparece cuando trabajamos en la lógica de orden superior. Por lo tanto, se podría considerar la posibilidad de relajar el requisito de Suppes de que las caracterizaciones intrínsecas se expresen en lógica de primer orden y admitir también las caracterizaciones intrínsecas en lógica de segundo orden. Lamentablemente, esto no resuelve el problema. Consideremos un ejemplo de Corcoran (1980). En el contexto de un estudio sobre la categoricidad, Corcoran compara una formulación estándar de segundo orden de la aritmética de Peano con un sistema aritmético divergente. Presenta los axiomas de la teoría divergente y demuestra que son consistentes y categóricos, siendo su único modelo la estructura de los números naturales. Llamemos a este sistema *Aritmética de Corcoran*. La Aritmética de Peano de segundo orden también es categórica, siendo su modelo también los números naturales. A la luz de la versión actual del Enfoque Modelo-Teórico, la Aritmética de Corcoran y la Aritmética de Peano son idénticas porque tienen las mismas clases de modelos. Sin embargo, los dos sistemas de aritmética resultan ser completamente diferentes. En la aritmética de Peano se pueden demostrar todas las verdades estándar de la aritmética, por ejemplo, se puede demostrar que la suma es asociativa y conmutativa.[225] No es así en la aritmética de Corcoran, donde estas verdades aparentemente obvias sobre los números no se pueden establecer porque las oraciones "$x + (y + z) = (x + y) + z$" y "$x + y = y + x$" no se deducen de los axiomas. Pero ahora nos hemos comprometido a decir que un sistema aritmético en el que las leyes de asociatividad y conmutatividad no son demostrables es la misma teoría que un sistema en el que sí lo son. Esto es inverosímil. La asociatividad y la conmutatividad son fundamentales para nuestra comprensión de los números y, si dos sistemas discrepan en este punto, entonces son dos teorías diferentes.[226]

La lección de este ejemplo se generaliza. Corcoran advierte que no debemos esperar que ninguna caracterización categórica de una estructura permita deducir verdades obvias sobre ella (1980, 204). La aritmética de Corcoran ilustra claramente la idea general de que existe una "gran diferencia" entre caracterizar una estructura y axiomatizar un conjunto de verdades sobre ella (*ibid.*). De hecho, la conexión entre ambos es débil, y una buena (o incluso la mejor posible) caracterización de la estructura puede ser una mala axiomatización (*ibid.*). Esto va directo al meollo de la cuestión. El Enfoque Modelo-Teórico ha reducido la tarea de caracterizar una teoría a caracterizar un conjunto de estructuras. De este modo, no solo descuida la forma en que establecemos verdades sobre estas estructuras, sino que prohíbe expresamente tales consideraciones. Andreas ha visto claramente este problema cuando observó que "las ventajas de la perspectiva semántica se obtuvieron a un cierto precio, a saber, que el razonamiento deductivo en la ciencia quedó fuera de consideración" (2013, 1094). Pero una noción de teoría que no tiene cabida para formular afirmaciones y desarrollar argumentos es demasiado estrecha. La elección de un lenguaje no es indiferente, y el lenguaje de una teoría debe tenerse en cuenta al considerar las cuestiones de qué es una teoría.

La misma conclusión se ha alcanzado recientemente a través de una discusión general sobre la equivalencia teórica. La discusión fue iniciada por Halvorson (2012), quien argumentó que El Enfoque Modelo-Teórico de las teorías emite un veredicto erróneo sobre cuándo las teorías son equivalentes: considera equivalentes a teorías que no lo son, y las distingue cuando en realidad son equivalentes. El artículo de Halvorson desencadenó un acalorado intercambio sobre la cuestión, que aún continúa.[227] Aunque hay muchos puntos en los que los protagonis-

---

[225] Ya hemos visto la asociatividad anteriormente. La conmutatividad dice que x y + = y x + para todos los números x y y.

[226] Dutilh Novaes resume concisamente el debate sobre los diferentes sistemas aritméticos cuando afirma que "la aritmética de Peano de primer orden no es categórica, pero se comporta bien deductivamente, mientras que la aritmética de Peano de segundo orden es categórica, pero se comporta mal deductivamente» (2019, 2583).

[227] La primera reacción vino de Glymour (2013) y Halvorson (2013) respondió. La siguiente reacción fue del propio van Fraassen (2014). Lutz (2017) y Hudetz (2019b) consideran que la respuesta de van Frassen a Halvorson es insuficiente. Este intercambio inicial fue seguido por un nuevo

tas de este intercambio discrepan, el debate ha llegado a un punto de convergencia: todos los participantes, incluido van Fraassen, están de acuerdo en que el lenguaje es importante y debe formar parte de una perspectiva filosófica de las teorías.[228] Variando ligeramente la terminología de Hudetz (2019b), podemos decir que se ha llegado a un consenso en cuanto a que un Enfoque Modelo-Teórico liberal es el enfoque correcto.[229] En la sección 2.10 nos encontramos con un Enfoque Recibido liberal, que es una versión del Enfoque Recibido que también incorpora modelos. Pero una visión que considera una teoría como una familia de modelos con un lenguaje es indistinguible de una visión que considera una teoría como un lenguaje con una familia de modelos, por lo que las dos visiones liberales son, de hecho, la misma posición. En lo que sigue, me referiré a este análisis de las teorías como la *visión dual*. El consenso es, pues, que cualquier análisis razonable de una teoría debe ser una visión dual. Sin embargo, este consenso es programático. Decir que un análisis de las teorías tendrá que integrar el lenguaje y las estructuras no prejuzga la forma precisa que tomará esta integración, y se dejan abiertas muchas opciones. En la sección 5.8 articulamos una versión particular de la visión dual.

debate sobre la equivalencia teórica con contribuciones de Barrett (2020), Barrett y Halvorson (2016, 2017), Butterfield (2018), Coffey (2014), Dewar (2019), French (2017), Halvorson y Tsementzis (2017), Hudetz (2019a), Lutz (2017), Nguyen (2017), Nguyen et al. (2018) y Weatherall (2016a, 2016b, 2016c). Para revisiones de estos debates, véanse Halvorson (2016) y Weatherall (2019a, 2019b). El argumento de Halvorson se basa en la noción de equivalencia definicional. Para una introducción a esta noción, véase Rodgers (1971). Algunas de estas contribuciones se enmarcan en la teoría de categorías. Marquis (2015) y Halvorson (2019) ofrecen introducciones elementales a la teoría de categorías. Landry (2011) ofrece un debate sobre las implicaciones filosóficas de la teoría de categorías, y ella misma (2017) ofrece una visión general de los usos de la teoría de categorías en la filosofía. Los primeros usos de la teoría de categorías para analizar teorías científicas son los de Mormann (1975) e Ibarra y Mormann (2006). En relación con esto, pero independientemente del debate sobre el artículo de Halvorson, Le Bihan (2012, 252-253) sostiene que deberíamos suscribir una "visión semántica modesta», según la cual una clase de modelos solo puede ofrecer una definición parcial de las teorías.

[228] Una variante de este debate se centra en la equivalencia empírica de las teorías más que en su equivalencia teórica "plena». Basándose en los argumentos de Boyd y Gardner, van Fraassen (2019, Sec. 4.3) sostiene que el Enfoque Recibido es incapaz de articular una definición viable de la equivalencia empírica entre teorías y, a continuación, afirma que el Enfoque Modelo-Teórico ofrece una solución elegante a este problema. Sin embargo, Lutz (2014a) demostró que la noción de adecuación empírica de van Fraassen, basada en la subsunción de los modelos de datos, puede captarse en el Enfoque Recibido, y que el Enfoque Modelo-Teórico no goza de ninguna ventaja sobre el Enfoque Recibido cuando se trata de analizar la equivalencia empírica (2014b, 2021).

[229] Hudetz utiliza el término "enfoque semántico liberal». Este enfoque se refiere de diversas maneras como "semántico+L» (Halvorson 2013, 475), "neo-Enfoque Recibido» (van Fraassen 2014, 276), "versión débil» del Enfoque Modelo-Teórico (Hendry y Psillos 2007, 137), y un enfoque basado en "estructuras etiquetadas» (Lutz 2017, 330).

5.6* Modelos no previstos

En sus reseñas de van Fraassen (1980), Friedman (1982, 276-277) y Worrall (1984, 71) expresan su perplejidad ante la supuesta superioridad del Enfoque Modelo-Teórico porque, según ellos, un enfoque semántico y uno sintáctico son equivalentes. Siguiendo a van Fraassen, consideran que una teoría es una clase de modelos. A continuación, suponen que esta clase de modelos es *elemental*, lo que significa que contiene precisamente los modelos de alguna teoría de primer orden. Worrall señala que "la sintaxis y la semántica van de la mano" porque "a cada conjunto consistente de oraciones de primer orden le corresponde un conjunto no vacío de modelos, y a cada conjunto normal ("elemental") de modelos le corresponde un conjunto consistente de oraciones de primer orden" (*ibid.*). Por lo tanto, no hay diferencia entre un enfoque sintáctico y uno semántico, y cualquier supuesta superioridad del enfoque semántico debe ser ilusoria.

Van Fraassen (1985, 301-302) responde que Friedman y Worrall hacen una suposición ilegítima cuando dan por sentado que la clase de modelos es elemental. Nos pide que partamos de un conjunto *M* de estructuras que forman la teoría. Supongamos que las estructuras en *M* contienen los números reales, lo cual es plausible para una teoría científica. A continuación, planteemos una axiomatización de primer orden *A* de *M*. Consideremos ahora la clase *N* de todos los modelos de *A*. Como hemos visto en la sección 2.9, el teorema de Löwenheim-Skolem dice que un conjunto de oraciones de primer orden que tiene un modelo de una cardinalidad infinita también tiene modelos de todas las demás cardinalidades infinitas. Dado que *M* solo incorpora los números reales y ningún conjunto de otras cardinalidades, *N* es mucho mayor que *M*. Por lo tanto, *A* tiene *modelos no previstos* (solo se prevén los modelos en *M*). En tal caso, *A* no ofrece una caracterización concisa de *M*.[230]

¿Por qué debemos considerar un problema el hecho de no poder ofrecer una caracterización concisa de *M*? La idea parece ser que una investigación siempre comienza con una familia de modelos (los modelos previstos) y, a continuación, intenta ofrecer una descripción concisa de los modelos de esa familia. Si luego resulta que la descripción también describe otros modelos (que pueden ser muy diferentes de los previstos), entonces la descripción parece omitir características esenciales de los modelos previstos. Esto es lo que ocurre en aritmética. Se parte de los números naturales y se busca un conjunto de axiomas que determinen la estructura de los números naturales junto con las operaciones esenciales de suma y multiplicación. En el proyecto de "determinar" los números naturales está implícita la idea de que *solo* los números naturales deben satisfacer los axiomas o, en otras palabras, que los axiomas describen exclusivamente los números naturales. Si luego resulta que otras estructuras (que no son isomórficas a los números

---

[230] Este argumento también se analiza en Suppe (2000c, 104, 2000a, 9-10) y Lloyd (2006, 823-824).

naturales) también satisfacen los axiomas, entonces parece que hemos fracasado en nuestro intento de definir los números con los axiomas.

Pero, ¿es esta la única forma de caracterizar una investigación? Si bien esta forma de ver las cosas puede ser plausible en algunos casos, no lo parece en otros. No todas las teorías científicas son como la aritmética, en la que se parte de una clase bien definida de modelos previstos y luego se intenta encontrar una descripción adecuada de esa clase. Se puede considerar que la mecánica newtoniana proporciona una formulación lingüística de principios generales, el más importante de los cuales es la ecuación del movimiento de Newton, y entonces uno puede preguntarse cómo es una clase de modelos que satisfacen estos principios. Desde ese punto de vista, no existía una clase de modelos prefijada, y cualquier estructura que satisfaga los axiomas es un modelo de la mecánica newtoniana. Encontrar estos modelos suele ser una tarea difícil y, en ocasiones, surgen modelos que nadie habría imaginado. El descubrimiento del caos en la mecánica clásica es un buen ejemplo de ello. Hasta que Poincaré observó la sensible dependencia de las trayectorias de las condiciones iniciales, nadie habría esperado que existieran modelos caóticos.[231] Del mismo modo, cuando Gödel descubrió que las ecuaciones de campo de Einstein tienen soluciones con curvas cerradas similares al tiempo que hacen posible el viaje en el tiempo, fue una sorpresa, porque nadie esperaba que las ecuaciones de campo tuvieran tales soluciones. Así pues, cualquiera que fuera la clase de modelos previstos de la relatividad general cuando Einstein formuló la teoría, los espacios-tiempos de Gödel no habrían estado en esa clase. Sin embargo, esto no los descalifica como "ajenos" a la teoría general de la relatividad; solo muestra que la teoría tiene modelos que nadie esperaba.[232]

En otros casos, las teorías se especifican axiomáticamente y no está claro si tienen algún modelo. La teoría cuántica de campos axiomática es un ejemplo de ello. Los axiomas fueron formulados hace más de 50 años por Wightman y, desde entonces, ha sido un gran reto construir modelos para estos axiomas (de hecho, tanto es así que la disciplina recibió su propio nombre: "teoría cuántica de campos constructiva"). El problema sigue sin resolverse hasta la fecha. Existen modelos bidimensionales, pero hasta ahora no hay modelos tridimensionales.[233] La teoría se da a través de sus axiomas y no especificando una clase de modelos, y de hecho se desconoce cómo especificar esa clase.

¿Nos ha engañado el ejemplo de la estructura de los números naturales? En el caso de los números naturales, era fácil dar una descripción relativamente sencilla de la estructura. Utilizando esto como una fuente de intuición, asumimos que "especificar" una clase de estructuras siempre equivaldría a una construcción

231 Para un análisis de la historia del descubrimiento del caos, véase Parker (1998).

232 Los espacios-tiempos de Gödel no son un caso aislado. Los potenciales avanzados en electrodinámica y las soluciones de energía negativa de Dirac, entre otros, plantean la misma cuestión.

233 Para un debate sobre la teoría cuántica de campos axiomática, véase Summers (2016).

explícita, y entonces nos llamó la atención la observación de que las cosas no funcionan así en física. Sin embargo, no encontramos construcciones explícitas en la axiomatización externa de la mecánica clásica de Suppes en la sección 5.2. La clase se especifica como todo lo que satisface el predicado teórico conjuntista, y la ecuación de movimiento de Newton era solo un elemento de ese predicado. En general, no hay forma de especificar los modelos de una teoría más que indirectamente, diciendo que es la clase de estructuras que satisface ciertos postulados teóricos. Y estos llamados "predicados" son, de hecho, entidades lingüísticas muy complejas, que implican todo un aparato deductivo (no se puede decir que algo satisfaga la ecuación de Newton si no es una función dos veces diferenciable, y para decir esto se necesita cálculo).[234]

Así que hemos vuelto al punto de partida: ¡las estructuras relevantes son simplemente las cosas que satisfacen una descripción elegida! Una vez reconocido esto, la diferencia entre El Enfoque Modelo-Teórico y una caracterización axiomática de una teoría se derrumba. Los axiomas de la teoría (por ejemplo, la ecuación del movimiento de Newton) se han empaquetado en una unidad a la que se refiere como "predicado", y la teoría es el conjunto de estructuras que satisfacen ese "predicado". Pero esto es solo una forma indirecta de decir que los modelos de la teoría son exactamente aquellas estructuras que satisfacen los axiomas.[235]

Por último, la objeción de los modelos no previstos desaparece cuando los axiomas se expresan en lógica de orden superior. El teorema de Löwenheim-Skolem solo se cumple en la lógica de primer orden, y en las lógicas de orden superior se pueden caracterizar los modelos de una teoría hasta el isomorfismo.[236] Como hemos visto en la sección 1.4, el Enfoque Recibido no se compromete en modo alguno con la lógica de primer orden y, por lo tanto, puede evitar el problema de los modelos no previstos utilizando la lógica de orden superior.

Por todas estas razones, la existencia de modelos no previstos no proporciona un argumento a favor del Enfoque Modelo-Teórico.

---

[234] Azzouni (2014, 2997–2998) menciona un problema adicional. El Enfoque Modelo-Teórico asume que su lenguaje es lo suficientemente fuerte como para fijar la referencia solo a los modelos previstos. Azzouni argumenta que no está claro que el enfoque realmente tenga estos recursos y, por lo tanto, está abierto al problema de los modelos no previstos de la misma manera que el Enfoque Recibido.

[235] Además, cabe señalar que si todo lo que sabemos sobre los modelos en CN (la clase de modelos de la mecánica newtoniana) es que satisfacen la ecuación de Newton y algunas otras restricciones, entonces la noción de modelo previsto es vacía. De hecho, ni siquiera está claro qué sería un modelo no previsto, ya que, por definición, todos los modelos que satisfacen las restricciones son modelos previstos de la teoría.

[236] Véase, por ejemplo, Hudetz (2019b, 1147) y Lutz (2014c, 1478-1479).

5.7 ¿Guardar silencio sobre las teorías?

Hagamos una pausa y recapitulemos. Nos hemos propuesto responder a la pregunta "¿qué es una teoría científica?". Para ello, primero hemos desarrollado una concepción lingüística de las teorías (parte I) y, a continuación, una concepción estructuralista de las teorías (este capítulo). Como hemos visto, ambas concepciones se topan con problemas. La reacción habitual ante esta situación es abordar estos problemas de frente y tratar de llegar a un análisis de las teorías que no se vea afectado por ellos. Pero hay una reacción alternativa. Se puede cuestionar el punto de partida y argumentar que nuestra pregunta inicial es una que no deberíamos haber planteado en primer lugar: al buscar una respuesta a la pregunta "¿qué es una teoría científica?", hemos empezado con mal pie.

Esta es la postura adoptada por una escuela de pensamiento que insiste en que debemos adoptar una actitud "quietista" respecto a la naturaleza de las teorías. En palabras de French, esto significa "abstenerse de especular ontológicamente sobre la naturaleza de las teorías y los modelos científicos y centrarse en su representación adecuada para diversos fines dentro de la filosofía de la ciencia" (French 2010, 231). Por lo tanto, no debemos pretender decir qué *es* una teoría; este es un problema sobre el que debemos guardar silencio. De hecho, el debate hasta ahora es culpable de confundir "los medios de representación con lo que se representa" (*ibid.*). La filosofía de la ciencia debe *representar las* teorías en nuestros análisis filosóficos de una manera que sea propicia para diversos fines dentro de la filosofía de la ciencia. Según este enfoque, el Enfoque Modelo-Teórico no debe entenderse en el sentido de que una familia de estructuras *es* o *constituye* una teoría; debe entenderse en el sentido de que dicha familia *representa* una teoría.[237] Como afirman Da Costa y French, "en nuestra opinión, las teorías —sean lo que *sean* ontológicamente— se representan, desde una perspectiva extrínseca, en términos de modelos o clases de modelos" (2003, 34). La postura central del Enfoque Modelo-Teórico no es, por lo tanto, que las teorías son familias de modelos, sino que las teorías se representan mejor como familias de modelos.[238] Lo mismo puede decirse del enfoque lingüístico. De hecho, ambos enfoques son representaciones de teorías, y la representación que elegimos depende de la cuestión que se plantee. Esto no nos obliga a adoptar una postura sobre lo que *son* las teorías. Los quietistas insisten en que el problema de la ontología no es algo que deba abordar la filosofía de la ciencia. La tarea de la filosofía de la ciencia es encontrar la forma más útil de representar las teorías.

---

[237] Véase también Bueno y French (2011, 890, 2018, 70), Bueno et al. (2002, 498), Da Costa y French (2003, 25, 30, 33-34), French (2000, 105) y French y Saatsi (2006, 552). Esta postura se desarrolla con mayor detalle en French (2010, 2017, 2020), French y Vickers (2011) y Vickers (2014). Estos debates se plantean en términos de estructuras parciales, que analizamos en la sección 6.7. Sin embargo, para la cuestión que nos ocupa, es irrelevante si se analizan las teorías en términos de estructuras "ordinarias» o parciales.

[238] French y Saatsi enfatizan que las teorías también pueden representarse como un conjunto de oraciones, como en la caracterización intrínseca de Suppes (2006, 553).

Un análisis filosófico de las teorías científicas implica, por tanto, dos nociones de representación: la relación de representación entre una teoría y el mundo, y la relación de representación entre nuestros instrumentos filosóficos (como las estructuras) y las propias teorías. En el capítulo 6 nos centramos en la relación de representación entre una teoría y el mundo. La pregunta para el quietista es si la representación estructuralista de las teorías como una familia de estructuras es exacta o útil. Los quietistas adoptan una posición pluralista en lo que respecta a lo que consideran herramientas representativas y enfatizan que el enfoque "permite que tanto los recursos lingüísticos como los no lingüísticos desempeñen su papel adecuado" (French 2010, 231), y se advierte a los posibles críticos que los quietistas "no deben considerarse defensores de un estructuralismo "puro" poco realista, en el sentido de considerar las teorías (con "es" de identidad) *solo como* estructuras o, más moderadamente, presentarlas como tales" (*ibid.*, 235-236, énfasis en el original).[239] Esto significa que los quietistas pueden valerse tanto de las estructuras como del lenguaje para representar las teorías.

Para ver cómo este enfoque evita los problemas con los que hemos estado luchando anteriormente, consideremos el problema de la identidad de la teoría (secciones 1.6 y 5.5). Desde la perspectiva quietista, la cuestión de la identidad de la teoría debe ser exorcizada junto con la cuestión de la ontología, y los quietistas insisten en que simplemente debemos guardar silencio sobre el tema. Como dice French: "en términos de ¿qué es la identidad de las teorías? Dada la complejidad y el desorden de la práctica mencionados anteriormente, mi sugerencia es dejar de buscar respuestas a esta pregunta y abandonar por completo la exigencia de condiciones de identidad" (2021, 5901). En su lugar, deberíamos utilizar el Enfoque Modelo-Teórico "para desarrollar un enfoque más matizado sobre cómo nosotros, los filósofos de la ciencia, deberíamos representar, para nuestros propios fines, los elementos de la práctica que nos preocupan" (*ibid.*).

Así pues, el quietista insiste en que no debemos preguntarnos qué son las teorías, ni cuándo dos teorías son idénticas. Si el objetivo es eliminar elementos de nuestra "lista de problemas" filosóficos, entonces se trata de una medida acertada. Pero a quienes les interesan estas cuestiones no les afectarán estas prohibiciones. Si, por ejemplo, la mecánica matricial de Heisenberg y la mecánica ondulatoria de Schrödinger son teorías idénticas es una cuestión científica importante y legítima en el campo de la mecánica cuántica, y la cuestión de la identidad de las teorías desempeña un papel importante en los debates actuales sobre la física fundamental, sobre todo en la teoría de las supercuerdas.[240] Muchos de los interesados en estas cuestiones las consideran problemas científicos importantes

239 Véase también Da Costa et al. (2010) y Krause y Bueno (2007).

240 Para un debate al respecto, véase QM, por ejemplo, Hendry (1999) y Muller (1997a, 1997b), y para la física fundamental, véase, por ejemplo, Butterfield (2018). Sin embargo, cabe señalar que las cuestiones de identidad teórica no solo surgen en la física moderna. De hecho, la misma cuestión se plantea en relación con diferentes formulaciones de la mecánica clásica; véase North (2009), Curiel (2014) y Barrett (2015).

en los fundamentos de sus disciplinas; no las ven como cuestiones superpuestas por una agenda filosófica exaltada y, en última instancia, prescindible. De manera similar, lo que son las teorías no es solo una cuestión ontológica que puede dejarse de lado sin perjuicio para nadie, excepto para los especialistas en ontología. Nuestro análisis de las teorías tiene importantes implicaciones para nuestra comprensión de otras cuestiones relacionadas con las teorías, en primer lugar, la representación científica. Alguien que ve una teoría como una entidad lingüística verá la representación científica como un problema para la filosofía del lenguaje; alguien que ve una teoría como una entidad no lingüística analizará la representación en términos de relaciones como el isomorfismo y la similitud. El camino que tomemos aquí es importante para cómo entendemos la relación entre las teorías y su materia, y esto es un problema sustantivo en la filosofía de la ciencia y no un problema "introspectivo" sobre cómo representamos las teorías para nosotros mismos. Por último, sigue sin estar claro cuál es la relación de representación entre nuestras herramientas filosóficas y las teorías (ontológicamente esquivas). En ausencia de una perspectiva sobre lo que significa que un conjunto de herramientas filosóficas represente una teoría a la que no tenemos acceso directo y, en particular, sobre lo que significa representar adecuadamente una teoría, es difícil ver cómo se puede evaluar o justificar la afirmación de que un determinado conjunto de herramientas representa adecuadamente una teoría. Por todas estas razones, sigue siendo dudoso que los problemas que hemos encontrado hasta ahora puedan exorcizarse mediante la máxima de guardar silencio al respecto.

5.8 Una visión dual

En la sección 5.5 hemos visto que el lenguaje es una parte importante de una teoría. Al mismo tiempo, en las secciones 2.8 y 2.9 hemos visto que considerar los modelos de oraciones formales es importante en muchos sentidos. Además, como veremos en las partes III y IV, los modelos se consideran mejor como objetos de algún tipo. Por lo tanto, necesitamos una comprensión de las teorías que integre tanto los elementos lingüísticos como los no lingüísticos. Por esta razón, un análisis defendible del formalismo de una teoría debe ser una *visión dual*, una visión que considere que el formalismo de una teoría está constituido por elementos lingüísticos y estructurales. Esto deja abierta la cuestión de cómo funciona la unión entre el lenguaje y la estructura.

En un artículo reciente, Hudetz (2018) aborda la cuestión de la relación entre estructuras y lenguajes. Sugiere que hay dos lenguajes implicados en la especificación del formalismo de una teoría: un lenguaje objeto y un metalenguaje (véase la sección 2.6 para un análisis de estos lenguajes).[241] El lenguaje objeto

[241] Se plantea una cuestión exegética sobre si la distinción de Suppes entre caracterización extrínseca e intrínseca es, de hecho, la distinción entre metalenguaje y lenguaje objeto. Su insistencia en que las caracterizaciones extrínsecas se expresen en lenguajes informales y sirvan para identificar

es un lenguaje formal de *cualquier* orden. La selección de un lenguaje objeto es una elección pragmática que depende de los objetivos y propósitos de una teoría (o de la reconstrucción filosófica de una teoría). Si se hace hincapié en la demostración de teoremas, la lógica de primer orden tiene la ventaja de contar con un sistema de demostración completo, algo de lo que carecen las lógicas de orden superior. Si el énfasis se pone en caracterizar estructuras, las lógicas de orden superior tienen la ventaja de poder caracterizar modelos hasta el isomorfismo, ya que el teorema de Löwenheim-Skolem no se cumple en ellas. Al lenguaje objeto se le da una semántica formal "al estilo de Tarski", que proporciona una interpretación que asigna símbolos del lenguaje a partes de una estructura. De hecho, es la formulación de dicha interpretación lo que convierte al lenguaje en un lenguaje objeto. Los teoremas se formulan y las demostraciones se dan en este lenguaje.

El metalenguaje puede ser cualquier lenguaje que nos resulte conveniente. Puede ser un lenguaje formal o un lenguaje informal como la teoría informal de conjuntos o el "inglés matemático".[242] Como metalenguaje, no tiene semántica de Tarski y habla de las estructuras y los lenguajes de manera informal. Las afirmaciones metalingüísticas pueden ser de diferentes tipos. Pueden ser afirmaciones que se refieren directamente a las estructuras relevantes ("el símbolo '*r*' se refiere a la relación *r* en la estructura"); pueden ser descripciones de los componentes de la estructura ("las estructuras de la mecánica contienen una línea real"); o pueden referirse a estructuras de manera indirecta ("las estructuras de la mecánica clásica son las introducidas en el libro de Goldstein de 1980").

Estos lenguajes desempeñan funciones complementarias en la especificación de un formalismo, que se desarrolla en dos pasos.[243] En el primer paso, el metalenguaje se utiliza para especificar el tipo de estructuras que aparecen en la teoría, el lenguaje objeto de la teoría y la interpretación del lenguaje objeto. Estas especificaciones proporcionan el *marco de referencia* (*background framework*) de la teoría. En Mecánica Newtoniana, por ejemplo, primero utilizamos el metalenguaje para especificar el vocabulario de la teoría y su *signatura de marco* (*framework signature*), que consiste en símbolos matemáticos auxiliares como "$\mathbb{R}$" y "+", símbolos predicativos como "σ_P" y "σ_θ", y símbolos funcionales como "σ_f ", "σ_l" y "σ_m". El lenguaje completo de la teoría resulta de añadir a la firma operaciones lógicas específicas, cuantificadores y reglas de inferencia.

clases de estructuras habla a favor de esta interpretación. Su énfasis en la semántica de Tarski, la opinión de que las estructuras "satisfacen» axiomas en el lenguaje extrínseco y el hecho de que sus axiomas de la mecánica parecen enunciados sencillos del lenguaje de los objetos hablan en contra de esta interpretación.

242 El término "inglés matemático» se utiliza en Thompson (1987, 27) y van Fraassen (1972, 304, 310).

243 Estos pasos guardan cierta similitud con la especificación de los modelos potenciales y reales de una teoría en el programa estructuralista de Múnich, que discutimos en el capítulo 7. La principal diferencia es que los lenguajes no forman parte del esquema estructuralista de Múnich.

Las *estructuras del marco* (*framework structures*) se especifican como aquellas estructuras que tienen como dominio la unión de *P*, *θ*, *M*, *L* y *F* con las operaciones *f*, *l*, *m* y que son tales que los símbolos de la firma del marco denotan las partes relevantes de la estructura ("σ_P " denota *P*, etc.). Los axiomas 1-4 de los axiomas de la mecánica que hemos visto en la sección 5.2 especifican, de hecho, la estructura de fondo.[244]

En el segundo paso, las leyes sustantivas de la teoría se expresan *en el lenguaje objeto*. Estas afirmaciones son verdaderas en algunas estructuras marco, pero no en otras. Las estructuras de fondo en las que estas afirmaciones en lenguaje objeto son verdaderas son los modelos de la teoría. En el caso de la mecánica newtoniana, las leyes sustantivas son (algo así como) los axiomas 5 y 6 de Suppes, y solo las estructuras marco que satisfacen estas leyes son modelos de la mecánica newtoniana.

La visión dual implica que tanto el lenguaje objeto como el metalenguaje son necesarios para especificar los modelos de una teoría. Los axiomas de Suppes se consideran ahora como pertenecientes a diferentes lenguajes: los axiomas 1-4 son enunciados en metalenguaje que especifican las características de las estructuras marco, mientras que los axiomas 5 y 6 son enunciados en lenguaje objeto que distinguen los modelos de la mecánica newtoniana entre todas las estructuras marco.

Una ventaja de la visión dual es que las técnicas matemáticas que no pertenecen a la teoría que se analiza pueden incluirse en el trasfondo, y solo se expresan explícitamente las proposiciones específicas de la teoría (Hudetz 2019b, 1147). La teoría de números y el cálculo diferencial, por ejemplo, no son partes "propias" de la mecánica newtoniana, por lo que sería extraño incluirlos en una presentación de la mecánica newtoniana. Sin embargo, son cruciales para la teoría, que no podría funcionar sin ellas. Esta cuestión se resuelve suponiendo que el trasfondo, que se especifica mediante el metalenguaje, contiene la teoría de números y el cálculo diferencial. Esto encaja bien con la práctica científica, en la que las teorías se definen a menudo dando por sentado el trasfondo y enunciando explícitamente solo aquellas proposiciones que son parte original de la teoría.

¿Cómo se individualiza una teoría en la visión dual? El lenguaje objeto es claramente parte de una teoría y un cambio en el lenguaje objeto y en las fórmulas que caracterizan una teoría puede dar lugar a una teoría diferente. Que esto sea así depende de los criterios de equivalencia teórica de cada uno. Una ventaja de la visión dual es que puede apelar a criterios lingüísticos como la equivalencia definicional, evitando así los problemas de una visión puramente estructural. Esto resuelve los problemas que encontramos en la sección 5.5, ya que nos da

---

[244] Hay numerosas formas de establecer el marco de la mecánica newtoniana (o, de hecho, el marco de cualquier teoría que se analice), y los detalles plantean importantes cuestiones fundamentales. Este breve esbozo solo pretende ilustrar qué tipo de especificaciones se producen en este proceso; no pretende prejuzgar cuál es el análisis correcto de la mecánica newtoniana.

los medios para decir que la aritmética de Corcoran y la aritmética de Peano son teorías distintas. La pregunta más difícil es si el metalenguaje también forma parte de la teoría. El metalenguaje desempeña un papel importante en la especificación del trasfondo teórico, el lenguaje objeto de la teoría y las estructuras de la teoría. Esto podría sugerir que el metalenguaje debería incluirse en la unidad que llamamos "la teoría". Sin embargo, hay razones para no hacerlo. En primer lugar, cambiar el lenguaje objeto de un formalismo cambia el formalismo. Por el contrario, cambiar el metalenguaje no lo hace. Por ejemplo, el hecho de que especifiquemos un formalismo en alemán o en inglés no tiene ninguna influencia en el formalismo. En segundo lugar, el metalenguaje no tiene reglas ni definiciones bien definidas y es muy difícil de precisar, por lo que no estaría claro *qué es* lo que se incluiría en la teoría en primer lugar. Por estas razones, parece mejor considerar que el metalenguaje pertenece a una disciplina científica o a un campo de investigación al que pertenece la teoría. El análisis del metalenguaje pertenece entonces al estudio de toda una disciplina y no a una teoría en particular.

Este es el *esquema general* de una visión dual. Como tal, deja muchos detalles sin especificar, y explicar con detalle cuáles son exactamente las partes de la visión, cómo se relacionan entre sí y cómo resuelven los problemas de otras perspectivas es una cuestión para futuras investigaciones. Pero la investigación solo puede llevarse a cabo de forma fructífera si hay una dirección en la que avanzar, y espero que esta sección haya proporcionado dicha dirección.

5.9 Conclusión

El Enfoque Modelo-Teórico tiene el mérito de haber introducido los modelos en el ámbito del análisis de las teorías científicas. Pero la afirmación de que una teoría no es más que una familia de modelos es insostenible, y las teorías no son entidades extralingüísticas. El lenguaje es esencial tanto para la especificación de estructuras como para la formulación de la teoría misma, y cualquier perspectiva viable de la estructura de una teoría científica tendrá que explicar qué roles desempeñan los modelos y los lenguajes y cómo se integran entre sí. En la sección 5.8 hemos visto un esbozo de cómo se podría hacer esto, pero habrá otras opciones.

En todo esto, no debemos olvidar que lo que hemos discutido en este capítulo es solo el *formalismo* de una teoría. Hasta ahora no se ha dicho nada sobre cómo este formalismo adquiere contenido empírico y cómo se relaciona con el tema de la teoría. Esta es la tarea del próximo capítulo.

Antes de continuar, me gustaría mencionar brevemente algunos análisis alternativos de las teorías. Hasta ahora, el espacio del discurso ha estado determinado por el Enfoque Lingüístico (principalmente bajo la forma del Enfoque Recibido) y el Enfoque Modelo-Teórico, y la discusión ha girado en torno a la evaluación de los pros y los contras de cada uno. Sin embargo, existen otros análisis de las teorías. En su revisión de las perspectivas sobre las teorías científicas, Suppe analiza explícitamente dos de ellas con gran detalle: el análisis de las *Weltanschauungen* y el análisis descriptivo escéptico (Suppe 1977, 119-221). Como su nombre indica, el análisis de las *Weltanschauungen* parte de la premisa de que la ciencia se practica en circunstancias históricas concretas y es desarrollada por seres humanos que tienen creencias y pertenecen a sociedades. A continuación, el análisis se centra en el tipo de cosmovisión que está subsumida en una teoría, los esquemas conceptuales en los que se basa y la naturaleza del lenguaje en el que se expresa. Se trata de un enfoque interesante e importante, pero no compite, y mucho menos entra en conflicto, con ninguna de las opiniones que hemos discutido hasta ahora. Es simplemente un proyecto diferente que explora otras dimensiones de las teorías. Podemos discutir si una teoría es una entidad lingüística o no lingüística y, al mismo tiempo, preguntarnos qué tipo de cosmovisión encarna, de la misma manera que podemos discutir si el barco que vemos está hecho de madera o de metal y, al mismo tiempo, preguntarnos de qué color es.

El análisis descriptivo escéptico se acerca a lo que Winther (2016, sec. 4) denomina la visión pragmática. Esta visión renuncia a la reconstrucción racional y pretende describir cómo se presentan las teorías en la práctica científica. La tarea de un análisis de teorías es, por lo tanto, proporcionar una descripción histórica y sociológica de cómo las teorías son presentadas por sus usuarios. Hemos discutido la reconstrucción racional en la sección 1.7, donde quedó claro que existe una tensión entre los programas filosóficos que aceptan la reconstrucción racional y los que no. Así pues, a diferencia del Análisis de *Weltanschauungen*, no podemos recurrir a la coexistencia pacífica. Sin embargo, como hemos visto en la sección 5.4, el Enfoque Modelo-Teórico también tiene ambiciones descriptivas y se presenta como un análisis en sintonía con la práctica científica. En el capítulo 12 abordaremos los enfoques descriptivos; la sección 12.8 está dedicada específicamente a la cuestión de cómo se comporta el Enfoque Modelo-Teórico si se interpreta como una perspectiva descriptiva de las teorías.

Capítulo 6: REPRESENTACIÓN CON ESTRUCTURAS

6.1 Introducción

En la sección 5.2 hemos visto que del análisis de las teorías de Suppes surgen dos perspectivas de la representación: la perspectiva de la correspondencia de datos y la perspectiva del morfismo. A continuación, dejamos de lado estas perspectivas y nos centramos en el formalismo de una teoría. Ahora es el momento de volver a la cuestión de cómo los modelos, entendidos como estructuras teórico-conjuntistas, representan sus respectivos sistemas objetivo. La tarea de este capítulo es desarrollar y evaluar estas dos perspectivas de la representación.

Antes de poder evaluar las perspectivas de la representación, debemos tener claro qué esperamos de ellas. Para ello, comenzamos formulando problemas que una perspectiva de la representación debe responder, y establecemos condiciones de adecuación que las respuestas deben cumplir (Sección 6.2). A continuación, examinamos la Perspectiva de la Correspondencia de Datos (*Data Matching Account*) y discutimos la objeción más importante en su contra, la llamada objeción de pérdida de realidad (Sección 6.3). Esto requiere una reflexión sobre la naturaleza del objetivo de un modelo. Introducimos la distinción de Bogen y Woodward entre datos y fenómenos, y concluimos que los modelos representan fenómenos en el sentido de Bogen y Woodward (Sección 6.4). A continuación, pasamos a la Perspectiva Morfista y examinamos su presuposición más importante, a saber, que un sistema objetivo debe tener una estructura (Sección 6.5). Continuamos con un debate sobre cómo se comporta la perspectiva con las preguntas y condiciones que introdujimos anteriormente (Sección 6.6). El llamado Programa de Estructuras Parciales ofrece una formulación alternativa del programa estructuralista. Introducimos el enfoque y analizamos qué noción de representación ofrece (Sección 6.7*). Terminamos haciendo balance y preguntándonos si la afirmación de que la Perspectiva Modelo-Teórica ofrece una mejor explicación de la relación modelo-mundo que el Enfoque Recibido es válida (Sección 6.8).

6.2 Preguntas sobre la representación científica

Antes de poder evaluar una perspectiva de la representación, necesitamos saber qué preguntas se espera que responda dicha perspectiva y qué criterios deben satisfacer las respuestas a estas preguntas.[245] Este trabajo preliminar es necesario porque, aunque el tema de la representación científica ha generado una literatura considerable, parece haber poco acuerdo sobre cuál es el problema de la representación científica. De hecho, no parece haber nada parecido *al* "problema" de la representación científica. Lo que encontramos es un conjunto de problemas

[245] El análisis de esta sección se basa en el trabajo que he realizado con James Nguyen. Los problemas se presentan aquí en una versión ligeramente simplificada. Para un análisis completo, véase Frigg y Nguyen (2020, cap. 1).

diferentes pero interrelacionados. El resultado de nuestro debate serán cinco *problemas que* toda perspectiva de la representación científica tendrá que responder, y cinco *condiciones de* adecuación que estas respuestas deben satisfacer. La Figura 6.1 al final de esta sección proporciona un resumen visual de todos los problemas y condiciones. Estos problemas y condiciones también guiarán nuestro debate sobre perspectivas alternativas de la representación en los capítulos 8 y 9.

En la terminología del capítulo 2, los modelos que estamos viendo en este capítulo son modelos representacionales. Estos modelos representan una parte o aspecto seleccionado del mundo: el *sistema objetivo* (*target system*) del modelo. Por lo tanto, la pregunta central es: ¿en virtud de qué es un modelo una representación de otra cosa? Para apreciar el sentido de la pregunta, consideremos primero el problema análogo en la representación pictórica, conocido como el *enigma de la representación* (Schier 1986, 1). Al ver, por ejemplo, *La escuela de Atenas* de Rafael, reconocemos inmediatamente que representa a un grupo de filósofos antiguos enfrascados en el pensamiento y la discusión. ¿Por qué? En sí misma, la pintura es una superficie plana cubierta de pigmentos. ¿Cómo puede una disposición de pigmentos sobre una superficie, una maraña de líneas y puntos, representar algo más allá de sí misma? La pregunta análoga surge para los modelos. En sí mismos, los modelos del Enfoque Modelo-Teórica son estructuras modelo-teóricas. ¿Qué convierte a las estructuras en representaciones de algo más allá de sí mismas?[246] Para sondear posibles respuestas, es útil dar a la pregunta una forma precisa y formularla en términos de condiciones necesarias y suficientes. La pregunta entonces es: ¿qué llena el espacio en blanco en el esquema "*M* es una representación científica de *T* si y solo si ___", donde "*M*" representa el modelo que hace la representación y *T* el sistema objetivo? Este es el *problema de la representación científica.*

Un busto de Sócrates representa a Sócrates, pero Sócrates no representa al busto. Del mismo modo, un modelo científico representa a su objetivo, pero su objetivo no representa al modelo (al menos no en general). Por lo tanto, como señala Goodman (1976, 5), la representación es dirigida. Una perspectiva de la representación debe proporcionar un análisis de la representación que sea dirigido e, idealmente, identificar la raíz de esta direccionalidad. Esta es la *Condición de Direccionalidad*, que es nuestra primera condición de adecuación.

Los modelos representan sus objetivos de una manera que permite a los científicos generar hipótesis sobre el objetivo a partir del modelo. De hecho, muchas investigaciones se llevan a cabo sobre modelos en lugar de sobre la realidad misma, y esto se hace con el objetivo de descubrir características de las cosas

[246] Véase mi (2006). Esta pregunta, por supuesto, no es específica de la versión estructuralista del Enfoque Modelo-Teórico. Los modelos que encontraremos en capítulos posteriores son objetos abstractos, entidades ficticias, ecuaciones y objetos materiales ordinarios. La misma pregunta surge para ellos.

que los modelos representan. Un estudio del modelo newtoniano del sistema solar revela propiedades importantes de las trayectorias de los planetas (por ejemplo, que son elipses). Esta característica distingue las representaciones científicas de las representaciones lexicográficas. Estudiar la constitución interna de una palabra no revela nada sobre el objeto que representa. Investigar la expresión "sistema solar", por ejemplo, no revela nada sobre el movimiento de los cuerpos celestes. Razonar sobre un modelo, en cambio, arroja conclusiones sobre su objetivo. Así pues, el vacío en el problema de la representación científica debe llenarse de manera que explique cómo es posible. Esto nos da la segunda condición de adecuación: la *condición del razonamiento sustitutivo*. El término "razonamiento sustitutivo" se debe al hecho de que el modelo sirve como sustituto al razonar sobre el objetivo.[247]

Existe la duda de si la condición de razonamiento sustitutivo es demasiado permisiva porque es probable que también la cumplan representaciones que no son, o al menos no *a primera vista*, representaciones científicas. Los mapas, planos, diagramas, fotografías, dibujos, gráficos, maquetas arquitectónicas y maquetas de papel proporcionan información sobre su tema y, por lo tanto, permiten algún tipo de razonamiento sustitutivo. Esto plantea la cuestión de en qué se diferencian, si es que se diferencian, las representaciones científicas de otros tipos de representaciones que desempeñan una función cognitiva. Callender y Cohen (2006, 68-69) señalan que se trata de una versión semántica del problema de demarcación de Popper, por lo que nos referimos a él como el *problema de demarcación representacional*. Expresan escepticismo sobre la existencia de una solución a este problema y argumentan que la línea entre las representaciones científicas y no científicas es circunstancial (*ibid.*, 83), lo que significa que las representaciones científicas son simplemente aquellas que se utilizan en un contexto que se considera científico o aquellas que son desarrolladas por alguien que es científico. Una postura escéptica similar a la de Callender y Cohen está implícita en todos los enfoques que analizan la representación científica junto con otros tipos de representaciones, por ejemplo, estableciendo analogías entre la representación científica y la pictórica.[248]

Aquellos que niegan que exista una diferencia esencial entre la representación científica y otros tipos de representación pueden seguir a Contessa (2007) y ampliar el alcance de la investigación. En lugar de analizar la representación científica, pueden examinar la categoría más amplia de *representación epistémica*.

[247] El término «razonamiento sustituto» se debe a Swoyer (1991, 449). El argumento de que las representaciones científicas deben permitir a los científicos razonar sobre sus objetivos también lo han planteado, entre otros, Bailer-Jones (2003, 59), Bolinska (2013, 219), Contessa (2007, 50), Frigg (2006, 51), Liu (2013, 93), Morgan y Morrison (1999, 11), Suárez (2003, 229) y Weisberg (2013, 150).

[248] Entre otros, Elgin (2017, cap. 12), French (2003), Frigg (2006), Hughes (1997), Suárez (2004) y van Fraassen (2008) siguen este programa. Para una reflexión sobre la integración de los debates sobre la representación científica y artística, véase Sánchez-Dorado (2017).

Esta categoría contiene representaciones científicas junto con otras formas de representación que respaldan el razonamiento sustitutivo. El problema de la representación científica se convierte entonces en el *problema de la representación epistémica*, que equivale a llenar el espacio en blanco en "*M* es una representación epistémica de *T* si y solo si ___".

No todas las representaciones son del mismo tipo. Un mural egipcio, un dibujo en perspectiva, una pintura impresionista, un plano arquitectónico y un mapa náutico representan sus respectivos objetivos de diferentes maneras. La pluralidad de estilos de representación no es una prerrogativa de las representaciones visuales. Los modelos tampoco son todos del mismo tipo. El modelo de gota líquida de Weizsäcker y el modelo de caparazón de la mecánica cuántica representan el núcleo de un átomo de diferentes maneras; un modelo de red neuronal y un modelo de circuito eléctrico ofrecen diferentes tipos de representación del cerebro; y la máquina hidráulica de Phillips y Newlyn representa una economía de manera diferente a las ecuaciones de Hicks. En otras palabras, existen diferentes estilos de representación. Entonces, la pregunta es: ¿qué estilos existen y cómo pueden caracterizarse? Este es el *problema del estilo*. Una respuesta a este problema no tiene por qué adoptar la forma de una lista completa de estilos de representación. De hecho, es poco probable que exista tal lista, y se inventarán nuevos estilos a medida que la ciencia progrese. Por esta razón, una respuesta al Problema del Estilo siempre será abierta, proporcionando una descripción de los estilos que están disponibles actualmente y dejando espacio para nuevas incorporaciones.

Las representaciones pueden ser exactas o inexactas. El modelo ptolemaico del mundo es una representación inexacta; el modelo copernicano es exacto. El modelo de Schrödinger del átomo de hidrógeno es exacto; el modelo de Thomson no lo es. ¿Sobre qué base hacemos tales juicios? Morrison (2008, 70) señala que este es un problema crucial y sin embargo no trivial, y nos recuerda que es tarea de la teoría de la representación identificar qué constituye una representación exacta. Este es el *problema de la exactitud* (*Problem of Accuracy*).[249] Cabe señalar que ser una representación exacta no equivale a ser una imagen especular. Existe el prejuicio de que una representación exacta es *ipso facto* una imagen especular, una copia o una imitación de lo que representa. Esto es un error. Una representación exacta no tiene por qué ser una copia de la cosa real. Esta observación se encuentra en el corazón de la sátira de los cartógrafos que producen mapas tan grandes como el propio país para luego abandonarlos por inútiles.[250]

---

[249] Hay una cuestión metodológica relacionada con esta condición: al analizar la representación, ¿deberíamos analizar primero la representación tout court y luego decir qué hace que dicha representación sea exacta, o deberíamos más bien comenzar nuestra discusión con un análisis de las representaciones exactas? En lo que sigue, sigo la primera opción; Bolinska (2013, 2016) y Poznic (2018) optan por la segunda.

[250] La sátira la cuenta Lewis Carroll en Sylvie y Bruno y Jorge Luis Borges en Sobre la exactitud en las ciencias.

Los científicos que pretenden construir representaciones exactas no son cartógrafos satíricos.

Este problema está estrechamente relacionado con la siguiente condición de adecuación: la *condición de mala representación* (*Misrepresentation*). Si nos preguntamos qué hace que una representación sea exacta, presuponemos tácitamente que las representaciones inexactas también lo son. Esta es la suposición correcta. Un mapa medieval del mundo en el que no figuran las Américas es una mala representación del mundo, pero no deja de ser una representación. Si *M* no representa con exactitud *T*, entonces *M* es una mala representación, pero no una 'no representación'. Una perspectiva que clasifique las malas representaciones como 'no representaciones' es errónea, y una perspectiva de la representación debe ser capaz de explicar cómo es posible la mala representación.[251]

Otra condición de adecuación se refiere a los modelos que no tienen sistemas objetivo en absoluto. Los modelos del éter o de las poblaciones de cuatro sexos, por ejemplo, no tienen sistemas objetivo y, sin embargo, son representaciones. Una perspectiva de la representación tiene que proporcionar una comprensión de cómo funcionan los modelos que carecen de objetivos. Esta es la *Condición de los modelos sin objetivo* (*Targetless*).

Muchos modelos científicos están matematizados, y sus aspectos matemáticos son cruciales para su funcionamiento. En el corazón del modelo de Newton del sistema Sol-Tierra se encuentra la ecuación del movimiento de un planeta que gira alrededor del sol, y esta ecuación es fundamental para la función cognitiva del modelo. Esto nos lleva de vuelta al consagrado rompecabezas filosófico de la aplicabilidad de las matemáticas en las ciencias empíricas: ¿cómo es posible que las matemáticas puedan aplicarse a una parte o aspecto del mundo? Expresado en términos de modelos, el problema es cómo un modelo matemático puede representar un sistema objetivo material como un sistema de planetas u organismos biológicos. La quinta y última condición de adecuación es, por tanto, que una perspectiva de la representación tiene que explicar cómo se aplican las matemáticas al mundo físico. Esta es la *condición de aplicabilidad de las matemáticas*.[252]

[251] Véase Contessa (2007, 54-55), Frigg (2002, 16-17), Suárez (2003, 233-235) y van Fraassen (2008, 13-15). Stich y Warfield (1994, 6-7) sostienen que una teoría de la representación mental debería ser capaz de dar una perspectiva de las malas representaciones.

[252] El problema de la aplicabilidad de las matemáticas se remonta al menos al Timeo de Platón. Su expresión moderna se debe a Wigner, quien señaló que «la enorme utilidad de las matemáticas en las ciencias naturales es algo que roza lo misterioso y que no tiene explicación» (1960, 2). Para una encuesta y discusión, véase Bangu (2012) y Shapiro (1983). Rédei (2020) señala que, aunque las matemáticas y la física están estrechamente relacionadas, esa relación no está exenta de tensiones. Saatsi (2011) señala que hay que distinguir entre un uso representativo y un uso explicativo de las matemáticas. La condición de aplicabilidad de las matemáticas requiere una respuesta a la primera, pero no a la segunda.

Al abordar las preguntas anteriores, nos topamos con el *problema de los portadores* (*Problem of Carriers*). El portador de una representación es la "cosa" portadora de la representación, y la representación puede considerarse como la relación entre un portador y un objetivo. Un trozo de pared cubierto de pintura es el portador de *La escuela de Atenas*; un lienzo

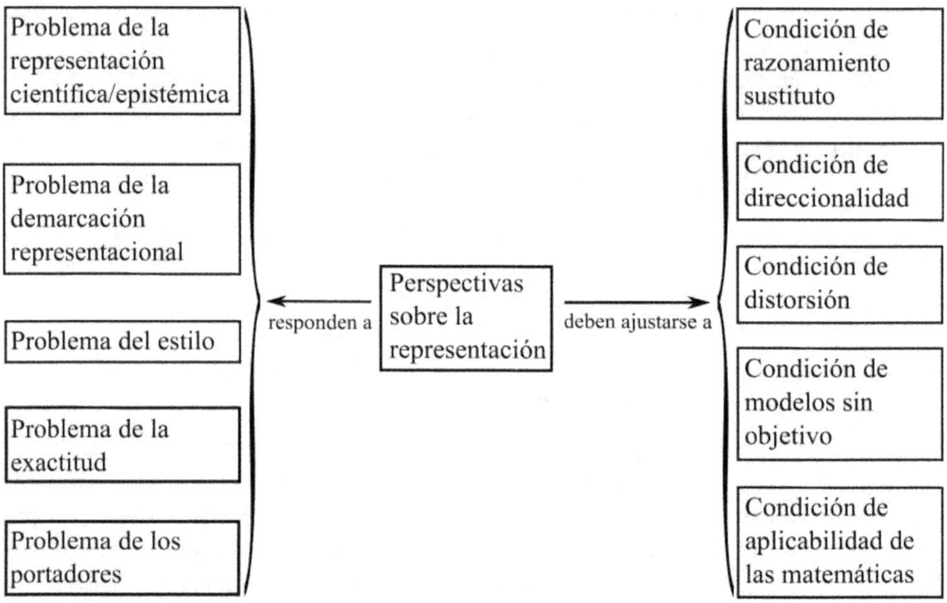

FIGURA 6.1 Los problemas y las condiciones para una perspectiva de la representación.[253]

cubierto de pigmentos es el portador de *Bosque y paloma* de Max Ernst; un sistema de tuberías llenas de agua es el portador del modelo de economía de Phillips-Newlyn; y así sucesivamente. Sin embargo, no todos los portadores son objetos materiales. Como dice Hacking (1983, 216), algunos modelos se tienen en la cabeza en lugar de en las manos. El modelo newtoniano del sistema solar, el modelo Lotka-Volterra de la interacción depredador-presa y el modelo cuántico del átomo no son cosas que se puedan poner en la mesa del laboratorio y mirar. El problema de los portadores es aclarar nuestros compromisos y proporcionar una lista con cosas que reconocemos, o de hecho rechazamos, como entidades que realizan una función representacional, y dar cuenta de lo que son en los casos en que estas entidades plantean preguntas (¿qué queremos decir exactamente con algo que uno tiene en la cabeza en lugar de en las manos?).[254]

---

[253] Este diagrama está adaptado de la Figura 1.2 en Frigg y Nguyen (2020, 19).

[254] Contessa (2010b), Frigg (2010), Godfrey-Smith (2006), (Levy 2012), Thomson-Jones (2010), Toon (2012b) y Weisberg (2013, cap. 4) han llamado la atención sobre este problema de diferentes maneras. En nuestro (2020), James Nguyen y yo dividimos este problema en dos subproblemas,

En resumen, una perspectiva de la representación debe abordar el problema de la representación científica o el problema de la representación epistémica, adoptar una postura sobre el *problema de la demarcación representacional*, abordar el problema del estilo, responder al problema *de la precisión* y discutir el problema de los portadores. Una respuesta satisfactoria a estas cinco preguntas debe cumplir cinco condiciones de adecuación, a saber, la condición de razonamiento por sustitución, la condición de mala representación, la condición de modelos sin objetivo, la condición de direccionalidad y la condición de aplicabilidad de las matemáticas. Entre ellas, el problema de la representación científica/epistémica es el más importante y la condición de razonamiento por sustitución es la condición de adecuación más importante, por lo que aparecen en la parte superior de la Figura 6.1. Enmarcar el problema de la representación de esta manera no quiere decir que los problemas estén separados y no relacionados. La respuesta que se dé a un problema tendrá implicaciones para las respuestas que se den a otros problemas. Sin embargo, separar las diferentes cuestiones ayuda a estructurar el debate y a evaluar las propuestas.

En consonancia con el tema de este libro, nos centramos en cómo los modelos representan y dejan de lado otras formas de representación científica como imágenes, gráficos y tablas.[255] Otra cuestión que dejamos de lado es la del realismo frente al antirrealismo.[256] Esto se debe a que el programa estructuralista no está comprometido con ninguna posición en particular. Los defensores de la noción estructuralista de modelos y representación abarcan todo el espectro, desde el empirismo (van Fraassen) hasta el realismo estructural (Ladyman) y el realismo total (Suppes). La diferencia entre estas posiciones radica en cómo articulan los detalles de la visión estructuralista (y, en particular, en cómo ven los modelos en relación con sus objetivos); no radica en su compromiso básico con el estructuralismo.

6.3 La perspectiva de la correspondencia de datos y la pérdida de realidad

En la sección 5.2 encontramos la perspectiva de la correspondencia de datos de Suppes, que postula que un modelo representa un objetivo a través de un modelo de datos, obtenido a partir de observaciones sobre el objetivo, que se integra en el modelo. Dado que una incrustación es, por definición, un isomorfismo de una subestructura (véase la sección 2.7), el análisis de Suppes se reduce en efecto a que un modelo de datos sea isomorfo a una subestructura de un modelo teórico. Esto es, como señalamos en la sección 5.3, también la perspectiva de van Fraas-

---

que llamamos el Problema de la Ontología y el Problema del Manejo. Suprimo esta distinción aquí por brevedad.

[255] Para un análisis de las representaciones visuales en la ciencia, véase Perini (2005, 2010) y Elkins (1999).

[256] Véase Psillos (1999) para un análisis.

sen. En la versión de van Fraassen, *las apariencias* son las estructuras que resultan de un proceso de medición en el sistema objetivo; por lo tanto, las apariencias son modelos de datos. Una teoría designa partes de un modelo como la subestructura empírica del modelo, que es candidata a la representación de un aspecto observable del objetivo. Si las apariencias son isomorfas a la subestructura empírica del modelo, entonces el modelo representa el objetivo con exactitud, y una teoría completa es *empíricamente adecuada* si para cada apariencia hay un modelo en la teoría cuya subestructura empírica es isomórfica a la apariencia.[257]

La literatura estructuralista no distingue, como acabamos de hacer en la sección anterior, entre el problema de la representación científica y el problema de la exactitud, por lo que no está claro si el isomorfismo con una subestructura se propone como respuesta al primero o al segundo. En este punto, mantenemos una mente abierta al respecto porque para los argumentos de las secciones 6.3 a 6.5 nada dependerá de si interpretamos el isomorfismo como una respuesta al problema de la representación científica o al problema de la exactitud. Volveremos a este tema en la sección 6.6.

Para apreciar lo radical que es esta perspectiva, recordemos nuestra discusión sobre los modelos de datos en la Sección 3.6, donde hemos visto que un modelo de datos es un resumen procesado, corregido, rectificado, regimentado e idealizado de los datos obtenidos al realizar mediciones; nuestros ejemplos de modelos de datos fueron las curvas de PSMSL para los niveles medios mensuales y anuales del mar. Supongamos que tenemos un modelo físico de la dinámica de las mareas en Venecia. Este modelo contendría información sobre la topografía de la laguna de Venecia (incluido su lecho marino), las masas de agua, el movimiento de la Luna, las corrientes dominantes en el mar Adriático y otros procesos físicos relevantes. La perspectiva de la correspondencia de datos ahora dice que la única conexión entre este modelo y el mundo consiste en una parte del modelo que coincide con un gráfico del tipo que se muestra en la Figura 3.3. No hay conexión entre la Luna en el modelo y la Luna real, ni entre la topografía de la laguna del modelo y la laguna real. El único punto de contacto entre el modelo y el objetivo es el modelo de datos.

Esto es muy poco, y Muller objeta que incrustar modelos de datos en modelos teóricos es demasiado poco para explicar la representación (2004, 716-717, 2011, 97-98). El problema sobre el que llama la atención Muller es que los modelos de datos, al igual que los modelos teóricos, *son estructuras* y, por lo tanto, una incrustación simplemente relaciona una estructura con otra. Esta relación se

[257] Esta perspectiva está claramente articulada en van Fraassen (1980, 64-66). Para más declaraciones, véase su (1981, 667, 1985, 271, 1989, 229, 1997, 524, 2002, 164, 2008, 246, 252-259, 309-311). Worrall (2011) distingue entre equivalencia de datos y equivalencia empírica. Parker (2020) ha argumentado recientemente que la adecuación empírica total puede ser un requisito demasiado estricto y que deberíamos exigir solo que los modelos cumplan el criterio más débil de «adecuación para un propósito». Para un debate sobre las opiniones de van Fraassen sobre la representación, véase también González (2014), Okruhlik (2009) y Padovani (2012).

encuentra en el ámbito de la teoría de conjuntos. Si los modelos de una teoría representan únicamente modelos de datos, entonces la teoría no logra establecer contacto con las cosas del mundo sobre las que se supone que trata la teoría, a saber, átomos, terremotos, poblaciones, etc. La teoría pierde su control sobre la realidad. En palabras de Muller:

> Lo mejor que se puede decir es que una estructura de datos [*D*] parece actuar como simulacro del ser B concreto y real, porque [*D*] es una representación teórico-conjuntista de los resultados cualitativos de experimentos u observaciones extraídos de algún fenómeno que necesariamente involucra a B; la relación de subsunción entre la estructura de datos [*D*] y el modelo . . . entonces actúa como el simulacro del nexo entre el modelo abstracto (estructura, teoría) y el ser real concreto B. Pero esto no es suficiente. No queremos simulacros. Queremos lo real. Vamos. (2011, 98)

Muller llama a esto el "problema de los seres perdidos". En el ejemplo anterior, B es la laguna de Venecia con sus niveles de agua. Según la objeción de Muller, la Perspectiva de la Correspondencia de Datos falla porque no explica cómo un modelo se relaciona con, y representa, ese sistema objetivo real —la Laguna— en lugar de los datos medidos en él.

La respuesta de Suppes al argumento de Muller es asombrosa. Simplemente admite el argumento y proclama que comprender la relación entre la teoría y el mundo nunca ha sido su preocupación:

> Esta es la visión de las matemáticas puras que trasladé a las estructuras científicas en mi libro de 2002 *Representation and invariance of scientific structures*. Estoy bastante de acuerdo en que este libro mío, como encarnación de mis puntos de vista sistemáticos sobre las teorías científicas, no trata en absoluto el problema de cómo hablar de seres reales o incluso de experimentos, pero no me he hecho ilusiones de que lo haga. (2011, 119)

El libro al que Suppes se refiere en este pasaje es la *summa de* su obra, que presenta de manera sistemática sus posiciones sobre diversos temas a medida que las fue desarrollando desde la década de 1950. Así que este pasaje contiene nada menos que la admisión de que todo el análisis de las teorías que ha desarrollado a lo largo de 60 años no contribuye en nada a comprender cómo se relaciona una teoría con el mundo. Sin embargo, Suppes puede haber tirado la toalla demasiado rápido porque, como hemos visto en la Sección 5.2, su visión de las teorías contiene las ideas centrales no solo para una, sino para dos perspectivas de la representación, y aún no hemos discutido en absoluto la segunda perspectiva. Pero hay una pizca de verdad en la admisión de Suppes, a saber, que estas perspectivas no se desarrollaron en su trabajo sobre teorías y modelos.

Van Fraassen, por el contrario, se toma el problema en serio y lo analiza como la "objeción de pérdida de realidad" (2008, 254-261). Su respuesta a la objeción es que si tenemos en cuenta las características pragmáticas del contexto en el que se utiliza una representación, entonces, para un individuo en ese contexto, no hay diferencia pragmática entre representar con exactitud un sistema físico y representar con exactitud un modelo de datos extraído de él. El argumento de Van Fraassen para esta conclusión es intrincado y prolongado, y no podemos rastrear todos sus movimientos aquí.[258] En el corazón del argumento se encuentra la paradoja de Moore. La paradoja es que para cualquier proposición *p*, no podemos afirmar oraciones de la forma "*p* y no creo que *p*". Por ejemplo, no puedo afirmar "Kant nació en 1724 y no creo que Kant naciera en 1724". Los hablantes no pueden afirmar tales oraciones porque incurren en el compromiso de creer *en p* al pronunciar la primera conjunción y retractarse de ese compromiso en la segunda conjunción, lo que resulta en una contradicción pragmática. Van Fraassen piensa que la representación incurre en compromisos similares. Un científico no puede, so pena de contradicción pragmática, afirmar que un modelo teórico representa con exactitud los datos y al mismo tiempo dudar de que el modelo teórico represente con exactitud el sistema real.[259]

Nguyen sostiene que la representación difiere de la creencia en que la representación no incurre en el tipo de compromisos pragmáticos que impulsan la paradoja de Moore, y que por lo tanto no hay contradicción en negar que el modelo teórico también representa el sistema real. Ilustra el punto con referencia a uno de los propios ejemplos de van Fraassen, una famosa caricatura de Margaret Thatcher mostrándola como una boxeadora y por lo tanto representándola como draconiana y brutal. La paradoja de Moore es que un orador no puede afirmar "Thatcher es brutal, y no creo que Thatcher sea brutal". Por el contrario, un caricaturista puede representar a Thatcher como brutal sin comprometerse con la creencia de que Thatcher es realmente brutal (2016, 183). El caricaturista podría estar políticamente desinteresado y no tener ninguna opinión sobre Thatcher, o creer en privado que es comedida y compasiva y simplemente dibujarla como brutal porque así lo quiere el periódico que encargó la obra. Del mismo modo, un científico puede afirmar sin contradicción que un modelo teórico representa con exactitud los datos y, al mismo tiempo, dudar de que el modelo teórico represente con exactitud el sistema real. Esto ocurre, por ejemplo, cuando un físico del estado sólido utiliza un modelo con infinitas partículas para representar las transiciones de fase en un sistema de laboratorio, que solo consta de un número finito de partículas. El modelo puede acertar en las características observables del sistema (como su temperatura crítica), mientras que representa mal el sistema

[258] Nguyen (2016) ofrece un amplio debate sobre el argumento; véase también Muller (2009, 271-272) y Giere (2009, 107-109).

[259] El argumento de Van Fraassen está formulado en términos de representación exacta en lugar de representación simpliciter. Véase Nguyen (2016, 175, 188-189) para un debate sobre el impacto de este punto.

en cuanto a su número de partículas. Los actos de representación son, pragmáticamente hablando, más débiles que los actos de afirmación, por lo que la apelación a la paradoja de Moore no disipa la objeción de pérdida de realidad.[260]

Muller sugiere resolver este problema postulando que los datos siempre tienen que ir acompañados de una "historia", especificando "*cómo y en qué contexto científico se obtienen* los conjuntos de datos" (2011, 100, énfasis original). Los modelos de datos "flotan en un mar de historias", y "sin tales historias ni siquiera podemos empezar a abordar la relación entre la teoría y la observación" (*ibid.*). Las historias dotan a los datos de una interpretación empírica, y convierten una estructura desnuda en una estructura conectada a un fenómeno particular en el mundo. Estas historias, enfatiza Muller, deben ser contadas en un lenguaje que se refiera a "seres reales concretos" (*ibid.*), y señala que el Enfoque Modelo-Teórico "carece de los recursos para contar las historias necesarias: el lenguaje" (*ibid.*, 101). Así que volvemos al mismo punto que ya hemos encontrado en el Capítulo 5, a saber, que el Enfoque Modelo-Teórico necesita un lenguaje interpretado, y no está claro de dónde se supone que debe venir este lenguaje.

6.4 Datos y fenómenos

Bogen y Woodward (1988) establecen una distinción entre datos y fenómenos, y luego argumentan que las teorías (o modelos teóricos) tratan sobre fenómenos y no sobre datos.[261] Introduzcamos la distinción con el ejemplo de Bogen y Woodward sobre el punto de fusión del plomo (*ibid.*, 307-310). Los científicos no determinan el punto de fusión del plomo tomando una sola lectura del termómetro. Tendrán que tomar una serie de medidas porque, incluso cuando el equipo funciona correctamente, habrá variaciones en los resultados debido a pequeños errores de medición y perturbaciones ambientales incontrolables. Un registro de esta dispersión de resultados constituye los *datos obtenidos* (el registro puede adoptar cualquier formato, por ejemplo, un cuadro, un gráfico o una lista).[262]Si se asume entonces que las mediciones individuales son independientes y están distribuidas normalmente, se pueden procesar los datos para calcular el punto de

[260] Como hemos visto en la sección 5.2, Suppes considera que los modelos teóricos están relacionados con el mundo a través de una jerarquía de modelos. Esto no tiene relación con la objeción de pérdida de realidad. Como señalan Brading y Landry (2006, 573-575), no importa lo larga que sea la jerarquía, siempre está la cuestión de cómo se conecta con la realidad el modelo más bajo de la jerarquía.

[261] La dicotomía entre datos y fenómenos se articula con más detalle en Woodward (1989, 2000, 2010, 2011), y Teller (2001b) ha introducido (de forma independiente) una distinción similar. La dicotomía se examina en Bailer-Jones (2009, cap. 7), Bogen (2010), Brading (2010), Brown (1994, cap. 7), Glymour (2000), Kaiser (1991), Lusk (2021), McAllister (1997, 2010), Schindler (2007, 2011), Tal (2011), Teller (2010) y Votsis (2010), así como en los artículos aportados por Woody (2010) y Machamer (2011). Lyon (2016) ofrece una revisión del estado de la cuestión.

[262] Lo que Bogen y Woodward llaman «datos» corresponde a lo que llamamos «datos brutos» en la sección 3.6.

fusión del plomo. Bajo estas suposiciones, la media de todas las mediciones dará una buena aproximación del punto de fusión del plomo, que es el *fenómeno en cuestión*. Sin embargo, a menos que tengamos suerte, la media no coincidirá exactamente con el punto de fusión real del plomo. Por lo tanto, el fenómeno en sí no es directamente observable. El punto de fusión real de 327 °C se infiere a partir de los datos y de una serie de suposiciones estadísticas. Los datos se observan directamente y son de acceso público a través de informes en libros de laboratorio u otros dispositivos de almacenamiento; los fenómenos no suelen ser accesibles de esta manera y son el resultado de un proceso inferencial.[263]

Las teorías científicas, y este es el punto crucial en el argumento de Bogen y Woodward, predicen y explican fenómenos y hechos sobre fenómenos, pero no datos. Una teoría química de la estructura molecular invocará la naturaleza de los enlaces y otras características del átomo para explicar el punto de fusión del plomo; pero esa teoría no explicará los datos que se encuentran en experimentos particulares. Esto se debe a que los datos son altamente contextuales, ya que dependen no solo del punto de fusión del plomo en sí, sino de una miríada de características de la configuración experimental, como el tipo de termómetro empleado para realizar la medición, la pureza de la muestra de plomo estudiada en el experimento, el nivel de aislamiento del experimento del entorno, etc. Ninguno de estos factores forma parte de la teoría, por lo que no se puede esperar que la teoría los tenga en cuenta. En otras palabras, los datos son contextuales, mientras que los fenómenos no lo son. Esto hace que los datos sean un objetivo inadecuado para las teorías, que no contienen ninguna de estas circunstancias locales peculiares en las que se lleva a cabo una observación. La función de los datos es probatoria: los datos proporcionan evidencia de la existencia de ciertos fenómenos y del hecho de que los fenómenos poseen ciertas características. En resumen, los datos desempeñan una función crucial en la corroboración de los fenómenos, mientras que los fenómenos son las características robustas y repetibles del mundo que son explicadas por las teorías científicas.

Bogen y Woodward afirman que la caracterización de datos y fenómenos que extraen del simple ejemplo del punto de fusión del plomo puede encontrarse igualmente en la ciencia de vanguardia. Para respaldar esta afirmación, discuten un ejemplo de la física de partículas: el descubrimiento de las corrientes neutras débiles (*ibid.*, 315-318). La teoría relevante de las partículas elementales, el llamado *modelo estándar*, postula la existencia de las llamadas corrientes neutras débiles. En la década de 1970, tanto el Consejo Europeo para la Investigación Nuclear (CERN) en Ginebra como el Laboratorio Nacional de Aceleradores (NAL) en Chicago realizaron experimentos para confirmar empíricamente la existencia de estas corrientes. Los datos recopilados en el CERN consistían en

---

[263] Los fenómenos suelen ser no observables, pero el hecho de ser no observables no es una de sus características definitorias. Fenómenos como la mancha de Poisson y la constancia del color en condiciones de luz cambiante son observables (Woodward 2011, 171).

290 000 fotografías de cámaras de burbujas, de las cuales se consideró que aproximadamente 100 proporcionaban evidencia de la existencia de corrientes neutras. Los datos del NAL fueron muy diferentes. El experimento en el NAL produjo registros de patrones de descarga en detectores electrónicos de partículas, y 8 de los 330 registros se interpretaron como apoyo a la existencia de corrientes neutras. Los dos conjuntos de datos eran completamente diferentes, y sin embargo se tomaron para proporcionar evidencia del mismo fenómeno, a saber, corrientes neutras débiles. Del mismo modo, la teoría relevante trata sobre corrientes neutras débiles, y no contiene nada que explique los datos que se recopilaron en los dos laboratorios. Esto se debe a que los datos son el producto de factores contextuales que son idiosincrásicos del entorno experimental particular y que no forman parte del modelo estándar de la física de partículas. La teoría trata de las corrientes neutras y no de sus manifestaciones en un contexto particular, y la teoría está respaldada (o confirmada) por la existencia de estas corrientes y no por los datos en sí. Los fenómenos no pertenecen a una de las categorías ontológicas tradicionales (*ibid.*, 321). De hecho, entran en diferentes categorías ontológicas establecidas, incluyendo objetos, características, eventos, procesos y estados de cosas, y algunos de ellos desafían por completo la clasificación en estos términos. Por lo tanto, son difíciles de categorizar en los esquemas ontológicos actuales. Sin embargo, esto no resta valor al hecho de que son lo que explica una teoría, ni plantea problemas para la comprensión de las teorías como algo que trata de fenómenos.

Esto tiene consecuencias directas para la Perspectiva de la correspondencia de datos de la representación. Bogen y Woodward se centran en la explicación más que en la representación y hacen hincapié en que las teorías explican fenómenos y no datos. Sin embargo, su punto de vista sobre la explicación es a la vez un punto de vista sobre la representación porque una teoría solo puede explicar *X si* trata sobre *X*. Por lo tanto, las teorías representan fenómenos, no datos. Si es así, entonces los fenómenos y no los datos son los objetivos de los modelos que pertenecen a una teoría. Viceversa, no hay nada en una teoría con lo que los datos puedan compararse directamente, y mucho menos las teorías tienen partes (subestructuras empíricas) en las que estos datos puedan integrarse. Las teorías representan fenómenos como puntos de fusión, corrientes neutras, curvatura del espacio-tiempo y masas de electrones. No representan los datos que se recopilan en experimentos en apoyo de estos fenómenos, ya sea en su forma bruta o en la forma "procesada" de un modelo de datos.

Un empirista podría tratar de oponerse a este punto de vista y argumentar que al postular fenómenos más allá de los datos, abandonamos el terreno firme de las cosas observables y comenzamos a involucrarnos en la especulación transempírica, pero la ciencia tiene que restringir sus afirmaciones a lo observable y permanecer en silencio (o al menos agnóstica) sobre todo lo demás. Por lo tanto, continúa el empirista, las teorías deben reinterpretarse de alguna manera para que terminen acomodándose a los datos. Es dudoso que tal maniobra tenga éxito.

Incluso si uno es antirrealista (como, por ejemplo, McAllister 1997), son los fenómenos los que representan los modelos y no los datos. El antirrealista simplemente verá los fenómenos como construcciones en lugar de como partes del mobiliario del mundo que son independientes de la mente. Negar la realidad de los fenómenos no alterará el contenido representacional de las teorías, que tratan de fenómenos independientemente de si estos se entienden de forma realista o antirrealista. Independientemente de si las corrientes neutras son reales o no, son las corrientes neutras las que se representan en el modelo estándar, no las fotografías de la cámara de burbujas. Esto echa por tierra una visión que analiza la representación como una coincidencia de datos.

6.5 Sistemas objetivo y estructuras

Como hemos visto en la sección 5.2, el estructuralista tiene otra opción. En lugar de decir que un modelo representa su destino al tener una subestructura que es isomórfica a un modelo de datos, el estructuralista podría decir que el modelo es isomórfico a su sistema de destino. Dicho así, se trata de un error de categoría. El isomorfismo es una relación entre dos estructuras, y un sistema de destino per se no es una estructura. Por lo tanto, un sistema objetivo simplemente no es el tipo de cosa adecuado para entrar en una relación de isomorfismo con un modelo.[264] Al articular la segunda perspectiva de la representación de Suppes en la sección 5.2, evitamos este problema diciendo que el sistema objetivo era una *estructura concreta*. Dado que las estructuras concretas son estructuras, decir que un modelo es isomorfo a una *estructura concreta* no es un error de categoría.

Así que la afirmación de que un objetivo tiene una estructura concreta es lo que salva el día para el estructuralista. Esto plantea dos series de preguntas. La primera se refiere a la noción de que un sistema objetivo es una estructura concreta. Hemos introducido la noción de estructura concreta en la sección 2.6, y hemos apelado a ella de nuevo en la sección 5.2. En ambas ocasiones hemos utilizado la noción de forma intuitiva y sin ofrecer un análisis filosófico. Ha llegado el momento de llenar este vacío y aclarar lo que implica la noción. Esta es la tarea de la presente sección, y veremos que ni las afirmaciones estructurales ni la afirmación de que las estructuras son adecuadamente mórficas (*morphic*) acaban por sostenerse por sí mismas, porque dependen de que exista una descripción sustantiva del objetivo. La segunda pregunta se refiere al papel exacto que desempeña el isomorfismo en el análisis de la representación. Como se señaló al principio de la sección 6.3, hasta ahora hemos permanecido deliberadamente vagos al respecto. En la sección 6.6 abordaremos explícitamente la cuestión de qué papel desempeña exactamente el isomorfismo en un análisis de la representación.

La perspectiva morfista requiere que los sistemas objetivo sean estructuras concretas. Esto se debe a una buena razón: un isomorfismo solo puede darse entre

---

[264] Contessa llama a esto el «problema de la transición» (2010a, 516).

dos estructuras y no entre una estructura y una parte del mundo físico per se; sería un error categórico decir que una estructura teórica conjuntista es isomorfa a una pieza de materia. Entonces, ¿qué se necesita para que el sistema objetivo sea una estructura concreta en lugar de una cosa "desnuda"?

Una visión radical niega que los objetivos sean estructuras concretas e insiste en que no solo los modelos, sino también los objetivos, son estructuras abstractas. Si los objetivos y los modelos son estructuras abstractas, no hay ningún problema en que exista un isomorfismo entre ellos. Tegmark (2008) defiende esta opinión con un argumento basado en la objetividad de la ciencia.[265] Comienza introduciendo lo que él llama la "hipótesis de la realidad externa", la afirmación de que "existe una realidad física externa completamente independiente de nosotros, los humanos", y luego afirma que esta postura realista aparentemente inocua implica que el mundo es una estructura matemática (*ibid.*, 102). Esto, según Tegmark, implica que una "teoría del todo" final (que se supone que la física alcanzará algún día) debe poder expresarse de una manera que esté libre de "bagaje" antropocéntrico, y los únicos tipos de teorías que pueden expresarse así son las teorías matemáticas. Pero las teorías matemáticas describen estructuras matemáticas. Por lo tanto, una teoría del todo es una teoría sobre estructuras matemáticas, y la realidad *es,* fundamentalmente, una estructura matemática.

Dada la forma en que hemos caracterizado las estructuras matemáticas en la sección 2.6, cabe preguntarse si esta posición tiene algún sentido. Pero dejemos esta preocupación a un lado por el bien del argumento. La premisa crucial en el argumento de Tegmark es que solo las teorías matemáticas pueden ser objetivas y que, por lo tanto, una teoría completa de todo es puramente matemática. Hay razones para dudar de esta afirmación, pero el punto de vista se enfrenta a problemas más inmediatos.[266] El argumento se formula en términos de una teoría del todo y la naturaleza del carácter de la realidad fundamental, pero ninguna teoría disponible actualmente funciona a este nivel. Los objetivos de la mayoría (si no todas) de las teorías actuales *no están* en un nivel fundamental, y al representar estos objetivos, las teorías no hacen referencia a su estructura fundamental. Una representación dinámica de la población de un grupo de conejos no invoca la estructura de supercuerdas de los conejos (o cualquier otra cosa que uno pueda considerar como los constituyentes fundamentales de la materia), por lo que las estructuras fundamentales no son el objetivo de ese modelo. Para que los argumentos de Tegmark se apliquen a otros niveles, tendría que argumentar que el mundo es solo una estructura a todos los niveles, pero sus argumentos no pueden hacerlo porque apelan de manera crucial a lo que sucede en el nivel *fundamental según una teoría del todo*. Así que, incluso si uno aceptara las premisas de Tegmark (y aquí hay un gran "si"), la perspectiva no logra aclarar cómo las

---

[265] Cabría esperar que los realistas estructurales ónticos también suscribieran esta posición. Sin embargo, se han mostrado reacios a hacerlo; véase, por ejemplo, Ladyman (1998, 113) y French (2014, 195). Para un debate general sobre el realismo estructural, véase Frigg y Votsis (2011).

[266] Para un debate más profundo sobre las opiniones de Tegmark, véase Butterfield (2014).

teorías existentes representan sus objetivos porque no tiene nada que decir sobre cómo las teorías no fundamentales, como la dinámica de poblaciones, representan objetos "ordinarios" como poblaciones de conejos, o incluso cómo la mecánica clásica representa grandes cuerpos como planetas.

De la filosofía de las matemáticas surge una idea diferente, donde existe una posición consagrada por el tiempo que interpreta las matemáticas como el estudio de las estructuras.[267] Este enfoque de las matemáticas también ofrece una visión de cómo se aplican las matemáticas a los objetos del mundo: las estructuras matemáticas son como propiedades y los sistemas objetivo pueden *instanciar las* estructuras de la misma manera en que pueden instanciar otras propiedades. Shapiro ofrece una clara declaración de esta posición cuando señala que, en la perspectiva estructuralista de las matemáticas,[268]

> el problema de la relación entre las matemáticas y la realidad es un caso especial del problema de la instanciación de universales. Las matemáticas son a la realidad lo que lo universal es a lo particular instanciado. Como antes, el "universal" aquí se refiere a un patrón o estructura; lo "particular" no se refiere a un objeto individual, sino a un sistema de objetos relacionados. Más específicamente, entonces, las matemáticas son a la realidad lo que el patrón es a lo formado por patrones (*patterned*). (1983, 538)

Podemos decir entonces que un sistema objetivo es una estructura concreta si y solo si es un objeto material que instancia una determinada estructura.

Esta respuesta funciona hasta cierto punto. La cuestión es si llega lo suficientemente lejos. Si uno está dispuesto a aceptar la noción de un sistema objetivo material instanciando un universal estructural como primitivo, y si uno también está dispuesto a asumir que los científicos son capaces de identificar tales universales estructurales y ponerlos en una relación mórfica con las estructuras de los modelos, entonces hemos terminado. Sostengo, sin embargo, que no debemos asumir la noción de un sistema objetivo instanciando una estructura como primitiva. La noción debe ser, y puede ser, analizada, y el análisis proporcionará importantes conocimientos sobre la relación entre estructuras y objetivos. En un nivel básico, dado que una estructura consiste en un conjunto de objetos sobre los que se definen relaciones, se puede decir que un sistema objetivo T instancia la estructura S si T consiste en individuos que componen el dominio de S y entran en las relaciones que se especifican en R. Nuestro grupo de mujeres en el ejemplo de la sección 2.6 ilustra esto. El grupo formado por Jane, Nora y Lily instancian la estructura abstracta $S = (U, R)$ con $U = (a_1, a_2, a_3)$ y R contiene solo la relación $r = \{(a_1, a_2), (a_2, a_3)\}$ si tomamos a las tres mujeres como los tres elementos de

[267] Para una visión general introductoria de este programa, véase Hellman y Shapiro (2019).

[268] Una posición similar se articula en Resnik (1997, 204). Los desarrollos recientes de este punto de vista incluyen Bueno y Colyvan (2011) y Pincock (2012). Para una discusión crítica de la posición de Pincock, véase Walsh et al. (2014).

U e interpretamos la relación *r* como *madre de*. Desde esta perspectiva, la instanciación de la estructura equivale a interpretar los elementos de una estructura abstracta en términos concretos.[269]

Esta perspectiva se enfrenta a un problema inmediato. El problema es uno que ya hemos encontrado en la Sección 4.7, a saber, el problema de Newman. El núcleo del problema de Newman es que una colección de cosas puede organizarse de modo que tenga cualquier estructura, sujeta únicamente a la restricción de que haya el número correcto de cosas. Nuestro grupo de mujeres también ejemplifica otra estructura en la que *R* contiene solo la relación $r' = \{(a_1, a_3), (a_3, a_1)\}$. De hecho, el grupo ejemplifica *cualquier otra* relación que se pueda definir con tres objetos. Así que un sistema objetivo ejemplifica cualquier estructura que tenga la cardinalidad del objetivo. Esto trivializa ese punto de vista ya que, como señala Collier, hace que encontrar isomorfismos sea "demasiado fácil" porque los modelos "no determinan nada más que la cardinalidad", y por esta razón "los isomorfismos dejan casi completamente abierta la relación entre una estructura matemática y el mundo empírico" (2002, 294).

Uno podría sentirse tentado a descartar el argumento de Newman como un truco lógico. Se basa en una comprensión puramente extensiva de las relaciones y, según el argumento, una vez que se tiene en cuenta el carácter físico del sistema, la subdeterminación de la estructura por parte del objetivo, al estilo de Newman, desaparece.[270] Desafortunadamente, esta respuesta no resiste el escrutinio porque incluso cuando la atención se restringe a propiedades genuinamente "físicas", no surge una estructura única.[271] Ilustremos esto con el ejemplo de la molécula de metano. El metano está formado por un átomo de carbono y cuatro átomos de hidrógeno agrupados a su alrededor formando un tetraedro. Existe un enlace covalente entre cada átomo de hidrógeno y el átomo de carbono. ¿Qué estructura ejemplifica el metano? Consideremos la estructura *SA*. Con el dominio $U=\{a, b, c, d, e\}$ y la relación $r=\{(a, b), (b, a), (a, c), (c, a), (a, d), (d, a), (a, e), (e, a)\}$. Si interpretamos *a* como el carbono, y *b*, *c*, *d* y *e* como los cuatro átomos de hidrógeno, y si además interpretamos la relación *r* como "estar conectado por un enlace covalente", la molécula de metano ejemplifica S_A. Ahora considere la estructura S_B, con el dominio $U'=\{a', b', c', d'\}$ y la relación $r'=\{(a', b'), (b', a'), (a', c'), (c', a'), (a', d'), (d', a'), (b', c'), (c', b'), (b', d'), (d', b'), (c', d'), (d',$

[269] Para un análisis más detallado de esta noción de abstracción, véase mi (2006, 55-56). Para análisis críticos de este argumento, véase Frisch (2015, 289-294) y Portides (2017, 43-44). Hendry (1999) analiza cómo las estructuras en química resultan de procesos de abstracción.

[270] Muchas respuestas a Newman en el debate sobre el realismo han tomado algo así y han resuelto el problema apelando a las clases naturales. Véase Ainsworth (2009) para un análisis de las diferentes respuestas.

[271] La presentación del ejemplo sigue a Frigg y Nguyen (2017, 74). Una versión anterior se puede encontrar en Frigg (2006). Weisberg (2013, 90-93) plantea una cuestión similar cuando establece una distinción entre lo que él llama fenómenos y sistemas objetivo.

c')}. Si interpretamos *a', b', c'* y *d'* como enlaces covalentes y la relación *r'* como "compartir un nodo con", entonces la molécula de metano ejemplifica S_B.

Obviamente, S_A *y* S_B *no* son isomorfas (¡sus dominios ni siquiera tienen el mismo número de elementos!). Así que al proporcionar dos descripciones diferentes del metano —una que considera los átomos como objetos y los enlaces como relaciones y otra que considera los enlaces como objetos y los átomos como relaciones—, conseguimos que el metano instancie dos estructuras diferentes no isomorfas. Pero, ¿cuál es "la" verdadera estructura del metano? Esta pregunta no tiene respuesta. La estructura que se atribuye al metano depende de cómo se describa la molécula, y no hay forma de decir cuál de las dos descripciones es privilegiada. Además, las dos estructuras que hemos introducido no son las únicas posibilidades. Se necesita un poco de ingenio para encontrar otras descripciones de la molécula de metano que den lugar a otras estructuras.[272]

La molécula de metano no tiene nada de especial. Cualquier sistema puede describirse de formas alternativas que den lugar a la creación de instancias de estructuras diferentes y no isomorfas. Pero para conectar un modelo a un objetivo mediante el isomorfismo, hay que seleccionar una estructura concreta, por lo que ahora nos enfrentamos a un problema de identificación. Si no es un hecho evidente que un sistema instancie una estructura concreta, y si el mismo sistema puede instanciar múltiples estructuras, ¿cómo vamos a determinar *cuál de* esas estructuras se invoca cuando se afirma que un modelo es isomorfo al objetivo? El ejemplo del metano apunta a una solución. Los sistemas objetivo tienen una cierta estructura solo bajo una cierta descripción, y para identificar una estructura un científico tiene que ofrecer una descripción del objetivo en términos físicos, con la descripción identificando objetos y relaciones relevantes en el objetivo. Hablar de la estructura de un objetivo solo tiene sentido cuando existe tal descripción, y por lo tanto la atribución de una estructura a un sistema objetivo es siempre relativa a una descripción sustantiva -no estructural-.[273] La necesidad de descripciones también surge en un punto diferente. Hasta ahora nos hemos centrado en encontrar la estructura objetivo a la que se puede conectar un modelo a través de un morfismo. Chakravartty (2001) sostiene que también se necesita un lenguaje para establecer el propio morfismo. Cuando se opera a un nivel formal, se puede decir simplemente que un isomorfismo es una correspondencia que satisface ciertas condiciones. Pero, ¿qué se necesita para que un modelo entre en esta relación de correspondencia con un objetivo? Los modelos y los objetivos

---

[272] A veces, los cambios estructurales se producen a través de acontecimientos históricos. Durante mucho tiempo se consideró que el sistema solar tenía una estructura con diez objetos en su dominio: el Sol y nueve planetas. Esto cambió en agosto de 2006, cuando la Unión Astronómica Internacional despojó a Plutón de su condición de planeta. Así que ahora el sistema solar tiene una estructura con nueve objetos en su dominio. Pero nada en el sistema solar en sí ha cambiado, ¡es el mismo sistema físico! Lo que ha cambiado es cómo lo describimos.

[273] Véase Nguyen y Frigg (2017) para más detalles.

no entran "automáticamente" o "por sí mismos" en tal relación de correspondencia. Chakravartty sostiene que esta relación debe construirse en un lenguaje:

> Un modelo puede hablarnos de la naturaleza de la realidad solo si estamos dispuestos a afirmar que algún aspecto o aspectos del modelo tienen una contrapartida en la realidad. Es decir, si uno desea ser realista, es ineludible algún tipo de afirmación explícita que afirme una correspondencia entre una descripción de algún aspecto de un modelo y el mundo. Esto requiere el despliegue de formulaciones lingüísticas, e interpretar estas formulaciones de tal manera que se entienda lo que los modelos nos dicen sobre el mundo es el costo inevitable del realismo. Las teorías no pueden decirnos nada sustancial sobre el mundo a menos que empleen un lenguaje. (*ibid.*, 330-331)

En este pasaje, Chakravartty se centra en el realismo científico, pero deja claro que el argumento se aplica igualmente a otras posiciones epistémicas, como el empirismo y el instrumentalismo (*ibid.*, 330). Esto se debe a que el problema surge tan pronto como se afirma *cualquier tipo de* correspondencia entre el modelo y la realidad, incluso si esta correspondencia solo se refiere a lo observable. Así que el problema al que se enfrenta el estructuralista es que, incluso si el objetivo tiene una estructura, establecer un morfismo entre la estructura del modelo y la estructura del objetivo requiere un lenguaje interpretado en el que se puedan expresar las correspondencias necesarias.

Ambas líneas de argumentación en esta sección convergen en el punto de que se requiere un lenguaje para conectar un modelo con su objetivo. Sin un lenguaje no podemos formular la descripción que identifica la estructura del objetivo, ni podemos expresar la correspondencia entre el modelo y el objetivo. Y seamos claros sobre la naturaleza de este lenguaje: no estamos hablando solo de un lenguaje formal. Solo un lenguaje completamente interpretado es capaz de llevar a cabo estas tareas.

Como hemos visto en la Sección 5.5, algunos defensores del Enfoque Modelo-Teórico parecen defender una versión purista de la visión que considera que las teorías consisten en estructuras modelo-teóricas y *nada más*, en particular, no un lenguaje físico completamente interpretado. Es difícil ver cómo tal perspectiva podría acomodar la observación de que la atribución de una estructura a un sistema y el establecimiento de una correspondencia modelo-objetivo relevante dependen de una descripción de un objetivo.

Sin embargo, no todas las versiones del Enfoque Modelo-Teórico están comprometidas con este tipo de austeridad. Bueno y French han respaldado recientemente la opinión de que los objetivos deben describirse de manera particular para tener una estructura, y que diferentes descripciones conducirán a diferentes estructuras (2011, 887). Los estructuralistas de Múnich (de los que hablaremos en detalle en el capítulo 7) también reconocen explícitamente la necesidad de una descripción concreta del sistema objetivo, y consideran que estas "descripciones informales" son "internas" a la teoría (véase, por ejemplo, Balzer et al. 1987). Se trata de una medida plausible, pero quienes respaldan esta solución tienen que admitir que la representación es algo más que estructuras y morfismos, y que un lenguaje físico plenamente interpretado es una parte irreducible de una teoría. Esto no encaja bien con la línea oficial del Enfoque Modelo-Teórico de que las teorías son entidades "extralingüísticas", que consisten en familias de modelos estrictamente separados de sus formulaciones lingüísticas. Esta línea se vuelve insostenible si, como hemos argumentado, una teoría no puede realizar su función más esencial (representar partes del mundo e informar a los científicos sobre sus características) sin un lenguaje. Si un lenguaje es una parte ineludible de una teoría, un análisis filosófico tiene que explicar la naturaleza de este lenguaje y su lugar sistemático en el edificio de una teoría. Las versiones actuales del Enfoque Modelo-Teórico no lo hacen.

6.6 Morfismos y representación

Suponiendo que los objetivos tienen estructuras, y suponiendo que se puede decir que los modelos y los objetivos son isomorfos, ¿cómo se comporta una perspectiva basada en el isomorfismo con los problemas relativos a la representación y las condiciones de adecuación de las respuestas que introdujimos en la sección 6.2? Antes de poder discutir esta cuestión, tenemos que volver a la pregunta de qué papel juega exactamente el isomorfismo en el análisis de la representación. Como se señaló al principio de la sección 6.3, no está claro si el isomorfismo pretende responder al problema de la representación científica o al problema de la exactitud (y esta ambigüedad afecta tanto a la perspectiva de la correspondencia de datos como a la perspectiva del morfismo).

Interpretado como una respuesta al problema de la representación científica, el isomorfismo es un claro punto de partida, y es mejor interpretarlo como una respuesta al problema de la exactitud. Sin embargo, la literatura existente sobre el tema no es clara al respecto, por lo que vale la pena señalar por qué exactamente el isomorfismo es un punto de partida. Para facilitar la presentación, nos centramos en la perspectiva del morfismo; los argumentos son *mutatis mutandis* los mismos para la perspectiva de la correspondencia de datos. Para fundamentar nuestro debate, primero tenemos que hacer una exposición concisa de la Perspectiva del Morfismo interpretada como respuesta al Problema de la Representación Científica. Suponiendo que el objetivo T instancia la estructura S_T, la perspectiva dice: M es una representación científica de T si y solo si M es isomorfo a S_T.[274]

[274] Una declaración temprana de esta posición se puede encontrar en Byerly (1969, 135-138), discusiones más recientes se pueden encontrar en Frigg (2006, 55), Suárez (2003, 227) y van Fraassen (2010, 549-550). El debate de esta sección se basa en Frigg y Nguyen (2020, cap. 4). Aquí solo se analiza el uso del isomorfismo en la perspectiva del morfismo. La condición equivalente para la

La perspectiva no satisface la Condición de Direccionalidad: el isomorfismo es simétrico y reflexivo, pero la representación no lo es. Es decir, si *A* es isomorfo a *B*, entonces *B* siempre es también isomorfo a *A*; y *A* siempre es isomorfo a sí mismo. Por el contrario, si *A* representa a *B*, entonces *B* (normalmente) no representa a *A*. Las fotografías del vestíbulo de entrada representan a los premios Nobel de la universidad, pero los premios no representan sus fotografías, y las fotografías tampoco se representan a sí mismas.[275] Por estas razones, la representación no puede equipararse al isomorfismo. Como hemos visto en la sección 5.2, el isomorfismo no es la única correspondencia a la que puede recurrir la Perspectiva Morfista, por lo que se podría intentar abordar este problema sustituyendo el isomorfismo por una correspondencia alternativa. Las sugerencias incluyen homomorfismo, isomorfismo parcial, incrustaciones y los llamados morfismos – Δ/Ψ.[276] El cambio del isomorfismo a una clase más general de morfismos puede, en principio, resolver el problema de la simetría porque algunos de estos mapeos son asimétricos. Pero deja intacto el problema de la reflexividad porque los morfismos suelen ser reflexivos.

La perspectiva también se enfrenta a un problema con la condición de mala representación. Una mala representación es aquella que retrata a su sujeto como si tuviera características que no tiene. En el caso de la representación estructural, esto requeriría que el modelo representara al objetivo como si tuviera propiedades estructurales que el objetivo no tiene (Pincock 2005, 1252). Sin embargo, el isomorfismo requiere identidad de estructura porque las propiedades estructurales de dos objetos isomorfos deben corresponderse exactamente entre sí (de hecho, el isomorfismo se suele considerar un criterio de igualdad de estructura). Por lo tanto, una mala representación no puede ser isomorfa a su objetivo. Sin embargo, la perspectiva en cuestión dice que *M* representa *T* si y solo si *M* es isomorfa a S_T, lo que implica que si *M* no es isomorfa a S_T, entonces *M* no representa *T* en absoluto. Esto es una combinación de mala representación y no representación. Ahora podemos preguntarnos de nuevo si los morfismos distintos del isomorfismo pueden evitar este problema. Como veremos en la siguiente sección, los isomorfismos parciales pueden acomodar elegantemente las malas representaciones que son efectivamente omisiones, mientras que parece que tienen dificultades con las distorsiones. En general, no se puede descartar que se puedan

perspectiva de la correspondencia de datos sería: M es una representación científica del objetivo T si y solo si una medición realizada en T produce el modelo de datos D y D es isomorfo a la subestructura empírica de M. Mutatis mutandis, esta condición se enfrenta a los mismos problemas que la condición de la perspectiva del morfismo.

[275] Goodman (1976, 5) criticó este punto contra la perspectiva de la representación, que discutimos en el capítulo 8.

[276] Tratamos los isomorfismos parciales en la siguiente sección. Para el homomorfismo, véase Bartels (2006) y Mundy (1986), para las incrustaciones, véase Redhead (2001), y para los morfismos Δ / Ψ –, véase Swoyer (1991). Para una comparación de varios morfismos, véase Pero y Suárez (2016).

construir morfismos para acomodar cualquier tipo de distorsión, pero hasta ahora no se dispone de un marco general que cubra todas las malas representaciones.

Las perspectivas morfistas están mal equipadas para hacer frente a la condición de los modelos sin objetivo. Un modelo no puede ser morfológico de algo que no existe. Si no hay éter y si no hay poblaciones de cuatro sexos, entonces un modelo no puede ser morfológico de estos, sin importar el morfismo que se elija.

Volvamos al problema de la representación científica. Una perspectiva que diga que M es una representación científica de T si y solo si M es isomorfo a la estructura objetivo S_T implica que M representa *todo* lo que es isomorfo a ella: cualquier cosa con una estructura que sea isomorfa a M está automáticamente representada por M (y lo mismo ocurre con cualquier otro morfismo). Esto es demasiado inclusivo. El problema es que la misma estructura puede ser instanciada en diferentes sistemas objetivo. La ley de la gravedad de Newton y la ley de la atracción electrostática de Coulomb tienen el "esqueleto matemático" de una ley $1/r^2$ y, por lo tanto, los fenómenos que ejemplifican estas leyes tienen estructuras isomorfas aunque sean físicamente diferentes. Del mismo modo, un circuito eléctrico con un condensador y un solenoide tiene la misma estructura matemática que un péndulo simple.[277] Como consecuencia, un modelo que representa la gravedad también representa la atracción electrostática, y un modelo que representa un circuito eléctrico también representa un péndulo. Estos ejemplos muestran que la Perspectiva del Morfismo no identifica correctamente la extensión de una representación (es decir, la clase de sistemas que representa un modelo). Utilizando una noción de la filosofía de la mente, podemos dar un nombre al problema: muchas estructuras son realizables de múltiples maneras, lo que significa que diferentes sistemas pueden tener la misma estructura. El problema es entonces que una perspectiva de la representación que explica la representación únicamente en términos de morfismos identificará erróneamente la extensión de la representación cada vez que una estructura se realice de múltiples maneras.

Las dificultades que hemos visto hasta ahora tienen una raíz común. La versión de la Perspectiva del Morfismo discutida hasta ahora trató de explicar la representación *únicamente* en términos de morfismos y no tenía cabida para los científicos que producen y utilizan representaciones. Los problemas con los que se encontró este punto de vista pueden evitarse asignando a los agentes representativos y a su razonamiento un lugar sistemático en una perspectiva de la representación. Una forma de hacerlo es decir que un modelo M representa un sistema objetivo T si y solo si hay un agente A que pretende utilizar M para representar un sistema objetivo T y, para ello, primero ofrece una descripción D del objetivo que identifica S_T como la estructura objetivo y luego propone una hipótesis H que afirma que existe un morfismo adecuado entre M y S_T. Adams (1959, 259)

[277] Kroes (1989) analiza el caso del péndulo en detalle. Kaushal (1999) y Shive (1982) ofrecen un gran número de ejemplos de sistemas físicamente diferentes que tienen la misma estructura.

ha hecho una sugerencia en este sentido, al afirmar que una teoría representa sistemas previstos o planeados (intended) de manera que la intencionalidad o planificación requerida proviene de los usuarios de la teoría. Van Fraassen ha dado prominencia a esta idea en lo que él llama el "Hauptsatz" (teorema central) de una teoría de la representación. Su Hauptsatz especifica que para que algo sea una representación debe ser "usado, hecho o tomado para representar cosas" (2008, 23, énfasis original). En una línea similar, Bueno declara que "la representación es un acto intencionalmente dirigido que relaciona dos objetos" (2010, 94, énfasis original), y Bueno y French afirman que un modelo que representa un objetivo no solo depende de un morfismo, sino también de factores "pragmáticos" "relacionados con el uso que hacemos de los modelos relevantes" (2011, 885).[278]

Esta perspectiva resuelve las dificultades anteriores porque las intenciones de los usuarios tienen una dirección. La acción en la que un científico describe un objetivo previsto y luego formula una hipótesis sobre si el modelo es adecuadamente mórfico para el objetivo, no es ni simétrica ni reflexiva, lo que resuelve el problema de la direccionalidad. La perspectiva exige que se formule una hipótesis sobre *M* y S_T entrando en un morfismo relevante; no se requiere que la hipótesis sea verdadera. Esto aborda el problema de la mala representación. Los modelos sin objetivo se tratan diciendo que, en tales casos, los científicos ofrecen una descripción *D* del objetivo y formulan una hipótesis sobre el sistema descrito en *D*, pero luego resulta que *D* es falso porque el sistema descrito no existe. Esto es lo que sucedió en casos de (lo que ahora consideramos) errores científicos como el éter.[279] El científico es libre de elegir sus objetivos y de ofrecer descripciones de algunos sistemas y no de otros, lo que resuelve el problema de que el isomorfismo es demasiado inclusivo.

A pesar de resolver con éxito una serie de cuestiones, la inclusión de las actividades e intenciones de un usuario en la definición de representación es una victoria pírrica para la visión del morfismo en lo que respecta al problema de la representación científica. La razón de esto es que el papel del isomorfismo ha cambiado. Todo el trabajo pesado de la definición anterior lo realizan las actividades del agente (ofrecer descripciones y formular hipótesis), y los morfismos se han convertido de hecho en una pieza algo inútil. Los morfismos solo aparecen en el contenido de la hipótesis que formula un agente, pero el contenido de esa hipótesis podría ser cualquier cosa y la afirmación resultante seguiría siendo una respuesta al problema de la representación científica. Se podrían formular hipótesis diciendo que *M* y *T* son similares, que *M* permite inferir sobre *T*, o que *M*

[278] Giere mantuvo una opinión similar en el contexto de la perspectiva de similitud de la representación. Analizamos su punto de vista en la sección 8.3.

[279] Esta resolución parece menos natural en casos como el de la población de cuatro sexos, donde nadie pensó nunca que existieran tales poblaciones. Sin embargo, se podría decir que en tales casos D puede interpretarse como la descripción de un sistema hipotético, y el modelo representa este sistema hipotético.

denota *T*. Bajo todas estas hipótesis, *M* seguiría representando a *T*. Pero si ser mórfico es solo una forma entre otras en las que un modelo puede relacionarse con su objetivo en una representación, entonces los morfismos son ociosos en una respuesta al Problema de la Representación Científica. Los morfismos han desaparecido del panorama como la relación que fundamenta la representación, y el trabajo lo realizan las acciones del agente.

Pero, ¿no es cierto que los morfismos deben hacer algún trabajo? Sí, pero ese trabajo no es el de producir la representación. Aquí es donde entra en juego la interpretación alternativa que hemos mencionado anteriormente: el isomorfismo (u otros morfismos) puede entenderse como una respuesta al problema de la exactitud. Según esa interpretación, *M* es una representación exacta de *T* si y solo si *M* es isomorfo a S_T. Esta es una lectura plausible. *M* y S_T son isomorfos en efecto significa que tienen la misma estructura (recuerda la discusión sobre el isomorfismo en la Sección 2.7), y este es un criterio razonable de exactitud. Se pueden decir cosas similares sobre otros morfismos, y al final probablemente se querría introducir diferentes estándares de exactitud asociados con diferentes morfismos: una representación puede ser isomorfismo-exacta, incrustación-exacta, etc. Así pues, la perspectiva morfista ofrece una respuesta natural al problema de la exactitud.

Del mismo modo, la perspectiva también ofrece una respuesta al problema del estilo. El problema del estilo consiste en reconocer los estilos de representación y analizarlos. La identificación de diferentes morfismos, el estudio de sus propiedades y la aclaración de las relaciones entre ellos pueden verse naturalmente como una contribución a la comprensión de diferentes tipos de representaciones, y un programa de investigación centrado en el morfismo puede verse como una respuesta al problema del estilo.

Una visión de la representación que utiliza el isomorfismo como criterio de exactitud también satisface la condición de aplicabilidad de las matemáticas. Como hemos visto en la sección anterior, los estructuralistas interpretan las matemáticas como el estudio de las estructuras y explican la aplicación de las matemáticas en términos de la instanciación de estructuras en sistemas físicos. La perspectiva del morfismo puede adoptar esta postura, que, combinada con la visión de que los sistemas objetivo tienen estructuras, proporciona una explicación natural de cómo se aplican las matemáticas en las ciencias.

El punto de vista también tiene una respuesta obvia y convincente a la condición del razonamiento sustituto, a saber, que los morfismos entre el modelo y el objetivo permiten a los científicos convertir las verdades encontradas en el modelo en afirmaciones sobre el sistema objetivo, siempre que la representación sea exacta. Si un resultado se mantiene en el modelo y el modelo es isomorfo al objetivo, entonces el resultado también se mantiene en el objetivo.

El siguiente en nuestra lista de problemas es el problema de la demarcación representacional. La postura del estructuralismo sobre el problema de la demarcación es, en general, una cuestión abierta. A diferencia de otras perspectivas de la representación (como la perspectiva de la similitud, que analizaremos en el capítulo 8), las perspectivas morfistas se originan en contextos científicos y han ganado poco terreno en otras áreas. Las excepciones son French, que afirma que la representación pictórica implica isomorfismo (2003, 1475-1476), y Bueno, que sostiene que los isomorfismos parciales se adaptan a "resultados de diversos instrumentos, micrografías, plantillas, diagramas y una variedad de otros elementos" (2010, 94). Si es así, entonces no hay demarcación y el estructuralismo ofrece una perspectiva universal que abarca representaciones en diferentes dominios.

La respuesta directa al problema de los portadores es que los modelos son estructuras modelo-teóricas. Sin embargo, como hemos señalado brevemente en la sección 2.6, la ontología de las estructuras modelo-teóricas es objeto de controversia en la filosofía de las matemáticas y se podría decir que el problema de los portadores de modelos no se ha resuelto hasta que no se aclare esta cuestión. Se podría rebatir este veredicto insistiendo en una división del trabajo, argumentando que los problemas de la filosofía de las matemáticas no tienen por qué preocupar a los filósofos de la ciencia: en lo que respecta a una teoría de la representación científica, todo lo que hay que decir en respuesta al problema de la ontología es que los modelos son estructuras modelo-teóricas, y lo que son estas estructuras en sí mismas es una cuestión para el filósofo de las matemáticas. Esta es una respuesta viable, y a la que también podemos apelar con respecto a otras nociones (podríamos insistir, por ejemplo, en que la intencionalidad es el tema de la filosofía de la mente y puede darse por sentada en la teoría de la representación científica).

En la sección 5.7 encontramos otra respuesta al problema de los portadores. Los quietistas insisten en que no debemos responder a la pregunta de qué es una teoría y, por lo tanto, debemos permanecer en silencio sobre cuáles son los constituyentes de una teoría. Pero insistir en el silencio en cuestiones de ontología no hace desaparecer ninguno de los otros problemas planteados en la sección 6.2. El/La quietista tendrá que abordar estas cuestiones, pero tendrá que hacerlo con una capa adicional de complejidad. El/La quietista no puede discutir la cuestión de cómo un modelo M representa al objetivo T porque no tenemos acceso a M. En efecto, solo tenemos acceso a una representación de M, por lo que el problema de la representación científica debe abordarse mediante una discusión en torno a la representación de la representación. Queda por ver si eso es una receta para el éxito.

En resumen, la visión morfista no es viable cuando se interpreta como respuesta al problema de la representación científica, pero ofrece una respuesta viable al problema de la exactitud, lo que, a su vez, da lugar a una respuesta viable a otros problemas y condiciones.

6.7* Estructuras parciales

El isomorfismo es una cuestión de todo o nada. Una representación es isomorfa o no lo es, y si los científicos tienen que evaluar si una representación es exacta, todo lo que pueden decir es si es o no isomorfa. Este carácter binario del isomorfismo no encaja bien con la práctica científica, donde los modelos (y las teorías) a menudo crecen gradualmente a través de sucesivas etapas de mejora. El *Programa de Estructuras Parciales* (PSP) toma como punto de partida la perspectiva de las teorías de Suppes discutida en la Sección 5.2 y reelabora la noción de estructura en la que se basó el análisis.[280] El movimiento crucial del PSP es reemplazar las estructuras por las llamadas estructuras parciales, que están previstas para capturar la forma en que el conocimiento se codifica en las teorías y la forma en que crece en el proceso de investigación.

Para introducir estructuras parciales, primero tenemos que definir relaciones parciales. En la sección 2.6 hemos visto que una relación se define extensionalmente: una relación *n*-aria es un conjunto de *n*-tuplas.[281] Esto significa que la relación se mantiene exactamente entre las tuplas del conjunto y no con otras tuplas. Por lo tanto, para cualquier relación *n*-aria *r* podemos ordenar el conjunto de todas las *n*-tuplas en dos conjuntos disjuntos, un conjunto $r^{\in}$ de tuplas que pertenecen a una relación y un conjunto $r^{\notin}$ de las tuplas que no pertenecen a ella. La idea crucial detrás de las relaciones parciales es reemplazar esta división dual por una separación tripartita. En lugar de separar todos los n-tuplas en dos grupos, ahora separamos los n-tuplas en tres: n-tuplas que pertenecen a la relación, n-tuplas que no pertenecen a la relación y aquellas para las que es indeterminado si pertenecen o no a la relación. Denotemos el último conjunto por “$r^{?}$”. Por lo tanto, una *relación parcial r* se define por el triple ($r^{\in}$, $r^{\notin|}$, $r^{?}$). Estos tres conjuntos son mutuamente excluyentes (ninguna *n*-tupla puede estar en más de uno) y conjuntamente exhaustivos (cada *n*-tupla debe pertenecer a un grupo). Si $r^{?} = \varnothing$, donde “$\varnothing$“ denota el conjunto vacío, entonces una relación parcial es de hecho una relación “ordinaria”. En el contexto de PSP, las relaciones ordinarias del tipo que hemos visto hasta ahora se denominan *relaciones totales*. Por lo tanto, una relación total es un caso especial de una relación parcial en la que $r^{?}$ es el conjunto vacío.

---

[280] El programa tiene su origen en la escuela brasileña de lógica y filosofía de la ciencia en torno a Newton da Costa. Los fundamentos del marco se establecieron en Mikenberg et al. (1986). Da Costa y French (1990) introdujeron el marco en la filosofía de la ciencia. Una declaración canónica del programa es la de Da Costa y French (2003). Los debates sobre teorías físicas específicas incluyen la mecánica cuántica (French 2000), la mecánica estadística (Bueno et al. 2002) y la superconductividad (French y Ladyman 1997).

[281] Sigo a da Costa y French (2003) e introduzco el enfoque en términos de conjuntos. Nada depende de si el dominio es un conjunto en el sentido estricto del término.

La idea detrás de la introducción de las relaciones parciales es hacer espacio para situaciones en las que tenemos un conocimiento incompleto.[282] En muchos casos sabemos que una relación se aplica a ciertos objetos; también sabemos que no se aplica a otros objetos; pero hay una serie de objetos en los que simplemente no sabemos si la relación se aplica o no. Así pues, los tres conjuntos que definen una relación parcial pueden recibir una interpretación epistémica. $r^{\in}$ es el conjunto de n-tuplas a las que se aplica la relación y se sabe que así es; $r^{\notin}$ es el conjunto de n-tuplas a las que no se aplica la relación y se sabe que no es así; $r^{?}$ es el conjunto de n-tuplas de las que se desconoce si la relación se aplica o no. Según esta interpretación epistémica, las relaciones parciales ofrecen una representación de la incompletitud de nuestro conocimiento y captan la apertura de las teorías científicas a nuevos desarrollos. Las relaciones en $r^{?}$ sugieren líneas de investigación porque los científicos tratarán de averiguar si ciertos objetos pertenecen o no a la relación. El progreso científico consiste entonces en obtener información suficiente para poder reclasificar las n-tuplas que originalmente están en $r^{?}$ como pertenecientes a $r^{\in}$ *o* $r^{\notin}$.

Si el conjunto R *de* una estructura contiene al menos una relación parcial, entonces la estructura es una estructura parcial. Formalmente, una *estructura parcial* S_p es una tupla (D, R_p) donde D es un dominio de objetos y R_p es un conjunto indexado de relaciones parciales sobre D.[283] Una estructura "ordinaria", es decir, una sin relaciones parciales, se denomina *estructura total*. Como en la perspectiva de Suppes, estas estructuras son los *modelos de la teoría*. La diferencia con las perspectivas anteriores es que ahora se considera que una teoría es una familia de estructuras parciales en lugar de totales.[284]

Un *isomorfismo parcial* es un mapeo f de una estructura parcial $S_p^{(1)}$ a otra estructura parcial $S_p^{(2)}$ que es uno a uno y preserva el sistema de relaciones en el sentido siguiente. Para todas las relaciones r en $R_p^{(1)}$, es el caso que $(a_1, ..., a_n)$ está en $r^{\in}$ si y solo si $(f(a_1), ..., f(a_n))$ está en $s^{\in}$ y $(a_1, ..., a_n)$ está en $r^{\notin}$ si y solo si $(f(a_1), ..., f(a_n))$ está en $s^{\notin}$, donde s es la relación en $R_p^{(2)}$ que corresponde a r en $R_p^{(1)}$, y *viceversa*. Otros morfismos entre estructuras parciales se definen de la misma manera.[285]

La PSP asigna un lugar sistemático al lenguaje en la teorización y asume un lenguaje L como dado. Este lenguaje es un lenguaje formal del tipo que encontramos en la sección 2.6 y está dotado de una interpretación que relaciona los términos del lenguaje con elementos de una estructura parcial. En términos de Suppes, L

[282] Para un debate, véase French (2000, 105) y Bueno (2002, 498). Las relaciones parciales guardan una estrecha relación con la clasificación de analogías de Mary Hesse como positivas, negativas y neutras (Bueno et al. 2002, 502). Discutiremos la teoría de la analogía de Hesse en el capítulo 10.
[283] Como se señala en la sección 2.6, las operaciones son reducibles a relaciones. Por esta razón, las operaciones no suelen incluirse explícitamente en la definición de estructuras parciales.
[284] O, para aquellos con preferencias quietistas, una teoría se representa como una familia de estructuras parciales.
[285] Para una definición de homomorfismos parciales, véase Bueno (2002, 503).

proporciona una caracterización intrínseca. Un cierto conjunto de tales oraciones puede considerarse importante en ciertos contextos. De hecho, las oraciones pueden ser tan importantes que vale la pena extender S_p para incluir estas oraciones. Añadir un conjunto de oraciones a una estructura parcial da como resultado una estructura pragmática.[286] Formalmente, una *estructura pragmática* S_{pr} es una tripleta (D, R_p, P), donde D y R_p son como arriba, y P es un conjunto de oraciones aceptadas y reconocidas en el lenguaje L sobre el dominio y sus relaciones, por ejemplo, regularidades o leyes que se mantienen en la estructura.

Dado que una estructura pragmática contiene relaciones *parciales,* puede haber afirmaciones que no sean ni verdaderas ni falsas según la semántica estándar de Tarsky. Como ejemplo, consideremos una estructura parcial con un dominio de cinco objetos $D = \{a_1, ..., a_5\}$ y dos relaciones 1-arias ρ_1 y ρ_2 definidas en D. Para la primera relación tenemos $\rho_1^{\in} = \{a_1, ..., a_5\}$ y $\rho_1^{\notin} = \rho_1^{?} = \varnothing$ (de modo que ρ_1 es de hecho una relación total). Para la segunda relación tenemos $\rho_2^{\in} = \{a_1, a_2\}$, $\rho_2^{\notin} = \varnothing$ y $\rho_2^{?} = \{a_3, a_4, a_5\}$ (de modo que ρ_2 es una relación parcial propia). En otras palabras, se sabe que ρ_1 se aplica a todos los elementos de D, mientras que se sabe que ρ_2 solo se aplica a los dos primeros, y se desconoce si se aplica al tercer, cuarto y quinto elemento. Ahora considere la oración "$\forall x(Ax \rightarrow Bx)$", donde A y B son dos símbolos de predicado, y adopte una interpretación según la cual A se refiere a ρ_1 y B se refiere a ρ_2. Entonces, es indeterminado si esta oración es verdadera porque es indeterminado si el tercer, cuarto y quinto elemento pertenecen a ρ_2.

Sin embargo, intuitivamente, se puede decir más sobre esta oración aparte de que es indeterminada: se sabe que es cierta para todos los objetos cuyas propiedades relevantes son determinadas, y no hay casos en los que se sepa que es falsa. Para captar ideas de este tipo, la PSP introduce la noción de *verdad pragmática.* Intuitivamente, una oración es pragmáticamente verdadera si lo que dice sobre los casos determinados es verdadero y no dice nada falso. Para precisar esto, la PSP introduce la noción de una estructura total S que es Q-normal con respecto a una estructura pragmática Q. Una estructura total S es Q-normal si y solo si

(1) S y Q tienen el mismo dominio D;

(2) Todas las relaciones de S son extensiones de las relaciones correspondientes de Q;

(3) Las oraciones en el lenguaje L reciben la misma interpretación tanto en S como en Q (es decir, las constantes individuales se refieren al mismo elemento en D, etc.);

(4) Todas las oraciones ρ en P son verdaderas en S. $\tilde{\sigma}$

---

[286] Véase, por ejemplo, da Costa y French (2003, 18).

La segunda condición necesita un desglose.[287] Una relación total r es una *extensión de* una relación parcial ρ si y solo si $\rho^{\in} \subseteq r^{\in}$ y $\rho^{\notin} \subseteq r^{\notin}$. En términos intuitivos, r es una extensión ρ si y solo si r coincide con ρ en los casos en los que la relación se aplica y en los casos en los que no se aplica, y solo discrepa con r en los casos indeterminados. Tome el ejemplo anterior y considere una relación total $r_2 = \{a_1, ..., a_5\}$. Es obvio que r_2 es una extensión de $\tilde{\upsilon}_2$. Ahora considere una relación parcial ligeramente diferente $\tilde{\rho}_2$ que se define a través de $\tilde{\rho}_2^{\in}=\{a_1, a_2\}$, $\tilde{\rho}_2^{\notin}=\{a_3\}$, $\tilde{\rho}_2^{?}=\{a_4, a_5\}$. Ya no es el caso de que r_2 sea una extensión de $\tilde{\rho}_2$ porque $\tilde{\rho}_2$ discrepa con r_2 en los casos en los que la relación no aplica (formalmente: $\tilde{\rho}_2^{\notin} \not\subset r_2^{\notin}$).

Con la noción de normalidad Q a mano, se puede decir que la oración p es *pragmáticamente verdadera* en la estructura pragmática Q si y solo si hay una estructura completa Q-normal S y p es verdadera en S.[288] Según esta definición de verdad pragmática, $\forall x(Ax \rightarrow Bx)$ resulta pragmáticamente verdadera porque existe una estructura total en la que r_2 contiene los cinco elementos del dominio y, por lo tanto, todos los objetos que pertenecen a r_1 también pertenecen a r_2. Si, por cualquier motivo, no existiera una estructura en la que r_2 contuviera los cinco elementos, entonces no habría una extensión en la que $\forall x(Ax \rightarrow Bx)$ fuera verdadera y, por lo tanto, no sería pragmáticamente verdadera en la estructura pragmática anterior.[289]

Es importante tener claro que el debate hasta ahora se ha planteado *en su totalidad* a un nivel formal, e incluso la llamada verdad "pragmática" es un concepto que describe la relación entre una oración formal y una estructura parcial teórica conjuntista. Esto plantea la cuestión de cómo la maquinaria formal de la PSP se relaciona con un dominio de investigación empírica. La idea en la PSP es que los modelos tienen una relación especial con los sistemas objetivo en el mundo y que la información en el formalismo "se filtra" al mundo a través de esa relación. En su presentación sumativa de la PSP, da Costa y French dicen que se puede decir que una oración del lenguaje formal "apunta" al mundo por medio de un modelo (2003, 17). Esto es posible porque un modelo "representa una parte de la realidad"; un modelo "sustituye eficazmente" o "refleja parcialmente" el dominio de investigación pertinente; un modelo es capaz de "reflejar parcial-

[287] Véase Bueno (1999, 63-64) y da Costa y French (2003, 18).

[288] Los términos «cuasi-verdadero» o «parcialmente verdadero» parecen utilizarse como sinónimos de «pragmáticamente verdadero»; véase da Costa y French (2003, 29, 1990, 256-257), French y Ladyman (1997, 370), y Bueno (1999, 64).

[289] Lutz (2015) sostiene que todo lo que se puede decir en el enfoque de estructuras parciales también se puede expresar en la teoría estándar de modelos de primer orden o de segundo orden, y que, por lo tanto, no ofrece ninguna ventaja fundamental sobre otros formalismos. Sin embargo, esto deja abierta la opción de que los conocimientos relevantes puedan formularse de una manera más simple y elegante en el enfoque de estructuras parciales, que por lo tanto puede tener ventajas prácticas.

mente" el dominio; y un modelo "tiene que captar algunos aspectos fundamentales de D [el dominio del conocimiento], o algunos "elementos de verdad", aunque no refleje D perfectamente" (*ibid.*, 17-18, cf. 34-35).[290] Así, las oraciones que son pragmáticamente verdaderas en estructuras pragmáticas también expresan verdades parciales sobre el mundo porque las estructuras en las que son pragmáticamente verdaderas reflejan adecuadamente aspectos relevantes del mundo.

La pregunta entonces es cómo se puede desentrañar la noción de reflejar o capturar aspectos de un sistema objetivo. En este punto, las dos opciones que hemos discutido anteriormente en este capítulo vuelven a entrar en escena. Tanto la Perspectiva del Morfismo como la Perspectiva de la Correspondencia de Datos se invocan, a menudo en paralelo. En algunos lugares, da Costa y French dicen que las "estructuras de datos" representan aspectos de la realidad (2003, 17). En otros lugares, la relación relevante parece ser de isomorfismo (presumiblemente parcial) entre el modelo y el objetivo, por ejemplo, cuando dicen que los elementos en el dominio de la estructura pueden corresponder a partículas elementales en la física de altas energías y las relaciones parciales a varias relaciones que se mantienen entre estas partículas (*ibid.*, 18).

En la medida en que se invocan estas perspectivas, la PSP se enfrenta a todos los desafíos que hemos discutido en secciones anteriores. La pregunta entonces es si la PSP tiene una solución que ofrecer a los problemas que hemos identificado. La respuesta es que no. En la literatura sobre PSP se habla relativamente poco de los modelos de datos, por lo que las cosas siguen como las dejamos en la sección 6.3. En cuanto a la perspectiva del morfismo, da Costa y French reconocen explícitamente el problema cuando enfatizan que no puede haber isomorfismo entre una estructura y un dominio de conocimiento porque solo las estructuras pueden entrar en morfismos (*ibid.*, 17).[291] Al mismo tiempo, admiten con franqueza que no tienen respuesta a este problema. Apelando a Wittgenstein, dicen que la forma en que las estructuras de datos se relacionan con los objetos del dominio "se encuentra más allá de la expresión lingüística" (*ibid.*, 17). En la misma línea, French y Ladyman reconocen que "existe la cuestión más profunda de la relación entre la representación más baja de la jerarquía —quizá el modelo de datos— y la realidad misma", pero emiten la salvedad de que "por supuesto, esto no es algo que se pueda esperar que aborde el enfoque semántico por sí solo" (1999, 113). Por lo tanto, uno de los principales problemas del enfoque estructuralista sigue sin resolverse también en PSP.

[290] Véase también Bueno y French (2011, 860).

[291] En línea con Suppes, la PSP considera que una teoría se relaciona con el mundo a través de una cascada de modelos en lugar de a través de un mapeo directo (Da Costa y French 2003, 28). En consecuencia, la jerarquía de Suppes se discute con aprobación en French y Ladyman (1999, 112-114) y Bueno (1997, 600-602, 1999, 66, 2002, 499-500). Sin embargo, independientemente de si una estructura parcial se relaciona con la realidad directamente o a través de una jerarquía de estructuras, la perspectiva necesita una estructura «final» como ancla, y la pregunta es de dónde viene esta estructura.

Morrison sostiene que la situación puede ser aún peor para la PSP. Esto se debe a que para que el objetivo y un modelo entren en un isomorfismo parcial, no solo es necesario identificar una estructura en el objetivo, sino que además debemos tener un conocimiento sustantivo del objetivo porque "debemos haber designado o conocer ya las características particulares que tienen apoyo empírico, características que luego se expresan formalmente en el modelo" (2007, 207). Por lo tanto, solo podemos conectar una teoría con sus objetivos una vez que hayamos adquirido un conocimiento sustantivo sobre el objetivo y la teoría, pero esto es extraño, sobre todo porque se supone que las teorías proporcionan precisamente ese conocimiento. Así que los modelos acaban diciéndonos nada que no supiéramos ya antes de conectarlos con sus objetivos. Al analizar el ejemplo del modelo del péndulo, Morrison resume este punto observando que la reconstrucción "estructural" de la PSP no nos ha dicho nada sobre el modelo del péndulo que no supiéramos ya, ni ha aclarado qué características estructurales tenemos derecho a llamar cuasi-verdaderas (*ibid.*).

¿Cómo le va a la PSP con respecto a los demás problemas y condiciones identificados en la sección 6.2? La PSP tiene las mismas opciones que otras posiciones estructuralistas a la hora de responder al problema de la demarcación representacional. La PSP también está a la par con otras posiciones estructuralistas en lo que respecta al problema de los portadores, la condición de direccionalidad, la condición de razonamiento sustituto, la condición de representaciones sin objetivo y la condición de aplicabilidad de las matemáticas. En cuanto al problema del estilo, el PSP puede decir que representar un objetivo a través de un isomorfismo parcial es un estilo particular, y el problema de la exactitud se responde diciendo que la representación es exacta si se mantiene el isomorfismo parcial reivindicado.

La cuestión es hasta dónde llegan estas respuestas. Los defensores del PSP ven el programa como una metateoría integral de la ciencia que puede dar cuenta de todos los aspectos de la teorización y modelización científicas. El hecho de que el programa dé una perspectiva satisfactoria del uso de modelos y teorías en la práctica científica ha sido objeto de un acalorado debate. Volveremos a este debate en la sección 12.8. Por ahora, solo echaremos un breve vistazo a la medida en que el PSP puede tratar casos en los que existe un desajuste entre el modelo y el objetivo. En comparación con el estructuralismo estándar, el PSP ha añadido flexibilidad para tratar las malas representaciones, pero esta flexibilidad no es suficiente. Las estructuras parciales se adaptan bien a las representaciones incompletas, porque las características que se omiten pueden introducirse en $r^?$, lo que supone una clara ventaja sobre las estructuras estándar. Sin embargo, las estructuras parciales no parecen disfrutar de una ventaja similar cuando se trata de hacer frente a malas representaciones.[292] Una superficie se modela como sin

---

[292] Véase Contessa (2006, 373-375). Pincock plantea un punto relacionado cuando argumenta que la PSP se ve obligada a pensar que todas las idealizaciones son, de hecho, aproximaciones (2005,

fricción cuando en realidad tiene fricción; un planeta se modela como esférico cuando en realidad tiene forma de pera; y una población se modela como aislada de su entorno cuando en realidad interactúa con él de diversas maneras. Los modelos de este tipo no omiten, sino que distorsionan las características de su objetivo. Y estas distorsiones no son características accidentales que podrían eliminarse; son cruciales para lo que los científicos hacen con el modelo y para cómo el modelo les dice algo sobre el objetivo. Estas distorsiones no pueden convertirse en omisiones, por lo que no está claro cómo las estructuras parciales las tratarían.

6.8 Conclusión

Para evaluar las perspectivas de la representación, hemos introducido cinco problemas que toda perspectiva de la representación debe abordar, junto con cinco condiciones de adecuación de las respuestas a estos problemas. Hemos utilizado estas condiciones para analizar las perspectivas que explican la representación en términos de morfismos. Hemos descubierto que los morfismos no sirven cuando se emplean para explicar por qué y cómo un modelo representa su objetivo, pero funcionan relativamente bien cuando se entienden como análisis de exactitud. Un problema central para todas las perspectivas de morfismo es que tienen que explicar cómo un sistema objetivo puede tener una estructura. Hemos investigado este problema con cierto detalle, y las diferentes líneas de argumentación convergen hacia la conclusión de que el lenguaje importa. Sin un lenguaje físico no podemos identificar una estructura objetivo, ni podemos establecer las correspondencias relevantes entre modelos y objetivos. Un lenguaje es, por tanto, una parte ineludible de una teoría. El lenguaje requerido no es simplemente un lenguaje formal (como en el capítulo 5); el lenguaje de una teoría debe ser un lenguaje completamente interpretado que permita a los científicos hablar sobre los fenómenos del mundo. Una de las principales motivaciones para adoptar el Enfoque Modelo-Teórico es que supuestamente ofrece una vía de escape de todas las dificultades (reales o percibidas) que conlleva el uso del lenguaje (analizadas en el Capítulo 3 y en el Capítulo 4). Si esa vía de escape está bloqueada, o, de hecho, si nunca ha estado disponible en primer lugar, entonces una importante ventaja que se ha reclamado para el Enfoque Modelo-Teórico se ha desvanecido.

1255-1257). Discutimos las idealizaciones y aproximaciones en los capítulos 11 y 12. Vickers (2009) discute la cuestión de si la PSP puede acomodar teorías inconsistentes.

Capítulo 7: VÍNCULOS FAMILIARES

7.1 Introducción

El núcleo del Enfoque Modelo-Teórico de las Teorías es que una teoría es una familia de modelos. Hasta ahora, se ha dicho poco sobre lo que une a esta familia. Esto hace que las formulaciones actuales del Enfoque Modelo-Teórico sean lo que Halvorson llama una "visión plana" de las teorías (2016, 600). Las visiones planas contrastan con las "visiones estructuradas", que son visiones que explican cómo se relacionan entre sí los modelos de una teoría. Una visión estructurada explica, por así decirlo, cuáles son los lazos familiares entre los distintos miembros de la familia de modelos. En este capítulo analizamos la visión estructurada de las teorías que se asocia con el *estructuralismo de Múnich* (EM),[293] que ofrece una respuesta integral a la pregunta de cómo se relacionan entre sí los modelos de una teoría.[294] Comenzamos presentando los principios fundamentales del EM (sección 7.2) y luego articulamos la noción de la afirmación empírica de una teoría (sección 7.3). El análisis de las teorías de MS ofrece una nueva perspectiva sobre el problema de la carga teórica (*theory-ladenness*), y es capaz de abordar algunas de las preocupaciones que planteamos en las secciones 3.4 y 3.5 (sección 7.4). Concluimos señalando algunos de los problemas que se asocian a MS (sección 7.5).

7.2 La anatomía de una teoría

Tomando como punto de partida el análisis de las teorías de Suppes, EM ofrece un análisis refinado de la estructura interna de la familia de modelos que constituye una teoría, y basándose en ese análisis arroja luz sobre una serie de cuestiones relacionadas con las teorías científicas, en particular la carga teórica de la observación, la identidad de las teorías, la explicación científica, la idealización y la aproximación, el holismo, el reduccionismo y el desarrollo diacrónico de las teorías (tanto acumulativas como revolucionarias). En este capítulo nos centramos en el análisis de EM de la estructura de las teorías y sus implicaciones para

[293] A veces, el movimiento también se refiere como «estructuralismo alemán» o «estructuralismo metateórico». Los miembros del movimiento se identifican a sí mismos como «estructuralistas», pero esa etiqueta es demasiado inespecífica para señalar al grupo o conjunto de obras relevantes. La aclaración «Múnich» se debe al hecho de que varios exponentes destacados del movimiento ocuparon cátedras en la Universidad Ludwig Maximilian de Múnich, lo que la convirtió en el epicentro del movimiento. Las primeras obras de esta tradición son Sneed (1971) y Stegmüller (1976, 1979). Balzer et al. (1987) es el texto fundacional que cristalizó el movimiento. Las colecciones editadas por Balzer y Moulines (1996) y Balzer et al. (2000) ofrecen una visión del panorama de la obra realizada en el movimiento. Para un debate sobre los objetivos de la EM y una defensa contra las críticas, véase Lorenzano (2013).

[294] Me gustaría dar las gracias a José Díez por muchas discusiones esclarecedoras sobre la EM y por una larga lista de útiles comentarios sobre los borradores anteriores de este capítulo.

las cuestiones de la carga teórica de la observación.[295] A lo largo de la discusión ilustramos los conceptos y afirmaciones de EM con el ejemplo de la mecánica newtoniana. Este ejemplo desempeña un papel destacado en los escritos de los protagonistas del movimiento, y nos permite ampliar la discusión de la mecánica newtoniana en la sección 5.2.

El paso inicial para especificar una teoría *T* es tener claro qué tipo de estructuras debe contener. Para ello, se enumeran los conceptos primitivos de la teoría (a veces llamados conceptos *T*). En el caso de la mecánica newtoniana, estos son *partícula*, *masa*, *ubicación*, *tiempo* y *fuerza*. No es necesario enumerar conceptos que pueden definirse a través de conceptos primitivos (no es necesario enumerar la velocidad, por ejemplo, porque puede definirse a través del tiempo y la ubicación). A continuación, se especifican las propiedades que tienen estos conceptos. Para ello, los conceptos se clasifican en relaciones y operaciones, y se especifican sus propiedades formales. Por ejemplo, se estipula que el tiempo es un intervalo de los números reales, y se dice que la ubicación es una función de las partículas y los tiempos en el espacio. En efecto, esto es lo que ha ocurrido en la sección 5.2 cuando dijimos que el dominio de la estructura de la mecánica newtoniana era el producto de P, θ, M, L y F, que el conjunto de relaciones de la estructura estaba vacío, que el conjunto de operaciones contenía las operaciones l, m y f, y que estas satisfacían los axiomas 1-4. Estas afirmaciones no dicen nada sustancial; solo especifican el *tipo de estructura* de las estructuras con las que trabaja la mecánica newtoniana. Las condiciones que especifican el tipo de estructura se denominan *condiciones de marco* (a veces también *axiomas impropios*). Las condiciones de marco especifican la clase C_T^p de *modelos potenciales* de la teoría *T*. Son potenciales en el sentido de que tienen la estructura formal correcta (una estructura que no tiene número de partículas ni tiempo no podría ser un modelo de la mecánica newtoniana). Que realmente sean modelos de la mecánica newtoniana dependerá de las leyes sustantivas de la teoría, pero estas aún no están especificadas.

Los *axiomas de T* (a veces también *axiomas propios* de *T*) especifican las leyes sustantivas de la teoría. En el caso de la mecánica newtoniana, estos son los axiomas 5 y 6 de la sección 5.2, a saber, el principio de acción-reacción y la ley del movimiento de Newton. Muchas estructuras en C_T^p no satisfacen estas leyes. La clase C_T^p, por ejemplo, contendrá modelos que no tienen fuerza de reacción o en los que la aceleración de una partícula en respuesta a la fuerza varía con el cuadrado de su masa. La subclase de C_T^p que consiste en modelos que satisfacen los

[295] La presentación del material en esta sección y en la siguiente sigue a Balzer et al. (1987). Moulines (2002) y (1996) ofrecen introducciones. Se pueden encontrar resúmenes concisos de las ideas principales en Díez (2002, Sec. 1) y Gähde (2002, Sec. 2); Kuiper (2001, Cap. 12) y Niiniluoto (1984, Cap. 6) ofrecen introducciones de un capítulo de extensión.

axiomas de *T* es la clase C_T^a de *modelos reales* de *T*. Como recurso mnemotécnico, presentamos un diagrama, que se muestra en la Figura 7.1, que ilustra las nociones en juego en EM y las relaciones entre ellas.[296]

Hasta ahora, no hemos hecho más que reetiquetar los elementos en la perspectiva de Suppes (observe que C_T^a es la misma clase que C_τ de Suppes). La primera innovación sustantiva de EM es la noción de un concepto *teórico con respecto a la teoría T*, o *T-teórico* para abreviar. Intuitivamente, un concepto es *T-teórico* si es original de *T* y no está "importado" o "tomado prestado" de otra teoría. Un concepto es *T- no teórico* si no es *T-teórico*. Esta distinción puede verse en funcionamiento en la mecánica. *El espacio*, *el tiempo* y *la partícula* son conceptos que la mecánica newtoniana toma de la cinemática, el subcampo de la mecánica que se ocupa de la descripción de los movimientos sin atribuirlos a la acción de ninguna causa, y mucho menos de fuerzas. La cinemática existía antes de Newton. Galileo y Kepler daban por sentado que los objetos como los planetas tienen ciertas posiciones en ciertos momentos y describían el movimiento de un objeto como una trayectoria, que consideraban como una curva continua en el espacio. Las trayectorias pueden tener propiedades geométricas y se pueden formular teoremas sobre ellas. Los ejemplos más destacados son las leyes de Kepler, que encontramos en la sección 1.2. Estas leyes atribuyen propiedades geométricas a la trayectoria de un planeta sin ver las trayectorias como el resultado de la acción de fuerzas. Incluso teóricos como Descartes y Leibniz, que tenían puntos de vista muy diferentes sobre la naturaleza del movimiento a los de Newton, podían estar de acuerdo en una descripción cinemática, por ejemplo, de la trayectoria de un planeta. Esto se debe a que las nociones cinemáticas se entienden y utilizan antes de la formulación de la mecánica newtoniana, y llegan a la teoría "desde afuera". Como hemos visto en la sección 1.2, el propio Newton consideraba estas nociones como "muy familiares para todos". En el lenguaje actual, son nociones no teóricas de la mecánica newtoniana. La innovación de Newton fue la introducción de los conceptos de *fuerza y masa*, y la idea de vincular el cambio en el estado de movimiento a la acción de las fuerzas exactamente de la manera especificada en su ley del movimiento.[297] Estos conceptos son originales de la mecánica newtoniana, es decir, son teóricos de la mecánica newtoniana (*Newtonian-mechanics-theoretical*). Estos conceptos ahora se refieren como conceptos *dinámicos,* donde la dinámica es la rama de la mecánica que estudia cómo las fuerzas

---

[296] La notación de este capítulo se ha elegido para que sea continua con la notación utilizada anteriormente en el libro, en particular en el capítulo 5. Esta notación se desvía de lo que es común en la literatura sobre EM, donde M se utiliza para designar la clase de modelos reales, C_T^a, M_p se utiliza para designar la clase de modelos potenciales C_T^p, y M_{pp} se utiliza para designar la clase de modelos potenciales parciales C_T^{pp} (que presentamos en breve).

[297] Las palabras «fuerza» y «masa» se han utilizado, por supuesto, antes de Newton. Pero cuando otros escritores las utilizaron, no denotaban los mismos conceptos que en Newton. De hecho, antes de Newton, «masa» se utilizaba como sinónimo de «peso» y la diferencia entre algo que de alguna manera es pesado y algo que tiene una masa determinada solo puede hacerse en la mecánica newtoniana.

afectan el movimiento. En resumen, los conceptos cinemáticos son no teóricos de la mecánica newtoniana, mientras que los conceptos dinámicos son teóricos de la mecánica newtoniana.

Las consideraciones sobre el origen son buenas para potenciar la intuición, pero no proporcionan un análisis (y mucho menos una definición) del concepto de teoreticidad *T* (*T*-theoreticity). La clave para un análisis de la teoreticidad *T* radica en la noción de *aplicabilidad* de un concepto. Un aspecto crucial para comprender un concepto es saber cuándo, dónde, cómo y bajo qué condiciones es aplicable. Por ejemplo, entendemos el concepto "redondo" si sabemos a qué objetos se aplica. A menudo, las condiciones de aplicabilidad se dan en el contexto de una teoría. En el caso de "redondo", es la geometría elemental la que nos dice cómo aplicar el concepto. Los conceptos *T*- no teóricos se entienden antes de que *T* esté disponible y, por tanto, su aplicación no depende de *T*. Por ejemplo, no necesitamos la mecánica newtoniana para describir la forma de una trayectoria. Los conceptos *T*-teóricos no gozan de esta independencia. Sus condiciones de aplicabilidad están *siempre dadas* por *T*, y los conceptos son inaplicables fuera del contexto de *T*. La "fuerza", por ejemplo, es inaplicable sin la mecánica newtoniana, al igual que "redondo" es inaplicable sin la geometría elemental. Los conceptos de la ciencia moderna son en su mayoría métricos: asignan números a cantidades. La "masa" y la "fuerza" son ejemplos de ello. No solo decimos que los planetas tienen masa y que una fuerza actúa sobre ellos, sino que especificamos su masa exacta como un número real y decimos cuál es exactamente la fuerza de la fuerza. En estos casos, aplicar un concepto también implica ser capaz de determinar su magnitud. Esta constatación proporciona la definición buscada de *T*-teoreticidad: un concepto es *T*-teórico si y solo si *todos los* métodos para determinar la extensión del concepto presuponen al menos una ley de *T*. Si el concepto tiene magnitudes numéricas (como, por ejemplo, *masa*, *fuerza*), entonces ser *T*-teórico significa que en cada ocasión en que se determine el valor numérico del concepto, se debe utilizar al menos una ley de *T*.[298]

Balzer et al. (1987, 47) ilustran esto con el concepto *de hermafrodita*. Para decidir si algo es hermafrodita, necesitamos una teoría que especifique qué es un hermafrodita. Supongamos que esto se hace en biología reproductiva, que tiene una ley que dice: "*x* (*x* es hermafrodita si, y solo si, *x* es un ser vivo que es mas-

[298] Los cuantificadores son cruciales. Un concepto es T-teórico si y solo si todas las determinaciones de un concepto utilizan una ley de T. Si este no es el caso, entonces un concepto es T-no-teórico. Ser T-no-teórico es, sin embargo, compatible con que haya algunas determinaciones del concepto que se basen en una ley de T; la condición crucial es que haya al menos una determinación que no lo haga. Por ejemplo, la distancia es newtoniana-mecánica-no-teórica porque se puede medir con varillas, pero también se puede medir utilizando leyes dinámicas. La noción de T-teoricidad se origina en Sneed (1971). Su formulación canónica se debe a Balzer et al. (1987, Sec. II.3). Se pueden encontrar más discusiones en Andreas (2008), Balzer (1986), Díez (2002) y Moulines (1985). Torretti (1990, secs. 3.3 y 3.4) ofrece una discusión crítica de la concepción de EM de la T-teoricidad.

culino y femenino simultáneamente)". Cualquier determinación de si algo es hermafrodita tendrá que apelar a esta ley. Por esta razón, el concepto de hermafrodita es teórico de la biología reproductiva. Dicha determinación también dependerá de la capacidad de determinar si un objeto es un ser vivo y si es macho o hembra. Los conceptos no se originan en nuestra biología reproductiva y, por lo tanto, no son teóricos de la biología reproductiva. Este ejemplo simplista ilustra el carácter "dual" de la aplicación de conceptos *T*-teóricos. Por un lado, siempre se requiere una ley de la teoría, y en este sentido cualquier aplicación de un concepto *T*-teórico está cargada de teoría (es decir, cargada de *T*); por otro lado, la aplicación también depende de conceptos *T*- no teóricos y, por lo tanto, se basa en nociones externas a *T*.

Volviendo a la mecánica newtoniana, consideremos el ejemplo de la determinación de la masa de un objeto ordinario como una maleta. Una forma de hacerlo es tomar una balanza de resorte fijada al techo con un gancho y fijar el objeto cuya masa se quiere determinar en la parte inferior del resorte. La ley de Hooke nos dice que la fuerza de recuperación de un resorte es $f_s = -kx$, donde k es una constante específica del resorte en particular que usamos y x es el alargamiento del resorte (cuánto se ha estirado el resorte). La ley de la gravedad cerca de la superficie de la Tierra es $f_g = gm$, donde g es una constante y m es la masa del objeto. La segunda ley de Newton nos dice que la masa de un objeto multiplicada por su aceleración es igual a la suma de las fuerzas que actúan sobre él: $ma = f_s + f_g$. Estamos ante un escenario en el que la maleta está en reposo: $a = 0$. Así que la ecuación de Newton se convierte en $f_s + f_g = 0$, de lo que se deduce que $m = kx/g$. Así que si medimos x (cuánto se ha movido la maleta hacia abajo después de colgarla del gancho), obtenemos la masa de la maleta. Esta determinación de la masa de un objeto requiere tres leyes de la mecánica newtoniana: la ecuación del movimiento de Newton (Axioma 6), la ley de Hooke y la ley de la gravedad cerca de la Tierra. Decir que la masa es teórica en la mecánica newtoniana equivale a afirmar que *no hay* determinación de la masa de un objeto que no apele al menos a una ley de la mecánica newtoniana.

Los conceptos no llevan su estatus escrito en la frente. No es obvio ni una verdad a priori que la masa sea teórica en la mecánica newtoniana. En general, cuando nos enfrentamos a una teoría tal y como aparece en los libros de texto o en los artículos de investigación, no está claro cuáles son los conceptos básicos de la teoría, y aún menos cuáles son *T-teóricos*. El estatus de los conceptos se revela mediante una reconstrucción sistemática de la teoría en términos de EM.

Dada una clasificación de las partes de la estructura de *T* en *T*-teóricos y *T*- no teóricos, ahora se puede construir una versión "reducida" de los modelos potenciales de *T* "cortando" sus partes *T*-teóricas. El resultado de este proceso son *modelos potenciales parciales*, que forman la clase de modelos parciales potenciales C_T^{pp}. En términos formales, este proceso puede describirse como una función de *reducción* $r : C_T^{p} \rightarrow C_T^{pp}$ que asigna a cada $m \in C_T^{p}$ el modelo potencial parcial $r(m)$. El modelo $r(m)$ es una subestructura (en el sentido introducido en la sección 2.7) de m. En el caso de la mecánica newtoniana, la función de reducción simplemente omite fuerzas y masas de las estructuras. En términos formales (como se introduce en la sección 5.2), un modelo de potencial parcial de la mecánica newtoniana tiene un dominio que es el producto cartesiano de P, θ y L (se han omitido M y F) y contiene solo la operación l (se han omitido m y f). Los modelos potenciales parciales desempeñarán más adelante un papel crucial a la hora de explicar cuál es la afirmación empírica de una teoría; es decir, a la hora de explicar lo que una teoría dice sobre su tema. Pero antes de que podamos explicar cómo lo hacen los modelos potenciales parciales, necesitamos introducir algunos elementos adicionales de EM.

Las tres clases de modelos que hemos introducido hasta ahora forman en conjunto el *núcleo de T* (a veces también el núcleo *matemático de T*): $K_T := (C_T^p$, C_T^{pp}, $C_T^a)$.[299] Intuitivamente, C_T^p es una versión teórica conjuntista de la maquinaria conceptual de T (porque las estructuras que contiene reflejan todos los conceptos primitivos de T); C_T^{pp} es (como veremos más adelante) la base contra la que se prueba T; y C_T^a refleja las leyes de la teoría.

Una teoría no es solo un aparato formal; es un aparato formal destinado a representar aspectos y partes específicos del mundo. A diferencia de Suppes, que define una teoría de forma totalmente formal, EM, siguiendo una sugerencia de Adams (1959), considera el dominio de aplicación de una teoría como una parte crucial de la propia teoría: una teoría no puede individualizarse únicamente a través de su aparato formal. Por esta razón, el núcleo de la teoría debe complementarse con una especificación del *dominio de las aplicaciones previstas* (*intended applications*) A_p.

En principio, el dominio de las aplicaciones previstas de una teoría es simplemente la clase de todos los sistemas del universo a los que los profesionales del campo pretenden aplicar la teoría. En el caso de la mecánica newtoniana, esa clase incluiría planetas en movimiento, cuerpos en caída, proyectiles voladores, columpios oscilantes, etc. Por supuesto, es imposible enumerar explícitamente todos los objetos a los que se va a aplicar una teoría. No solo llevaría demasiado tiempo hacerlo, sino que también puede haber sistemas que aún no conocemos, o que aún no existen, a los que se aplicará la teoría. La EM resuelve este problema apelando a paradigmas y similitudes. En un primer paso, se seleccionan varios ejemplos paradigmáticos como aplicaciones previstas. En un segundo

---

[299] La definición completa del núcleo de EM contiene otros tres elementos. Las restricciones tienen en perspectiva las relaciones entre modelos (por ejemplo, si la misma partícula aparece en varios modelos de la teoría); los vínculos especifican las relaciones del modelo de una teoría con los modelos de otras teorías relacionadas; y las aproximaciones especifican qué tipo de idealizaciones son permisibles para hacer que la teoría sea aplicable a los sistemas físicos. He dejado de lado estos elementos adicionales porque no son esenciales para la discusión en este capítulo.

paso, se incluyen sistemas que satisfacen dos criterios adicionales: son lo suficientemente similares a uno de los ejemplos paradigmáticos y cabe esperar que la teoría se aplique con éxito a ellos. Ninguno de estos pasos es automático. Los ejemplos pueden entrar y salir de *la* A_p a medida que avanza la investigación, y lo que se considera similar puede cambiar en respuesta a nuevos conocimientos. Newton consideraba que la luz era un ejemplo de movimiento de partículas y, por lo tanto, la clasificó como una aplicación prevista de su mecánica. Más tarde quedó claro que esto era un error, y la luz fue posteriormente eliminada del conjunto de aplicaciones previstas de la mecánica newtoniana. Así pues, *la* A_p es históricamente cambiante y depende esencialmente de las intenciones de los científicos que trabajan con la teoría.

Una aclaración adicional es crucial. *La* A_p contiene solo "versiones estructurales" de sistemas físicos. Así que, si hiciéramos un inventario de lo que hay en *la* A_p, no encontraríamos un péndulo completo que consista en una bola de cobre colgada de una cuerda hecha de cáñamo retorcido fijada a una pared de yeso con un clavo de hierro. Lo que encontraríamos en A_p es una estructura, que tiene la forma de un modelo potencial parcial de *T*, que se considera que "corresponde" al péndulo real. Así que el "péndulo" que encontramos en A_p es, de hecho, una estructura con un dominio que consta de *P*, *T* y *L*, y una operación *l*. Así que, contrariamente a lo que podría sugerir hablar de "aplicaciones previstas", A_p es una clase de estructuras y no de cosas materiales. De hecho, *la* A_p es una subclase de C_T^{pp}: $A_p \subseteq C_T^{pp}$. Las aplicaciones previstas están asociadas a modelos potenciales parciales (en lugar de modelos potenciales "completos") porque, como veremos en la sección 7.3, son la base "empírica" contra la que se prueba una teoría y, por lo tanto, en ellas no están incluidas las partes teóricas de la teoría.

El concepto crucial es la noción de una estructura "correspondiente" a un sistema físico. Una forma natural de concretar esta noción algo elusiva de correspondencia entre un sistema físico y una estructura es decir que el sistema instanciará la estructura C_T^{pp} relevante. De hecho, hemos encontrado esta sugerencia en el capítulo 6 cuando discutimos el enfoque isomorfista de la representación. Esta perspectiva requería una transición de los sistemas físicos a las estructuras, y esta transición fue provocada por la idea de que los sistemas instancian estructuras. Apelando a esta idea, podemos decir entonces que *la* A_p es el subconjunto de C_T^{pp} que consiste en estructuras que se instancian en los sistemas físicos para los que está prevista la aplicación de la teoría. Esta es una sugerencia convincente en la medida en que se puede dar sentido a la noción de un sistema físico que instancia una estructura. EM toma esta noción como una primitiva no analizada y no dice nada más al respecto. Esta laguna puede llenarse, por ejemplo, apelando a las opciones esbozadas en la sección 6.5.

Veamos ahora la constitución interna de C_T^{pp}, que se ilustra en la figura 7.1. Esta clase no solo contiene A_p; también contiene $r(C_T^a)$, la clase de las versiones parciales de los modelos reales de una teoría. Se trata de modelos que satisfacen los axiomas de T pero cuya parte T-teórica ha sido cortada. La teoría se aplica con éxito a un sistema particular en la clase de sus aplicaciones previstas si la aplicación prevista también está en $r(C_T^a)$. En términos formales, las aplicaciones exitosas de T se encuentran en la intersección de $r(C_T^a)$ y A_p. Pero las clases $r(C_T^a)$ y A_p no suelen superponerse perfectamente. Puede haber modelos en $r(C_T^a)$ y *que* no estén en A_p. Estos son modelos que satisfacen los axiomas de una teoría, pero no corresponden a una aplicación prevista. En un momento dado, estos modelos son un "excedente teórico" de T. Sin embargo, esto no significa que nunca vayan a tener aplicaciones. Un modelo que es una opción puramente teórica en algún momento puede volverse útil de repente para describir un nuevo sistema que se ha añadido a la clase de aplicaciones previstas. Y viceversa, puede haber sistemas en A_p que no estén en $r(C_T^a)$. Estos son sistemas a los que se pretende aplicar T, pero que aún no se han puesto bajo los auspicios de T. El progreso científico en la aplicación de una teoría consiste entonces en trasladar los modelos "solo A_p" a la intersección de $r(C_T^a)$ y A_p (y, de hecho, en extender la propia A_p. para ampliar el alcance de la teoría).

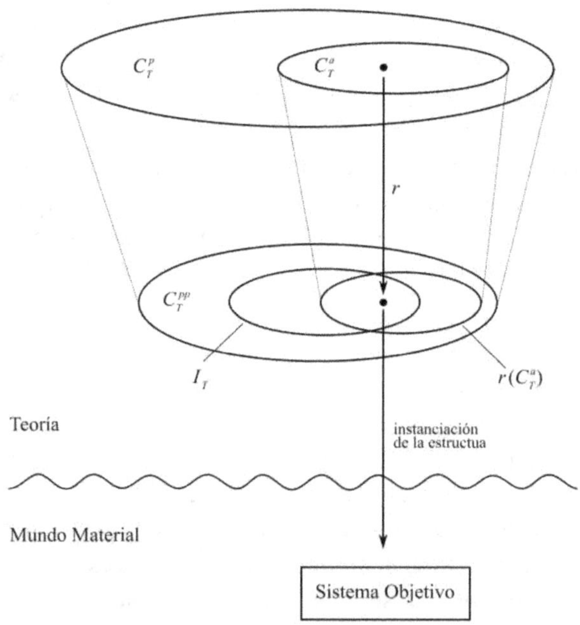

FIGURA 7.1 Las nociones básicas de EM.

El núcleo de una teoría con sus aplicaciones previstas forman juntos lo que EM llama un *elemento teórico* $E_T = (K_T, A_p)$. Algo crucial que hay que darse cuenta en este punto es que el núcleo K_T de una teoría contiene muchos modelos que son determinables y no determinantes porque contienen una serie de "parámetros libres". La más importante es la función de fuerza *f*. Los axiomas 5 y 6 solo especifican propiedades extremadamente abstractas de una función de fuerza, pero dejan completamente abierto cómo es esta función en realidad. De hecho, todo lo que se requiere es que *f* satisfaga ciertas condiciones para que la ecuación del movimiento se comporte bien. La condición estándar es que *f sea* continua y satisfaga la condición de Lipschitz, lo que asegura, según el teorema de Picard-Lindelöf, que la ecuación de Newton tenga soluciones únicas (O'Regan 1997, cap. 3).[300] Pero los objetos físicos no se mueven según funciones cuyas únicas propiedades son la continuidad y el cumplimiento de la condición de Lipschitz. Las fuerzas que actúan en el mundo son específicas. Algunos ejemplos son la ley de Hooke, que hemos visto anteriormente en esta sección, y la ley de la gravedad, que hemos visto en la sección 1.2. Las leyes concretas pueden dividirse en varios grupos, por ejemplo, algunas conservan la energía y otras no. Así, la mecánica newtoniana contiene toda una serie de leyes de fuerza que se dividen en diferentes clases. Otros elementos que no se especifican en la forma general del núcleo son el número de partículas de un sistema y sus masas, así como los intervalos de tiempo pertinentes.

Este análisis muestra que se pueden organizar los elementos teóricos en un patrón ramificado en forma de árbol. Dado que el aspecto más importante de la mecánica es la función de fuerza, analizamos el árbol ramificado de la mecánica newtoniana solo con respecto a la función de fuerza (entonces será obvio cómo habría que extender el árbol para tener en cuenta los otros determinantes como el número de partículas). Esto se ilustra esquemáticamente en la Figura 7.2 a continuación. La estructura más general está en la parte superior, donde no se impone restricción alguna. En este nivel, se supone que la función *f* es continua y que cumple la condición de Lipschitz, pero nada más. Bajando un nivel, se puede distinguir entre funciones de fuerza que son conservativas (es decir, que preservan la energía) y las que son disipativas (es decir, que no preservan la energía). En el siguiente nivel, se puede distinguir, por ejemplo, entre fuerzas que son lineales y las que no lo son. Y así sucesivamente. En la parte inferior de este árbol ramificado se encuentran leyes de fuerza específicas que no tienen más determinantes; es decir, tienen una forma funcional específica y todas las constantes que contiene tienen valores específicos. Un ejemplo de tal ley es $f = 3x$, que es una versión específica de la ley de Hooke en la que la fuerza de recuperación del resorte es exactamente tres veces el alargamiento x. No queda nada por especificar en esta ley.

EM se refiere a este árbol ramificado como una *red teórica*. Los nodos de esta red son los elementos teóricos, que hemos introducido anteriormente. La Figura 7.2 deja claro

[300] Las funciones de fuerza que conducen a ecuaciones que no tienen soluciones únicas se descartan como «no físicas». Norton (2008) se opone y argumenta que no hay razón para descartar tales funciones de fuerza. Para nuestros propósitos actuales, es irrelevante cómo se resuelva esta cuestión.

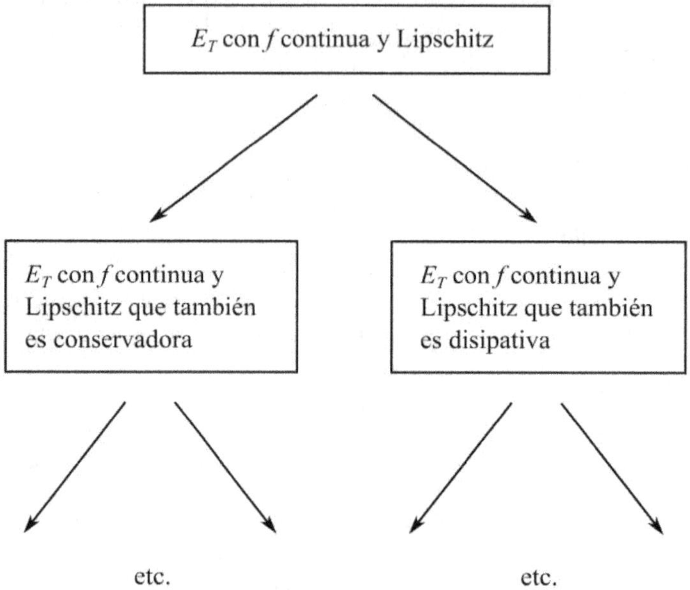

FIGURA 7.2 La red teórica de la mecánica newtoniana.

que los elementos teóricos pueden situarse en diferentes niveles de abstracción. En la parte superior se encuentra el elemento básico del que se deriva el resto de la red a través de un proceso de sucesivo "relleno" de detalles cada vez más específicos. Cerca de la parte superior se encuentra un elemento teórico que contiene todos los sistemas que conservan energía. Este elemento corresponde a una teoría de sistemas dinámicos conservativos. En la parte inferior se encuentra un elemento teórico que contiene un péndulo que se mueve bajo una fuerza de restauración lineal totalmente especificada (y que tiene una masa y una longitud particulares). En todo esto, la red teórica es lo que corresponde a la noción intuitiva de una teoría completa. No solo contiene las estructuras generales y las leyes generales (como la ecuación del movimiento de Newton), sino que también contiene leyes subsidiarias que especifican fuerzas específicas, y contiene varias clasificaciones de estas. El proceso de descender en el árbol ramificado se denomina *especialización*, porque cada nivel añade especificidad al nivel superior al agregar más detalles. Por ejemplo, un elemento de la teoría que contiene la ley de la gravedad es una especialización del elemento de la teoría que contiene fuerzas que preservan la energía, porque la ley de la gravedad preserva la energía. Por lo tanto, la especialización es una relación fundamental entre los elementos de la teoría, y cada nudo más abajo en la red especializa los nudos aguas arriba en la red. Esto responde a nuestra pregunta sobre los lazos familiares entre modelos que pertenecen a la misma teoría *T*: los lazos familiares consisten en la relación de especialización que se mantiene entre diferentes elementos de la teoría.

Los debates sobre la naturaleza de las teorías científicas suelen girar en torno a la cuestión de la "estructura de una teoría".[301] La EM tiene una respuesta clara a lo que es la estructura de una teoría: la estructura de la teoría *T* (en un momento dado) es el árbol ramificado que constituye la red teórica de *T*. La topología del árbol proporciona información sobre cómo están estructuradas las leyes de la teoría, y observar las ramas del árbol proporciona información sobre cómo se relacionan entre sí las diferentes partes de una teoría.[302] En otras palabras, la red teórica pone al descubierto la anatomía de una teoría (en un momento dado), al igual que el árbol genealógico pone al descubierto la estructura de una familia.

7.3 La afirmación empírica de una teoría

El análisis de los diferentes componentes de una teoría permite una articulación precisa del contenido empírico de una teoría o, en la jerga de la EM, permite una articulación de la *afirmación empírica* de una teoría (aunque, como veremos en la siguiente sección, "empírico" es un término un poco inapropiado).

Intuitivamente, la afirmación empírica de una teoría es que todos los sistemas en el dominio de las aplicaciones previstas de la teoría están cubiertos por la teoría y que lo que la teoría dice sobre estos sistemas es correcto. La pregunta crucial en este punto es: ¿con respecto a qué características de los sistemas tiene que ser correcta una teoría? Tradicionalmente, la respuesta a esta pregunta se consideraba que era: con respecto a las observaciones. EM revisa este panorama y sostiene que la "base empírica" de una teoría *T* no está definida por lo observable, sino por el dominio objetivo tal como se conceptualiza en términos del vocabulario T-no-*teórico* de la teoría. En otras palabras, una teoría se pone a prueba frente a una perspectiva del dominio objetivo que está expresada en términos que son utilizados por la teoría, pero que no son originales de la teoría (en el sentido de ser *T-teóricos*). En efecto, esto significa que la teoría se pone a prueba frente a una perspectiva del sistema objetivo que podría haberse dado independientemente de la teoría (porque la aplicación de conceptos *T-no-teóricos* no requiere ninguna de las leyes de la teoría). Consideremos de nuevo el ejemplo de la mecánica newtoniana. El aparato conceptual de la teoría que es la mecánica newtoniana no-teórica es el aparato de la cinemática. Una descripción cinemática del movimiento de un planeta contiene una especificación de la trayectoria del planeta. Esta es la base empírica contra la cual deben probarse las afirmaciones de

[301] Por ejemplo, la considerable colección de Suppe se titula «La estructura de las teorías científicas». Darrigol (2008) se mueve en una dirección similar a la de EM cuando enfatiza que las teorías físicas tienen una estructura modular.

[302] Formalmente, una red teórica es «un conjunto parcialmente ordenado de elementos teóricos con un elemento básico en la «cima», del que salen el resto de los elementos teóricos mediante un proceso de restricciones sucesivas de la clase de modelos reales (y restricciones y vínculos) y del rango de aplicaciones previstas. Lo que da unidad a la red teórica es el elemento básico» (Moulines 2002, 8).

la mecánica newtoniana. Si, después de especificar las masas del sol y del planeta y la atracción gravitacional entre ellos, la trayectoria teórica que forma parte del modelo de la mecánica newtoniana coincide con la trayectoria que nos proporciona la cinemática, entonces la teoría es correcta; si lo que se deduce de la ecuación del movimiento sobre la trayectoria del planeta no se corresponde con la trayectoria cinética del planeta, entonces la teoría es errónea.

Esta idea puede formularse de manera general en términos de las nociones introducidas en la última sección. Como hemos visto, la clase de aplicaciones previstas es un subconjunto de los modelos potenciales parciales de la teoría. Ahora queda claro por qué es importante que A_p contenga modelos potenciales *parciales:* son los modelos cuyas partes *T-teóricas* se han truncado y que consisten únicamente en partes *T-no-teóricas*. Así pues, los modelos potenciales parciales son los modelos que forman la base empírica de la teoría. La noción de que lo que la teoría dice con la ayuda de conceptos *T-teóricos* sobre una aplicación prevista debe ser correcto puede expresarse entonces de la siguiente manera: la clase de modelos *reales de* la mecánica newtoniana (es decir, la clase de modelos que contienen fuerzas y masas que obedecen la ecuación del movimiento de Newton y otras leyes relevantes) contiene un modelo tal que, si se eliminan sus partes teóricas, es isomorfo al modelo en A_p que corresponde al fenómeno que nos interesa. O, dicho de forma más sencilla, existe un modelo real de la mecánica newtoniana que contiene la trayectoria correcta.

Una teoría es correcta si esto se cumple para todas las aplicaciones previstas. Por lo tanto, la *afirmación empírica* de una teoría es que para cada aplicación prevista $i \in A_p$ existe un modelo real $m \in C_T^a$ de modo que $r(m)$ es isomorfo a i.[303] En otras palabras, la afirmación empírica de la teoría es que cada aplicación prevista puede integrarse en uno de sus modelos reales. Refiriéndonos de nuevo a la Figura 7.1, podemos dar una interpretación geométrica de la afirmación empírica de una teoría: la parte del diagrama que consiste en modelos que están en A_p pero no en $\mathrm{r}(C_T^a)$ está vacía porque ese conjunto contiene modelos que son aplicaciones previstas pero que no son insertables en un modelo real de la teoría. O, en otras palabras, A_p es un subconjunto de $\mathrm{r}(C_T^a)$. La afirmación empírica de la teoría puede ser verdadera o falsa, dependiendo de cómo se comporten los sistemas en A_p. Si la afirmación empírica es verdadera, entonces la teoría es *empíricamente adecuada*. Intuitivamente, si la teoría es empíricamente adecuada, la parte *T-teórica* de la teoría da una perspectiva correcta del comportamiento de la parte *T-no-teórica* de la teoría en *todas las* aplicaciones.

Como acabamos de señalar, la afirmación empírica de una teoría puede ser errónea, ¡y la teoría no ofrece ninguna garantía de éxito! De hecho, esto ocurre cuando las predicciones fallan. Esto se debe principalmente a dos razones. En primer lugar, las aplicaciones previstas se identifican y sus leyes se formulan *sin*

[303] Es interesante observar que la afirmación empírica también puede expresarse a través de la oración de Ramsey, que presentamos en la sección 4.6 (Díez 2005, 89).

necesidad de utilizar la maquinaria *T*-teórica (se puede describir el movimiento de los planetas sin hacer referencia alguna a la dinámica newtoniana); la maquinaria *T*-teórica se comprueba entonces con la maquinaria T-no-teórica. En segundo lugar, a diferencia de los conceptos básicos de una teoría, que pueden separarse en los que son T-teóricos y los que no lo son, sus leyes no pueden separarse así normalmente. Consideremos la ecuación del movimiento de Newton (axioma 6 de la sección 5.2). Al decir cómo cambia la trayectoria *l de* una partícula como resultado de la acción de una fuerza y la masa de la partícula, establece una conexión entre los conceptos *T-teóricos* y *T-no-teóricos*. De hecho, los conceptos *T-teóricos* se utilizan para hacer una afirmación sobre los conceptos *T-no-teóricos*. Esto es lo que hace que la parte teórica esté abierta a la refutación por parte de la parte empírica. Imagine una teoría alternativa, la mecánica de Squton, que es como la mecánica newtoniana, excepto que la ecuación fundamental del movimiento dice que *F es* proporcional al cuadrado de la masa: $\vec{F} = m^2\vec{a}$. La mecánica de Squton tiene la misma maquinaria *T-no-teórica* que la mecánica newtoniana, y tiene las mismas aplicaciones previstas. Pero si se resolviera la ecuación de la mecánica de Newton en aplicaciones, resultaría que lo que dice sobre las trayectorias de las partículas es incorrecto. Así que no hay predicciones autocumplidas, y no hay "autoconfirmación" circular.

7.4. Revisando la carga teórica

Con estos nuevos instrumentos a mano, podemos volver a la discusión sobre la teoría en las secciones 3.4 y 3.5. Según EM, la carga teórica es omnipresente, pero no perniciosa. La naturaleza de los conceptos *T-teóricos* es que solo pueden aplicarse apelando a la propia teoría. No podemos determinar una fuerza o una masa sin recurrir a la mecánica newtoniana. Esta es una forma fuerte de carga teórica, pero no es problemática. Recordemos que una de las principales preocupaciones en relación con la carga teórica era que conduce a la circularidad confirmatoria: si se presupone la corrección de las leyes de una teoría en la prueba de una teoría, entonces la teoría debe terminar pareciendo correcta pase lo que pase. Uno de los méritos de la EM es que admite la carga teórica y, al mismo tiempo, descarta la "autoconfirmación" de este tipo. Las afirmaciones *T*-teóricas deben contrastarse con afirmaciones T-no-teóricas y, como hemos visto, esta prueba puede fallar. De hecho, no hay garantía de que lo que una teoría dice sobre sus aplicaciones previstas utilizando su vocabulario *T*-teórico sea correcto. Las teorías pueden estar equivocadas incluso si la observación está cargada de teoría.

La razón de esto es que una teoría no es un bloque monolítico que se enfrenta a la observación en su totalidad y de manera "no estructurada". Una teoría tiene una separación estricta de partes *T*-teóricas y *T*-no-teóricas. Desde este punto de vista, uno debería renunciar a la noción de carga teórica *tout court*, y en su lugar hablar de "carga *T*-teórica", especificando qué teoría está involucrada en hacer una determinada afirmación. Y la distinción entre una afirmación cargada de teoría *T* y una que no lo está es solo una pequeña parte de un análisis completo de cómo (una rama de la ciencia) se enfrenta a la realidad. Como hemos visto en la última sección, una teoría se pone a prueba con modelos potenciales parciales. En el caso de la mecánica newtoniana, se trata de modelos cinemáticos, que son las estructuras empíricas de la teoría. En este punto, es importante señalar que ser *T*-teórico es una propiedad relacional. Un concepto puede ser *T*-teórico con respecto a una teoría y *T*-no-teórico con respecto a otra teoría. Por ejemplo, los conceptos cinemáticos, que son no teóricos de la mecánica newtoniana, son teóricos de la cinemática, donde la cinemática se entiende como teoría descriptiva del movimiento. Los conceptos de la cinemática pueden separarse en conceptos cinemáticos teóricos y conceptos cinemáticos no teóricos, y estos últimos pueden aparecer como conceptos *T*-teóricos en otra teoría. Y así sucesivamente. Así que, si miramos todo un dominio de la ciencia en lugar de una sola teoría, lo que vemos es una "estructura de capas" con una teoría construida sobre otra. Las afirmaciones pueden estar cargadas de teoría con respecto a una teoría, pero no con respecto a otra, y las afirmaciones *T*-teóricas de cada teoría se contrastan con afirmaciones *T*-no-teóricas.

Esto contrasta con la forma en que Hanson, Kuhn y Feyerabend han discutido la carga teórica (Sección 3.4), quienes parecían considerar la carga teórica como una cuestión de todo o nada. Esto ha resultado ser una imagen demasiado burda. La carga teórica debe relativizarse a teorías particulares, lo que hace que muchos de los problemas que surgen en relación con la carga teórica aparezcan bajo una nueva luz. La base contra la que se prueba una teoría *T es* T-no-teórica y, por lo tanto, por definición, no está cargada *T*. Esto, por supuesto, no implica que esta base no esté cargada de teoría con cualquier número de *otras teorías*, pero, y eso es lo que importa, no está cargada de *la teoría*. Esto descarta cualquier forma de autocertificación. Como hemos visto en la sección 3.5, Hempel y Lewis apelaron a la idea de que debemos distinguir entre conceptos nuevos y conceptos previamente entendidos. Esto introdujo una estratificación, donde el orden de las capas viene dado por la precedencia histórica. Como hemos visto anteriormente, esto es problemático porque no todas las relaciones entre conceptos se captan adecuadamente por el orden temporal en el que aparecieron en el escenario de la historia. La EM ofrece una alternativa sistemáticamente motivada y cuidadosamente articulada a una perspectiva histórica.[304]

La EM supone un claro avance con respecto a las perspectivas anteriores, pero surgen dos preguntas importantes: ¿dónde encaja la observación en esta estratificación y cuál es, en su caso, la capa inferior? Empecemos por la observación. Es crucial señalar que "empírico", tal como se utiliza en EM, no es sinónimo de "observable". Como señala Díez, la distinción *T*-teórico frente a *T*-no-teórico y

[304] Volviendo a la sección 5.2, también podría explorarse la sugerencia de que la estructura de capas de teorías de EM es la mejor manera de articular la jerarquía de modelos de Suppes.

la distinción observacional frente a no observacional "no coinciden, ni intensional ni extensionalmente" (2002, 15).[305] De hecho, la parte *T*-no-teórica de un modelo no tiene por qué ser observable. Los hechos cinemáticos con los que se compara la mecánica newtoniana son las trayectorias de objetos materiales como los planetas. Pero las trayectorias no tienen por qué ser observables, al menos no de forma obvia (la observación de las trayectorias de los cuerpos celestes a veces requiere equipos sofisticados como telescopios, que también se basan en teorías). O, si alguien insiste en que las trayectorias son observables (recuerde la noción de observabilidad de van Fraassen en la sección 3.3), considere el ejemplo de la presión. Se define como la fuerza dividida por el área de la superficie, y no es directamente observable. Al mismo tiempo, la fuerza, y con ella la presión, son teóricas según la mecánica de Newton, pero al mismo tiempo no teóricas según la termodinámica, por lo que los hechos sobre la presión pueden utilizarse para poner a prueba la termodinámica. Por lo tanto, lo que constituye la base empírica de una teoría *T* puede ser en sí mismo no observable. Por esta razón, llamar a las afirmaciones *T-no-teóricas* de una teoría su "afirmación empírica" podría ser un poco inapropiado porque "empírico" se refiere a algo que es directamente observable.[306] Así que sería más apropiado referirse a la parte *T-no-teórica* de una teoría como la *base de prueba* de la teoría, y por lo tanto dejar abierto si esta base también es observable o "empírica".

Que las afirmaciones *T-no-teóricas* no tengan por qué ser observables es a la vez una ventaja y un problema. Es una ventaja porque, como hemos señalado hacia el final de la sección 3.3, muchas ciencias avanzadas no contienen (o apenas contienen) conceptos que sean observables a través de nuestros sentidos sin ayuda, y la observación a menudo se basa en instrumentos elaborados. Según la EM, no hay nada de malo en ello porque las teorías pueden relacionarse con otras teorías, y el contacto con la observación puede establecerse en algún punto más abajo en la estructura de capas de la ciencia. Pero esto nos lleva al problema: ¿dónde y cómo entra en contacto una cascada de teorías con la observación? Es vital que exista tal punto de contacto. Que una teoría se confirme en relación con otra teoría no es, por sí mismo, suficiente. Permitiría que hubiera un conjunto de teorías que se relacionaran entre sí exactamente como deberían, pero que al mismo tiempo estuvieran completamente desconectadas de la experiencia directa. Esto es incompatible con el empirismo y debe haber un punto en el que la capa de teorías haga contacto con la experiencia. Recordemos la representación esquemática de Feigl de una teoría en la Figura 1.1, que muestra la teoría como asentada en el "suelo" de la observación. Incluso si uno no comparte el análisis lingüístico de Feigl de las teorías, o la idea de que una teoría tiene que entrar en contacto con la observación directamente, una teoría sobre el mundo físico tendrá que entrar en contacto con la experiencia *en algún momento*.

---

[305] Véase también Díez (2014, 1421).

[306] Véase nuestro análisis en el capítulo 3. Esto lo corrobora el Oxford English Dictionary, que define «empírico» como obtenido «por medio de la observación directa».

La pregunta es dónde está ese momento. Díez aborda esta cuestión en su perspectiva de lo que él llama *escenas observacionales*. Para introducir la idea, Díez recuerda el ejemplo de Hanson sobre Kepler y Tycho observando el amanecer que encontramos en la sección 3.4 (2002, 16). La línea de Hanson sobre esto es que, aunque Kepler y Tycho tienen la misma estimulación retiniana, no ven lo mismo porque el estado de las retinas de las personas no determina lo que ven. Díez discrepa con este veredicto. Admite que, en cierto sentido, no ven lo mismo: Tycho ve el sol moviéndose alrededor de la Tierra, mientras que Kepler ve la Tierra moviéndose alrededor del sol. Pero insiste en que este no es el único sentido relevante de ver algo, y que hay otro sentido en el que sí ven lo mismo: ambos ven un círculo amarillo moviéndose hacia arriba desde la línea que marca el horizonte. Esta es la escena observacional que experimentan tanto Kepler como Tycho. Contra Hanson, Díez insiste en que esta sensación de ver no es irrelevante; es crucial para la comprobación y elección de la teoría. La escena observacional es lo que ambos ven, y es en lo que están, y de hecho deben, de acuerdo. Es el punto en el que la teoría entra en contacto con la observación.

El caso de Kepler y Tycho no es una excepción, y las escenas observacionales también son importantes en otras áreas. Ejemplos de tales escenas son los puntos blancos en el cielo azul, los caminos grises en el vapor, los pines en movimiento, los anillos de colores en las pantallas de ordenador y los desplazamientos angulares de una aguja (2002, 34, 2006, 46). Las escenas observacionales tienen dos propiedades importantes. En primer lugar, son independientes de la teoría y, por tanto, no están influenciadas por los compromisos teóricos del observador. Esto implica que no cambian aunque las observen observadores con diferentes perspectivas teóricas y diferentes creencias. En segundo lugar, son indiscutibles. Como dice Díez, las escenas observacionales "son universales bioevolutivas en el sentido de que el desacuerdo racional sobre ellas entre los seres humanos biológicamente normales no es posible" (2006, 47, cf. 2002, 33). Así pues, las escenas observacionales constituyen la base indiscutible y libre de teorías contra la que se prueban en última instancia las teorías. La aclaración "en última instancia" es importante porque "este nivel inferior solo está implícito en las pruebas científicas, ya que el acuerdo sobre los "datos" se encuentra antes en algún nivel superior" (2002, 34). Díez sostiene que esto es cierto incluso en casos destacados de controversia científica como la disputa entre Galileo y los aristotélicos. En lo que discrepaban, según Díez, no era en la escena observacional que se les presentaba en el telescopio: estaban de acuerdo en los colores y formas que se podían ver en la lente. En lo que discrepaban era en el significado de esta escena observacional, lo que en términos de EM equivale a un desacuerdo sobre las aplicaciones previstas de una teoría. Por lo tanto, si los aristotélicos hubieran estado de acuerdo en que un telescopio era un instrumento capaz de realizar observaciones celestes verídicas, habrían tenido que estar de acuerdo con las afirmaciones astronómicas de Galileo (2002, 34-35, 2006, 46-47).

Las escenas observacionales desempeñan el mismo papel en el EM que las oraciones protocolarias en el Enfoque Recibido: son los elementos libres de teoría contra los que se prueban en última instancia las teorías. Sin embargo, son diferentes en aspectos importantes. A diferencia de las oraciones de protocolo, las escenas de observación no son lingüísticas; no tienen que describirse con ningún vocabulario en particular (ni con ningún vocabulario en absoluto); no tienen que ser objeto de creencias; y no soportan la carga justificatoria que soportaban las oraciones de protocolo (2002, 33). Pero, ¿qué son entonces las escenas de observación? Díez considera que esta es una pregunta abierta y admite que, más allá de la caracterización negativa que acaba de darse, las opciones están abiertas (*ibid.*, 34).

Una diferencia importante con las oraciones de protocolo es que las teorías no necesitan (y normalmente no tienen) una relación directa con las escenas de observación. El Enfoque Recibido exigía que hubiera leyes puente que conectaran el vocabulario del lenguaje teórico de una teoría con el vocabulario del lenguaje de observación. El EM no requiere tal relación directa. La dinámica newtoniana se contrasta con la cinemática. Pero la cinemática no es una perspectiva de las escenas observacionales. La cinemática se contrasta con una perspectiva de posicionamiento espacio-temporal formulada en un determinado sistema de coordenadas; esta perspectiva se contrasta con una teoría que nos permite decir en términos matemáticos dónde está algo; y dicha teoría se contrasta con el señalamiento básico. Los detalles de esto tendrían que ser elaborados, y hasta donde yo sé, esto no se ha hecho en la literatura sobre EM. Pero está claro que las escenas observacionales solo entran en nuestra discusión al final, cuando consideramos cómo señalamos las cosas (los puntos de Díez en el cielo), y hay una rica capa de teorías por encima de esa capa básica, y ninguna teoría en esa rica capa hace contacto *directo con* la experiencia.

Por el bien del argumento, supongamos que la estructura de estas capas puede ser descifrada y que se puede dar una perspectiva convincente de las escenas observacionales. ¿Resuelve esto el problema de la carga teórica de la observación? Esta es en gran medida una cuestión abierta, pero es lógico que los seguidores de Hanson y Feyerabend no se dejen convencer. Recordemos el ejemplo de Hanson del bebé esquimal que ve un tubo de rayos X (sección 3.4), en el que Hanson insiste en que uno puede ver un tubo de rayos X solo una vez que comprende los conceptos básicos que hay detrás. Se podría hacer una observación similar sobre las escenas observacionales. Aunque los conceptos involucrados aquí son mucho más básicos que en el caso del tubo de rayos X, hay conceptos involucrados de todos modos. Para ver un punto blanco moverse en el cielo oscuro, un observador necesitará poseer nociones geométricas como "punto" y "línea", y tendrá que ser capaz de aplicar predicados de color. Alguien que no posea conceptos geométricos básicos y conceptos básicos de color no puede dar sentido a la escena observacional. En este punto, Díez insistirá en que la escena observacional en sí misma no es lingüística y, por lo tanto, no depende de que los observadores tengan estos conceptos. Pero los hansonianos insistirán en que sin estos conceptos, las teorías no pueden aplicarse ni probarse, y que las "escenas observacionales en sí mismas" son cognitivamente inertes. Así que puede que nos hayamos topado con los mismos problemas una vez más, aunque a un nivel inferior.

Pero incluso si uno está de acuerdo con los hansonianos (y aquí hay un importante "si"), entonces la situación ha cambiado. El hecho de que estemos en un nivel inferior es crucial. Los tubos de rayos X y otros equipos científicos están imbuidos de teoría y, por lo tanto, la carga teórica es inevitable. Sin embargo, una vez que estamos en el nivel de los puntos blancos, las teorías a las que apelamos son tan básicas que no solo apenas merecen ser llamadas teorías, sino que también son ampliamente compartidas y no controvertidas. El argumento de Díez aquí sería que, si bien las personas razonables pueden estar en desacuerdo sobre la naturaleza y las propiedades de la luz, no pueden estarlo sobre los puntos blancos sobre un fondo azul, incluso si, en un análisis final, esto también requiere recurrir a algún tipo de teoría.[307]

Dejando de lado los detalles de la perspectiva de Díez, el debate sobre las escenas observacionales pone de relieve un importante problema filosófico. EM sugiere que siempre debemos contrastar las teorías con otras teorías, y así surge la perspectiva de una regresión infinita. La perspectiva de Díez sobre las escenas observacionales es, en efecto, un intento de bloquear dicha regresión. Como señala Díez, esto equivale a defender una posición fundacionalista. Así que a lo que nos enfrentamos es a la cuestión del fundacionalismo frente al coherencialismo. Balzer, Moulines y Sneed discuten este tema al final de su libro y esbozan las opciones (1987, 411-423). El fundacionalismo sostiene que el conocimiento está estructurado como una torta de capas. Cada capa descansa sobre la capa inmediatamente inferior, pero hay una capa inferior sobre la que descansa todo lo demás. La teoría que se encuentra en la parte inferior de la estructura de capas es *básica*, en el sentido de que no se contrasta con nada más, y simplemente se da por sentada. Desde este punto de vista, la cascada de teorías termina cuando "finalmente llegamos a un final sólido, una roca madre que fundamenta el contenido empírico, aunque sea indirectamente" (*ibid.*, 412).[308] Si existe tal capa inferior, hay un nivel final de teoría que no se justifica en sí mismo comparándolo con afirmaciones no *t*eóricas. El coherentismo rechaza la afirmación de que el edificio de la ciencia tiene una estructura de capas y sostiene que la ciencia es más bien como una red en la que una cierta parte de la red se apoya en sus partes

[307] Si en el nivel «bajo» de la percepción «básica» la intersubjetividad es realmente inminente es una pregunta que dejamos abierta en este momento. Para un debate sobre cuestiones filosóficas relacionadas con la percepción, véase, por ejemplo, Schellenberg (2018).

[308] Para un debate más profundo sobre este tema en el espíritu de la EM, véase Falguera (2006) y Moulines (2006). Para un análisis del fundamentalisme y el coherentisme en epistemología, véase Steup y Neta (2020) y las referencias que en él se incluyen; para un análisis de los aspectos metafísicos de la división, véase Morganti (2018, 2020a, 2020b).

vecinas. Las teorías se relacionan entre sí en bucles y se apoyan mutuamente sin estar ancladas en una base que se considere básica. Según el coherentismo, no existe una teoría básica. Balzer, Moulines y Sneed terminan su discusión señalando que "el coherentismo muestra algunas ventajas *a priori* de tipo conceptual sobre el fundacionalismo" (*ibid.*, 423), pero finalmente se mantienen agnósticos sobre el tema. El análisis de las teorías presentado en este capítulo proporciona un ángulo interesante desde el que se puede volver a examinar la discusión entre fundacionalismo y coherentismo en lo que respecta al conocimiento científico, pero la cuestión debe resolverse en algún otro lugar.

7.5 Conclusión

La EM ofrece una visión integral de la estructura interna de una teoría y una nueva perspectiva sobre la cuestión de la carga teórica. Sin embargo, quedan preguntas sobre cómo y dónde una teoría entra en contacto con la observación, y la EM no dice nada sobre cómo tienen estructuras los sistemas objetivo. Estas son preguntas importantes que quedan abiertas. La EM también se enfrenta a muchos de los problemas que afrontan otras versiones de la visión modelo-teórica de las teorías, que hemos discutido en los capítulos 5 y 6. Por ejemplo, al igual que otras perspectivas modelo-teóricas, EM considera que el lenguaje no es importante. De hecho, la descripción de las estructuras relevantes no aparece en absoluto en la perspectiva de EM de las teorías y las caracterizaciones intrínsecas de Suppes han desaparecido por completo del panorama. Esto no es casualidad, y Moulines es explícito en que EM considera que la descripción lingüística de las estructuras no es importante:

> la elección de los axiomas particulares que deben satisfacer los modelos de la clase que constituyen un elemento de la teoría, es considerada por el estructuralismo como una cuestión relativamente poco importante (de ahí la etiqueta "visión no enunciativa" que a veces se ha aplicado a este enfoque). Los axiomas que se tomen son solo una cuestión de conveniencia, siempre y cuando los que se elijan permitan una determinación exacta de la clase de modelos que se necesitan para representar un determinado campo de fenómenos que nos interese. (2002, 5)

Y luego continúa señalando que las descripciones alternativas de la clase de modelos que constituye la teoría no tienen interés teórico porque "la identidad de una teoría viene dada por *M* [la clase de modelos], no por el predicado teórico conjuntista; este último es solo una herramienta útil para obtener esa identidad" (*ibid.*, 6). Hemos discutido este enfoque en la sección 5.5, y hemos visto que conduce a serias dificultades. Las futuras iteraciones de EM tendrán que integrar formulaciones lingüísticas en sus perspectivas de las teorías.[309]

---

[309] Andreas (2013) ofrece una perspectiva que va en esa dirección.

Capítulo 8: MÁS ALLÁ DE LAS ESTRUCTURAS

8.1 Introducción

Las versiones del Enfoque Modelo-Teórico que hemos visto hasta ahora consideraban que los modelos eran estructuras teórico-conjuntistas, y articulaban tanto la capacidad representacional de una teoría como su configuración interna en términos estructurales. Sin embargo, hay versiones del Enfoque Modelo-Teórico que no se basan en estructuras para articular qué son los modelos y cómo se relacionan con sus objetivos. Estos enfoques son el tema de este capítulo.

Comenzamos presentando la visión de Giere de que los modelos son entidades abstractas (Sección 8.2) y presentamos la Perspectiva de Similitud (*Similarity Account*) de la Representación (Sección 8.3). A continuación, analizamos el Problema de la Exactitud y el Problema del Estilo (Sección 8.4), y reflexionamos sobre el Problema de los Portadores y la ontología de las teorías científicas (Sección 8.5). A continuación, pasamos a la visión de Suppe de que los modelos son réplicas abstractas (Sección 8.6), e investigamos cómo encaja esta perspectiva con los problemas y condiciones que hemos identificado previamente para una perspectiva de la representación (Sección 8.7). Concluimos que ni la visión de la similitud ni la noción de que los modelos son réplicas abstractas proporcionan una respuesta satisfactoria a estos problemas y condiciones (Sección 8.8).

8.2 Los modelos como entidades abstractas

Al igual que otros defensores del Enfoque Modelo-Teórico, Giere considera las teorías como familias de modelos. Sin embargo, su análisis de los modelos y su relación con el mundo es diferente de las perspectivas que hemos visto hasta ahora. En lugar de considerar los modelos como estructuras modelo-teóricas, los considera como "*entidades abstractas* que tienen todas y solo aquellas propiedades que se les atribuyen en los textos estándar" (1988, 78, énfasis original).[310] Como ejemplo, Giere analiza el oscilador lineal (*ibid.*, 68-70), que se introduce en los libros de texto estándar a través de una descripción similar a la siguiente. Consideremos una masa situada entre dos paredes lo suficientemente separadas como para que la masa pueda moverse entre ellas. La masa solo puede moverse horizontalmente y está fijada a ambas paredes con un resorte. Ni la masa ni el resorte están sujetos a fuerzas de fricción; el propio resorte no tiene masa; la

[310] Las principales fuentes de la perspectiva de Giere sobre modelos y teorías son sus obras (1985, 1988, capítulos 3 y 4, 1997, capítulo 2, 1999, capítulos 7 y 9). Giere distingue entre modelos y modelos teóricos. Estos últimos son subespecies de los primeros, y los modelos que se tratan en este capítulo son modelos teóricos. Los modelos teóricos contrastan con los modelos a escala, como el modelo de la doble hélice del ADN, que son objetos materiales. Tales objetos materiales son modelos, pero no modelos teóricos (1985, 90-95, 1997, 11-18, 21-22). Discutimos los modelos materiales en la Sección 13.4 y aquí seguimos la propia convención de Giere (1988, 79) de usar «modelo» como abreviatura de «modelo teórico» cuando el contexto es claro.

fuerza que el resorte ejerce sobre la masa es una función lineal del desplazamiento de la masa desde el punto medio; las paredes son completamente rígidas. Esta no es una descripción realista de un sistema real; es una *definición teórica* que introduce la entidad abstracta que sirve de modelo y que, por estipulación, tiene exactamente las propiedades especificadas en la definición.[311] En otras palabras, el modelo es una entidad abstracta que satisface la definición teórica.

Giere sostiene que los libros de texto científicos están repletos de definiciones de este tipo, y que presentar una teoría equivale de hecho a presentar definiciones teóricas de las entidades abstractas que componen los modelos de la teoría. Junto a la definición del oscilador lineal, un libro de texto de mecánica clásica también contendrá definiciones del punto de masa en caída libre, el péndulo ideal, el péndulo amortiguado, el sistema de dos cuerpos, el sistema de tres cuerpos, etc.

Las definiciones teóricas están sujetas a una importante restricción: los modelos deben definirse de manera que satisfagan las ecuaciones de una teoría. Una teoría física tiene ecuaciones generales y los modelos de la teoría tienen que ser tales que estas ecuaciones resulten verdaderas cuando se les apliquen. En el caso de la mecánica clásica, los modelos deben satisfacer la ecuación del movimiento de Newton. Esto significa que se interpretan las ecuaciones para que se conviertan en descripciones verdaderas del modelo. Giere hace hincapié en que no hay nada milagroso en esto. El hecho de que las ecuaciones sean verdaderas para el modelo no tiene ningún "significado *epistemológico*", porque "el modelo se define como algo que satisface exactamente las ecuaciones" (1988, 79, énfasis original).

Las leyes de la teoría, junto con una clase de definiciones teóricas, definen un conjunto de modelos abstractos, pero estos modelos por sí mismos no tratan sobre nada en el mundo y no tienen conexión con sistemas físicos reales. Sin embargo, Giere insiste en que los modelos funcionan de manera representacional: son "los medios por los cuales los científicos representan el mundo" (1988, 80). Para que un modelo se convierta en una representación, un científico tiene que presentar una *hipótesis teórica* que especifique la relación entre el modelo y su sistema objetivo. La relación relevante es la similitud, por lo que la hipótesis teórica establece que un modelo es similar a su objetivo. Pero la similitud no especificada es demasiado débil para fundamentar una relación de representación porque cualquier cosa es similar a cualquier otra de alguna manera.[312] Una hipótesis teórica tiene que afirmar que el modelo es similar al objetivo en *aspectos relevantes* y en ciertos *grados de* similitud (*ibid.*, 81). Así pues, la forma general de una hipótesis teórica es que el modelo *M* es similar a su objetivo designado *T* en un aspecto que es relevante en el contexto teórico actual y en un grado que sirve al propósito en cuestión.

---

[311] El término «definición teórica» se debe a van Fraassen (1985, 289).

[312] Para un debate sobre el punto de que todo es similar a todo lo demás, véase Goodman (1972).

El oscilador lineal, por ejemplo, se convierte en una representación de un bloque de plomo sobre una mesa de laboratorio si un científico primero señala el bloque como el sistema objetivo y luego especifica que el oscilador lineal es similar al bloque en ciertos aspectos y en ciertos grados. Para ello, la científica puede señalar que el bloque se desliza sobre un riel instalado horizontalmente, lo que descarta el movimiento en cualquier otra dirección. Además, tiene en cuenta que el bloque está conectado a resortes fijados a ambas paredes opuestas; que los resortes están hechos de acero de alta calidad, por lo que la fuerza que ejercen sobre el bloque es lineal con un buen grado de aproximación; que la fricción interna del resorte puede ser despreciada; que la masa de los muelles es mucho menor que la masa del bloque y, por tanto, el muelle carece casi por completo de masa en comparación con el bloque; que el riel está bien engrasado y la densidad del aire en la habitación es baja, de modo que la fricción entre el bloque y su entorno es pequeña; y que la oficina está en un enorme edificio de hormigón con paredes que son completamente rígidas a todos los efectos prácticos. Esta especificación es una hipótesis teórica, y convierte el oscilador lineal abstracto en una representación del bloque de plomo en el laboratorio. La elección de la similitud en lugar del isomorfismo como relación relevante entre el modelo y el objetivo está motivada por el hecho de que la similitud es más flexible que el isomorfismo. Como hemos señalado en la sección 6.7, no está claro cómo el isomorfismo trata las idealizaciones distorsionadoras (como modelar un carril como sin fricción o una pared como completamente rígida). Giere señala que, en tales casos, el modelo y el objetivo no son isomorfos y que este fallo se menciona explícitamente en los libros de texto pertinentes (*ibid.*, 80-81). La similitud puede acomodar tales distorsiones de forma natural, lo cual es una ventaja significativa.

La hipótesis teórica puede ser verdadera o falsa. Si la similitud que se afirma en la hipótesis teórica se mantiene, entonces la hipótesis es verdadera; si no, entonces es falsa. Para averiguar si una hipótesis es verdadera o falsa, se emplean los procedimientos científicos estándar: se deriva una predicción del modelo, se realiza un experimento sobre el objetivo y se comparan los resultados.[313] También cabe señalar que los modelos de Giere son modelos en ambos sentidos identificados en el capítulo 2: son interpretaciones de las ecuaciones de una teoría formal (como la ecuación del movimiento de Newton) y son representaciones de algo en el mundo. La visión de Giere sobre los modelos se resume en la Figura 8.1.[314]

¿Qué tienen en común los modelos que pertenecen a la misma teoría? Al analizar el ejemplo de la mecánica clásica, Giere señala que los modelos se construyen combinando la ecuación del movimiento de Newton con varias funciones de fuerza específicas, como la ley de Hooke, la ley de la gravedad, etc. (*ibid.*, 82-

[313] Giere analiza con cierto detalle la comprobación de teorías y el papel de los modelos en los experimentos en su obra (1988, cap. 7, 1997, 27-46).
[314] Esta cifra es una adaptación de la de Giere (1988, 83).

83). Aunque Giere no se refiere al estructuralismo de Múnich, lo que dice sobre la

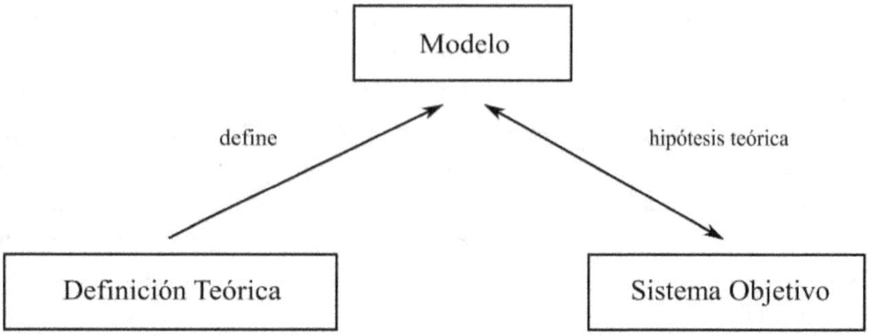

FIGURA 8.1 Perspectiva de Giere sobre los modelos.

estructura interna de la familia de modelos está en consonancia con el enfoque estructuralista, que analizamos en el capítulo 7.[315] Pero una familia de modelos no es suficiente para identificar una teoría. Además de los propios modelos, las hipótesis teóricas que vinculan los modelos con sus sistemas objetivo también forman parte de la teoría. Así pues, una teoría debe considerarse "como compuesta de dos elementos: (1) una población de modelos, y (2) varias hipótesis que vinculan esos modelos con sistemas del mundo real" (*ibid.*, 85, cf. 1997, 27).

Giere llama a su posición *realismo constructivo* para señalar que su visión es la alternativa realista al empirismo constructivo de van Fraassen. La posición es constructiva porque los modelos y las teorías son construcciones de la mente humana; es realista porque existen similitudes sustanciales entre los modelos y sus objetivos y, por lo tanto, los modelos captan al menos algunos aspectos de cómo es el mundo (1988, 93).

Los modelos son entidades no lingüísticas. Sin embargo, el lenguaje es una parte integral de la perspectiva de Giere. Los objetos abstractos se especifican a través de definiciones teóricas, que son elementos lingüísticos.[316] Mientras que las definiciones teóricas pueden considerarse ajenas a una teoría, las hipótesis teóricas son, según las propias luces de Giere, una parte constitutiva de una teoría. Una teoría, por tanto, es una entidad compleja que implica elementos tanto lingüísticos como no lingüísticos. Así pues, en contraste con al menos algunos de los enfoques estructuralistas que discutimos en el capítulo 5, el enfoque de Giere no intenta exorcizar el lenguaje por completo.

[315] Giere (1994) desarrolla un enfoque alternativo, en el que emplea los recursos de la psicología cognitiva para analizar la estructura de las teorías científicas y aplica estos conocimientos a la mecánica clásica.

[316] Giere también reconoce «modos visuales de presentación tanto para la teoría como para los datos», por ejemplo, a través de «imágenes y diagramas» (1999, 118).

8.3 Similitud y representación

Volvamos ahora a las preguntas sobre la representación científica que se plantearon en la sección 6.2 y preguntémonos hasta qué punto la perspectiva de la similitud las aborda adecuadamente.[317] Los análisis de la representación en términos de similitud tienen una larga historia y existen al menos desde La República (Libro X) de Platón. Esta concepción de la representación siempre ha tenido aspiraciones universales, ya que pretendía explicar el funcionamiento de objetos representacionales tan diferentes como esculturas, pinturas y dibujos.[318] Giere sostiene que también abarca modelos científicos y, de hecho, representaciones científicas visuales como imágenes (1996). Por esta razón, la perspectiva de la similitud da una respuesta negativa al problema de la demarcación representacional. Al igual que el isomorfismo, la similitud tiene una respuesta directa a la condición de razonamiento sustituto porque las similitudes entre el modelo y el objetivo pueden explotarse para trasladar hechos del modelo al objetivo. Si un modelo tiene la propiedad P y si la similitud entre el modelo y el objetivo se basa en propiedades compartidas, entonces podemos inferir que la propiedad P también estará presente en el objetivo. Si la similitud se mantiene entre las propiedades mismas, podemos inferir que el objetivo instanciará una propiedad que es relevante y similar a P.

Giere no discute explícitamente la aplicabilidad de la condición matemática y simplemente asume que los modelos son el tipo de cosas de las que las ecuaciones pueden ser verdaderas. La suposición también tendrá que extenderse a los sistemas objetivo en la medida en que las hipótesis teóricas puedan implicar similitudes matemáticas. Esto es un pecado de omisión, pero no un problema grave. Como hemos visto en la sección 6.5, la aplicación de las matemáticas puede basarse en el uso de descripciones inductoras de estructuras. Este enfoque encaja naturalmente con la perspectiva de Giere, y puede añadirse a su visión de las teorías sin tropezar con dificultades (por ejemplo, incluyendo la descripción inductora de estructuras en las hipótesis teóricas).

Para evaluar lo bien que funciona la similitud como respuesta al problema de la representación científica, es útil discutir primero una versión simple de una perspectiva de similitud antes de pasar a la perspectiva más compleja de Giere. La perspectiva simple dice que un modelo M representa un objetivo T si y solo si M y T son similares. Goodman objeta que este es un análisis insostenible de la representación porque la similitud es simétrica y reflexiva, pero la representación

---

[317] Las secciones 8.3 y 8.4, así como la primera mitad de la sección 8.5, se basan en Frigg y Nguyen (2017, 57-66, 2020, cap. 3).

[318] Para un debate reciente sobre la similitud en la representación visual, véase Abell (2009) y Lopes (2004). En estética, el término «semejanza» parece ser más común que «similitud», pero no parece haber una diferencia sustancial entre ambos.

no lo es (1976, 4-5).[319] Si M es similar a T, entonces T es similar a M; pero si M representa a T, entonces T no representa a M (al menos no habitualmente). El oscilador lineal abstracto representa al bloque de plomo, pero el bloque de plomo no representa al oscilador lineal abstracto. Todo es similar a sí mismo, pero no todo se representa a sí mismo. Así pues, la simple perspectiva de la similitud no cumple la condición de direccionalidad.

Weisberg (2012, 787-789) señala que la similitud no tiene por qué ser simétrica. Una noción gradual de similitud permite afirmar que algo es más o menos similar a otra cosa. Utilizando tal noción, Tversky descubrió en estudios empíricos que muchas personas piensan que Corea del Norte es más similar a China que China a Corea del Norte. Así que la similitud gradual puede ser asimétrica. Esto llama la atención sobre el espinoso tema de la definición correcta de similitud. Volvemos a este problema en la siguiente sección. Pero incluso si admitimos que existe una noción asimétrica de similitud, esto no resuelve el problema de la reflexividad porque incluso la similitud gradual es reflexiva.

Otro problema es que la similitud es demasiado inclusiva para fundamentar la representación, porque muchos objetos que son similares entre sí no se representan entre sí. Dos copias del mismo libro son similares, pero no se representan entre sí. Este problema persiste incluso si la similitud es asimétrica. Del hecho de que Corea del Norte sea asimétricamente similar a China no se deduce que Corea del Norte represente a China (o viceversa). Esa similitud es demasiado débil para fundamentar la representación, como ha quedado claro en un experimento mental que ya es clásico.[320] Imagina una hormiga que se arrastra por la playa de tal manera que deja un rastro que resulta ser similar a Winston Churchill. ¿Representa el rastro en la arena a Churchill? Putnam (1981, 1) responde que no, porque la hormiga nunca ha visto a Churchill y no tenía intención de dibujar una imagen de él. Alguien más podría llegar a ver el rastro que representa a Churchill, pero el rastro en sí mismo no es una representación. Esto, concluye Putnam, muestra que "la similitud... con los rasgos de Winston Churchill no es suficiente para hacer que algo represente o se refiera a Churchill". (ibid., p. 1). No hay nada especial en el rastro de la hormiga y la lección generaliza: la similitud por sí sola es demasiado débil para establecer una representación.

La similitud no solo es demasiado débil para fundamentar la representación, sino que además es demasiado fácil de conseguir. Como señaló Goodman, si dos cosas son similares cuando tienen al menos una propiedad en común, entonces todo es similar a todo lo demás porque cada dos cosas tienen alguna propiedad en común (1972, 443). Si es así, entonces todo representa todo lo demás, lo cual es absurdo.

---

[319] Problemas similares surgen con la transitividad. Véase Frigg (2002, 11-12) y Suárez (2003, 232-233).

[320] La formulación canónica se debe a Putnam (1981, 1-3); Black (1973, 104) cuenta una historia similar.

La condición de mala representación supone más problemas para la simple perspectiva de la similitud. Como hemos visto en la sección 6.2, una mala representación retrata su objetivo de una manera que no es. En el contexto de una perspectiva de similitud de representación, esto significa que el modelo tiene propiedades que no son similares a las propiedades del objetivo. Sin embargo, si este es el caso, entonces el modelo no es similar al objetivo y, por lo tanto, no es una representación en absoluto. Así que la perspectiva de similitud simple confunde la mala representación con la no representación.

La similitud simple tampoco cumple la condición de modelos sin objetivo. Hay pinturas que representan dragones y ángeles, y hay modelos que representan el éter y las poblaciones de cuatro sexos. Sin embargo, no hay dragones ni ángeles, y (por lo que sabemos) no existen ni el éter ni las poblaciones de cuatro sexos. Pero una representación no puede ser similar a algo que no existe y, por tanto, no puede representarlo.

Por estas razones, la simple perspectiva de la similitud no es viable. Como hemos visto en la sección anterior, el punto de vista de Giere es más complejo, ya que requiere que M y T sean similares en aspectos relevantes y en ciertos grados, y que una hipótesis teórica afirme que se obtiene la similitud prevista. Las hipótesis no se afirman a sí mismas; son formuladas y afirmadas por científicos que trabajan con modelos. Así pues, la perspectiva apela tácitamente a los usuarios de modelos en su análisis de la representación. En publicaciones más recientes, Giere ha hecho esto explícito y ha propuesto una concepción de la representación basada en agentes. En el centro de esta concepción se encuentra la noción de que lo que debe analizarse no es la noción de representación, sino la "actividad de representar" que llevan a cabo los científicos, que son "agentes intencionales con metas y propósitos" (Giere 2004, 743, énfasis original). Analizar la representación en este sentido da como resultado la "fórmula" para una perspectiva de la representación "basada en agentes": "Los agentes (1) tienen la intención de (2) utilizar el modelo M; (3) representar una parte del mundo, W; (4) para algún propósito, P", donde esta fórmula "legitima el uso de la similitud como relación básica entre los modelos y el mundo" (Giere 2010, 269).[321] Esto se traduce en la siguiente respuesta al problema de la representación científica: un modelo científico M representa un sistema objetivo T si y solo si existe un agente A que tiene previsto utilizar M para representar el sistema objetivo T al proponer una hipó-

[321] De hecho, esta concepción de la representación científica fue propuesta hace más de medio siglo por Apostel, quien escribió: «Dejemos entonces que R(S, P, M, T) indique las principales variables de la relación de modelización. El sujeto S toma, en vista del propósito P, la entidad M como modelo para el prototipo T» (Apostel 1961, 4). Mäki (2011) sugirió una extensión de la perspectiva de Giere añadiendo dos componentes más: el agente utiliza el modelo para dirigirse a una audiencia E y añade un comentario C. Para un debate sobre la perspectiva de Mäki, véase Reiss (2014). Para más debates sobre lo que constituye una acción representacional, véase Boesch (2019a, 2019b).

tesis teórica H que especifica una similitud (en ciertos aspectos y en ciertos grados) entre M y T para el propósito P. A esto lo llamo la perspectiva de la similitud basada en el agente de la representación.

La perspectiva basada en el agente (*agent-based account*) resuelve los problemas de la perspectiva de similitud simple. El problema con la direccionalidad se resuelve cuando el agente formula la hipótesis que designa M a M como la representación y a T como el objetivo, lo que hace que la representación sea asimétrica e irreflexiva, como debe ser. Este movimiento también resuelve el problema con las similitudes accidentales como la que existe entre el rastro de la hormiga y Churchill. M representa a T solo si se ha formulado una hipótesis que diga que M se usa para representar a T, lo cual no ha sucedido en el caso del rastro de la hormiga. El problema de que la similitud sea demasiado fácil de conseguir desaparece una vez que se requiere similitud en aspectos particulares y en grados particulares. La concepción basada en agentes evita problemas con la mala representación porque las hipótesis pueden ser tanto verdaderas como falsas, por lo que una mala representación es aquella que se basa en una hipótesis teórica falsa.

Por último, una representación sin objetivo es aquella en la que la hipótesis teórica es falsa porque T no existe (la afirmación de que M y T son similares de una manera particular es falsa si T no existe). Parece que la perspectiva basada en el agente establece la similitud como el concepto que fundamenta la representación. Por desgracia, esta impresión es engañosa. Es cierto que la perspectiva basada en el agente evita los problemas de la perspectiva de la simple similitud, pero lo hace eliminando efectivamente la similitud de la ecuación. Lo que hace el trabajo en la resolución de los problemas es la forma asimétrica de la hipótesis -que el agente A tiene la intención de usar M para representar T en lugar de T para representar M - y el hecho de que las hipótesis pueden ser falsas. Que la hipótesis afirme una relación de similitud es ocioso. La hipótesis podría especificar cualquier relación entre M y T y nada en la resolución de la perspectiva basada en agentes de los problemas con direccionalidad, similitudes accidentales, mala representación y modelos sin objetivo cambiaría. Esto no es sorprendente porque la similitud no es una parte esencial de la "fórmula" que define la perspectiva basada en agentes y se menciona solo como una ocurrencia tardía. De hecho, el propio Giere señaló que la similitud es una rueda ociosa cuando se trata de establecer la representación:

> ¿Cómo utilizan los científicos los modelos para representar aspectos del mundo? ¿Qué tienen los modelos que hace posible utilizarlos de esta manera? Una forma, quizás la más importante, pero probablemente no la única, es explotando las similitudes entre un modelo y el aspecto del mundo que se utiliza para representarlo. Tenga en cuenta que no estoy diciendo que el modelo en sí represente un aspecto del mundo porque sea similar a ese aspecto. No existe tal relación de representación. [nota

> al pie omitida] Todo es similar a todo lo demás en innumerables aspectos, pero no todo representa a todo lo demás. No es el modelo el que representa; es el científico que utiliza el modelo el que representa. (2004, 747, primera cursiva añadida)

Si la similitud no es la única forma en que un modelo puede representar, entonces hay otras relaciones modelo-objetivo que pueden utilizarse en las representaciones; y si es el uso que hace el científico del modelo, y no la relación objetiva modelo-objetivo, lo que convierte un modelo en una representación, entonces la similitud es superflua en una respuesta al Problema de la Representación Científica. Así pues, la similitud debe desempeñar un papel diferente en la perspectiva basada en los agentes. Se me ocurren dos candidatos: la similitud podría desempeñar el papel de un estilo de representación o podría proporcionar un criterio normativo para una representación exacta.

8.4 Los problemas de exactitud y estilo

Interpretar la similitud como una respuesta al problema del estilo se basa en la idea de que los aspectos en los que M se dice que es similar a T especifican el estilo de la representación. Si, por ejemplo, se afirma que el modelo y el objetivo tienen una estructura causal similar, podríamos decir que la representación tiene el estilo del modelado causal; o si el modelo se relaciona con el objetivo mediante ciertas idealizaciones límite, entonces tenemos una representación de estilo límite.[322]

El paso hacia una explicación de los estilos debe ser un análisis explícito de la noción de similitud. Como hemos visto en la última sección, el análisis estándar en la literatura filosófica explica la similitud en términos de propiedades compartidas: dos objetos son similares si co-instancian una propiedad. Dos árboles, por ejemplo, son similares si sus hojas instancian el mismo tono de verde. Esta es una noción bastante burda de similitud que no proporciona los medios para captar relaciones de similitud más detalladas. En particular, no nos permite explicar los grados de similitud, como requiere la perspectiva de Giere. Desafortunadamente, el propio Giere guarda silencio al respecto y no ofrece ningún análisis de la similitud.

Para superar esta dificultad, se puede recurrir a la psicología, donde existe toda una literatura dedicada al análisis de la similitud. Las dos perspectivas más destacadas que han surgido en ese contexto son la perspectiva geométrica y la perspectiva de contraste.[323] Las perspectivas geométricas introducen un espacio multidimensional de atributos y sitúan los objetos en ese espacio en función de los valores asignados a sus propiedades. Se supone que el espacio está equipado con

---

[322] Analizamos estas idealizaciones en el capítulo 12.

[323] Las perspectivas geométricas están asociadas con Shepard (1980), y las perspectivas de contraste con Tversky (1977). Véase Decock y Douven (2011) para una revisión.

una métrica y el grado de similitud entre dos objetos se considera una función de la distancia entre los puntos en el espacio ocupado por los objetos. Como ejemplo, consideremos los colores, que pueden describirse mediante tres números correspondientes a su tono, saturación y brillo. Así, cada color corresponde a un punto en el espacio tridimensional tono-saturación-brillo y el grado de similitud entre dos colores es una función inversa de la distancia entre los dos puntos que representan los colores (cuanto menor es la distancia, mayor es el grado de similitud).

El inconveniente de esta perspectiva es que se basa en la suposición de que se pueden asignar valores a todas las propiedades que son relevantes para un juicio de similitud, lo cual a menudo no es realista. ¿En qué espacio se situarían China y Corea del Norte para evaluar su grado de similitud? Esta dificultad se supera en la perspectiva del contraste, que funciona con una comparación ponderada (weighted) de propiedades. Weisberg (2013, cap. 8) introdujo recientemente esta perspectiva en la filosofía de la ciencia y la utilizó para desarrollar lo que él denomina la perspectiva de la correspondencia ponderada de características de las relaciones entre el modelo y el mundo (*the weighted feature matching account of model worldrelations*). Para empezar, defina un conjunto Δ de propiedades relevantes, y sea $\Delta_M \subseteq \Delta$ el subconjunto de propiedades instanciadas en el modelo y $\Delta_T \subseteq \Delta$ el subconjunto de propiedades instanciadas en el objetivo. La intersección de estos dos conjuntos, $\Delta_T \cap \Delta_M$, es un conjunto que contiene todas las propiedades que comparten el modelo y el objetivo. La resta de conjuntos $\Delta_M - \Delta_T$ contiene todas las propiedades de Δ que solo tiene el modelo (pero no el objetivo) y, viceversa, $\Delta_T - \Delta_M$ contiene todas las propiedades de Δ que solo tiene el objetivo (pero no el modelo). A continuación, elegimos una función de valoración (ranking) *f*, que asigna un número real a cada subconjunto de Δ. Un ejemplo sencillo de dicha función es aquel que asigna a cada conjunto el número de sus miembros. El grado de similitud entre M y T se define entonces como (ibid., 144)

$$S(M,T) = \theta f(\Delta_M \cap \Delta_T) - \alpha f(\Delta_M - \Delta_T) - \beta f(\Delta_T - \Delta_M),$$

donde α, β y θ son ponderaciones. Esta ecuación nos proporciona "una medida (score) de similitud que puede utilizarse en juicios comparativos de similitud" (ibid.). La medida viene determinada esencialmente por la diferencia entre la ponderación de las propiedades que comparten el modelo y el objetivo y las propiedades en las que difieren.[324] El valor de S puede, en principio, situarse entre dos valores cualesquiera, dependiendo de la elección de la función de valoración, las ponderaciones y el conjunto Δ.

La puntuación S es asimétrica siempre que $\alpha \neq \beta$, lo que da lugar a la posibilidad de que *M* sea similar a *T* en un grado diferente al de *T* ser similar a *M* (una

[324] Esta perspectiva puede considerarse, por tanto, una versión cuantitativa de la teoría de la analogía positiva y negativa de Hesse, que analizamos en el capítulo 10.

posibilidad que mencionamos en la sección anterior). S también tiene una propiedad conocida como máximalidad: todo es máximamente similar a sí mismo y menos o igualmente similar a cualquier otro objeto. Es decir, $S(A, A) \geq S(A, B)$ para todos los objetos A y B donde $A \neq B$ (ibid., p. 154).

Para determinar la medida de similitud en una situación concreta, hay que tomar una serie de decisiones para concretar las nociones abstractas de la definición de S. La primera cuestión es definir el conjunto Δ. Weisberg es explícito en cuanto a que no existen reglas generales, y mucho menos procedimientos algorítmicos, para determinar qué propiedades se incluyen en el conjunto Δ, y que la elección de los elementos de Δ se basa en una "combinación de contexto, conceptualización del objetivo y metas teóricas del científico" (ibid., 149). Tampoco existen restricciones generales en la elección de una función de valoración y de ponderaciones, por lo que se disfruta de una considerable libertad a la hora de construir una medida de similitud.[325]

La perspectiva de la correspondencia ponderada de características ofrece un marco general en el que se puede discutir la similitud y permite calcular una medida de similitud, pero no ayuda con la cuestión del estilo. De hecho, las cuestiones de estilo quedan fuera de la perspectiva y deben responderse antes de su aplicación. Si se dispone de una clasificación de propiedades en diferentes categorías estilísticas, estas categorías pueden utilizarse para formular criterios de inclusión para la construcción de Δ y, posiblemente, orientar la construcción de una función de valoración adecuada. Si, por ejemplo, queremos construir una representación geométrica del objetivo y sabemos cómo identificar las propiedades geométricas, entonces podemos incluir en Δ todas las propiedades geométricas que sean relevantes para el problema en cuestión e interpretar S como una medida de similitud geométrica; pero la perspectiva de la correspondencia de rasgos no ofrece ninguna orientación sobre qué son las propiedades geométricas y cuál sería una función de valoración adecuada. En otras palabras, una teoría general de la similitud no ayuda a comprender la relación específica entre un modelo y su objetivo.

Quienes han sido críticos con la similitud dirán que esto era de esperar. Goodman bromea diciendo que "la similitud, siempre dispuesta a superar problemas filosóficos y obstáculos, es una farsante, una impostora, una charlatana... que profesa poderes que no posee" (1972, 437). Pero incluso aquellos que simpatizan más con un análisis de la relación modelo-objetivo en términos de similitud han señalado que no es posible una caracterización general de la similitud. En este

[325] La perspectiva de Weisberg es una noción de similitud general entre el modelo y el objetivo. Sin embargo, puede adaptarse para proporcionar una medida de similitud en ciertos aspectos restringiendo las propiedades que se incluyen en D a las que pertenecen a un determinado aspecto. Para un análisis general de la similitud global, véase Morreau (2010). Para un análisis más detallado de la perspectiva de Weisberg, véase Boesch (2021), Fang (2017), Khosrowi (2020) y Odenbaugh (2015, 2018).

sentido, Teller señala que "no puede haber una perspectiva general de la similitud, pero tampoco es necesaria una perspectiva general porque los detalles de cada caso proporcionarán la información que establecerá qué debe considerarse como similitud relevante en ese caso". (Teller 2001a, 402). Así que apelar a la similitud no servirá para responder al problema del estilo.[326]

Otro problema es que la perspectiva de la correspondencia de rasgos ponderados es, en efecto, una versión elaborada de la perspectiva de la coinstanciación de la similitud. Ofrece una mejora significativa con respecto a la perspectiva simple, pero no puede superar su limitación básica. La limitación es que solo puede tratar el tipo de similitud que Niiniluoto (1988, 272-274) denomina identidad parcial, pero no el tipo de similitud que él denomina semejanza. *M* y *T* están en esa relación de identidad parcial si y solo si ambos instancian propiedades $P_1,..., P_n$ (*M* y *T* son entonces parcialmente idénticos con respecto a $P_1,..., P_n$). *M* y *T* son similares en el sentido de semejanza si y solo si *M* instancia propiedades $P1,...,$ P_n y *T* instancia propiedades $Q_1,...,Q_n$ y los dos conjuntos de propiedades son tales que P_i es similar a Q_i para todos $i = 1,...,n$. En otras palabras, en el caso de la semejanza, la similitud se encuentra en el nivel de las propiedades mismas. Si las flores tienen colores idénticos, son similares en el sentido de identidad parcial; si ejemplifican colores diferentes que se parecen entre sí (por ejemplo, escarlata y carmesí), entonces las flores son similares en el sentido de semejanza.

Parker señala que la perspectiva de Weisberg, como todas las perspectivas de coinstanciación, está diseñada para tratar identidades parciales, pero no tiene un lugar sistemático para la semejanza (2015, 273). El problema es que, en el caso de la semejanza, el modelo y el objetivo no tienen propiedades coinstanciadas; por lo tanto, $\Delta_T \cap \Delta_M$ siempre está vacío, por lo que la medida de similitud no indica cuán similares son el modelo y el objetivo. Parker sugiere resolver este problema introduciendo propiedades "imprecisas". Para cada par de P_i y Q_i, hay que introducir una propiedad R_i tal que un objeto que instancie R_i también instancie automáticamente P_i y Q_i. Si las propiedades tienen valores numéricos (que es el caso si la propiedad es una magnitud física), esto puede hacerse, por ejemplo, introduciendo intervalos alrededor de valores precisos. La propiedad R_i sería entonces algo así como "tener un valor en el intervalo [x-ε, x+ε]", donde x es el valor que nos interesa y ε es un umbral de tolerancia. Weisberg acepta esto y dice que está llevando a cabo un programa que pretende explicar todas las similitudes en términos de propiedades compartidas (2015, 302). Pero las propiedades imprecisas tienen que formar parte de Δ desde el principio. Esto significa que los estándares para que dos propiedades sean similares deben ser puestos en perspectiva desde fuera. Así que una decisión importante sobre si M y T son similares o no se toma, en efecto, a mano.

326 Un análisis de los estilos podría seguir una línea similar a la de una clasificación de analogías. Véase la sección 10.3 para más información.

¿Podría entenderse $S(M,T)$ como una medida de la exactitud de un modelo, siendo la idea que cuanto mayor sea el valor de $S(M,T)$, más exacto será el modelo? Tal interpretación de $S(M,T)$ se apoya en el hecho de que Weisberg considera que $S(M,T)$ proporciona "estándares de fidelidad" (2013, 147). Debido a la maximización, $S(M,T)$ asume su valor más alto cuando M es una réplica perfecta de T, y la medida disminuye cuando M y T comparten menos propiedades. Esto sugiere que $S(M,T)$ puede interpretarse de manera plausible como una medida de exactitud y, por lo tanto, proporcionaría una respuesta al problema de la exactitud. Sin embargo, hay que tener en cuenta que esta medida opera en el contexto de la elección de un conjunto particular Δ (que incluye la elección de propiedades imprecisas para capturar semejanzas), la elección de una función de valoración y la elección de ponderaciones. Estas son suposiciones sustanciales, y el veredicto que se alcance sobre la exactitud depende crucialmente de ellas.

8.5 El problema de los portadores y la ontología de las teorías

El problema que queda en nuestra lista es el problema de los portadores. La perspectiva de la similitud que discutimos en la última sección requiere que los modelos instancien propiedades y expliciten la similitud en términos de coinstanciación. Algunos modelos son objetos materiales ordinarios. El modelo de ADN de Watson y Crick es un artilugio de placas de metal (Schindler 2008); el modelo del Cuerpo de Ingenieros del Ejército de la bahía de San Francisco es una cuenca llena de agua, con la forma de la bahía original, y equipada con bombas para simular las corrientes de marea (Weisberg 2013, cap. 1); los modelos de moléculas de bola y palo están hechos de metal o madera (Toon 2011); y los organismos modelo en biología son animales como gusanos y ratones (Ankeny y Leonelli 2020). Desde un punto de vista ontológico, estos modelos son objetos materiales comunes y, como tales, la similitud no supone ningún problema para ellos, o al menos no dan lugar a cuestiones ontológicas más allá de las preguntas que uno puede plantearse sobre cualquier otro objeto material.

Pero muchos modelos no son de este tipo. El modelo de Newton del sistema sol-tierra (sección 1.2) o un modelo que presenta una población de una sola especie que se reproduce a un ritmo fijo aislada de su entorno (el modelo de crecimiento logístico) no son objetos materiales. Son lo que Hacking describió acertadamente como "algo que llevas en la cabeza en lugar de en las manos" (1983, 216). Thomson-Jones (2012, 762) llama a estos modelos "modelos no concretos". Por razones que quedarán claras en la sección 14.5, prefiero el término *modelos no materiales*. La pregunta entonces es qué tipo de objetos son los modelos no materiales. Como hemos visto en la sección 8.2, Giere considera los modelos como entidades abstractas.[327] El problema con esta respuesta es que es demasiado inespecífica. Herfel señala que "Giere no es muy claro sobre su ontología de los

[327] Véase también Giere (1988, 78, 1999, 5, 50, 2001, 1060, 2004, 747, 2010, 270).

modelos" y añade: "¿Quiere postular la existencia de un reino abstracto donde existen entidades abstractas? ¿Existe alguna sustancia inmaterial de la que está hecho el SHO [oscilador armónico simple]? Giere nunca lo dice realmente" (1995, 70-71). La raíz del problema es que la clase de objetos abstractos es bastante amplia: comprende números y otros objetos matemáticos, clases, proposiciones, conceptos, la letra "B" y obras literarias como "Crimen y castigo" de Dostoievski. Hale (1988, 86-87) enumera no menos de doce caracterizaciones diferentes de objetos abstractos. ¿Cuál de ellas, si es que hay alguna, capta el grupo de objetos abstractos al que se supone que pertenecen los modelos? Giere descarta este problema como uno que los filósofos de la ciencia pueden dejar de lado con seguridad por irrelevante, porque duda de que "una comprensión más profunda de los procesos imaginativos y de los objetos producidos por estos procesos" sea necesaria "para seguir adelante con la tarea de investigar las funciones de los modelos en la ciencia" (2009, 250).

Si bien puede ser cierto que los filósofos de la ciencia no necesitan ocuparse de cuestiones metafísicas por el mero hecho de ser metafísicas, deberían ofrecer un análisis de su materia que sea lo suficientemente específico como para no dejar problemas esenciales sin respuesta. Identificar modelos con entidades abstractas no alcanza ese objetivo. Thomson-Jones sostiene que hay una "incoherencia interna" en la perspectiva de Giere porque ningún objeto abstracto puede tener las propiedades que una descripción teórica les atribuye (2010, 291). El problema es que ser abstracto implica no tener existencia espacio-temporal. Pero una entidad que no tiene existencia espacio-temporal no puede tener las propiedades atribuidas al oscilador lineal. Al analizar el ejemplo del péndulo simple (otro de los ejemplos de Giere de una entidad abstracta utilizada como modelo), Thomson-Jones señala que "ningún objeto que tenga, por ejemplo, una longitud y se comporte de la manera en que se dice que se comporta el péndulo simple en las descripciones del mismo —moverse a través del espacio en el tiempo de una manera particular— puede ser no espacio-temporal" (*ibid.*). Por esta razón, "no podemos decir que no hay péndulos simples en el mundo que nos rodea y que existe un objeto que tiene, en la forma directa de tener propiedades, las propiedades mencionadas en las descripciones del péndulo simple" (*ibid.*).

Este problema afecta directamente al núcleo de la perspectiva. Si la similitud se explica en términos de coinstanciación de propiedades y si los modelos no pueden posiblemente instanciar los tipos de propiedades que el modelo querría atribuir al objetivo (como estar situado en cierto lugar en cierto momento), entonces la perspectiva de los modelos que se ofrece no logra explicar las características esenciales de la modelización.[328]

[328] Teller (2001b, 399) ofrece una variante de la visión abstracta de los objetos que considera los modelos como (algo así como) un conjunto de propiedades. Sin embargo, como señala Thomson-Jones (2010, 294-295), esta visión se enfrenta a problemas similares a los de la sugerencia original de Giere.

Una alternativa es considerar los modelos como similares a los objetos y lugares de la ficción literaria. El oscilador lineal sería entonces el mismo tipo de objeto que Sherlock Holmes o la Tierra Media. En ocasiones, Giere parece simpatizar con este punto de vista, por ejemplo, cuando observa que "ontológicamente, los modelos científicos y las obras de ficción están a la par" (2009, 249). Sin embargo, inmediatamente se opone firmemente a este análisis de los modelos. Discutimos esta opinión, que se ha dado a conocer como la "visión de ficción de los modelos", en detalle en las secciones 14.5 y 14.6, donde también examinamos los argumentos de Giere en contra.

Otra cuestión se refiere a las propiedades de los modelos. Como hemos visto, Giere insiste en que los modelos son entidades abstractas "que tienen *todas y solo* aquellas propiedades que se les atribuyen en los textos estándar" (1988, 78, énfasis añadido). Dado que los modelos se definen mediante definiciones teóricas, presumiblemente esto equivale a decir que los modelos tienen todas y solo aquellas propiedades que se les atribuyen por sus definiciones teóricas. Si es así, esto no puede ser del todo correcto. Los modelos se utilizan en un contexto de investigación y los científicos a menudo hacen un esfuerzo tremendo para averiguar si un modelo tiene o no una determinada propiedad. Poincaré tardó años en descubrir que el sistema de tres cuerpos era dinámicamente inestable, y el hecho de que el modelo de Ising bidimensional exhibiera transiciones de fase fue un descubrimiento ganador del Premio Nobel. Pero si los modelos tienen todas y solo las propiedades que se les atribuyen en sus definiciones teóricas, este hecho de modelar sigue siendo un misterio. Para saber si un modelo tiene una determinada propiedad, los científicos simplemente tendrían que comprobar si la propiedad se menciona en la definición teórica. Si se menciona, entonces el modelo tiene la propiedad; si no, entonces no. No es así como se hace la investigación. Los modelos deben tener otras propiedades además de las que la definición teórica les atribuye explícitamente. De hecho, estas propiedades "excedentes" son las que hacen que los modelos sean interesantes como objetos de investigación: los modelos son interesantes en un proceso de investigación precisamente porque tienen propiedades que no están expresamente escritas en su especificación desde el principio. Además de las propiedades atribuidas al modelo en la definición teórica, el modelo también debe tener propiedades que estén adecuadamente conectadas a esas propiedades. La pregunta es qué significa "adecuadamente conectadas". El problema puede formularse como uno de condiciones de verdad. Supongamos que *P es* una propiedad que no se menciona en la definición teórica del modelo *M* (como, por ejemplo, la inestabilidad dinámica, que no se menciona en la definición del problema de los tres cuerpos). ¿Bajo qué condiciones es verdadera la afirmación "El modelo *M* tiene la propiedad *P*"?

Hasta ahora, el debate se ha centrado en la ontología de los modelos. Pasemos ahora a la ontología de las teorías. Como hemos visto en la sección 8.2, una teoría consiste en una familia de modelos *y en* diversas hipótesis teóricas que conectan los modelos con sistemas objetivo del mundo real. Como señalan Hendry y Psillos (2007, 134), existe un irónico paralelismo histórico entre el Enfoque Recibido y la versión de Giere del Enfoque Modelo-Teórico. En el Enfoque Recibido existía un cálculo teórico "flotante" que necesitaba ser conectado a la realidad con reglas de correspondencia. En la perspectiva de Giere existe una familia de modelos "flotantes" que necesitan ser anclados a sus objetivos con hipótesis teóricas. Aunque difieren en los detalles, "las hipótesis teóricas desempeñan el mismo papel en la visión fuerte no lingüística que las reglas de correspondencia en la visión fuerte lingüística" (*ibid.*, 136): dan contenido empírico a un aparato teórico que, de otro modo, estaría desconectado de la realidad. La visión sintáctica fue objeto de muchas críticas por su dependencia del lenguaje porque, según el argumento, cada cambio en una regla de correspondencia también equivale a un cambio de la teoría (véase la sección 1.6). En la medida en que esto es un problema para la visión sintáctica, también lo es para la versión de Giere de la visión modelo-teórica. Las maniobras del Enfoque Recibido para evitar el problema también están disponibles para el Enfoque Modelo-Teórico, pero es importante señalar que el cambio de un enfoque a otro no ha eliminado en modo alguno las dificultades con la dependencia del lenguaje.

El aparato teórico de una teoría es la familia de modelos. Pero estos son entidades abstractas y lo que uno lee en un libro de texto (o trabajo de investigación) son descripciones de estas entidades abstractas. Giere es explícito sobre el hecho de que una consecuencia de este punto de vista es que "lo que uno encuentra en los libros de texto no es literalmente la teoría en sí, sino declaraciones que definen los modelos que forman parte de la teoría" (1988, 85). Hendry y Psillos denuncian esto como un "error de categoría" y argumentan que "la teoría en sí misma es inseparable de las afirmaciones que en cualquier caso particular la expresan, y si no se encuentra donde están, no sabemos dónde más encontrarla" (2007, 133). En una línea similar, tanto Toon (2012a, 250-251) como Savage (1998, 10-11) señalan que la perspectiva de Giere sobre cómo se introducen y utilizan los modelos está en desacuerdo con su énfasis en entender la representación científica como algo no lingüístico. Así pues, el problema de la relación entre el lenguaje y la teoría sigue sin resolverse en la perspectiva de Giere.

8.6 Los modelos como réplicas abstractas

Según Suppe, un modelo es una *réplica abstracta* de un *fenómeno* (o un *sistema fenoménico*).[329] Los fenómenos pueden ser observables o no observables y son,

[329] La principal fuente de la perspectiva de Suppe sobre modelos y teorías es su obra (1989, Parte II). Sus puntos de vista también se discuten en su obra (1972a, 1972b, 1974, 1979, 2000d). Para el uso de «fenómeno» por parte de Suppe, véase específicamente su (1989, 93-99). Suppe se refiere a las réplicas abstractas como «sistemas físicos». Como veremos, los modelos de Suppe son objetos abstractos muy parecidos a los de Giere. Llamar a los modelos «sistemas físicos» es, por lo tanto, engañoso. Yo evito esta terminología y me refiero a los modelos como «réplicas abstractas»,

en efecto, lo que antes llamábamos sistemas objetivo. Para evitar confusiones con otros sentidos de "fenómeno" (que encontramos en las secciones 5.3 y 6.4), me seguiré refiriendo a las partes del mundo de las que tratan los modelos como sistemas objetivo cuando analice la perspectiva de Suppe. Tres características son constitutivas de una réplica abstracta: ser el resultado de un proceso de abstracción e idealización, tener estados especificados en términos de parámetros definitorios y condiciones de verdad contrafactuales.

Un proceso de abstracción elimina las propiedades que se consideran irrelevantes para el problema en cuestión. Si, por ejemplo, nos interesa cómo se mueve un objeto en el espacio, nos centramos en su posición, masa y velocidad, y podemos ignorar su color, temperatura, composición química, historia de producción y estado legal de propiedad. Los parámetros que se seleccionan como pertinentes son los *parámetros definitorios* de la réplica abstracta. Estos parámetros no suelen estudiarse tal y como se dan en la naturaleza, sino en condiciones idealizadas, por ejemplo, suponiendo que las superficies no tienen fricción, los cuerpos son esféricos, los muelles no tienen masa y los objetos están aislados de la influencia de su entorno. Estas son suposiciones idealizadoras. Por lo tanto, los modelos son "réplicas altamente abstractas e idealizadas de fenómenos" (1989, 65, cf. 82-83, 94-96).[330] Un conjunto de valores simultáneos de los parámetros definitorios de la réplica abstracta es un estado posible de la réplica. En cualquier instante de tiempo, el sistema puede estar en exactamente un estado (1989, 83). Todos los estados juntos forman el espacio de estados del sistema (como hemos visto en la sección 5.3).

Las leyes que están en funcionamiento en una determinada situación deciden qué trayectorias a través del espacio de estados están permitidas y cuáles están descartadas. ¿Qué leyes están en vigor en una réplica física? Como hemos visto anteriormente, Giere resuelve este problema estipulando que los modelos deben satisfacer ciertas leyes por definición. Suppe opta por una estrategia diferente y propone una perspectiva contrafactual. Las réplicas abstractas representan a sus objetivos *como si* su comportamiento dependiera solo de unas pocas variables seleccionadas que cambian bajo la influencia de factores idealizados: la réplica se comporta exactamente como el objetivo "*se habría* comportado *si se* hubieran cumplido las condiciones idealizadas" (1989, 65, énfasis original).[331] Por esta razón, Suppe llama a su posición *cuasi realismo* (1989, 101).[332]

lo que está en consonancia con la propia terminología de Suppe (véase, por ejemplo, 1974, 48, 52, 1977, 224, 1989, 67, 94).

[330] Discutimos la abstracción y la idealización con más detalle en el capítulo 11.

[331] Véase también Suppe (1972b, 12, 1974, 47-48, 1989, 82-83, 94-95, 2000d, 106).

[332] En palabras de Suppe, «[e]l cuasi-realismo consiste en el compromiso ontológico con todas las variables que podrían detectarse y en la afirmación de que las teorías empíricamente verdaderas proporcionan caracterizaciones contrafácticas de cómo se comportarían los sistemas si estuvieran aislados de influencias no tenidas en cuenta explícitamente por la teoría» (2000d, 107, énfasis original).

De acuerdo con el espíritu del Enfoque Modelo-Teórico, Suppe entiende las teorías como "familias de modelos adecuadamente conectadas" (2000d, 105), es decir, como familias de réplicas abstractas. La cuestión ahora es cómo analizar "adecuadamente conectado". Por desgracia, Suppe ofrece pocos consejos al respecto. Sin embargo, una explicación de lo que une a los modelos de la teoría parece surgir de su discusión de la "verdad empírica" de una teoría. Intuitivamente, una teoría es empíricamente verdadera si lo que dice sobre sus aplicaciones previstas es correcto.

El primer paso en el análisis de la verdad empírica es la introducción de la clase de "sistemas físicos causalmente posibles". Toda teoría tiene un alcance (*scope*) y su objetivo es describir sistemas dentro de su alcance. El alcance de la mecánica, por ejemplo, es el movimiento de todas las masas bajo la influencia de fuerzas. Hemos encontrado esta idea en el último capítulo, donde el alcance previsto de una teoría resultó ser un aspecto esencial del análisis de una teoría del estructuralismo de Múnich. El alcance de una teoría incluye obviamente todos los sistemas reales del tipo requerido: el sistema solar, los satélites lanzados a la órbita, la piedra que cae de la torre, etc. Suppe señala, sin embargo, que el alcance de una teoría es más amplio que eso porque también incluye sistemas que no son reales pero que, si lo fueran, entrarían en el alcance de la teoría. Puede suceder que la historia del universo sea tal que un sistema de 287 cuerpos nunca haya existido, pero en caso de que existiera, estaría cubierto por la mecánica clásica. El conjunto de todos los sistemas, reales y posibles, a los que se aplica una teoría es la clase de *sistemas físicos causalmente posibles* (1989, 67-68, 83-84).[333] A través de los pasos de abstracción e idealización descritos anteriormente, cada uno de estos sistemas corresponde a una réplica abstracta que es un modelo del sistema. Llamemos a esta clase de modelos C_P, la clase de todas las *réplicas abstractas causalmente posibles*.

A continuación, construyamos la clase C_L de todas las réplicas abstractas nomológicamente posibles.[334] Esta clase se construye considerando primero "todos los estados (lógicamente) posibles de todos los sistemas físicos (lógicamente) posibles para la teoría" y luego restringiendo la clase para que incluya solo los modelos que satisfacen las "leyes de la teoría" (1974, 48-49, 1989, 84-85). Al igual que van Fraassen (en la sección 5.3), Suppe distingue entre leyes de sucesión y leyes de coexistencia. Las primeras dicen qué transiciones de estado están permitidas a medida que el tiempo evoluciona (por ejemplo, cuando un planeta gira alrededor del sol); las segundas especifican qué sistema de estados puede ocupar en una situación de equilibrio (por ejemplo, en la ley de los gases ideales). Suppe no analiza la construcción de esta clase en detalle, pero parece seguro pensar en

[333] Véase también Suppe (1972b, 14, 1974, 48-49).

[334] Suppe llama a esto la clase de «sistemas físicos inducidos por la teoría». Dado que la noción de teoría es lo que se analiza en el contexto actual y dado que son realmente las leyes de la teoría las que hacen el trabajo pesado al definir esta clase, el término «nomológicamente posible» parece ser más adecuado.

ella como esencialmente igual a la construcción de la red estructuralista de la teoría en la sección 7.2. La clase C_L es lo que encontramos en la parte inferior del árbol ramificado de la red de la teoría.

Ahora estamos en condiciones de dar una definición de verdad empírica: una teoría es empíricamente verdadera si y solo si $C_P = C_L$ (1974, 48-49, 53-54, 1989, 84-85, 96-99). En efecto, esta condición dice que la clase de los modelos de la teoría es idéntica a la clase de modelos que se abstraen de los sistemas objetivo.[335]

Esto nos lleva de nuevo a la pregunta de qué hace que una familia de modelos esté "adecuadamente conectada". Siguiendo el ejemplo de la construcción de la C_L, podemos decir que una familia de modelos está adecuadamente conectada si sus modelos son aplicaciones de la(s) ley(es) básica(s) de la teoría o, utilizando el lenguaje del estructuralismo de Múnich, si son nodos en una red teórica definida por las leyes de la teoría.[336]

Suppe es uno de los principales defensores de la opinión de que las teorías son "entidades extralingüísticas". Ahora podemos ver cómo se confirma esta afirmación en la propia perspectiva de Suppe. La teoría es la familia de modelos adecuadamente conectados.[337] Estos se describen utilizando un lenguaje, pero no deben confundirse con las oraciones de dicho lenguaje. De hecho, lo que leemos en un libro de texto o en un trabajo de investigación es una *formulación de una teoría*. Una formulación de teoría es "una colección de proposiciones que son verdaderas de la teoría", donde las "proposiciones que constituyen una formulación de teoría son de algún lenguaje, conocido como el *lenguaje de formulación de teoría*" y el lenguaje es lo suficientemente rico como para poder expresar leyes (1989, 87-90).[338] Existe libertad de elección en este lenguaje y la clase de modelos puede describirse de diferentes maneras (1977, 222, 1989, 82).

[335] Esto plantea la cuestión de cómo comprobamos si una teoría es empíricamente cierta. Suppe analiza este tema en detalle en el capítulo 4 de su obra (1989).

[336] Las ideas del estructuralismo de Múnich son complementarias a las de Suppe, aunque este último es crítico con esa posición (véase, por ejemplo, 1989, 19-20). Diederich señala acertadamente que Suppe malinterpreta el estructuralismo y que su perspectiva se beneficiaría de la inclusión de algunas nociones estructuralistas (1994, 425).

[337] Esta opinión puede extrapolarse de sus obras (1989, 82-84, 1998, 348, 2000d, 111-112). Esta extrapolación parece estar justificada y en consonancia con el enfoque general de Suppe, aunque, como señala Forge, es «un poco difícil encontrar una declaración completamente clara en el sentido de que» las teorías son conjuntos de sistemas físicos» (1991, 608).

[338] Véase también Suppe (1974, 50-51). Sin embargo, la formulación de una teoría debe consistir en oraciones y no en proposiciones. Las proposiciones son objetos abstractos que se expresan mediante oraciones y, por tanto, no pueden ser los elementos que un lector encuentra en un libro de texto, y no están formuladas en ningún lenguaje en particular.

8.7 Réplicas abstractas y representación

¿Cómo responde la perspectiva de Suppe a nuestras preguntas sobre la representación científica en la sección 6.2? Comencemos con el problema de los portadores (*carriers*). Frisch observa acertadamente que las réplicas abstractas de Suppe están estrechamente relacionadas con los modelos teóricos de Giere (Frisch 1998, 6). Las dos difieren en su génesis: las entidades abstractas de Giere se individualizan mediante una definición teórica, mientras que las réplicas abstractas de Suppe se derivan de un sistema objetivo a través de un proceso de abstracción e idealización. Pero desde un punto de vista ontológico, las dos son idénticas: son objetos abstractos. Así pues, la perspectiva de Suppe se enfrenta a las mismas preguntas que la de Giere en cuanto a la naturaleza de estos objetos. Sin embargo, hay un aspecto en el que la perspectiva de Suppe tiene ventaja. Como hemos visto anteriormente, la perspectiva de Giere no ofrece condiciones de verdad para las afirmaciones sobre modelos que implican propiedades que no forman parte de la definición del sistema. Suppe ofrece una respuesta en términos de contrafactuales: la afirmación "El modelo *M* tiene la propiedad *P*" es verdadera si y solo si el objetivo de *M* tendría *P* si se cumplieran las condiciones idealizadas. Pero esta hipótesis contrafactual solo tiene sentido si tanto el modelo como el objetivo son del tipo de cosas que pueden tener la propiedad *P*, al menos en principio, lo que nos lleva de vuelta al punto de Thomson-Jones de que los objetos abstractos no tienen propiedades físicas.

Suppe considera una teoría como una familia de modelos adecuadamente conectados, y por lo tanto reaparecen las preocupaciones de Hendry y Psillos sobre la perspectiva de Giere. Su segunda preocupación reaparece inalterada: si todo lo que obtenemos en las publicaciones científicas son formulaciones teóricas, ¿dónde y cuándo encontramos la teoría en sí? El primer punto surge de una manera ligeramente diferente. La perspectiva de Suppe no considera que las hipótesis teóricas formen parte de una teoría, y para él la conexión entre teoría y realidad no es lingüística. Por eso una teoría es una entidad extralingüística. Esto, argumentan Hendry y Psillos, tiene como consecuencia que, desde la perspectiva de Suppe, una teoría por sí sola no trata de nada: "las teorías *en cuanto* familias de entidades abstractas son flotantes" (2007, 136, cursiva original). De hecho, Suppe se enfrenta a un dilema. O la conexión entre los modelos y su objetivo no forma parte de la teoría y, como resultado, las teorías carecen de contenido empírico; o los modelos están anclados en el mundo a través de afirmaciones como las hipótesis teóricas de Giere, pero entonces la teoría deja de ser una entidad extralingüística y todos los problemas con las formulaciones vuelven a aparecer. Hendry y Psillos recomiendan respaldar la segunda opción del dilema y considerar las afirmaciones como parte de la teoría.

Suppe no discute explícitamente la representación científica, por lo que solo podemos especular sobre lo que diría sobre el problema de la representación científica. Dado el énfasis que Suppe pone en las réplicas, podría decir que *M* representa *T* si y solo si *M* es una réplica de *T*, donde ser una réplica se explica en términos de *M* tener ciertas relaciones específicas de idealización y abstracción con *T*. Supongamos (de manera plausible) que la idealización y la abstracción son relaciones asimétricas e irreflexivas y, por lo tanto, la perspectiva de la réplica no choca con problemas de propiedades lógicas y la condición de direccionalidad. Sin embargo, reaparecen los otros problemas de la perspectiva de similitud simple. Al igual que la similitud, la idealización es demasiado débil para distinguir el objetivo del modelo; confunde la mala representación con la no representación; y viola la Condición de modelos sin objetivo. Se podría intentar solucionar estos problemas siguiendo el consejo de Hendry y Psillos de introducir hipótesis teóricas, pero, al igual que con el paso de una perspectiva de similitud simple a una basada en agentes, se haría a expensas de hacer redundantes la idealización y la abstracción en una respuesta al problema de la representación científica. En ocasiones, Suppe hace hincapié en la relación de los modelos teóricos con los modelos de datos (véase, por ejemplo, 2000d, 112). Esto podría interpretarse como que Suppe suscribe la Perspectiva de la Correspondencia de Datos. Sin embargo, como hemos visto en la Sección 6.3, esta perspectiva es un callejón sin salida. Así que sigue siendo una cuestión abierta cuál es la respuesta de la perspectiva de la réplica abstracta al Problema de la Representación Científica.

La idealización y la abstracción pueden entenderse plausiblemente como estilos de representación, pero solo tenemos una vaga idea de lo que son hasta que se proporcione un análisis completo de estas nociones. Esto también afecta a la comprensión de los estándares de exactitud y el razonamiento sustituto. Una perspectiva de la idealización podría arrojar luz sobre estos, pero hasta que dicha perspectiva se exponga realmente, esto seguirá siendo un pagaré. Suppe no discute explícitamente la aplicación de las matemáticas, pero, al igual que Giere, Suppe podría adoptar la perspectiva de la sección 6.5. La respuesta al problema de la demarcación representacional sigue abierta. De nuevo, depende de cómo se definan la idealización y la abstracción. Portides adopta una lectura amplia de estos conceptos y los introduce con la obra de Picasso (2018). Según esta lectura, la replicación daría una perspectiva de la representación más allá de la ciencia. Pero según una lectura más restrictiva, puede que este no sea el caso.

8.8 Conclusión

En este capítulo hemos visto versiones del Enfoque Modelo-Teórico de teorías que no se basan en la noción de que los modelos son estructuras. La perspectiva de la similitud de la representación es casi tan antigua como (nuestros registros de) la filosofía occidental, pero se destaca claramente cuando se pone en práctica en el contexto de las teorías científicas. Hemos visto a qué desafíos se enfrenta el punto de vista y qué se necesitaría para abordarlos. La perspectiva de la réplica abstracta es más reciente, pero se enfrenta a desafíos del mismo tipo que el punto de vista de la similitud. Como en los capítulos 5 y 6, hemos llegado a la conclusión de que el lenguaje desempeña un papel esencial en muchos aspectos de los modelos y las teorías, y fracasa el intento de exorcizar el lenguaje y considerar las teorías como entidades extralingüísticas.

Referencias

Abell, C. 2009. Canny Resemblance. *The Philosophical Review* 118: 183–223.

Adams, E. W. 1959. The Foundations of Rigid Body Mechanics and the Derivation of Its Laws from Those of Particle Mechanics. In L. Henkin, P. Suppes, and A. Tarski (eds.), *The Axiomatic Method: With Special Reference to Geometry and Physics*. Amsterdam: North-Holland, pp. 250–265.

Ainsworth, P. 2009. Newman's Objection. *The British Journal for the Philosophy of Science* 60: 135–171.

Andreas, H. 2008. Another Solution to the Problem of Theoretical Terms. *Erkenntnis* 69: 351–333.

Andreas, H. 2013. Deductive Reasoning in the Structuralist Approach. *Studia Logica* 5: 1093–1113.

Ankeny, R. A. and S. Leonelli 2020. *Model Organisms*. Cambridge: Cambridge University Press.

Apostel, L. 1961. Towards the Formal Study of Models in the Non-Formal Sciences. In H. Freudenthal (ed.), *The Concept and the Role of the Model in Mathematics and Natural and Social Sciences*. Dordrecht: Reidel, pp. 1–37.

Azzouni, J. 2014. A New Characterization of Scientific Theories. *Synthese* 191: 2993–3008.

Bailer-Jones, D. M. 2003. When Scientific Models Represent. *International Studies in the Philosophy of Science* 17: 59–74.

Bailer-Jones, D. M. 2009. *Scientific Models in Philosophy of Science*. Pittsburgh: Pittsburgh University Press.

Balzer, W. 1986. Theoretical Terms: A New Perspective. *The Journal of Philosophy* 83: 71–90.

Balzer, W. and C.-U. Moulines (eds.) 1996. *The Strcturalist Theory of Science: Focal Issues, New Results*. Berlin and New York: De Gruyter.

Balzer, W., C.-U. Moulines, and J. D. Sneed 1987. *An Architectonic for Science: The Structuralist Program*. Dordrecht: Reidel Publishing Company.

Balzer, W., J. D. Sneed, and C.-U. Moulines (eds.) 2000. *Structuralist Knowledge Representation: Paradigmatic Examples*. Amsterdam: Rodopi.

Bangu, S. 2012. *The Applicability of Mathematics in Science: Indispensability and Ontology*. Basingstoke: Palgrave Macmillan.

Barrett, T. W. 2015. On the Structure of Classical Mechanics. *The British Journal for the Philosophy of Science* 66: 801–

Barrett, T. W. 2020. Structure and Equivalence. *Philosophy of Science* 87: 1184–1196.

Barrett, T. W. and H. Halvorson 2016. Morita Equivalence. *The Review of Symbolic Logic* 9: 556–582.

Barrett, T. W. and H. Halvorson 2017. From Geometry to Conceptual Relativity. *Erkenntnis* 82: 1043–1063.

Bartels, A. 2006. Defending the Structural Concept of Represenation. *Theoria* 21: 7–19.

Beatty, J. 1980. Optimal-Design Models and the Strategy of Model Building in Evolutionary Biology. *Philosophy of Science* 47: 532–561.

Beatty, J. 1981. What's Wrong with the Received View of Evolutionary Theory? In P. Asquith and R. Giere (eds.), *Philosophy of Science (Proceedings)* (Vol. 2). East Lansing: Philosophy of Science Association, pp. 397–426.

Beatty, J. 1987. On Behalf of the Semantic View. *Biology and Philosophy* 2: 17–23.

Beth, E. W. 1949. Towards an up-to-Date Philosophy of the Natural Sciences. *Methodos* 1: 178–185.

Black, M. 1973. How Do Pictures Represent? In E. Gombrich, J. Hochberg, and M. Black (eds.), *Art, Perception, and Reality*. Baltimore and London: Johns Hopkins University Press, pp. 95–130.

Boesch, B. 2019a. The Means-End Account of Scientific, Representational Actions. *Synthese* 196: 2305–2322.

Boesch, B. 2019b. Resolving and Understanding Differences between Agent-Based Accounts of Scientific Representation. *Journal for General Philosophy of Science* 50: 195–213.

Boesch, B. 2021. Scientific Representation and Dissimilarity. *Synthese* 198: 5495–5513.

Bogen, J. 2010. Noise in the World. *Philosophy of Science* 182: 778–791.

Bogen, J. and J. Woodward 1988. Saving the Phenomena. *The Philosophical Review* 97: 303–352.

Bolinska, A. 2013. Epistemic Representation, Informativeness and the Aim of Faithful Representation. *Synthese* 190: 219–234.

Bolinska, A. 2016. Successful Visual Epistemic Representation. *Studies in History and Philosophy of Science* 56: 153–160.

Brading, K. 2010. Autonomous Patterns and Scientific Realism. *Philosophy of Science* 77: 827–839.

Brading, K. and E. Landry 2006. Scientific Structuralism: Presentation and Representation. *Philosophy of Science* 73: 571–581.

Brown, J. R. 1994. *Smoke and Mirrors: How Science Reflects Reality*. London and New York: Routledge.

Bueno, O. 1997. Empirical Adequacy: A Partial Structure Approach. *Studies in the History and Philosophy of Science* 28: 585–610.

Bueno, O. 1999. What Is Structural Empiricism? Scientific Change in an Empiricist Setting. *Erkenntnis* 50: 59–85.

Bueno, O. 2010. Models and Scientific Representations. In P. D. Magnus and J. Busch (eds.), *New Waves in Philosophy of Science*. Hampshire: Palgrave MacMillan, pp. 94–111.

Bueno, O. and M. Colyvan 2011. An Inferential Conception of the Application of Mathematics. *Nous* 45: 345–374.

Bueno, O. and S. French 2011. How Theories Represent. *The British Journal for the Philosophy of Science* 62: 857–894.

Bueno, O. and S. French 2018. *Applying Mathematics: Immersion, Inference, Interpretation.* New York: Oxford University Press.

Bueno, O., S. French, and J. Ladyman 2002. On Representing the Relationship between the Mathematical and the Empirical. *Philosophy of Science* 69: 497–518.

Bueno, O., S. French, and J. Ladyman 2002. On Representing the Relationship between the Mathematical and the Empirical. *Philosophy of Science* 69: 452–473.

Butterfield, J. 2014. Our Mathematical Universe? A Discussion of Some Themes in Max Tegmark's Recent Book 'Our Mathematical Universe'. *arXiv:1406.4348*. https://arxiv. org/abs/1406.4348.

Butterfield, J. 2018. On Dualities and Equivalences between Physical Theories. *arXiv:1806.01505*. https://arxiv.org/pdf/1806.01505.pdf.

Byerly, H. 1969. Model-Structures and Model-Objects. *The British Journal for the Philosophy of Science* 20: 135–144.

Callender, C. and J. Cohen 2006. There Is No Special Problem About Scientific Representation. *Theoria* 55: 7–25.

Chakravartty, A. 2001. The Semantic or Model-Theoretic View of Theories and Scientific Realism. *Synthese* 127: 325–345.

Coffey, K. 2014. Theoretical Equivalence as Interpretative Equivalence. *The British Journal for the Philosophy of Science* 65: 821–844.

Collier, J. D. 2002. Critical Notice: Paul Thompson, the Structure of Biological Theories. *Canadian Journal of Philosophy* 22: 287–298.

Contessa, G. 2006. Scientific Models, Partial Structures and the New Received View of Theories. *Studies in History and Philosophy of Science* 37: 370–377.

Contessa, G. 2007. Scientific Representation, Interpretation, and Surrogative Reasoning. *Philosophy of Science* 74: 48–68.

Contessa, G. 2010a. Empiricist Structuralism, Metaphysical Realism, and the Bridging Problem. *Analysis Reviews* 70: 514–525.

Contessa, G. 2010b. Scientific Models and Fictional Objects. *Synthese* 172: 215–229.

Corcoran, J. 1980. Categoricity. *History and Philosophy of Logic* 1: 187–207.

Curiel, E. 2014. Classical Mechanics Is Lagrangian; It Is Not Hamiltonian. *The British Journal for the Philosophy of Science* 65: 269–321.

Da Costa, N. C. A. and R. Chuaqui 1988. On Suppes' Set Theoretical Predicates. *Erkenntnis* 29: 95–112.

Da Costa, N. C. A. and S. French 1990. The Model-Theoretic Approach in the Philosophy of Science. *Philosophy of Science* 57: 248–265.

Da Costa, N. C. A. and S. French 2000. Models, Theories, and Structures: Thirty Years On. *Philosophy of Science (Supplement)* 67: 116–127.

Da Costa, N. C. A. and S. French 2003. *Science and Partial Truth: A Unitary Approach to Models and Scientific Reasoning*. Oxford: Oxford University Press.

Da Costa, N. C. A., D. Krause, and O. Bueno 2010. Issues in the Foundations of Science, I: Languages, Structrues, and Models. *Manuscrito* 33: 123–141.

Darrigol, O. 2008. The Modular Structure of Physical Theories. *Synthese* 162: 195–223.

Decock, L. and I. Douven 2011. Similarity after Goodman. *Review of Philosophy and Psychology* 2: 61–75.

Dewar, N. 2019. Ramsey Equivalence. *Erkenntnis* 84: 77–99.

Diederich, W. 1994. The Semantic Conception of Theories and Scientific Realism Byfrederick Suppe. *Erkenntnis* 41: 421–426.

Díez, J. A. 2002. A Program for the Individuation of Scientific Concepts. *Synthese* 130: 13–48.

Díez, J. A. 2005. The Ramsey Sentence and Theoretical Content. In M. J. Frápolli (ed.), *F.P. Ramsey: Critical Reassessments*. London and New York: Continuum Publishing Group, pp. 70–103.

Díez, J. A. 2006. Rivalry and Comparability: Looking Outside the Theories. In G. Ernst and K. G. Niebergall (eds.), *Philosophie Der Wissenschaft – Wissenschaft Der Philosophie*. Berlin: Mentis, pp. 31–50.

Díez, J. A. 2014. Scientific W-Explanation as Ampliative, Specialized Embedding: A NeoHempelian Account. *Erkenntnis* 79: 1413–1443.

Dutilh Novaes, C. 2019. Axiomatizations of Arithmetic and the First-Order/Second-Order Divide. *Synthese* 196: 2583–2597.

Earman, J. 2005. The Emperor's New Theory: The Semantic/Models View of Theories. *Draft*.

Elgin, C. Z. 2017. *True Enough*. Cambridge, MA and London: MIT Press.
Elkins, J. 1999. *The Domain of Images*. Ithaca and London: Cornell University Press.
Falguera, J. L. 2006. Foundherentist Philosophy of Science. In G. Ernst and K. G. Niebergall (eds.), *Philosophie Der Wissenschaft – Wissenschaft Der Philosophie*. Berlin: Mentis, pp. 67–86.
Fang, W. 2017. Holistic Modeling: An Objection Toweisberg's Weighted Feature-Matching Account. *Synthese* 194: 1743–1764.
Forge, J. 1991. The Semantic Conception of Theories and Scientific Realism by Frederick Suppe. *Isis* 82: 607–608.
French, S. 2000. The Reasonable Effectiveness of Mathematics: Partial Structures and the Application of Group Theory to Physics. *Synthese* 125: 103–120.
French, S. 2003. A Model-Theoretic Account of Representation (or, I Don't Know Much About Art . . . But I Know It Involves Isomorphism). *Philosophy of Science* 70: 1472–1483.
French, S. 2010. Keeping Quiet on the Ontology of Models. *Synthese* 172.
French, S. 2014. *The Structure of the World: Metaphysics and Representation*. Oxford: Oxford University Press.
French, S. 2020. *There Are No Such Things as Theories*. Oxford: Oxford University Press.
French, S. 2021. Identity Conditions, Idealisations and Isomorphisms: A Defence of the Semantic Approach. *Synthese* 198: 5897–5917. https://doi.org/10.1007/s11229-017-1564-z.
French, S. and J. Ladyman 1997. Superconductivity and Structures: Revisiting the London Account. *Studies in History and Philosophy of Modern Physics* 28: 363–393.
French, S. and J. Ladyman 1999. Reinflating the Semantic Approach. *International Studies in the Philosophy of Science* 13: 103–121.
French, S. and J. Saatsi 2006. Realism About Structure: The Semantic View and Nonlinguistic Representations. *Philosophy of Science* 73: 548–559.
French, S. and P. Vickers 2011. Are There No Things That Are Scientific Theories? *The British Journal for the Philosophy of Science* 62: 771–804.
Friedman, M. 1982. Review of 'the Scientific Image'. *The Journal of Philosophy* 79: 274–283.
Frigg, R. 2002. Models and Representation: Why Structures Are Not Enough. *Measurement in Physics and Economics Project Discussion Paper Series, DP MEAS 25/02*.
Frigg, R. 2006. Scientific Representation and the Semantic View of Theories. *Theoria* 55: 49–65.
Frigg, R. 2010. Fiction and Scientific Representation. In R. Frigg and M. Hunter (eds.), *Beyond Mimesis and Convention: Representation in Art and Science*. Berlin and New York: Springer, pp. 97–138.
Frigg, R. and I. Votsis 2011. Everything You Always Wanted to Know About Structural Realism But Were Afraid to Ask. *European Journal for Philosophy of Science* 1: 227–276.
Frigg, R. and J. Nguyen 2017. Models and Representation. In L. Magnani and T. Bertolotti (eds.), *Springer Handbook of Model-Based Science*. Dordrecht, Heidelberg, London, and New York: Springer, pp. 49–102.
Frigg, R. and J. Nguyen 2020. *Modelling Nature: An Opinionated Introduction to Scientific Representation* (Synthese Library). Berlin and New York: Springer.

Frisch, M. 1998. *Theories, Models, and Explanation*. PhD Dissertation, University of California, Berkely.

Frisch, M. 2015. Users, Structures, and Representation. *The British Journal for the Philosophy of Science* 66: 285–306.

Gähde, U. 2002. Holism, Underdetermination, and the Dynamics of Empirical Theories. *Synthese* 130: 69–90.

Gaifman, H. 1984. Why Language? In W. Balzer (ed.), *Reduction in Science*. Dordrecht: Reidel, pp. 319–330.

Giere, R. N. 1985. Constructive Realism. In P. M. Churchland and C. A. Hooker (eds.), *Images of Science: Essays on Realism and Empiricism with a Reply from Bas C. Van Fraassen*. Chicago and London: Chicago University Press, pp. 75–98.

Giere, R. N. 1988. *Explaining Science: A Cognitive Approach*. Chicago: Chicago University Press.

Giere, R. N. 1994. The Cognitive Structure of Scientific Theories. *Philosophy of Science* 61: 276–296.

Giere, R. N. 1996. Visual Models and Scientific Judgement. In B. S. Baigrie (ed.), *Picturing Knowledge: Historical and Philosophical Problems Concerning the Use of Art in Science*. Toronto: University of Toronto Press, pp. 269–302.

Giere, R. N. 1997. *Understanding Scientific Reasoning* (4th ed.). Orlando, FL: Harcourt Brace.

Giere, R. N. 1999. *Science without Laws*. Chicago: University of Chicago Press.

Giere, R. N. 2001. The Nature and Function of Models. *Behavioral and Brain Sciences* 24: 1060.

Giere, R. N. 2004. How Models Are Used to Represent Reality. *Philosophy of Science* 71: 742–752.

Giere, R. N. 2009. Essay Review: Scientific Representation and Empiricist Structuralism. *Philosophy of Science* 76: 101–111.

Giere, R. N. 2009. Why Scientific Models Should Not Be Regarded as Works of Fiction. In M. Suárez (ed.), *Fictions in Science: Philosophical Essays on Modelling and Idealization*. London: Routledge, pp. 248–258.

Giere, R. N. 2010. An Agent-Based Conception of Models and Scientific Representation. *Synthese* 172: 269–281.

Giere, R. N. 2018. Models of Experiments. In I. Peschard and B. C. van Fraassen (eds.), *The Experimental Side of Modeling*. Minnesota: University of Minnesota Press, pp. 59–70.

Glymour, B. 2000. Data and Phenomena: A Distinction Reconsidered. *Erkenntnis* 52: 29–37.

Glymour, C. 2013. Equivalence and the Semantic View of Theories. *Philosophy of Science* 80: 286–297.

Godfrey-Smith, P. 2006. The Strategy of Model-Based Science. *Biology and Philosophy* 21: 725–740.

González, W. J. 2014. On Representation and Models in Bas Van Fraassen's Approach. In W. J. González (ed.), *Bas Van Fraassen's Approach to Representation and Models in Science*. Dordrecht: Springer, pp. 3–37. Goodman, N. 1976. *Languages of Art* (2nd ed.). Indianapolis and Cambridge: Hacket.

Goodman, N. 1972. Seven Strictures on Similarity. In N. Goodman (ed.), *Problems and Projects*. Indianapolis and New York: Bobbs-Merrill, pp. 437–446. Goodman, N. 1976. *Languages of Art* (2nd ed.). Indianapolis and Cambridge: Hacket.

Hacking, I. 1983. *Representing and Intervening*. Cambridge: Cambridge University Press. Hale, S. 1988. Spacetime and the Abstract/Concrete Distinction. *Philosophical Studies* 53: 85–102.

Halvorson, H. 2012. What Scientific Theories Could Not Be. *Philosophy of Science* 79: 183–206.

Halvorson, H. 2013. The Semantic View, If Plausible, Is Syntactic. *Philosophy of Science* 80: 475–478.

Halvorson, H. 2016. Scientific Theories. In P. Humphreys (ed.), *The Oxford Handbook of Philosophy of Science*. Oxford: Oxford University Press, pp. 585–608.

Halvorson, H. 2019. *The Logic in Philosophy of Science*. Cambridge: Cambridge University Press, pp. 402–429.

Halvorson, H. and D. Tsementzis 2017. Categories of Scientific Theories. In E. Landry (ed.), *Categories for the Working Philosopher*. Oxford: Oxford University Press, pp. 402–429.

Harris, T. 1999. A Hierarchy of Models and Electron Microscopy. In L. Magnani, N. Nersessian, and P. Thagard (eds.), *Model-Based Reasoning in Scientific Discovery*. New York: Kluwer Academic; Plenum Publishers, pp. 139–148.

Hendry, R. F. 1999. Structure as Abstraction. *Philosophy of Science* 83: 1070–1081.

Hendry, R. F. 1999. Theories and Models: The Interactive View. In R. Patan and I. Neilsan (eds.), *Visual Representations and Interpretations*. London: Springer, pp. 121–130.

Hendry, R. F. and S. Psillos 2007. How to Do Things with Theories: An Interactive View of Language and Models in Science. In J. Brzezinski, A. Klawiter, T. A. F. Kuipers, K. Łastowski, K. Paprzycka, and P. Przybysz (eds.), *The Courage of Doing Philosophy: Essays Dedicated to Lezek Nowak*. Amsterdam and New York: Rodopi, pp. 123–157.

Herfel, W. E. 1995. Nonlinear Dynamical Models as Concrete Construction. In W. E. Herfel, W. Krajewski, I. Niiniluoto, and R. Wojcicki (eds.), *Theories and Models in Scientific Processes* (Poznań Studies in the Philosophy of Science and the Humanities 44). Amsterdam: Rodopi, pp. 69–84.

Hudetz, L. 2018. *How to Present the Formalism of a Theory*? Manuscript.

Hudetz, L. 2019a. Definable Categorical Equivalence. *Philosophy of Science* 86: 47–75.

Hudetz, L. 2019b. The Semantic View of Theories and Higher-Order Languages. *Synthese* 196: 1131–1149.

Hughes, R. I. G. 1997. Models and Representation. *Philosophy of Science* 64(Supplement): 325–336.

Ibarra, A. and T. Mormann 2006. Scientific Theories as Intervening Representations. *Theoria* 21: 21–38.

Kaiser, M. 1991. From Rocks to Graphs – the Shaping of Phenomena. *Synthese* 89: 111–133.

Kaushal, R. S. 1999. The Role of Structural Analogy in Physical Sciences: A Philosophical Perspective. *Indian Philosophical Quarterly* 26: 543–573.

Kellen, D. 2019. A Model Hierarchy for Psychological Science. *Computational Brain & Behavior* 2: 160–165. https://psyarxiv.com/yk45u/.

Khosrowi, D. 2020. Getting Serious About Shared Features. *The British Journal for the Philosophy of Science* 71: 523–546.

Krause, D. and J. R. B. Arenhart 2017. *The Logical Foundations of Scientific Theories. Languages, Structures, and Models*. New York and London: Routledge.

Krause, D. and O. Bueno 2007. Scientific Theories, Models, and the Semantic Approach. *Principia* 11: 187–201.

Kroes, P. 1989. Structural Analogies between Physical Systems. *The British Journal for the Philosophy of Science* 40: 145–154.

Kuipers, T. A. F. 2001. Structures in Science. Heuristic Patterns Based on Cognitive Structures. An Advanced Textbook in Neo-Classical Philosophy of Science. In J. Hintikka (ed.), *Synthese Library*. Dordrecht: Springer, pp. 3–24.

Ladyman, J. 1998. What Is Structural Realism? *Studies in the History and Philosophy of Science* 29: 109–124.

Landry, E. (ed.) 2017. *Categories for the Working Philosopher*. Oxford: Oxford University Press.

Landry, E. 2007. Shared Structure Need Not Be Shared Set-Structure. *Synthese* 158: 1–17.

Landry, E. 2011. How to Be a Structuralist All the Way Down. *Synthese* 179: 435–454.

Laymon, R. 1982. Scientific Realism and the Hierarchical Counterfactual Path from Data to Theory. *Proceedings of the Biennial Meeting of the Philosophy of Science Association*. East Lansing, MI: Philosophy of Science Association, (Vol. 1), pp. 107–121.

Le Bihan, S. 2012. Defending the Semantic View: What It Takes. *European Journal for Philosophy of Science* 2: 249–274.

Leonelli, S. 2019. What Distinguishes Data from Models? *European Journal for Philosophy of Science* 9: Article 22.

Levy, A. 2012. Models, Fictions, and Realism: Two Packages. *Philosophy of Science* 79: 738–748.

Liu, C. 2013. Deflationism on Scientific Representation. In V. Karakostas and D. Dieks (eds.), *Epsa11 Perspectives and Foundational Problems in Philosophy of Science*. Berlin and New York: Springer, pp. 93–102.

Lloyd, E. A. 1984. A Semantic Approach to the Structure of Population Genetics. *Philosophy of Science* 51: 242–264.

Lloyd, E. A. 1989. A Structural Approach to Defining Units of Selection. *Philosophy of Science* 56: 395–418.

Lloyd, E. A. 1994. *The Structure and Confirmation of Evolutionary Theory*. Princeton: Princeton University Press.

Lloyd, E. A. 2006. Theories. In S. Sarkar and J. Pfeifer (eds.), *The Philosophy of Science: An Encyclopedia*. New York: Routledge, pp. 822–828.

Lopes, D. 2004. *Understanding Pictures*. Oxford: Oxford University Press. Mäki, U. 2011. Models and the Locus of Their Truth. *Synthese* 180: 47–63.

Lorenzano, P. 2013. The Semantic Conception and the Structuralist View of Theories: A Critique of Suppe's Criticisms. *Studies in History and Philosophy of Science* 44: 600–607.

Lusk, G. 2021. Saving the Data. *The British Journal for the Philosophy of Science* 72(1): 277–298. https://doi.org/10.1093/bjps/axy072.

Lutz, S. 2012. On a Straw Man in the Philosophy of Science: A Defence of the Received View. *HOPOS* 2: 77–120.

Lutz, S. 2014a. Empirical Adequacy in the Received View. *Philosophy of Science* 81: 1171–1183.

Lutz, S. 2014b. Generalizing Empirical Adequacy I: Multiplicity and Approximation. *Synthese* 191: 3195–3225.

Lutz, S. 2014c. What's Right with the Syntactic Approach to Theories and Models? *Erkenntnis* 79: 1475–1492.

Lutz, S. 2015. Partial Model Theory as Model Theory. *Ergo* 2: 563–580.

Lutz, S. 2017. What Was the Syntax-Semantics Debate in the Philosophy of Science About? *Philosophy and Phenomenological Research* 95: 319–352.

Lutz, S. 2021. Generalizing Empirical Adequacy II: Partial Structures. *Synthese* 198: 1351–1380. https://doi.org/10.1007/s11229-019-02121-z.

Lyon, A. 2016. Data. In P. Humphreys (ed.), *The Oxford Handbook of Philosophy of Science*. Oxford: Oxford Univeristy Press, pp. 738–758.

Machamer, P. (ed.) 2011. *Phenomena, Data and Theories* (Special Issue of Synthese 182 (1)). Berlin: Springer.

Machover, M. 1996. *Set Theory, Logic and Their Limitations*. Cambridge: Cambridge University Press.

Marquis, J.-P. 2015. Category Theory. In E. N. Zalta (ed.), *The Stanford Encyclopedia of Philosophy*. https://plato.stanford.edu/archives/win2015/entries/category-theory/.

McAllister, J. W. 1997. Phenomena and Patterns in Data Sets. *Erkenntnis* 47: 217–228.

McAllister, J. W. 2010. The Ontology of Patterns in Empirical Data. *Philosophy of Science* 77: 804–814.

McKinsey, J. C. C. and P. Suppes 1953. Transformations of Systems of Classical Particle Mechanics. *Journal of Rational Mechanics and Analysis* 2: 273–289.

McKinsey, J. C. C., A. Sugar, and P. Suppes 1953. Axiomatic Foundations of Classical Particle Mechanics. *Journal of Rational Mechanics and Analysis* 2: 253–272.

Mikenberg, I., N. C. A. Da Costa, and S. French 1986. Pragmatic Truth and Approximation to Truth. *Journal of Symbolic Logic* 51: 201–221.

Morgan, M. S. and M. Morrison 1999. Models as Mediating Instruments. In M. Morgan and M. Morrison (eds.), *Models as Mediators: Perspectives on Natural and Social Science*. Cambridge: Cambridge University Press, pp. 10–37.

Morganti, M. 2018. The Structure of Physical Reality: Beyond Foundationalism. In R. Bliss and G. Priest (eds.), *Reality and Its Structure: Essays in Fundamentality*. Oxford: Oxford University Press, pp. 254–272.

Morganti, M. 2020a. Fundamentality in Metaphysics and the Philosophy of Physics. Part I: Metaphysics. *Philosophy Compass* 15(7): e12690.

Morganti, M. 2020b. Fundamentality in Metaphysics and the Philosophy of Physics. Part II: The Philosophy of Physics. *Philosophy Compass* 15(10): e12703.

Mormann, T. 1975. Topologische Aspekte Strukturalistischer Rekonstruktionen. *Erkenntnis* 23: 319–359.

Morreau, M. 2010. It Simply Does Not Add Up: The Trouble with Overall Similarity. *The Journal of Philosophy* 107: 469–490.

Morrison, M. 2007. Where Have All the Theories Gone? *Philosophy of Science* 74: 195–228.

Morrison, M. 2008. Models as Representational Structures. In S. Hartmann, C. Hoefer, and L. Bovens (eds.), *Nancy Cartwright's Philosophy of Science* (Routledge Studies in the Philosophy of Science, Vol. 3). New York: Routledge, pp. 67–90.

Moulines, C.-U. 1985. Theoretical Terms and Bridge Principles: A Critique of Hempel's (Self-) Criticisms. *Erkenntnis* 22: 97–117.

Moulines, C.-U. 1996. Strcturalist: The Basic Ideas. In W. Balzer and C. U. Moulines (eds.), *The Strcturalist Theory of Science: Focal Issues, New Results*. Berlin and New York: De Gruyter, pp. 1–13.

Moulines, C.-U. 2002. Introduction: Structuralism as a Program for Modelling Theoretical Science. *Synthese* 130: 1–11.

Moulines, C.-U. 2006. The Role of Empirical Operations and Model Construction in the Ontological Commitments of Science. In C. Thiel (ed.), *Operations and Constructions in Scienc*. Erlangen: Erlanger Forschungen, pp. 21–39.

Moulines, C.-U. and J. D. Sneed 1979. Suppe's Philosophy of Physics. In R. Bogdan (ed.), *Patrick Suppes*. Dordrecht: Reidel, pp. 59–91.

Muller, F. A. 1997a. The Equivalence Myth of Quantum Mechanics – Part I. *Studies in History and Philosophy of Modern Physics* 28: 35–61.

Muller, F. A. 1997b. The Equivalence Myth of Quantum Mechanics – Part II. *Studies in History and Philosophy of Modern Physics* 28: 219–241.

Muller, F. A. 2004. Review of Patrick Suppes' 'Representation and Invariance in Scientific Structures'. *Studies in History and Philosophy of Modern Physics* 35: 713–720.

Muller, F. A. 2009. The Insidiously Enchanted Forrest. Esssy Review of 'Scientific Representation' by Bas. C Van Fraassen. *Studies in History and Philosophy of Modern Physics* 40: 268–272.

Muller, F. A. 2011. Reflections on the Revolution at Stanford. *Synthese* 183: 87–114.

Muller, F. A. and B. C. van Fraassen 2008. How to Talk About Unobservables. *Analysis* 68: 197–205.

Mundy, B. 1986. On the General Theory of Meaningful Representation. *Synthese* 67: 391–437.

Nguyen, J. 2016. On the Pragmatic Equivalence between Representing Data and Phenomena. *Philosophy of Science* 83: 171–191.

Nguyen, J. 2017. Scientific Representation and Theoretical Equivalence. *Philosophy of Science* 84: 982–995.

Nguyen, J. and R. Frigg 2017. Mathematics Is Not the Only Language in the Book of Nature. *Synthese* 198: 5941–5962. https://doi.org/10.1007/s11229-017-1526-5.

Nguyen, J., N. Teh, and L. Wells 2018. Why Surplus Structure Is Not Superfluous. *The British Journal for the Philosophy of Science* 71: 665–695.

Niiniluoto, I. 1984. *Is Science Progressive?* (Synthese Library). Dordrecht: Springer.

Niiniluoto, I. 1988. Analogy and Similarity in Scientific Reasoning. In D. H. Helman (ed.), *Analogical Reasoning: Perspectives of Artificial Intelligence, Cognitive Science, and Philosophy*. Dordrecht: Kluwer, pp. 271–298.

North, J. 2009. The 'Structure' of Physics: A Case Study. *The Journal of Philosophy* 106: 57–88.

Norton, J. D. 2008. The Dome: An Unexpectedly Simple Failure of Determinism. *Philosophy of Science* 75: 786–798.

O'Regan, D. 1997. *Existence Theory for Nonlinear Ordinary Differential Equations*. Dordrecht: Springer.

Odenbaugh, J. 2015. Semblance or Similarity? Reflections on Simulation and Similarity. *Biology and Philosophy* 30: 277–291.

Odenbaugh, J. 2018. Models, Models, Models: A Deflationary View. *Synthese* 198: 1–16. https://doi.org/10.1007/s11229-017-1665-8. Parker, W. S. 2015. Getting (Even More) Serious About Similarity. *Biology and Philosophy* 30: 267–276.

Okruhlik, K. 2009. Critical Notice. Bas C. Van Fraassen. Scientific Representation: Paradoxes of Perspective. Oxford: Oxford University Press 2008. *Canadian Journal of Philosophy* 39: 671–694.

Padovani, F. 2012. Bas C. Van Fraassen: Scientific Representation: Paradoxes of Perspective. *Science and Education* 21: 1199–1204.

Parker, M. W. 1998. Did Poincaré Really Discover Chaos? *Studies in History and Philosophy of Modern Physics* 29: 575–588.

Parker, W. 2020. Model Evaluation: An Adequacy-for-Purpose View. *Philosophy of Science* 87: 457–477. Perini, L. 2005. The Truth in Pictures. *Philosophy of Science* 72: 262–285.

Perini, L. 2010. Scientific Representation and the Semiotics of Pictures. In P. D. Magnus and J. Busch (eds.), *New Waves in the Philosophy of Science*. New York: Macmilan, pp. 131–154.

Pero, F. and M. Suárez 2016. Varieties of Misrepresentation and Homomorphism. *European Journal for Philosophy of Science* 6: 71–90.

Pincock, C. 2005. Overextending Partial Structures: Idealization and Abstraction. *Philosophy of Science* 72: 1248–1259.

Pincock, C. 2012. *Mathematics and Scientific Representation*. Oxford: Oxford University Press.

Portides, D. 2017. Models and Theories. In L. Magnani and T. Bertolotti (eds.), *Springer Handbook of Model-Based Science*. Dordrecht and Heidelberg: Springer, pp. 25–48.

Portides, D. 2018. Idealization and Abstraction in Scientific Modeling. *Synthese* 198: 5873–5895.

Poznic, M. 2018. Thin Versus Thick Accounts of Scientific Representation. *Synthese* 195: 3433–3451.

Psillos, S. 1999. *Scientific Realism: How Science Tracks Truth*. London: Routledge.

Putnam, H. 1981. *Reason, Truth, and History*. Cambridge: Cambridge University Press.

Rédei, M. 2020. On the Tension between Physics and Mathematics. *Journal for General Philosophy of Science* 51: 411–425.

Redhead, M. 2001. The Intelligibility of the Universe. In A. O'Hear (ed.), *Philosophy at the New Millennium*. Cambridge: Cambridge University Press, pp. 73–90.

Reiss, J. 2014. Models, Representation, and Economic Practice. In U. Gähde, S. Hartmann, and J. H. Wolf (eds.), *Models, Simulations, and the Reduction of Complexity*. Hamburg: De Gruyter, pp. 107–116.

Resnik, M. D. 1997. *Mathematics as a Science of Patterns*. Oxford: Oxford University Press.

Rodgers, R. L. 1971. *Mathematical Logic and Formalized Theories*. Amsterdam: North Holland.

Saatsi, J. 2011. The Enhanced Indispensability Argument: Representational Versus Explanatory Role of Mathematics in Science. *The British Journal for the Philosophy of Science* 62: 143–154.

Sánchez-Dorado, J. 2017. Methodological Lessons for the Integration of Philosophy of Science and Aesthetics. The Case of Representation. In O. Bueno, G. Darby, S. French, and D. Rickles (eds.), *Thinking About Science, Reflecting on Art*. London: Routledge, pp. 10–26.

Savage, C. W. 1998. *The Semantic (Mis)Concdeption of Theories*. http://citeseerx.ist.psu. edu/viewdoc/download?doi=10.1.1.14.6280&rep=rep1&type=pdf.

Schellenberg, S. 2018. *The Unity of Perception: Content, Consciousness, Evidence*. Oxford: Oxford University Press.

Schier, F. 1986. *Deeper in Pictures: An Essay on Pictorial Represenation*. Cambridge: Cambridge University Press.

Schindler, S. 2007. Rehabilitating Theory: Refusal of the 'Bottom-up' Construction of Scientific Phenomena. *Studies in History and Philosophy of Science* 38: 160–184.

Schindler, S. 2008. Model, Theory and Evidence in the Discovery of the DNA Structure. *The British Journal for the Philosophy of Science* 59: 619–658.

Schindler, S. 2011. Bogen and Woodward's Data-Phenomena Distinction, Forms of Theory-Ladenness, and the Reliability of Data. *Synthese* 182: 39–55.

Shapiro, S. 1983. Mathematics and Reality. *Philosophy of Science* 50: 523–548.

Shepard, R. N. 1980. Multidimensional Scaling, Tree-Fitting, and Clustering *Science* 210: 390–398.

Shive, J. N. and R. L. Weber 1982. *Similarity in Pgysics*. New York: Wiley.

Sneed, J. D. 1971. *The Logical Structure of Mathematical Physics* (2nd revised ed.). Dordrecht: Reidel.

Stegmüller, W. 1976. *The Structure and Dynamics of Theories*. New York and Berlin: Springer.

Stegmüller, W. 1979. *The Structuralist View of Theories: A Possible Analogue of the Bourbaki Programme in Physical Science*. New York and Berlin: Springer.

Steup, M. and R. Neta 2020. Epistemology. In E. N. Zalta (ed.), *The Stanford Encyclopedia of Philosophy*. https://plato.stanford.edu/archives/fall2020/entries/epistemology/.

Stich, S. and T. Warfield (eds.) 1994. *Mental Represenation: A Reader*. Oxford: Blackwell.

Suárez, M. 2003. Scientific Representation: Against Similarity and Isomorphism. *International Studies in the Philosophy of Science* 17: 225–244.

Suárez, M. 2004. An Inferential Conception of Scientific Representation. *Philosophy of Science* 71(Supplement): 767–779.

Summers, S. J. 2016. A Perspective on Constructive Quantum Field Theory. *arXiv:1203.3991*. https://arxiv.org/abs/1203.3991.

Suppe, F. 1972a. Theories, Their Formulations, and the Operational Imperative. *Synthese* 25: 129–164.

Suppe, F. 1972b. What's Wrong with the Received View on the Structure of Scientific Theories? *Philosophy of Science* 39: 1–19.

Suppe, F. 1974. Theories and Phenomena. In W. Leinfellner and E. Köhler (eds.), *Developments in the Methodology of Social Science*. Dordrecht: Reidel, pp. 45–91.

Suppe, F. 1977. The Search for Philosophical Understanding of Scientific Theories. In F. Suppe (ed.), *The Structure of Scientific Theories*. Urbana and Chicago: University of Illinois Press, pp. 3–241.

Suppe, F. 1979. Theory Structure. In P. D. Asquith and H. E. J. Kyburg (eds.), *Current Research in Philosophy of Science: Proceedings of the P.S.A. Critical Research Problems Conference*. East Lansing: Philosophy of Science Association, pp. 317–338.

Suppe, F. 1989. *The Semantic Conception of Theories and Scientific Realism*. Urbana and Chicago: University of Illinois Press.

Suppe, F. 1998. Theories, Scientific. In E. Craig (ed.), *Routledge Encyclopedia of Philosophy* (Vol. 2008). London: Routledge, pp. 344–355.

Suppe, F. 2000a. Axiomatization. In W. H. Newton-Smith (ed.), *A Companion to the Philosophy of Science*. Oxford: Wiley-Blackwell, pp. 9–11.

Suppe, F. 2000b. Theory Identity. In W. H. Newton-Smith (ed.), *A Companion to the Philosophy of Science*. Oxford: Wiley-Blackwell, pp. 525–527.
Suppe, F. 2000c. Understanding Scientific Theories: An Assessment of Developments, 1969–1998. *Philosophy of Science* 67: 102–115.
Suppe, F. 2000d. Understanding Scientific Theories: An Assessment of Developments, 1969–1998. *Philosophy of Science* 67: 102–115.
Suppes, P. 1957. *Introduction to Logic*. New York: D. Van Nostrand Company.
Suppes, P. 1960. A Comparison of the Meaning and Uses of Models in Mathematics and the Empirical Sciences. In P. Suppes (ed.), *Studies in the Methodology and Foundations of Science: Selected Papers from 1951 to 1969*. Dordrecht: Reidel, 1969, pp. 10–23.
Suppes, P. 1962. Models of Data. In P. Suppes (ed.), *Studies in the Methodology and Foundations of Science: Selected Papers from 1951 to 1969*. Dordrecht: Dordrecht, 1969, pp. 24–35.
Suppes, P. 1967. What Is a Scientific Theory. In S. Morgenbesser (ed.), *Philosophy of Science Today*. New York: Basic Books, pp. 66–67.
Suppes, P. 1968. The Desirability of Formalization in Science. *The Journal of Philosophy* 65: 651–664.
Suppes, P. 1988. Representation Theory and the Analysis of Structure. *Philosophia Naturalis* 25: 254–268.
Suppes, P. 2002. *Representation and Invariance of Scientific Structures*. Stanford: CSLI Publications.
Suppes, P. 2011. Future Development of Scientific Structures Closer to Experiments: Response to F.A. Muller. *Synthese* 183: 115–126.
Swoyer, C. 1991. Structural Representation and Surrogative Reasoning. *Synthese* 87: 449–508.
Tal, E. 2011. From Data to Phenomena and Back Again: Computer-Simulated Signatures. *Synthese* 182: 117–129.
Tegmark, M. 2008. The Mathematical Universe. *Foundations of Physics* 38: 101–150.
Teller, P. 2001a. Twilight of the Perfect Model Model. *Erkenntnis* 55: 393–415.
Teller, P. 2001b. Whither Constructive Empiricism. *Philosophical Studies* 106: 123–150.
Teller, P. 2010. 'Saving the Phenomena' Today. *Philosophy of Science* 77: 815–826.
Thompson, P. 1983. The Structure of Evolutionary Theory: A Semantic Approach. *Studies in History and Philosophy of Science* 14: 215–229.
Thompson, P. 1987. A Defence of the Semantic Conception of Evolutionary Theory. *Biology and Philosophy* 2: 26–32.
Thompson, P. 1988. Explanation in the Semantic Conception of Theory Structure. *Philosophy of Science (Proceedings)* 2: 286–296.
Thompson, P. 1989. *The Structure of Biological Theories*. Albany: State University of New York Press.
Thomson-Jones, M. 2006. Models and the Semantic View. *Philosophy of Science* 73: 524–535.
Thomson-Jones, M. 2010. Missing Systems and Face Value Practise. *Synthese* 172: 283–299.
Thomson-Jones, M. 2012. Modeling without Mathematics. *Philosophy of Science* 79: 761–772.
Toon, A. 2011. Playing with Molecules. *Studies in History and Philosophy of Science* 42: 580–589.

Toon, A. 2012a. Similarity and Scientific Representation. *International Studies in the Philosophy of Science* 26: 241–257.
Toon, A. 2012b. *Models as Make-Believe: Imagination, Fiction and Scientific Representation*. Basingstoke: Palgrave Macmillan.
Torretti, R. 1990. *Creative Understanding: Philosophical Reflections on Physics*. Chicago: The University of Chicago Press
Truesdell, C. 1984. Suppesian Stews. In C. Truesdell (ed.), *An Idiot's Fugitive Essays on Science: Methods, Criticism, Training, Circumstances*. New York and Berlin: Springer, pp. 503–579.
Tversky, A. 1977. Features of Similarity. *Psychological Review* 84: 327–352.
Ubbink, J. B. 1960. Model, Description and Knowledge. *Synthese* 12: 302–319.
van Fraassen, B. C. 1970. On the Extension of Beth's Semantics of Physical Theories. *Philosophy of Science* 37: 325–339.
van Fraassen, B. C. 1972. A Formal Approach to the Philosophy of Science. In R. G. Colodny (ed.), *Paradigms and Paradoxes*. Pittsburgh: University of Pittsburgh Press, pp. 303–366.
van Fraassen, B. C. 1980. *The Scientific Image*. Oxford: Oxford University Press.
van Fraassen, B. C. 1981. Theory Construction and Experiment: An Empiricist View. *Philosophy of Science (Proceedings Vol. 2)*, pp. 663–677.
van Fraassen, B. C. 1985. Empiricism in the Philosophy of Science. In P. M. Churchland and C. A. Hooker (eds.), *Images of Science*. Chicago: Chicago University Press, pp. 245–308.
van Fraassen, B. C. 1987. The Semantic Approach to Scientific Theories. In N. Nersessian (ed.), *The Process of Science. Contemporary Philosophical Approaches to Understanding Scientific Practice*. Dordrecht: Martinus Nijhoff, pp. 105–124.
van Fraassen, B. C. 1989. *Laws and Symmetry*. Oxford: Clarendon Press.
van Fraassen, B. C. 1991. *Quantum Mechanics*. Oxford: Clarendon Press. van Fraassen, B. C. 1995. A Philosophical Approach to Foundations of Science. *Foundations of Science* 1: 5–9.
van Fraassen, B. C. 1997. Structure and Perspective: Philosophical Perplexity and Paradox. In M. L. Dalla Chiara (ed.), *Logic and Scientific Methods*. Dordrecht: Kluwer, pp. 511–530.
van Fraassen, B. C. 2002. *The Empirical Stance*. New Haven and London: Yale University Press.
van Fraassen, B. C. 2008. *Scientific Representation: Paradoxes of Perspective*. Oxford: Oxford University Press.
van Fraassen, B. C. 2010. Reply to Contessa, Ghins, and Healey. *Analysis Reviews* 70: 547–556.
van Fraassen, B. C. 2014. One or Two Gentle Remarks About Hans Halvorson's Critque of the Semantic View. *Philosophy of Science* 81: 276–283.
van Fraassen, B. C. 2019. *The Semantic Approach, after 50 Years*. Manuscript.
Vickers, P. 2009. Can Partial Structures Accomodate Inconsistent Science. *Principia* 13: 233–250.
Vickers, P. 2014. Scientific Theory Eliminativism. *Erkenntnis* 79: 111–126.
Vorms, M. 2018. Theories and Models. In A. Barberousse, D. Bonnay, and M. Cozic (eds.), *The Philosophy of Science*. Oxford: Oxford University Press, pp. 171–224.
Votsis, I. 2010. Making Contact with Observations. In M. Suárez, M. Dorato, and M. Redei (eds.), *Epsa Philosophical Issues in the Sciences* (Vol. 2). Berlin: Springer, pp. 267–277.

Walsh, S., E. Knox, and A. Caulton 2014. Critical Review of Mathematics and Scientific Representation. *Philosophy of Science* 81: 460–469.
Weatherall, J. O. 2016a. Are Newtonian Gravitation and Geometrized Newtonian Gravitation Theoretically Equivalent? *Erkenntnis* 81: 1073–1091.
Weatherall, J. O. 2016b. Categories and the Foundations of Classical Field Theories. *arXiv:1505.07084*. https://arxiv.org/abs/1505.07084.
Weatherall, J. O. 2016c. Understanding Gauge. *Philosophy of Science* 83: 1039–1049.
Weatherall, J. O. 2019a. Part 1: Theoretical Equivalence in Physics. *Philosophy Compass* 14(5): e12592: 1–11.
Weatherall, J. O. 2019b. Part 2: Theoretical Equivalence in Physics. *Philosophy Compass* 14(5): e12591: 1–12.
Weisberg, M. 2012. Getting Serious About Similarity. *Philosophy of Science* 79: 785–794.
Weisberg, M. 2013. *Simulation and Similarity: Using Models to Understand the World*. Oxford: Oxford University Press.
Weisberg, M. 2015. Biology and Philosophy Symposium on Simulation and Similarity: Using Models
Wigner, E. 1960. The Unreasonable Effectiveness of Mathematics in the Natural Sciences. *Communications on Pure and Applied Mathematics* 13: 1–14.
Winsberg, E. 1999. The Hierarchy of Models in Simulation. In L. Magnani, N. Nersessian, and P. Thagard (eds.), *Model-Based Reasoning in Scientific Discovery*. New York: Kluwer Academic; Plenum Publishers, pp. 255–269.
Winther, R. G. 2016. The Structure of Scientific Theories. In E. N. Zalta (ed.), *The Stanford Encyclopedia of Philosophy*. https://plato.stanford.edu/archives/win2016/entries/ structure-scientific-theories/.
Woodward, J. 1989. Data and Phenomena. *Synthese* 79: 393–472.
Woodward, J. 2000. Data, Phenomena, and Reliability. *Philosophy of Science (Proceedings)* 67: 163–179.
Woodward, J. 2010. Data, Phenomena, Signal, and Noise. *Philosophy of Science* 182: 792–803.
Woodward, J. 2011. Data and Phenomena: A Restatement and Defense. *Synthese* 182: 165–179.
Woody, A. (ed.) 2010. *Syposia Papers from the Psa 2008 Program*. Chicago: Chicago University Press.
Worrall, J. 1984. An Unreal Image. *The British Journal for the Philosophy of Science* 34: 65–80.
Worrall, J. 2011. Underdetermination, Realism and Empirical Equivalence. Synthese 180: 157–172.

Parte III

Capítulo 9 RECONSIDERANDO LA REPRESENTACIÓN

9.1 Introducción

Los modelos representan sus respectivos sistemas objetivo. Pero, ¿qué significa que un modelo represente su objetivo? En la sección 6.2 introdujimos este problema, articulamos preguntas específicas que debe responder una perspectiva de la representación científica y formulamos las condiciones de adecuación de las respuestas. A continuación, discutimos cómo la perspectiva estructuralista y la perspectiva de la similitud abordan estas preguntas y condiciones. Como hemos visto, ambas perspectivas se enfrentan a una serie de dificultades. Durante las dos últimas décadas se han propuesto varias perspectivas alternativas que prometen superar estas dificultades. El objetivo de este capítulo es presentar, discutir y evaluar estas perspectivas.[339] Comenzamos con una posición denominada "griceanismo general", que pone en duda todo el esfuerzo de analizar la representación científica (sección 9.2). Tras haber disipado el desafío griceano, pasamos a una posición que se identifica a sí misma como "representación directa" (sección 9.3). A continuación, discutimos una familia de propuestas que navegan bajo la bandera del "inferencialismo" (sección 9.4). Un enfoque completamente diferente enfatiza que los modelos representan sus objetivos *como* tal y como son y, por lo tanto, analiza la representación científica en términos de representaciones (sección 9.5). Terminamos señalando que, si bien la representación es importante, no todos los modelos funcionan de manera representacional (sección 9.6).

9.2¿Persiguiendo sueños imposibles?

Los intentos por abordar las diversas cuestiones relacionadas con la representación científica son en vano si el argumento expuesto en un artículo de Callender y Cohen (2006) es correcto. Estos autores sostienen que "no hay ningún problema especial con la representación científica" (*ibid.*, 67) y que "el isomorfismo, la similitud y la generación de inferencias son ruedas inútiles en la maquinaria representacional" (*ibid.*, 78). Quienes buscan una teoría de la representación científica están persiguiendo un sueño imposible.[340]

---

[339] Este capítulo se basa en gran medida en Frigg y Nguyen (2017a, secciones 2, 5, 6 y 7, y 2020, capítulos 2, 5, 6, 7 y 8).

[340] Una amenaza más fundamental podría provenir de la doctrina pragmática del antirrepresentacionalismo. En términos generales, el representacionalismo es la visión de que existe una relación entre un dispositivo epistémico y el tema que trata dicho dispositivo, que implica veracidad, copia y una relación causal con el éxito (Godfrey-Smith 2020, 153). Muchos pragmatistas rechazan el representacionalismo. En esta línea, Price defiende un naturalismo sin representacionalismo (Price 2011). Sin embargo, como señala Godfrey-Smith, las cosas pueden ser representaciones en varios sentidos y no todas ellas son necesariamente objeto de las críticas pragmatistas. Por lo tanto, el

Este veredicto está motivado por una posición que Callender y Cohen denominan "griceanismo general".[341] El núcleo del griceanismo general es la afirmación reductiva de que existe una clase privilegiada de representaciones, y que todas las demás representaciones derivan su estatus representacional de su relación con esta clase privilegiada (*ibid.*, 70). La clase privilegiada de representaciones fundamentales son los estados mentales (*ibid.*, 73). El poder representacional de otras representaciones, como los enunciados lingüísticos y las imágenes, se reduce entonces al poder representacional de los estados mentales específicos que tiene un sujeto cuando interactúa con estas representaciones. Para el griceano general, el análisis de una representación es, por lo tanto, un proceso en dos etapas. Primero "explica los poderes representativos de las representaciones derivadas en términos de aquellos de las representaciones fundamentales" y luego "ofrece otra historia para explicar la representación de los portadores fundamentales de contenido" (*ibid.*, 73). Dado que los portadores fundamentales de contenido son estados mentales, el reto fundamental para el griceano general es formular una perspectiva de cómo los estados mentales se refieren a algo en el mundo. Este es el problema de la representación mental, que es una de las preocupaciones centrales de la filosofía de la mente.[342]

Al igual que el lenguaje y las imágenes, la representación científica es un tipo de representación derivada y, por lo tanto, "los diversos vehículos representacionales utilizados en entornos científicos (modelos, ecuaciones, construcciones con palillos, dibujos, etc.) representan sus objetivos (el comportamiento de los gases ideales, las evoluciones del estado cuántico, los puentes) en virtud de los estados mentales de sus creadores/usuarios" (*ibid.*, 75). Entonces, ¿cómo funciona esta reducción de la capacidad representativa de las representaciones científicas a representaciones mentales? Callender y Cohen ofrecen una respuesta en términos de estipulación:

> ¿Puede el salero de la mesa representar Madagascar? Por supuesto que sí, siempre y cuando se estipule que el primero representa al segundo. . . . ¿Puede tu mano izquierda representar la forma platónica de la belleza? Por supuesto, siempre y cuando se estipule que la primera representa a la segunda... Según lo que estamos diciendo, entonces, prácticamente cualquier cosa puede estipularse como vehículo representativo de prácticamente cualquier otra... los poderes representativos de los estados mentales son tan amplios que pueden dar lugar a otras relaciones representativas entre relatos arbitrarios por mera estipulación. El resultado es que, una vez que se ha pagado la elevada cuota única que supone proporcionar una metafísica de la representación para los estados mentales,

proyecto de formular una perspectiva de la representación no es inviable, ni siquiera desde el punto de vista pragmatista (ibid.).

[341] Esta posición se desarrolla con más detalle en Ruyant (2021).

[342] Véase, por ejemplo, Pitt (2018) para un debate al respecto.

los casos posteriores de representación resultan extremadamente baratos. (*ibid*., 73-74)

Así pues, la respuesta del griceanismo general al problema de la representación científica es que algo se convierte en una representación científica por "fiat estipulativo" (*ibid*., 75): un modelo científico *M* representa un sistema objetivo *T* si y solo si un usuario del modelo estipula que *M* representa *T*.

Esto hace que las representaciones científicas sean fáciles de conseguir: basta con tomar cualquier objeto y declarar que es un modelo de tu objetivo previsto. Entonces, ¿por qué los científicos dedican tiempo a construir y estudiar modelos? Callender y Cohen no niegan que algunos modelos sean útiles y otros no, y estarían de acuerdo en que los saleros y las manos izquierdas son inútiles. Sin embargo, insisten en que "las preguntas sobre la utilidad de estos vehículos representacionales son preguntas sobre la pragmática de las cosas que son vehículos representacionales, no preguntas sobre su estatus representacional per se" (*ibid*., 75), donde "vehículo" denota lo que anteriormente llamábamos el portador de una representación (sección 6.2).

Para evaluar los méritos de esta visión de la representación, comenzaremos por indagar en la relación entre el griceanismo general y el fiat estipulativo. Aunque Callender y Cohen mencionan ambos conceptos en la misma frase, en realidad se trata de doctrinas distintas. Como señala Toon (2010a, 77-78, 2012b, 244), el griceanismo general exige que se dé alguna perspectiva sobre cómo las representaciones no fundamentales se relacionan con los estados mentales, pero esta posición no se compromete a que dicha perspectiva sea de ningún tipo en particular, y mucho menos a que sea un fiat estipulativo. Por lo tanto, se puede ser partidario del griceanismo general sin ser partidario del fiat estipulativo. La representación científica puede, en principio, reducirse a la representación mental de muchas maneras diferentes. De hecho, las versiones más desarrolladas tanto de la perspectiva del morfismo como de la perspectiva de la similitud de la representación científica (así como otras perspectivas que encontraremos más adelante en este capítulo) concuerdan con una perspectiva griceana general en el sentido de que consideran las intenciones de un agente como un ingrediente constitutivo de una perspectiva de la representación científica. Los agentes designan objetivos previstos, eligen objetos que se utilizarán como modelos, formulan hipótesis sobre la relación entre los modelos y los objetivos (*targets* [T]), y las evalúan con respecto a ciertas metas, propósitos y estándares de exactitud. Estas acciones son el resultado de las actividades mentales de un agente. Las actividades mentales relevantes son simplemente más complejas que estipular que M representa T y dejarlo así. Sin embargo, los griceanos pueden seguir argumentando que la tarea principal de una teoría de la representación fundamental es identificar los estados mentales que corresponden a estas actividades. Entonces, es simplemente una cuestión de intereses de investigación si se considera que el análisis de los estados mentales o el escrutinio de, por ejemplo, las afirmaciones de similitud es el problema más pertinente.

Dicho esto, ¿cómo funciona el fiat estipulativo como perspectiva de la representación científica? Callender y Cohen apoyan el fiat estipulativo señalando que cualquier cosa puede representar cualquier otra cosa (*ibid.*, 73). Esto es correcto. Los objetos que funcionan representacionalmente no pertenecen a una categoría particular de cosas.[343] Cualquier cosa, desde un conjunto de palillos hasta una ecuación diferencial de segundo orden, puede ser, en principio, una representación científica. Pero que cualquier cosa pueda ser, en principio, una representación científica no implica que un mero acto de estipulación sea suficiente para convertir cualquier cosa en una representación científica real. El problema más obvio del fiat estipulativo es que viola la condición de razonamiento sustituto. Como han señalado varios comentaristas,[344] se puede estipular que el salero representa Madagascar o que la máquina de café espresso representa el Big Bang, pero estas representaciones son cognitivamente inertes porque la perspectiva no prevé que se puedan extraer afirmaciones sobre Madagascar o el Big Bang a partir del razonamiento sobre los portadores de la representación. La mera estipulación no fundamenta el razonamiento sustituto. Como hemos visto, la capacidad de utilizar un modelo para razonar sobre su objetivo es una característica crucial, y de hecho definitoria, de la representación científica, y una perspectiva de la representación científica debe ser capaz de explicar cómo se hace esto. Por lo tanto, el fiat estipulativo es insostenible como perspectiva de la representación científica.

9.3 Representación directa

En los capítulos anteriores hemos encontrado diferentes nociones de modelos. En el capítulo 2 distinguimos entre modelos lógicos y representacionales; en el capítulo 5 vimos que algunos autores consideran los modelos como entidades teóricas conjuntistas; y en el capítulo 8 encontramos las opiniones de que los modelos son entidades abstractas o réplicas abstractas. Ahora añadimos una nueva noción a la lista, a saber, que los modelos son conjuntos de supuestos sobre sus sistemas objetivo. Achinstein articula esta opinión de la siguiente manera:

> El término "modelo" es utilizado con frecuencia por los científicos en la expresión "modelo de un x" para referirse a un conjunto de supuestos o postulados que describen ciertos objetos físicos, o fenómenos, de tipo x. . . . Así, por ejemplo, cuando el físico habla del modelo de Bohr del átomo de hidrógeno, se refiere generalmente a los supuestos de Bohr sobre las propiedades de los átomos de hidrógeno (o al átomo de hidrógeno tal y como lo describen dichos supuestos). (1964, 330)

---

[343] Este punto también ha sido señalado por autores que no se adhieren al programa de Grice. Véase, por ejemplo, Frigg (2010, 99), Frisch (2014, 3028), Giere (2010, 269), Suárez (2004, 773), Swoyer (1991, 452), Teller (2001, 397) y Wartofsky (1979, xx).

[344] Véase, por ejemplo, Boesch (2017, 972), Gelfert (2016, 33) y Morrison (2015, 127).

A continuación, resume este punto de vista en el lema de que "un modelo consiste en un conjunto de *supuestos* sobre algún objeto o sistema" (1965, 103, cf. 1968, 212). Esta noción está estrechamente relacionada con la práctica científica, en la que los modelos se introducen a menudo con locuciones como "considerar" y "suponer". Un físico que introdujera el modelo newtoniano del sistema solar podría decir "supongamos que los planetas son esferas perfectas y...". Al hacer estas suposiciones, el físico introduce el modelo.

Esta opinión no es exclusiva de Achinstein, sino que también aparece en los escritos de otros filósofos. Bailer-Jones afirma que "un modelo es una descripción interpretativa de un fenómeno que facilita el acceso a dicho fenómeno" (2002, 108). Hartmann señala que un modelo es "un conjunto de supuestos sobre algún objeto o sistema" (1999, 327). Cartwright compara los modelos con "descripciones preparadas" que presentan el objeto como si tuviera las propiedades especificadas en la descripción (1983, 134). Nowak afirma que los modelos son "conjuntos de enunciados" sobre el objetivo (1998, 42), una opinión que comparte Nowakowa y Nowak (2000a, 10). Por último, Thomson-Jones (2012, 762) y Leplin (1980, 274) asocian un modelo con un conjunto de "proposiciones" sobre el sistema objetivo.[345]

Esta visión de los modelos no ofrece en sí misma una perspectiva de la representación, pero abre la puerta a un enfoque del problema que se ha dado en llamar *representación directa*. Las teorías de la representación que hemos encontrado hasta ahora consideran los modelos como objetos de algún tipo y construyen la representación como una relación entre el objeto-modelo y el objetivo. Esto concuerda con una concepción ampliamente compartida de los modelos como objetos independientes. De hecho, Weisberg considera que la construcción de un objeto que se pone en relación con un objetivo es la característica definitoria de la modelización que la distingue de otras formas de investigación científica (2007b, 209-210). Si es así, entonces la representación del modelo es una representación "indirecta": el modelizador no describe el objetivo directamente, sino que introduce un sistema secundario, el modelo, para representar el objetivo.

Esta visión ha encontrado oposición en Toon y Levy, quienes (independientemente) proponen una perspectiva "directa" de la representación.[346] Su visión no reconoce los modelos como entidades independientes, sino que los considera un tipo especial de descripción. Las descripciones de modelos son directas en el sentido de que el referente de una descripción de modelo no es un sistema modelo distinto del objetivo, sino el propio objetivo. Por lo tanto, Levy sostiene que los modelos proporcionan una "descripción imaginativa de cosas reales" (2012,

[345] Estos autores se ocupan de diferentes tipos de modelos, por lo que algunos añaden aclaraciones. Achinstein analiza los modelos «teóricos»; Hartmann se centra en los modelos «fenomenológicos»; y Leplin analiza los modelos «evolutivos». Estas diferencias son irrelevantes en el contexto actual. Analizamos diferentes tipos de modelos en la parte IV del libro.

[346] Véase Levy (2012, 2015) y Toon (2010a, 2010b, 2012a).

741), y Toon enfatiza que no existen sistemas modelo, entendidos como objetos de los que las descripciones de modelos son literalmente verdaderas (Toon 2012a, 43-44).

Este enfoque es una continuación natural de la visión anterior de que los modelos son suposiciones, pero también va más allá de esa visión de una manera importante. Tanto Toon como Levy ofrecen una perspectiva de lo que significa hacer una suposición sobre un sistema y, al hacerlo, transforman la "visión de las suposiciones" en una teoría de la representación científica. Ambas visiones se basan en la perspectiva de Walton (1990) sobre la ficción, en cuyo centro se encuentra la noción de *juego de hacer de cuenta que* (*make-believe*). Un ejemplo sencillo de este tipo de juego es lo que hacen los niños cuando juegan a "ver quién ve primero al oso". En este juego, un grupo de niños camina por un bosque y acuerdan que quien vea un tronco cortado debe *imaginar* que es un oso. En el contexto del juego, los troncos cortados funcionan como utilería (*props*) y la regla de que hay que imaginar un oso al ver un tronco cortado es un *principio de generación*. Los objetos de utilería, junto con los principios de generación, definen un juego de 'hacer de cuenta que', al prescribir lo que hay que imaginar. Una proposición que se debe imaginar de este modo es *verdadera en el juego*. El conjunto de proposiciones que son verdaderas en el juego no tiene por qué coincidir con el conjunto de proposiciones realmente imaginadas por los participantes. Alguien que juega al juego puede confundir un montículo de tierra con un tronco cortado (y, por lo tanto, imaginar un oso donde no debería); o puede haber un tronco cortado escondido detrás de un árbol que, por lo tanto, no desencadena ninguna imaginación (y, sin embargo, la proposición de que hay un oso detrás del árbol es verdadera en el juego).

Hay una gran variedad de juegos diferentes de hacer de cuenta que, y utilizan diferentes objetos de utilería y diferentes reglas de generación. En un tipo importante de juego, los objetos de utilería son los textos de la ficción literaria. Toon ofrece el ejemplo de *La guerra de los mundos*, de H. G. Wells (2012a, 39). Las palabras y oraciones que leemos son los objetos de utilería que, junto con las reglas del idioma inglés y las convenciones del género literario al que pertenece la obra, obligan al lector a imaginar ciertas cosas. A los lectores de *La guerra de los mundos*, por ejemplo, se les prescribe imaginar que la catedral de San Pablo fue atacada por extraterrestres y ahora tiene un enorme agujero en el lado occidental de su cúpula.

En la terminología de Walton, algo es una *representación* si es un objeto de utilería en un juego de 'hacer de cuenta que'. Los troncos cortados en el juego de los niños son representaciones, al igual que el texto de *La guerra de los mundos*. Algo es el objeto de una representación si la representación prescribe a los participantes en el juego que imaginen algo sobre el objeto. En la novela de Wells, la catedral de San Pablo es el objeto de la representación.

El paso crucial ahora es decir que las descripciones que articulan suposiciones sobre el objetivo cumplen la misma función que el texto de las ficciones literarias: son objetos de utilería en un juego de hacer de cuenta que. Esto las convierte en representaciones en el sentido de Walton, y el objetivo es el objeto de la representación porque la descripción exige imaginaciones sobre el objetivo. El modelo de Newton es la descripción que Newton ofreció en *Principia*. Al igual que el texto de *La guerra de los mundos*, prescribe a los lectores que imaginen sobre el objeto de la representación, el sistema Sol-Tierra, que el Sol y la Tierra son esferas perfectas que interactúan gravitacionalmente entre sí y nada más. Por lo tanto, los modelos son fragmentos de texto que prescriben imaginaciones sobre un sistema objetivo de manera muy similar a como las novelas prescriben imaginaciones sobre objetos como la catedral de San Pablo.[347] Por lo tanto, los modelos no son objetos que representan a sus objetivos al tener una relación particular (como el isomorfismo o la similitud) con ellos, sino al ser descripciones que sirven como objetos de utilería en un juego de hacer de cuenta que prescriben imaginaciones sobre el sistema objetivo. A esta visión la llamamos *representación directa*. Así, la representación directa ofrece la siguiente respuesta al problema de la representación científica: un modelo científico *M* representa un sistema objetivo *T* si y solo si *M* es un texto que funciona como accesorio en un juego de hacer de cuenta que (Levy 2015, 791; Toon 2012a, 62).

Una ventaja obvia de la representación directa es que el problema de los portadores ha desaparecido prácticamente. No hay ningún objeto modelo, por lo que no hay ninguna pregunta sobre qué es este objeto, y desaparecen los problemas relativos a la naturaleza de los modelos que plagaban en particular la perspectiva de la similitud. Tanto Levy (2012, 744-747, 2015, 780-790) como Toon (2012a, 41-45) ven esto como una ventaja importante de sus perspectivas. La visión cumple la condición de direccionalidad porque el modelo prescribe imaginaciones sobre el objetivo, pero no al revés. No hay ningún requisito de que las imaginaciones hagan afirmaciones verdaderas sobre el objetivo (no hay ningún agujero en la cúpula de la catedral de San Pablo), por lo que la perspectiva no tiene ningún problema con la mala representación (*misrepresentation*). Dado que este enfoque tiene su origen en la estética y se inspira en un análisis de la ficción literaria, es natural suponer que la representación directa da una respuesta negativa al problema de la demarcación representacional. Ni Toon ni Levy abordan la cuestión de la aplicación de las matemáticas, por lo que esta sigue siendo una cuestión abierta para la representación directa.

Sin embargo, no está claro cómo la representación directa cumple la condición de razonamiento sustituto. Por sí misma, imaginar que el objetivo tiene ciertas

[347] Toon también ofrece una perspectiva de los modelos materiales, que trata como análogos a las estatuas. Una estatua de Napoleón a caballo es un accesorio en un juego de hacer de cuenta que, al igual que los modelos materiales como los modelos de moléculas con bolas y palos (2012a, 37). Discutimos los modelos materiales en el capítulo 14.

propiedades no nos dice nada sobre cómo las verdades sobre el modelo proporcionan afirmaciones sobre el objetivo. Imaginar el sol y la tierra como esferas perfectas que interactúan gravitacionalmente no nos dice nada sobre qué afirmaciones, si las hay, sobre las esferas perfectas son también ciertas para el sol y la tierra reales. Tal y como se ha formulado hasta ahora, la representación directa carece de un mecanismo de transferencia que permita a los usuarios del modelo trasladar al objetivo los conocimientos adquiridos en el modelo. Toon aborda brevemente este problema y responde que la transferencia del contenido representacional se efectúa mediante principios de generación:

> Los principios de generación suelen vincular las propiedades de los modelos con las propiedades del sistema que representan de una manera bastante directa. Si el modelo tiene una determinada propiedad, debemos imaginar que el sistema también la tiene. Si el modelo es exacto, entonces el modelo y el sistema serán similares en este aspecto. (2012a, 68-69)

Esto implica una ampliación de la noción de Walton de un principio de generación. En su formulación original, un juego de hacer de cuenta que implica imaginar algo; no nos pide que convirtamos estas imaginaciones en afirmaciones sobre el objetivo. Se supone que los lectores de Wells deben imaginar que hay un agujero en la cúpula de la catedral de San Pablo; la novela no le dice a nadie que forme la hipótesis de que realmente existe tal agujero. El pueblerino que salta al escenario para salvar a la heroína no entiende cómo funciona un juego de hacer de cuenta que. Pero incluso si asumimos que se puede formular una extensión adecuada de la noción de principio de generación, siguen existiendo problemas graves. Si el mecanismo de transferencia es la identidad de propiedades, entonces la noción de modelización proporcionada es demasiado estrecha. Los modelos suelen representar los objetivos como si tuvieran propiedades que no tienen, por lo que una perspectiva de la representación basada en la identidad de las propiedades no logra explicar cómo funcionan dichos modelos. Toon menciona que no todos los modelos funcionan de esta manera (*ibid*., 69), pero no da más indicaciones sobre cómo abordar estos casos.

Levy (2015, 792-796) aborda la condición del razonamiento sustituto apelando a la perspectiva de Yablo (2014) sobre la verdad parcial. Una oración es parcialmente verdadera si parte de ella es verdadera. Más detalladamente, una oración es parcialmente verdadera "si es verdadera cuando se evalúa solo en relación con un subconjunto de las circunstancias que conforman su tema, el subconjunto correspondiente a la parte relevante del contenido" (Levy 2015, 792). Consideremos una oración que describe el sistema solar, que afirma cuántos planetas hay, da una perspectiva de la constitución interna de los planetas y especifica sus posiciones relativas. Supongamos que esta oración se pronuncia en un contexto en el que nos interesa el número de planetas. El subconjunto relevante de las circunstancias que conforman el tema de la oración es entonces el número de planetas. La oración es parcialmente verdadera si lo que dice sobre el número de planetas es verdadero. Levy sostiene que esta perspectiva también funciona para algunos casos de modelización. Ofrece el ejemplo del gas ideal. El modelo del gas ideal contiene todo tipo de supuestos, por ejemplo, que las partículas no interactúan y que el gas está perfectamente aislado del entorno. Si se utiliza en un contexto en el que solo nos interesa la relación entre la presión p, el volumen V y la temperatura T, el tema del modelo es la ley de los gases ideales (que dice que estas cantidades están relacionadas por la ecuación $pV = kT$, donde k es una constante), y todas las demás características pueden dejarse entre paréntesis. El modelo es entonces parcialmente verdadero si esta ley es verdadera. Esto funciona para algunos modelos, pero como señala el propio Levy (*ibid.*, 794), hay casos de modelización que se resisten a un tratamiento de este tipo. Estos casos suelen ser aquellos que implican idealizaciones límite, por ejemplo, cuando se supone que el número de partículas en un sistema tiende a infinito (véase la sección 12.3). Estos modelos requieren un tratamiento diferente, y no se ha dado ninguna perspectiva de ese tratamiento.

La solución de Levy comparte con la de Toon el énfasis en la identidad. De hecho, ambas perspectivas afirman que una determinada característica del modelo se atribuye al objetivo; difieren en cómo identifican esa característica. La perspectiva de Toon asume que se destaca en una regla general de generación; la perspectiva de Levy apela a un tema y a una verdad parcial. Esto implica una postura sobre el estilo y la exactitud: el estilo es la representación de la identidad y un modelo es exacto si el objetivo posee realmente la propiedad que se dice que comparte con el modelo.

La representación directa sostiene que los modelos prescriben imaginaciones sobre los sistemas objetivo, lo cual es el movimiento que permite a la representación directa eliminar los sistemas modelo ontológicamente problemáticos. Sin embargo, como hemos visto anteriormente, no todos los modelos tienen objetivos. Los modelos del éter u otras entidades desacreditadas no tienen objetivos. Pero no todos los modelos sin objetivo son fruto del error. Los modelos de poblaciones de cuatro sexos y el modelo arquitectónico de un edificio proyectado pero aún no construido se diseñaron con pleno conocimiento de la ausencia de un objetivo. Toon aborda esta cuestión señalando que solo algunos modelos son como *La guerra de los mundos*, que tiene un objeto. Otros son como Drácula, que pertenece a un grupo de obras que "no representan ningún objeto real y concreto, sino que tratan sobre personajes ficticios" (2012a, 54). Pero entonces, ¿qué representan? *Drácula*, sostiene Toon, trata sobre un personaje ficticio, al igual que los modelos sin objetivo. Poblaciones de cuatro sexos y edificios no construidos son personajes ficticios como *Drácula* y *Hamlet*, y los respectivos modelos representan a estos personajes ficticios. Sin embargo, esto nos devuelve todos los problemas con las entidades ficticias que la visión directa pretendía evitar, por lo que, al menos en el caso de los modelos sin objetivo, la representación directa no disfruta de ninguna ventaja ontológica sobre los enfoques de representación indirecta, como la visión isomorfista y la visión de similitud. Toon lo reconoce y cree que es un problema con el que se puede vivir.

Levy es menos optimista a la hora de aceptar personajes ficticios y ofrece una solución radical al problema de los modelos sin objetivo: ¡no existen tales modelos! Esta sugerencia tiene dos vertientes. La primera es una generalización de la noción de objetivo (Levy 2015, 796-797). Apelando a la noción de Godfrey-Smith de casos "hub-and-spoke" (centro y conectados radialmente), admite familias de modelos en las que solo algunos tienen objetivos (lo que los convierte en modelos centro), mientras que los modelos sin objetivo están conectados a los modelos centro a través de enlaces conceptuales (radios). Los modelos de población de cuatro sexos, por ejemplo, podrían considerarse modelos radios de modelos de población de dos sexos que tienen objetivos. Esto permite a Levy considerar los casos de centro y conectados radialmente como representaciones directas de "objetivos generalizados" (*ibid.*, 796). Un modelo de cuatro sexos, por ejemplo, es entonces una representación directa de algo así como "el crecimiento de la población en general" (*ibid.*, 796). Si un modelo sin objetivo resulta no tener radios que conecten con un modelo con objetivo, debe despojarse de su (supuesto) estatus de modelo. Levy menciona presuntos modelos como el *Juego de la Vida*, que, al analizarlos más detenidamente, resultan ser solo "fragmentos matemáticos" que no son modelos (*ibid.*, 797). Esto elimina la necesidad de introducir personajes ficticios como objetivos de modelos que no representan un sistema del mundo real.

La metáfora del centro y los radios y la noción vagamente definida de un objetivo generalizado son insuficientes para resolver el problema de los modelos sin objetivo. La innovación clave de la representación directa consiste en eliminar los sistemas de modelos y redefinir la modelización como la prescripción para imaginar algo sobre el objetivo real. Si un modelo no tiene objetivo, esto no se puede hacer, y el hecho de que el modelo tenga vínculos conceptuales con otros modelos no cambia nada. Nociones como "crecimiento de la población en general" no señalan cosas concretas que puedan servir como objeto de un acto de fingimiento (*pretence*), e incluso si se generalizara la noción de objeto para que la imaginación pudiera referirse a generalizaciones de ese tipo, plantearían las mismas preocupaciones ontológicas que los personajes ficticios de Toon. No se pueden obtener a la vez los beneficios ontológicos de considerar el modelado como imaginar algo sobre un objeto concreto y, al mismo tiempo, permitir objetivos que no sean objetos concretos.

9.4 Inferencialismo

Como hemos visto en la sección 6.2, un análisis adecuado de la representación científica debe cumplir la condición de direccionalidad y la condición de razonamiento sustituto. Es decir, debe dar cuenta de los hechos de que la representación es asimétrica y que los modelos permiten a los científicos generar hipótesis sobre el objetivo. La *Concepción Inferencial de la Representación Científica* de Suárez (*Concepción Inferencial*, para abreviar) ofrece una perspectiva de la representación científica directamente en términos de estas dos características: "*A* representa *B* solo si (i) la fuerza representacional de *A* apunta hacia *B*, y (ii) A permite a agentes competentes e informados extraer inferencias específicas sobre B" (2004, 773).

La concepción debe su nombre al hecho de que sitúa la práctica de extraer inferencias en el centro del análisis de la representación. Los modelos no se identifican ni por su constitución material ni por las relaciones que mantienen con otras cosas; se caracterizan funcionalmente como cosas que sirven de "prótesis inferenciales" o "instrumentos para el razonamiento sustituto" (de Donato Rodríguez y Zamora Bonilla 2009, 101). La concepción inferencial de Suárez ofrece condiciones sobre la representación *tout court* y no diferencia entre representación científica y no científica, por lo que da una respuesta negativa al problema de la demarcación representacional. Esto está en consonancia con el espíritu del debate de Suárez, en el que a menudo recurre a analogías entre la representación en el arte y en la ciencia.[348] Dado que no se exige que las inferencias extraídas sean correctas, la perspectiva no tiene ningún problema con la mala representación (*misrepresentation*). Una representación es exacta (*accurate*) en la medida en que las inferencias extraídas del modelo son verdaderas para el objetivo. No se hacen suposiciones sobre qué tipo de objeto se supone que es A, salvo que de alguna manera tiene que fundamentar las inferencias, por lo que se deja de lado el problema de los portadores. Dado que A puede ser una entidad matemática, la perspectiva deja espacio para las representaciones matemáticas. Los usuarios pueden extraer inferencias sobre objetivos inexistentes, lo que aborda la condición de los modelos sin objetivo. Aunque Suárez no se preocupa por los estilos representacionales, se podrían explicar diferentes estilos en términos de agentes que extraen diferentes tipos de inferencias, por ejemplo, inferencias deductivas, analógicas y abductivas.

Las dificultades surgen cuando nos preguntamos cuál es la respuesta de la concepción inferencial al problema de la representación científica. Responder a este problema equivale a rellenar el espacio en blanco del bicondicional "*M* es una representación científica de *T* si y solo si____". Sin embargo, la condición de Suárez especifica que *A* representa *B* "solo si", no "si y solo si". Así pues, la Concepción Inferencial ofrece condiciones necesarias, pero no suficientes, para que *A* represente *B*. Esto es deliberado, ya que Suárez rechaza explícitamente la

[348] Las opiniones de Suárez sobre la representación se discuten en sus obras (1999, 2003, 2004, 2009, 2013, 2015), Suárez y Solé (2006) y Pero y Suárez (2016). Existe una pregunta sobre cómo el inferencialismo sobre la representación científica se relaciona con el programa más amplio del inferencialismo en la filosofía del lenguaje (Brandom 1994). Para un análisis de este punto, véase, por ejemplo, De Donato y Zamora Bonilla (2009), Kuorikoski y Lehtinen (2009), y Nguyen y Frigg (2022, cap. 3). Para un análisis del uso de los condicionales por parte de Suárez, véase Poznic (2016). Para más análisis sobre el inferencialismo, véase McCullough-Benner (2020).

búsqueda de condiciones necesarias y suficientes y sostiene que "las condiciones necesarias serán sin duda suficientes" (2004, 771).[349] Esto equivale a rechazar el Problema de la Representación Científica *per se*, que Suárez no aceptaría como un problema que una perspectiva de la representación científica deba resolver.

La razón es que Suárez sostiene que se debe adoptar una actitud "deflacionista" hacia la representación científica (2004, 770). Ser deflacionista tiene dos aspectos, y el primero es precisamente rechazar las condiciones necesarias (pasamos al segundo aspecto en breve). El deflacionismo, según Suárez, "implica abandonar el objetivo de una teoría sustantiva que busque condiciones universales necesarias y suficientes que se cumplan en todos y cada uno de los casos concretos de representación científica", lo cual es lo correcto porque "la representación no es el tipo de noción que requiere o admite tales condiciones" (*ibid.*, 771). Sin embargo, no queda claro por qué un análisis de la representación no permite ni necesita condiciones suficientes. De hecho, una posición que solo reconoce condiciones necesarias se encuentra en la incómoda situación de no poder afirmar nunca que algo es realmente una representación. Es decir, basándonos en el criterio de la concepción inferencial, nunca estamos en condiciones de afirmar que un modelo determinado (o un gráfico, un diagrama, un cuadro, etc.) representa, ni siquiera que la humanidad haya producido jamás algo que pueda calificarse de representación. El segundo aspecto de una posición deflacionaria es que no se deben buscar "características más profundas de la representación que sus características superficiales" (2004, 771) y, como dicen Suárez y Solé, convertir "los lugares comunes en las condiciones que definen el concepto" (2006, 40). Las condiciones anteriores encarnan este programa. La primera condición, que la fuerza representativa de A apunte hacia B, está diseñada para garantizar que A y B entren en una relación representativa, y Suárez subraya que la fuerza representativa es "necesaria para cualquier tipo de representación" (2004, 776). Pero explicar la representación en términos de fuerza representativa parece arrojar poca luz sobre la naturaleza de la representación, siempre que no se proporcione un análisis de la fuerza representativa. Sin embargo, Suárez insiste en que cualquier intento de analizar más a fondo la fuerza representacional, por ejemplo en términos de denotación, violaría el imperativo del deflacionismo (2015, 41).

La segunda condición de la concepción inferencial, que A permita a agentes competentes e informados extraer inferencias específicas sobre B, es precisamente la condición del razonamiento sustituto, ahora considerada una condición necesaria para la representación. Sin embargo, esta condición no intenta esclarecer cómo se generan las inferencias ni qué es lo que permite a un agente extraer inferencias a partir de una representación. Contessa expresa su insatisfacción con este estado de cosas y se queja de que, según la concepción inferencial, la capacidad de un agente para extraer inferencias de un modelo tiene que aceptarse

[349] Suárez y Solé ofrecen una formulación con un bicondicional, pero añaden inmediatamente que «no sugieren sustituir el original» (citado en el primer párrafo de esta sección) y que se trata solo de «un caso dentro de una amplia familia de posibilidades interesantes» (2006, 41).

como un "hecho bruto", lo que "hace que la conexión entre la representación epistémica y el razonamiento sustituto válido sea innecesariamente oscura y que la realización de inferencias sustitutivas válidas sea una actividad tan misteriosa e insondable como la adivinación o la profecía" (2007, 61).

El análisis deflacionista de la concepción inferencial nos deja solo con las condiciones necesarias para la representación, y estas se formulan en términos de una noción inexplicable de fuerza representacional y de una capacidad inanalizable para fundamentar inferencias. Esto es muy poco. Así pues, la pregunta crucial es: ¿por qué aceptar el deflacionismo? Suárez (2015) defiende la postura deflacionista sobre la representación estableciendo una analogía con las teorías deflacionistas de la verdad. Este enfoque se enfrenta a dos retos. En primer lugar, una defensa del deflacionismo en relación con la representación apelando al deflacionismo en relación con la verdad es, en el mejor de los casos, tan sólida como los argumentos a favor del deflacionismo en relación con la verdad. Sin embargo, las teorías deflacionistas de la verdad no gozan de un apoyo universal,[350] y quienes favorecen concepciones alternativas de la verdad encontrarán deficientes los intentos de reunir apoyo para un enfoque deflacionista de la representación a través de la analogía de Suárez. En segundo lugar, incluso quienes apoyan las teorías deflacionistas de la verdad pueden preguntarse cuán sólida es la analogía entre la verdad y la representación. La analogía se basa en la premisa de que lo que es bueno para la verdad es bueno para la representación, pero Suárez ofrece pocos argumentos explícitos en apoyo de esta analogía.

Contessa no se deja convencer por las virtudes del deflacionismo y se propone reactivar la concepción inferencial. Su "perspectiva interpretativa" pretende ser una "perspectiva sustantiva" que formula las condiciones que explican cómo se extraen las inferencias (2007, 48). El concepto central de la perspectiva de Contessa es el de "interpretación", que también es la clave de su respuesta al problema de la representación científica: *M* es una representación científica de *T* "si y solo si el usuario adopta una interpretación de *M* en términos de *T*" (*ibid*., 57). La interpretación de un modelo en términos del objetivo se realiza en tres pasos. En el primer paso, el usuario identifica un conjunto de objetos pertinentes en el modelo, junto con las propiedades y relaciones que los objetos instancian. En el segundo paso, el usuario hace lo mismo con el objetivo. En el tercer paso, el usuario toma *M* para denotar *T*, toma cada objeto del modelo para designar un objeto único en el objetivo y empareja cada propiedad y relación del modelo con una propiedad o relación de la misma aridad en el objetivo. De hecho, interpretar *M* en términos de *T* es formalmente equivalente a establecer un isomorfismo entre *M* y *T*. La diferencia entre la perspectiva interpretativa y la perspectiva isomórfica es que Contessa no requiere que los modelos sean estructuras teóricas conjuntistas, y que los objetos y relaciones relevantes puedan interpretarse completamente (y no simplemente especificarse extensionalmente).

[350] Künne (2003) ofrece un estudio de diferentes teorías de la verdad.

Si *M* es una interpretación de *T* en el sentido de Contessa, la relación de interpretación puede aprovecharse para transferir los hallazgos del modelo al objetivo. De este modo, la perspectiva interpretativa ofrece una solución clara al problema de la representación científica que cumple la condición de razonamiento sustituto, pero lo hace de forma no deflacionaria. También ofrece una respuesta obvia a la condición de direccionalidad y hereda de la concepción inferencial el rechazo del problema de la demarcación representacional. Dado que la perspectiva interpretativa comparte con la perspectiva estructuralista el énfasis en las relaciones y la correspondencia uno a uno entre el modelo y el objetivo, puede apelar a la misma perspectiva de la aplicabilidad de las matemáticas que la estructuralista. La perspectiva interpretativa impone pocas restricciones sobre lo que puede ser un modelo, aparte de exigir que esté compuesto por objetos con relaciones. Si un modelo es matemático, esto conduce a una ontología de estructuras (sección 2.6); si los modelos no son matemáticos, entonces se repiten las cuestiones que encontramos con el enfoque de similitud (sección 8.5). Debido a la estrecha relación entre la noción de interpretación de Contessa y el isomorfismo, se puede considerar que el enfoque interpretativo ofrece representaciones de "estilo isomorfista" y adopta los mismos estándares de exactitud. Esta es una respuesta viable, pero, como se señala en la sección 6.6, es dudoso que abarque todo el espectro de representaciones.

Las cosas se complican cuando pasamos a las cuestiones de la representación errónea y los modelos sin objetivo. Contessa explica la representación errónea en términos de la existencia de objetos del modelo que no tienen correspondientes en el objetivo, y viceversa (2007, 59). Como señala Shech (2015, 3473-3478), esta perspectiva se enfrenta a un problema con los modelos que representan erróneamente no porque incluyan demasiado poco, sino porque distorsionan. Un modelo que representa una superficie resbaladiza como si no tuviera fricción no omite nada, sino que deforma una propiedad importante de la superficie. Contessa anticipa esta objeción y responde apelando a la capacidad correctiva de los usuarios, que son capaces de utilizar un modelo con éxito a pesar de sus deficiencias (2007, 60). Esto puede ser cierto, pero no está claro cómo encaja esta capacidad en la perspectiva interpretativa, que no asigna un lugar sistemático a las competencias correctivas de los usuarios.[351]

Ducheyne formula una variante de la perspectiva interpretativa que aborda el problema de las idealizaciones distorsionadoras de una manera diferente. La perspectiva mantiene la idea de que existe una correspondencia uno a uno entre los elementos y las relaciones del modelo y del objetivo, pero permite que las relaciones del objetivo sean aproximaciones de las relaciones correspondientes del modelo (2012, 83-86). Ducheyne llama a esto *la perspectiva pragmática del caso límite* de la representación. Así, un modelo puede representar un objetivo si

[351] Este problema encuentra una solución elegante en la perspectiva de la representación de Díez (2020) Ensemble-Plus-Standing-For.

las relaciones del modelo son casos límite (o aproximaciones) de las relaciones pertinentes del objetivo. Esto apunta en la dirección correcta. El problema con esta perspectiva es la falta de especificidad. Ducheyne opera a un nivel abstracto y no analiza más a fondo la noción de una relación que se mantiene aproximadamente en el objetivo en relación con un determinado propósito. A menos que se proporcione una noción específica de aproximación, no queda claro cómo se relacionan exactamente los modelos con los objetivos. Esto tiene consecuencias para el problema de la mala representación. La perspectiva está diseñada para tratar la mala representación, pero no queda claro si toda mala representación es un caso de aproximación. Por ejemplo, ¿es el "modelo del pudín de ciruelas" del átomo de Thomson una aproximación del átomo tal y como lo entendemos hoy en día? Si no es así, entonces parece que tenemos que decir que no es una representación en absoluto, lo cual es contrario a la intuición. Si lo es, entonces nos gustaría saber qué noción de aproximación está en juego y qué tipo de inferencias justifica.

Contessa y Ducheyne abordan los problemas de la concepción inferencial especificando mecanismos generadores de inferencias que son conceptualmente anteriores a la práctica de extraer inferencias. Los puristas inferencialistas se resisten a tales modificaciones e insisten en que las cuestiones dentro del inferencialismo tendrán que resolverse en términos de las propias inferencias. De Donato Rodríguez y Zamora Bonilla (2009) desarrollan una concepción inferencialista de los modelos. Partiendo del inferencialismo de Brandom en filosofía del lenguaje, esbozan una perspectiva de la modelización en términos de la práctica de extraer inferencias. Se centran en la idealización, la credibilidad y el proceso de construcción de modelos, más que en la representación, y no se ocupan de los problemas de la concepción inferencial de la representación científica. Sin embargo, sería interesante ver cómo podrían resolverse las cuestiones de la concepción inferencial desde este punto de vista.

9.5 'Representar como' y la perspectiva DEKI

Las imágenes suelen representar su objeto como "así" y "así". Una caricatura retrata a Churchill como un bulldog; un cuadro muestra a Nelson Mandela como un prisionero; y una fotografía muestra a Marianela Nuñez como un cisne. Hughes señala que este aspecto familiar de las representaciones visuales también es característico de las representaciones científicas, que a menudo representan sus objetos como "tal y como son". La teoría ondulatoria de la luz representa la luz como un movimiento ondulatorio, y una teoría de la materia puede representar el plasma como un sistema clásico o como un sistema cuántico (1997, 331). La observación se extiende a los modelos. El modelo de Maxwell representa el éter como un sistema mecánico; el modelo de Philips-Newlyn representa la economía como un sistema hidráulico; y el modelo de Weizsäcker representa el núcleo como una gota de líquido.

Hughes formula lo que él denomina la *perspectiva DDI* de la representación científica, donde "DDI" es el acrónimo de "denotación, demostración e interpretación".[352] Siguiendo el ejemplo de la teoría de la representación artística de Goodman, Hughes identifica la *denotación* como el primer ingrediente fundamental de la representación científica: una teoría denota su objeto y un modelo denota su objetivo (1997, 330). Si las teorías o los modelos representan particularidades (un modelo cosmológico puede representar el Big Bang), entonces la relación de denotación entre el modelo y el objetivo es como la relación entre un nombre propio y su portador. Si las teorías o los modelos representan tipos, entonces la relación es como la que existe entre un predicado y los elementos de su extensión.

El segundo elemento es la *demostración*. Hughes señala que un modelo es un "sujeto secundario que tiene, por así decirlo, vida propia", y que "una representación tiene una dinámica interna cuyos efectos podemos examinar" (*ibid.*, 331). Este es el lugar en su perspectiva donde reside la 'representación como' (*representation-as*). La elección del sujeto secundario determina el tipo de representación. Si el sujeto secundario es un sistema de ondas y si el sistema denota luz, entonces el modelo representa la luz como una onda. Dado que el modelo es un sistema con una dinámica interna propia, se puede estudiar su comportamiento y se pueden demostrar diversos resultados sobre el modelo. Hughes analiza el ejemplo de las ondas que pasan a través de dos rendijas cercanas, donde se puede demostrar que esto da lugar a que las ondas exhiban un patrón de interferencia.

El tercer y último paso es la *interpretación*. Las demostraciones en el modelo se refieren al modelo en sí mismo y per se no implican nada sobre el objetivo. Los efectos encontrados en el sistema de ondas se refieren a las ondas, no a la luz. Se requiere un acto de interpretación para que los resultados del modelo sean relevantes para el objetivo (1997, 332-333). El usuario del modelo tiene que interpretar los resultados relativos a las ondas para que se conviertan en resultados (o, al menos, en hipótesis) sobre la luz. Al interpretar, por ejemplo, un patrón de interferencia encontrado en las ondas de agua como perteneciente a la luz, el modelador deduce que la luz, cuando se dirige a dos rendijas cercanas, también mostrará un patrón de interferencia. Este efecto se confirma luego en experimentos.

Desafortunadamente, Hughes dice poco sobre lo que significa interpretar un resultado del modelo en términos del objetivo. Así que uno tiene que recurrir a una comprensión intuitiva de la interpretación, o importar una noción de interpretación de otra parte a la perspectiva de Hughes. Un candidato sería la noción de interpretación de Contessa, pero no hay pruebas textuales de que Hughes tuviera

[352] La perspectiva se desarrolla en su obra (1997, 2010, cap. 5). No hay unanimidad sobre la clasificación de la perspectiva DDI. La presentación actual destaca la noción de representación tal y como aparece en la perspectiva de Hughes; Suárez la considera una variante del inferencialismo (2004, 770). Para un análisis de la perspectiva, véase Gelfert (2011).

en mente algo parecido a la noción de Contessa. Hughes ofrece una discusión favorable de la versión de Giere del Enfoque Modelo-Teórico de las teorías, que ve los modelos como conectados a sus objetivos a través de hipótesis teóricas (1998, 121). Esto podría sugerir que Hughes ve los modelos como relacionados con los objetivos a través de hipótesis teóricas que expresan afirmaciones de similitud. Si es así, entonces la perspectiva de Hughes se vuelve indistinguible de la de Giere.

Hughes es explícito en que no pretende que la perspectiva DDI ofrezca condiciones individualmente necesarias y conjuntamente suficientes para la representación científica (1997, 339) y que pretende mantener la perspectiva "deliberadamente esquelética" (*ibid.*, 335). Esto significa que la perspectiva DDI no ofrece una respuesta al problema de la representación científica. No queda claro cuál es exactamente la motivación de Hughes para ello. Afirma que quiere presentar la "modesta sugerencia de que, si examinamos un modelo teórico teniendo en cuenta estas tres actividades, obtendremos alguna idea del tipo de representación que proporciona" (*ibid.*, 339) y señala que la perspectiva debe "complementarse caso por caso" (*ibid.*, 335). Sin embargo, la dependencia del contexto no socava *ipso facto* el estatus de las condiciones como necesarias y suficientes. La denotación, la demostración y la interpretación podrían interpretarse como condiciones abstractas, y habría que dar una perspectiva específica en cada ocasión sobre cómo se establece la denotación, cómo se realizan las demostraciones y cómo se interpretan los resultados. Entendido así, la sensibilidad al contexto sería compatible con que estas condiciones fueran necesarias y suficientes, y se podría considerar que la perspectiva ofrece una respuesta al problema de la representación científica.

Una alternativa es interpretar la perspectiva de Hughes como un análisis diacrónico del *proceso* de modelización: primero estipulamos que el modelo representa el objetivo, luego establecemos los resultados relevantes en el modelo y, finalmente, los transferimos al objetivo mediante una interpretación. Hasta aquí, parece correcto, pero entendida así, la perspectiva no explica cómo funciona la representación.

Este problema se resuelve en la perspectiva de la *representación como* de Goodman y Elgin.[353] En su análisis, la gramática de la 'representación como' es que un objeto *X* (una imagen, un modelo, ...) representa un sujeto *T* (una persona, un sistema objetivo, ...) como siendo esto o aquello (*Z*).

Para explicar cómo se establece esta relación, necesitamos introducir tres nociones de la teoría de los símbolos de Goodman y Elgin —*representación de*, *representación-Z* y *ejemplificación*— en términos de las cuales se definirá la *representación como*.

[353] Su perspectiva se desarrolla en Goodman (1976, caps. 1-2) y Elgin (1983, cap. 8, 1996, cap. 6, 2010, 2017, cap. 12).

Goodman sostiene que "la denotación es el núcleo de la representación" (1976, 5). Para que *X* sea una representación de *T*, *X* debe denotar *T*. El modelo de Bohr, el modelo de Schrödinger, el dibujo en la pizarra, la palabra inglesa "átomo de hidrógeno" y el símbolo químico "H" denotan átomos *de* hidrógeno y, por lo tanto, son representaciones del átomo de hidrógeno. La aclaración crucial es "de". El "de" es lo que distingue una noción de representación basada en la denotación de otras nociones de representación.

Esto plantea la cuestión de cómo entender los elementos que parecen ser representaciones sin ser representaciones *de* algo, porque los elementos que aparentemente representan no existen. Las imágenes que muestran unicornios o sirenas, los mapas de la Atlántida o de Poniente, los dibujos de Gaudí del hotel que iba a construir en Nueva York y los modelos científicos del éter son de este tipo. No son representaciones de nada porque las cosas de las que aparentemente tratan no existen, y algo que no existe no puede ser denotado. Y, sin embargo, hay un sentido claro en el que estas imágenes, dibujos y modelos no son solo garabatos sin significado. Goodman y Elgin explican esta intuición introduciendo la distinción entre una representación de un *Z* y una representación-*Z*. Una representación-*Z* es una representación que retrata una *Z*, incluso si la *Z* no existe. Los dibujos de Gaudí son representaciones-hoteles aunque no haya ningún hotel del que sean una representación (su hotel de Nueva York nunca se construyó). Un mapa de la Atlántida es una representación-isla aunque no haya ninguna isla llamada Atlántida. Y así sucesivamente.

Hemos introducido las representaciones-Z en respuesta al problema de las representaciones que carecen de un objetivo. Pero las representaciones-Z no se limitan a estos casos. No son solo una salida de emergencia para los semánticos cuando se enfrentan a representaciones sin objetivo pero aparentemente significativas. Las representaciones que tienen un objetivo pueden también ser representaciones-Z. Una pintura del Coliseo es una representación-teatro-romano (*Roman-theatre-representation*) y, al mismo tiempo, es una representación de un teatro romano. Ejemplos como estos podrían dar lugar a la opinión de que si una representación-*Z* tiene un objetivo, entonces debe ser una representación de un *Z*. Goodman señala que esto no es así: "la denotación de una imagen no determina su tipo más de lo que el tipo de imagen determina la denotación. No todas las imágenes de hombres representan a un hombre y, a la inversa, no todas las imágenes que representan a un hombre son imágenes de hombres" (Goodman 1976, 26). Una estatua de *Justitia* es una representación de una mujer con los ojos vendados, al tiempo que es una representación de la justicia, y la casa sonriente que la compañía de seguros utiliza como portada para sus contratos es una representación de una casa, pero denota la satisfacción del cliente. Del hecho de que algo sea una representaciones-Z no se deduce nada sobre lo que representa. Algunas representaciones-*Z* son representaciones de *Z*; algunas representaciones-*Z* son representaciones de cosas que no son Z; y algunas representaciones-*Z* no son representaciones de nada en absoluto. A la inversa, no toda representación de *Z* tiene que ser una representación-*Z*. La palabra "átomo de hidrógeno" es una representación del hidrógeno y, sin embargo, no es una representación-hidrógeno; de hecho, no es una representación-*Z* en absoluto.

Introduzcamos finalmente la noción de *ejemplificación*. Algo *ejemplifica* una propiedad si al mismo tiempo instancia la propiedad y se refiere a ella. Instanciar una propiedad sin referirse a ella es simplemente poseer la propiedad, mientras que referirse a la propiedad sin instanciarla es representar la propiedad de una manera distinta a la ejemplificación (Goodman 1976, 53).[354] Ejemplos familiares de representación por ejemplificación son las muestras: la aceituna que probamos en el mercado antes de comprar un frasco ejemplifica el sabor del tipo concreto de aceitunas que estamos viendo, y la muestra de tela que nos muestran en la sastrería ejemplifica la confección, la textura y el color de la tela con la que se confeccionará el traje.

La instanciación es una condición necesaria, pero no suficiente, para la ejemplificación. Una aceituna o una muestra de tela tienen muchas propiedades, pero no las ejemplifican todas. La aceituna no ejemplifica la propiedad de haber sido introducida en el frasco por un italiano, y la tela no ejemplifica la propiedad de estar en una tienda de Maoming Road. La ejemplificación es selectiva, y las propiedades que se seleccionan dependen del contexto. En la sastrería, la muestra ejemplifica una determinada calidad de la lana; si se utiliza en una clase de geometría, la misma pieza de tela puede ejemplificar la rectangularidad.

Con estos ingredientes, ya estamos en condiciones de definir la representación-como. Un primer intento de abordar el tema sería decir que *X* representa *T* como *Z*, si *X* es una representación-*Z* y denota *T*. En efecto, se trata de una versión ligeramente generalizada de la definición de representación-como de Hughes. Hughes pensaba que un modelo representa su objetivo como tal si el modelo es tal y denota el objetivo: un modelo representa la luz como una onda si el modelo es un sistema ondulatorio y denota la luz. Ahora solo hay un pequeño paso para sustituir el requisito de que el modelo sea esto o aquello (*such-and-such*) por la condición de que sea una representación-esto-o-aquello. Sin embargo, como hemos visto anteriormente, esta perspectiva no explica cómo el modelo es informativo sobre el objetivo. Este problema encuentra una solución elegante en la perspectiva de Elgin:

> [*X*] no se limita a denotar [*T*] y ser una representación-[*Z*]. Más bien, al ser una representación-[*Z*], [*X*] ejemplifica ciertas propiedades e imputa esas propiedades u otras relacionadas a [*T*]. . . . Las propiedades ejemplificadas en la representación-[*Z*] sirven así como puente que conecta [*X*] con [*T*]. (Elgin 2010, 10)

---

[354] Las propiedades se entienden en el sentido más amplio posible, incluyendo las relaciones y las propiedades de orden superior.

La idea crucial aquí es que las representaciones-Z ejemplifican propiedades asociadas con *Z* y luego las imputan al objetivo. La caricatura que muestra a Churchill como un bulldog ejemplifica ciertas propiedades que se asocian con los bulldogs, como ser amenazante, perseverante e implacable,[355] y las imputa a Churchill. Al hacerlo, la caricatura lo representa como amenazante, perseverante e implacable. La representación no implica verdad. El sujeto T puede tener o no las propiedades que la representación le atribuye. La representación genera una afirmación sobre T, y esa afirmación puede ser verdadera o falsa.

Al reunir los diferentes elementos y reformular los puntos en términos de modelos y objetivos, se obtiene una respuesta al problema de la representación científica: *M* es una representación científica de *T* si y solo si *M* representa *T* como *Z*, donde M representa *T* como Z si y solo si (i) *M* denota *T*, (ii) *M* es una representación-Z que ejemplifica las propiedades $P_1,..., P_n$, y (iii) $P_1,..., P_n$, o propiedades relacionadas, se imputan a *T*. La primera condición puede ampliarse para incluir la denotación entre partes del modelo y partes del objetivo. Según esta perspectiva, el modelo newtoniano es una representación del sistema planetario que denota nuestro sistema solar (y hay denotación entre partes, ya que la esfera grande denota el sol y la esfera pequeña denota la tierra), que ejemplifica ciertas propiedades (por ejemplo, que los planetas se mueven en órbitas elípticas estables) y las imputa al sol y a la tierra. Al hacerlo, el modelo newtoniano representa el sol y la tierra como un sistema planetario.

Esta perspectiva va por buen camino, pero es necesario desarrollar más las tres condiciones para que se convierta en una perspectiva completa de la representación científica. La primera condición plantea cuestiones de detalle: ¿cómo se caracteriza la denotación y cómo se establece? Parece que los modelos a menudo toman prestada la denotación de las descripciones lingüísticas que los acompañan, por lo que la denotación de los modelos se reduce, en efecto, a la denotación de los términos. Como tal, el problema pertenece al ámbito de la filosofía del lenguaje, que dejamos aquí de lado.[356]

La segunda condición requiere que *M* sea una representación-*Z*. ¿Qué hace que algo sea una representación-*Z*? En el caso de las representaciones visuales, esta es una cuestión muy debatida. Las llamadas *perspectivas perceptivas* dicen que *X* representa un determinado sujeto *Z* si un observador con capacidades visuales normales ve un *Z* en *X* al ver *X* en condiciones normales.[357] Según esta perspectiva, la obra de John Constable titulada *Salisbury Cathedral from the Meadows* es una representación de una catedral porque, al mirar el lienzo en condiciones normales (con la luz encendida, etc.), un espectador normal (alguien que no es

[355] Nótese que la instanciación aquí es una ejemplificación metafórica. Una pintura puede instanciar literalmente el gris; puede instanciar metafóricamente la tristeza (Elgin 1983, 81, Goodman 1976, 50-52).

[356] Véase Lycan (2008) para una introducción a las teorías comunes de la denotación.

[357] Para un debate sobre las imágenes, y en particular las perspectivas perceptivas, véase Lopes (2004).

ciego, etc.) verá una catedral en el lienzo. Elgin toma un camino diferente y explica la representación-*Z* en términos de géneros. Según este punto de vista, una imagen representa, por ejemplo, un grifo porque pertenece al género de las imágenes de animales y algunas imágenes de animales denotan animales (2010, 1-2).

Ninguna de estas perspectivas es útil en el contexto de los modelos científicos. La perspectiva perceptiva es obviamente inviable porque la mayoría de los modelos no son objetos perceptivos que puedan clasificarse de manera significativa según su apariencia cuando se observan en circunstancias normales. A diferencia de las pinturas y otras representaciones visuales, los modelos científicos tampoco parecen pertenecer a géneros, al menos no de manera obvia. El modelo newtoniano consiste en dos esferas perfectas imaginarias; el modelo de Schelling representa la segregación social con un tablero de ajedrez; Boltzmann recurrió a bolas de billar para representar las moléculas; el modelo de Phillips-Newlyn emplea un sistema de tuberías y depósitos para representar una economía; el gusano *Caenorhabditis elegans* se utiliza como organismo modelo para estudiar la división celular. Pero las esferas perfectas, los tableros de ajedrez, las bolas de billar, las tuberías y los gusanos no pertenecen a géneros de la misma manera que lo hacen pinturas como *Salisbury Cathedral from the Meadows* del pintor Constable. Tampoco lo hacen las estructuras matemáticas que se utilizan en las teorías y modelos científicos. Las matrices, las geometrías curvilíneas y los espacios de Hilbert se han estudiado como objetos matemáticos por derecho propio mucho antes de que cobraran importancia en las ciencias empíricas, y pueden utilizarse como representaciones de sistemas muy diferentes.[358]

Para resolver este problema, se puede basar la representación-Z en las prácticas de un agente.[359] Sea *O* el objeto que se utiliza como modelo: las esferas, el tablero de ajedrez, el gusano, etc. La pregunta ahora es: ¿qué hace que *O* sea una representación-*Z*? Apelar a las características intrínsecas de *O* no ayuda. No hay nada en el hecho de ser un tablero de ajedrez o un gusano que los convierta, respectivamente, en una de la representación-segregación-social y una representación-división-celular. De hecho, la mayoría de los elementos de ese tipo no son representaciones en absoluto; son simplemente tableros de ajedrez y gusanos. Estos objetos se convierten en representaciones cuando son utilizados *como tales* por un agente. La pregunta entonces es: ¿qué significa para un agente utilizar un objeto como representación? La sugerencia es que esto requiere un acto de *interpretación* mediante el cual interpretamos ciertas propiedades del objeto en términos de propiedades del dominio de destino.[360] Cuando utilizamos la máquina de Philipps-Newlyn como representación de la economía, interpretamos ciertas

358 En la sección 10.3 debatimos el uso del mismo formalismo matemático para representar sistemas objetivo diferentes y de diferentes tipos.

359 En el resto de esta sección discuto la visión de la representación científica que James Nguyen y yo hemos desarrollado en nuestros trabajos (2016, 2017b, 2018, 2020, capítulos 8 y 9).

360 Nótese que esta noción de interpretación es diferente de la de Contessa.

propiedades del flujo de agua como propiedades de la economía: interpretamos una cantidad de agua como una cantidad de dinero e interpretamos el depósito en el centro de la máquina como el banco central.[361]

Una caracterización más formal de una interpretación es la siguiente. El objeto modelo *O* tiene una serie de propiedades. Llamemos a estas propiedades-*O*. Estas son las propiedades que el objeto tiene *qua* (en tanto) objeto. Un tablero de ajedrez tiene propiedades de tablero de ajedrez, como estar formado por cuadrados, y un sistema hidráulico tiene propiedades hidráulicas, como tener un caudal de cinco litros por minuto a través de una determinada tubería. Entre las muchas propiedades-*O*, se seleccionan algunas como relevantes. Estas forman un conjunto $\Omega = \{O_1,..., O_n\}$. Si se prevé utilizar el objeto como una representación-*Z*, se elige un conjunto $Z = \{Z_1,..., Z_n\}$ de propiedades *Z* relevantes. Una interpretación es una función biyectiva $I : \Omega \rightarrow Z$; es decir, una función que asigna a cada miembro de Ω un miembro único de *Z*, de modo que no se omite ningún miembro de *Z* y se respeta el carácter de las propiedades.

La última condición requiere una aclaración. Una propiedad como la de ser un *depósito* es una propiedad cualitativa: es una propiedad de todo o nada, en el sentido de que un objeto la tiene o no la tiene. Por el contrario, una propiedad como *tener un flujo de x litros por minuto* es una propiedad cuantitativa que puede asumir diferentes valores. *I*, respecto al carácter de las propiedades, significa que las propiedades-*O* cualitativas se mapean en propiedades-*Z* cualitativas, y las propiedades-*O* cuantitativas se mapean en propiedades-*Z* cuantitativas, al tiempo que se proporciona una función de escala que especifica cómo las cantidades de una propiedad-*O* se transforman en cantidades de la propiedad-*Z* correspondiente. Si, por ejemplo, el flujo de agua a través de un punto determinado se mapea en el flujo de dinero a través del tesoro, entonces *I* proporciona una función de escalado que dice, por ejemplo, que un litro de agua corresponde a un millón de la moneda del modelo. Para dejar explícito que la interpretación conecta las propiedades *O* con las propiedades *Z*, nos referimos a ella como una interpretación-*O*-*Z*.

Ahora podemos definir una representación-*Z*: Una representación-*Z* es un par (*O, I*) donde *O* es un objeto con propiedades-*O e I* es una interpretación-*O*-*Z*. En términos generales, se puede decir que *O* es una representación-*Z* (por ejemplo, podemos decir que la máquina de Philipps Newlyn es una representación de la economía), pero hay que entender que esto solo tiene sentido en el contexto de una interpretación *I*. Un modelo, entonces, es solo una representación-*Z* cuyo objeto *O* ha sido elegido por un científico o una comunidad científica para servir como portador de una representación-*Z* en un determinado contexto científico. Así definido, un modelo no necesita tener un objetivo porque, como hemos visto,

[361] Para un análisis más extenso de esta máquina, véase Frigg y Nguyen (2020, cap. 8) y las referencias allí citadas.

una representación-*Z* no tiene por qué ser una representación de un Z (ni, de hecho, de cualquier otra cosa).

En la perspectiva de Elgin, si *M* representa *T* como *Z*, *M* ejemplifica ciertas propiedades e imputa "esas propiedades u otras relacionadas" a *T*. La observación de que una representación no necesita imputar exactamente las mismas propiedades al objetivo que ejemplifica es importante: pocos modelos, si es que hay alguno, describen sus sistemas objetivo como poseedores de propiedades idénticas a las del modelo. El problema es que la referencia a propiedades "relacionadas" es demasiado imprecisa, ya que cualquier propiedad puede estar relacionada con cualquier otra propiedad de alguna manera. Por esta razón, es preferible construir una especificación explícita de la relación entre las propiedades del modelo y las propiedades que se imputarán al objetivo en la perspectiva. Sea $P_1,..., P_m$ las propiedades-*Z* ejemplificadas por el modelo,[362] y sea $Q_1,...,Q_j$ las propiedades que el modelo pretende imputar al objetivo. La representación debe ir acompañada de una *clave K* que especifique cómo se convierten las *P* en *Q*. Adaptando la notación del álgebra de forma algo libre, se puede escribir $K(\{P_1,..., P_m\}) = \{Q_1,...,Q_j\}$. La afirmación de que una representación imputa propiedades relacionadas al objetivo debe sustituirse por la cláusula que ejemplifica $P_1,..., P_m$ e imputa las propiedades $Q_1,...,Q_j$ al objetivo, donde las *P* y las *Q* están conectadas por una clave *K*. En principio, no hay restricciones en cuanto a las claves. *K* puede ser la función de identidad, pero normalmente no lo es. En algunos casos, *K* contenderá idealizaciones y aproximaciones, o alguna relación analógica adecuada. Discutiremos esto en los tres capítulos siguientes.

Al reunir estos elementos se obtiene la perspectiva DEKI de la representación como (donde el acrónimo deriva de sus características centrales: denotación, ejemplificación, clave e imputación). Sea $M = (O, I)$ un modelo, donde *O* es un objeto utilizado por un científico (o una comunidad científica) como portador de la representación e *I* es una interpretación-*O-Z*. *M* representa *T* como *Z* si y solo si se cumplen todas las siguientes condiciones: (i) *M* denota *T* (y, en algunos casos, partes de *M* denotan partes de *T*); (ii) *M* ejemplifica las propiedades $P_1,..., P_m$ de Z; (iii) M viene con una clave K que asocia el conjunto de propiedades $\{P_1,..., P_m\}$ con un conjunto de propiedades $\{Q_1,...,Q_j\}$; (iv) M imputa al menos una de las propiedades del conjunto $\{Q_1,...,Q_j\}$ a *T*. La respuesta de DEKI al problema de la representación científica es entonces: *M* es una representación científica de *T* si y solo si *M* representa *T* como *Z*.

[362] Una pintura no instancia literalmente la tristeza, y un modelo no instancia literalmente las propiedades Z siempre que Z≠O. La máquina de Philipps-Newlyn instancia literalmente los flujos de agua, pero no los flujos de capital. Este problema puede resolverse diciendo que un modelo instancia una propiedad Z P bajo una interpretación I si y solo si el modelo instancia una propiedad O B tal que B se mapea en P bajo I (Frigg y Nguyen 2018, 215).

El lenguaje ha desempeñado un papel importante en todo momento. La interpretación se formula en un lenguaje y, antes incluso de poder formular una interpretación, es necesario conceptualizar el soporte de una determinada manera, lo que también se hace en un lenguaje. Si el soporte en cuestión es un objeto material, esto no plantea ningún problema particular. Las cosas se complican un poco cuando se trata de modelos no materiales, ya que esto nos lleva a todas las cuestiones que hemos abordado en capítulos anteriores. Dejemos estas cuestiones a un lado por ahora y supongamos simplemente que estamos describiendo un objeto de algún tipo, incluso cuando el modelo no es material. Podría tratarse de una estructura teórica conjuntista (como en la sección 6.2), de un objeto abstracto (como en la sección 8.5) o de una entidad ficticia (como veremos en la sección 14.6). Lo que importa en este momento no es qué es el portador, sino solo que hay un portador (sea lo que sea ontológicamente hablando). La descripción que utilizamos para introducir el modelo consta de tres partes. La primera parte describe el portador X con una descripción D_X; a esto lo llamamos *descripción del portador*.

En nuestro ejemplo sería una descripción del sistema de dos cuerpos (algo así como "hay dos esferas tales que..."). Así, D_X está redactada íntegramente en un lenguaje que consiste en términos que se refieren a propiedades-O. La segunda parte describe la interpretación con una descripción D_I, que está escrita en un lenguaje que contiene tanto términos que se refieren a propiedades-O como términos que se refieren a propiedades-Z; a esto lo llamamos *descripción de la interpretación*. En nuestro ejemplo, sería una afirmación de la conexión entre las propiedades de dos cuerpos y las propiedades del sistema planetario (algo así como "la esfera grande corresponde al sol"). Por último, la tercera parte de la descripción, D_B, describe los supuestos de modelización relevantes y los conocimientos previos; a esto lo llamamos *descripción de los antecedentes*. Dicha suposición podría referirse, por ejemplo, a las leyes dinámicas que se consideran operativas en el modelo (algo así como "las dos esferas se mueven según la segunda ley del movimiento de Newton") y a las propiedades que tienen dichas leyes dinámicas. D_X, D_I y D_B, tomados en conjunto, forman la *descripción del modelo* D_M. Por último, en el contexto de la modelización, se suele utilizar una descripción D_T para identificar el objetivo. Esta descripción es, en principio, independiente de la descripción del modelo, ya que el objetivo debe identificarse independientemente del modelo. Los astrónomos, por ejemplo, utilizan una descripción de identificación de objetivos para seleccionar un planeta como objetivo de un modelo. Esta descripción no tiene por qué ser rica, ni siquiera informativa en modo alguno. Solo tiene que identificar el objetivo. Ahora ya tenemos todas las partes de la perspectiva DEKI, que se ilustra en la figura 9.1.[363]

---

[363] Esta figura está adaptada de Frigg y Nguyen (2020, 177). Cabe preguntarse si la descripción debe considerarse parte del modelo. Para un análisis de esta cuestión, véase Salis (2021) y Salis et al. (2020).

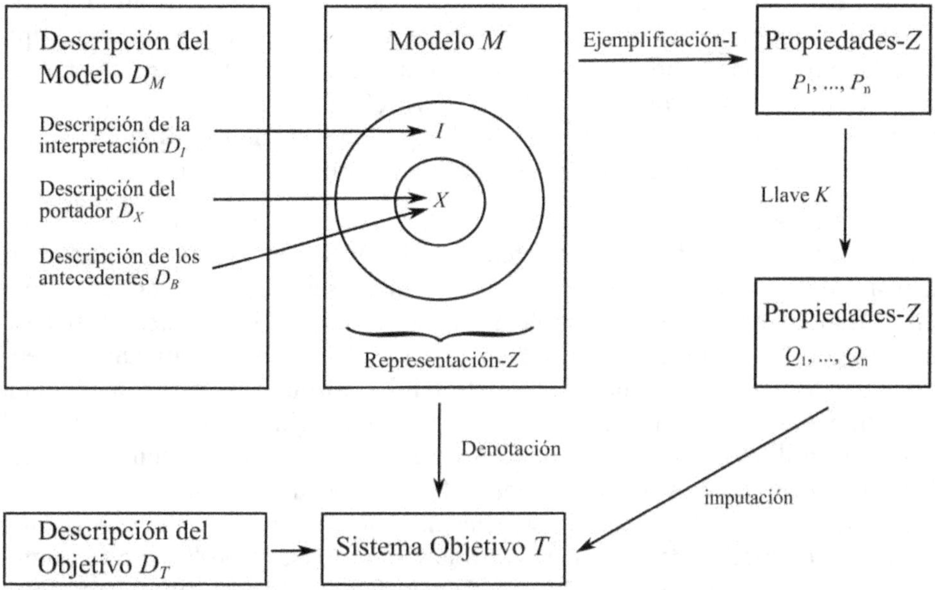

FIGURA 9.1 La perspectiva DEKI de la representación. Los dos círculos concéntricos simbolizan el hecho de que *X* se convierte en una representación-Z cuando se "embellece" en una interpretación.

DEKI no tiene ningún problema con los modelos sin objetivo, ya que los modelos son representaciones-Z, que no tienen por qué ser representaciones de una *Z* (ni de nada en absoluto). Por lo tanto, un modelo puede ser una representación-éter sin ser una representación del éter. La noción de representación en DEKI es asimétrica e irreflexiva debido a (i) y (iv), que se ocupan de la condición de direccionalidad. El razonamiento sustituto tiene lugar cuando los científicos estudian qué propiedades ejemplifica un modelo y utilizan la clave (*the key*) para convertirlas en propiedades que se imputan al objetivo. DEKI permite la mala representación (*misrepresentation*) porque es posible que el objetivo no posea las propiedades que el modelo le imputa. El estilo representacional tiene varias dimensiones. En primer lugar, los científicos pueden elegir diferentes objetos como base de una representación, por lo que se puede hablar de un "modelo de sistema de tuberías" o un "modelo de tablero de ajedrez". En segundo lugar, el tipo de interpretación utilizada tiene un impacto en el estilo de una representación, por ejemplo, a través de la elección de propiedades relevantes y funciones de escala. En tercer lugar, diferentes claves dan lugar a diferentes estilos. Algunas claves se basan en idealizaciones, otras en analogías y otras en asociaciones convencionales, lo que da lugar a que el modelo represente el objetivo de diferentes maneras. Las normas de exactitud intervienen tanto en la definición de las claves (una clave puede asociar un *Q* definido con precisión con un *P* dado, o un

Q que tiene cierto margen de maniobra, por ejemplo, al permitir un rango de valores), como en los criterios utilizados para juzgar si las afirmaciones del tipo "el objetivo T tiene la propiedad *Q*" son verdaderas. Al igual que otras perspectivas que hemos encontrado hasta ahora, DEKI da una respuesta negativa al problema de la demarcación representacional y sostiene que no hay diferencias significativas entre las representaciones científicas y otros tipos de representación.

Muchas partes de DEKI son abstractas y deben concretarse para obtener una visión completa. En particular, los defensores de DEKI tendrán que proporcionar análisis de las claves que se utilizan en determinados esfuerzos de modelización. Otra cuestión importante es el problema de los portadores. La perspectiva se basa en la noción de un modelo que instancia propiedades. Esto es relativamente sencillo cuando el modelo es un objeto material. La afirmación de que la máquina de Philipps-Newlyn instancia la propiedad de tener cinco litros de agua en el tanque central no es más problemática que cualquier otra atribución de propiedad. Si el modelo no es un objeto material, entonces las cosas no son tan sencillas. ¿Qué significa decir que los planetas modelo en el modelo de Newton instancian la propiedad de moverse en órbitas elípticas estables? En este punto, DEKI se enfrenta a las mismas dificultades que la visión de similitud. Una forma de responder a estas dificultades es considerar los modelos como objetos ficticios; discutimos esta propuesta, junto con otras opciones, en el capítulo 14. Comentarios similares se aplican a la condición de aplicación de las matemáticas. Si bien la DEKI deja espacio para varias formas de pensar sobre el problema, no incorpora una solución particular, y dicha solución debe añadirse a la DEKI utilizando recursos externos a la perspectiva.

9.6 Conclusion

Hemos analizado varias perspectivas de representación, cada una con sus pros y sus contras. Hemos hecho este esfuerzo porque la representación es importante. Sin embargo, esto no quiere decir que la representación sea el único aspecto importante de los modelos, ni que todos los modelos funcionen de manera representativa. La pregunta que hemos analizado en este capítulo es condicional: si los modelos representan, ¿cómo lo hacen? Esto deja espacio para que los modelos desempeñen otras funciones además de la representación. Pero antes de pasar a otras funciones de los modelos, continuamos nuestro análisis de la representación examinando las analogías (capítulo 10) y las idealizaciones (capítulos 11 y 12).

No todos los modelos son representaciones; por el contrario, no todas las representaciones son modelos. Esto resulta obvio cuando miramos más allá de la ciencia, donde encontramos pinturas, estatuas, etc. Pero incluso dentro de los límites de la ciencia, diversos tipos de imágenes, gráficos, diagramas, dibujos, etc.

desempeñan funciones representativas sin ser modelos.[364] Esto plantea la cuestión de cómo funcionan estas representaciones y, en particular, si representan de la misma manera que los modelos. ¿Puede aplicarse la misma perspectiva de la representación que explica cómo se relacionan los modelos con sus objetivos a, por ejemplo, los diagramas? Las diferentes perspectivas de la representación darán respuestas diferentes. Lo que todas las perspectivas tienen en común es que deben abordar la cuestión.

[364] Para un análisis de la representación visual en la ciencia, véase, por ejemplo, Elkins (1999, 2007) y Perini (2005, 2010).

Capítulo 10 ANALOGÍA

10.1 Introducción

Una forma importante de comprender algo desconocido es establecer un paralelismo con algo conocido. En su búsqueda por comprender el comportamiento de la luz, Huygens comparó la luz con las ondas sonoras y las ondas del agua; Boltzmann estudió el comportamiento de un gas comparando las moléculas con pelotas duras; Maxwell se basó en las similitudes entre las líneas de campo y el movimiento de un fluido incompresible a través de un tubo para formular las ecuaciones de la electrodinámica; Gamow y von Weizsäcker estudiaron la energía nuclear tratando el núcleo como una gota de agua; y Fisher trató una población de la misma manera que un gas ideal.[365] En todos estos casos, los científicos establecieron una *analogía* entre el ámbito que investigaban y algo con lo que ya estaban familiarizados.

Las analogías desempeñan un papel importante en casi todos los ámbitos de la actividad intelectual. Por ejemplo, ocupan un lugar destacado en la jurisprudencia, la retórica, la política, la filosofía, la pedagogía y, por supuesto, la ciencia. En este capítulo nos centramos en el uso de las analogías en el contexto de la modelización científica y la construcción de teorías científicas. Comenzamos ofreciendo una caracterización general de las analogías y las inferencias analógicas (sección 10.2) y distinguimos diferentes tipos de analogías (sección 10.3). A continuación, pasamos a los diferentes usos de las analogías en la ciencia y discutimos primero los modelos analógicos (sección 10.4) y luego el uso heurístico de las analogías en la construcción de teorías (sección 10.5). Las analogías se mencionan a menudo en el mismo contexto que las metáforas y los modelos, lo que plantea la cuestión de cómo se relacionan entre sí (sección 10.6). Terminamos señalando que existen conexiones interesantes entre la representación y la analogía (sección 10.7).

10.2 Circunscribiendo Analogías

Una analogía es una relación entre dos objetos basada en una similitud entre ellos, y establecemos una analogía si comparamos las dos cosas basándonos en

[365] La analogía entre la luz y las ondas, y el modelo de la bola de billar se analizan en Hesse (1963). Gyenis (2017) analiza la accidentada historia del «modelo de la esfera elástica», como también se denomina al modelo de la bola de billar. Las líneas de campo de Maxwell se analizan más adelante, en la sección 10.5. Para un análisis del modelo de la gota de líquido, véase Portides (2005a); para la analogía de Fisher, véase Morrison (1997).

que son similares en ciertos aspectos.[366] Pero "analogía" no es simplemente sinónimo de "similitud". Hay dos condiciones adicionales.[367] La primera condición es que los dos elementos deben ser de tipo diferente. La comparación entre un núcleo y una gota de agua es una analogía porque se centra en las similitudes entre objetos de diferentes tipos. Las observaciones de que el hijo se parece al padre o que el Palacio de Schönbrunn se parece al Palacio de Versalles no son analogías, sino comparaciones directas de dos cosas del mismo tipo. Un cambio de tamaño no cuenta como un cambio de tipo: que la maqueta de tren se parezca a la real es una relación de escala y no una analogía. La segunda condición es especialmente importante en ciencia y dice que debe haber una asimetría epistémica entre los dos elementos: uno de los elementos de la analogía se conoce bien, mientras que el otro es nuevo y desconocido. La analogía entre las ondas de agua y las ondas de luz era cognitivamente relevante porque, cuando se propuso, los científicos sabían mucho sobre las ondas de agua, pero poco sobre las ondas de luz.

Introduzcamos ahora algunos términos para facilitar nuestro análisis. Como hemos visto, una analogía es una relación entre dos elementos basada en una similitud bajo ciertas condiciones. Si existe tal relación entre dos elementos, la llamamos relación analógica. Es habitual referirse al primer elemento como la fuente y al segundo como el objetivo.[368] A partir de ahora, S representará la fuente y T el objetivo. En el ejemplo anterior, las bolas de billar son S y el gas es T. Adoptemos también la convención de que por "analogía" entendemos la relación entre S y T, y que lo que se relaciona en la analogía —S y T— se denomina "análogos".[369]

La similitud (*Similarity*) puede entenderse de dos maneras diferentes, y la diferencia es importante para comprender las analogías. Un análisis común de la afirmación de que *S* es similar a *T* entiende que significa que *S* y *T* comparten

[366] Existe un amplio consenso sobre la caracterización de las analogías en términos de similitud. Véase, por ejemplo, Achinstein (1968, 205), Bartha (2010, 1), Cat (2021), Copi y Cohen (1998, 472), Davies (1988, 227), Gentner (1982, 108), Harré (2004, 76), Hesse (2000, 299), Russell (1988, 251), Saha (1988, 41) y Sarlemijn y Kroes (1988, 238).

[367] Para la primera condición, véase Achinstein (1964, 332, 1968, 207), Black (1962b, 222), Gentner (1982, 108), Harré (1988, 122) y Saha (1988, 41-42). Para la segunda restricción, véase Gentner (1982, 108), Harré (1988, 122) y Hesse (1961, 21-23).

[368] Véase, por ejemplo, Bartha (2010, viii), Johnson (1988, 25), Psillos (1995, 113) y Russell (1988, 251). Otros términos son «base» y «objetivo» (Kedar-Cabelli 1988, 66; Gentner 1982, 108), «conjunto análogo» y «nuevo dominio» (Carloye 1971, 562), y «teoría proyectada» y «teoría aceptada» (Hesse 1963, 106).

[369] Véase Bunge (1969, 17), Leatherdale (1974, 2) y Mellor (1968, 283). A veces, «analogía» se utiliza como sinónimo de «análogo» y, por lo tanto, se utiliza para referirse a S y T. Debe evitarse esta ambigüedad, y reservo el término «analogía» para la relación en sí misma. Otra ambigüedad se refiere a la cuestión de si «analogía» se refiere al conjunto de todas las relaciones de similitud (relevantes) entre S y T o a una relación individual (que de alguna manera se destaca). Adopto la primera opción como mi opción predeterminada y hablo de una «analogía en cierto sentido» para seleccionar una relación particular.

ciertas propiedades $P_1,\ldots, P_n$ (es decir, que tanto S como T son instanciaciones de $P_1,\ldots, P_n$). Como hemos visto en la sección 8.4, Niiniluoto (1988, 272-274) denomina a este tipo de similitud *identidad parcial*, por lo que es natural decir que dos elementos que están relacionados de este modo son *similares en identidad parcial* (*partial-identity-similar*). Una analogía puede basarse en una identidad parcial, en cuyo caso se trata de una *analogía de identidad parcial* (*partial-identity-analogy*). La identidad parcial contrasta con lo que Niiniluoto llama *semejanza* (*likeness*) (*ibid.*). La semejanza opera en el nivel de las propiedades. Los objetos *S* y *T* son similares en el sentido de la semejanza, si *S* y *T* instancian propiedades que son similares. Más detalladamente, *S* y *T* están en relación de semejanza si y solo si *S* instancia las propiedades $P_1,\ldots, P_n$ y *T* instancia las propiedades $Q_1,\ldots,Q_n$ y se da el caso de que P_1 es similar a Q_1, P_2 es similar a Q_2 , y así sucesivamente. En este caso, diremos que S y T son *similares por semejanza*, y que una analogía basada en una semejanza es una *analogía por semejanza*.[370] Como ejemplo, consideremos un autobús londinense y una cabina telefónica tradicional inglesa. Los dos son similares por identidad parcial con respecto al color si instancian exactamente el mismo rojo; son similares por semejanza si instancian tonos diferentes de rojo que, sin embargo, son similares entre sí. A veces no importa si una similitud se basa en la identidad parcial o en la semejanza. Decimos que *S* y *T* coinciden en una propiedad *P* si ambos instanciaran *P* (similitud de identidad parcial) o si *S* instancia *P* y *T* instancia *Q*, donde *P* y *Q* son similares (similitud de semejanza).

Las propiedades en cuestión pueden ser propiedades monádicas o relaciones (es decir, propiedades poliádicas). La analogía entre el autobús londinense y la cabina telefónica se refiere a la propiedad monádica del color rojo. Si *S* y *T* son entidades complejas formadas por partes que entran en determinadas relaciones, la analogía también puede basarse en una de estas relaciones. Hesse menciona el ejemplo de una analogía entre una familia y una sociedad que se basa en la noción de que el padre es para el hijo lo que el Estado es para el ciudadano (1963, 69). La idea aquí es que la relación que un padre tiene con sus hijos es la misma (o similar) que la relación que un Estado tiene con sus ciudadanos: es una relación de responsabilidad por el mantenimiento, el bienestar y el cuidado. La relación también puede darse entre una parte y el sistema en su conjunto. Cuando decimos que el primer ministro es al gobierno lo que el director ejecutivo es a la empresa, señalamos una similitud en la posición de dos individuos dentro del grupo.

370 La distinción entre semejanza e identidad parcial está implícita en el análisis de Hesse (véase, por ejemplo, 1963, 66-67, 2000, 300), pero ella no la discute explícitamente y la cuestión sigue sin estar suficientemente explorada. Una perspectiva completa de la semejanza-analogía requeriría un análisis de lo que significa que una propiedad sea similar a otra. Dicho análisis dependerá de las propiedades en cuestión y deberá proporcionarse en el contexto de aplicaciones específicas.

El caso especial de una analogía basada en una relación es la *proporción*.[371] Cuando decimos que la altura del Partenón (*A*) es a la longitud de sus columnas (*B*) como la longitud de la parte superior del cuerpo de la Mona Lisa (*C*) a la longitud de su torso (*D*), decimos que la proporción de estos dos pares de números es la misma. En términos matemáticos, esto significa que el cociente *A/B* es igual al cociente *C/D*. En nuestro ejemplo, el valor numérico de los cocientes es la llamada proporción áurea, aproximadamente 1,61803.

Hesse (1963) clasifica las propiedades de *S* y *T* en tres grupos, que denomina analogía positiva, negativa y neutra.[372] Las propiedades sobre las que se sabe que *S* y *T* coinciden constituyen la *analogía positiva*. Las propiedades sobre las que se sabe que *S* y *T* discrepan constituyen la *analogía negativa*. Las propiedades sobre las que se desconoce si *S* y *T* coinciden o no constituyen la *analogía neutra*. Las categorías de analogía positiva, negativa y neutra son mutuamente excluyentes (cada propiedad solo puede pertenecer a una de las tres) y conjuntamente exhaustivas (cada propiedad debe pertenecer a una de las tres). A modo de ilustración, consideremos la Tierra y la Luna (Hesse 1963, 64-65). Ambos son cuerpos grandes, sólidos, opacos y esféricos, que giran alrededor de su propio eje y reciben luz del sol. Estas propiedades constituyen la analogía positiva. Se diferencian en el tamaño, y la Luna no tiene atmósfera ni agua en la superficie. Esta es la analogía negativa. Hay cuestiones abiertas sobre la composición geológica de la superficie lunar y la constitución interna de la Luna, por ejemplo, si tiene un núcleo similar al de la Tierra. Esta es la analogía neutra.

Esta división tripartita es una división *epistémica*, y la aclaración "conocida" en la definición de analogía positiva y negativa es importante. Si bien esto es obvio en el caso de la analogía neutra, es importante que las analogías positivas y negativas sean conjuntos de propiedades sobre las que se sabe que *S* y *T* están de acuerdo o en desacuerdo. El conjunto de propiedades en las que *S* y *T* coinciden o discrepan puede ser (y suele ser) mucho mayor que el conjunto de propiedades en las que se sabe que coinciden o discrepan.[373]

---

371 Históricamente, esta es la analogía arquetípica. De hecho, la palabra griega «ἀναλογία» (analogia) significa proporción.

372 Las nociones de analogía positiva y negativa tienen su origen en Keynes (1921, cap. XIX). La analogía negativa también se denomina a veces «disanalogía» (Copi y Cohen 1998, 480). En algunos lugares, Hesse presenta esta distinción tripartita como propia únicamente de la analogía material (2000, 299-300); en otros, afirma explícitamente que se trata de una distinción general para todas las analogías (1967, 355). Dejando a un lado las cuestiones exegéticas, no hay razón para restringir la tríada a las analogías materiales, por lo que la utilizaré como una clasificación aplicable a todas las analogías.

373 La presentación de Hesse de esta tríada oscila entre una lectura epistémica y una ontológica. Siguiendo a Keynes (1921, cap. XIX), a veces enmarca la distinción ontológicamente y dice que la analogía positiva consiste en «el conjunto de similitudes» y la analogía negativa en «el conjunto de diferencias» (1967, 355), y luego habla de la «analogía positiva conocida» y la «analogía negativa conocida» para referirse a las características que se sabe que pertenecen al conjunto de características compartidas o al conjunto de diferencias (Hesse 1963, 10-11). Otras veces enmarca la

La línea divisoria entre estas tres clases puede cambiar a medida que avanza la investigación (Hesse 2000, 300): las propiedades de la analogía neutra cruzarán una frontera y pasarán a formar parte de la analogía positiva o negativa. De hecho, las analogías neutras son los puntos en los que se lleva a cabo la investigación y donde crece el conocimiento. En el ejemplo anterior de la Tierra y la Luna, la pregunta de si la Luna tiene un núcleo similar al de la Tierra ha sido respondida recientemente de forma afirmativa, y el hecho de tener un núcleo similar al de la Tierra ha pasado de la analogía neutra a la positiva.

El *razonamiento analógico* es un tipo de razonamiento que, de una forma u otra, se basa en analogías. Si nuestro objetivo es establecer una conclusión apelando a una analogía, ofrecemos un *argumento analógico* (o extraemos una *inferencia analógica*). Peirce describe el patrón básico de un argumento analógico como

> la inferencia de que un conjunto no muy grande de objetos que coinciden en varios aspectos puede muy probablemente coincidir en otro aspecto. Por ejemplo, la Tierra y Marte coinciden en tantos aspectos que no parece improbable que puedan coincidir en estar habitados. (Hartshorne y Weiss 1931-1935, CP 1.69)

Así pues, la forma básica de razonamiento que se aplica aquí consiste en inferir, de la premisa de que *S* y *T* coinciden en determinadas propiedades, la conclusión de que *S* y *T* también coincidirán en otras propiedades.[374] Expliquemos esto con más detalle. Si el argumento se basa en una analogía de identidad parcial, entonces el argumento es:

Premisa 1: *S* y *T* ambos instanciaran las propiedades $P_1 \ldots P_n$.

Premisa 2: *S* tiene la propiedad P_{n+1}.

Conclusión: *T* tiene la propiedad P_{n+1}.

Si el argumento se basa en una analogía por semejanza, entonces el argumento es:

Premisa 1: *S* instancia las propiedades $P_1 \ldots P_n$; T instancia las propiedades $Q_1 \ldots Q_n$; P_1 es similar a $Q_1, \ldots, P_n$ es similar a Q_n .

distinción epistémicamente: «Llamemos analogía negativa del modelo a aquellas propiedades que sabemos que pertenecen a las bolas de billar y no a las moléculas. El movimiento y el impacto, por otro lado, son solo las propiedades de las bolas de billar que queremos atribuir a las moléculas en nuestro modelo, y a estas podemos llamarlas analogía positiva» (ibíd., 9). Dado que la noción de analogía neutral es intrínsecamente epistémica, una lectura epistémica de toda la tríada es más coherente. La lectura epistémica es respaldada por Bartha (2010, 14), y yo la adopto en lo que sigue.

[374] Aunque diferentes autores ofrecen diferentes análisis de la forma lógica exacta de una inferencia analógica, existe un amplio consenso sobre la idea principal (tal y como se esboza aquí). Véase, por ejemplo, Agassi (1964, 352), Bartha (2010, 13), Copi y Cohen (1998, 473), Davies (1988, 228-229), Hesse (1963, 80-81, 1988, 319), Kedar-Cabelli (1988, 65), Niiniluoto (1988, 272-274), Russell (1988, 251) y Sarlemijn y Kroes (1988, 246).

Premisa 2: *S* tiene la propiedad P_{n+1}.

Conclusión: *T* tiene la propiedad Q_{n+1}, donde Q_{n+1} es similar a P_{n+1}.

Los argumentos analógicos no son deductivamente válidos. Es posible que las premisas sean verdaderas y la conclusión falsa. De hecho, los argumentos analógicos solo respaldan su conclusión con distintos grados de fuerza y nunca le confieren certeza. Esto da lugar al *problema de la justificación*: ¿en qué condiciones se justifica una inferencia analógica y qué grado de fuerza confiere a la conclusión?

La respuesta a esta pregunta dependerá de muchos factores: los tipos de objetos que son la fuente y el objetivo, los tipos de propiedades que nos interesan y el contexto en el que se formula el argumento. En Bartha (2010) se puede encontrar un amplio debate sobre el problema de la justificación. En este capítulo nos centramos en las analogías en sí mismas, no en el razonamiento analógico, por lo que no profundizaremos en las cuestiones de justificación.

10.3 Diferentes tipos de analogías

Las analogías se basan en similitudes. Pero es un lugar común que todo es similar a todo lo demás de una forma u otra (Goodman 1972). Las analogías solo funcionan si la similitud está restringida y se especifican ciertos aspectos como relevantes. Por lo tanto, el reto consiste en clasificar las analogías y ofrecer una perspectiva de aquellos tipos de analogías que son relevantes en contextos científicos. En esta sección analizamos varios tipos específicos de analogías que se han introducido en la literatura. Sin embargo, la especificación de los diferentes tipos de analogías es una búsqueda sin fin. En principio, una analogía puede basarse en cualquier similitud y no existe una lista completa de similitudes relevantes. Por lo tanto, lo que sigue es el segmento inicial de una lista abierta.

Una distinción destacada es la que existe entre analogía material y formal. El *locus classicus* de esta distinción es la obra de Hesse sobre modelos y analogías, que también ofrece el análisis más extenso de la distinción.[375] Ella caracteriza la distinción de la siguiente manera:

[375] La distinción entre analogía material y formal comienza a surgir en Hesse (1952) y (1953), pero sin articularse claramente. La distinción se desarrolla plenamente en su obra (1963) y se dio a conocer ampliamente a través de (1967). Por la misma época, otros autores han apuntado a la misma distinción. Achinstein (1964, 338-342) distingue entre «analogías físicas» y «analogías formales»; Bunge (1969, 17) distingue entre sistemas «sustancialmente análogos» y «formalmente análogos»; Hempel habla de «isomorfismo sintáctico» (1965, 436); y Nagel introduce una distinción entre «analogías sustantivas» y «analogías formales» (1961, 110). Autores posteriores también se han referido a la distinción como la que existe entre «analogía material» y «analogía matemática» (Kroes 1989, 147) y entre «analogía sustantiva» y «analogía no sustantiva» (Psillos 1995, 112). Nappo (2021) aboga por una ampliación de la noción de analogía material de Hesse.

> En una analogía formal puede no haber similitud entre los individuos y los predicados de dos modelos del mismo sistema formal, salvo su relación de isomorfismo. Pero en un modelo réplica también hay lo que podríamos llamar similitudes materiales entre el sistema original y su réplica. Las alas de un avión y su réplica, por ejemplo, pueden tener una forma y dureza similares y estar fabricadas con el mismo material, aunque difieran en al menos un aspecto, el tamaño. Cuando dos sistemas presentan tales similitudes, que no son —o no son simplemente— similitudes en virtud de ser modelos lógicos del mismo sistema formal, diremos que tienen analogía material. (1967, 355)

En pocas palabras, la idea es que existe una analogía formal entre *S* y *T* si ambos comparten propiedades formales, y que existe una analogía material si tienen propiedades no formales en común. La analogía anterior entre la Tierra y la Luna es una analogía material porque se refiere a atributos materiales como la forma, el tamaño y la constitución geológica. Las analogías de este tipo contrastan con la analogía entre un péndulo oscilante y un circuito eléctrico oscilante. El péndulo es una pesa metálica que cuelga del techo con una cuerda; el circuito eléctrico consiste en un solenoide y un condensador conectados entre sí por cables de cobre. Las similitudes entre estos dos sistemas no residen en propiedades materiales compartidas. Lo que estos sistemas tienen en común es que se describen correctamente mediante la misma ecuación matemática.

Centrémonos en el concepto de analogía formal. Si echamos un vistazo a los escritos de Hesse, encontramos diferentes caracterizaciones. La analogía formal se parafrasea de diversas maneras como "analogía de estructura" (1967, 355, 2000, 299), como basada en el "isomorfismo" (1967, 355), como poseedora de análogos que son "modelos lógicos del mismo sistema formal" (1967, 355), como basada en una "correspondencia uno a uno entre diferentes interpretaciones de la misma teoría formal" (1963, 75), y como una relación en la que "las mismas relaciones axiomáticas y deductivas formales conectan individuos y predicados de ambos [*S* y *T*]" (1967, 355). Estas caracterizaciones se mencionan normalmente de un tirón, a menudo en la misma oración.[376] No hay ningún intento de distinguirlas, y Hesse parece considerarlas formas alternativas de describir el mismo concepto. Esto es demasiado precipitado. De hecho, de lo anterior se desprenden dos tipos diferentes de analogía formal. A falta de nombres mejores, los llamaré analogía estructural y analogía simbólica. Ambas son analogías formales, pero no son equivalentes.

[376] Otros autores han ofrecido caracterizaciones similares. Una caracterización de la analogía en términos de isomorfismo y/o igualdad de ecuaciones puede encontrarse en Abrantes (1999, 256), Achinstein (1968, 207), Black (1962b, 222-223), Darden (1982, 151), Gentner et al. (1988, 172), Johnson (1988, 25), Kaushal (1999, 545), Kroes (1989, 147-150), Oppenheimer (1956, 129), Rickart (1995, 23-27) y Sarlemijn y Kroes (1988, 241). Gentner (1982) considera que las analogías se basan en «mapeos de estructuras», que son en realidad isomorfismos. Por lo general, los autores que utilizan ambas caracterizaciones siguen a Hesse y no distinguen entre ellas.

Como hemos visto en la sección 2.7, el isomorfismo es una relación entre dos estructuras. Si la relación entre *S* y *T* se describe como una relación de isomorfismo, la afirmación debe ser que *S* y *T* instancian las estructuras S_S y S_T respectivamente, y que S_S y S_T son isomorfas. Entendida así, la analogía se basa en una estructura compartida y, por esta razón, denomino a este tipo de analogía como *analogía estructural*. Dado que un isomorfismo implica un mapeo uno a uno, las perspectivas de la analogía formal que las describen como basadas en una correspondencia uno a uno entre elementos pueden interpretarse también como descripciones de una analogía estructural.[377]

Existe una *analogía simbólica* entre *S* y *T* si ambos son modelos lógicos del mismo cálculo formal (en el sentido introducido en la sección 2.2). Esto equivale a decir que, para que *S* y *T* se encuentren en una analogía simbólica, la ecuación que describe el comportamiento de *S* y la ecuación que describe el comportamiento de *T* deben tener la misma forma matemática, y solo diferir en la interpretación de los términos de la ecuación. De hecho, ya hemos encontrado este tipo de analogía en la sección 2.3, donde hemos visto que los empiristas lógicos consideraban los modelos como modelos lógicos alternativos para el formalismo de la teoría. En el lenguaje actual, esto equivale a decir que pensaban que los modelos y los objetivos tenían una relación de analogía simbólica. Los ejemplos de analogías simbólicas en la ciencia son innumerables. Encontraremos varios de ellos en la sección 10.5. Como ejemplo rápido, pensemos en la analogía entre las ondas mecánicas, acústicas, eléctricas, ópticas y térmicas, que se basa en que todas ellas tienen la misma estructura matemática, a saber, una ecuación de onda.[378]

La analogía estructural y la analogía simbólica están relacionadas, pero no son equivalentes. De hecho, hay analogías simbólicas que no son analogías estructurales, y viceversa. Como hemos visto en la sección 2.9, un mismo sistema formal puede tener modelos de diferentes cardinalidades. Estos modelos son simbólicamente análogos porque son interpretaciones del mismo formalismo. Sin embargo, dado que tienen cardinalidades diferentes, son (trivialmente) no isomórficos y, por lo tanto, no son estructuralmente análogos. Lo contrario ocurre en el caso que encontramos en la sección 5.5, donde tenemos dos sistemas formales

---

[377] Las analogías basadas en la «estructura» también se mencionan en Achinstein (1968, 206-207). La noción de analogía estructural tal y como se define aquí puede generalizarse fácilmente sustituyendo isomorfismo por otro morfismo. Bunge (1969, 17) sugiere que una analogía puede basarse en un homomorfismo, y Rickart, en efecto, define las analogías en términos de incrustaciones cuando afirma que dos estructuras análogas «contienen subestructuras que son isomorfas» (1995, 23).

[378] Se pueden encontrar amplias colecciones de ejemplos de analogías simbólicas de la física y la ingeniería en Kaushal (1999) y en Shive y Weber (1982). Las analogías simbólicas están estrechamente relacionadas con lo que Schlimm (2008) denomina «enfoque axiomático de las analogías», que se basa en que la fuente y el objetivo reciben una descripción lingüística común en términos de axiomas.

diferentes —la aritmética de Peano y la aritmética de Corcoran— que, sin embargo, describen la misma estructura. Así, si *S* se describe mediante la aritmética de Peano y *T* se describe mediante la aritmética de Corcoran, entonces *S* y *T* son estructuralmente análogos sin ser simbólicamente análogos.

Pasemos ahora a la analogía material. Hesse caracteriza las analogías materiales como aquellas que "pueden decirse que existen entre dos objetos en virtud de sus propiedades comunes" (1963, 64) y como "analogías preteóricas entre observables" (1963, 75). Ambas caracterizaciones son engañosas porque la primera es demasiado amplia y la segunda demasiado restrictiva. Como hemos visto anteriormente, cualquier analogía de identidad parcial se basa en propiedades compartidas, pero no se da por sentado que las propiedades compartidas sean materiales en ningún sentido. De hecho, las analogías estructurales son un ejemplo paradigmático de analogías basadas en propiedades compartidas (a saber, estructuras compartidas). En cuanto a la segunda definición, las analogías materiales no tienen por qué ser preteóricas ni estar restringidas a lo observable. La caracterización más adecuada de una analogía material es que se trata de una analogía basada en que S y T son similares en cuanto a propiedades materiales. Por supuesto, esta definición es vacía a menos que se complemente con una especificación de lo que hace que una propiedad sea material. Las propiedades materiales se definen principalmente de forma negativa: no son propiedades formales. Pero, más allá de eso, se puede decir muy poco sobre ellas a nivel general. Sin embargo, no hay que exagerar el problema que esto plantea. Al examinar casos concretos, a menudo resulta relativamente claro qué son las propiedades materiales, por lo que se pueden tomar decisiones caso por caso.

Como hemos visto anteriormente, las analogías pueden basarse en similitudes entre propiedades monádicas, así como entre relaciones. Estas relaciones pueden ser de diferentes tipos. Si la relación que seleccionamos es una relación funcional, entonces tenemos una *analogía funcional*. Las branquias de un pez son como los pulmones de un cuadrúpedo, ya que ambos cumplen la función de proporcionar oxígeno al organismo (Achinstein 1968, 206; Hesse 1963, 68-69), y el embrague de un coche es como el interruptor de un circuito eléctrico, ya que ambos permiten interrumpir la transmisión de energía a un sistema (Sarlemijn y Kroes 1988, 240). Si las relaciones existentes en S y T son causales, entonces tenemos una *analogía causal* (Hesse 1963, 65, 86-88). El malware informático y los virus biológicos son análogos en que causan daños al sistema en el que entran. Hay muchas preguntas difíciles sobre la naturaleza de la causalidad y la diferencia entre relaciones funcionales y causales (¿por qué la relación entre el interruptor y el flujo de energía es funcional y no causal?). Por importantes que sean, tanto las relaciones funcionales como las causales quedan fuera de una teoría de la analogía, y las analogías se clasifican como funcionales o causales en el contexto de una perspectiva de las relaciones funcionales y causales.

Si las partes (o aspectos) de un sistema se rigen por las mismas leyes, entonces tenemos lo que Sarlemijn y Kroes denominan una *anamorfía* (1988, 238). Por ejemplo, una bombilla tradicional y un calentador por infrarrojos se basan en el mismo principio físico (a saber, la ley de radiación de Planck). Cabe señalar que una anamorfía no implica una analogía formal. Los mismos principios generales, si se aplican en diferentes contextos, pueden dar lugar a ecuaciones diferentes (y estructuras diferentes). Por ejemplo, la ecuación del movimiento que rige un péndulo es diferente de la ecuación del movimiento que rige el movimiento de un planeta, aunque ambos son ejemplos de la ley del movimiento de Newton.

Las propiedades pueden situarse en diferentes niveles de abstracción. Darden (1982, 149-151) analiza lo que ella denomina analogía a partir de la *abstracción compartida*, que atribuye a Genesereth. La idea detrás de este tipo de analogía es que algunas situaciones pueden compartir una abstracción común. Su ejemplo es la analogía entre el organigrama de una empresa y la taxonomía de los animales en biología. Aunque son diferentes en cuanto a sus propiedades básicas, comparten una propiedad abstracta común, a saber, la de ser una jerarquía. Darden se apresura a añadir que "las abstracciones no son meras analogías formales de Hesse, ya que las abstracciones de Genesereth pueden tener más contenido semántico que un formalismo sin interpretar" (Darden 1982, 151). Por lo tanto, la analogía se basa en propiedades generales compartidas, pero que siguen siendo materiales.

Por último, las analogías pueden distinguirse según el origen de la fuente. En algunas analogías, la fuente es un objeto preexistente que se conoce relativamente bien incluso antes de ser utilizado en una analogía. Morgan (1997, 305) denomina estos casos *analogías prefabricadas* y ofrece el ejemplo del uso que hace Fisher de la conocida balanza mecánica como analogía de los intercambios agregados en la economía estadounidense. Las analogías prefabricadas contrastan con lo que ella denomina *analogías diseñadas* (*ibid.*). En estos casos, la fuente se construye deliberadamente y con el objetivo declarado de ser utilizada como analogía. Su ejemplo es el modelo hidráulico de Fisher de un sistema monetario, que es un sistema hidráulico construido con el propósito expreso de modelar los procesos monetarios.

Sin duda, existen otras dimensiones a lo largo de las cuales se pueden clasificar las analogías, y otros tipos de analogías que se pueden identificar. Pero en lugar de continuar con este esfuerzo clasificatorio, pasamos ahora a discutir los papeles que desempeñan las analogías en la ciencia. Entre ellos destacan dos: el papel que desempeñan las analogías en el análisis de la relación modelo-objetivo y el papel heurístico que desempeñan en la construcción de nuevas teorías.[379] Los discutimos en las secciones 10.4 y 10.5, respectivamente.

---

[379] Otros usos de las analogías se encuentran, por ejemplo, en la teoría de la confirmación (Achinstein 1963; Agassi 1964; Dardashti et al. 2019; Hesse 1964; Niiniluoto 1988), la formación de conceptos (Hesse 1988), la explicación (Bailer-Jones 2009, cap. 3) y la comprensión (Nagel 1961, cap. 6).

10.4 Modelos analógicos

Hasta ahora, hemos dejado abierto qué son *S* y *T*. Una primera forma importante de añadir especificidad a la discusión general sobre las analogías es tomar *S* para referirse a un modelo científico y *T* para referirse al sistema objetivo del modelo. Esto da lugar a una imagen en la que un modelo se encuentra en una relación analógica con su sistema objetivo. Dicho modelo se denomina modelo analógico (Achinstein 1968, 210; Black 1962b, 222-223). Este enfoque ocupa un lugar destacado en la discusión de Hesse sobre las analogías. Ella argumentó que "la propiedad más obvia de un modelo satisfactorio es que muestra una analogía con el fenómeno que se quiere explicar" (Hesse 1961, 22), y resumió esta opinión en el lema "un modelo es un análogo" (Hesse 2000, 299).[380] Otros siguieron su ejemplo.

Harré (1988, 120-123) y Horgan (1994, 600-603) enfatizaron la importancia de las analogías en la comprensión de cómo los modelos se relacionan con sus objetivos. Psillos (1995, 112-113) sostiene que la elección de los supuestos de modelización se guía por "similitudes sustantivas" entre el modelo y el objetivo, y denomina a esto un "enfoque analógico de la construcción de modelos". Al analizar los modelos monetarios de Fisher, Morgan (1999, 365-366) recurre a analogías para explicar cómo se produce el aprendizaje a partir de los modelos. Y Gilboa et al. (2014) sostienen que los modelos económicos se relacionan con sus objetivos a través de analogías.

No es difícil encontrar ejemplos de modelos analógicos. El modelo de la bola de billar para un gas y el modelo de la gota de líquido para un núcleo, que mencionamos en la introducción, son casos paradigmáticos. Un ejemplo clásico de modelo analógico es la llamada máquina de Phillips-Newlyn, un sistema de tuberías y depósitos que presenta un flujo de agua generado por una bomba.[381] La máquina es un modelo analógico de una economía. En su artículo original sobre la máquina, Philipps explica que "el flujo de producción de una mercancía se representa mediante el flujo de agua que entra en un depósito" (1950, 284), y que se elige una escala de precios tal que "una pulgada cúbica de agua equivale a cien toneladas de la mercancía" (*ibid.*, 285).

Así pues, las propiedades que comparten la máquina y una economía son las cantidades de un flujo. Si hay una pulgada cúbica de agua en un depósito determinado, esto corresponde a cien toneladas de, por ejemplo, trigo en el almacén central. Saber cuánta agua hay en el depósito informa al usuario del modelo sobre la cantidad de trigo que hay en reserva. Así pues, cuando utilizamos la máquina de Phillips-Newlyn como modelo de una economía, hacemos exactamente lo que

[380] Véase también Hesse (1953, 201, 1964, 319, 1967, 355, 2000, 305).

[381] Para un análisis de la máquina, véase Barr (2000) y Morgan (2012, cap. 5).

Hesse consideraba constitutivo de un modelo analógico, a saber, "afirmar correspondencias" entre el modelo y el objetivo (1961, 22).

Los modelos analógicos de este tipo no son vestigios del pasado. Los cosmólogos estudian las propiedades de los agujeros negros utilizando los llamados agujeros mudos como modelos analógicos. Un agujero mudo es un dispositivo en el que un fluido fluye a una velocidad superior a la del sonido y, de este modo, atrapa fonones (el sonido entendido como una pequeña perturbación vibratoria en el líquido). Los físicos están interesados en estos sistemas porque en tales entornos los fonones muestran un comportamiento similar al de la luz en los agujeros negros gravitacionales. En particular, les interesa una "versión sónica" de la radiación de Hawking. Dado que los agujeros negros gravitacionales no pueden estudiarse experimentalmente, utilizan los agujeros mudos como un modelo analógico conveniente.[382] Y los agujeros mudos no son solo un hallazgo fortuito; se emplean modelos analógicos similares en otros casos, por ejemplo, cuando se utiliza un condensado de Bose-Einstein como análogo del universo en su conjunto (Mattingly y Warwick 2009) y cuando se estudian gotas de aceite rebotantes como representaciones analógicas de fenómenos cuánticos (Evans y Thébault 2020).

Estos ejemplos también ayudan a ilustrar por qué es importante la distinción (en la sección 10.2) entre identidad parcial y semejanza. Si se considera que la relación entre el modelo y el objetivo es una analogía de identidad parcial, entonces las propiedades del objetivo deben ser estrictamente idénticas a las del modelo. Aunque esto podría suceder, sin duda sería un caso excepcional, ya que los modelos rara vez, o nunca, tienen exactamente las mismas propiedades que sus objetivos. En los ejemplos anteriores, las reservas de trigo no son volúmenes de agua, y las propiedades de los fonones no son, en general, idénticas a las propiedades de la luz. Permitir que las analogías se basen en la semejanza (en lugar de en la identidad parcial) da pie a que existan ciertas discrepancias, que casi siempre se producirán en la práctica.

¿Cuál es la relación entre analogía y representación? La respuesta a esta pregunta depende tanto de la perspectiva de cada uno sobre la representación como de su concepción de la similitud. La analogía encaja naturalmente en la perspectiva de la similitud de la representación. Como hemos visto en la sección 8.3, la perspectiva de la similitud explica la representación en términos de la existencia de una similitud entre el modelo y el objetivo, y dado que una analogía se basa en una similitud, *M* representar *T ipso facto* implica que existe una analogía entre *M* y *T*. Esto parece ser lo que Hesse tiene en mente cuando dice que "la relación entre el modelo y la cosa modelada puede decirse, en general, que es una relación de analogía" (1967, 355). Así pues, según el enfoque de la similitud de la repre-

[382] Para un análisis de este caso, véase Crowther, Linnemann y Wüthrich (2021), Dardashti et al. (2017) y Unruh (2018).

sentación, el hecho de que exista una analogía entre *M* y *T* equivale a *M* representando a *T*. El enfoque morfista restringirá las analogías admisibles a las analogías estructurales formales, que, como hemos visto, se basan en que la fuente y el objetivo sean isomorfos.[383] Los demás enfoques de la representación también pueden dar cabida a las analogías, pero por lo general no se comprometen a que la relación de representación sea siempre una relación de analogía. Según la representación directa, los científicos representan un objetivo imaginando ciertas cosas sobre él en un juego de 'hacer de cuenta que' (*make-believe*). Esto puede implicar imaginar propiedades que son similares a las propiedades del objetivo, pero no es necesario que sea así. No hay nada que impida a un científico imaginar un átomo tan grande que llene una habitación. Del mismo modo, los inferencialistas pueden aceptar las analogías como el "motor" que impulsa las inferencias, pero no se comprometen a afirmar que todas las representaciones son de este tipo y pueden reconocer medios alternativos para extraer inferencias. En la perspectiva DEKI, las analogías figuran como claves que conectan las propiedades del modelo con las propiedades del objetivo. La DEKI puede aceptar las analogías como un tipo de clave, pero puede reconocer otros tipos de claves y no tiene por qué limitar las relaciones entre el modelo y el mundo a las relaciones analógicas.

10.5 Analogías heurísticas

Una segunda forma importante de añadir especificidad a la discusión general sobre analogías es tomar tanto *S* como *T* para referirnos a una teoría o modelo científico. Entonces decimos que una teoría es análoga a otra teoría, o que un modelo es análogo a otro modelo. Las teorías o modelos pueden pertenecer al mismo dominio (por ejemplo, cuando establecemos una analogía entre dos ramas de la física) o pueden pertenecer a dominios diferentes (por ejemplo, cuando establecemos una analogía entre la física y la economía). La motivación para establecer tales analogías es su poder heurístico. Al observar algo que comprendemos y señalar luego similitudes con un dominio desconocido (o menos conocido), podemos obtener pistas importantes sobre ese dominio y, por lo tanto, utilizar la analogía como herramienta para la construcción de teorías (o modelos). Esta función heurística de las analogías ha sido ampliamente reconocida. Nagel observa que "la aprehensión de similitudes, incluso vagas, entre lo antiguo y lo nuevo es a menudo el punto de partida de importantes avances en el conocimiento" (1961, 108); y Darden y Rada señalan que "la idea clave en el uso de analogías en la construcción de teorías es utilizar el conocimiento de algún otro dominio como fuente de ideas para construir la teoría en el área objetivo" (1988, 344).[384]

[383] Como se ha señalado anteriormente, esto puede extenderse a otros tipos de morfismos.

[384] Véase también Achinstein (1963, 207, 1968, 244), Gentner (1982, 108), Hesse (1988, 318), McMullin (1968, 389) y Niiniluoto (1988, 276). Holyoak y Thagard (1995) analizan el papel que

Los científicos solían entusiasmarse con el poder heurístico de las analogías. Kepler proclamaba con entusiasmo: "Aprecio más que nada las analogías, mis maestros de confianza. Ellas conocen todos los secretos de la naturaleza" (citado en Gentner 1982, 106). Maxwell reconoce: "Es mediante el uso de analogías de este tipo [la analogía de Thomson entre la conducción del calor y las fuerzas de atracción] que he intentado presentar, de una forma conveniente y manejable, aquellas ideas matemáticas que son necesarias para el estudio de los fenómenos de la electricidad" (Maxwell 1855/1965, 157). Más recientemente, Oppenheimer afirmó que "la analogía es, sin duda, una herramienta indispensable e inevitable para el progreso científico" (1956, 129) y Pólya señala que "la analogía impregna todo nuestro pensamiento, nuestro lenguaje cotidiano y nuestras conclusiones triviales, así como las formas artísticas de expresión y los logros científicos más elevados" (citado en Lichter 1995, 285).

El análisis de Maxwell sobre el campo eléctrico es un ejemplo perfecto del uso heurístico de las analogías.[385] El problema con el que se enfrenta es dar una descripción matemática exacta del campo eléctrico, y comienza observando el fenómeno de la atracción electrostática. Cuando se acerca una pequeña carga eléctrica a un objeto cargado, esta experimenta una fuerza de cierta intensidad que apunta en una dirección determinada. Faraday describió la fuerza experimentada por la partícula con el concepto de *línea de fuerza*, que, en palabras de Maxwell, es tal que "esta curva indicará la dirección de esa fuerza para cada punto por el que pasa" (Maxwell 1855/1965, 158). Lo que falta en la perspectiva de Faraday es una descripción matemática de estas líneas y una expresión cuantitativa de la magnitud y la dirección de la fuerza que actúa sobre la partícula. Para proporcionar tal descripción, Maxwell recurre al método de la analogía. Es explícito sobre su elección y explica: "Por analogía física entiendo esa similitud parcial entre las leyes de una ciencia y las de otra que hace que cada una de ellas ilustre a la otra" (*ibid.*, 156). La primera de las dos ciencias, el dominio objetivo, es la electrostática. La cuestión crucial es qué otra ciencia elegir, ya que esta ciencia debe ser tal que pueda traer a la mente las ideas matemáticas que son esenciales para el estudio de la electricidad.

La ingeniosa idea de Maxwell fue tomar la hidrodinámica como dominio fuente y pensar en las líneas de fuerza como tubos llenos de un líquido incompresible. Hablando de las líneas de Faraday, Maxwell dice:

---

desempeñan las analogías en el pensamiento creativo en la ciencia y otros ámbitos. Para un análisis de la analogía en la construcción de teorías, véase Ippoliti (2018).

[385] La fuente es el artículo de Maxell de 1855 «On Faraday's Lines of Force» (1855/1965, 155-229). Este caso se reconoce generalmente como un ejemplo paradigmático del uso heurístico de la analogía; véase, por ejemplo, Achinstein (1964, 333), Cat (2001, 411), Darrigol (2016) y Nagel (1961, 109). Para un análisis más detallado del uso de analogías por parte de Maxwell, véase Achinstein (1991), Hesse (1974, cap. 11), Kargon (1969), Nersessian (1984), Psillos (1995) y Turner (1955). Chalmers discrepa y sostiene que «gran parte del argumento de Maxwell es independiente de su modelo» (1986, 422).

> Si consideramos estas curvas no como meras líneas, sino como tubos finos de sección variable que transportan un fluido incompresible, entonces, dado que la velocidad del fluido es inversamente proporcional a la sección del tubo, podemos hacer que la velocidad varíe según cualquier ley dada, regulando la sección del tubo, y de esta manera podríamos representar la intensidad de la fuerza, así como su dirección, mediante el movimiento del fluido en estos tubos. Este método de representar la intensidad de una fuerza mediante la velocidad de un fluido imaginario en un tubo es aplicable a cualquier sistema de fuerzas concebible. (*ibid.*, 158-159)

Así, Maxwell analogiza la dirección del flujo del fluido con la dirección de la fuerza y la velocidad del fluido con la intensidad de la fuerza. También son análogos en que tanto un flujo como un campo se originan en una fuente, y más adelante también compara la presión del líquido con el potencial del campo eléctrico (*ibid.*, 175-177). Armado con esta analogía, Maxwell se propone

> En primer lugar, describir un método mediante el cual se pueda concebir claramente el movimiento de dicho fluido; en segundo lugar, analizar las consecuencias de asumir ciertas condiciones de movimiento y señalar la aplicación del método a algunos de los fenómenos menos complicados de la electricidad, el magnetismo y el galvanismo. (*ibid.*, 158-159)

Esto es lo que hace. Primero, determina cómo funciona el dominio fuente y deriva una ecuación para el flujo de un líquido a través de una tubería. A continuación, utiliza sus correspondencias y traslada los resultados del fluido al campo eléctrico. Así, Maxwell llegó a una descripción matemática del campo eléctrico estudiando el flujo de un líquido a través de una tubería.

El caso del campo eléctrico de Maxwell no es una excepción. El pensamiento analógico ha desempeñado un papel importante en muchos avances científicos.[386] Galileo estableció una analogía entre las observaciones realizadas en un barco y la Tierra para establecer (lo que hoy llamaríamos) la ley de la inercia. Para desarrollar una teoría de la luz, Huygens estableció una analogía entre las ondas del agua, las ondas sonoras y la luz. Fourier construyó una teoría de la conducción del calor basándose en una analogía entre el calor y el flujo de un líquido. Maxwell y Boltzmann se propusieron comprender el comportamiento dinámico de un gas estableciendo una analogía entre las moléculas de gas y las bolas de billar. Rutherford explicó la estructura de los átomos por analogía con el sistema solar. Maxwell comparó el éter aluminífero con un sistema mecánico de células giratorias.

---

[386] Se puede encontrar un análisis de al menos uno, y a menudo varios, de los ejemplos que siguen en Achinstein (1964, 1968, cap. 7), Gentner (1982), Hesse (1963), Leatherdale (1974, cap. 1), Nagel (1961, cap. 6), Oppenheimer (1956), Ruse (1973) y Sterrett (1998). Para un análisis en profundidad de la analogía entre la luz y el sonido, véase Darrigol (2010a, 2010b).

La importancia de las analogías no se limita a los casos históricos, sino que siguen desempeñando un papel importante en la ciencia contemporánea. La teoría de Yukawa sobre las fuerzas nucleares se basa en una analogía entre las fuerzas eléctricas y nucleares (Oppenheimer 1956, 132). Currie y Weiss utilizaron una analogía entre los fluidos y los imanes (Hughes 1999, 137-138). El modelo de capas nucleares se basa en la analogía entre el núcleo atómico y las capas de electrones extra nucleares (Achinstein 1968, 204). La dinámica de los polímeros se estudia estableciendo una analogía entre los polímeros y una cadena de cuentas conectadas por resortes (Doi y Edwards 1986, 14-16). El razonamiento analógico resulta desempeñar un papel esencial en la ecología (Colyvan y Ginzburg 2006); es un aspecto importante de la biología sintética (Knuuttila y Loettgers 2014); y constituye la columna vertebral metodológica de la econofísica, que tiene como objetivo aplicar técnicas de la física estadística a los sistemas económicos (Bradley y Thébault 2019; Thébault et al. 2018).[387] Cabe señalar también que la importancia de la analogía no se limita a la ciencia "fundamental". Shelley (1999) llama la atención sobre el uso de analogías en arqueología y Sarlemijn (1987) en ingeniería.

¿Qué hace que una analogía sea heurísticamente útil? Gentner (1982, 113-118) ofrece cuatro dimensiones a lo largo de las cuales se pueden evaluar las analogías. La *especificidad de la base* es el grado en que se comprende la fuente de la analogía. Cuanto más sabemos sobre la fuente, mejor es la analogía, porque un dominio de origen bien comprendido añade especificidad a las propiedades y relaciones que se trasladan al objetivo. La *claridad* es la precisión con la que se definen las relaciones de similitud entre la fuente y el objetivo. Como ya se ha señalado, todo es similar a todo lo demás de una forma u otra y, por lo tanto, una analogía solo es heurísticamente útil si las relaciones de similitud relevantes están circunscritas con precisión. La *riqueza* es el número de características de la fuente que se establecen en relación con el objetivo. Una analogía puede ser clara pero frugal si solo unas pocas propiedades de la fuente están relacionadas con las propiedades del objetivo. Cuanto mayor sea el número de conexiones entre la fuente y el objetivo, más rica será la analogía. La *sistematicidad* es el grado en que las propiedades de origen que figuran en la analogía están conectadas entre sí. Una analogía basada en una colección heterogénea de propiedades no relacionadas entre sí es asistemática. Si las propiedades relevantes en el origen pertenecen a un esquema conceptual mutuamente restrictivo, o incluso a una teoría, la analogía es sistemática. La sistematicidad es importante porque permite derivar predicciones sobre las propiedades de origen, y estas predicciones son candidatas a trasladarse al objetivo.

La analogía de Maxwell entre un fluido y el campo eléctrico se mide bien en las cuatro dimensiones. Maxwell pudo basarse en la poderosa teoría de la dinámica

---

[387] Para un análisis crítico de la transferencia de modelos de la física a los sistemas socioeconómicos, véase Knuuttila y Loettgers (2016), y para un análisis de las dificultades de utilizar modelos de la física en biología, véase Rowbottom (2011).

de fluidos al calcular las propiedades del flujo de agua a través de tuberías. Su analogía tiene especificidad de base porque las propiedades del fluido están claramente definidas y descritas por ecuaciones exactas. La analogía es clara porque Maxwell especificó exactamente qué aspecto del flujo corresponde a qué aspecto del campo eléctrico. La analogía es rica porque conecta muchas propiedades de los fluidos con las propiedades del campo. Por último, la analogía tiene sistematicidad porque la teoría general de la hidrodinámica establece las diferentes propiedades del líquido en relación entre sí, y cada propiedad está limitada por las demás.

Una característica importante de las analogías heurísticas es que eluden el problema de la justificación. Una característica definitoria de una analogía *heurística* es que no extrae la conclusión de que el objetivo tiene una determinada propiedad, sino que simplemente sugiere que podría tenerla y que hay que comprobar de forma independiente si realmente la tiene. Oppenheimer es explícito:

> Esto no quiere decir que la analogía sea el criterio de la verdad. Nunca se puede establecer que una teoría es correcta diciendo que es similar a otra teoría que es correcta. El criterio de la verdad... debe provenir de la experiencia. (1956, 129)

Una vez que se ha producido la transferencia analógica de propiedades de la fuente al objetivo, la nueva teoría ofrece una representación de los fenómenos y debe ser probada directamente contra los fenómenos. La nueva teoría (o modelo) solo tiene éxito si supera esta prueba, y el origen analógico de la teoría no contribuye en nada a su confirmación. En este sentido, las analogías heurísticas son como la escalera de Wittgenstein, que se puede tirar una vez que se ha llegado a un terreno más elevado. Este punto es importante porque las analogías también pueden ser engañosas. Las analogías pueden no cumplir los criterios de Gentner, por ejemplo, cuando son poco específicas o se basan únicamente en similitudes vagamente caracterizadas que no restringen la transferencia de la fuente al objetivo de forma sistemática. Ejemplos de analogías improductivas son la analogía entre los enlaces químicos y la atracción interpersonal (Gentner 1982, 113) y las perspectivas animistas de los acontecimientos físicos (Nagel 1961, 108). Pero no todas las analogías engañosas han de ser completamente erróneas. También se pueden cometer errores cuando una analogía neutra se reclasifica erróneamente (como resulta ser el caso) como analogía positiva en lugar de negativa. Esto ocurrió, como es bien sabido, cuando los físicos del siglo XIX se tomaron en serio la analogía entre los sistemas mecánicos y el éter y atribuyeron al éter una cierta constitución material. Sin embargo, Maxwell ya había advertido contra las conclusiones precipitadas. Subrayó que "la otra analogía, entre la luz y las vibraciones de un medio elástico, se extiende mucho más, pero, aunque su importancia y fecundidad no pueden sobreestimarse, debemos recordar que se basa únicamente en una semejanza formal entre las leyes de la luz y las de las vibraciones", y señaló que "despojándola de su ropaje físico y reduciéndola a una teoría de "alternancias transversales", podríamos obtener un sistema de verdad estrictamente fundado en la observación" (Maxwell 1855/1965, 156). En este pasaje, Maxwell anticipó eficazmente los desarrollos posteriores, que confirmaron el aspecto formal de la analogía (las ecuaciones de Maxwell), pero descartaron por completo el éter.

Por último, cabe señalar que la distinción entre un modelo analógico y una analogía heurística no siempre es nítida. Aunque ambos son conceptualmente distintos, a veces es difícil clasificar claramente casos concretos como modelos analógicos o analogías heurísticas. Analizando el debate de Kelvin sobre el éter en sus conferencias de Baltimore, Achinstein (1964, 334) señala que no siempre está claro si Kelvin propone un modelo mecánico del éter (que guarda una relación analógica con el éter) o si simplemente considera un sólido elástico como ayuda para la formulación de ecuaciones (del mismo modo que Maxwell consideraba el agua que fluye por las tuberías). Achinstein añade que esto no es culpa del análisis filosófico, sino que estos casos "simplemente reflejan la ambigüedad del propio científico" (*ibid.*). De hecho, preguntarse si es una cosa u otra puede ser el comienzo de un compromiso productivo con una analogía científica concreta.

10.6 Analogías, metáforas y modelos

Los términos "analogía", "metáfora" y "modelo" suelen mencionarse juntos, lo que sugiere que existe una estrecha relación entre ellos. En esta sección analizamos cuál es esa relación y cómo debe entenderse la conexión entre los tres conceptos.

Comencemos con la analogía y la metáfora. ¿Existe tal conexión y, de ser así, cuál es? Algunos consideran que "analogía" y "metáfora" son sinónimos que pueden utilizarse indistintamente.[388] Otros ven las metáforas como un tipo especial de analogía.[389] Y otros han sugerido que la analogía y la metáfora son distintas, pero están estrechamente relacionadas. En esta línea, Aristóteles observa que una metáfora es "la aplicación de un nombre ajeno por transferencia... ... o por analogía" (1902, 1457b). Esta interpretación del término sigue vigente en las definiciones estándar de metáfora que aparecen en las enciclopedias. El diccionario Merriam Webster, por ejemplo, define la metáfora como "figura retórica en la que una palabra o frase que denota literalmente un tipo de objeto o idea se utiliza en lugar de otra para sugerir una semejanza o analogía entre ambos" (2017). Otros describen la metáfora como un "uso poético o retórico ambicioso de las palabras" (Hills 2016) o una "figura retórica" (Leatherdale 1974, 91) sin referencia a la analogía.

---

[388] Véase, por ejemplo, Gentner (1982), Hesse (1988) y Johnson (1988).
[389] Véase, por ejemplo, Del Re (2000, 12) y Kroes (1989, 145).

Las opiniones que consideran que las metáforas y las analogías son lo mismo, o que una es un subconjunto de la otra, ofrecen una respuesta fácil y directa a la pregunta de cómo se relacionan las analogías y las metáforas. Sin embargo, como muestra la breve reseña del último párrafo, las opiniones que equiparan las metáforas y las analogías no son en absoluto aceptadas de forma universal. De hecho, muchos autores identifican las metáforas como objetos lingüísticos, como "nombres", "figuras retóricas" o un determinado "uso de las palabras". Entendidas así, las metáforas se distinguen claramente de las analogías. Una analogía es un tipo específico de semejanza entre dos objetos, los análogos, y ni los análogos ni la analogía en sí misma son lingüísticos: son objetos y relaciones. La conexión entre metáforas y analogías comienza a hacerse evidente cuando nos damos cuenta de que muchas metáforas relacionan dos cosas de las que se habla al compararlas o asemejarlas. Cuando Romeo, en Shakespeare, dice "Julieta es el sol", o cuando un físico ilustrado dice "el universo es un reloj", están pronunciando metáforas, y estas metáforas comparan dos objetos entre sí. Romeo expresa la opinión de que Julieta es como el sol, y el físico ilustrado sostiene que el universo es como un reloj. Dado que la analogía se basa en la similitud o semejanza, la observación de que una metáfora expresa una semejanza equivale a decir que una metáfora expresa una analogía.

Esta es la idea central de un enfoque que se ha dado en llamar *comparativismo*. Una de las primeras articulaciones del comparativismo se encuentra en la Poética de Aristóteles (citada al principio de esta sección); una elaboración reciente es la de Fogelin (2011). Un *símil* es una frase que compara dos objetos, en la que la frase suele estar marcada sintácticamente por el uso de las palabras "como" o "tal como". La idea principal del comparativismo es que las metáforas son símiles elípticos: pasamos del símil a la metáfora omitiendo la palabra "como", y de la metáfora al símil añadiéndola. En este sentido, el retórico romano Quintiliano definió la metáfora como una "comparación abreviada" (citado en Groddeck 1995, 255). "Julieta es como el sol" y "el universo es como un reloj" son los símiles correspondientes a las metáforas mencionadas anteriormente; y la analogía de Maxwell entre el flujo de un fluido y el campo eléctrico puede resumirse en la metáfora "el campo eléctrico es un fluido". Las comparaciones se basan en similitudes, y estas pueden considerarse como una relación analógica. Por lo tanto, las metáforas que pueden traducirse en símiles pueden considerarse como expresiones de analogías y como verdaderas en virtud de la analogía relevante.

El comparativismo no es universalmente aceptado y se han propuesto perspectivas alternativas de la metáfora.[390] Pero la idea central del comparativismo es correcta: las metáforas y las analogías no son idénticas, ni las metáforas son tipos especiales de analogías. Las analogías son relaciones específicas de similitud entre dos objetos; las metáforas son ciertas estructuras lingüísticas. Las diferentes

[390] Véanse Hills (2016) y Lycan (2008, cap. 4) para una visión general de las perspectivas sobre las metáforas, y Cat (2006) y Montuschi (2000) para las metáforas en la ciencia. Una crítica influyente del comparativismo es la de Black (1962a); Harré (2004, cap. 8) es una réplica a Black.

perspectivas de la metáfora analizarán la relación entre metáforas y analogías de diferentes maneras, pero cualquier perspectiva tendrá que mantenerlas separadas.

Se aplican observaciones similares a la relación entre modelos y metáforas. Al igual que las analogías, los modelos se mencionan a menudo en el mismo contexto que las metáforas. Por ejemplo, Bhushan y Rosenfeld afirman que "en química, esencialmente todos los modelos son modelos metafóricos" (1995, 578). ¿Cómo podemos entender las afirmaciones que identifican los modelos y las metáforas, dado que consideramos que las metáforas son expresiones lingüísticas y los modelos son objetos de algún tipo? La respuesta se desprende naturalmente de lo que hemos dicho sobre la analogía. Un modelo puede estar en relación analógica con su objetivo, y una analogía puede expresarse en una metáfora. Por lo tanto, de forma derivada, se puede expresar la relación de un modelo con su objetivo en una metáfora. Esto ocurre, por ejemplo, si decimos que "las moléculas son bolas de billar" y, con ello, describimos la relación analógica entre el modelo y su objetivo en una metáfora. Entonces, se puede parafrasear el modelo como un *modelo metafórico*. Esto concuerda con el uso que Bailer-Jones hace del término cuando dice que un modelo metafórico es aquel en el que "se ha producido una transferencia de un dominio a otro" (Bailer-Jones 2009, 118). Siempre que se entienda que se trata de una forma elíptica de describir la relación entre un modelo y su objetivo, no hay nada de malo en esta forma de expresarse. La opinión se vuelve problemática si se entiende que el "son" del eslogan "los modelos son metáforas" expresa identidad. Las metáforas y las analogías no son idénticas, al igual que tampoco lo son las metáforas y los modelos.

10.7 Conclusión

Las analogías desempeñan un papel importante tanto en la forma en que los modelos se relacionan con sus objetivos como en la heurística de la construcción de teorías, tanto en la ciencia histórica como en la contemporánea. Las analogías se basan en similitudes, y los diferentes tipos de similitudes dan lugar a diferentes tipos de analogías. Una distinción importante es la que se establece entre analogías formales y materiales, pero se pueden establecer otras distinciones. Existen conexiones interesantes entre la representación y la analogía, pero la forma exacta en que se entiende esta relación depende de la perspectiva de la representación que se adopte.

Capítulo 11 ABSTRACCIÓN, APROXIMACIÓN, IDEALIZACIÓN

11.1 Introducción

Los modelos representacionales representan sus sistemas objetivo. Pero, como hemos visto en capítulos anteriores, los modelos no son imágenes especulares de sus objetivos. La mayoría de los modelos científicos, si no todos, proporcionan una representación simplificada y distorsionada de su sistema objetivo. Esta obviedad se resume a veces en el eslogan de que todos los modelos son erróneos.[391] Los modelos que incluyen planos sin fricción, partículas infinitas, poblaciones aisladas y agentes omniscientes son ejemplos de ello. Pero, ¿qué significa exactamente que los modelos son simplificados y deformados, o incluso erróneos, y por qué los científicos estudian tales modelos? Para responder a esta pregunta, debemos examinar más de cerca *cómo son* erróneos los modelos. Los modelos no son erróneos *tout court*; son erróneos en formas que son ventajosas en el contexto de la investigación científica. Para identificar cuáles son estas formas, tanto los filósofos como los científicos recurren habitualmente a las nociones de idealización, aproximación y abstracción. Los modelos se califican como representaciones idealizadas de sus objetivos, como aproximaciones a la verdad y como basados en abstracciones de la realidad. El objetivo de este capítulo es aclarar qué son estos conceptos, cómo se relacionan entre sí y cómo ayudan a avanzar en la investigación científica.

Comenzamos nuestro análisis con un modelo mecánico de un columpio. Este ejemplo, que nos acompañará a lo largo de este capítulo y del siguiente, ilustra la idealización, la aproximación y la abstracción, y refuerza nuestras intuiciones antes de profundizar en el análisis (sección 11.2). La primera tarea consiste en delimitar los conceptos. Discutimos cómo la idealización se diferencia de la abstracción (sección 11.3) y cómo la idealización se diferencia de la aproximación (sección 11.4). A continuación, analizamos la aproximación (sección 11.5) y reflexionamos sobre la posibilidad de definir la idealización, lo que nos lleva a la conclusión de que no existe una definición unificada de idealización (sección 11.6). Por lo tanto, nuestro análisis tendrá que proceder de forma fragmentada. Este es el proyecto para el capítulo 12, en el que discutimos en detalle dos tipos prevalentes de idealización, a saber, las idealizaciones límite y las exclusiones de factores. Discutimos la abstracción, la aproximación y la idealización tal y como se dan en el contexto de los modelos. Se trata de una elección por conveniencia, ya que se pueden hacer las mismas observaciones sobre las idealizaciones en las leyes y las teorías (sección 11.7).

[391] El eslogan se atribuye a menudo a Box (1976), pero muchos otros autores han expresado ideas similares. Para un debate al respecto, véase la sección 14.2. En consonancia con el tema del libro, me centro en los modelos representacionales. Sin embargo, como señala Colyvan (2013), las idealizaciones también se dan en disciplinas normativas como la lógica, la epistemología y la teoría de la decisión.

11.2 Para empezar

Hay un columpio en el patio del colegio. La profesora tiene facilidad para la física y decide calcular la velocidad a la que se mueven los niños cuando están en el columpio y dónde se encuentran en diferentes instantes. Para ello, construye un modelo del columpio. El modelo se basa en dos conjuntos de supuestos. En primer lugar, descarta las propiedades del columpio que considera irrelevantes: que el armazón es de madera de pino, que las cuerdas se unen al eje con ganchos metálicos, que el asiento es azul, que el columpio está situado en el lado sur del edificio de la escuela, que el columpio ha sido donado a la escuela por la asociación de vecinos, que hubo una caída de la bolsa exactamente un año antes de la instalación del columpio, etc. En segundo lugar, hace suposiciones sobre los aspectos mecánicos del columpio: que el movimiento se limita a un plano, que las cuerdas que sujetan el asiento son varillas rígidas lineales, que las cuerdas y el asiento no tienen masa y que la masa m de un niño en el columpio se concentra en un punto. También supone que la única fuerza que actúa sobre un niño es la gravedad lineal que tira hacia abajo con $F\ m = g$, donde g es la constante gravitacional, que ella supone que es 9,81 m/s2. Al hacerlo, deja de lado todas las demás fuerzas, como la resistencia del aire, la fricción mecánica, la flotabilidad (la fuerza ascendente debida a la presencia del aire) y la fuerza de Coriolis (la fuerza debida a la rotación de la Tierra). Estas suposiciones definen el modelo del columpio.

A continuación, la profesora elige coordenadas esféricas para describir la situación: r es la distancia entre la masa y el eje, y θ es el ángulo de desviación (la desviación de la cuerda con respecto a la vertical). Una vez establecido esto, recurre a la mecánica newtoniana. Considera las fuerzas como vectores y, utilizando trigonometría simple, descubre que la fuerza restauradora que actúa sobre el columpio (es decir, la fuerza que tira del columpio hacia la posición vertical) es $F = mgsen(\theta)$. La ecuación de Newton para el movimiento $\vec{F}=m\vec{a}$, dice que la fuerza que actúa sobre un objeto es igual al producto de la masa del objeto y la aceleración que experimenta el objeto como resultado de la fuerza (véase la sección 1.2). Al aplicar esta ecuación general a su modelo, se obtiene la ecuación de movimiento del columpio modelo:

$$\frac{d^2\theta}{dt^2} = -\frac{g}{l}\,\mathrm{sen}\theta, \tag{11.1}$$

donde el lado izquierdo de la ecuación denota la segunda derivada del ángulo con respecto al tiempo, y l es la distancia del centro de masa del niño al eje. La solución de esta ecuación proporcionará tanto la velocidad angular como el ángulo en función del tiempo, lo que responde a la pregunta del profesor sobre la velocidad y la posición del niño. La ecuación es, por supuesto, la llamada ecuación del péndulo ideal. La solución general de esta ecuación se da en términos de las llamadas funciones elípticas.[392] Sin embargo, estas funciones son difíciles de manejar y de utilizar para generar predicciones. Pero la profesora piensa que solo necesita considerar ángulos pequeños, ya que un niño no puede alejar demasiado el columpio de la vertical. Por lo tanto, supone que sen(θ)= θ, lo cual es aproximadamente correcto para ángulos de hasta aproximadamente π / 8 (la profesora mide los ángulos en radianes). Con esta suposición, la ecuación se convierte en

$$\frac{d^2\theta}{dt^2} = -\frac{g}{l}\,\theta, \qquad (11.2)$$

La solución general de esta ecuación es $\theta(t)=A\cos(wt) + B\mathrm{sen}(wt)$, donde $w=\sqrt{g/l}$ es la frecuencia de la oscilación y A y B son números reales que dependen del punto en el que el niño comienza a balancearse (es decir, la condición inicial). Si suponemos que el columpio está en posición vertical en el instante t = 0 y que la velocidad que alcanza (por ejemplo, debido al empujón del profesor) es tal que le lleva a un ángulo máximo de π / 8, entonces tenemos A = 0 y B = π / 8. Esta solución se muestra en la figura 11.1a.

Esta pequeña anécdota ilustra los tres conceptos que son el tema central de este capítulo y del siguiente. El primer conjunto de supuestos, que deja de lado las propiedades del columpio que se consideran irrelevantes, son abstracciones. El segundo conjunto

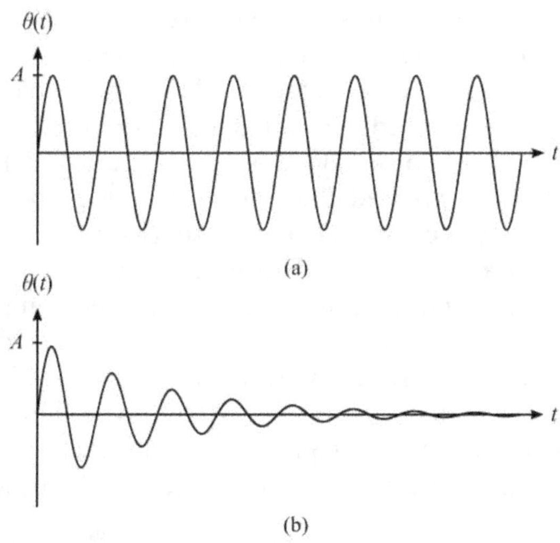

FIGURA 11.1 El ángulo θ en función del tiempo para la ecuación del péndulo (a) sin resistencia del aire y (b) con resistencia del aire.

[392] Para un análisis de los aspectos matemáticos de esta ecuación, véase Thorn (2012, cap. 4).

de supuestos, que se refieren a los aspectos mecánicos del péndulo, son idealizaciones. El último supuesto, sen(θ)= θ, es una aproximación. *En nuce*, la idea es que las abstracciones dejan de lado las propiedades que son irrelevantes para el problema en cuestión; las idealizaciones distorsionan intencionadamente las propiedades relevantes; y las aproximaciones sustituyen una expresión matemática por otra más manejable y, sin embargo, suficientemente cercana. Por derivación, podemos hablar de un *modelo idealizado* cuando el modelo implica una idealización, de un *modelo abstracto* cuando el modelo implica abstracciones y de un *modelo aproximado* cuando la forma matemática del modelo implica una aproximación. Nuestra tarea en este capítulo es articular la distinción tripartita entre abstracción, idealización y aproximación, y detallar cada uno de estos conceptos.

Es necesario hacer una advertencia sobre la terminología. Al repasar la bibliografía sobre el tema, se encuentran los términos "idealización", "abstracción" y "aproximación" utilizados con significados diferentes y, a veces, contradictorios. Analizar estos conceptos y comprender las relaciones entre ellos requiere una reglamentación y una restricción, y el resultado del análisis no se ajustará a la comprensión que todos tienen de estos conceptos. Por lo tanto, será inevitable desviarse de algunos usos de los términos. Alertaré a los lectores cuando esto ocurra.

11.3 Abstracción e idealización

Nuestro ejemplo introductorio sugiere que la diferencia entre abstracción e idealización es la misma que existe entre omisión y distorsión. El modelo no contiene información sobre la constitución material del marco, el color del asiento o los factores circunstanciales en la adquisición del columpio. Estos han sido eliminados al construir el modelo, por lo que la omisión de estos factores en el modelo es una *abstracción*.[393] Las propiedades mecánicas, por el contrario, se distorsionan en lugar de omitirse. Los niños experimentan la resistencia del aire cuando se mueven (aunque la resistencia sea débil). Las cuerdas no son varillas lineales sin masa; tienen masa (aunque su masa sea pequeña en comparación con otras masas del sistema) y se balancean cuando se mueve el columpio (aunque de forma que se mantienen relativamente rectas en promedio). El eje no está libre de fricción; hay cierta resistencia en su movimiento (aunque sea relativamente pequeña). Y así sucesivamente. Las propiedades abstractas se omiten, mientras que las propiedades idealizadas se representan de forma errónea.

Jones (2005, 174-175) y Godfrey-Smith (2009, 47) sugieren un análisis de la distinción entre abstracción e idealización en términos de verdad. Una abstrac-

---

[393] El término «abstracción" deriva del latín «abstrahere", que significa apartar, arrastrar y eliminar. Sin embargo, cabe señalar que el término «modelo abstracto" se utiliza con un significado diferente en el contexto de un análisis de la ontología de los modelos (véase la sección 8.5).

ción no dice nada sobre las características o aspectos del sistema: ignora los detalles y deja de lado ciertos rasgos del sistema objetivo. Pero al hacerlo, no dice nada falso y sigue ofreciendo una descripción literalmente verdadera. La descripción es incompleta, pero no falsa.[394] Una idealización, por el contrario, trata al objetivo como si tuviera propiedades que no tiene y, por lo tanto, afirma una falsedad. Existe una discrepancia deliberada entre las propiedades de la idealización y las propiedades del sistema objetivo, y cualquier afirmación de que las propiedades idealizadas son las propiedades del objetivo es falsa.

Este análisis se enfrenta al reto de que tanto las idealizaciones como las abstracciones pueden describirse como omisiones. El modelo del columpio omite el color y la resistencia del aire. A primera vista, no mencionar el color no parece diferente a no mencionar la resistencia del aire. Ambas son omisiones y ninguna parece introducir una falsedad evidente en la descripción. Si es así, entonces la distinción entre abstracción e idealización está mal definida. Ducheyne lleva esta observación a su conclusión lógica y sostiene que "la idealización es un subconjunto de la abstracción" (2007, 10).

Sin embargo, hay algo intuitivamente erróneo en colapsar la distinción entre abstracción e idealización. La observación de Jones de que cuando un modelo omite un factor como la fricción, omite ese factor de una manera que implica una representación errónea del objetivo en ciertos *aspectos* (2005, 175-176, 183) apunta a una solución.[395] La fricción es una fuerza y omitir la fricción equivale a representar erróneamente las fuerzas del sistema. Pero las fuerzas son un aspecto crucial del modelo, y el modelo representa fuerzas (dice que la fuerza que actúa sobre el columpio es la gravedad). Por lo tanto, omitir la fricción equivale a tergiversar (*misrepresenting*) el sistema en un aspecto que está representado en el modelo, por lo que omitir la fricción no es una abstracción. La omisión del hecho de que el asiento es azul, por el contrario, es una abstracción porque el modelo no dice nada sobre los colores, por lo que omitir el color azul del asiento no es una tergiversación. Si el modelo especificara que la cuerda es blanca y si esa

394 Para más información sobre este concepto de abstracción, véase Levy (2018), Levy y Bechtel (2013), Love y Nathan (2015), Tee (2020), Portides (2005b) y Woods y Rosales (2010). Enmarcar la distinción de esta manera implica considerar la abstracción como una relación entre el modelo y su objetivo. Chakravartty (2001), Portides (2018) y Leonelli (2008) criticaron esta perspectiva por pasar por alto el proceso por el que se producen las abstracciones, y sugirieron que la abstracción debería analizarse mejor como una actividad epistémica. Este contraste recuerda el debate entre las perspectivas de la representación que ven la representación como una relación en la que entran el modelo y el objetivo, y las perspectivas que la ven como una actividad. Sin embargo, no está claro si estas opciones son realmente mutuamente excluyentes; es más plausible considerarlas complementarias (Frigg y Nguyen 2020, 93-95).

395 5 Nicholas Jones (2008, 4-5) apunta una solución similar (nótese que el autor citado en el texto principal es Martin Jones) cuando responde a Ducheyne (2007) que sus argumentos son ambiguos en cuanto a las propiedades: lo que se omite en una idealización no son parámetros físicos (por ejemplo, la temperatura), sino magnitudes físicas (por ejemplo, que la temperatura sea 304,5 °K); las abstracciones omiten parámetros.

suposición influyera en el uso del modelo (por ejemplo, porque las cuerdas blancas reflejan la luz solar y, por lo tanto, no se expanden en condiciones de sol), entonces omitir el color azul del asiento sería una idealización y no una abstracción. Las omisiones son abstracciones solo si son "totales".

Esto plantea la cuestión de qué cuenta como aspecto y qué significa pertenecer a un determinado aspecto. La clave de la respuesta radica en darse cuenta de que se trata de una versión de la cuestión de la relación entre lo específico y lo general, y hay varias respuestas disponibles. Una opción sería decir que los aspectos son determinables y que las propiedades específicas que se sustituyen por otras son determinantes; otra opción es explicar los aspectos en términos de la relación de fundamentación; y otra opción más es recurrir a una escala de abstracción.[396] A efectos de un debate sobre la idealización, no es necesario resolver esta cuestión (ni tomar partido), y podemos operar con una comprensión intuitiva de lo que son los aspectos. Hay ejemplos a mano para reforzar la intuición. Los modelos mecánicos representan fuerzas, pero no el color, la temperatura o los factores sociales; los modelos microeconómicos representan las preferencias de los agentes, pero no su peso corporal, su nacionalidad o sus creencias religiosas; y así sucesivamente.

Incluso en ausencia de un análisis más profundo de la relación entre los aspectos y los factores que subsumimos bajo ellos, de estos ejemplos se desprende un punto importante, a saber, que el contexto teórico en el que se inscribe un modelo desempeña un papel crucial en la selección de los aspectos relevantes. Las teorías de fondo dividen el mundo de determinadas maneras y clasifican los factores. Es la mecánica newtoniana la que nos dice que nos centremos en las fuerzas y que ignoremos el color; y si nuestro modelo mecánico del columpio se utilizara en un contexto que no clasificara la flotabilidad como una fuerza, su omisión no se consideraría una idealización. Por lo tanto, lo que se considera una idealización depende en gran medida del trasfondo teórico en el que se formula el modelo.[397]

En resumen, una abstracción es la omisión total de una propiedad, lo que significa que la propiedad se omite *y que* no entra en los aspectos representados en el modelo. Una idealización es la distorsión de una propiedad que entra en los aspectos representados en el modelo. Por esta razón, las abstracciones ofrecen una representación literalmente verdadera (aunque incompleta) del objetivo, mientras que las idealizaciones afirman, si se entienden literalmente, falsedades.[398]

---

[396] Véanse Wilson (2017), Bliss y Trogdon (2016) y Cartwright (1999, cap. 3), respectivamente, para un análisis de estas tres opciones.

[397] Para un análisis de cómo se relacionan los modelos con las teorías, véase el capítulo 13.

[398] Observo que este uso de «abstracción" entra en conflicto con el de Cartwright (1989, cap. 5), quien entiende la abstracción como el aislamiento de un factor individual que luego se estudia de forma aislada. En lugar de preguntarse qué influencia tiene, por ejemplo, la resistencia del aire sobre el comportamiento del columpio (que es tarea de la idealización), una abstracción se pregunta qué hace la resistencia del aire per se cuando se estudia de forma aislada y se elimina de todas las circunstancias concretas. Humphreys (1995, 157) se refiere a esto como «abstracción aristotélica".

11.4 Aproximación e idealización

En el lenguaje común, una aproximación es cualquier cosa que es relevante similar a otra sin ser exactamente igual. El aeropuerto anuncia que el vuelo tiene aproximadamente media hora de retraso; el nuevo color de la puerta es aproximadamente el mismo que el antiguo; la perspectiva de los acontecimientos en el informe del investigador es una buena aproximación de lo que realmente ocurrió; y que la reconstrucción del avión de Lindbergh en el museo es una buena aproximación del original. Este uso liberal del término se extiende a contextos científicos, donde casi cualquier semejanza puede parafrasearse como una aproximación. Los cálculos teóricos pueden aproximarse a los valores empíricos; los modelos pueden ser buenas aproximaciones de sus objetivos; y la vieja teoría se aproxima a la nueva en un determinado régimen. "Aproximación", en este uso amplio, es en gran medida congruente con "idealización", y no hay una diferencia claramente identificable entre ambos.

Así entendido, "aproximación" no es un concepto útil: en la medida en que "aproximación" es sinónimo de "idealización", nuestro análisis puede centrarse en esta última. Sin embargo, existe un significado más preciso del término que surge de los debates en filosofía de la ciencia, y es este significado el que nos interesa. Rueger y Sharp señalan que "el sentido tradicional de aproximación es el de cercanía *cuantitativa*" (1998, 204, énfasis en el original); Ramsey observa que las aproximaciones cobran importancia cuando los científicos se enfrentan a "dificultades computacionales causadas por ecuaciones analíticamente intratables" (1992, 154); Liu afirma que la aproximación "es una relación de cercanía relativa definida en un conjunto que forma un orden estricto o parcial" (Liu 1999, 230); y Portides sostiene que "el modo predominante de aproximación en la ciencia es el matemático" (2007, 705). Según esta interpretación, la aproximación es una noción que pertenece a la cercanía (*closeness*) en el ámbito del razonamiento *matemático*. Sigo este uso y considero que las aproximaciones operan exclusivamente en el ámbito de las matemáticas.[399]

Entonces, uno podría preguntarse: ¿de qué trata una afirmación abstracta? La respuesta de Cartwright es: de capacidades. Las capacidades son tendencias o disposiciones a producir resultados característicos. Como tales, forman parte del mundo real. Por lo tanto, según Cartwright, las proposiciones abstractas describen capacidades. Para un análisis de las capacidades, véase, por ejemplo, su obra (1988, 1989). Para más información sobre las capacidades, véase Hüttemann (2014), Psillos (2008) y Reiss (2008, 2016, 2018).

[399] Esta caracterización concuerda con el análisis de Laymon (1990, 520-521, 1991, 171-172) y Ramsey (2006, 25), así como con el de Torretti (1990, 139-142) sobre la aproximación en términos de lo que él denomina «uniformidad" en un conjunto. Niiniluoto (1986, 267-268) se acerca a esta caracterización cuando explica la aproximación como cercanía en un espacio métrico.

Consideremos dos objetos matemáticos *A* y *M*.[400] Decir que *A* es una aproximación de *M* expresa entonces el hecho de que *A* es lo suficientemente cercano a *M* como para servir como suplente (*stand-in*) o sustituto de *M* en un determinado contexto. El significado de "lo suficientemente cercano" depende, por supuesto, no solo del contexto, sino también de la naturaleza de los propios objetos matemáticos. No imponemos ninguna restricción al tipo de objetos matemáticos que pueden intervenir en las aproximaciones. Los más comunes son los números, las funciones, las soluciones a ecuaciones y las propias ecuaciones, y los discutiremos en la sección 11.5. A diferencia de la aproximación, la idealización no se refiere a la relación entre dos objetos matemáticos, sino a la relación entre un modelo y su sistema objetivo. Qué es esta relación, o si existe una caracterización general de la misma, es la cuestión que abordamos en la sección 11.6, así como en el capítulo 12. Sin embargo, desde el principio queda claro que una idealización no tiene por qué ser matemática, ni tiene que definirse en términos de proximidad. De hecho, como veremos, en algunos casos existen diferencias significativas entre los modelos idealizados y sus objetivos.

¿Es clara la distinción entre aproximación e idealización? Al menos algunas idealizaciones tienen una expresión matemática que podría describirse como una aproximación. La idealización de que no existe la fuerza de Coriolis elimina un término de la ecuación del movimiento y facilita su resolución. Se sabe que el efecto de ese término es pequeño y, por lo tanto, las soluciones de la ecuación idealizada son cercanas a las soluciones de la ecuación completa. Por lo tanto, se podría decir que la ecuación más simple es una aproximación de la ecuación completa y concluir que, después de todo, la aproximación y la idealización coinciden.

Esta objeción da lugar a una aclaración importante. Las aproximaciones operan *únicamente* a nivel matemático, mientras que las idealizaciones *deben tener* una interpretación física (o, más en general, una interpretación en términos de la materia a la que pertenece el modelo).[401] Al decir que el eje no tiene fricción y que el columpio no encuentra resistencia del aire, el profesor propone un modelo que tiene propiedades físicas diferentes de las del objetivo, y afirmaciones como "la frecuencia es $w = \sqrt{g/l}$" son afirmaciones sobre ese modelo. La suposición $\sin(\theta) = \theta$, por el contrario, no implica ninguna referencia a un modelo. Simplemente dice que, para ángulos suficientemente pequeños, el valor del seno del ángulo es cercano al valor del propio ángulo. Se trata de una afirmación puramente matemática y puede hacerse con sentido sin referencia a un columpio o,

[400] Entiendo el término «objeto matemático" en sentido amplio, para referirme a las cosas que estudian los matemáticos, sean cuales sean. Las connotaciones platónicas de «objeto" no son previstas y deben dejarse entre corchetes.

[401] Norton (2012, 208-211) y Ramsey (2006, 24) trazan esencialmente la línea de esta manera, aunque enmarcan la distinción de forma algo diferente.

de hecho, sin referencia a nada que no sea matemático. De hecho, las aproximaciones se estudian a menudo como parte de las matemáticas puras y no requieren aplicaciones en las ciencias empíricas para tener sentido.

En algunos casos, la interpretación de una distorsión dada como idealización o aproximación es relativamente clara. En los modelos de población, el tamaño de una población se describe a menudo mediante variables continuas. El uso de tales variables no tiene interpretación física, ya que no tiene sentido decir que hay 37,19 conejos en la población. Los valores continuos son una aproximación de los valores reales, que son números enteros. Reinterpretar esta distorsión como una idealización implicaría la introducción de conejos fraccionarios como entidades modelo, lo cual es incoherente (o, como mínimo, requeriría ajustes significativos en nuestra comprensión de los organismos biológicos). Por el contrario, no todas las idealizaciones conducen a aproximaciones. En primer lugar, las idealizaciones pueden introducir distorsiones tan significativas que la expresión matemática del modelo no se aproxima en modo alguno a la descripción matemática de la situación no idealizada. Esto ocurre, por ejemplo, en nuestro ejemplo introductorio. La inclusión de la fricción en la descripción matemática de la situación conduce a una ecuación cuyas soluciones "se contraen" hasta formar una línea (que es la manifestación matemática del hecho de que el columpio se detendrá después de un tiempo); la solución de la ecuación idealizada es una función seno. Pero una función seno no es una aproximación de una línea. Esto se ilustra en la figura 11.1b[402]. En segundo lugar, puede que no siempre el factor relevante de una idealización tenga una expresión matemática bien definida y, en ausencia de tal expresión, la cuestión de si el modelo con el factor se aproxima al modelo sin el factor carece de sentido. El modelo logístico de crecimiento de la población, por ejemplo, supone que la población está aislada del resto del ecosistema. Pero no está claro qué ecuación, si es que existe, describiría un ecosistema completo, por lo que la pregunta de si la ecuación de crecimiento logístico se aproxima a la ecuación de crecimiento que se obtendría si la población estuviera integrada en un ecosistema completo está mal definida.[403]

Clasificar una distorsión determinada como idealización o aproximación puede no ser sencillo, ni siempre hay una única respuesta correcta. Algunas distorsiones pueden entenderse legítimamente como idealizaciones o como aproximaciones. Pero la legitimidad no es indiferencia. La forma en que analizamos una distorsión determinada tiene importantes consecuencias para nuestra comprensión de un modelo, ya que las idealizaciones y las aproximaciones tienen diferentes implicaciones epistémicas, metodológicas y metafísicas. En la sección 12.3 encontraremos casos en los que la clasificación de ciertas distorsiones como idealizaciones o como aproximaciones es objeto de acaloradas controversias.

---

402 El caso de la oscilación amortiguada se analiza con más detalle en la sección 12.3.

403 Para un análisis de la ecuación logística, véase Argyris et al. (1994, cap. 3).

Comparemos brevemente nuestra perspectiva con una propuesta alternativa de Norton. Esta propuesta distingue entre aproximación e idealización diciendo que una "*aproximación* es una descripción inexacta de un sistema objetivo", mientras que una "*idealización* es un sistema real o ficticio, distinto del sistema objetivo, algunas de cuyas propiedades proporcionan una descripción inexacta de algunos aspectos del sistema objetivo" (2012, 209, énfasis en el original). Por esta razón, las aproximaciones son "proposicionales" (*ibid*., 207) y la diferencia entre aproximaciones e idealizaciones es referencial: "solo las idealizaciones introducen una referencia a un sistema novedoso" (*ibid*., 209).

Aunque esta forma de trazar la línea entre aproximación e idealización es en muchos sentidos afín a la posición que hemos desarrollado en esta sección (en particular en lo que respecta a las idealizaciones como pertenecientes a un modelo), existen diferencias entre ellas. En primer lugar, como hemos visto, las aproximaciones no necesitan describir un objetivo (inexactamente o de otro modo) porque operan a un nivel matemático. Se podría rebatir esto y decir que el enfoque de Norton no presupone que el objetivo sea un sistema del mundo real; puede considerar el objeto matemático *M* como el objetivo de una idealización. Si es así, se restablece la armonía, pero la ampliación necesaria del término "sistema objetivo" parecería algo contraria a la intuición. En segundo lugar, una visión que considera que la aproximación se basa en una relación de cercanía entre dos objetos matemáticos no encaja perfectamente con una visión que considera la aproximación como proposicional. En tercer lugar, en nuestra propuesta, la diferencia entre idealización y aproximación no es referencial, ya que las aproximaciones también implican dos objetos, los objetos *A* y *M;* simplemente son de un tipo diferente al de los dos objetos implicados en las idealizaciones. En cuarto lugar, al menos en algunas perspectivas de los modelos, no existe un objeto modelo. Como hemos visto en la sección 9.3, la perspectiva directa afirma que los modelos —incluidos los modelos idealizados— son solo descripciones imaginativas de su objetivo. Al menos desde esta perspectiva de los modelos, los modelos funcionan como las aproximaciones de Norton.

Una vez desentrañados los conceptos de idealización, aproximación y abstracción, debemos analizarlos con más detalle. Los retos que esto plantea son desiguales. La abstracción, aunque inevitable en la modelización, es un concepto sencillo y no requiere un análisis más allá de lo ya dicho en la sección 11.3. Por supuesto, en todos los campos científicos hay cuestiones importantes sobre cuánta abstracción es apropiada y qué propiedades se pueden abstraer con seguridad, pero se trata de cuestiones científicas relacionadas con la materia de una disciplina y no de cuestiones filosóficas sobre la noción de abstracción en sí misma. La aproximación y la idealización son menos fáciles de abordar. Discutiremos las aproximaciones en la siguiente sección y la idealización en la subsiguiente.

11.5 Comprender la aproximación

Como hemos visto, un objeto matemático *A* es una aproximación de un objeto matemático *M* si y solo si *A* es lo suficientemente cercano a *M* para que *A* pueda servir como sustituto de *M* en un contexto determinado. La condición de que los dos objetos sean cercanos requiere que tengamos una forma de cuantificar las distancias, por lo que la primera pregunta que debemos abordar es cómo se miden las distancias. No hay una respuesta única a esta pregunta, ya que diferentes objetos matemáticos requieren diferentes nociones de proximidad. Ahora nos centraremos en algunos de los objetos matemáticos más comunes —números, funciones, soluciones a ecuaciones y las propias ecuaciones— y discutiremos cómo se puede entender la distancia entre ellos. Esto tiene un fin ilustrativo y no debe entenderse como una descripción de las únicas (o las únicas legítimas) formas de tratar las distancias. Las distancias pueden describirse utilizando otros métodos.

Los números son omnipresentes en la ciencia. Aparecen como resultados de mediciones y como valores de magnitudes físicas, parámetros y constantes de la naturaleza. La especificación de un valor puede ser más o menos precisa, y podemos evaluar la cercanía utilizando una métrica para medir la distancia entre el valor real y el valor verdadero.[404] En principio, hay infinitas métricas entre las que elegir. La más intuitiva es la distancia aritmética: la diferencia entre el valor que utilizamos y el valor verdadero. La velocidad real de la luz es 299.792.458 m/s. Si utilizamos el valor 300.000.000 m/s en un cálculo, la distancia aritmética entre el valor utilizado y el valor verdadero es 207,542 m/s, lo cual es suficientemente pequeño en muchas aplicaciones (pero no en todas). A veces se desconoce el valor verdadero y solo se nos da un intervalo en torno a un valor determinado. Por ejemplo, se nos puede decir que en Londres llovió 594 ± 5 mm en 2015, lo que significa que la precipitación se situó en algún punto del intervalo [589 mm, 599 mm]. Laymon sugiere que, cuando se consideran intervalos, se trata de un tipo especial de aproximación, a saber, una especie de "imprecisión o permisividad" (1987, 198).[405] Se puede decir que el intervalo se aproxima al valor real, y cuanto más estrecho es el intervalo, más cercana es la aproximación.

Las funciones se aproximan frecuentemente mediante otras funciones. Hemos encontrado una aproximación de este tipo en nuestro ejemplo introductorio cuando utilizamos sen(α) = α para valores pequeños de α. Escribir esto como una igualdad es en realidad engañoso y es más exacto escribir sen(α) $\approx$ α, donde "$\approx$" designa una relación de aproximación. La fórmula sen(α) $\approx$ α expresa en-

[404] Ramsey (1992, 155) señala que es habitual definir la aproximación en términos de una métrica. A los efectos de esta sección, basta con una comprensión intuitiva del concepto de métrica. Para una definición matemática rigurosa, véase Mendelson (1962, cap. 2).

405 Laymon ofrece una formalización de esta idea basada en el concepto de dominios de Scott. Ben-Menahem (1988, 170-172) ofrece un resumen fácil de entender sobre este enfoque.

tonces el hecho de que el seno es cercano a la función identidad sen(α) = α siempre que el ángulo sea pequeño. Esto se puede ver en el gráfico de las dos funciones de la figura 11.2:

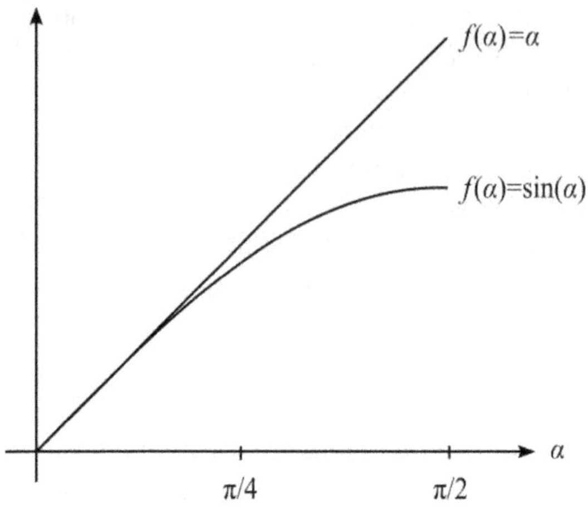

FIGURA 11.2 Aproximación de sen(α) ≈ α.

El gráfico también muestra claramente que la aproximación solo es válida para valores pequeños de α y que comienza a fallar cuando α se aproxima a π/4; de hecho, la aproximación es buena para valores de α de hasta aproximadamente π/8. Esto es típico de las aproximaciones de funciones: son válidas en un determinado rango y fallan fuera de ese rango. La aproximación puede justificarse apelando a lo que se conoce como expansión en serie de Taylor. Muchas funciones pueden escribirse como una suma de funciones más simples. Para la función seno, esta expansión es:

$$\text{sen}(\alpha) = \alpha - \frac{\alpha^3}{3!} + \frac{\alpha^5}{5!} - \ldots$$

Para valores pequeños de α, los valores de α^3, α^5, ... son tan pequeños que son insignificantes y, por lo tanto, sen(α) ≈ α para α pequeño. Otro ejemplo bien conocido de una aproximación de este tipo es la fórmula de Stirling, $n! \approx \sqrt{2n}(n/e)^n$, que aproxima los factoriales con funciones exponenciales. Las relaciones de aproximación de este tipo se estudian ampliamente tanto en matemáticas aplicadas como en matemáticas puras, y se dedica mucho esfuerzo a las demostraciones de los teoremas de aproximación relevantes, ya que no todas las aproximaciones son tan fáciles de justificar como sen(α) ≈ α.[406]

[406] Luke (1975) analiza las aproximaciones de una gran clase de funciones, incluidas las funciones binomiales, las funciones gamma y las funciones de Bessel.

A veces, las funciones aparecen como soluciones de ecuaciones diferenciales. La ecuación del movimiento de Newton, las ecuaciones de Maxwell del campo electromagnético y muchas otras ecuaciones de la física (y, de hecho, de otras ciencias) son ecuaciones diferenciales y las soluciones a estas ecuaciones son funciones que satisfacen las ecuaciones. Desgraciadamente, las ecuaciones diferenciales suelen ser difíciles de resolver. Aunque existen teoremas generales poderosos que afirman la existencia de soluciones bajo ciertas condiciones, la mayoría de las veces no podemos especificar estas soluciones de forma explícita. En tales casos, podemos buscar soluciones aproximadas. Una solución aproximada es una función que podemos identificar y que se aproxima, en algún sentido geométrico, a la solución verdadera, aún desconocida. Existen innumerables técnicas para construir soluciones aproximadas. Algunas son analíticas y pueden llevarse a cabo con lápiz y papel, pero la mayoría de las técnicas actuales utilizan ordenadores y permiten que algoritmos numéricos construyan soluciones aproximadas.

La construcción de soluciones aproximadas plantea muchas cuestiones matemáticas y numéricas difíciles que no es necesario abordar aquí. Sin embargo, hay una cuestión que merece una breve mención: el caos. Si las ecuaciones son no lineales, construir soluciones aproximadas en el sentido anterior es prácticamente imposible, ya que las condiciones iniciales cercanas se separan exponencialmente rápido en promedio, un efecto conocido como dependencia sensible de las condiciones iniciales.[407] Como resultado, la solución verdadera y la solución construida computacionalmente no suelen ser cercanas entre sí. Por lo tanto, los sistemas caóticos requieren nociones diferentes de proximidad, y aspectos importantes de la teoría del caos, como el estudio de los exponentes de Lyapunov, los espectros de potencia y la geometría de los atractores, pueden entenderse como intentos de encontrar aspectos de la dinámica que permanecen iguales incluso si las soluciones numéricas y exactas difieren (Rueger y Sharp 1998, 205).

En lugar de buscar soluciones aproximadas a ecuaciones exactas, se puede intentar buscar soluciones exactas a ecuaciones aproximadas (Redhead 1980, 150). Esto es lo que ocurrió en nuestro ejemplo introductorio. Ante la ecuación (11.1), que es difícil de manejar, utilizamos una aproximación para el lado derecho de la ecuación que nos llevó a la ecuación (11.2), para la que existen soluciones exactas fácilmente disponibles. Así, hemos aproximado una ecuación con otra ecuación. Aunque esto funciona bien en algunos casos, la aproximación de ecuaciones está plagada de dificultades. Por lo general, no nos interesan las ecuaciones aproximadas en sí mismas, sino que las tratemos como un medio para construir soluciones aproximadas. En otras palabras, la estrategia consiste en resolver exactamente una ecuación aproximada para obtener una solución aproximada a

[407] Rueger y Sharp (1998) analizan las consecuencias del caos para las aproximaciones. Peter Smith (1998) y Leonard A. Smith (2007) ofrecen introducciones al caos para no expertos. Werndl (2009) ofrece una definición rigurosa del caos.

la ecuación exacta. ¿En qué circunstancias funciona esta estrategia? La cuestión fundamental aquí es lo que se conoce como *estabilidad estructural*. En términos generales, una ecuación es estructuralmente estable si un pequeño cambio en la ecuación solo da lugar a un pequeño cambio en la solución. Por lo tanto, la estrategia solo funciona si la ecuación es estructuralmente estable. Algunas ecuaciones son estructuralmente estables y se pueden construir soluciones aproximadas resolviendo ecuaciones aproximadas. Pero, lamentablemente, muchas ecuaciones no son estructuralmente estables, por lo que la estrategia de estudiar ecuaciones aproximadas se enfrenta a limitaciones.[408]

Una vez que se ha decidido cuáles son los objetos y cómo se evalúa la distancia entre ellos, nos enfrentamos a la cuestión de cuán cerca debe estar *A* de *M* para que *A* pueda servir como sustituto (*stand-in*) de *M* en un contexto determinado. En resumen: ¿cuán cerca es lo suficientemente cerca? La adopción de un umbral determinado es una elección pragmática que depende de las características específicas de la situación, la complejidad computacional del problema y la naturaleza de la cuestión en juego. En algunos contextos, un error del 10 % es una aproximación excelente, mientras que, en otros, una desviación del 1 % es un fracaso estrepitoso. La visión estándar de la aproximación es que, una vez que la consideración de todos los factores contextuales ha dado lugar a la elección de un umbral, el asunto ha quedado zanjado y no hay nada más que decir.[409]

Ramsey (1992) sostiene que esto es demasiado rápido y afirma que estar dentro de un umbral determinado es solo una condición necesaria, pero no suficiente, para que algo sea una buena aproximación. La cuestión es que, por sí sola, la proximidad de los resultados no nos dice nada sobre su fiabilidad y, por lo que sabemos, la proximidad podría ser una mera coincidencia. Para tener valor científico, sostiene Ramsey, una aproximación debe satisfacer también los siguientes criterios: (1) debe ser controlable; (2) debemos poder descartar que su efecto se vea anulado por otros factores; y (3) debe ser justificable (*ibid.*, 158). El ejemplo anterior con la curva sinusoidal ilustra los dos primeros puntos. Sabemos exactamente qué términos omitimos y podemos estimar el error. Si acabamos trabajando en un régimen en el que α no es lo suficientemente cercano a sen(α), podemos cambiar la aproximación, por ejemplo, incluyendo también el segundo término de la expansión de Taylor y aproximando sin(α) por $\alpha - \alpha^3/3!$. La interferencia de otros factores puede descartarse observando que *todo lo* que se necesita para que sin(α) se acerque a α es la cancelación de los términos de orden superior en la expansión de Taylor. Estos dos criterios garantizan conjuntamente

[408] Rueger y Sharp (1998, 208-211) ofrecen una introducción accesible a la estabilidad estructural. Para un análisis de los efectos que la inestabilidad estructural puede tener en nuestra capacidad para construir soluciones aproximadas, véase Frigg et al. (2014) y, con especial atención a las escalas, véase Baldissera Pacchetti (2021). Fletcher (2020) y Schmidt (2017) analizan el «principio de estabilidad" de Duhem.

[409] Esta opinión se articula, por ejemplo, en Balzer et al. (1987, 347).

que la proximidad de la aproximación no sea una coincidencia fortuita. Para ilustrar el tercer punto, consideremos un caso en el que se ajusta una curva continua a un conjunto finito de puntos. La función suele tener parámetros libres y los valores de estos pueden elegirse de manera que la curva quede cerca de los puntos. La calidad de esta aproximación depende de lo que motive la elección de los valores. Juzgamos una aproximación de manera diferente si los valores se eligen basándose en principios teóricos que si la función acaba siendo cercana a los puntos solo porque los parámetros se han estimado estadísticamente para que sea así. Este aspecto es especialmente importante cuando se aproxima una función que tiene muchos parámetros libres y existe una seria preocupación de que la proximidad se pueda lograr con demasiada facilidad (el problema conocido como "sobreajuste").[410] Lo que hemos visto en esta sección es que no existe una perspectiva única para la aproximación. Lo que se considera cercano depende del tipo de objetos matemáticos que nos interesen, y lo que se considera suficientemente cercano depende del contexto y de lo que se requiera en términos de controlabilidad y justificación. Sin embargo, la caracterización abstracta de la aproximación (que hemos expuesto al principio de la sección) sirve de guía para completar los detalles en cada caso, centrando la atención en las cuestiones que importan.

11.6 ¿Cómo definir la idealización?

Hasta ahora hemos caracterizado la idealización como una relación modelo-objetivo tal que, si se afirmara que las características del modelo están presentes en el objetivo, la afirmación sería falsa. Pero no toda afirmación falsa es una idealización. Decir que la cuerda es una varilla lineal es una idealización; decir que es un cubo hecho de gelatina no lo es. Ser falso, si se toma literalmente, es una condición necesaria pero en modo alguno suficiente, para ser una idealización. Esto plantea la cuestión de si el análisis puede mejorarse para dar también condiciones suficientes. Rudner ofrece un análisis de la idealización en términos de propiedades no instanciadas. Sostiene que "la característica destacada de las idealizaciones es que, literalmente, no describen nada: no hay ninguna entidad, proceso o estado de cosas con el que la idealización mantenga una relación designativa o descriptiva" (1966, 57), y ofrece un análisis de esta noción en términos de enunciados existenciales falsos. Sea Q un predicado (que entra en un aspecto representado en el modelo). La afirmación existencial correspondiente, $\exists o(Qo)$, dice que hay un objeto o en el mundo que instancia la propiedad que denota el predicado Q. El predicado Q describe entonces una situación idealizada si la afirmación existencial es falsa (*ibid.*, 58). No hay columpios sin fricción en

[410] Forster y Sober (1994) analizan el problema general del sobreajuste. Jebeile y Barberousse (2016) analizan el problema del sobreajuste en el contexto de los modelos climáticos. Hendry (1998) y Woody (2000) analizan las aproximaciones en la química cuántica.

el mundo y, según Rudner, esto es lo que hace que el predicado *columpio sin fricción* sea una idealización.

Desgraciadamente, el hecho de no ser aplicable a un objeto del mundo real es demasiado débil para ofrecer una condición suficiente para ser una idealización.[411] Los predicados *Ser un Jedi* y *La Décima Sinfonía de Beethoven* producen enunciados existenciales falsos, pero no son idealizaciones de nada (aunque se elijan aspectos adecuados). El error de la sugerencia de Rudner es que intenta caracterizar las idealizaciones sin referencia al sistema objetivo. El aspecto crucial de las idealizaciones no es que sean falsas, sino que guardan una relación especial con su sistema objetivo. Una descripción puede incluso cambiar su estatus dependiendo de cuál sea el objetivo. No tener resistencia al aire es una idealización del columpio; es simplemente un sinsentido cuando se afirma de los axiomas de la aritmética. El reto consiste en identificar la relación relevante entre el modelo y el objetivo.

Barr introduce la noción de variable de estado, una variable que describe la condición de un sistema. Sus ejemplos son la *fricción que actúa sobre un cuerpo o*, la *flotabilidad del aire que actúa sobre un cuerpo o* y las *fuerzas magnéticas deflectoras que actúan sobre un cuerpo o* (1971, 263). La afirmación $f(o) = y$ afirma que la variable de estado f toma el valor y para el objeto o. Una idealización es la afirmación $f(o) = y$, donde sus componentes son tales que satisfacen la siguiente condición: $f(o) = y$ es falsa, pero existe un valor y' tal que $f(o) = y'$ es verdadera.[412]

Sin embargo, como hemos visto anteriormente, la mera falsedad no es suficiente para definir la idealización. Si el columpio está tan oxidado que el eje apenas se mueve, el hecho de que la fricción sea nula no es una idealización. Del mismo modo, un modelo en el que las moléculas tienen el peso de los elefantes difícilmente es una idealización del gas hidrógeno. Sin embargo, ambos satisfacen la condición de Barr.

Schwartz (1978, 596) cree que Barr (al menos tácitamente) sostiene una opinión más fuerte: las idealizaciones no consisten simplemente en asignar un valor erróneo a una variable, sino que asignan un valor que, aunque estrictamente hablando es falso, hace que la afirmación $f(o) = y$ sea aproximadamente verdadera en el

[411] La caracterización de Rudner se inscribe en un análisis sintáctico de las afirmaciones de idealización y adolece de una serie de dificultades relacionadas con la forma lógica de estas afirmaciones. Para un análisis de estas dificultades, véase Barr (1971, 1974).

[412] Una parte importante del análisis de Barr se centra en la sintaxis de las afirmaciones de idealización. Para un análisis crítico de las condiciones de Barr, véase Schwartz (1978).

sentido de que *y* y *y'* son suficientemente cercanas. Así pues, la característica definitoria de las idealizaciones es la verdad aproximada.[413]

Desgraciadamente, la verdad aproximada y la idealización no coinciden perfectamente. Es aproximadamente cierto que no existe la flotabilidad y que la fuerza de Coriolis es cero. Pero no todas las verdades aproximadas son idealizaciones. Una medición puede concluir que el London Eye tiene 134,8 m de altura, aunque la altura real sea 135 m. El resultado de dicha medición es aproximadamente verdadero, pero no es una idealización.[414] Del mismo modo, la afirmación de que volar de Londres a Barcelona lleva dos horas es aproximadamente verdadera sin ser una idealización. A la inversa, no todas las idealizaciones son aproximadamente verdaderas. Algunos modelos están tan idealizados que sus supuestos no son aproximadamente verdaderos. El modelo de Lotka-Volterra asume que todos los peces del mar Adriático son depredadores o presas y que estos dos grupos interactúan entre sí según una ley simple; y cuando estudian el intercambio de bienes, los economistas consideran situaciones en las que solo hay dos bienes, dos agentes perfectamente racionales, sin restricciones en la información disponible, sin costes de transacción, sin dinero y en las que las transacciones se realizan de forma instantánea. Estas suposiciones no son aproximadamente verdaderas, pero pueden entenderse como idealizaciones. Por lo tanto, la conexión entre idealización y verdad aproximada es, en el mejor de los casos, tenue, y tratar de analizar una en términos de la otra parece ser un callejón sin salida.

Si bien estas consideraciones no prueban que no exista una condición suficiente unificada para que algo sea una idealización, dejan claro que no hay ningún candidato obvio y sugieren que un programa destinado a descubrir tal condición probablemente fracasará. Pero esto no significa que debamos tirar la toalla. Un análisis puede ser fragmentario en el sentido de que se pueden identificar diferentes tipos de idealizaciones y ofrecer condiciones suficientes para que algo sea una idealización de un tipo particular. Esto plantea la pregunta de qué tipos de idealizaciones existen. McMullin (1985) distingue seis, Weisberg (2007a) identifica tres, Pemberton (2005) reconoce dos y Nowakowa y Nowak (2000b) encuentran cinco. Es habitual que haya muchas formas de cortar un pastel, por lo que no es de extrañar que diferentes autores ofrezcan diferentes clasificaciones. En el siguiente capítulo analizo dos tipos de idealizaciones, que denomino *idealizaciones límite* y *exclusiones de factores*. A grandes rasgos, una idealización límite lleva una propiedad al extremo, por ejemplo, cuando se supone que la fricción es nula o que el número de partículas de un sistema es infinito. En una exclusión de factores, se omiten por completo factores como las colisiones de partículas en un modelo mecánico o las mutaciones en un modelo genético. No

---

413 El uso de la palabra «aproximado" en este contexto es desafortunado, ya que no se ajusta al análisis de la aproximación realizado en la sección anterior. Mantengo el término «verdad aproximada" por su atractivo intuitivo. Quienes deseen preservar la pureza terminológica pueden sustituirlo por «verosimilitud" o «veracidad". Para un análisis de este concepto, véase Oddie (2016).

414 Se pueden encontrar ejemplos similares en Schwartz (1978, 598) y Jones (2005, 186).

pretendo que esta sea una lista exhaustiva, ya que se podrían añadir otros tipos de idealizaciones. Sin embargo, estas dos nociones abarcan una amplia gama de idealizaciones, y su análisis contribuye en gran medida a comprender las idealizaciones que se encuentran en diferentes contextos científicos.

Por último, aunque no exista una definición general unificada de idealización, debemos tener claro qué tipo de noción es una idealización. En concreto, la cuestión es si la idealización es una noción óntica o epistémica.[415] Una visión óntica de la idealización sostiene que el que algo sea una idealización depende de cómo es el sistema objetivo, *independientemente* de lo que los científicos que construyen un modelo sepan sobre él. Una visión epistémica de la idealización sostiene que el que algo sea una idealización depende de lo que piensen y crean los científicos. Jones defiende una visión óntica. Tras introducir la falsedad como condición necesaria (pero no suficiente) para que algo sea una idealización, señala que "lo que importa [...] es si, en los aspectos relevantes, el modelo representa el sistema tal y como es; la cuestión no es si el modelo representa el sistema tal y como *nosotros lo entendemos*" (2005, 183, énfasis en el original). En otras palabras, que un modelo sea una idealización de su objetivo depende de las características independientes de la mente del objetivo, no de lo que los modeladores sepan o crean al respecto. Como consecuencia, es posible descubrir que un modelo es una idealización o, viceversa, que no lo es (*ibid.*). Lind, por el contrario, apoya una visión epistémica cuando insiste en que una definición de idealización "está relacionada con las creencias, no con cómo son realmente las cosas" y, por lo tanto, "una suposición es una idealización si el científico que la hace cree que es falsa, aunque esta creencia pueda resultar finalmente errónea" (1993, 494).

Como hemos visto al principio, una de las motivaciones clave para introducir idealizaciones es hacer que los problemas difíciles sean manejables. Esto podría sugerir que la idealización es un concepto epistémico. Sin embargo, esta es una conclusión errónea; la idealización es un concepto óntico. Para entender por qué, consideremos el ejemplo de un modelo climático. Hasta finales de la década de 1990, los modelos del clima global representaban procesos en la atmósfera, los océanos y la superficie terrestre, pero ignoraban la vegetación.[416] Hemos dicho que las abstracciones ignoran detalles sin decir nada falso, mientras que las idealizaciones afirman falsedades. ¿Es la omisión de la vegetación una abstracción o una idealización? La respuesta es: depende. Si la vegetación no influye en ninguno de los procesos representados en el modelo, entonces es una abstracción. Si influye en al menos un proceso, entonces es una idealización. Da la casualidad de que este último es el caso: la vegetación influye en las concentraciones de carbono en la atmósfera, y las concentraciones de carbono en la atmósfera influyen en las temperaturas globales. Estas temperaturas están representadas en el modelo, por lo que omitir la vegetación es como omitir la fricción, en lugar de

[415] De hecho, se puede plantear la misma pregunta sobre la abstracción y la aproximación.

[416] Para una discusión introductoria sobre los modelos climáticos y su historia, véase Maslin (2004, cap. 5).

omitir el color en nuestro ejemplo introductorio con el columpio. Por esta razón, es una idealización y no una abstracción. Y el punto crucial es: es una idealización debido a cómo es la Tierra, no debido a lo que creemos sobre la Tierra. Si la Tierra fuera tal que la vegetación no tuviera influencia en las temperaturas, entonces la omisión de la vegetación sería una abstracción. Esto demuestra que la idealización es un concepto óntico.

11.7 Conclusión

Hemos introducido los conceptos de abstracción, aproximación e idealización, y hemos establecido límites entre ellos. Hemos ofrecido perspectivas sobre la abstracción y la aproximación. Esto nos deja la idealización, a la que nos referiremos en el próximo capítulo. Cabe señalar que he analizado estos conceptos tal y como aparecen en el contexto de los modelos. Se trata de una elección por conveniencia. Lo mismo puede decirse de cualquier parte o aspecto de la ciencia que se reconozca como representativo, siendo los ejemplos más comunes las leyes y las teorías. La ley de la inercia de Galileo, las leyes del movimiento planetario de Kepler y la ley de los gases ideales implican algún tipo de idealización o aproximación, y lo mismo puede decirse de las teorías en las que aparecen estas leyes. Esto no plantea ningún problema, ya que lo que hemos dicho sobre la idealización, la abstracción y la aproximación se aplica igualmente a las leyes y las teorías.[417]

[417] Para una discusión sobre las leyes idealizadas, véase, por ejemplo, Hempel (1965, 344-345) y Liu (1999).

Capítulo 12 IDEALIZACIONES LÍMITES Y EXCLUSIONES DE FACTORES

12.1 Introducción

En este capítulo analizamos dos tipos específicos de idealización, a saber, las idealizaciones límites y las exclusiones de factores. Las idealizaciones límites llevan una determinada propiedad a un extremo, por ejemplo, cuando se supone que la fricción en un sistema es nula; una exclusión de factores equivale a omitir por completo un determinado factor, por ejemplo, cuando un modelo omite la colisión de partículas. Aunque no se afirma que estos sean los únicos tipos de idealización, los dos cubren una amplia gama de casos y contribuyen en gran medida a comprender las idealizaciones que encontramos en diferentes contextos científicos. Las exclusiones de factores también sirven como punto de partida para un debate sobre las idealizaciones galileanas y minimalistas. Comprender estos tipos de idealización es crucial tanto para entender cómo los modelos "distorsionados" se relacionan con sus objetivos como para comprender cómo funciona el razonamiento sustituto con ellos. Más allá de eso, un debate sobre las idealizaciones también nos ayuda a comprender los objetivos y propósitos de los modelos "distorsionados". Algunas distorsiones tienen un objetivo puramente práctico: hacen que algo intratable sea tratable. Pero no todas las distorsiones son solo expedientes. Algunas idealizaciones proporcionan explicaciones y fomentan la comprensión. Para ver cómo lo hacen, tenemos que distinguir entre diferentes tipos de idealizaciones y explicar cómo funcionan.

Para allanar el camino para una discusión sobre la idealización de límites, comenzamos introduciendo los límites y revisando algunas de sus propiedades importantes (Sección 12.2). A continuación, pasamos a una discusión sobre las idealizaciones de límites. Presentamos una definición y examinamos cómo funciona el razonamiento sustituto con límites (Sección 12.3). Luego dejamos atrás los límites y discutimos las exclusiones de factores (Sección 12.4). Las propiedades excluidas pueden reintroducirse posteriormente en un modelo, lo que conduce al esquema de inclusión. El esquema de inclusión puede interpretarse al menos de dos maneras diferentes, lo que conduce a las idealizaciones galileanas y a las idealizaciones minimalistas (sección 12.5). No se pretende que los conceptos discutidos en este capítulo cubran de manera exhaustiva todas las idealizaciones, y hay margen para discusiones adicionales (sección 12.6).

12.2 Introducción a los límites

Un tipo importante de idealización lleva una determinada propiedad al extremo. A estas idealizaciones las denomino *idealizaciones límite*, ya que la formulación matemática de llevar una propiedad al extremo implica tomar un límite. Esto ocurre en nuestro ejemplo introductorio del capítulo anterior, cuando se supone que el niño en el columpio se mueve sin resistencia del aire y que el eje no tiene fricción, aunque sabemos que el niño sí experimenta resistencia del aire y que el eje está lejos de estar libre de fricción. También ocurre cuando describimos la Luna como una esfera perfecta, aunque en realidad tiene una superficie irregular. En casos como estos, se supone que los valores de los parámetros que describen las características de los objetos (resistencia del aire, fricción, rugosidad de una superficie) son cero, aunque sus valores no sean cero en el objetivo. Pero no todas las idealizaciones límite implican suponer que un valor es cero; suponer que un valor es infinito es igualmente importante. Esto ocurre, por ejemplo, cuando asumimos que el número de partículas en un gas es infinito o que el volumen de un sistema grande es infinito.

Para comprender las idealizaciones límite, primero tenemos que comprender la noción matemática de límite. Consideremos una función $f(x)$ que toma números reales como entradas y los mapea a otros números reales.[418] Un ejemplo sencillo de tal función es $f(x) = x^2$, que mapea cada número real x a su cuadrado. Ahora podemos considerar cómo cambian los valores de $f(x)$ cuando dejamos que x tienda a un valor límite concreto c. En nuestro ejemplo introductorio, este valor era cero, pero nada en la noción de límite depende de ello y podemos preguntarnos para cualquier número c cómo se comporta la función cuando x tiende hacia c. Escribimos "$x \to c$" para expresar que nos interesa estudiar qué ocurre cuando x tiende hacia c . El valor hacia el que tiende $f(x)$ cuando x tiende hacia c es $\lim_{x\to c} f(x)$. Para simplificar la notación, definimos $F_c := \lim_{x\to c} f(x)$ y nos referimos a F_c como el *valor límite* de la función $f(x)$ cuando $x \to c$. Estos límites se denominan *límites finitos* (porque c es un número finito). Es crucial no confundir F_c con $f(c)$, el valor de la función en c, al que nos referimos como el *valor en el límite*. Discutiremos la diferencia entre los dos con más detalle en breve.

Con esta notación establecida, necesitamos una definición de $\lim_{x\to c} f(x)$. La definición estándar, que se remonta al matemático del siglo XIX Karl Weierstrass, dice que F_c es el límite de $f(x)$ cuando $x \to c$ *si y solo si* para cada número real $\varepsilon > 0$ existe otro número real $\delta > 0$ tal que: para todo x, si $0 < | x - c | < \delta$, entonces $| f(x) - F_c | < \varepsilon$.[419] Esta condición dice que se puede elegir un límite superior ε para la diferencia entre $f(x)$ y F_c completamente libremente, siempre que no sea cero, y para *cualquier* elección de este tipo debe existir un número δ tal que si x es menor que δ con respecto a c, entonces la diferencia entre $f(x)$ y F_c es menor que ε. Si resulta que para una determinada elección de ε no existe ningún δ que cumpla esta condición, entonces el límite no existe. O, de forma más intuitiva, la existencia de un límite significa que podemos mantener $f(x)$ arbitrariamente

[418] Para facilitar la presentación y que el análisis resulte intuitivo, solo abordaremos el caso de las funciones con valores reales. Por supuesto, los límites pueden estudiarse para otras funciones y, de hecho, en otros contextos, como las sucesiones numéricas y las sucesiones de funciones. Estos temas se tratan en cualquier introducción al cálculo, por ejemplo, en Spivak (1994). Su relevancia filosófica en el contexto de la idealización de los límites se analiza en Nguyen y Frigg (2020).

[419] Esta es la definición estándar de límite que se puede encontrar en todos los libros de texto de cálculo; véase, por ejemplo, Spivak (1994, 96).

cerca de F_c manteniendo x suficientemente cerca de c. Esto se ilustra en la figura 12.1a. Muestra una función para la que, independientemente del ε que elijamos, siempre hay un δ que mantendrá $f(x)$ cerca de F_c.

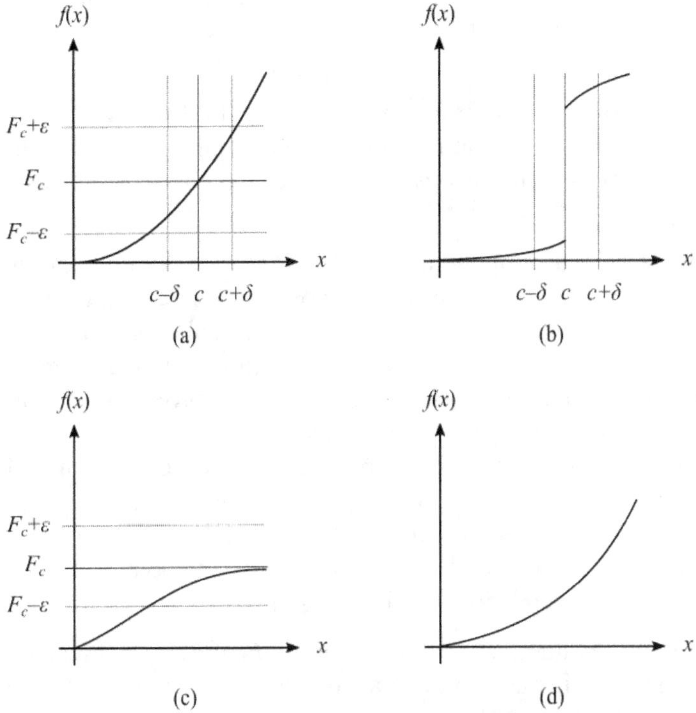

FIGURA 12.1 Límite para $x \rightarrow c$ donde (a) el límite existe y (b) donde el límite no existe. Límite para $x \rightarrow \infty$ donde (c) el límite existe y (d) donde el límite no existe.

Este no es el caso de la función que se muestra en la figura 12.1b, porque para cada ε menor que el "salto" que da la función en $x = c$ no existe ningún valor F_c tal que $| f(x) - F_c | < \varepsilon$ para todo x, por muy cerca que estemos de c.

Como hemos visto al principio de esta sección, no todos los límites permiten que el valor de una variable tienda hacia un valor finito c; algunos hacen que la variable tienda hacia el infinito. En este caso, es necesario adaptar ligeramente la notación anterior y la definición de límite. Escribimos "$x \rightarrow \infty$" para expresar que x tiende hacia el infinito, donde "∞" denota el infinito. Definimos $F_\infty := \lim_{x\rightarrow\infty} f(x)$ como el valor límite de la función cuando $x \rightarrow \infty$. A esto lo llamamos límite infinito. Tomando ciertas libertades matemáticas, escribimos $f(\infty)$ para denotar el valor de la función en el infinito.[420] F_∞ es el límite de $f(x)$ cuando $x \rightarrow \infty$ *si y solo si* para cada número real $\varepsilon > 0$ existe un x' tal que: para todo x, si $x > x'$ entonces $|f(x) - F_\infty| < \varepsilon$. Intuitivamente, esto significa que podemos mantener $f(x)$ tan cerca de F_∞ como queramos haciendo x suficientemente grande. Si esto no es posible, entonces el límite infinito no existe. La figura 12.1c muestra una función para la que existe el límite infinito; la figura 12.1d muestra una función para la que ese límite no existe.

Con estas definiciones a mano, ahora podemos discutir algunos puntos importantes relacionados con los límites. Para facilitar la discusión, los discutiremos en el contexto de los límites finitos; todo lo que digamos sobre los límites finitos se aplica a los límites infinitos *mutatis mutandis*, esencialmente sustituyendo F_∞ por F_c y $f(\infty)$ por $f(c)$.

El primer punto es que, como hemos mencionado anteriormente, F_c no debe confundirse con $f(c)$. En nuestra definición consideramos $0 <| x - c | < \delta$, lo que significa que la diferencia entre x y c puede ser arbitrariamente pequeña, pero debe ser estrictamente mayor que cero. Por lo tanto, x *nunca* es igual a c, y F_c es el valor hacia el que tiende $f(x)$ a medida que x se aproxima arbitrariamente a c *sin llegar nunca a* c. Así pues, F_c es conceptualmente distinto de $f(c)$, y F_c no impone en realidad ninguna restricción sobre lo que ocurre en c. Los valores límite y los valores en el límite son objetos matemáticos diferentes. Dicho esto, el hecho de que $f(c)$ y F_c sean objetos matemáticos diferentes no nos impide preguntarnos si, en una situación dada, asumen los mismos valores. De hecho, gran parte de lo que sigue dependerá de si este es el caso o no.

El segundo punto es que hablar libremente de F_c y $f(c)$, e incluso comparar sus valores, podría sugerir que se puede asumir naturalmente que F_c y $f(c)$ siempre existen. Pero no es así. De hecho, F_c y $f(c)$ pueden no existir en absoluto. En casos "benignos", ambos existen. Pero su existencia no se puede dar por sentada y, lo que es peor, la existencia de ambos ni siquiera está correlacionada: F_c puede existir sin que exista $f(c)$ o viceversa, y hay casos en los que ninguno de los dos existe.

Ilustremos estos puntos algo abstractos con ejemplos sencillos de funciones que mapean la parte positiva de los números reales ($\mathbb{R}^+$) en todos los números reales ($\mathbb{R}$). Para empezar, consideremos la función $f(x) = 1 + x^2$, que se muestra en la figura 12.2a. Ahora tomemos el límite $x \rightarrow 0$ (por lo tanto, $c = 0$). Tenemos $f(0)=1$ y es obvio que $F_0 = 1$. Por lo tanto, el valor límite y el valor en el límite existen y coinciden. Pero no todas las funciones se comportan tan bien. Consideremos una función, mostrada en la figura 12.2b, que toma el valor 1 en todas partes excepto en cero, donde toma el valor 2. En este caso, el límite de la función para $x \rightarrow 0$ es 1 (es decir, $F_0 = 1$), y sin embargo el valor de la función en 0 es 2

[420] Es necesario tomarse algunas libertades porque ∞ no es, en sentido estricto, un número. En el contexto actual, podemos dejar de lado este problema y considerar que la función se define en $\mathbb{R} \cup \infty$, donde « $\mathbb{R}$ " denota los números reales (Butterfield 2011, 1075).

(es decir, $f(0) = 2$). Por lo tanto, el valor límite y el valor de la función existen, pero son diferentes. A continuación, consideremos el límite de la función $f(x) = x$ sen(1/x) para $x \rightarrow 0$, que se muestra en la figura 12.2c. Se encuentra que $F_0 = 0$, pero $f(x)$ no existe en $x = 0$ porque la división por cero no es una operación matemática con significado. A continuación, construimos una función mediante la siguiente regla: $f(x) = 1$ si x es racional (es decir, si x puede escribirse como el cociente de dos números enteros) y $f(x) = -1$ en caso contrario. Esta función se ilustra en la figura 12.2d. Es una consecuencia de un importante teorema de la teoría de números que cualquier intervalo contiene siempre números racionales. De ello se deduce que $f(x)$ se mantendrá fluctuando entre 1 y -1 sin importar lo cerca que se llegue a 0 y, por lo tanto, F_0 no existe. Sin embargo, hay un valor bien definido en 0, a saber, 1 (porque 0 es un número racional). Por último, modifiquemos ligeramente el ejemplo anterior: $f(x) = 1/x$ si x es racional y $f(x) = -1/x$ en caso contrario. Esta función se ilustra en la figura 12.2e. En este caso, no existen ni F_0 ni $f(0)$.

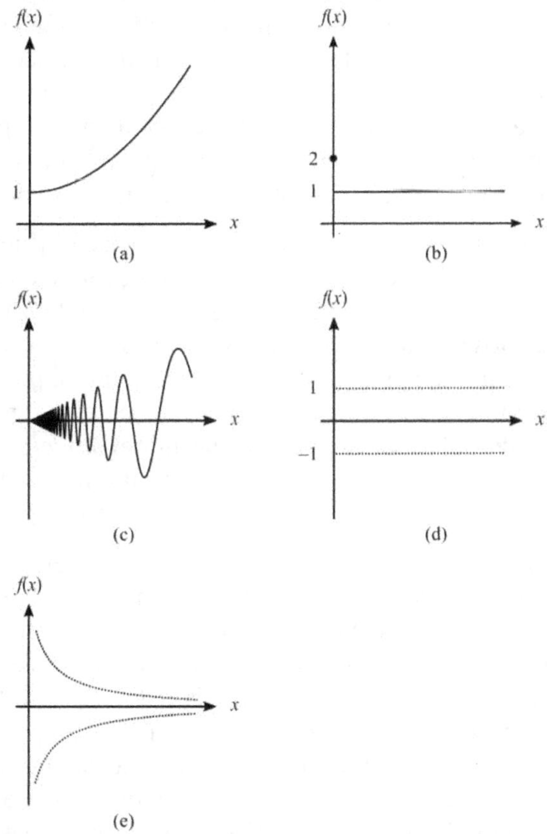

FIGURA 12.2 Cinco funciones que ilustran diferentes situaciones con respecto a la existencia y no existencia de F_c y su relación con $f(c)$. Los puntos de las figuras (d) y (e) simbolizan los valores tomados en números racionales e irracionales, respectivamente.

Estos ejemplos ilustran que F_c y $f(c)$ son objetos diferentes y que son independientes entre sí. Cuando ambos existen, pueden coincidir, pero no necesariamente; y puede ser que uno u otro, o incluso ambos, no existan en absoluto.

12.3 Idealizaciones límite

Con esta comprensión de los límites, volvamos ahora a los modelos y las idealizaciones. Pensemos de nuevo en nuestro ejemplo introductorio con el columpio y centrémonos en un solo parámetro, por ejemplo, la resistencia del aire. Llamemos a este parámetro α, y sea $M(\alpha)$ el modelo. El parámetro α es una expresión cuantitativa de la fuerza de la resistencia. Si no hay resistencia del aire, tenemos $\alpha = 0$ y cuanto mayor sea el valor de α, mayor será la resistencia del aire. Escribimos $M(\alpha)$ para dejar claro que el modelo depende de α. El coeficiente tiene un valor concreto (mayor que cero) para el columpio real, y no podemos cambiar ese valor. Pero *en el modelo* podemos considerar α como un parámetro que se puede variar libremente (dentro de un cierto rango). Al hacerlo, podemos considerar modelos que experimentan diferentes niveles de resistencia del aire.

La notación $M(\alpha)$ es sugerente, y es deliberada. La idea principal del enfoque que estamos discutiendo es conectar una discusión de modelos que dependen de un parámetro con nuestra discusión de funciones asociando α con x y $M(\alpha)$ con f(x). Entonces podemos preguntarnos cómo se comportan los modelos si α tiende hacia un valor límite particular c (o hacia ∞). Por ejemplo, podemos preguntarnos cómo se comporta el modelo del columpio cuando el parámetro de resistencia del aire tiende a cero. Entonces podemos definir el *modelo límite* M_c a través del límite $M_c := \lim_{a \to c} M(\alpha)$ y, como en el caso de las matemáticas puras, enfatizar que el modelo límite es distinto de $M c$ ( ), el *modelo en el límite*.

Este es un paso importante que, como veremos, se encuentra en el centro del marco en el que podemos entender las idealizaciones límite. Sin embargo, hay una complicación que debemos abordar de frente. El parámetro α y la variable x son ambos números reales, por lo que no hay ningún problema en asociarlos entre sí. La asociación se vuelve más tenue a nivel del modelo. Mientras que $f(x)$ también es un número real, $M(\alpha)$ es un modelo y no un número. Esto tiene una consecuencia indeseable. Al definir el límite, apelamos a la diferencia entre $f(x)$ y F_c a través de la condición $| (f(x) - F_c | < \varepsilon$. Esta condición está bien definida porque tanto $f(x)$ como F_c son números. Esta condición se traduciría en $|M(\alpha) - M_c | < \varepsilon$ según nuestra asociación. Sin embargo, la expresión $|M(\alpha) - M_c | < \varepsilon$ no está definida porque no se ha introducido ninguna noción de diferencia entre $M(\alpha)$ y M_c. Cuando los números se mapean sobre modelos en lugar de sobre otros números, ya no podemos recurrir al concepto familiar de la diferencia entre dos números para definir el límite, y tenemos que introducir una noción alternativa de diferencia que se aplique a los modelos.

La noción de diferencia que se elija dependerá de lo que se considere que son los modelos, una cuestión que discutiremos en el capítulo 14. En algunos casos, los modelos pueden asociarse con funciones (o al menos considerarse expresados a través de ellas), en cuyo caso se puede recurrir a una noción de diferencia en un espacio de funciones. En otros casos, los modelos pueden ser objetos matemáticos de otro tipo, o pueden no ser matemáticos en absoluto. No parece existir un marco general que dé cabida a todos los tipos de modelos y dote a estos de una noción de distancia universalmente aplicable. Esto no es un problema en sí mismo, ya que en cada contexto somos libres de elegir una noción de distancia que sea adecuada al caso que nos ocupa. Sin embargo, debemos ser conscientes de la cuestión y asegurarnos de que en cada caso indicamos con qué noción de distancia operamos antes de discutir los límites. Como era de esperar, la elección de una distancia ha sido objeto de controversia en aplicaciones importantes y, como veremos, las elecciones pueden tener consecuencias de gran alcance para cuestiones como la reducción y la emergencia.

Una forma importante (pero en absoluto la única) de articular una noción viable de distancia es centrarse en una propiedad concreta P y preguntarse si el modelo conserva esta propiedad cuando tomamos el límite. Utilizando la notación lógica estándar, escribimos $P(M(\alpha))$ para decir que el modelo $M(\alpha)$ tiene una propiedad P, e introducimos la abreviatura $P(\alpha) := P(M(\alpha))$ para facilitar la notación. A continuación, se puede estudiar cómo cambia $P(\alpha)$ a medida que $\alpha \rightarrow c$. Si P es una propiedad que tiene una magnitud asociada, se pueden comparar los valores de las magnitudes, lo que, de hecho, nos lleva de vuelta al caso del modelo con las funciones con las que empezamos. Veremos un ejemplo de un límite que implica una propiedad P en breve.

Entonces, es natural plantearse tres preguntas. En primer lugar, ¿existe la *propiedad límite* P_c, donde $P_{c:=} \lim_{\alpha\rightarrow c} P(\alpha)$? En segundo lugar, ¿existe $P(c)$, la *propiedad en el límite*? En tercer lugar, si existen tanto P_c como $P(c)$, ¿coinciden?

Si consideramos un modelo $M(\alpha)$, elegimos una propiedad concreta P de $M(\alpha)$ y estudiamos lo que ocurre cuando $\alpha \rightarrow c$, entonces digo que nos encontramos ante un *P-límite*. Comprender este límite implica comprender tanto los límites de $M(\alpha)$ como los de $P(\alpha)$ y, lo que es más importante, su interacción. Comencemos por clasificar estos límites. Si $M(\alpha)$ no tiene límite (es decir, si M_c no existe), entonces el límite P no existe. Si $M(\alpha)$ tiene un límite, pero $P(\alpha)$ no (es decir, si M_c existe, pero P_c no), entonces el límite P tampoco existe. Si ambos límites existen (es decir, si M_c y P_c existen), entonces el límite P existe. Los límites P

pueden clasificarse como regulares o singulares. Un límite P es *regular* si y solo si satisface una de las siguientes condiciones (Butterfield 2011, 1076):[421]

(R1) No hay ningún modelo en el límite (es decir, $M(c)$ no existe) y, por ende, no hay ninguna propiedad en el límite (es decir, $P(c)$ no existe).

(R2) Hay un modelo en el límite (es decir, $M(c)$ existe); hay una propiedad en el límite (es decir, $P(c)$ existe) y $Pc = P(c)$.

Vale la pena señalar que esta definición es relativa a cierta propiedad $P(\alpha)$, por lo que sería más exacto decir que un modelo que satisface una de las condiciones anteriores es *P-regular*. Suprimimos esta aclaración para simplificar el lenguaje, pero es importante tenerlo en cuenta porque puede ocurrir que el límite para el mismo modelo $M(\alpha)$ sea regular para la propiedad $P(\alpha)$ y no regular para otra propiedad $Q(\alpha)$.

(R1) es el caso trivial porque nada puede "salir mal" si no hay ningún modelo en el límite: el límite es regular por defecto, por así decirlo. El caso interesante es (R2). Pensemos ahora en lo que ocurre cuando (R2) falla. Decimos que la propiedad P es la propiedad *correcta* si la afirmación "el objetivo del mundo real tiene la propiedad P" es verdadera. Entonces podemos decir que un límite P es *singular* si y solo si existen $M(c)$ y $P(c)$, $Pc \neq P(c)$, y $P(c)$ en lugar de Pc es correcto (*ibid*., 1077). En otras palabras, si un límite P es singular, entonces la propiedad del modelo en el límite es diferente de las propiedades del modelo lejos del límite, y es la propiedad en el límite la que es correcta.

La última cláusula se añade por la siguiente razón. El objetivo real no está representado con exactitud por el modelo en el límite; está representado con exactitud por un modelo en algún lugar "en el camino hacia el límite". Por ejemplo, el objetivo real siempre tendrá cierta resistencia al aire; y, si consideramos límites infinitos, no hay gas con un número infinito de partículas. Si suponemos que el límite existe y que el modelo que representa con exactitud el objetivo está cerca del límite, entonces ese modelo (y con él el objetivo) tiene una propiedad cercana a P_c. Por lo tanto, una propiedad cercana a P_c es la propiedad correcta. Del mismo modo, si el sistema objetivo se encuentra "en algún punto en el camino hacia el límite", entonces no es necesario que esté representado con exactitud por $M(c)$ y, por lo tanto, $P(c)$ no tiene por qué ser la propiedad correcta. Esta advertencia deja de tener sentido si el límite es regular, ya que en ese caso tenemos $P_c = P(c)$,

[421] Butterfield utiliza el término «no singular". Yo utilizo «regular" y «no singular" indistintamente. Los límites regulares están estrechamente relacionados con lo que Laymon (1991, 167) denomina límites ideales, que requieren que cuanto más se acerque el sistema al límite, más se acerque el comportamiento del sistema al comportamiento del sistema en el límite.

y la propiedad correcta cercana a P_c es la misma que la propiedad correcta cercana a $P(c)$. Esto cambia si el límite es singular. En el caso singular, P_c y $P(c)$ son diferentes, por lo que si una propiedad cercana a P_c es correcta, entonces una propiedad cercana a $P(c)$ no puede ser también correcta, por lo que podemos simplemente descartar $P(c)$ como irrelevante para la comprensión del objetivo. O así es como se razona. Si entonces resulta que $P(c)$ en lugar de P_c (o una propiedad cercana a ella) es correcta, entonces ha ocurrido algo muy extraño: el modelo que uno esperaría que fuera la representación exacta del objetivo (por ejemplo, el modelo con el número correcto de partículas) no es realmente correcto, y el modelo que uno pensaría que *no puede* ser una representación exacta (por ejemplo, porque presenta una infinidad de partículas) resulta ser correcto. Por esta razón, el físico Michael Berry describe los límites singulares como aquellos que "implican conceptos cualitativamente muy diferentes" de los utilizados para describir el sistema lejos del límite (Berry 2002, 10). Tanto los límites singulares como los regulares son importantes en muchos contextos y ahora veremos cada uno de ellos, empezando por los límites regulares.

El columpio con resistencia del aire es un ejemplo de límite regular. Como se ha comentado anteriormente, sea $M(\alpha)$ el modelo del columpio y α el parámetro de la resistencia del aire. Además, supongamos que solo nos interesa lo que ocurre durante un segmento inicial de tiempo que comienza en $t = 0$ y termina en $t = t_e$, donde el subíndice "*e*" significa "fin". Al considerar una secuencia de columpios

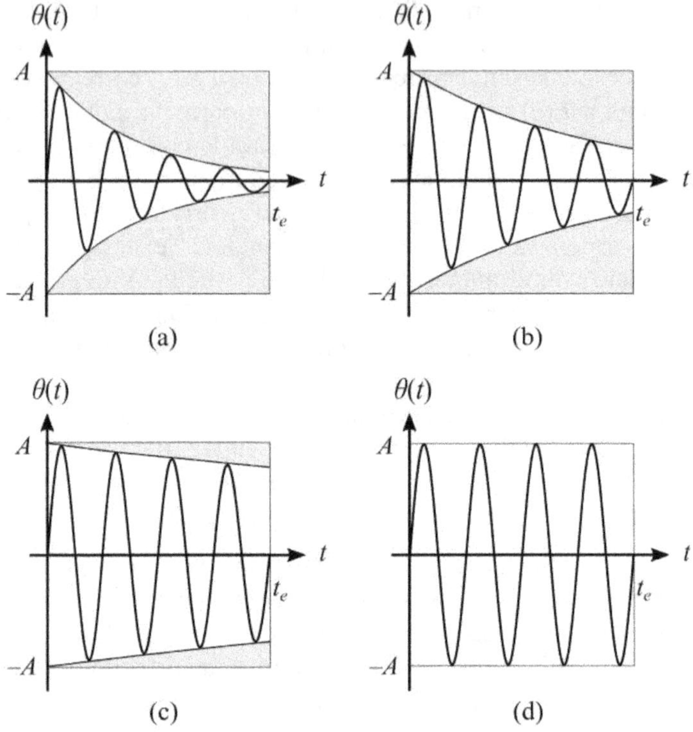

FIGURA 12.3 Envolvente de la oscilación para diferentes niveles de resistencia del aire, que van desde alta (a) hasta cero (d).

con resistencia del aire decreciente, nos interesa la amplitud del columpio. La amplitud del columpio es la desviación de la cuerda con respecto a la vertical en el punto de inflexión, y se puede medir numéricamente. La desviación disminuirá con el tiempo si se deja el columpio solo, un efecto conocido como “amortiguamiento”. Una “envltura” de la oscilación es una línea que pasa por todos los puntos de inflexión del mismo lado. Por lo tanto, hay dos envolturas para nuestro columpio: una para los puntos de inflexión de la izquierda y otra para los puntos de inflexión de la derecha (suponiendo que el niño se balancea de izquierda a derecha y viceversa). Las dos envolturas juntas codifican todas las amplitudes a lo largo del tiempo. Esto se muestra en la figura 12.3, donde las envolventes son las curvas que pasan por las “puntas” de las curvas oscilantes. Sea la forma de la envolvente de la oscilación la propiedad $P(\alpha)$ que nos interesa. Para facilitar la ilustración, supongamos que otras fuerzas de amortiguación (como la resistencia del aire) son nulas. Entonces podemos tomar el límite para $\alpha \rightarrow 0$. Esto se ilustra en las figuras 12.3a - 12.3c, que muestran las oscilaciones y sus envolventes de modelos para valores decrecientes de la resistencia del aire. La figura 12.4d muestra la oscilación del modelo para $\alpha = 0$, que es el modelo

(a) (b) (c) (d)

FIGURA 12.4 Límite singular, donde las líneas punteadas en (d) indican que la línea se extiende hasta el infinito en ambos lados.

en el límite. Como muestran los gráficos, las envolventes del modelo amortiguado tienden hacia la envolvente del modelo no amortiguado, por lo que tenemos $P_0 = P(0)$ y el límite es regular.[422]

Al contar la historia de esta manera, hemos apelado tácitamente a una cierta noción de dos líneas cercanas. Esto nos lleva de vuelta al problema mencionado anteriormente: las líneas no son números y no podemos simplemente restar una línea de otra para obtener un valor para $M(\alpha) - M_0$, que luego se puede decir que es menor que ε. Para hablar con sentido sobre el límite, tenemos que introducir una noción de distancia entre dos líneas. Esto se puede hacer de diferentes maneras. Por ejemplo, se puede introducir una "distancia superficial" y tomar la superficie entre las dos líneas como medida de la distancia entre ellas; o se puede tomar la diferencia máxima entre las dos curvas en el intervalo $[0, t_e]$ como medida de la distancia entre las curvas; o se puede considerar la distancia media; o... Hay muchas opciones. Trabajemos con la "distancia superficial", que corresponde a la superficie gris de las figuras 12.3a - 12.3c. Como indican las figuras, esta superficie tiende a cero cuando $\alpha \rightarrow 0$. Por lo tanto, la elección de la distancia superficial da solidez a la explicación del párrafo anterior.[423]

El hecho de que un límite sea regular puede aprovecharse para aprender sobre el objetivo a partir del modelo en el límite. El profesor puede estudiar $M(0)$ y descubrir que tiene la propiedad $P(0)$: la envolvente formada por dos líneas rectas horizontales. Esto expresa el hecho de que la amplitud no disminuye. Si α es

---

422 Matemáticamente, el argumento es el siguiente. Considerar la resistencia del aire equivale a añadir el término $-\alpha\, d\theta/dt$ al lado derecho de la ecuación 11.2, donde α es el parámetro de la resistencia del aire. Las soluciones a esta ecuación muestran que las envolventes de $M(\alpha)$ son $P(\alpha)= \pm Ae^{-(ka)t}$, donde k es una constante que depende de las características específicas del sistema (véase, por ejemplo, Young y Freedman 2000, cap. 13). Entonces es obvio que $\lim_{\alpha\rightarrow 0} \pm Ae^{-(ka)t} = \pm A$ para todo $t \in [0, t_e]$.

423 Además de la nota al pie anterior, los cálculos son los siguientes. La superficie del área gris viene dada por $2A \int_0^{t_e}[1 - e^{-(ka)t}]dt$. Utilizando el hecho de que la integral de e^{ct} es e^{ct}/c para todos los $c \neq 0$, calculando la integral definida para los límites superior e inferior dados y expandiendo la expresión resultante en una serie de Taylor, encontramos que la integral es igual a $2AO(\alpha)$, donde $O(\alpha)$ es un polinomio en α que contiene solo términos de orden α o superior. Esto implica que $\lim_{\alpha\rightarrow 0} O(\alpha)= 0$ y, por lo tanto, la superficie del área gris tiende a cero cuando $\alpha \rightarrow 0$.

cercano a cero, el hecho de que el límite sea regular implica que $P(\alpha)$ es cercano a $P(0)$, lo que significa que la envolvente es cercana a una línea recta horizontal. Esto se ve en la figura 12.3c.

Por esta razón, los límites regulares son informativos. Nos permiten estudiar el modelo en el límite y trasladar las conclusiones de *ese* modelo a los modelos alejados del límite. Para ver cómo estos límites son informativos, recordemos nuestra caracterización anterior de un límite. Dado que los límites son regulares, sabemos que $M_c = M(c)$ y $P_c = P(c)$. Esto implica que podemos mantener $M(\alpha)$ arbitrariamente cerca de $M(c)$ y $P(\alpha)$ arbitrariamente cerca de $P(c)$ manteniendo α suficientemente cerca de c. Así, si $M(c)$ tiene la propiedad $P(c)$, sabemos que un modelo cercano a $M(c)$ tiene una propiedad cercana a $P(c)$, lo que nos permite extrapolar de $P(c)$ a las propiedades $P(\alpha)$ para $\alpha \neq c$ y estar seguros de que, en la medida en que α sea cercano a c, cualquier cosa que descubramos sobre $M(c)$ y $P(c)$ será cercana a afirmaciones verdaderas sobre $M(\alpha)$ y $P(\alpha)$. En otras palabras, se puede estudiar el *modelo en el límite* para descubrir propiedades del *modelo cercano al límite*.

Esto es especialmente evidente si el límite se puede articular matemáticamente en términos de la definición estándar de ε y δ. Sin embargo, en la práctica científica rara vez se dispone de valores reales para δ y ε. Los científicos hacen juicios informales sobre cuán resbaladizo debe ser el eje para estar “lo suficientemente cerca” del límite regular, y los juicios a menudo dependen de factores contextuales: lo que es lo suficientemente cerca para una aplicación no lo es para otra. Dicho esto, no hay nada de malo en hacer juicios informales y, en manos de profesionales experimentados, tales idealizaciones pueden utilizarse de manera fructífera incluso sin estimaciones exactas de δ y ε.[424]

Este tipo de razonamiento se desmorona si el límite es singular. Si $P_c \neq P(c)$ entonces incluso los modelos que están muy cerca del límite no tienen propiedades que se acerquen a la propiedad del modelo en el límite y, por lo tanto, la inferencia anterior falla. Un ejemplo sencillo, adaptado de Redhead (2001, 86-87), ilustra este punto. Supongamos que tenemos un cilindro de goma. Su perfil es una esfera. Ahora aplicamos una fuerza hacia abajo al cilindro de manera que el perfil circular se convierta en una elipse. Supongamos que la deformación es tal que los semiejes de la elipse toman valores α para el semieje vertical y $1/\alpha$ para el semieje horizontal. Al aumentar la fuerza, aumentará la deformación de la elipse, lo que se refleja en una disminución de α. Esto se ilustra en las figuras 12.4a a 12.4c, que muestran una secuencia de perfiles del cilindro de goma bajo una fuerza descendente creciente. Así, los diferentes $M(\alpha)$ son elipses con semi-

424 La cuestión de cómo aprendemos de las idealizaciones límite se analiza con mayor detalle en Nguyen y Frigg (2020).

ejes de longitud α y $1/\alpha$. La propiedad P que nos interesa es el área de la superficie de la elipse, y fácilmente encontramos que $P(\alpha) = \prod$ para todo $\alpha > 0$.[425] Ahora podemos preguntarnos qué sucede con el perfil y el área en el límite para $\alpha \rightarrow 0$. Dado que $P(\alpha) =\prod$ para todo $\alpha > 0$, tenemos $P_0 =\prod$. Sin embargo, en α=0, el objeto

$M(\alpha)$ es una línea: es infinitamente extensa y unidimensional (su "espesor" es literalmente cero). Esto se ilustra en la figura 12.4d. Pero la superficie de una línea es cero, por lo que tenemos $P(0) = 0$ en el límite. Por lo tanto, $P(0) \neq P_0$.

Este sencillo ejemplo ilustra la idea de Berry de que un límite singular implica conceptos que son cualitativamente muy diferentes. El modelo en el límite es un objeto unidimensional, mientras que los modelos alejados del límite son bidimensionales, y estos objetos requieren conceptos diferentes para describirlos adecuadamente. También ilustra las diferencias epistémicas y metodológicas entre los límites singulares y los regulares. Como hemos visto, si un límite es regular, podemos estudiar el objeto en el límite y extraer inferencias válidas sobre el objeto cercano al límite. Esta estrategia falla si el límite es singular. Estudiar una línea no revelará nada sobre una elipse, por muy comprimida que esté esta. Investigar las propiedades del modelo en el límite no proporciona información sobre las propiedades de los modelos "en camino hacia el límite", a menos que el límite sea regular, por muy cerca que esté un modelo del límite.

La ciencia está plagada de límites singulares. Ejemplos destacados son el llamado límite clásico de la mecánica cuántica, el límite de baja velocidad de la relatividad especial y el límite newtoniano de la relatividad general, todos los cuales recuperan la mecánica newtoniana clásica de una forma u otra. Otros ejemplos son el límite termodinámico de la mecánica estadística (que recupera la termodinámica clásica) y el límite de baja longitud de onda de la óptica ondulatoria (que recupera la óptica rayada). Todos estos límites son singulares en el sentido de que en el límite aparece un comportamiento cualitativamente diferente. En el límite clásico, por ejemplo, una teoría indeterminista se convierte en determinista. Los detalles de estos límites son complicados y su formulación correcta es sutil y a menudo controvertida. Las cuestiones que se plantean profundizan en los fundamentos de las respectivas disciplinas, y su discusión excede el alcance de este libro. Sin embargo, para ilustrar el tipo de cuestiones que surgen al considerar tales límites, y para explicar cómo estas cuestiones se relacionan con el aparato conceptual introducido en esta sección, ahora echaremos un breve vistazo al límite termodinámico en el contexto de un estudio de las transiciones de fase, lo que también ilustrará cómo cuestiones filosóficas más amplias dependen de la naturaleza de los límites.

[425] La superficie de una elipse es π veces el producto de los dos semiejes, por lo que $P(\alpha)=\pi\alpha(1/\alpha)=\pi$.

Las transiciones de fase son un fenómeno familiar: si enfriamos el agua por debajo de cero, pasa de la fase líquida a la fase sólida (se convierte en hielo), y si la calentamos por encima de 100 °C, pasa de la fase líquida a la fase gaseosa (se convierte en vapor). La descripción teórica de estas transiciones en la mecánica estadística implica lo que se conoce como límite termodinámico: dejar que el número de partículas del modelo tienda a infinito y, al mismo tiempo, dejar que el volumen del modelo tienda a infinito, de modo que la densidad de partículas se mantenga constante. En este contexto, α es el número de partículas, $M(\alpha)$ es el modelo con α partículas, y el límite relevante es $\alpha \to \infty$. Tomar este límite es crucial porque en mecánica estadística una transición de fase se asocia comúnmente con que la función de energía libre de un modelo sea no analítica (en términos intuitivos, esto significa que la derivada de la función se vuelve discontinua, es decir, se parece a la función de la figura 12.1b). La analiticidad de la función de energía libre es la propiedad $P(\alpha)$ que nos interesa. La función depende de α y es un hecho matemático que, para *cualquier* α finito, la función es analítica, y la no analiticidad *solo* se produce para un modelo infinito. Así que nos encontramos en una situación en la que el límite $\alpha \to \infty$ es singular porque los modelos en el camino hacia el límite son todos analíticos y la no analiticidad solo se produce en el límite. De hecho, la situación es similar al ejemplo de Redhead con la elipse, en el que se produce un cambio repentino en el límite. Dado que la no analiticidad de la función de energía libre es crucial, la mecánica estadística considera modelos con un número infinito de partículas y establece $\alpha = \infty$.

La comprensión correcta del límite termodinámico es objeto de un animado debate. Algunos sostienen que el hecho de que la no analiticidad solo se produzca en el límite debe tomarse en serio y afirman que la termodinámica solo se aplica a sistemas "idealizados para ser realmente infinitos" y que esta "idealización es necesaria" (Ruelle 2004, 2). Pero dado que los sistemas reales nunca son infinitos (y, sin embargo, los fenómenos de interés solo se producen en el límite), se llega a la conclusión de que los fenómenos de interés son fenómenos *emergentes* que no pueden reducirse a la microteoría subyacente (Batterman 2002). En otras palabras, el carácter singular de un límite se utiliza para apoyar la visión de las propiedades y leyes macro como emergentes. Otros se oponen a esta visión y argumentan que no se necesita una infinidad real y que, por lo tanto, el comportamiento limitante no es emergente ni indicativo de un fracaso de la reducción. Norton (2012) llega a esta conclusión al degradar el límite a una mera aproximación, entendida como una operación puramente matemática (véase la sección 11.4).

Las funciones de los sistemas finitos reales son analíticas, pero deben ser tales que puedan aproximarse mediante el tipo de funciones no analíticas que resultan de un sistema infinito, de forma similar a como $\sin(\alpha)$ puede aproximarse por α. Según Norton, que tal aproximación sea posible es todo lo que se necesita para que se produzca una transición de fase. Las funciones no analíticas tienen un valor pragmático, pero no deben tomarse en serio, ni metafísica ni metodológicamente. Butterfield (2011) también se opone a la conclusión de que la transición de fase solo puede producirse en un sistema realmente infinito, pero en lugar de recurrir a aproximaciones, sostiene que existe una "emergencia antes del límite" y que dicha emergencia es compatible con el reduccionismo porque no requiere infinitos reales.[426]

Este no es el lugar para juzgar entre estas posiciones. Lo que importa aquí es que las opiniones de largo alcance sobre la reducción y la emergencia dependen de cómo se entienden las idealizaciones de los límites, y cualquier discusión sobre estas doctrinas deberá prestar mucha atención a las cuestiones que hemos discutido en esta sección.

12.4 Exclusiones de factores

En lugar de distorsionar una propiedad determinada llevándola al extremo, se pueden omitir propiedades por completo. Como hemos visto en la sección 11.3, omitir propiedades que no entran en un aspecto representado en el modelo es una abstracción, y los modelos que solo contienen abstracciones proporcionan representaciones veraces, aunque incompletas, del objetivo. Pasamos ahora a la cuestión de cómo debemos entender las situaciones en las que omitimos propiedades que *sí se* enmarcan en un aspecto representado en el modelo. ¿Cuál es la importancia epistémica de los modelos idealizados de esta manera? Para responder a esta pregunta, introducimos ahora un esquema general para describir primero la exclusión y luego la reintegración sucesiva de propiedades en un modelo. Por razones que pronto quedarán claras, llamamos a esto el *esquema de inclusión*.[427] A continuación, discutimos diferentes usos e interpretaciones de este esquema.

Sea R un predicado que especifica un cierto tipo de sistema. R podría ser, por ejemplo, "es un columpio", "es un átomo de hidrógeno", "es una población de peces" o "es una economía abierta". La variable o se refiere a un objeto en el mundo y "$R(o)$" significa que el objeto o es un R. Volviendo al ejemplo de la sección 11.2, si o se refiere al juguete grande del patio del colegio y se supone que R es "es un columpio", entonces $R(o)$ dice que el juguete grande del patio

[426] Para un estudio y una introducción a los límites infinitos en física, véase Shech (2018). Belot (2005) ofrece comentarios críticos sobre el análisis de Batterman; Batterman (2005) responde a ellos. Para más debates sobre esta cuestión, véase Bangu (2009), Butterfield (2014), Knox (2016), Palacios (2019) y Strevens (2019). Bokulich (2008) analiza la transición de la mecánica cuántica a la clásica. Pincock (2014) reflexiona sobre los compromisos ontológicos que implican las idealizaciones infinitas y sus implicaciones para el debate sobre el realismo.

[427] La fuente canónica del esquema es Nowak (1980, parte III). Se han dado tratamientos anteriores en Nowak (1972, 536-538) y Krajewski (1977, 333-336). Las afirmaciones del esquema se pueden encontrar en Nowak (1992, 10-14, 2000, 110-128), y Nowakowa y Nowak (1998, 36-37), así como en Cartwright (1989, cap. 5, 202-206), Laymon (1995) y Niiniluoto (1986, 275-284). Kuokannen y Tuomivaara (1992) analizan el esquema desde el punto de vista estructuralista que introdujimos en el capítulo 7.

del colegio es un columpio. Sea $f_1,\ldots,f_n$ los factores que contribuyen a un determinado aspecto del fenómeno estudiado (donde n es un número natural), y supongamos que este aspecto está representado en el modelo. En nuestro ejemplo, el aspecto es la fuerza que actúa sobre el columpio y los factores son las diversas contribuciones a la fuerza total (resistencia del aire, fricción, flotabilidad, etc.).[428] Escribimos "$f_i(o) = 0$" para indicar que el factor i se considera ausente en el objeto o. En nuestro ejemplo, $f_i(o) = 0$ significa que el columpio no tiene resistencia al aire. Denotamos por Q una cantidad del objeto o que deseamos determinar, por ejemplo, la amplitud del columpio en un momento dado t. Finalmente, sean $v_1, \ldots, v_m$ magnitudes físicas (distintas de Q) que caracterizan el sistema (donde m es un número natural). En nuestro ejemplo, $v_1(o)$ podría ser la amplitud inicial del columpio en el momento $t = 0$, $v_2(o)$ podría ser la masa del columpio, $v_3(o)$ podría ser la longitud de la cuerda del columpio.

Con esto en mente, consideremos la siguiente afirmación:

(I0) Para todo o: si R(o) & $f_1(o) = 0$ & ... & $f_n(o)=0$, entonces $Q(o)= g_0[v_1(o), \ldots v_m(o)]$

Llamamos a esta afirmación "I0" para indicar que describe una idealización (de ahí la "I") y que *ninguno* de los factores $f_1,\ldots,f_n$ ha sido incluido (de ahí el "0"). La afirmación dice que para todos los objetos o que son R, si todos los factores son cero, entonces la cantidad Q viene dada por la función g_0, que solo depende de las magnitudes físicas v_i. La función g_0 es el resultado de un estudio del modelo. En nuestro ejemplo, esta afirmación dice que, para cualquier columpio, si y no hay resistencia del aire, ni fricción, ni flotabilidad, ni . . ., entonces la amplitud del columpio viene dada por la función $g_0 = v_1(o)$, lo que significa que la amplitud permanece constante en el nivel inicial de $v_1(o)$ en todo momento y no depende de ningún otro factor.

El antecedente de esta condicional define un modelo, concretamente uno en el que todos los factores $f_1,\ldots,f_n$ están ausentes. El objetivo del modelo es un objeto o, por lo que el modelo representa o como si no tuviera $f_1,\ldots,f_n$. El consecuente de la condicional afirma que un determinado resultado es cierto en el modelo, concretamente que la cantidad Q viene dada por la función $g0$. Digo que los factores $f_1,\ldots,f_n$ han sido *excluidos* en dicho modelo y me refiero al tipo de idealización que conduce a (I0) como una *exclusión de factores*. Sin embargo, la terminología varía. Cartwright (1989), Krajewski (1977) y Niiniluoto (1986) se refieren a la exclusión de factores como "idealización"; Nowak (1980) lo llama tanto "idealización" como "abstracción" y a menudo parece utilizar los términos indistintamente; Laymon (1995) lo denomina "sustracción"; y Mäki (1994) se

[428] No todos los factores son iguales. Nowak (1992, 30, 30-31) y Mäki (1994, 150-159) establecen una serie de distinciones que contribuyen a la clasificación de los factores. Grüne-Yanoff (2011) rebate la afirmación de Mäki de que el aislamiento es un método habitual en la construcción de modelos.

refiere a ello como "aislamiento". En última instancia, nada depende de la elección de las palabras, pero me gustaría evitar referirme a la exclusión como "abstracción", ya que esto contradiría el uso del término en la sección 11.3 (porque, en general, excluir factores introduce una falsedad en el modelo).

Después de excluir todos los factores, cabe preguntarse qué ocurre cuando se invierten las exclusiones una por una. Es natural referirse al proceso de volver a introducir los factores excluidos en el modelo como *inclusión*. Una vez más, la terminología varía. Nowak (1980) llama a este proceso "concretización"; Krajewski (1977) se refiere a él como "factualización"; Laymon (1995) lo etiqueta como "adición"; Mäki (1994) se refiere a él como "desaislamiento"; y, en ocasiones, también se denomina simplemente "desidealización" (McMullin 1985). Al incluir el primer factor, f_1, en el modelo, se obtiene

(I1) Para todos los o: si $R(o)$ & $f_1(o) = c_1$ & $f_2(o) = 0$ & . . . & $f_n(o) = 0$, entonces $Q(o) = g_1[v_1(o), ..., v_m(o), f_1(o)]$,

donde $c_1 \neq 0$ es el valor del factor f_1 en o. Llamamos a esta afirmación "I1" para indicar que se trata de una idealización que incluye el primer factor. En nuestro ejemplo, esto significa que ya no asumimos que no hay resistencia del aire en el columpio, y que se supone que la resistencia del aire tiene el valor específico c_1. Una vez más, se puede ver que el antecedente de esta condicional define un modelo, ahora uno en el que f_1 ya no está ausente, y el consecuente afirma que Q viene dado por una función diferente g_1. Es crucial que, si ya no se omite el primer factor, la dependencia funcional de Q respecto a las otras variables puede cambiar, lo que se soluciona sustituyendo la función g_0 por la función g_1. Tenga en cuenta que la función resultante g_1 dependerá ahora, en general, del factor incluido f_1(o). En nuestro ejemplo, si ya no se excluye la resistencia del aire, entonces g_1 dependerá del nivel de resistencia del aire.[429]

Ahora se puede repetir este procedimiento en cascada, incluyendo un factor tras otro. Después de haber incluido k factores, tenemos:

(Ik) Para todos los o: si R(o) & $f_1(o) = c_1$ & ... &$f_k(o)$=c_k & $f_{k+1}(o)$=0 & ... & $f_n(o)$=0, entonces Q(o) = $g_k[v_1(o), ..., v_m(o), f_1(o), ..., f_k(o)]$.

Se puede continuar incluyendo factores hasta que todos los factores omitidos se hayan vuelto a introducir en la ecuación.[430] El resultado es el siguiente:

(In) Para todos los o: si R(o) & $f_1(o) = c_1$ & ... & $f_n(o)$=c_n, entonces $Q(o)$ = $g_n[v_1(o), ..., v_m(o), f_1(o), ..., f_n(o)]$.

429 De lo dicho en la nota al pie 5 se deduce directamente que, para nuestro péndulo, la función es $g_1 = \pm Ae^{-(ka)t}$.

430 Una cuestión interesante es si g_k puede escribirse como una suma de las contribuciones de cada factor individual f_i para i =1,...,k. Para un análisis de esta cuestión, véase Laymon (1995).

Llamamos a la secuencia (I0) . . . (I*n*) el *esquema de inclusión*.[431] Para facilitar la notación, en el resto del capítulo dejaremos que "*Ck*(o)" represente la condición $f_1(o) = c_1$ & . . . & $f_k(o) = c_k$ & $f_{k+1}(o)=0$ & ... & $f_n(o)=0$, y omitimos el argumento de la función para *Q*(o) y simplemente escribimos g_k, dando por sentado que g_k es una función de $v_1(o), ..., v_m(o), f_1(o), ..., f_k(o)$ y, posiblemente, otros parámetros como el tiempo. Con estas convenciones de notación, las condiciones anteriores pueden reescribirse como:

(I*k*) Para todos los *o*: si *R*(*o*) & $C_k(o)$*, entonces* $Q(o) = g_k$.

Añadamos algunas aclaraciones sobre el esquema de inclusión. En primer lugar, es importante que el esquema de inclusión se refiera a propiedades reales. Al excluir factores, partimos de una descripción completamente realista del sistema y luego eliminamos factores. Este proceso no consiste en cambiar o distorsionar propiedades, y cuando los factores excluidos se incluyen de nuevo, deben volver a introducirse en el esquema tal y como son en la realidad.

En segundo lugar, al formular el esquema de inclusión se supone que sabemos qué factores se han excluido y que sabemos, al menos en principio, cómo volver a introducirlos en el modelo. Esto equivale a decir que consideramos lo que se ha denominado una "*idealización controlada*" (Sklar 1993, 258). En una idealización controlada se sabe qué factores se han omitido. Se puede estimar de qué manera y en qué medida el resultado así obtenido divergirá del comportamiento del objetivo real, y existe la posibilidad de incluir de nuevo los factores omitidos en una versión más avanzada del modelo. Esto es exactamente lo que ocurre si descendemos en el esquema de inclusión. Pero no todas las idealizaciones son controladas. En algunos casos, es posible que simplemente no sepamos en qué se diferencia el modelo del objetivo. Estas idealizaciones son idealizaciones *no controladas*. Como ejemplo de un modelo construido mediante una idealización no controlada, Morgan y Morrison (1999, 28) ofrecen el modelo de la gota líquida del núcleo, que no se construye eliminando mentalmente factores del núcleo real y, por lo tanto, no puede mejorarse volviendo a introducir en el modelo los factores excluidos. Por esta razón, Nowak parte del supuesto de que para cada propiedad *Q* existe un espacio *completo* de factores $f_1,..., f_n$ que influyen en la propiedad. La completitud significa que (I*n*), la cual incluye todos los factores que influyen en *Q*, es una descripción literalmente verdadera y completa del objetivo real. Si la lista de factores es incompleta, es decir, si hay factores que in-

[431] Nowak (1992, 12) se refiere a (In) como la «concretización final" y a cada (Ik) como una «declaración idealizadora". Algunos factores son más significativos que otros. Nowak denomina «factores principales" a los factores más importantes y «factores secundarios" a los demás (Nowak 1992, 11). El concepto de importancia debe adoptarse como primitivo y todos los intentos de definirlo adolecen de «graves inconvenientes" (ibíd.). El conjunto de factores ordenados por la relación antisimétrica y transitiva más importante que es la estructura esencial de Q (Nowak 2000, 111).

fluyen en Q y no aparecen en la lista de factores del esquema de inclusión, Nowak afirma que se trata de una *semiidealización* y no de una idealización (Nowak 1992, 31-32).

En tercer lugar, una cuestión importante se refiere a la naturaleza de las funciones gk(o). La forma exacta de las funciones depende del problema en cuestión, pero de los análisis de Krajewski sobre la ecuación de van der Waals y la ley de Ohm (1977, 326-327) se desprende una condición general: si se deja que el factor f_k tienda hacia cero, entonces g_k tiene que tender hacia g_{k-1}, y esto tiene que ser válido para todos los $k = 1,...,n$. Intuitivamente, este requisito dice que si eliminamos el factor k y, por lo tanto, invertimos la inclusión k, volvemos al punto en el que comenzó la inclusión k, es decir, (I*k-1*), el siguiente nivel inferior del esquema. Niiniluoto (1986, 277) denomina a esto el *principio de correspondencia.* Nuestro sencillo ejemplo cumple este principio porque se puede demostrar que si se escribe la trayectoria de un péndulo con resistencia del aire (que es (I1)) y luego se deja que la fuerza de la resistencia del aire tienda hacia cero, se recupera la ecuación de la oscilación sin amortiguación (véase la sección 12.3 y, en particular, la figura 12.3).

En cuarto lugar, la formulación anterior de (I*k*) tiene la forma "para todo *o*: si . . . entonces . . .". Así es como se formulan las condicionales en la literatura.[432] Esto hace que parezca que (I*k*) son condicionales materiales. Sin embargo, eso no puede ser correcto. En la mayoría de los casos, el antecedente de la condicional, R(o) & $C_k(o)$, será falso (¡en el mundo real no hay columpios que se muevan sin resistencia del aire!), por lo que la condicional en sí misma acabará siendo trivialmente verdadera. Esto es erróneo porque hay un sentido claro en el que (I*k*) puede ser falso incluso si el antecedente relevante no se instancia. Una respuesta a este problema es decir que la condicional en (I*k*) es en realidad una *condicional contrafactual* (Niiniluoto 1986, 277). Dicho de forma más exacta, (I*k*) dice entonces que "para todo *o*: si R(o) & $C_k(o)$ fueran el caso, entonces sería el caso que $Q(o) = g_k$". (I*k*) ya no es trivialmente verdadero siempre que $C_k(o)$ sea falso. Las condiciones de verdad de este condicional se expresan hoy en día en términos de mundos posibles. Sea "mundo-C_k" un mundo posible en el que todos los objetos o que son R también satisfacen la condición C_k. Un mundo C_1 en nuestro ejemplo es un mundo en el que todos los columpios están sujetos únicamente a la gravedad y a la resistencia del aire. Según la semántica estándar para los contrafactuales, (I*k*) es verdadero si y solo si en el mundo C_k más cercano al mundo real es verdadero que $Q(o) = g_k$ (Lewis 1973). Este movimiento es plausible, pero tiene un coste. No solo tenemos que aceptar todo el marco de los mundos posibles, sino que también nos enfrentamos al problema epistémico de

[432] Véase, por ejemplo, Nowak (1972) y (1991).

cómo llegamos a saber si (I*k*) es verdadero. La epistemología modal es una cuestión difícil y se plantea la cuestión de cómo se establece la verdad de una afirmación como (I*k*).[433]

Una vez aclarados estos puntos, reflexionemos finalmente sobre la relación entre la exclusión de factores y la idealización de límites. Como hemos visto, las idealizaciones de límites llevan una propiedad al extremo, mientras que las exclusiones la eliminan por completo. Muchas idealizaciones pueden clasificarse claramente como una u otra. Si idealizamos un gas como si tuviera una infinidad de partículas o las placas del condensador como si fueran infinitamente extensas, no tiene mucho sentido describir estas idealizaciones como la exclusión del factor "finitud de las partículas" o la exclusión del factor "finitud de la extensión". Son idealizaciones que implican tomar un límite en lugar de excluir factores. Son idealizaciones que implican tomar un límite en lugar de excluir factores. Por el contrario, si idealizamos las partículas del gas como si no pudieran colisionar o una población como si se desarrollara de forma aislada, no podemos volver a describir esto como un proceso limitante. Las partículas pueden colisionar o no, y una población se desarrolla de forma aislada o no. Se trata de casos en los que se excluyen factores (las colisiones y el entorno).

Sin embargo, resulta inmediatamente evidente que existe un solapamiento entre las dos formas de pensar sobre la idealización siempre que las cantidades pueden variar de forma continua y podemos tomar un límite para la cantidad que tiende a cero. Se puede dejar que la intensidad de un factor tienda a cero y considerar la desaparición final de ese factor como una idealización límite; o se puede excluir el factor directamente y considerar la idealización como una exclusión. Nuestro ejemplo de la resistencia del aire es un caso claro. Podemos pensar en ella como una cantidad que puede tender a cero (que es lo que hemos hecho en la sección 12.3) o podemos pensar en ella como un factor que puede omitirse (que es lo que hemos hecho en esta sección).

En este caso, no debería importar cómo se mire la situación: un modelo que simplemente excluye un factor y otro que lo incluye pero lo lleva al valor límite cero deben dar el mismo resultado. El principio de correspondencia de Karjewski y Niiniluoto garantiza que así sea. Si imponemos este principio como condición para el esquema de inclusión, entonces no importa cómo se mire a tales idealizaciones. Esto nos lleva a la pregunta de cuándo el esquema satisface el principio, y nuestra discusión en la sección anterior nos da una respuesta: lo hace si el límite es regular. La condición de que g_k tienda hacia g_{k-1} a medida que f_k tiende hacia cero es, de hecho, una reformulación de la condición de que el límite sea regular, ya que g_{k-1} es, en efecto, gk en el límite para $f_k = 0$. Si se sigue el principio de correspondencia, el esquema de inclusión no puede utilizarse si uno de los límites $f_k \rightarrow 0$ es singular. Por lo tanto, comprender la idealización de límites es

433 Véase, por ejemplo, Williamson (2005) para un análisis de esta cuestión.

importante también para comprender cómo manejar las exclusiones y las inclusiones.

Volvamos brevemente a nuestros ejemplos anteriores de exclusiones de factores que no son idealizaciones de límites: la colisión de partículas y el aislamiento ambiental. Se podría responder que estos ejemplos no son válidos porque estas exclusiones pueden reformularse como límites. Un gas sin interacción entre partículas puede considerarse un caso límite de un gas con interacciones cuando se toma el límite de la sección transversal hacia cero, y una población aislada puede considerarse un caso límite de una población que interactúa con su entorno cuando se toma la fuerza de la interacción como cero. Y, según este argumento, se puede hacer lo mismo con todas las exclusiones. Es una cuestión abierta si todos los casos de idealización que a primera vista parecen exclusiones pueden reformularse finalmente como idealizaciones de límites, pero, por el bien del argumento, supongamos que así es. ¿Cuáles son las consecuencias? ¿Ha quedado obsoleto el esquema de inclusión? No lo parece. Incluso si tal "reducción última" fuera posible, sigue siendo cierto que, en la práctica, muchas idealizaciones se tratan como factores que se eliminan y se añaden, e incluso si se considera la eliminación y la adición como límites, necesitamos tener una lista completa de todos los f_k y g_k para saber qué límites tomar. De hecho, pensar en factores en términos de límites presupone que conocemos (In) y luego tomamos los parámetros relevantes como cero para llegar a (Ik), pero esta es una forma poco realista de pensar en un modelo que a menudo se construye añadiendo factores a un modelo simple como (I0). Así que, incluso si se piensa en las exclusiones como límites, el esquema de inclusión tiene un valor heurístico significativo.

12.5 Idealizaciones galileanas y minimalistas

El esquema de inclusión nos proporciona un marco en el que podemos discutir dos tipos importantes de idealización, a saber, la idealización galileana y la idealización minimalista.

Para que un problema complicado sea manejable, los científicos pueden introducir simplificaciones deliberadas. Al estudiar el movimiento de los objetos que caen, Galileo consideró situaciones en las que se excluían factores "obstructores" como la fricción y la resistencia del aire, y al calcular la órbita de un satélite, los científicos se centran, al menos en primera instancia, en la fuerza gravitatoria que ejerce la Tierra sobre el satélite y descuidan otras fuerzas como la atracción gravitatoria del Sol y la Luna. Dado que las idealizaciones de este tipo desempeñaron un papel importante en el pensamiento científico de Galileo, ahora se refieren a menudo como "idealizaciones galileanas".[434]

[434] El primer ejemplo se analiza en McMullin (1985, 266) y el segundo en Elliott-Graves y Weisberg (2014, 177). Aquí sigo la caracterización de las idealizaciones galileanas de Weisberg (2007a,

Las idealizaciones galileanas tienen tres características definitorias. En primer lugar, las situaciones suelen ser tan complicadas que sería imposible crear un modelo realista de ellas. Como dice Weisberg, "la idealización galileana es la práctica de introducir distorsiones en las teorías con el objetivo de simplificarlas para que sean computacionalmente manejables" (2007a, 640). Por ejemplo, sería muy difícil, si no imposible, construir un modelo de un satélite que incluyera literalmente todos los factores y luego resolver sus ecuaciones. Las idealizaciones galileanas tienen el objetivo práctico de simplificar una situación complicada para que el modelo resultante sea manejable. En segundo lugar, la idealización tiene por objeto proporcionar información útil sobre el objetivo. En palabras de McMullin, el propósito de una idealización galileana no es "simplemente escapar de la irregularidad intratable del mundo real hacia el orden inteligible de la Forma", sino "hacer *uso de* este orden en un intento de comprender el mundo real del que proviene la idealización" (1985, 248, énfasis original).

En tercer lugar, las idealizaciones galileanas pueden, en última instancia, "desidealizarse" eliminando las suposiciones simplificadoras. Esto está estrechamente relacionado con el progreso científico. A medida que se dispone de nuevas técnicas para abordar ecuaciones complicadas, como los potentes ordenadores, los científicos pueden volver a introducir en el modelo factores que habían omitido inicialmente. Al hacerlo, eliminan distorsiones y hacen que el modelo sea más realista. En principio, este proceso de "reincorporación" puede continuar hasta que todos los factores vuelvan a estar en el modelo, que entonces es una representación completamente realista. Por esta razón, como afirman Elliott-Graves y Weisberg, "la característica distintiva de la idealización galileana es que se supone que las distorsiones son temporales, al menos en principio" (2014, 177).

El esquema de inclusión de la sección anterior nos permite formular con precisión la idealización galileana y sus tres características definitorias. De hecho, (I0) es una idealización galileana. Tiene la primera característica porque g_0 suele ser manejable y, si se introduce en una ecuación, da lugar a una ecuación manejable. En nuestro ejemplo con el columpio, (I0) describe un modelo en el que la única fuerza que actúa sobre el columpio es la gravedad lineal y se excluyen todos los demás factores, como la resistencia del aire y la fricción. La ecuación de este modelo se resuelve fácilmente, como hemos visto en la sección 11.2. (I0) también tiene la tercera característica de forma evidente. Al marcar el inicio del esquema de inclusión, (I0) puede desidealizarse de forma obvia hasta alcanzar el modelo perfectamente realista descrito por (I*n*).

640-642) y Elliott-Graves y Weisberg (ibíd.). El término «idealización galileana" entró en el debate actual a través del artículo de McMullin. Tal y como lo describe McMullin, la idealización galileana abarca lo que yo denomino exclusión (1985, 258). Pero al mismo tiempo McMullin también incluye otros aspectos como la matematización de la naturaleza en su discusión, que he tratado en el capítulo 6. Para una discusión de la idealización galileana en el contexto de los experimentos mentales, véase Reiss (2018).

La segunda característica requiere más trabajo. ¿Qué nos dice exactamente (I0), o cualquier (I*k*) para $k < n$, sobre el sistema objetivo real? Para responder a esta pregunta es necesario comprender qué ocurre si solo se llevan a cabo unos pocos pasos de inclusión y el modelo no llega a alcanzar (I*n*). Nowak aborda esta cuestión afirmando que los resultados convergen hacia el valor verdadero a medida que se avanza en el esquema, y que cuanto más se avanza, más se acerca uno a la verdad (Nowak 1992, 12; cf. Nowakowa y Nowak 1998, 37).[435] Formalmente, esto significa que para todo $k < n$ existe un umbral ε_k tal que el valor de $Q(x)$ dado por (I*k*) no se aleja más de ε_k del valor real. El hecho de que los resultados converjan a medida que se avanza en el esquema significa que $\varepsilon_k \leq \varepsilon_l$ cuando $k > l$ para todo *k* y *l*. Sin embargo, es importante señalar que esto no ocurre automáticamente, por así decirlo. El cumplimiento de la condición de Nowak depende de la situación concreta. Por lo tanto, se puede decir que el cumplimiento de la condición de Nowak es necesario para que una idealización sea una idealización galileana. El columpio es un caso que se ajusta al esquema de Nowak. Nelson y Olsson (1986) ofrecen un tratamiento en profundidad del sistema y se extienden ampliamente para incluir una serie de factores que inicialmente se habían dejado fuera. En cada paso, sus resultados se vuelven más precisos, tal y como sugiere la doctrina de la convergencia.

En los casos que cumplen la condición de Nowak, a veces también se puede lograr un acercamiento entre el modelo y el objetivo diseñando experimentos cuidadosamente controlados.[436] La idea es intuitiva: en lugar de incluir ciertos factores en el modelo, lo que puede resultar complicado, se puede idear un objetivo de modo que los factores estén ausentes. Por ejemplo, en lugar de corregir la resistencia del aire, podríamos dejar que el columpio real se moviera en el vacío. En tal situación, incluir la resistencia del aire no solo sería innecesario, sino que sería un error. De este modo, el esquema de inclusión sirve entonces como guía para la construcción de experimentos controlados en laboratorio que se acercan más a los modelos idealizados que a los objetivos "en la naturaleza".

Las idealizaciones galileanas son tales que la desidealización es siempre posible, al menos en principio, y los factores inicialmente excluidos pueden, y siempre que sea posible deben, incluirse en el modelo.[437] Hay enfoques de la idealización que discrepan de esta prescripción metodológica e insisten en que, en muchos casos, la inclusión sucesiva de factores anteriormente excluidos no es deseable, incluso si fuera factible. Weisberg denomina a estas idealizaciones "idealizaciones minimalistas", y los modelos que son producto de tales idealizaciones son

---

[435] Nowakowa y Nowak utilizan el término «aproximación" y dicen que (Ik) se convierte en una buena aproximación de (In) (2000a, 10). Utilizo «convergencia" para evitar conflictos con la noción de aproximación desarrollada en la sección 11.4.

[436] Véase, por ejemplo, Cartwright (1989, 186-187), Laymon (1995, 355-356) y Weisberg (2007a, 641).

[437] En la práctica, las cosas pueden ser menos sencillas. Véase Knuuttila y Morgan (2019) para un análisis de las dificultades a las que se enfrenta la desidealización.

"modelos minimalistas" o, simplemente, "modelos mínimos" (2007a, 642).[438] La característica definitoria de una idealización minimalista es que produce un modelo que incluye solo los factores esenciales que dan lugar a un fenómeno y excluye todo lo demás. Así, en contra de la idealización galileana, la idealización minimalista desaconseja la desidealización e insiste en que los factores que no son esenciales para la producción del fenómeno investigado deben ser excluidos y permanecer excluidos. Esta idea básica ha sido formulada y justificada de diferentes maneras por diferentes autores, y ahora veremos algunas de estas formulaciones.

Una idealización minimalista es apropiada si las exclusiones son lo que Musgrave denomina *supuestos de insignificancia*. Excluir un factor es una suposición de insignificancia si "algún factor [. . .] que podría esperarse que afectara [al] fenómeno en realidad no tiene ningún efecto sobre él" (Musgrave 1981, 378). Supongamos que este factor es f_{k+1}. Entonces, incluir f_{k+1} no cambiará la dependencia funcional de Q respecto a los factores, por lo que se tiene trivialmente $g_k = g_{k+1}$. Si este es el caso de todos los factores con un índice mayor que k, entonces simplemente no hay necesidad de incluir ninguno de ellos y g_k dará resultados veraces.

Strevens articula esta idea en el contexto de la explicación causal.[439] El punto de partida de una investigación, según Strevens, es un modelo causal del fenómeno. Este modelo puede incluir todo tipo de factores causales. Inicialmente, el único requisito es que los modelos causales sean lo suficientemente sólidos como para implicar el fenómeno. La tarea consiste entonces en reducir el modelo a lo esencial y eliminar todos los factores causales que sean innecesarios. El criterio de necesidad es ser un factor diferenciador. Un factor es un diferenciador de un fenómeno si este no se produciría sin él. Strevens pone como ejemplo la muerte de Rasputín (2008, 88). La fuerza gravitatoria de Marte influyó en la trayectoria de las balas que lo mataron (quizás una de las balas alcanzó el cuerpo de Rasputín un picómetro más a la izquierda de lo que lo habría hecho sin ella). Pero esta influencia no supuso ninguna diferencia: la bala habría matado a Rasputín incluso si Marte no hubiera interactuado con los objetos de la Tierra. Por esta razón, la interacción de Marte con los objetos terrestres no es un factor diferenciador. Según la perspectiva kairetica de Strevens, proporcionamos una explicación de un fenómeno si construimos un modelo que contenga *solo* factores diferenciadores. Un modelo explicativo debe reducirse a lo esencial; si el modelo contiene irrelevancias causales (factores que no marcan la diferencia), no explica. Esto entra en conflicto con la idealización galileana, ya que los factores que se

[438] Por lo que puedo ver, Weisberg utiliza indistintamente «modelo minimalista" y «modelo mínimo". En la sección 16.3 encontraremos un uso de «modelo mínimo" que contradice el de Weisberg.

[439] Véanse, en particular, los capítulos 3 y 8 de Strevens (2008). Para un análisis de su perspectiva, véanse Levy (2012) y Nola (2011). Para un análisis del uso de los factores diferenciadores para las predicciones, véase Strevens (2021).

han excluido en la elaboración del modelo explicativo no pueden volver a incluirse sin destruir la fuerza explicativa del modelo; de hecho, es precisamente la exclusión de estos factores lo que hace que el modelo sea explicativo. En términos del esquema de inclusión, esto significa que si los factores $f_1,..., f_k$ son los factores diferenciales, entonces no debe incluirse ningún otro factor en el modelo, aunque esto fuera posible y factible.

Batterman y Rice no apelan a la causalidad en su perspectiva de la explicación minimalista, y tampoco presuponen que un modelo pueda descomponerse en varios factores causales que puedan incluirse o excluirse individualmente.[440] En cambio, Batterman y Rice consideran que los modelos minimalistas son modelos muy simplificados que ignoran gran parte de los detalles del sistema objetivo y que se sabe que son inexactos en muchos aspectos. Se nos invita entonces a centrarnos en el comportamiento macroscópico a gran escala de estos modelos, más que en su microestructura, ya que esto es lo que importa para su uso. Por ejemplo, el llamado modelo Lattice Gas Automaton (LGA) de un gas omite una miríada de detalles sobre las moléculas de un gas real y representa de forma radicalmente mal (*misrepresents*) su movimiento y la forma en que colisionan; y, sin embargo, reproduce el patrón correcto de cómo fluye un gas alrededor de una barrera y de cómo la velocidad de las partículas en un punto del espacio depende de la velocidad de las partículas en otros puntos del espacio (2014, 358-361). Pero que el modelo LGA muestre el patrón macro correcto de cómo se comporta un gas podría ser una coincidencia afortunada. Para demostrar que no es así, ahora hay que ampliar la investigación y examinar toda una clase de modelos, en lugar de solo el modelo con el que se empezó. Esta clase tiene que ser tan amplia que contenga tanto el modelo original como una representación veraz del objetivo. El paso crucial ahora es demostrar que los patrones macro relevantes son *universales* en esta clase, en el sentido de que todos los modelos de esta clase muestran los mismos patrones macro, independientemente de sus detalles. En otras palabras, tenemos que demostrar que los detalles que están distorsionados o excluidos no influyen en el comportamiento macro que nos interesa.[441] Una vez hecho esto, se justifica el uso del modelo mínimo para explicar el comportamiento del sistema real, ya que se encuentra en la misma clase de universalidad que el modelo verdadero del sistema real. Demostrar que existe tal clase y que los modelos relevantes se encuentran en ella no es tarea fácil, y se logra con una complicada técnica matemática llamada *grupo de renormalización* (*ibid*., 361-364). Los detalles de esta técnica exceden el alcance de nuestro análisis; lo que importa es que la renormalización ofrece la "historia de fondo" sobre por qué y cómo se

[440] De hecho, Rice (2019) sostiene que tal descomposición es normalmente imposible.

[441] Cabe señalar que existen similitudes de gran alcance entre un enfoque de los modelos basado en el razonamiento de universalidad y robustez, que discutimos en la sección 15.3.

puede utilizar un modelo radicalmente simplificado para explicar las propiedades de su sistema objetivo.[442]

En resumen, las idealizaciones minimalistas difieren de las idealizaciones galileanas en dos aspectos. En primer lugar, el objetivo de las idealizaciones minimalistas no es pragmático (es decir, producir un modelo manejable); el objetivo de las idealizaciones minimalistas es explicar. En segundo lugar, los modelos minimalistas no pueden desidealizarse sin destruir la función explicativa del modelo: la explicación es antitética a la desidealización. En este sentido, las idealizaciones minimalistas son ineliminables.

El debate de esta sección ha puesto de relieve la pregunta "¿por qué idealizar?", y hemos visto que no hay una respuesta única a esta pregunta. Las idealizaciones simplifican las situaciones, y con la simplificación viene la manejabilidad. Los modelos idealizados son un recurso para los seres epistémicamente limitados. Proporcionan resultados en situaciones que uno no puede abordar en toda su complejidad y ofrecen predicciones donde las descripciones fieles no dicen nada. La idealización galileana considera que estas virtudes pragmáticas son fundamentales para justificar el uso de la idealización, y el enfoque en la manejabilidad también es compartido por enfoques que no están comprometidos con el programa galileano.[443] Pero los posibles propósitos de la idealización no se agotan en consideraciones pragmáticas. Como hemos visto, las idealizaciones minimalistas se consideran deseables debido a su poder explicativo. Pero las idealizaciones minimalistas no son el único tipo de idealización que pueden explicar. Batterman (2009) sostiene que muchas idealizaciones límite (que hemos discutido en la sección 12.3) son explanatoriamente ineliminables y que no se pueden obtener explicaciones a través de modelos más completos y no idealizados. Otros autores consideran que todas las idealizaciones son explicativas. Bokulich (2009, 2011) razona que las idealizaciones en un modelo revelan patrones explicativos de dependencia contrafactual. Hindriks (2013) sostiene que los modelos idealizados desempeñan un papel explicativo cuando los científicos comienzan a relajar algunas de sus suposiciones poco realistas y, al hacerlo, proporcionan explicaciones causales de por qué las regularidades del modelo no se dan en el sistema objetivo. Graham Kennedy (2012) sostiene que las idealizaciones explican porque generan comparaciones que ayudan a descubrir mecanismos causales. Jebeile y Graham Kennedy (2016) consideran que las idealizaciones son cruciales para la identificación de los componentes explicativos de un modelo. Weirich (2011) sostiene que los modelos son explicativos si existe un isomorfismo entre las características del modelo y ciertas características del objetivo. Por último,

---

[442] Para un análisis general de la renormalización, véase Butterfield y Bouatta (2015); para un análisis de la función explicativa de la renormalización, véase Reutlinger (2017).

[443] Véase, por ejemplo, Gale (1998, 165), Jones (2005, 187), Laymon (1990, 520), Norton (2012, 209) y Rueger (1998, 201).

Gallegos Ordorica (2016) sostiene que no solo las idealizaciones, sino también las abstracciones (como se discute en la sección 11.3) explican.

Los debates recientes también han hecho hincapié en el papel que desempeñan las idealizaciones en la comprensión científica. Elgin (2004, 2017) sostiene que el hecho de que las idealizaciones, si se interpretan literalmente, sean falsedades, no las convierte en recursos prescindibles. Por el contrario, son "falsedades felices" (2017, 1) y la comprensión no es fáctica. La comprensión científica implica "un compromiso epistémico con un conjunto de información exhaustivo y sistemáticamente vinculado que se basa en hechos, responde debidamente a razones o pruebas y permite inferencias, argumentos y quizás acciones no triviales sobre el tema al que se refiere la información" (*ibíd.*, 44). Las idealizaciones, argumenta Elgin, desempeñan un papel importante y, lo que es más importante, ineliminable, en la obtención de la comprensión en este sentido, ya que contribuyen de manera esencial a la construcción de un conjunto de información exhaustivo y sistemáticamente vinculado.[444] En una línea similar, Potochnik (2017) sostiene que la comprensión científica a menudo se fomenta sacrificando la verdad y la exactitud. Señala que reconocer patrones simples es cognitivamente valioso y que las idealizaciones ayudan a los científicos en la búsqueda de patrones simples, por lo que las idealizaciones, aunque sean falsedades, promueven la comprensión. Khalifa (2017) está de acuerdo en que las idealizaciones proporcionan comprensión, pero prefiere considerarlas cuasi fácticas en lugar de no fácticas, lo que requiere al menos una verdad aproximada. De Regt (2017) sitúa la comprensión en teorías inteligibles que son tanto empíricamente adecuadas como internamente coherentes, y tales teorías a menudo implican idealizaciones. A pesar de las diferencias,[445] estos autores coinciden en que la idealización contribuye a la comprensión, y que lo hace de una manera ineliminable: eliminar las idealizaciones aniquilaría la comprensión.

12.6 Conclusión

Hemos presentado y analizado dos tipos diferentes de idealizaciones, a saber, las idealizaciones límite y las exclusiones de factores, y hemos discutido la relación entre ellas. El esquema introducido para analizar las exclusiones de factores también ha demostrado ser una herramienta útil para comprender las idealizaciones galileanas y las idealizaciones mínimas. No se pretende que estas abarquen todas las idealizaciones en la ciencia, y hay margen para seguir debatiendo al respecto.

---

[444] Para un análisis de la perspectiva de Elgin, véase, por ejemplo, Baumberger y Brun (2017), Frigg y Nguyen (2021) y Lawler (2021). Para más análisis sobre cómo los modelos simplificados proporcionan comprensión, véase Illari (2019).

[445] Para una comparación de las diferentes posiciones, véase Potochnik (2020).

Referencias

Abrantes, P. 1999. Analogical Reasoning and Modeling in the Sciences. *Foundations of Science* 4: 237–270.

Achinstein, P. 1963. Variety and Analogy in Confirmation Theory. *Philosophy of Science* 30: 207–221.

Achinstein, P. 1964. Models, Analogies, and Theories. *Philosophy of Science* 31: 328–350.

Achinstein, P. 1965. Theoretical Models. *The British Journal for the Philosophy of Science* 16: 102–120.

Achinstein, P. 1968. *Concepts of Science: A Philosophical Analysis*. Baltimore: Johns Hopkins Press.

Achinstein, P. 1991. Maxwell's Analogies and Kinetic Theory. In *Particles and Waves: Historical Essays in the Philosophy of Science*. Oxford and New York: Oxford University Press, pp. 207–232.

Agassi, J. 1964. Analogies as Generalizations. *Philosophy of Science* 31: 351–356.

Argyris, J., G. Faust, and M. Haase 1994. *An Exploration of Chaos: An Introduction for Natural Scientists and Engineers*. Amsterdam: Elsevier.

Aristotle 1902. *Poetics*. London: McMillan.

Bailer-Jones, D. M. 2002. Models, Metaphors, and Analogies. In P. Machamer and M. Silberstein (eds.), *The Blackwell Guide to Philosophy of Science*. Oxford: Blackwell, pp. 108–127.

Bailer-Jones, D. M. 2009. *Scientific Models in Philosophy of Science*. Pittsburgh: Pittsburgh University Press.

Baldissera Pacchetti, M. 2021. Structural Uncertainty through the Lens of Model Building. *Synthese* 198: 10377–10393.

Balzer, W., C.-U. Moulines, and J. D. Sneed 1987. *An Architectonic for Science: The Structuralist Program*. Dordrecht: Reidel Publishing Company.

Bangu, S. 2009. Understanding Thermodynamic Singularities: Phase Transitions, Data, and Phenomena. *Philosophy of Science* 76: 488–505.

Barr, N. 2000. The History of the Phillips Machine. In R. Leeson (ed.), *A. W. H. Phillips: Collected Works in Contemporary Perspective*. Cambridge: Cambridge University Press, pp. 89–114.

Barr, W. F. 1971. A Syntactic and Semantic Analysis of Idealizations in Science. *Philosophy of Science* 38: 258–272.

Barr, W. F. 1974. A Pragmatic Analysis of Idealization in Physics. Philosophy of Science 41: 48–64.

Bartha, P. F. A. 2010. By *Parallel Reasoning: The Construction and Evaluation of Analogical Arguments*. Oxford and New York: Oxford University Press.

Batterman, R. W. 2002. *The Devil in the Details: Asymptotic Reasoning in Explanation, Reduction, and Emergence*. Oxford: Oxford University Press.

Batterman, R. W. 2005. Response to Belot's 'Whose Devil? Which Details?'. *Philosophy of Science* 72: 154–163.

Batterman, R. W. 2009. Idealization and Modeling. *Synthese* 169: 427–446.

Batterman, R. W. and C. C. Rice 2014. Minimal Model Explanations. *Philosophy of Science* 81: 349–376.

Baumberger, C. and G. Brun 2017. Dimensions of Objectual Understanding. In S. Grimm, C. Baumberger, and S. Ammon (eds.), *Explaining Understanding: New Perspectives from Epistemology and Philosophy of Science*. New York: Routledge, pp. 165–189.

Belot, G. 2005. Whose Devil? Which Details? *Philosophy of Science* 72: 128–153.

Ben-Menahem, Y. 1988. Models of Science: Fictions or Idealizations. *Science in Context* 2: 163–175.

Berry, M. 2002. Singular Limits. *Physics Today* 55: 10–11.

Bhushan, N. and S. Rosenfeld 1995. Metaphorical Models in Chemistry. *Journal of Chemical Education* 72: 578–582.

Black, M. 1962a. Metaphor. In *Models and Metaphors: Studies in Language and Philosophy*. Ithaca and New York: Cornell University Press, pp. 25–47.

Black, M. 1962b. Models and Archetypes. In *Models and Metaphors: Studies in Language and Philosophy*. Ithaca and New York: Cornell University Press, pp. 219–243.

Bliss, R. and K. Trogdon 2016. Metaphysical Grounding. In E. N. Zalta (ed.), *The Stanford Encyclopedia of Philosophy*. https://plato.stanford.edu/archives/win2016/entries/ grounding/.

Boesch, B. 2017. There Is a Special Problem of Scientific Representation. *Philosophy of Science* 84: 970–981.

Bokulich, A. 2008. *Reexamining the Quantum-Classical Relation: Beyond Reductionism and Pluralism*. Cambridge: Cambridge University Press.

Bokulich, A. 2009. Explanatory Fictions. In M. Suárez (ed.), *Fictions in Science: Philosophical Essays on Modelling and Idealization*. London and New York: Routledge, pp. 91–109.

Bokulich, A. 2011. How Scientific Models Can Explain. *Synthese* 180: 33–45.

Box, G. E. P. 1976. Science and Statistics. *Journal of the American Statistical Association* 71: 791–799.

Bradley, S. and K. P. Y. Thébault 2019. Models on the Move: Migration and Imperialism. *Studies in History and Philosophy of Science* 77: 81–92.

Brandom, R. B. 1994. *Making It Explcit: Reasoning, Representing and Discursive Commitment*. Cambridge, MA: Harvard University Press.

Bunge, M. 1969. Analogy, Simulation, Representation. Revue *Internationale de Philosophie* 87: 16–33.

Butterfield, J. 2011. Less Is Different: Emergence and Reduction Reconciled. *Foundations of Physics* 41: 1065–1135.

Butterfield, J. 2014. Reduction, Emergence and Renormalisation. *The Journal of Philosophy* 111: 5–49.

Butterfield, J. and N. Bouatta 2015. Renormalization for Philosophers. In T. Bigaj and C. Wüthrich (eds.), *Metaphysics in Contemporary Physics* (Poznań Studies in the Philosophy of the Sciences and the Humanities 104). Amsterdam: Rodopi pp. 437–485.

Callender, C. and J. Cohen 2006. There Is No Special Problem About Scientific Representation. *Theoria* 55: 7–25.

Carloye, J. C. 1971. An Interpretation of Scientific Models Involving Analogies. *Philosophy of Science* 38: 562–569.

Cartwright, N. 1983. *How the Laws of Physics Lie*. Oxford: Oxford University Press.

Cartwright, N. 1988. Capacities and Abstractions. In P. Kitcher and S. Salmon (eds.), *Scientific Explanation*. Minneapolis: University of Minnesota Press, pp. 349–356.

Cartwright, N. 1989. *Nature's Capacities and Their Measurement*. Oxford: Oxford University Press.
Cartwright, N. 1999. *The Dappled World: A Study of the Boundaries of Science*. Cambridge: Cambridge University Press.
Cat, J. 2001. On Understanding: Maxwell on the Methods of Illustration and Scientific Metaphor. *Studies in History and Philosophy of Science* 32: 295–441.
Cat, J. 2006. Scientific Metaphors. In S. Sarkar and J. Pfeifer (eds.), *The Philosophy of Science: An Ecyclopedia*. New York: Tayolr & Francis, pp. 737–740.
Cat, J. 2021. Synthesis and Similarity in Science: Analogy in the Application of Mathematics and Application of Mathematics to Analogy. Forthcoming in S. Wuppuluri and A. C. Grayling (eds.), *Words and Worlds: Use and Abuse of Analogies and Metaphors with Sciences and Humanities*. Cham: Springer.
Chakravartty, A. 2001. The Semantic or Model-Theoretic View of Theories and Scientific Realism. *Synthese* 127: 325–345.
Chalmers, A. F. 1986. The Heuristic Role of Maxwell's Mechanical Model of Electromagnetic Phenomena. *Studies in History and Philosophy of Science* 17: 415–427.
Colyvan, M. 2013. Idealisations in Normative Models. *Synthese* 190: 1337–1350.
Colyvan, M. and L. R. Ginzburg 2006. Analogical Thinking in Ecology: Looking Beyond Disciplinary Boundaries. *The Quarterly Review of Biology* 85: 171–182.
Contessa, G. 2007. Scientific Representation, Interpretation, and Surrogative Reasoning. *Philosophy of Science* 74: 48–68.
Copi, I. M. and C. Cohen 1998. Introduction to Logic (10th ed.). Upper Saddle River: Prentice Hall.
Crowther, K., N. S. Linnemann, and C. Wüthrich 2021. What We Cannot Learn from Analogue Experiments. *Synthese*: 3701–3726.
Dardashti, R., K. P. Y. Thébault, and E. Winsberg 2017. Confirmation Via Analogue Simulation: What Dumb Holes Could Tell Us About Gravity. *The British Journal for the Philosophy of Science* 68: 55–89.
Dardashti, R., S. Hartmann, K. P. Y. Thébault, and E. Winsberg 2019. Hawking Radiation and Analogue Experiments: A Bayesian Analysis. *Studies in History and Philosophy of Modern Physics* 67: 1–11.
Darden, L. 1982. Artificial Intelligence and Philosophy of Science: Reasoning by Analogy in Theory Construction. *PSA: Proceedings of the Biennial Meeting of the Philosophy of Science Association* 1982 (Vol. 2), pp. 147–165.
Darden, L. and R. Rada 1988. Hypothesis Formation Using Part-Whole Interrelations. In D. H. Helman (ed.), *Analogical Reasoning: Perspectives of Artificial Intelligence, Cognitive Science, and Philosophy*. Dordrecht: Kluwer, pp. 341–375.
Darrigol, O. 2010a. The Analogy between Light and Sound in the History of Optics from the Ancient Greeks to Isaac Newton. Part 1. *Centaurus* 52: 117–155.
Darrigol, O. 2010b. The Analogy between Light and Sound in the History of Optics from the Ancient Greeks to Isaac Newton. Part 2. *Centaurus* 52: 206–257.
Darrigol, O. 2016. Models, Structure, and Generality in Clerk Maxwell's Theory of Electromagnetism. In K. Chemla, R. Chorlay, and D. Rabouin (eds.), *The Oxford Handbook of Generality in Mathematics and the Sciences*. Oxford: Oxford University Press, pp. 345–356.
Davies, T. R. 1988. Determination, Uniformity, and Relevance: Normative Criteria for Generalization and Reasoning by Analogy. In D. H. Helman (ed.), *Analogical Reasoning: Perspectives of Artificial Intelligence, Cognitive Science, and Philosophy*. Dordrecht: Kluwer, pp. 227–250.

de Donato Rodriguez, X. and J. Zamora Bonilla 2009. Credibility, Idealisation, and Model Building: An Inferential Approach. *Erkenntnis* 70: 101–118.

de Regt, H. W. 2017. *Understanding Scientic Understanding*. Oxford: Oxford University Press.

Del Re, G. 2000. Models and Analogies in Science. *Hyle* 6: 5–15.

Díez, J. A. 2020. An Ensemble-Plus-Standing-for Account of Scientific Representation: No Need for (Unnecessary) Abstract Objects. In C. Martínez-Vidal and J. L. Falguera (eds.), *Abstract Objects: For and Against*. Cham: Springer, pp. 133–149.

Doi, M. and S. F. Edwards 1986. *The Theory of Polymer Dynamics*. Oxford: Clarendon Press.

Ducheyne, S. 2007. Abstraction Vs. Idealization. *The Reasoner* 1: 9–10.

Ducheyne, S. 2012. Scientific Representations as Limiting Cases. *Erkenntnis* 76: 73–89.

Elgin, C. Z. 1983. *With Reference to Reference*. Indianapolis and Cambridge: Hackett Publishing Company.

Elgin, C. Z. 1996. *Considered Judgment*. Princeton: Princeton University Press.

Elgin, C. Z. 2004. True Enough. *Philosophical Issues* 14: 113–131.

Elgin, C. Z. 2010. Telling Instances. In R. Frigg and M. C. Hunter (eds.), B*eyond Mimesis and Convention: Representation in Art and Science*. Berlin and New York: Springer, pp. 1–17.

Elgin, C. Z. 2017. *True Enough*. Cambridge, MA and London: MIT Press.

Elkins, J. 1999. The Domain of Images. Ithaca and London: Cornell University Press. Elkins, J. (ed.) 2007. *Visual Practices Across the University*. Berlin: Wilhelm Fink.

Elliott-Graves, A. and M. Weisberg 2014. Idealization. *Philosophy Compass* 9: 176–185.

Evans, P. W. and K. P. Y. Thébault 2020. What Can Bouncing Oil Droplets Tell Us About Quantum Mechanics? *European Journal for Philosophy of Science* 10: Article 39.

Fletcher, S. C. 2020. The Principle of Stability. *Philosopher's Imprint* 20: 1–22.

Fogelin, R. 2011. *Figuratively Speaking* (2nd ed.). Oxford: Oxford University Press.

Forster, M. R. and E. Sober 1994. How to Tell When Simpler, More Unified, or Less Ad Hoc Theories Will Provide More Accurate Predictions. *The British Journal for the Philosophy of Science* 45: 1–35.

Frigg, R. 2010. Fiction and Scientific Representation. In R. Frigg and M. Hunter (eds.), *Beyond Mimesis and Convention: Representation in Art and Science*. Berlin and New York: Springer, pp. 97–138.

Frigg, R. and J. Nguyen 2016. The Fiction View of Models Reloaded. *The Monist* 99: 225–242.

Frigg, R. and J. Nguyen 2017a. Models and Representation. In L. Magnani and T. Bertolotti (eds.), *Springer Handbook of Model-Based Science*. Dordrecht, Heidelberg, London, and New York: Springer, pp. 49–102.

Frigg, R. and J. Nguyen 2017b. Scientific Representation Is Representation-As. In H.-K. Chao and J. Reiss (eds.), *Philosophy of Science in Practice: Nancy Cartwright and the Nature of Scientific Reasoning* (Synthese Library). Dordrecht, Heidelberg, London, and New York: Springer, pp. 149–179.

Frigg, R. and J. Nguyen 2018. The Turn of the Valve: Representing with Material Models. *European Journal for Philosophy of Science* 8: 205–224.

Frigg, R. and J. Nguyen 2020. *Modelling Nature: An Opinionated Introduction to Scientific Representation* (Synthese Library). Berlin and New York: Springer.

Frigg, R. and J. Nguyen 2021. Mirrors without Warnings. *Synthese* 198: 2427–2447.
Frigg, R., S. Bradley, H. Du, and L. A. Smith 2014. The Adventures of Laplace's Demon and His Apprentices. *Philosophy of Science* 81: 31–59.
Frisch, M. 2014. Models and Scientific Representations Or: Who Is Afraid of Inconsistency? *Synthese* 191: 3027–3040.
Gale, G. 1998. Idealization in Cosmology: A Case Study. In N. Shanks (ed.), *Idealization IX: Idealization in Contemporary Physics*. Poznań Studies in the Philosophy of the Sciences and the Humanities (Vol. 63). Amsterdam: Rodopi, pp. 165–182.
Gallegos Ordorica, S. A. 2016. The Explanatory Role of Abstraction Processes in Models: The Case of Aggregations. *Studies in History and Philosophy of Science* 56: 161–167.
Gelfert, A. 2011. Mathematical Formalisms in Scientific Practice: From Denotation to Model-Based Representation. *Studies in History and Philosophy of Science* 42: 272–286.
Gelfert, A. 2016. *How to Do Science with Models: A Philosophical Primer*. Cham: Springer.
Gentner, D. 1982. Are Scientific Analogies Metaphors? In D. S. Miall (ed.), *Metaphor: Problems and Perspectives*. Brighton: Harvester Press, pp. 106–132.
Gentner, D., B. Falkenhainer, and J. Skorstad 1988. Viewing Metaphor as Analogy. In D. H. Helman (ed.), *Analogical Reasoning: Perspectives of Artificial Intelligence, Cognitive Science, and Philosophy*. Dordrecht: Kluwer, pp. 171–177.
Giere, R. N. 2010. An Agent-Based Conception of Models and Scientific Representation. *Synthese* 172: 269–281.
Gilboa, I., A. Postlewaite, L. Samuelson, and D. Schmeidler 2014. Economic Models as Analogies. *The Economic Journal* 124: 513–533.
Godfrey-Smith, P. 2009. Abstractions, Idealizations, and Evolutionary Biology. In A. Barberousse, M. Morange, and T. Pradeu (eds.), *Mapping the Future of Biology: Evolving Concepts and Theories*. Boston Studies in the Philosophy and History of Science (Vol. 266). Dordrecht: Springer, pp. 47–56.
Godfrey-Smith, P. 2020. Dewey and Anti-Representationalism. In S. Fesmire (ed.), *The Oxford Handbook of Dewey*. Oxford: Oxford University Press, pp. 151–172.
Goodman, N. 1972. Seven Strictures on Similarity. In N. Goodman (ed.), *Problems and Projects*. Indianapolis and New York: Bobbs-Merrill, pp. 437–446.
Goodman, N. 1976. *Languages of Art* (2nd ed.). Indianapolis and Cambridge: Hacket.
Graham Kennedy, A. 2012. A Non Representationalist View of Model Explanation. *Studies in History and Philosophy of Science* 43: 326–332.
Groddeck, W. 1995. *Reden Über Rhetorik. Zu Einer Stilistik Des Lesens*. Basel: Stroemfeld.
Grüne-Yanoff, T. 2011. Isolation Is Not Characteristic of Models. *Erkenntnis* 25: 119–137.
Gyenis, B. 2017. Maxwell and the Normal Distribution: A Colored Story of Probability, Independence, and Tendency Toward Equilibrium. *Studies in History and Philosophy of Modern Physics* 57: 53–65.
Harré, R. 1988. Where Models and Analogies Really Count. *International Studies in the Philosophy of Science* 2: 118–133.
Harré, R. 2004. *Modeling: Gateway to the Unknown*. Amsterdam: Elsevier.
Hartmann, S. 1999. Models and Stories in Hadron Physics. In M. Morgan and M. Morrison (eds.), *Models as Mediators: Perspectives on Natural and Social Science*. Cambridge: Cambridge University Press, pp. 326–346.

Hartshorne, C. and P. Weiss (eds.) 1931–1935. *Collected Papers of Charles Sanders Peirce* (Vols. I–VI). Cambridge, MA: Harvard University Press.
Hempel, C. G. 1965. *Aspects of Scientific Explanation and Other Essays in the Philosophy of Science*. New York: Free Press.
Hendry, R. F. 1998. Models and Approximations in Quantum Chemistry. In N. Shanks (ed.), Idealization IX: Idealization in Contemporary Physics (Poznań *Studies in the Philosophy of the Sciences and the Humanities* 63). Amsterdam: Rodopi, pp. 123–142.
Hesse, M. B. 1952. Operational Definition and Analogy in Physical Theories. *The British Journal for the Philosophy of Science* 2: 281–294.
Hesse, M. B. 1953. Models in Physics. *The British Journal for the Philosophy of Science* 4: 198–214.
Hesse, M. B. 1961. *Forces and Fields: The Concept of Action at a Distance in the History of Physics*. London and Edinburgh: Thomas Nelson and Sons.
Hesse, M. B. 1963. *Models and Analogies in Science*. London: Sheed and Ward.
Hesse, M. B. 1964. Analogy and Confirmation Theory. *Philosophy of Science* 31: 319–327.
Hesse, M. B. 1967. Models and Analogy in Science. In P. Edwards (ed.), *Encyclopedia of Philosophy*. New York: Macmillan, pp. 354–359.
Hesse, M. B. 1974. *The Structure of Scientific Inference*. London: Macmillan.
Hesse, M. B. 1988. Theories, Family Resemblances and Analogy. In D. H. Helman (ed.), *Analogical Reasoning: Perspectives of Artificial Intelligence, Cognitive Science, and Philosophy*. Dordrecht: Kluwer, pp. 317–340.
Hesse, M. B. 2000. Models and Analogies. In W. H. Newton-Smith (ed.), *A Companion to the Philosophy of Science*. Oxford: Blackwell, pp. 299–307.
Hills, D. 2016. Metaphor. In E. N. Zalta (ed.), *The Stanford Encyclopedia of Philosophy*. https://plato.stanford.edu/archives/fall2016/entries/metaphor/.
Hindriks, F. 2013. Explanation, Understanding, and Unrealistic Models. *Studies in History and Philosophy of Science* 44: 523–531.
Holyoak, K. and P. Thagard 1995. *Mental Leaps: Analogy in Creative Thought*. Cambridge, MA: Bradford.
Horgan, J. 1994. Icon and Bild: A Note on the Analogical Structure of Models – the Role of Models in Experiment and Theory. *The British Journal for the Philosophy of Science* 45: 599–604.
Hughes, R. I. G. 1997. Models and Representation. *Philosophy of Science* 64(Supplement): 325–336.
Hughes, R. I. G. 1998. Laws of Nature, Laws of Physics, and the Representational Account of Theories. *ProtoSociology* 12: 113–143.
Hughes, R. I. G. 1999. The Ising Model, Computer Simulation, and Universal Physics. In M. Morgan and M. Morrison (eds.), *Models as Mediators*. Cambridge: Cambridge University Press, pp. 97–145.
Hughes, R. I. G. 2010. *The Theoretical Practises of Physics: Philosophical Essays*. Oxford: Oxford Univeristy Press.
Humphreys, P. 1995. Abstract and Concrete. *Philosophy and Phenomenological Research* LV: 157–161.
Hüttemann, A. 2014. Ceteris Paribus Laws in Physics. *Erkenntnis* 79: 1715–1728.
Illari, P. 2019. Mechanisms, Models and Laws in Understanding Supernovae. *Journal for General Philosophy of Science* 50: 63–84.

Ippoliti, E. 2018. Building Theories: The Heuristic Way. In D. Danks and E. Ippoliti (eds.), *Building Theories: Heuristics and Hypotheses in Sciences*. Cham: Springer, pp. 3–20.

Jebeile, J. and A. Barberousse 2016. Empirical Agreement in Model Validation. *Studies in History and Philosophy of Science*: 168–174.

Jebeile, J. and A. Graham Kennedy 2016. Explaining with Models: The Role of Idealizations. *International Studies in the Philosophy of Science* 29: 383–392.

Johnson, M. 1988. Some Constraints on Embodied Analogical Understanding. In D. H. Helman (ed.), *Analogical Reasoning: Perspectives of Artificial Intelligence, Cognitive Science, and Philosophy*. Dordrecht: Kluwer, pp. 25–40.

Jones, M. 2005. Idealization and Abstraction: A Framework. In M. Jones and N. Cartwright (eds.), *Idealization XII: Correcting the Model-Idealization and Abstraction in the Sciences* (Poznań Studies in the Philosophy of the Sciences and the Humanities 86). Amsterdam: Rodopi, pp. 173–217.

Jones, N. 2008. Is All Abstracting Idealizing? *The Reasoner* 2: 4–5.

Kargon, R. 1969. Model and Analogy in Victorian Science: Maxwell's Critique of the French Physicists. *Journal of the History of Ideas* 30: 423–436.

Kaushal, R. S. 1999. The Role of Structural Analogy in Physical Sciences: A Philosophical Perspective. *Indian Philosophical Quarterly* 26: 543–573.

Kedar-Cabelli, S. 1988. Analogy – From a Unified Perspective. In D. H. Helman (ed.), *Analogical Reasoning: Perspectives of Artificial Intelligence, Cognitive Science, and Philosophy*. Dordrecht: Kluwer, pp. 65–103.

Keynes, J. M. 1921. *A Treatise on Probability*. London: McMillan & Co.

Khalifa, K. 2017. *Understanding, Explanation, and Scientific Knowledge*. Cambridge: Cambridge University Press.

Knox, E. 2016. Abstraction and Its Limits: Finding Space for Novel Explanation. *Nous* 50: 41–60.

Knuuttila, T. and A. Loettgers 2014. Varieties of Noise: Analogical Reasoning in Synthetic Biology. *Studies in History and Philosophy of Science* 68: 76–88.

Knuuttila, T. and A. Loettgers 2016. Model Templates within and between Disciplines: From Magnets to Gases – and Socio-Economic Systems. *European Journal for Philosophy of Science* 6: 377–400.

Knuuttila, T. and M. S. Morgan 2019. Deidealization: No Easy Reversals. *Philosophy of Science* 68: 641–661.

Krajewski, W. 1977. Idealization and Factualization in Science. *Erkenntnis* 11: 323–339.

Kroes, P. 1989. Structural Analogies between Physical Systems. *The British Journal for the Philosophy of Science* 40: 145–154.

Künne, W. 2003. *Conceptions of Truth*. Oxford: Clarendon Press.

Kuokannen, M. and T. Tuomivaara 1992. On the Structure of Idealizations. In J. Brzezinski and L. Nowak (eds.), *Idealization III: Approximation and Truth* (Poznań Studies in the Philosophy of the Sciences and the Humanities 25). Amsterdam: Rodopi, pp. 67–102.

Kuorikoski, J. and A. Lehtinen 2009. Incredible Worlds, Credible Results. *Erkenntnis* 70: 119–131.

Lawler, I. 2021. Scientific Understanding and Felicitous Legitimate Falsehoods. *Synthese* 198: 6859–6887.

Laymon, R. 1987. Using Scott Domains to Explicate the Notions of Approximation and Idealised Data. *Philosophy of Science* 54: 194–221.

Laymon, R. 1990. Computer Simulations, Idealizations and Approximations. Proceedings of the Biennial Meeting of the Philosophy of Science Association. East Lansing, *MI: Philosophy of Science Association*, (Vol. 2), pp. 519–534.
Laymon, R. 1991. Thought Experiments by Stevin, Mach and Gouy: Thought Experiments as Ideal Limits and as Semantic Domains. In T. Horowitz and G. J. Massey (eds.), *Thought Experiments in Science and Philosophy*. Savage, MD: Rowman and Littlefield, pp. 167–191.
Laymon, R. 1995. Experimentation and the Legitimacy of Idealization. *Philosophical Studies* 77: 353–375.
Leatherdale, W. H. 1974. *The Role of Analogy, Model and Metaphor in Science*. Amsterdam: North Holland Publishing Company.
Leonelli, S. 2008. Performing Abstraction: Two Ways of Modellingarabidopsis Thaliana. *Biology and Philosophy* 23: 509–528.
Leplin, J. 1980. The Role of Models in Theory Construction. In T. Nickles (ed.), *Scientific Discovery, Logic, and Rationality*. Dordrecht: Reidel, pp. 267–283.
Levy, A. 2012. Makes a Difference. Review of Michael Strevens' Depth: An Account of Scientific Explanation. Harvard University Press, Cambridge, Ma, 2008. *Biology and Philosophy* 26: 459–467.
Levy, A. 2012. Models, Fictions, and Realism: Two Packages. *Philosophy of Science* 79: 738–748.
Levy, A. 2015. Modeling without Models. *Philosophical Studies* 152: 781–798.
Levy, A. 2018. Idealization and Abstraction: Refining the Distinction. *Synthese* 198: 5855– 5872. https://doi.org/10.1007/s11229-018-1721-z.
Levy, A. and W. Bechtel 2013. Abstraction and the Organization of Mechanisms. *Philosophy of Science* 80: 241–261.
Lewis, D. K. 1973. *Counterfactuals*. Oxford: Blackwell.
Lichter, T. 1995. Bill Clinton Is the First Lady of the USA: Making and Unmaking Analogies. *Synthese* 104: 285–297.
Lind, H. 1993. A Note on Fundamental Theory and Idealizations in Economics and Physics. *The British Journal for the Philosophy of Science* 44: 493–503.
Liu, C. 1999. Approximation, Idealization, and Laws of Nature. *Synthese* 118: 229–256.
Lopes, D. 2004. *Understanding Pictures*. Oxford: Oxford University Press.
Love, A. C. and M. J. Nathan 2015. The Idealization of Causation in Mechanistic Explanation. *Philosophy of Science* 82: 761–774.
Luke, Y. L. 1975. *Mathematical Functions and Their Approximations*. New York, San Francisco, and London: Academic Press.
Lycan, W. G. 2008. *Philosophy of Language: A Contemporary Introduction* (2nd ed.). New York and London: Routledge.
Mäki, U. 1994. Isolation, Idealization and Truth in Economics. In B. Hamminga and N. B. De Marchi (eds.), *Idealization VI: Idealization in Economics* (Poznań Studies in the Philosophy of the Sciences and the Humanities 38). Amsterdam: Rodopi, pp. 147–168.
Maslin, M. 2004. *Global Warming a Very Short Introduction*. Oxford: Oxford University Press.
Mattingly, J. and W. Warwick 2009. Projectible Predicates in Analogue and Simulated Systems. *Synthese* 169: 465–482.
Maxwell, J. C. 1855. On Faraday's Lines of Force. In W. D. Niven (ed.), *The Scientific Papers of James Clerk Maxwell*. New York: Dover Publications, 1965, pp. 155–229.

McCullough-Benner, C. 2020. Representing the World with Inconsistent Mathematics. *The British Journal for Philosophy of Science* 71: 1331–1358.
McMullin, E. 1968. What Do Physical Models Tell Us? In B. van Rootselaar and J. F. Staal (eds.), *Logic, Methodology and Science III*. Amsterdam: North Holland, pp. 385–396.
McMullin, E. 1985. Galilean Idealization. *Studies in the History and Philosophy of Science* 16: 247–273.
Mellor, D. H. 1968. Models and Analogies in Science: Duhem Versus Campbell? *Isis* 59: 282–290.
Mendelson, B. 1962. *Introduction to Topology*. Boston: Allyn and Bacon.
Merriam-Webster 2017. Metaphor. www.merriam-webster.com/dictionary/metaphor (accessed 26 March 2017).
Montuschi, E. 2000. Metaphor in Science. In W. H. Newton-Smith (ed.), *A Companion to the Philosophy of Science*. Malden and Oxford: Blackwell, pp. 277–282.
Morgan, M. S. 1997. The Technology of Analogical Models: Irving Fisher's Monetary Worlds. Philosophy of Science 64(Supplement): 304–314.
Morgan, M. S. 1999. Learning from Models. In M. S. Morgan and M. Morrison (eds.), *Models as Mediators: Perspectives on Natural and Social Science*. Cambridge: Cambridge University Press, pp. 347–388.
Morgan, M. S. 2012. *The World in the Model: How Economists Work and Think*. Cambridge: Cambridge University Press.
Morgan, M. S. and M. Morrison 1999. Models as Mediating Instruments. In M. Morgan and M. Morrison (eds.), *Models as Mediators: Perspectives on Natural and Social Science*. Cambridge: Cambridge University Press, pp. 10–37.
Morrison, M. 1997. Physical Models and Biological Contexts. *Philosophy of Science* 64(Supplement): 315–324.
Morrison, M. 2015. *Reconstructing Reality: Models, Mathematics, and Simulations*. New York: Oxford University Press.
Musgrave, A. 1981. Unreal Assumptions' in Economic Theory: The F-Twist Untwisted. *Kyklos* 34: 377–387.
Nagel, E. 1961. *The Structure of Science*. London: Routledge and Keagan Paul.
Nappo, F. 2021. Close Encounters with Scientific Analogies of the Third Kind. *European Journal for Philosophy of Scienc*e 11: Article 82.
Nelson, R. A. and M. G. Olsson 1986. The Pendulum – Rich Physics from a Simple System. *American Journal of* Physics 54: 112–121.
Nersessian, N. 1984. Aether/Or: The Creation of Scientific Concepts. *Studies in History and Philosphy of Science* 15: 175–212.
Nguyen, J. and R. Frigg 2020. *Unlocking Limits*. Argumenta 6: 31–45.
Nguyen, J. and R. Frigg 2022. *Scientific Representation*. Cambridge: Cambridge University Press.
Niiniluoto, I. 1986. Theories, Approximations, and Idealizations. In R. Barcan Marcus, G. J. W. Dorn, and P. Weingartner (eds.), *Logic, Methodology and Philosophy of Science VII: Proceedings of the Seventh International Congress of Logic, Methodology and Philosophy of Science*, Salzburg, 1983. Amsterdam, New York, Oxford, and Tokyo: Elsevier Science Publishers B.V., pp. 255–289.
Niiniluoto, I. 1988. Analogy and Similarity in Scientific Reasoning. In D. H. Helman (ed.), *Analogical Reasoning: Perspectives of Artificial Intelligence, Cognitive Science, and Philosophy*. Dordrecht: Kluwer, pp. 271–298.

Nola, R. 2011. Michael Strevens: Depth: An Account of Scientific Explanation. *Science and Education* 20: 201–206.
Norton, J. D. 2012. Approximation and Idealization: Why the Difference Matters. *Philosophy of Science* 79: 207–232.
Nowak, L. 1972. Laws of Science, Theories, Measurement: (Comments on Ernest Nagel's the Structure of Science). *Philosophy of Science* 39: 533–548.
Nowak, L. 1980. *The Structure of Idealization: Towards a Systematic Interpretation of the Marxian Idea of Science*. Dordrecht: Reidel.
Nowak, L. 1991. The Method of Relevant Variables and Idealization. In E. Eells and T. Maruszewski (eds.), *Probability and Rationality: Studies on L. Jonathan Cohen's Philosophy of Science* (Poznań Studies in the Philosophy of the Sciences and the Humanities 21). Amsterdam: Rodopi, pp. 41–63.
Nowak, L. 1992. The Idealization Approach to Science: A Survey. In J. Brzezinski and L. Nowak (eds.), *Idealization III: Approximation and Truth* (*Poznań* Studies in the Philosophy of the Sciences and the Humanities 25). Amsterdam: Rodopi, pp. 9–63.
Nowak, L. 2000. The Idealizaton Approach to Science: A New Survey. In I. Nowakowa and L. Nowak (eds.), *Idealization X: The Richness of Idealization* (Poznań Studies in the Philosophy of the Sciences and the Humanities 69). Amsterdam: Rodopi, pp. 109–184.
Nowakowa, I. and L. Nowak 1998. Model(S) and Experiment(S) as Homogeneous Families of Notions. In N. Shanks (ed.), *Idealization IX: Idealization in Contemporary Physics* (Poznań Studies in the Philosophy of the Sciences and the Humanities 63). Amsterdam: Rodopi, pp. 35–50.
Nowakowa, I. and L. Nowak 2000a. Introduction. Science as a Caricature of Reality. In I. Nowakowa and L. Nowak (eds.), *Idealization X: The Richness of Idealization* (Poznań Studies in the Philosophy of the Sciences and the Humanities 69). Amsterdam: Rodopi, pp. 9–14.
Nowakowa, I. and L. Nowak 2000b. On Multiplicity of Idealization. In I. Nowakowa and L. Nowak (eds.), *Idealization X: The Richness of Idealization* (Poznań Studies in the Philosophy of the Sciences and the Humanities 69). Amsterdam: Rodopi, pp. 213–232.
Oddie, G. 2016. Truthlikeness. In E. N. Zalta (ed.), *The Stanford Encyclopedia of Philosophy*. https://plato.stanford.edu/archives/win2016/entries/truthlikeness/.
Oppenheimer, R. 1956. Analogy in Science. American Psychologist 11: 127–135. Phillips, A. W. 1950. *Mechanical Models in Economic Dynamics. Economica* 17: 283–305.
Palacios, P. 2019. Phase Transitions: A Challenge for Intertheoretic Reduction? *Philosophy of Science* 86: 612–640.
Pemberton, J. 2005. Why Idealized Models in Economics Have Limited Use. In M. R. Jones and N. Cartwright (eds.), *Correcting the Model: Idealization and Abstraction in the Sciences* (Poznań Studies in the Philosophy of the Sciences and the Humanities 86). Amsterdam: Rodopi, pp. 35–46.
Perini, L. 2005. The Truth in Pictures. Philosophy of Science 72: 262–285.
Perini, L. 2010. Scientific Representation and the Semiotics of Pictures. In P. D. Magnus and J. Busch (eds.), *New Waves in the Philosophy of Science*. New York: Macmilan, pp. 131–154.
Pero, F. and M. Suárez 2016. Varieties of Misrepresentation and Homomorphism. *European Journal for Philosophy of Science* 6: 71–90.
Pincock, C. 2014. How to Avoid Inconsistent Idealizations. *Synthese* 191: 2957–2972.

Pitt, D. 2018. Mental Representation. In E. N. Zalta (ed.), *The Stanford Encyclopedia of Philosophy*. https://plato.stanford.edu/archives/win2018/entries/mental-representation/.

Portides, D. 2005a. Scientific Models and the Semantic View of Theories. *Philosophy of Science* 72(Supplement): 1287–1298.

Portides, D. 2005b. A Theory of Scientific Model Construction: The Conceptual Process of Abstraction and Concretisation. *Foundations of Science* 10: 67–88.

Portides, D. 2007. The Relation between Idealisation and Approximation in Scientific Model Construction. *Science & Education* 16: 699–724.

Portides, D. 2018. Idealization and Abstraction in Scientific Modeling. *Synthese* 198: 5873–5895. https://doi.org/10.1007/s11229-018-01919-7.

Potochnik, A. 2017. *Idealization and the Aims of Science*. Chicago: The University of Chicago Press.

Potochnik, A. 2020. Idealization and Many Aims. *Philosophy of Science* 87: 933–943.

Poznic, M. 2016. Representation and Similarity: Suárez on Necessary and Sufficient Conditions of Scientific Representation. *Journal for General Philosophy of Science* 47: 331–347.

Price, H. 2011. *Naturalism without Mirrors*. Oxford: Oxford University Press.

Psillos, S. 1995. The Cognitive Interplay between Theories and Models: The Case of 19th Century Physics. In W. E. Herfel, W. Krajewski, I. Niiniluoto, and R. Wojcicki (eds.), *Theories and Models in Scientific Processes* (Poznań Studies in the Philosophy of Science and the Humanities 44). Amsterdam and Atlanta, GA: Rodopi, pp. 105–133.

Psillos, S. 2008. Cartwright's Realist Toil: From Entities to Capacities. In S. Hartmann, C. Hoefer, and L. Bovens (eds.), *Nancy Cartwright's Philosophy of Science*. London: Routledge, pp. 167–194.

Ramsey, J. L. 1992. Towards an Expanded Epistemology for Approximations. *Proceedings of the Biennial Meeting of the Philosophy of Science Association* 1: 154–164.

Ramsey, J. L. 2006. Approximation. In S. Sarkar and J. Pfeifer (eds.), *The Philosophy of Science: An Encyclopedia*. New York: Routledge, pp. 24–27.

Redhead, M. 1980. Models in Physics. *The British Journal for the Philosophy of Science* 31: 145–163.

Redhead, M. 2001. The Intelligibility of the Universe. In A. O'Hear (ed.), *Philosophy at the New Millennium*. Cambridge: Cambridge University Press, pp. 73–90.

Reiss, J. 2008. Social Capacities. In S. Hartmann, C. Hoefer, and L. Bovens (eds.), *Nancy Cartwright's Philosophy of Science*. London: Routledge, pp. 265–288.

Reiss, J. 2016. Are There Social Scientific Laws? In L. McIntyre and A. Rosenberg (eds.), *The Routledge Companion to Philosophy of Social Science*. New York: Routledge, pp. 295–309.

Reiss, J. 2018. Thought Experiments and Idealisations. In M. Stuart, Y. Fehige, and J. Brown (eds.), *The Routledge Companion to Thought Experiments*. London: Routledge, pp. 469–483.

Reutlinger, A. 2017. Do Renormalization Group Explanations Conform to the Commonality Strategy? *Journal for General Philosophy of Science* 48: 143–150.

Rice, C. 2019. Models Don't Decompose That Way: A Holistic View of Idealized Models. *The British Journal for the Philosophy of Science* 70: 179–208.

Rickart, C. E. 1995. *Structuralism and Structure: A Mathematical Perspective*. Singapore: World Scientific.

Rowbottom, D. P. 2011. Approximations, Idealizations and 'Experiments' at the Physics – Biology Interface. *Studies in History and Philosophy of Biological and Biomedical Sciences* 42: 145–154.
Rudner, R. S. 1966. *Philosophy of Social Science*. Eaglewood Cliffs: Prentice Hall.
Rueger, A. and D. Sharp 1998. Idealization and Stability: A Perspective from Nonlinear Dynamics. In N. Shanks (ed.), *Idealization IX: Idealization in Contemporary Physics* (Poznań Studies in the Philosophy of the Sciences and the Humanities 63). Amsterdam: Rodopi, pp. 201–216.
Ruelle, D. 2004. *Thermodynamic Formalism: The Mathematical Structures of Classical Equilibrium Statistical Mechanics*. Cambridge: Cambridge University Press.
Ruse, M. 1973. The Nature of Scientific Models: Formal V Material Analogy. *Philosophy of the Social Sciences* 3: 63–80.
Russell, S. 1988. Analogy by Similarity. In D. H. Helman (ed.), *Analogical Reasoning: Perspectives of Artificial Intelligence, Cognitive Science, and Philosophy*. Dordrecht: Kluwer, pp. 251–269.
Ruyant, Q. 2021. True Griceanism: Filling the Gaps in Callender and Cohen's Account of Scientific Representation. *Philosophy of Science* 88: 533–553.
Saha, P. K. 1988. Metaphorical Style as Message. In D. H. Helman (ed.), *Analogical Reasoning: Perspectives of Artificial Intelligence, Cognitive Science, and Philosophy*. Dordrecht: Kluwer, pp. 41–61.
Salis, F. 2021. The New Fiction View of Models. *The British Journal for the Philosophy of Science* 72: 717–742. https://doi.org/10.1093/bjps/axz015.
Salis, F., R. Frigg, and J. Nguyen 2020. Models and Denotation. In C. Martínez-Vidal and J. L. Falguera (eds.), *Abstract Objects: For and Against*. Cham: Springer, pp. 197–219.
Sarlemijn, A. 1987. Analogy Analysis and Transistor Research. *Methodology and Science* 20: 40–61.
Sarlemijn, A. and P. A. Kroes 1988. Technological Analogies and Their Logical Nature. In P. T. Durbin (ed.), *Technology and Contemporary Life*. Dordrecht: Reidel, pp. 237–255.
Schlimm, D. 2008. Two Ways of Analogy: Extending the Study of Analogies to Mathematical Domains. *Philosophy of Science* 75: 178–200.
Schmidt, J. C. 2017. Science in an Unstable World. On Pierre Duhem's Challenge to the Methodology of Exact Sciences. In W. Pietsch, J. Wernecke, and M. Ott (eds.), *Berechenbarkeit Der Welt? Philosophie Und Wissenschaft Im Zeitalter Von Big Data*. Wiesbaden: Springer, pp. 403–434.
Schwartz, R. J. 1978. Idealizations and Approximations in Physics. *Philosophy of Science* 45: 595–603.
Shech, E. 2015. Scientific Misrepresentation and Guides to Ontology: The Need for Representational Code and Contents. *Synthese* 192: 3463–3485.
Shech, E. 2018. Infinite Idealizations in Physics. *Philosophy Compass* 13: e12514.
Shelley, C. 1999. Multiple Analogies in Archaeology. *Philosophy of Science* 66: 579–605.
Shive, J. N. and R. L. Weber 1982. *Similarity in Physics*. New York: Wiley.
Sklar, L. 1993. Idealization and Explanation: A Case Study from Statistical Mechanics. *Midwest Studies in Philosophy* 18: 258–270.
Smith, L. A. 2007. *Chaos: A Very Short Introduction*. Oxford: Oxford University Press.
Smith, P. 1998. *Explaining Chaos*. Cambridge: Cambridge University Press.

Spivak, M. 1994. *Calculus* (3rd ed.). Houston: Publish or Perish.
Sterrett, S. G. 1998. Sounds Like Light: Einstein's Special Theory of Relativity and Mach's Work in Acoustics and Aerodynamics. *Studies in History and Philosophy of Science Part B: Studies in History and Philosophy of Modern Physics* 29: 1–35.
Strevens, M. 2008. *Depth: An Account of Scientific Explanation*. Cambridge, MA: Harvard University Press.
Strevens, M. 2019. The Structure of Asymptotic Idealization. *Synthese* 196: 1713–1731.
Strevens, M. 2021. Permissible Idealizations for the Purpose of Prediction. *Studies in History and Philosophy of Science*: 92–100.
Suárez, M. 1999. Theories, Models, and Representations. In L. Magnani, N. Nersessian, and P. Thagard (eds.), *Model-Based Reasoning in Scientific Discovery*. Dordrecht: Kluwer, pp. 75–83.
Suárez, M. 2003. Scientific Representation: Against Similarity and Isomorphism. *International Studies in the Philosophy of Science* 17: 225–244.
Suárez, M. 2004. An Inferential Conception of Scientific Representation. *Philosophy of Science* 71(Supplement): 767–779.
Suárez, M. 2009. Scientific Fiction as Rules of Inference. In M. Suárez (ed.), *Fictions in Science: Philosophical Essays on Modelling and Idealization*. London and New York: Routledge, pp. 158–178.
Suárez, M. 2013. Fictions, Conditionals, and Stellar Astrophysics. *International Studies in the Philosophy of Science* 27: 235–252.
Suárez, M. 2015. Deflationary Representation, Inference, and Practice. *Studies in History and Philosophy of Science* 49: 36–47.
Suárez, M. and A. Solé 2006. On the Analogy between Cognitive Representation and Truth. *Theoria* 55: 39–48.
Swoyer, C. 1991. Structural Representation and Surrogative Reasoning. *Synthese* 87: 449–508.
Tee, S.-H. 2020. Abstraction as an Autonomous Process in Scientific Modeling. *Philosophia* 48: 789–801.
Teller, P. 2001. Twilight of the Perfect Model Model. *Erkenntnis* 55: 393–415.
Thébault, K. P. Y., S. Bradley, and A. Reutlinger 2018. Modelling Inequality. *The British Journal for the Philosophy of Science* 69: 691–718.
Thomson-Jones, M. 2012. Modeling without Mathematics. Philosophy of Science 79: 761–772.
Thorn, C. B. 2012. *Classical Mechanics*. www.phys.ufl.edu/~thorn/homepage/cmlectures. pdf.
Toon, A. 2010a. Models as Make-Believe. In R. Frigg and M. Hunter (eds.), *Beyond Mimesis and Convention: Representation in Art and Science*. Berlin: Springer, pp. 71–96.
Toon, A. 2010b. The Ontology of Theoretical Modelling: Models as Make-Believe. *Synthese* 172: 301–315.
Toon, A. 2012a. *Models as Make-Believe: Imagination, Fiction and Scientific Representation*. Basingstoke: Palgrave Macmillan.
Toon, A. 2012b. Similarity and Scientific Representation. *International Studies in the Philosophy of Science* 26: 241–257.
Torretti, R. 1990. *Creative Understanding: Philosophical Reflections on Physics*. Chicago: The University of Chicago Press.

Turner, J. 1955. Maxwell on the Method of Physical Analogy. *The British Journal for the Philosophy of Science* 6: 226–238.

Unruh, W. G. 2018. Map and Territory in Physics: The Role of an Analogy in Black Hole Physics. In S. Wuppuluri and F. A. Doria (eds.), *The Map and the Territory: Exploring the Foundations of Science, Thought and Reality*. Cham: Springer,

Walton, K. L. 1990. *Mimesis as Make-Believe: On the Foundations of the Representational Arts*. Cambridge, MA: Harvard University Press.

Wartofsky, M. W. 1979. *Models: Representation and the Scientific Understanding*. Dordrecht: Reidel.

Weirich, P. 2011. The Explanatory Power of Models and Simulations: A Philosophical Exploration. *Simulation & Gaming* 42: 155–176.

Weisberg, M. 2007a. Three Kinds of Idealization. *The Journal of Philosophy* 104: 639–659.

Weisberg, M. 2007b. Who Is a Modeler? *The British Journal for the Philosophy of Science* 58: 207–233. Yablo,

Werndl, C. 2009. What Are the New Implications of Chaos for Unpredictability? *The British Journal for the Philosophy of Science* 60: 195–220.

Williamson, T. 2005. Armchair Philosophy, Metaphysical Modality, and Counterfactual Thinking. *Proceedings of the Aristotelian Society* 105: 1–23.

Wilson, J. 2017. Determinables and Determinates. In E. N. Zalta (ed.), *The Stanford Encyclopedia of Philosophy*. https://plato.stanford.edu/archives/spr2017/entries/determinatedeterminables/.

Woods, J. and A. Rosales 2010. Virtuous Distortion. Abstraction and Idealization in Model-Based Science. In L. Magnani, W. Carnielli, and C. Pizzi (eds.), *Model-Based Reasoning in Science and Technology*. Berlin and Heidelberg: Springer, pp. 3–30.

Woody, A. 2000. Putting Quantum Mechanics to Work in Chemistry: The Power of Diagrammatic Representation. *Philosophy of Science* 67: 612–627.

Young, H. D. and R. Freedman 2000. *University Physics with Modern Physics* (10th ed.). San Francisco and Reading, MA: Addison Wesley.

PARTE IV

Capítulo 13 DESAFIANDO LA SUBORDINACIÓN

13.1 Introducción

En el Enfoque Recibido, los modelos son interpretaciones alternativas de un formalismo; en el Enfoque Modelo-Teórico, son los bloques de construcción de una teoría. A pesar de sus diferencias, ambos enfoques consideran que los modelos están subordinados a las teorías y que no desempeñan ningún papel en la ciencia fuera del contexto de una teoría. Esta visión de los modelos como subordinados a las teorías ha sido cuestionada. Los filósofos han argumentado que los modelos gozan de diversos grados de independencia de la teoría, que funcionan de forma autónoma en muchos contextos y que ocupan un lugar central en el entramado de la ciencia. El objetivo de este capítulo es examinar estos argumentos.

¿En qué sentido son independientes los modelos de las teorías, cómo funcionan de forma autónoma y qué papel desempeñan en la investigación científica? Entre quienes contribuyen a este debate ha surgido un consenso metafilosófico en torno a que la mejor manera de responder a estas preguntas es prestando mucha atención a la práctica científica. El análisis filosófico de la función y el propósito de los modelos debe basarse en la forma en que la ciencia opera "en condiciones reales" (*"in the wild"*). Como resultado, las investigaciones sobre modelos suelen adoptar la forma de estudios de casos: se estudia en detalle un modelo o proyecto científico concreto y se extraen lecciones del mismo.[446]

Por un lado, este método garantiza que la teorización filosófica mantenga su base, ya que las afirmaciones sobre los modelos se basan en la práctica científica y están limitadas por ella. Por otro lado, el enfoque en estudios de casos detallados introduce inevitablemente un grado de heterogeneidad en las perspectivas filosóficas. Dado que la atención se ha centrado en análisis detallados de casos particulares, el estudiante de la literatura sobre modelos se encuentra con una gran cantidad de estudios de casos. Algunos de los casos sirven de punto de partida para afirmaciones de cierto alcance, pero rara vez conducen a generalizaciones globales. Por lo tanto, el enfoque en la práctica de la modelización ha ido acompañado de una tendencia hacia un estilo más particularista de hacer filosofía, que prioriza los detalles científicos sobre los grandes diseños filosóficos.

La heterogeneidad del tema y el enfoque particularista del compromiso filosófico con él se reflejan en la estructura de este capítulo. En lugar de introducir y examinar perspectivas generales sobre la modelización, se discuten diferentes casos representativos de ciertos tipos de modelos. Por necesidad, esta discusión es incompleta. Se podrían haber elegido casos alternativos y se podrían haber enfatizado otros puntos. No obstante, espero que la discusión que sigue ofrezca una

[446] Currie (2015) ofrece un debate metafilosófico sobre el uso de los estudios de casos.

muestra representativa que familiarice al lector con algunas de las principales líneas argumentales.

Utilizo la cuestión de la independencia de los modelos respecto a las teorías como principio ordenador del capítulo, discutiendo los modelos en orden descendente de independencia respecto a la teoría. Comenzamos por examinar los modelos que se construyen sin la ayuda de un marco teórico y que, por lo tanto, terminan siendo totalmente independientes de la teoría (sección 13.2). Una clase interesante de modelos sirve para explorar las propiedades de una teoría proporcionando representaciones simplificadas de sus características (sección 13.3). En algunos casos, los modelos viven en una relación simbiótica con las teorías, añadiendo detalles sobre los que la teoría no se pronuncia (sección 13.4). Algunos han afirmado que la dependencia de las teorías respecto a los modelos es aún mayor, ya que las teorías requieren modelos interpretativos para relacionarse con los objetivos del mundo real (sección 13.5), o que los modelos desempeñan el papel de mediadores entre las teorías y el mundo (sección 13.6). Tras discutir diferentes interpretaciones de cómo se relacionan los modelos con las teorías, volvemos a la afirmación del Enfoque Modelo-Teórico (introducida en la Sección 5.4) de que él mismo ofrece una perspectiva de los modelos y las teorías que está en consonancia con la práctica científica. Veremos que esta afirmación se ve presionada por los tipos de casos que hemos discutido en este capítulo, y que ha sido activamente disputada (Sección 13.7). En la práctica científica, a menudo es difícil trazar la línea entre modelos y teorías, y discutimos cómo y dónde se podría trazar dicha línea (Sección 13.8). Estas consideraciones ponen en duda la afirmación del Enfoque Modelo-Teórico de que ofrece una visión universal de la modelización científica (Sección 13.9).

13.2 Modelos independientes

La diferencia más radical con respecto al análisis de los modelos centrado en la teoría es la constatación de que existen modelos que son completamente independientes de cualquier teoría. Un ejemplo de ello es el modelo conocido actualmente como modelo de Lotka-Volterra.[447] Umberto D'Ancona realizó estadísticas de mercado de la pesca en el Adriático en la época de la Primera Guerra Mundial. Observó que había un aumento en la proporción de especies depredadoras entre los peces que se ofrecían en el mercado en comparación con los niveles anteriores a la guerra. Esto le pareció extraño, dado que la pesca se había detenido casi por completo durante la guerra. Planteó este problema a su suegro,

[447] Kingsland (1985, cap. 5) ofrece una descripción histórica del desarrollo del modelo, con especial atención a la relación entre Lotka y Volterra. Hirsch et al. (2004, cap. 11) y Hofbauer y Sigmund (1998, parte 1) ofrecen análisis matemáticamente rigurosos del modelo. Colyvan y Ginzburg (2003), Gelfert (2016, sec. 3.4), Knuuttila y Loetgers (2017), Levy y Currie (2015, Sec. 3), Nguyen (2020), Räz (2017), Weisberg (2013) y Weisberg y Reisman (2008) ofrecen análisis filosóficos del modelo. Volveremos a este modelo en la sección 15.3.

el renombrado físico matemático Vito Volterra, porque sabía que Volterra tenía interés en la ecología matemática. Pasaron algunos años antes de que Volterra comenzara a trabajar en serio en este problema, pero en 1926 publicó sus conclusiones en italiano y un resumen de sus resultados apareció en un artículo de *Nature* (Volterra 1926).

Volterra conceptualizó el problema como un fenómeno a nivel de población en el que una población de depredadores interactúa con una población de presas. Las poblaciones se describen únicamente en términos de su tamaño, y no se tienen en cuenta datos biológicos sobre los animales que las componen, más allá de la obvia verdad de que los depredadores se alimentan de las presas y no *viceversa.* Sea N_1 el número de presas y N_2 el número de depredadores. Volterra se preguntó entonces cómo cambian estos números con el tiempo. El cambio en estos números se debe tanto a la natalidad y la mortalidad intrínsecas de las poblaciones como a la interacción entre ambas. Por lo tanto, la forma general de la interacción puede expresarse de la siguiente manera (Kingsland 1985, 109-100):

Cambio en N_1 por unidad de tiempo =	Aumento natural de N_1 por unidad de tiempo menos la disminución de N_1 por unidad de tiempo debido a la destrucción de presas por los depredadores
Cambio en N_2 por unidad de tiempo =	Aumento de N_2 por unidad de tiempo debido a la ingestión de presas por los depredadores menos la disminución de N_2 debido a la muerte de depredadores por unidad de tiempo.

Estas "igualdades verbales" pueden convertirse en ecuaciones matemáticas adecuadas sustituyendo los números naturales N_1 y N_2 por cantidades continuas V (para la cantidad de presas) y P (para la cantidad de depredadores), y eligiendo funciones específicas para el crecimiento de la población y las interacciones entre las poblaciones. La opción más sencilla es suponer que cada población crece linealmente y que la interacción entre las poblaciones (los depredadores se alimentan de las presas y crecen como resultado) es proporcional al producto de las dos densidades. Al introducir estas opciones formales en las ecuaciones anteriores se obtienen las llamadas ecuaciones de Lotka-Volterra, dos ecuaciones diferenciales no lineales acopladas (Weisberg y Reisman 2008, 111):

$$\dot{V} = rV - (aV)P$$
$$\dot{P} = b(aV)P - mP \qquad (13.1)$$

donde r es la tasa de natalidad de la población presa; m es la tasa de mortalidad de la población depredadora; y a y b son parámetros de respuesta lineales. El punto sobre V y P indica la primera derivada con respecto al tiempo. Intuitivamente, $\dot{V}$ es la tasa de cambio de V, y lo mismo ocurre con $\dot{P}$. Así, la primera ecuación dice que la tasa de cambio de V es igual a V multiplicada por la tasa de crecimiento r menos el producto de los tamaños de las poblaciones de depredadores y presas multiplicado por el parámetro de respuesta a. Estas ecuaciones se denominan "ecuaciones de Lotka-Volterra" en lugar de "ecuaciones de Volterra" porque el matemático, estadístico y biofísico estadounidense Alfred Lotka (1925) derivó las mismas ecuaciones simultáneamente, pero de forma independiente de Volterra.

Un análisis de las ecuaciones muestra que la interacción entre las dos poblaciones da lugar a oscilaciones periódicas en ambas poblaciones. Como era de esperar, las oscilaciones están desfasadas, lo que significa que los tamaños de las poblaciones no alcanzan sus máximos y mínimos al mismo tiempo. La población de presas alcanza su máximo cuando hay relativamente pocos depredadores, y cuando la población de depredadores alcanza su máximo, la población de presas se reduce considerablemente. Volterra también demostró que las poblaciones tienen la siguiente característica: "Si intentamos destruir individuos de ambas especies de manera uniforme y proporcional a su número, el número medio de individuos de la especie *devorada* aumenta y el número medio de la especie devoradora disminuye" (1926, 558). En otras palabras, un biocida general (la reducción uniforme de todas las especies) aumentará el tamaño relativo de la población de presas. Este resultado se conoce ahora como la "propiedad de Volterra" (Weisberg y Reisman 2008, 113). Esto proporciona la respuesta a la pregunta de D'Ancona. La pesca reduce ambas especies de manera uniforme y, por lo tanto, aumenta la proporción de presas. Cuando se cerraron las pesquerías, esta "destrucción uniforme" se detuvo y, como resultado, la población de predadores creció.

Aunque Volterra señala que Darwin había hecho una observación similar a la suya (1926, 559), ni la teoría evolutiva darwiniana ni ninguna otra teoría biológica están presentes en el modelo. De hecho, el modelo se ha construido sin un marco teórico; no ejemplifica principios teóricos y, por lo tanto, es completamente independiente de la teoría. El modelo se construyó basándose en los conocimientos prácticos de un pescador sobre la vida marina, complementados con técnicas matemáticas. Esto no es sorprendente, dado que Volterra era profesor de física matemática sin experiencia previa en pesca. En la terminología de la sección 2.2, el modelo es un modelo representacional. Representa su sistema objetivo, la población de peces en el mar Adriático, y captura con éxito algunas de sus características clave. No es un modelo lógico porque no hace verdaderas las oraciones formales de una teoría.

El modelo de Lotka-Volterra no es un caso aislado. El modelo de Schelling sobre la segregación social (Schelling 1978), el modelo de Fibonacci sobre el crecimiento de la población (Bacaër 2011, cap. 1), el modelo logístico de crecimiento de la población (May 1976), el modelo de Akerlof sobre el mercado de coches usados (Akerlof 1970) y los modelos de complejidad para el comportamiento de montones de arena (Bak 1997) son "libres de teoría" en el mismo sentido. Los modelos de este tipo se caracterizan a veces como modelos ascendentes. Un modelo es *ascendente* si el proceso de construcción del modelo parte de las características básicas del objetivo y de lo que sabemos sobre el desarrollo de los acontecimientos en el ámbito de interés, sin basarse en teorías generales. Los modelos ascendentes contrastan con los modelos descendentes. Un modelo es *descendente* si el proceso de construcción del modelo comienza con un marco teórico y el modelo se construye trabajando de arriba abajo, desde la teoría hasta los fenómenos. El modelo newtoniano del movimiento planetario que encontramos en la sección 1.2 es un ejemplo de modelo descendente. El proceso de construcción del modelo comienza con la ecuación general del movimiento de Newton y las leyes de la gravedad, y luego se dan varios pasos para aplicar estos principios generales al fenómeno de interés.[448]

Un caso especial de modelos independientes de la teoría son los modelos que se construyen con el objetivo expreso de ayudar a la construcción de una teoría. Hemos encontrado un caso así en la sección 10.5, donde discutimos el uso que hizo Maxwell de un sistema de tubos hipotéticos llenos de un fluido incompresible en el desarrollo de sus ecuaciones de campo electromagnético. Los tubos pueden considerarse como un modelo y, según el propio Maxwell, proporcionaban una "analogía física" del campo electromagnético. Maxwell utilizó entonces este modelo para desarrollar las ecuaciones de su teoría general del electromagnetismo.

Esta función de los modelos ha sido reconocida en la literatura filosófica. Leplin destaca la importancia de los modelos en la construcción de teorías y denomina "modelos de desarrollo" a los modelos construidos con este fin (1980, 274). Un modelo de desarrollo "abre varias líneas de investigación hacia el desarrollo" de una teoría (*ibid.*, 278). Otros autores también han destacado la importancia de los modelos en el desarrollo de las teorías. Cushing señala que "una herramienta importante en este proceso de construcción de teorías es el uso de modelos" (1982b, 32), y lo ilustra con un estudio de caso detallado de la física de altas energías (véase también Cushing 1982a). Hartmann observa que "como herramienta principal para la construcción de teorías, los científicos utilizan modelos" (1995b, 49), que "son, histórica y sistemáticamente, precursores de una teoría" (1995a, 35, traducción mía), y lo ilustra con la forma en que se ha construido la

[448] Los términos «ascendente» y «descendente» se utilizan de diferentes maneras en diferentes contextos. Para un análisis de algunas de estas acepciones, véase Dennett (1995), Dieks (2009) y Koperski (1998).

cromodinámica cuántica, la teoría fundamental de las interacciones fuertes, "mediante una jerarquía de *modelos de desarrollo* consecutivos" (1995b, 59). Wimsatt considera "los modelos falsos como un medio para llegar a teorías más verdaderas" y analiza su papel en el contexto de la biología evolutiva (1987, véase en particular 28-32; cf. Wimsatt 2007, cap. 6). Emch dedica dos largos artículos al estudio de "los modelos y la dinámica de la construcción de teorías en física" (2007a, 2007b).

13.3 Modelos para explorar teorías

Los modelos también pueden utilizarse para explorar características de las teorías. Una forma obvia en que esto puede suceder es cuando un modelo es un modelo lógico de una teoría. Como hemos visto en la sección 2.2, un modelo lógico es un conjunto de objetos, junto con sus propiedades y relaciones, que hacen que una oración formal sea verdadera si los términos de la oración se interpretan como referidos a ellos. En la sección 2.4 hemos visto que los defensores del Enfoque Recibido situaban el valor de los modelos en su capacidad para proporcionar un acceso intuitivo a una teoría formal posiblemente complicada y confusa. En un modelo podemos ver cómo se desarrollan los axiomas en un entorno concreto y qué tipo de comportamientos dictan. Por eso los estudiantes suelen fijarse en ejemplos cuando estudian una teoría. Quienes cursan una asignatura introductoria a la mecánica clásica, por ejemplo, aprenderán la teoría principalmente a través de modelos lógicos simples de la teoría, como el oscilador armónico y el sistema Sol-Tierra. Al trabajar con ejemplos sencillos, el estudiante aprende cómo funciona la teoría y qué características tiene.

Pero los modelos pueden ser más que meras herramientas pedagógicas para los estudiantes; pueden proporcionar una visión genuina de la estructura de una teoría. Un ejemplo de ello es el descubrimiento del caos con el modelo de tres cuerpos. Durante mucho tiempo se pensó que la mecánica newtoniana era dinámicamente estable, lo que significa que una pequeña variación en la condición inicial del sistema daría lugar a una pequeña variación en la trayectoria del sistema. Si, por ejemplo, la posición de la Tierra con respecto al Sol hubiera sido ligeramente diferente en el momento en que se formó el sistema solar, la trayectoria de la Tierra también habría sido ligeramente diferente. Esta creencia común se hizo añicos a principios del siglo XX, cuando Poincaré descubrió que los sistemas newtonianos pueden mostrar lo que ahora se conoce como *dependencia sensible de las condiciones iniciales*, que a menudo se considera la característica definitoria del caos.[449] Como hemos visto en la sección 1.2, el modelo Sol-Tierra se basa en la suposición idealizada de que la Tierra *solo* interactúa con el Sol. Se

[449] Para una introducción básica al caos y un análisis de sus ramificaciones filosóficas, véanse Kellert (1993), Leonard A. Smith (2007) y Peter Smith (1998). Argyris et al. (1994) y Tabor (1989) ofrecen análisis más avanzados. Parker (1998) analiza la cuestión de si fue realmente Poincaré quien descubrió el caos.

trata de una suposición extremadamente fuerte, ya que sabemos que, en realidad, la Tierra interactúa gravitacionalmente con todas las masas del universo. A Poincaré le preocupaba esta idealización y se preguntó cómo cambiaría el movimiento de la Tierra si se relajara esta suposición. Para responder a esta pregunta, consideró el modelo que marca la menor desviación posible del modelo original, es decir, un modelo en el que la Tierra también interactúa con la Luna. Dado que este modelo tiene tres cuerpos (el Sol, la Tierra y la Luna), el cálculo de las trayectorias de los tres objetos cuando interactúan entre sí se conoce como el *problema de los tres cuerpos*. Al realizar los cálculos de este modelo, Poincaré se dio cuenta de que incluso pequeños cambios en las condiciones iniciales pueden provocar cambios significativos en las trayectorias de los objetos. En otras palabras, el modelo mostraba una dependencia sensible de las condiciones iniciales. Este fue un descubrimiento significativo en sí mismo, pero además enseñó a los físicos que la mecánica newtoniana no es dinámicamente estable: la estructura de la teoría es tal que permite una dependencia sensible de las condiciones iniciales. Una vez hecho el descubrimiento, se encontraron otros sistemas con la misma propiedad, y partes importantes de lo que hoy se conoce como *teoría del caos* se dedican al estudio de dichos sistemas.

Una vez que sabemos que los modelos newtonianos pueden mostrar una dependencia sensible de las condiciones iniciales, cabe preguntarse cómo es la dinámica de dichos sistemas. Las ecuaciones de movimiento de sistemas como el modelo de tres cuerpos no tienen soluciones analíticas, por lo que no se pueden simplemente escribir las funciones que resuelven las ecuaciones y estudiar sus propiedades; e incluso si se pudieran escribir las soluciones, serían objetos en espacios matemáticos de alta dimensión difíciles de rastrear e imposibles de visualizar. Por lo tanto, hay que encontrar otros medios para comprender el comportamiento de tales sistemas, y los modelos también desempeñan un papel crucial en ese proceso.

Las consideraciones abstractas sobre el comportamiento cualitativo de las soluciones en sistemas caóticos muestran que existe un mecanismo que se ha denominado *estiramiento y plegamiento*. La dependencia sensible de las condiciones iniciales significa que las condiciones iniciales cercanas se alejan unas de otras, lo que equivale a estirar el área en la que se encuentran. El movimiento de los sistemas caóticos es tal que el movimiento del sistema se limita a una parte restringida del espacio de estados. Esto significa que el estiramiento no puede continuar indefinidamente, y las partes estiradas deben plegarse sobre sí mismas. Esto se ilustra esquemáticamente en la figura 13.1. Comenzamos con el segmento de línea entre A y B en el momento t_1. En el periodo comprendido entre t_1 y t_2, este segmento se estira hasta el segmento de línea entre A y C. En t_2, el estiramiento llega a su fin y comienza un proceso de plegamiento que continúa hasta t_3. En ese proceso, el segmento de línea se pliega sobre sí mismo. A continuación, todo el proceso de estiramiento y plegamiento comienza de nuevo desde el principio.

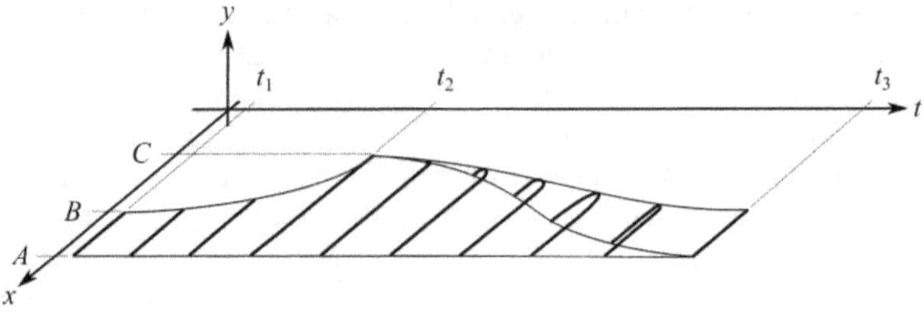

FIGURA 13.1 Estiramiento y plegado.

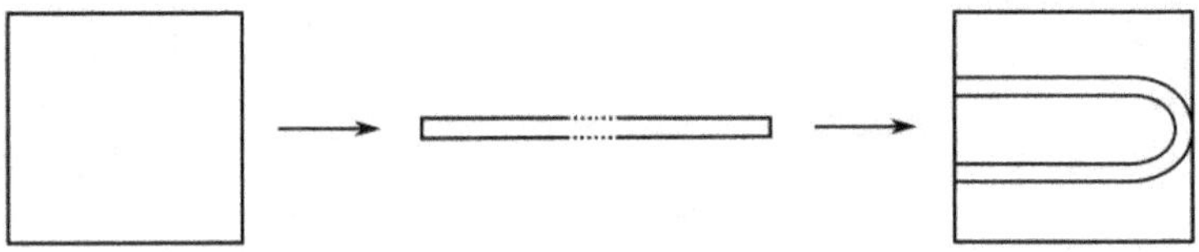

FIGURA 13.2 El mapa de herradura. Los puntos indican que la tira es más larga de lo que se puede mostrar en el gráfico.

En la práctica, es imposible trazar este estiramiento y plegado en el espacio de estados completo del modelo de tres cuerpos. Para obtener una idea de la complejidad de la dinámica que exhibe estiramiento y plegado, Smale propuso estudiar un modelo del flujo. El modelo es un mapa bidimensional simple que ahora se conoce como el mapa de herradura (Tabor 1989, 200-202). El mapa consiste en una secuencia de operaciones de estiramiento y plegado, que se ilustran en la figura 13.2. El mapa comienza estirando un rectángulo horizontalmente mientras se aprieta verticalmente, lo que convierte el rectángulo en una tira. Esto modela lo que ocurre entre t_1 y t_2. A continuación, el mapa pliega la tira en forma de herradura, lo que modela lo que ocurre entre *t* 2 y t_3. El mismo mapa se puede aplicar de forma iterativa al resultado de la primera aplicación. El mapa "imita" el movimiento de estiramiento y plegado de la dinámica newtoniana completa, pero sin ninguna de sus complejidades matemáticas. De esta forma, el mapa de herradura proporciona un modelo de un aspecto importante de la dinámica completa de la teoría newtoniana.

El mapa de herradura tiene una serie de características interesantes e importantes (Ott 1993, 108-114). Un *conjunto invariante* es un conjunto de estados que no cambia bajo la dinámica de un modelo, es como si el conjunto no se viera "afectado" por los cambios que la dinámica conlleva. Se puede demostrar que el llamado conjunto de Cantor es un conjunto invariante de la herradura. Esto es interesante porque el conjunto de Cantor es un fractal, por lo que aprendemos del modelo que los sistemas dinámicos caóticos pueden tener conjuntos invariantes que son fractales. Además, se puede demostrar que el conjunto de puntos en órbitas periódicas en el conjunto invariante es denso. Así, el sencillo modelo de la herradura ha proporcionado información crucial sobre las propiedades de la teoría. Y la herradura no es un caso aislado. La teoría del caos está plagada de mapas simples que modelan ciertos aspectos de la dinámica completa.[450]

La teoría del caos no es una excepción; los modelos se utilizan en muchos contextos para explorar las propiedades de las teorías. En mecánica estadística, el modelo del anillo de Kac se utiliza para estudiar las propiedades de equilibrio de la teoría completa (Jebeile 2020; Lavis 2008). En la teoría cuántica de campos, el sencillo modelo φ^4 se utiliza para explorar propiedades teóricas como la ruptura de la simetría y la renormalizabilidad (Hartmann 1995b). La máquina de Phillips-Newlyn, un modelo material, se utiliza para explorar las propiedades de la formalización de Hicks de la teoría de Keynes (Barr 2000; Morgan y Boumans 2004). Y el modelo de la cúpula se utiliza para comprender la causalidad y el determinismo en la mecánica newtoniana (Norton 2003, 2008).

13.4 Modelos complementarios

Las teorías pueden estar incompletas en algún aspecto. En ese caso, los modelos pueden intervenir y añadir lo que falta. De este modo, el modelo y la teoría entran en una relación simbiótica en la que el modelo complementa a la teoría. La naturaleza de esta "complementariedad" depende de las características específicas de cada caso, y no existe una caracterización universal. Redhead (1980, 147) menciona el caso de la teoría axiomática de campos cuánticos. La teoría es un intento de ofrecer una formulación matemáticamente rigurosa de los campos cuantizados. En su formulación más común, la teoría se basa en los llamados axiomas de Wightman, formulados por Arthur Wightman en la década de 1950. A grandes rasgos, los axiomas dicen que los campos deben ser invariantes bajo las transformaciones de la teoría de la relatividad especial de Einstein, y que los campos pueden expresarse como sumas de operadores que actúan sobre el estado de vacío. No es necesario entrar aquí en detalles.[451] Lo importante es que los axiomas de la teoría solo imponen ciertas restricciones generales a los campos. La teoría no ofrece una perspectiva de qué campos hay y cómo interactúan. La especificación de un campo concreto se deja abierta en la teoría. Los detalles de campos concretos y sus interacciones vienen dados por modelos. Al hacerlo, el modelo proporciona los detalles que faltan y enriquece la teoría. No es una tarea fácil, ya que resulta bastante difícil identificar modelos que satisfagan los axiomas de la teoría.

Hay diferentes formas en que una teoría puede estar especificada de manera incompleta. Apostel identifica una de estas formas cuando señala que hay casos en

[450] Por ejemplo, la dinámica de los sistemas de tipo KAM cerca de un punto fijo hiperbólico puede modelarse mediante la transformación de Baker. Para un debate al respecto, véase Berkovitz et al. (2006, 680-687).

[451] Para un debate sobre la teoría cuántica de campos, véase Ruetsche (2011).

los que "se conoce una teoría cualitativa para un campo y el modelo introduce precisión cuantitativa" (1961, 2). Como ejemplo, consideremos la denominada "teoría cuantitativa del dinero" en economía monetaria.[452] Irónicamente, la "teoría cuantitativa" es puramente cualitativa y dice esencialmente que el precio de los bienes en una economía viene determinado por la cantidad de dinero que circula en ella. Esta ley deja abierta la cuestión de cuál es el nivel de los precios y cómo varían en función de la oferta monetaria. Para responder a estas preguntas cuantitativas, Fisher construyó un modelo que ahora se conoce como *ecuación de intercambio de Fisher*. El modelo considera una economía que puede caracterizarse por cuatro magnitudes: la cantidad M de dinero en circulación en la economía, la velocidad de transacción V del dinero, el nivel de precios P y el volumen de comercio Y. Todas ellas son variables con valores numéricos precisos que, en principio, pueden medirse empíricamente. La ecuación de intercambio dice que $MV = PY$. Si la velocidad y el volumen son constantes, la ecuación dice que $P = cM$, donde c es una constante. Así, si la cantidad de dinero aumenta en ΔM, los precios suben en $c\Delta M$. De este modo, el modelo de Fisher da especificidad cuantitativa a la ley cualitativa de la teoría.

Harré señaló que los modelos pueden complementar las teorías al proporcionar mecanismos para procesos que no se especifican en la teoría, pero que sin embargo son responsables de provocar los fenómenos observados (1970, cap. 2, 2004, cap. 1). En algunos casos, el mecanismo del modelo es conocido; en otros, se trata de una hipótesis. El concepto de mecanismo es amplio, y Harré subrayó que no se limita a "nada específicamente mecánico": "un reloj es un mecanismo, el espacio tensado de Faraday es un mecanismo, los saltos cuánticos de los electrones son un mecanismo, etc." (2004, 4). Tomemos como ejemplo la justificación de Boltzmann de la segunda ley de la termodinámica a través de la colisión de moléculas.[453] Para ilustrar esta ley, consideremos un gas confinado en la mitad izquierda de un recipiente. Ahora retiremos rápidamente la pared divisoria entre la mitad izquierda y la mitad derecha del recipiente. Inmediatamente después de retirar la pared divisoria, el gas se encuentra en un estado de desequilibrio. Sale rápidamente de este estado dispersándose hasta llenar el recipiente de manera uniforme. En este punto, el sistema habrá alcanzado un nuevo estado de equilibrio, tal y como predice la Segunda Ley. Sin embargo, la Segunda Ley no dice

[452] Apostel no proporciona ningún ejemplo. Agradezco a Julian Reiss por sugerirme la teoría cuantitativa del dinero. La teoría fue introducida por Fisher (1911). Para un debate sobre la teoría, véase Humphrey (1974).

[453] El ejemplo propio de Harré de un modelo mecánico que complementa las teorías es el uso que Darwin hizo de la selección natural, que, según Harré, no formaba parte de la teoría de Darwin y fue proporcionado por un modelo construido a partir de la analogía con la selección doméstica en la cría (2004, 16-17). Para un análisis del modelo mecánico de Boltzmann, véase Uffink (2007, 932-974), y para un análisis de la segunda ley, véase Uffink (2001). Para una revisión de varios intentos de proporcionar una base mecánica a los fenómenos térmicos, véase Frigg (2008), Sklar (1993) y Uffink (2007). Machamer et al. (2000) proporcionan los antecedentes de muchos debates contemporáneos sobre los mecanismos. Para estudios y debates más detallados sobre los mecanismos, véanse las contribuciones a Glennan e Illari (2017).

nada sobre por qué el gas se comporta de esta manera ni sobre por qué se produce la dispersión en primer lugar. En un artículo publicado en 1872, Boltzmann introdujo un modelo mecánico para respaldar la Segunda Ley. Supuso que un gas estaba formado por moléculas que podían modelarse como bolas duras. Las bolas chocan entre sí y las colisiones son elásticas (lo que significa que se conservan la energía y el momento). Basándose en una serie de supuestos de modelización, entre los que destaca el famoso *Stosszahlansatz*,[454] Boltzmann argumentó que era la interacción mecánica de las bolas en las colisiones lo que empujaba al gas hacia el equilibrio. De este modo, el modelo mecánico de Boltzmann proporciona el mecanismo causal que sustenta la Segunda Ley.

En algunas ocasiones, los modelos pueden intervenir cuando las teorías son demasiado complejas de manejar. Esto puede ocurrir, por ejemplo, cuando las ecuaciones de la teoría son matemáticamente intratables. En tales casos, se puede encontrar un modelo que se aproxime a la teoría. Como señaló Redhead, esto se puede hacer de dos maneras (1980, 150-152): o bien se encuentran soluciones aproximadas a ecuaciones exactas, o bien se encuentra una ecuación aproximada que se pueda resolver con exactitud. Hemos analizado estas opciones en la sección 11.5. Si se encuentra una solución aproximada o una ecuación aproximada, estas pueden considerarse modelos aproximados de la teoría. Pero los modelos también pueden intervenir cuando la relación entre el modelo y la teoría no es una aproximación matemática claramente definida. Hartmann (1999) analiza el caso del confinamiento de los quarks en la física de partículas elementales.[455] El núcleo de los átomos está formado por nucleones: protones y neutrones. Los nucleones, a su vez, están formados por quarks. ¿Cómo interactúan los quarks para formar un nucleón estable? La teoría general que explica el comportamiento de los quarks es la cromodinámica cuántica. Por desgracia, la teoría es demasiado complicada para aplicarla a los protones. Las simulaciones por ordenador sugieren que, a bajas energías, se produce el llamado confinamiento de quarks, y los quarks se unen para formar nucleones. Sin embargo, esto no explica la naturaleza de este confinamiento, que sigue siendo poco conocida, y existen varios tipos posibles de confinamiento que la teoría no puede distinguir. Para llenar este vacío, los físicos construyeron un modelo fenomenológico, ahora conocido como el Modelo de la Bolsa del MIT (*MIT Bag Model*), que tiene en perspectiva las principales características conocidas de la teoría y llena los detalles que faltan con configuraciones postuladas. Según el modelo, los nucleones están formados por tres quarks masivos que se mueven libremente en una esfera rígida de radio *R*, donde la esfera garantiza que los quarks permanezcan confinados dentro del nucleón. Esta suposición está motivada por la teoría básica, pero no se deduce

[454] A grandes rasgos, el Stosszahlansatz dice que el número de colisiones en un determinado volumen de espacio durante un determinado tiempo entre dos partículas con determinadas velocidades iniciales v1 y v2 es proporcional al producto de los números de partículas con estas velocidades en el volumen (Uffink 2007, 949).

[455] Véase también su obra (1995b, 1997).

deductivamente de ella. El modelo permite entonces calcular el radio *R* y la energía total de la partícula. De este modo, el modelo ofrece resultados donde la teoría no se pronuncia y llena un vacío que la teoría había dejado abierto.

13.5 Aplicación de teorías utilizando modelos

Cartwright sostiene que los modelos no solo ayudan a aplicar teorías que son de alguna manera incompletas, sino que afirma que los modelos siempre intervienen cuando se aplica una teoría con una estructura matemática global a un sistema objetivo. Las principales teorías de la física entran en esta categoría: mecánica clásica, mecánica cuántica, electrodinámica, etc. De hecho, la aplicación de estas teorías implica dos nociones de modelos: modelos interpretativos y modelos representativos. Ahora veremos cada uno de ellos y cómo funcionan juntos en la aplicación de una teoría a un sistema objetivo.

Comencemos con los modelos interpretativos. Las teorías matemáticas generales, como la mecánica clásica, parecen proporcionar descripciones generales de una amplia gama de objetos que entran en su ámbito de aplicación. Sin embargo, al examinarlo más de cerca, resulta que estas teorías no se aplican directamente al mundo. La razón es que emplean términos abstractos, es decir, términos que solo se aplican a un sistema objetivo si una descripción expresada en términos más concretos también se aplica al objetivo. Cartwright ofrece las dos condiciones siguientes para que un concepto sea abstracto en relación con otro:

En primer lugar, un concepto que es abstracto en relación con otro conjunto más concreto de descripciones nunca se aplica a menos que una de las descripciones más concretas también se aplique. Estas son las descripciones que pueden utilizarse para "ajustar" la descripción abstracta en cualquier ocasión dada. En segundo lugar, satisfacer la descripción concreta asociada que se aplica en una ocasión determinada es lo que consiste en satisfacer la descripción abstracta en esa ocasión. *(1999a, 39)*

Ella ofrece el ejemplo de "trabajo".[456] Haber respondido a un correo electrónico, haber revisado una sección de un artículo y haber asistido a una reunión es lo que constituye mi trabajo de esta mañana. Si le cuento a un amigo durante el almuerzo lo que he hecho y él me responde "bueno, has respondido a un correo electrónico, has revisado una sección y has asistido a una reunión, pero ¿cuándo

[456] Para más información sobre el concepto de abstracción de Cartwright, véase su obra (1991a, 1999a, cap. 3, 2010) y la de Cartwright y Mendell (1984). Humphreys (1995) y Le Poidevin (1991) critican su postura. Lo anterior es una definición de la relación «más abstracto que». Sin embargo, a veces Cartwright habla de propiedades abstractas y concretas como si ser abstracto y ser concreto fueran propiedades absolutas (véase, por ejemplo, Cartwright 1983, 8-10). En este sentido, se afirma que los conceptos de la teoría de alto nivel son abstractos, mientras que las afirmaciones de los modelos fenomenológicos son concretas, y que los primeros necesitan a los segundos para aplicarse a los sistemas objetivo.

has trabajado?", o bien no entiende el concepto de trabajo o, lo que es más probable, me está gastando una broma.

Cartwright sostiene que los conceptos importantes que aparecen en teorías matematizadas como la mecánica newtoniana son abstractos de la misma manera que "trabajo". Como hemos visto en la sección 1.2, la ley de Newton vincula la fuerza con la masa y la aceleración. El concepto "fuerza" es abstracto en el sentido de que solo se aplica si también se aplica algún concepto más concreto. No existe tal cosa como "nada más que una fuerza" actuando sobre un cuerpo. La existencia de una fuerza entre dos cuerpos en un momento determinado consiste en que se atraen gravitacionalmente entre sí, o se repelen electrostáticamente, o... Estas afirmaciones más concretas encajan con la afirmación abstracta de que existe una fuerza. Por lo tanto, la fuerza es una propiedad abstracta y "la ley de Newton dice que todo lo que tiene esta propiedad tiene otra, a saber, tener una masa y una aceleración que, cuando se multiplican entre sí, dan el valor numérico . . . *F*" (1999a, 43). Por lo tanto, la fuerza no tiene existencia independiente; solo existe en sus formas más específicas, como la gravedad, la electrostática, etc. De este modo, la "fuerza" es como el "trabajo". Especificar qué afirmaciones concretas se ajustan a las afirmaciones abstractas equivale a especificar un *modelo interpretativo*.[457] Un modelo interpretativo consiste entonces en los "actores" que se ajustan a las afirmaciones abstractas de la teoría.

Pasemos ahora a los modelos representativos. Cartwright considera que los modelos representativos son aquellos que se construyen para "representar disposiciones y asuntos reales que tienen lugar en el mundo" (1999a, 180). Así, en un nivel básico, los modelos representativos son lo que antes hemos llamado "modelos representacionales" (sección 2.2), es decir, modelos que representan un sistema objetivo del mundo real. Lo especial de la noción de modelo representativo de Cartwright es el papel que desempeña en la aplicación de una teoría.

Para ver cuál es ese papel, echemos un vistazo al análisis de Cartwright del proceso de inserción de una teoría. Este proceso se desarrolla en dos etapas (1983, 133-134). En la primera etapa, comenzamos por escribir todo lo que sabemos sobre el sistema. Esta "descripción no preparada" contiene cualquier información que pueda ser relevante en cualquier forma: principios teóricos que se utilizarán, especificaciones técnicas de los materiales, información sobre el entorno, posibles idealizaciones, esquemas de aproximación útiles, etc. En la segunda etapa de la inserción de la teoría, la descripción no preparada se convierte en una "descripción preparada", que presenta el fenómeno de una manera que lo hace susceptible de tratamiento teórico, ya que "la necesidad más evidente es escribir una descripción a la que la teoría se ajuste en una ecuación" (*ibid.*, 133). Al ela-

[457] Los modelos interpretativos están íntimamente relacionados con los «principios puente», que nos dicen qué forma concreta pueden adoptar los conceptos abstractos y que, en efecto, establecen los modelos interpretativos (1999b, 243, 256).

borar una descripción preparada, también "dictamos ecuaciones, condiciones límite y aproximaciones" (*ibid.*, 134), que luego se someten a un tratamiento formal completo con el objetivo de encontrar soluciones a las ecuaciones.

El resultado de este proceso es una descripción muy idealizada del objetivo, y esta descripción, de hecho, especifica un *modelo representativo*. Este modelo tiene dos características cruciales. La primera es que es muy idealizado. Pasar por estas dos etapas implica retorcer y distorsionar las propiedades del objetivo de muchas maneras, y el resultado de este proceso no es en modo alguno un reflejo del objetivo. De hecho, Cartwright señala que "no es esencial que los modelos describan con exactitud todo lo que ocurre realmente; y, en general, no les será posible hacerlo" (1983, 140).[458] En segundo lugar, a pesar de todas estas distorsiones, el modelo sigue siendo una representación del objetivo. Cartwright dice relativamente poco sobre lo que esto significa y se limita a instar a "tener algunas precauciones a la hora de pensar demasiado en las representaciones basándose en la analogía del isomorfismo estructural" y sugiere que, de forma provisional, podemos "conformarnos con una noción vaga de semejanza" (1999a, 192-193). En este punto del argumento, esto no es un problema; todo lo que se ha dicho sobre la representación en los capítulos anteriores puede, en principio, utilizarse para comprender cómo los modelos representativos representan sus objetivos.

Lo importante es que, desde este punto de vista, los principios de la teoría no se aplican al mundo real. Se aplican a los "objetos altamente ficcionalizados" (1983, 136) del modelo representativo.[459] Por lo tanto, hay que distorsionar la realidad para encajarla en el corsé de la teoría: "nuestras descripciones preparadas mienten" porque "en general tendremos que distorsionar la imagen verdadera de lo que ocurre si queremos encajarla en las estructuras altamente restringidas de nuestras teorías matemáticas" (*ibid.*, 139).

Ahora estamos en condiciones de ver cómo las dos nociones de modelo interpretativo y modelo representativo funcionan juntas en la aplicación de una teoría a un objetivo del mundo real. Para aplicar una teoría, los científicos deben construir un modelo. Este modelo debe ser tal que sea, a la vez, un modelo interpretativo de la teoría general en cuestión (lo que significa que está expresado en términos de conceptos que se ajustan a los conceptos abstractos de la teoría) y un modelo representativo del sistema objetivo (lo que significa que tiene una relación de semejanza aproximada con el objetivo).

---

[458] Véase también su obra (1997) y (1999a, capítulos 1-3).

[459] Este desarrollo fue presagiado por Hutten, quien señala que «el modelo no es, pues, una aplicación de la teoría: más bien, aplicamos la teoría con su ayuda» (1954, 289) y Groenewold, quien introdujo la noción de «modelo sustitutivo», basado en «aproximaciones teóricas conscientes» y que sirve «como etapa intermedia entre un fenómeno observado y la teoría más fundamental con la que debería tratarse en realidad» (1961, 99).

Cartwright ilustra su caso con ejemplos complejos de la teoría cuántica, pero su punto de vista también puede ilustrarse con nuestro sencillo ejemplo del tratamiento que Newton hace de los planetas en la sección 1.2. La construcción del modelo comenzará por reunir todos los datos conocidos sobre los planetas en una descripción no preparada: son objetos materiales con forma redondeada; están sujetos a la gravedad; se mueven periódicamente; la distancia entre ellos es grande en comparación con su propio tamaño; giran alrededor de su propio eje, etc. La descripción preparada describe los planetas como esferas perfectas con una distribución homogénea de la masa, ya que esto nos permite suponer que todo el planeta es una masa puntual situada en el centro de la esfera, que es lo que la teoría puede tratar eficazmente. Dado que se sabe que los sistemas con muchos cuerpos son difíciles de abordar matemáticamente, la descripción preparada identifica el sol y un planeta como la unidad que se va a describir y los declara aislados no solo del resto del sistema solar, sino también del resto del universo, lo que nos permite suponer que el planeta y el sol solo interactúan gravitacionalmente entre sí y con nada más. Para reducir aún más el número de variables, la descripción presenta al sol como fijo y al planeta como girando alrededor del sol.

Este modelo es a la vez un modelo representativo del sistema objetivo y un modelo interpretativo de la mecánica newtoniana. Con esto, podemos resolver la ecuación de Newton para el sistema solar y encontrar como soluciones las conocidas elipses de Kepler. Pero, y ahí está el punto de Cartwright, la mecánica newtoniana no se ha aplicado directamente al sistema solar; se ha aplicado al sistema idealizado de dos esferas perfectas y homogéneas que interactúan gravitacionalmente entre sí y con nada más, en el que una esfera es fija y la otra se mueve a su alrededor. Los planetas reales no son esféricos ni su distribución de masa es homogénea; interactúan gravitacionalmente con todo el universo y no solo con el sol; el sol no es fijo y el sol y el planeta se mueven alrededor de su centro de masa común; etc. Por eso las leyes teóricas solo se aplican a "objetos y procesos ficticios altamente idealizados, más parecidos a distorsiones teatrales ingeniosas que a descripciones verdaderas de las cosas en el mundo" (1983, 128).

Cartwright presenta este análisis de la modelización como parte de una visión antirrealista de las teorías. Las teorías no se aplican a los sistemas reales objetivo y no rigen su comportamiento. En cambio, las teorías se aplican a los objetos estilizados del modelo, y las teorías pueden ser verdaderas para los modelos, pero no lo son para el mundo real (1983, 128-129, 1999a, 4-5, 180).[460] Si los modelos se "corrigen" para hacerlos más realistas, esto los aleja de las teorías (1999b,

[460] La visión de Giere (1999) de una «ciencia sin leyes» va en la misma dirección y coincide con Cartwright en que las leyes generales, como la ecuación del movimiento de Newton, no son descripciones de sistemas reales, sino que caracterizan el comportamiento de los modelos. Para un debate al respecto, véase Cat (2005).

251). Por lo tanto, existe una controversia entre construir un modelo que se ajuste a la teoría y uno que se ajuste al objetivo.

Los realistas consideran que las teorías proporcionan descripciones verdaderas (o al menos aproximadamente verdaderas) del mundo, lo que es antitético a la visión de Cartwright de que las teorías solo rigen objetos estilizados en modelos ficticios. ¿En qué se separan los realistas y Cartwright? Comencemos por examinar los modelos interpretativos. Cartwright describe a los realistas como personas que buscan "una única forma concreta en la que todos los casos que se incluyen en el mismo predicado se parecen entre sí" (1999a, 36). Por lo tanto, los realistas tendrían que buscar una única característica unificadora que aglutine todas las instancias de, por ejemplo, "fuerza". En otras palabras, los realistas tendrían que buscar algo así como la esencia de la fuerza, o la "fuerza", y luego decir que la fuerza es de lo que trata la mecánica newtoniana.

Aunque puede que haya realistas que piensen en términos teóricos abstractos en esos términos, parece que los realistas no están comprometidos con entender términos como "fuerza" de esta manera. Supongamos que Joe dice: "Ayer no pude trabajar porque estaba enfermo". Jill cree a Joe y entiende que está haciendo una afirmación verdadera sobre el estado del mundo ayer, lo que la convierte en realista respecto a la afirmación de Joe. La afirmación contiene dos términos abstractos, a saber, "trabajar" y "enfermedad". ¿Está Jill comprometida a entender esta afirmación como si se refiriera a una naturaleza única y unificadora de todas las instancias de "trabajar" y "enfermedad"? Parece que no. Jill puede estar de acuerdo con Cartwright en que se trata de términos abstractos que necesitan ser completados: Que Joe estuviera enfermo ayer puede haber consistido en tener gripe con fiebre y el trabajo que no pudo hacer fue revisar su trabajo conjunto. Y, sin embargo, ella puede creer que la afirmación de Joe es una descripción verdadera de los hechos. Morrison llega a esta conclusión cuando defiende la opinión de que "se atribuye una función representativa a las teorías", aunque los conceptos de las teorías sean abstractos (2007, 217).

Es con los modelos representativos donde el conflicto realmente llega a su punto álgido. Cartwright sostiene que las teorías solo se aplican a objetos estilizados y simplificados en modelos, y no a cosas reales. Los realistas se oponen a este punto de vista y argumentan que el hecho de que las teorías se apliquen a modelos estilizados se debe a limitaciones *en la práctica*, y no a restricciones *en principio*.[461] Los realistas consideran que los modelos del tipo que describe Cartwright son expedientes. Están de acuerdo en que los sistemas objetivo en el mundo son demasiado complejos para que podamos aplicarles una teoría, y por

[461] Para argumentos en este sentido, véase Hoefer (2003, 1408-1412) y Smith (2001, 464-475). Para más debates sobre el argumento de Cartwright relativo al alcance de las leyes, véase Sklar (2003), Teller (2004) y las contribuciones a Hartmann et al. (2008). Temas relacionados también se repiten más adelante en la sección 13.8.

eso construimos modelos simplificados. Sin embargo, estas limitaciones prácticas no deben confundirse con la imposibilidad en principio de aplicar la teoría al objetivo, ni deben interpretarse como una prueba de que la teoría es fundamentalmente inaplicable o falsa cuando se aplica al objetivo. Newton aplicó su mecánica a peonzas esféricas porque esto daba lugar a ecuaciones manejables, y estas se vieron confirmadas por el hecho de que sus soluciones se ajustaban estrechamente a las trayectorias reales de los planetas. Pero, en principio, se podría escribir la ecuación de Newton para planetas con forma de pera que están sujetos a muchas fuerzas y para un sol que no está fijo en el espacio. Contra Cartwright, los realistas insisten en que la teoría proporciona una ecuación para tal situación, y que las soluciones serán ciertas en cuanto al comportamiento del sistema real. Que la solución sea demasiado compleja para que podamos encontrarla y estudiarla es una limitación nuestra, no de la teoría. Que uno se ponga del lado de Cartwright o del de los realistas depende de otros compromisos filosóficos, sobre todo de cómo se evalúe el alcance de las teorías.

13.6 Los modelos como mediadores

La relación entre los modelos y las teorías puede ser más complicada y desordenada que en los casos que hemos analizado hasta ahora. Los colaboradores de una colección programática de ensayos editada por Morgan y Morrison (1999b) se agrupan en torno a la idea de "los modelos como mediadores", por lo que denomino "Enfoque de los Modelos como Mediadores" a la visión de la modelización que surge de este proyecto. Esta visión considera los modelos como instrumentos que median entre las teorías y el mundo, sin dejar de ser independientes de ambos. Por lo tanto, los modelos son, como dicen Morgan y Morrison, "agentes autónomos" en la práctica de la ciencia, lo que les permite funcionar como "instrumentos de investigación" (1999a, 10).[462] La autonomía de los modelos tiene cuatro dimensiones: construcción, funcionamiento, representación y aprendizaje (*ibid.*, 10-12). Veamos cada una de ellas por separado.

La primera y más importante dimensión es la independencia en la construcción. Morgan y Morrison observan que "la construcción de modelos se lleva a cabo de una manera que es en gran medida independiente de la teoría" (1999a, 13), y Morrison sitúa los modelos "entre la física y el mundo físico" (1998, 65). Esto se debe a que "la teoría no nos proporciona un algoritmo a partir del cual se

[462] El programa «modelos como mediadores» es el locus classicus contemporáneo de la visión de que los modelos son unidades autónomas de investigación científica. Las primeras declaraciones de una comprensión de la ciencia centrada en los modelos son las de Deutsch (1948, 1951), Hesse (1953), Hutten (1954) y Rosenblueth y Wiener (1945). Hesse (1963) sitúa el origen de una perspectiva centrada en los modelos sobre la ciencia en Campbell (1920), que contrasta con el enfoque centrado en la teoría de Duhem (1906). Mellor cuestiona esta atribución y sostiene que las opiniones de Campbell y Duhem sobre los modelos y las teorías «apenas entran en conflicto» (1968, 282). Para una breve historia del debate sobre los modelos en la filosofía de la ciencia, véase Bailer-Jones (1999).

construye el modelo y por el cual se determinan todas las decisiones de modelización" (Morgan y Morrison 1999a, 16). En su contribución a la colección, Cartwright describe el Enfoque Modelo-Teórico como un enfoque de "máquina expendedora" para la construcción de modelos:

> La teoría es una máquina expendedora: se le introducen datos en determinadas formas prescritas para obtener el resultado deseado; la máquina traquetea durante un rato y luego deja caer la representación buscada, plonk, en la bandeja, completamente formada, como Atenea del cerebro de Zeus. Esta imagen de la relación entre la teoría y los modelos que utilizamos para representar el mundo es difícil de encajar con lo que sabemos sobre el funcionamiento de la ciencia. Producir un modelo de un fenómeno nuevo, como la superconductividad, es una actividad increíblemente difícil y creativa. *(1999b, 247)*

La "visión de máquina expendedora" de las teorías es errónea por al menos dos razones. En primer lugar, asume erróneamente que todos los ingredientes necesarios para la construcción de un modelo ya están contenidos en la teoría. Al analizar los modelos cuánticos de la superconductividad, Cartwright señala que las teorías omiten gran parte de lo que se necesita para producir un modelo capaz de generar una predicción empírica. Si bien las teorías contienen principios generales, no contienen información sobre los materiales reales con los que se construye un superconductor, ni sobre los diversos esquemas de aproximación y las técnicas matemáticas necesarias para manejarlos; y tampoco nos dicen cómo construir el hamiltoniano de un material concreto (1999b, 264).[463] Así pues, las teorías no solo no proporcionan algoritmos para la construcción de modelos, sino que, de hecho, son solo uno de los muchos ingredientes necesarios para construir un modelo. Al reunir todos estos ingredientes, los modelos aplican teorías que, de otro modo, estarían desconectadas de situaciones físicas concretas. Es en este sentido que los modelos median entre las teorías y el mundo.

El segundo motivo por el que la "visión de la máquina expendedora" es errónea es que los modelos rara vez son aplicaciones de una sola teoría. La configuración interna de un modelo es a menudo un conglomerado complicado de elementos de diferentes teorías. Cartwright ilustra este punto con el modelo de superconductividad de Ginsburg-Landau (1999b, 244-245). El punto de partida para el estudio de la superconductividad fue la electrodinámica clásica; luego se utilizó la mecánica cuántica para construir un "modelo macroscópico" en el que la superconductividad se describe como un estado cuántico; esto condujo a una ecuación para la supercorriente que une elementos electrodinámicos y cuánticos; finalmente, se utilizó la termodinámica para encontrar las propiedades de equilibrio del modelo. Por lo tanto, lo que da los resultados no es la aplicación estricta

[463] El hamiltoniano es esencialmente la función energética del sistema, que determina cómo evoluciona un sistema a lo largo del tiempo.

de una teoría, sino los principios de diferentes teorías cuando se combinan en un todo simbiótico.

El modelo cuántico de superconductividad de Cartwright no es una excepción. Suárez (1999) analiza el modelo clásico de superconductividad de los hermanos London y sostiene que las ecuaciones del modelo que describen la superconductividad no se podían derivar de la teoría electromagnética. En cambio, las ecuaciones eran el resultado de una nueva concepción de la superconductividad que surgió del modelo, motivada por los propios fenómenos y no por la teoría (volveremos a este caso en la siguiente sección). Como hemos visto en la sección 13.4, Hartmann (1999) examina un modelo de confinamiento de quarks y señala que la comprensión del confinamiento se deriva de un modelo empírico y no de una teoría de alto nivel, ya que esta última es inaplicable al problema que nos ocupa. Boumans (1999) analiza modelos del ciclo económico y sostiene que estos modelos no solo no pueden derivarse de la teoría, sino que las teorías ni siquiera determinan su forma. Más bien, el modelo es el resultado de un proceso desordenado de integración hábil de ciertos hallazgos empíricos, elementos de un formalismo matemático y fragmentos eclécticos de teoría.

La segunda dimensión de la autonomía es el funcionamiento: los modelos pueden desempeñar muchas funciones sin depender de teorías. Una de estas funciones es ayudar en la construcción de la teoría (Morgan y Morrison 1999a, 18). En la sección 13.2 encontramos modelos de desarrollo. Son modelos que sirven como herramientas en la construcción de una nueva teoría, y solo pueden hacerlo si son independientes de la teoría. Los modelos también pueden utilizarse como medio para explorar las propiedades y las implicaciones de una teoría ya establecida (*ibid.*, 19). Hemos visto casos de este tipo en la sección 13.3. Además, los modelos desempeñan un papel importante en algunos procesos de medición (*ibid.*, 21). Morgan (1999) analiza el caso del modelo de balance contable de Irving Fisher y señala que el modelo desempeña un papel importante en la medición de diversas magnitudes económicas. Por último, los modelos pueden servir como medio para la intervención política (Morgan y Morrison, 1999a, 24). Los bancos centrales utilizan modelos económicos para fundamentar sus decisiones de política monetaria, por ejemplo, si deben cambiar el tipo de interés básico. No existe un modelo único aplicable a todas las situaciones y los bancos centrales suelen utilizar varios modelos, a menudo con el apoyo de opiniones de expertos. Esta lista no es exhaustiva, ni ninguna otra lo será jamás. Los modelos son omnipresentes en casi todos los ámbitos de la ciencia y sus usos varían según el contexto. Los puntos aquí mencionados son ilustrativos, pero no exhaustivos. La representación es la tercera dimensión de la autonomía. Morgan y Morrison señalan que "la diferencia fundamental entre una simple herramienta y una herramienta de investigación es que esta última implica alguna forma de representación: los modelos suelen representar algún aspecto del mundo, algún aspecto de nuestras teorías sobre el mundo, o ambos a la vez" (1999a, 11). Hacen hincapié en que representar no presupone que haya "una especie de reflejo de un fenómeno, sistema o teoría mediante un modelo". Esto concuerda con lo que hemos dicho sobre la representación en discusiones anteriores (en los capítulos 2, 6, 8 y 9), donde hemos visto que representar no equivale en modo alguno a producir una copia o efigie del objetivo. La última dimensión de la autonomía es el aprendizaje. Morgan y Morrison señalan que aprendemos de los modelos y sostienen que esto ocurre en dos lugares: al construir el modelo y al manipularlo (1999a, 11-12). Como hemos visto anteriormente en esta sección, no existen reglas generales ni algoritmos para la construcción de modelos y, por lo tanto, los conocimientos adquiridos sobre lo que encaja y cómo durante el proceso de construcción son fuentes inestimables para aprender sobre el modelo (*ibid.*, 30-31). Morrison ilustra esto con un caso de hidrodinámica (1999).[464] El fluido debía conceptualizarse como compuesto por dos capas, y hubo que idear una serie de simplificaciones y aproximaciones para describir la situación de manera formal. En este proceso de interpretación, conceptualización e integración de diferentes elementos en un todo coherente se obtuvieron muchos conocimientos importantes sobre el modelo. El segundo lugar para aprender sobre el modelo es cuando lo manipulamos. Morgan (1999) señala que Fisher no descubrió las propiedades de sus modelos monetarios contemplándolos, sino manipulándolos para mostrar cómo las distintas partes del modelo interactúan para producir determinados resultados.[465]

En resumen, los modelos son el resultado de un esfuerzo cooperativo entre diferentes teorías, conocimientos empíricos, información sobre la composición específica del sistema objetivo, técnicas matemáticas y esquemas de aproximación, y a menudo un elemento de conjetura.

13.7 El Enfoque Modelo-Teórico y la Práctica Científica

La idea central de los argumentos de las secciones 13.2 a 13.6 es que el Enfoque Modelo-Teórico malinterpreta cómo funcionan los modelos en la práctica científica. Este punto se ha planteado implícitamente en las secciones 13.2 a 13.4, donde hemos discutido modelos que gozan de grados de libertad respecto a las teorías que parecen incompatibles con la comprensión de los modelos que ofrece el Enfoque Modelo-Teórico; el punto se plantea explícitamente en la sección

---

[464] Para otro debate sobre la hidrodinámica, véase Heidelberger (2006).

[465] McCoy y Massimi interpretan esta lista de dimensiones de independencia como dirigida y consideran que Morgan y Morrison pasan «de la construcción de modelos a su autonomía y a su función como herramientas de aprendizaje» (McCoy y Massimi 2018, 100) y luego ofrecen ejemplos de proyectos de modelización en los que se invierte este orden. Señalan que se trata de un punto de vista complementario y no contradictorio (ibid., 101).

13.6, donde los defensores del Enfoque de los Modelos como Mediadores argumentan que los modelos no son en absoluto lo que dice el Enfoque Modelo-Teórico.[466]

Este veredicto negativo contrasta fuertemente con la autoevaluación del Enfoque Modelo-Teórico como una perspectiva de las teorías que se basa en la práctica científica y que ofrece un análisis de las teorías que capta cómo los científicos utilizan las teorías y los modelos. En este sentido, van Fraassen considera "como la principal virtud del enfoque semántico su naturalidad y su cercanía a la práctica científica" (1985, 302) (recordemos que los defensores del Enfoque Modelo-Teórico se refieren a él como el "enfoque semántico" o la "perspectiva semántica"), y French y Ladyman sostienen que su enfoque de estructuras parciales ofrece "una perspectiva unitaria sobre los diversos tipos de modelos utilizados en las ciencias: "icónicos", "analógicos", "teóricos" o cualquier otro" (1997, 370) y, de manera más general, afirman que el enfoque modelo-teórico ofrece "la posibilidad de incorporar los diversos sentidos de la palabra "modelo", tal y como se utiliza en la práctica científica, dentro de una perspectiva única y unitaria" (1999, 106). Y el enfoque modelo-teórico no solo es recomendado por aquellos interesados en la física matemática. Thompson sostiene que "la ventaja más significativa de la perspectiva semántica es que se corresponde de forma bastante natural con las formas en que los biólogos exponen, emplean y exploran la teoría" (1983, 227). Lloyd recomienda la adopción del Enfoque Modelo-Teórico porque "los modelos en sí mismos son las principales herramientas teóricas utilizadas por los biólogos evolutivos", quienes "a menudo presentan sus teorías en términos de modelos, y a menudo sacan conclusiones utilizando estos modelos" (1994, 9).[467]

Así pues, las líneas de batalla están trazadas. El Enfoque Modelo-Teórico afirma que ofrece una perspectiva de las teorías y los modelos que está en sintonía con

---

[466] Recientemente, también se han expresado dudas en otros ámbitos sobre las credenciales naturalistas de la visión model teórica. Halvorson señala que «el enfoque teórico-conjunto requiere traducir las teorías científicas de su lenguaje natural al lenguaje fundamental preferido por los filósofos» (2016, 599), una preocupación que comparten muchos de los participantes en el reciente debate sobre la equivalencia teórica (véase la sección 5.5). Al analizar los modelos del núcleo, Portides concluye que la visión model teórica «no explica adecuadamente la relación entre la teoría y los modelos científicos» (2005, 1297). Sloep y Steen, al examinar la afirmación de que la visión model teórica es fiel a la práctica de la biología evolutiva, dictaminan que la visión model teórica «no es la mejor candidata para el análisis filosófico de las teorías biológicas» (1987, 1).

467 Opiniones similares se expresan en Da Costa y French (1990, sec. 4, 2000, sec. 5, 2003, cap. 3), French (2000, sec. 2), Liu (1997, 154) y van Fraassen (1989, 224). Para respaldar aún más la afirmación de que la visión modelo-teórica tiene una conexión perfecta con la práctica científica, sus defensores también se refieren al gran número de teorías de diferentes campos que han sido reconstruidas en términos de la visión modelo-teórica (véase, por ejemplo, Lloyd 2006, 825). Algunos ejemplos son la mecánica clásica (véase la sección 5.2), la mecánica cuántica (French y Ladyman 1998; van Fraassen 1991), la mecánica estadística (Emch y Liu 2002), la teoría de la evolución (Beatty 1981; Lloyd 1994; Sintonen 1991; Thompson 1987), la genética de poblaciones (Lloyd 1984), ecología (Castle 2001) y sexo y género (Crasnow 2001).

la práctica científica, y los defensores de la visión de los modelos como mediadores niegan que esto sea así. Para defender su afirmación, los defensores del Enfoque Modelo-Teórico pueden seguir dos estrategias. En primer lugar, pueden reevaluar los ejemplos en los que se basa la afirmación de que los modelos son independientes de la teoría y argumentar que, tras un examen más detallado, los casos en cuestión resultan estar en consonancia con el Enfoque Modelo-Teórico. En segundo lugar, pueden cuestionar el alcance de las afirmaciones y argumentar que los casos fundamentales de la visión de los modelos como mediadores son la excepción y no la regla, y que no son representativos del funcionamiento de gran parte de la ciencia. Analicemos estas estrategias por separado.

Una implementación completa de la primera estrategia requeriría repasar todos los ejemplos que hemos visto en este capítulo (y muchos otros) y explicar cómo, a pesar de las primeras impresiones, encajan en el Enfoque Modelo-Teórico. Tal tarea va más allá del alcance de este capítulo y, históricamente, el debate también se ha centrado en un ámbito más restringido. En lugar de repasar una amplia gama de modelos, el debate se ha centrado en un modelo concreto, a saber, el modelo clásico de superconductividad. Los materiales superconductores muestran dos comportamientos cruciales. Cuando se enfrían por debajo de una determinada temperatura crítica (que normalmente no está muy por encima de los cero grados Kelvin), su resistencia eléctrica cae repentinamente a casi cero (lo que da a estos materiales el nombre de "superconductores") y todos los flujos magnéticos son expulsados repentinamente del conductor (lo que se conoce como efecto Meissner). Este caso ha sido discutido por Cartwright et al. (1995), quienes lo utilizaron para ilustrar las deficiencias del Enfoque Modelo-Teórico a la hora de explicar cómo funcionan los modelos en la práctica.[468] Un ingrediente clave de su argumento es que las ecuaciones cruciales del modelo, que dan cuenta de las propiedades de los materiales superconductores, no eran en realidad consecuencias de la teoría electromagnética: las ecuaciones no podían derivarse de la teoría, ni podían interpretarse como algún tipo de aproximación a la teoría a la que se pudiera llegar introduciendo factores de corrección o idealizaciones. Para construir su modelo, los hermanos London abandonaron las ecuaciones que se derivan de la teoría y postularon una nueva ecuación de superconductividad motivada por los fenómenos y no por la teoría. Por esta razón, la nueva ecuación, que constituye el núcleo de lo que hoy se conoce como el modelo de London, debe parecer *ad hoc* desde el punto de vista de la teoría fun-

[468] Suárez y Pero han dado recientemente un giro diferente a este debate. En lugar de renunciar a la visión semántica por considerar que malinterpreta los factores históricos y pragmáticos, anuncian el programa de «liberar la concepción semántica de las cadenas del estructuralismo» (2019, 348) y proponen lo que denominan la «concepción semántica representacional», que considera una teoría como una familia de modelos representacionales, donde la representación se explica en términos deflacionarios (véase la sección 9.4).

damental (*ibid.*, 147-148). Esto respalda la opinión de que los modelos son independientes de la teoría, lo que significa que el Enfoque Modelo-Teórico es incompatible con la práctica científica.

French y Ladyman (1997) responden a este argumento y tratan de demostrar que no logra establecer su conclusión. Para ello, vuelven a analizar el modelo de London desde la perspectiva del Enfoque Modelo-Teórico de las teorías y tratan de demostrar que, *a pesar de* Cartwright y sus colaboradores, el caso encaja perfectamente en el Enfoque Modelo-Teórico.[469] Consideran que la introducción de nuevas ecuaciones no es una desviación de la teoría, sino el resultado de una reinterpretación fundamental del fenómeno que, sin embargo, sigue situándose en el amplio contexto de las ecuaciones de Maxwell, que son el motor crucial de la derivación de las ecuaciones del modelo.

Los detalles de este caso y su correcta interpretación se han convertido en objeto de un acalorado debate.[470] Como suele ocurrir en controversias de este tipo, ninguna de las dos partes cedió y el debate ha llegado a un punto muerto. A pesar de las persistentes discrepancias, se pueden extraer algunas conclusiones. Según el Enfoque Modelo-Teórico, aplicar una teoría significa que uno de sus modelos tiene que ser utilizado para representar un sistema objetivo. Que esto haya ocurrido en el caso de London depende de cómo se articule el enfoque semántico. Si se asume con el estructuralismo de Munich (véase el Capítulo 7) que los modelos de una teoría pertenecen a una red teórica definida por un conjunto estrecho de principios teóricos, entonces el modelo de London de la superconductividad no es una aplicación de una teoría. Uno de los argumentos principales de Cartwright, Shomar y Suárez es que el modelo no se deriva de la teoría electromagnética, y French y Ladyman están de acuerdo cuando reconocen que los modelos "pueden no ser, en ciertos casos, lógicamente derivables de las teorías" (*ibid.*, 374). Crear un modelo para la superconductividad no consistió simplemente en examinar la familia de modelos que componen la teoría electromagnética y elegir el más adecuado para el caso en cuestión, ya que la teoría simplemente no contenía tal modelo. Hubo que construir un modelo a medida, lo que supuso ir en contra de la esencia de la teoría, al menos en ciertos aspectos. French y Ladyman están de acuerdo con esto, pero prefieren verlo como un proceso de cambio teórico más que como la construcción de un modelo autónomo. Sin embargo, esto presupone una visión "plana" de las teorías, ya que requiere la posibilidad de añadir un modelo a la familia de modelos que constituyen una teoría que no satisface las ecuaciones fundamentales de la teoría. En los términos de la

[469] Para ser precisos, trabajan dentro del Programa de Estructuras Parciales, que hemos discutido en la sección 6.7.

[470] Las siguientes son contribuciones a este debate: Bueno et al. (2002, 2012), French y Ladyman (1998, 1999), Morrison (2008), Suárez (1999, 2005) y Suárez y Cartwright (2008).

sección 7.2, el modelo resultante no pertenece a la red teórica de la teoría electromagnética y solo puede considerarse parte de la teoría electromagnética si se elimina el requisito de que los modelos satisfagan las restricciones teóricas.[471]

Incluso si el modelo de Londres pudiera volver a situarse bajo los auspicios del Enfoque Modelo-Teórico, esto solo sería un caso entre muchos. Para dejar claro que el Enfoque Modelo-Teórico ofrece una perspectiva universal de las teorías científicas que está plenamente en consonancia con la práctica científica, los defensores de este enfoque también tendrían que demostrar que los demás modelos discutidos en el Enfoque de los Modelos como Mediadores pueden reformularse de la misma manera. No hay pruebas de que esto no se pueda hacer. Pero no se ha hecho y, a la luz de los ejemplos que hemos discutido en este capítulo, parece poco probable que tal empresa tenga éxito.

Esto nos lleva a la segunda estrategia, que consiste en cuestionar si los ejemplos utilizados por los detractores del Enfoque Modelo-Teórico son representativos y, por lo tanto, adecuados para poner en duda dicho enfoque. Los defensores del Enfoque de los Modelos como Mediadores afirman que la independencia de los modelos respecto a la teoría que describen es la norma. Morgan y Morrison señalan que los ejemplos que discuten en apoyo de su afirmación "no son la excepción, sino la regla" (1999a, 15). Cartwright, Shomar y Suárez rechazan lo que denominan "perspectiva impulsada por la teoría" porque "*rara vez se da el caso de que los modelos de los fenómenos se obtengan como desidealizaciones de modelos* teóricos" (1995, 142, énfasis en el original). Los defensores del Enfoque Modelo-Teórico podrían discrepar y argumentar que el tipo de casos discutidos en el Enfoque de los Modelos como Mediadores son excepciones cuidadosamente seleccionadas y no la norma, y que la noción de modelos en funcionamiento en el Enfoque Modelo-Teórico capta al menos la mayor parte de los casos en la ciencia.[472]

Contar casos y juzgar algunos como típicos es notoriamente difícil y no conozco ninguna estadística al respecto. Pero incluso si fuera cierto que la mayoría de los modelos fueran como los concibe el Enfoque Modelo-Teórico, el mero hecho de que haya excepciones —y, lo que es más, que haya campos enteros como la superconductividad y la ciencia del clima que parecen basarse totalmente en modelos excepcionales[473] — pone en tela de juicio la afirmación de que el Enfoque Modelo-Teórico es universal salvo unas pocas excepciones insignificantes.

---

[471] Además, Suárez y Cartwright (2008, 73-76) sostienen que, a pesar de las garantías de French y Ladyman, las estructuras parciales no pueden captar las relaciones entre los modelos pertinentes.

[472] Este punto me ha sido señalado en numerosas ocasiones, pero no he podido encontrarlo en ninguna publicación.

[473] La ciencia climática moderna tiene como objetivo construir modelos que integren la mayor cantidad posible de conocimientos científicos. Estos conocimientos proceden de diversas teorías, entre ellas la mecánica, la dinámica de fluidos, la electrodinámica, la teoría cuántica, la química y la biología. Los modelos pretenden integrar elementos de todos los campos diferentes para que

Suppe argumenta que esta objeción es una falacia porque el enfoque nunca tuvo aspiraciones universalistas. Argumenta que el Enfoque Modelo-Teórico nunca ha afirmado que "abarca, explica y acomoda *todos los* modelos científicos", y acusa a Cartwright, Shomar y Suárez de atacar a un hombre de paja (2000, 113, énfasis en el original). También discrepa de la afirmación de Morgan y Morrison de que la visión modelo-teórica socava la autonomía de los modelos. Dice que "muchos modelos se desarrollan independientemente de las teorías. Los modelos a menudo son avanzados donde la teoría es insignificante (gran parte de la química experimental es así). ¿Y qué?". (*ibid.*). Considera que los argumentos de Morgan y Morrison (discutidos en la sección 13.6) son "observaciones válidas" (*ibid.*) y da por sentado que no todos los modelos científicos legítimos deben calificarse como componentes de una teoría. Por esta razón, el Enfoque Modelo-Teórico no puede invalidarse señalando que hay modelos que son independientes de la teoría (*ibid.*).

Los defensores del Enfoque de los Modelos como Mediadores pueden acoger con satisfacción el enfoque conciliador de Suppe. Sin embargo, no está tan claro si sus compañeros defensores del Enfoque Modelo-Teórico están dispuestos a seguirle. Como hemos visto al principio de esta sección, el Enfoque Modelo-Teórico se presenta como el enfoque que se corresponde con las formas en que los científicos exponen, emplean y exploran las teorías, y como el enfoque que engloba todos los modelos que utilizan los científicos. Estas afirmaciones son incompatibles con el minimalismo conciliador de Suppes, que en efecto admite que el Enfoque Modelo-Teórico tiene un alcance limitado.

13.8 Separar los modelos de las teorías

El Enfoque de los Modelos como Mediadores sostiene que los modelos median entre la teoría y el mundo. Algo solo puede mediar entre dos cosas si es claramente distinto e independiente de ambas. Si bien los modelos son claramente distintos del mundo, es decir, de sus objetivos, no está tan claro dónde se encuentran los límites entre los modelos y las teorías. De hecho, en los casos analizados en las secciones 13.5 y 13.6, los modelos y las teorías se entremezclaron tanto que a veces no está claro dónde debe trazarse la línea divisoria entre ambos.

Este problema no solo afecta al análisis filosófico, sino que también surge en la práctica científica. Bailer-Jones entrevistó a un grupo de nueve físicos sobre su

---

acaben formando un todo operativo. Los modelos de este tipo no pertenecen a la familia de modelos que forman una teoría de la misma manera que los modelos de la relatividad general forman una teoría; de hecho, no pertenecen a ningún marco teórico concreto. Véase Maslin (2004) para una breve introducción a los modelos climáticos; McGuffie y Henderson-Sellers (2005) ofrecen una presentación en profundidad de los diferentes tipos de modelos climáticos. Bokulich y Oreskes (2017) analizan la modelización en geofísica desde una perspectiva filosófica.

comprensión de los modelos y su relación con las teorías. Según ella, se expresaron las siguientes opiniones:[474]

> 1) No hay ninguna diferencia real entre modelo y teoría.
> 2) Los modelos se convierten en teorías una vez que se confirman cada vez mejor.
> 3) Los modelos contienen simplificaciones necesarias y omisiones deliberadas, mientras que las teorías son lo mejor que podemos hacer en términos de exactitud.
> 4) Las teorías son más generales que los modelos. El modelado se convierte en un caso de aplicación de teorías generales a casos específicos. (2002, 293)

La primera sugerencia es demasiado radical para hacer justicia a muchos aspectos de la práctica, donde se establece claramente una distinción entre modelos y teorías. La segunda consideración ya se ha discutido en la introducción, donde la consideramos irrelevante para nuestros intereses actuales. La tercera propuesta tiene algo de sentido (que discutimos en la sección 14.2), pero en última instancia no se sostiene. Es cierto que los modelos implican idealizaciones y omisiones de todo tipo, pero también lo hacen las teorías. La mecánica newtoniana, por ejemplo, trata de masas puntuales que se mueven en un espacio euclidiano y omite la mayoría de las propiedades de los objetos en su dominio objetivo (omite, por ejemplo, el color, la temperatura y la constitución química de sus objetivos), pero eso no parece despojar a la mecánica newtoniana de su condición de teoría.

La cuarta sugerencia está muy en línea con una opinión que ha surgido en la literatura sobre modelos. A raíz de los debates que hemos revisado en este capítulo, los modelos se han convertido en el centro de atención y el énfasis se ha desplazado tanto de las teorías que Morrison detecta la necesidad de "corregir el desequilibrio" (2007, 195). Se pregunta "¿dónde han ido a parar todas las teorías?" y luego se propone articular en qué se diferencian las teorías de los modelos. Morrison señala que los modelos contienen una gran cantidad de estructura "excesiva", como métodos de aproximación, técnicas matemáticas y descripciones muy estilizadas de ciertas partes del objetivo, y señala que no conviene considerarlas parte de una teoría (*ibid.*, 197). Esto puede evitarse si se reserva el término "teoría" para un "núcleo teórico", que contiene los supuestos constitutivos de la teoría. En el caso de la mecánica newtoniana, el núcleo está formado por las tres leyes del movimiento y la ley de la gravitación universal (*ibid.*, 197), en el caso de la electrodinámica clásica, por las ecuaciones de Maxwell, en el caso de la mecánica cuántica relativista, por la ecuación de Dirac (*ibid.*, 205), y en el caso de la mecánica cuántica, por la ecuación de Schrödinger (*ibid.*, 214).

[474] En Emch (2007a, 559-562) y Hartmann (1995a, 34) se documenta una diversidad de opiniones similar. Gibbard y Varian afirman que «la teoría de la empresa [...] es un modelo» (1978, 667), lo que demuestra lo difícil que resulta para los profesionales establecer la distinción.

El núcleo de la teoría limita el comportamiento de los objetos que entran en el ámbito de la teoría y desempeña un papel crucial en la construcción de modelos. Los modelos concretan las leyes abstractas de la teoría y las ponen en práctica añadiendo elementos adicionales específicos de la situación. De este modo, las teorías ayudan a construir modelos sin determinar la forma en que se construyen. Los modelos son específicos en el sentido de que se adaptan a una situación y un problema concretos, mientras que las teorías en las que se basan contienen principios generales de amplio alcance. Las teorías son solo un ingrediente de un modelo, que suele contener factores contextuales e información específica del caso. En resumen, los modelos son locales y específicos; las teorías son generales y globales.[475]

El problema con la visión del "núcleo teórico" de las teorías presentada por Morrison es que la noción de núcleo teórico se introduce a través de ejemplos —las leyes del movimiento de Newton, las ecuaciones de Maxwell, etc.— y luego no se analiza más a fondo. Morrison parece considerar esto una ventaja cuando observa que "nada en esta forma de identificar las teorías exige que se formalicen o axiomatizan" (2007, 205). Sin embargo, este pragmatismo debe parecer insatisfactorio para quienes han contribuido al desarrollo de las dos grandes visiones de las teorías y quienes sienten que ahora hemos vuelto al punto de partida. Ni el Enfoque Recibido ni el Enfoque Modelo-Teórico discreparían en que lo que hace que una teoría sea una teoría es un núcleo teórico. La cuestión que les preocupa es cómo se puede analizar esta noción y qué tipo de objetos son los principios teóricos. Esta cuestión queda abierta. Formular una perspectiva práctica de las teorías científicas que sea compatible con una concepción de los modelos como agentes autónomos es un reto que aún no se ha superado.

13.9 Conclusión

Hemos discutido una serie de relaciones diferentes entre modelos y teorías que se pueden encontrar en la práctica de la ciencia. Estas van desde la independencia completa hasta la dependencia total, y muchas cosas intermediarias. Muchos de estos casos no parecen encajar bien con el Enfoque Modelo-Teórico de las teorías y, por lo tanto, ponen en duda la afirmación de este enfoque de que ofrece una visión universal de la modelización que está en consonancia con la práctica científica.

[475] Morrison reafirma estos puntos en su obra (2016, 380-387). Una separación similar entre modelo y teoría también ha sido sugerida por Hartmann (1995a, 34), McMullin (1968, 389), Morgan y Morrison (1999, 12) y Weinert (1999, 307).

Capítulo 14 ¿QUÉ SON LOS MODELOS?

14.1 Introducción

¿Qué son los modelos? Tras varios capítulos dedicados a analizar diversos aspectos de los modelos, esta es una pregunta lógica. Sin embargo, la pregunta es ambigua. Una primera lectura entiende que la pregunta busca una caracterización funcional de los modelos, especificando para qué sirven. Según esta lectura, la pregunta es "¿qué función o funciones desempeñan los modelos en la ciencia?". Una segunda lectura entiende que la pregunta busca una caracterización ontológica de los modelos, especificando qué tipo de objetos son. En esta lectura, la pregunta es "¿qué tipo o tipos de objetos son los modelos?". Para ilustrar el contraste entre estas dos lecturas, consideremos la pregunta análoga "¿qué es un martillo?". Si entendemos la pregunta desde un punto de vista funcional, podemos responder que es un objeto que se utiliza para clavar un clavo en un trozo de madera. Si entendemos la pregunta ontológicamente, podemos responder que es una pieza de metal de tamaño mediano con un extremo plano montada en un palo de madera.

Ambas interpretaciones de la pregunta son legítimas y, de hecho, no son independientes entre sí.[476] Si el martillo estuviera hecho de gelatina, no podría clavar un clavo en la madera; y si la función de un martillo fuera proporcionar aislamiento eléctrico, entonces no estaría hecho de metal. A pesar de las conexiones obvias, es útil discutir estas preguntas por separado.

Es necesario gestionar algunas expectativas sobre los resultados de un debate sobre estas preguntas. Tanto la pregunta funcional como la ontológica pueden entenderse como una solicitud de *definiciones*. Esto es poner el listón demasiado alto. Nuestro pequeño ejemplo del martillo muestra las dificultades a las que uno se enfrenta cuando se piden definiciones. El martillo del médico se utiliza para examinar los reflejos tendinosos profundos y está hecho de goma, y el martillo del solador está hecho de plástico blando y sirve para colocar las tablas del suelo de manera que las lengüetas y las ranuras encajen correctamente. Una descripción de los martillos que los define como objetos de metal y madera que clavan clavos en la madera omite casos como el martillo del médico y el martillo del instalador de suelos. Si revisamos nuestra definición para incluir también estos otros martillos, no tardaremos en encontrar otro tipo de martillo que no esté cubierto por las definiciones anteriores. Este juego puede continuar *ad infinitum*, o al menos mientras siga vivo nuestro interés por el tema. No obstante, no es necesario continuar hasta llegar a una definición. Incluso si el punto final de nuestro

[476] Este ecumenismo no es universalmente compartido. Emch sostiene que "se busca una comprensión más profunda de los modelos al considerar lo que hacen, más que lo que son" (2007, 558), y Apostel se inclina por una caracterización funcional de los modelos basándose en que "no podemos esperar dar una definición estructural única para los modelos" y que, por lo tanto, debemos centrarnos en "la función de los modelos" (1961, 36). Como veremos en la sección 14.3, hay buenas razones por las que no podemos simplemente dejar de lado las cuestiones ontológicas.

análisis no llega a ser una definición, el debate habrá arrojado luz sobre la naturaleza de los modelos y habrá encontrado caracterizaciones de algunos de sus aspectos importantes. Este es el proyecto de este capítulo.

Comenzamos con un debate sobre las caracterizaciones funcionales de los modelos y examinamos los puntos de vista que consideran los modelos como objetos que funcionan de manera representativa. Esta caracterización es a la vez demasiado estrecha y demasiado amplia, incluso si se limita la atención a tipos específicos de representación (sección 14.2). Pasando a las caracterizaciones ontológicas de los modelos, reflexionamos sobre lo que cabría esperar de una caracterización de este tipo y formulamos cinco preguntas que toda explicación de la ontología de los modelos debe responder (sección 14.3). Algunos modelos son objetos materiales. Son cosas como bloques de madera con forma de barco, sistemas de tuberías de agua y organismos biológicos concretos. Consideramos qué determina la elección de tales objetos como modelos y qué se requiere para utilizarlos como modelos (sección 14.4). Hay al menos ocho candidatos prima facie para una ontología de los modelos no materiales: estructuras teóricas de conjuntos, objetos abstractos, descripciones, objetos matemáticos, ecuaciones, estructuras computacionales, objetos ficticios y artefactos. Presentamos estas propuestas y discutimos su relación entre sí, concluyendo que, tras un análisis más detallado, pueden reducirse a dos: modelos matemáticos y modelos ficticios (sección 14.5). A menos que se formule una explicación detallada de los modelos ficticios, el recurso a la ficción sigue siendo poco más que una promesa. Afrontamos este reto formulando una explicación de los modelos ficticios basada en la teoría de la pretensión de Walton y mostramos cómo esta explicación se integra con la explicación DEKI de la representación (sección 14.6). Por último, resumimos lo que se ha logrado y extraemos algunas conclusiones (sección 14.7).

14.2 Caracterizaciones funcionales de los modelos

La caracterización funcional más común de los modelos se refiere a la representación: los modelos son cosas que representan. Esta definición es muy popular entre científicos y filósofos. En su entrada sobre modelos en una enciclopedia, Boltzmann afirma que un modelo es una "representación tangible" que "denota una cosa, ya sea realmente existente o solo concebida mentalmente" (1911/1974, 213).[477] La física Nancy Dise define un modelo como "una representación del sistema que se estudia" (citado en Bailer-Jones 2002b, 297). En la literatura filosófica sobre modelos, Hughes observa que "la característica —quizás la única— que todos los modelos teóricos tienen en común es que proporcionan

[477] La entrada se publicó originalmente en la décima edición de la Encyclopaedia Britannica en 1902; aquí cito la undécima edición publicada en 1911. Para más información sobre el enfoque de Boltzmann sobre los modelos y la modelización, véase Cercignani (2006, cap. 10) y de Regt (1999).

representaciones de partes del mundo" (1997, 325); Portides señala que "un modelo está destinado a representar otra cosa" (2008, 385); Barberousse y Ludwig afirman "que todos los modelos científicos tienen algunas propiedades en común: todos son representaciones, en el sentido de que representan otra cosa" (2009, 57).[478] E incluso las obras de referencia para el público en general definen los modelos en términos representativos. La versión en línea de la *Enciclopedia Británica* afirma que "la modelización científica" es "la generación de una representación física, conceptual o matemática de un fenómeno real", y el sitio web educativo study.com define un modelo como "una representación de un fenómeno concreto del mundo".[479]

Es cierto que muchos modelos son representaciones de un sistema objetivo, y hemos discutido cómo representan los modelos en los capítulos 6, 8 y 9. Sin embargo, es obvio que los modelos no pueden *definirse* a través de la representación, porque hay representaciones que no son modelos y, a la inversa, modelos que no son representaciones. El primer punto es obvio: las pinturas, los dibujos, las fotografías, las estatuas, los mapas, los diagramas, los gráficos y los textos escritos son representaciones sin ser modelos. El segundo punto lo pone de relieve la observación de Downes de que "el papel de los modelos en la ciencia no se agota en absoluto con la representación" (2011, 760). En la sección 2.2 vimos que los modelos lógicos son cosas que hacen verdaderas todas las frases de una teoría, pero sin ser por ello representaciones de un sistema objetivo. En el capítulo anterior nos encontramos con los modelos de desarrollo, cuya tarea es abrir líneas de investigación alternativas y ayudar a desarrollar nuevas teorías (sección 13.2). Además, Bokulich (2009) y Graham Kennedy (2012) discuten los modelos que explican con éxito ciertos fenómenos, pero, según ellos, sin proporcionar representaciones de un sistema objetivo.[480] Por último, Schlimm analiza el uso

[478] Se pueden encontrar más caracterizaciones de los modelos en términos de representación en Bailer-Jones (2000, 51), Giere (2001, 1060), Frey (1961, 89), Koperski (2006, 1), Morgan y Morrison (1999, 5), Teller (2001, 397) y Weisberg (2007, 209-210). Bushkovitch (1974) presenta tres definiciones de modelos, todas ellas relacionadas de una forma u otra con la representación. También se ofrece una caracterización de los modelos en términos ampliamente representacionales en Harré (2004, 5), que circunscribe los modelos en términos de similitud; en Apostel (1961, 36) y Kroes (1989, 153), que caracterizan los modelos como dispositivos que permiten la transferencia de información del modelo al objetivo; en Achinstein (1964, 331, 1968, 212), que afirma que los modelos son un conjunto de supuestos sobre un objetivo; y en Bailer-Jones (2002a, 108), que postula que los modelos son descripciones de sus objetivos. Downes, por último, señala que "existe un consenso casi total entre los filósofos de la ciencia que trabajan con modelos en torno a una sola idea: los modelos son representaciones o los modelos representan" (2021, 52).

[479] Ambas citas fueron recuperadas el 26 de enero de 2019. Ese mismo día, ocho de los diez resultados de la primera página de una búsqueda en Google de "¿qué es un modelo científico?" explicaban el término "modelo" en términos explícitamente representacionales.

[480] La afirmación de que los modelos explican y que lo hacen independientemente de sus capacidades representacionales no es universalmente aceptada. Schindler (2014) considera que la perspectiva de Bokulich es inviable. Alexandrova (2008) sostiene que un modelo explica si el objetivo materializa la hipótesis del modelo, lo que significa que el modelo representa al menos algunos

de modelos en psicología y señala que, en determinados contextos, los modelos sirven para establecer la viabilidad de una hipótesis y que esto no requiere que dichos modelos sean representaciones.[481] Esto demuestra que hay modelos cuya finalidad no es representar algo más allá de sí mismos. Por lo tanto, ni todas las representaciones son modelos, ni todos los modelos son representaciones. Esto socava los intentos de definir los modelos en términos de representación.

¿Podríamos rescatar una definición de modelos como representaciones refinando la noción de representación que se invoca? En lugar de representación *tout court*, una definición de modelos podría referirse a algún tipo específico de representación. Se han propuesto varias formas posibles de restringir la representación en el contexto de los modelos. La restricción más popular es la deficiencia representacional: los modelos representan sus objetivos de forma inexacta e incompleta. Box observa la famosa frase "todos los modelos son erróneos" (1976, 792), y Morrison sostiene que "una de las características definitorias de un modelo es que contiene un cierto grado de inexactitud representativa" y que algo "es un modelo porque no representa con exactitud su sistema objetivo" (2016, 389).[482] Esto no ayuda. Si bien es cierto que los modelos suelen representar sus objetivos de forma simplificada y distorsionada, esto no es en modo alguno específico de los modelos y, por lo tanto, no sirve como *definición* de un modelo. El retrato de Ana de Cleves realizado por Hans Holbein el Joven era tan poco parecido a su modelo que Enrique VIII, que había aceptado casarse con ella solo por haber visto el retrato, quiso cancelar la boda cuando finalmente vio a la mujer real. Lady Spencer-Churchill destruyó el cuadro que Graham Sutherland pintó de su marido, Sir Winston Churchill, porque, en su opinión, lo mostraba como un borracho deshonrado y arruinado en lugar de como un distinguido estadista. Un mapa del mundo omite innumerables detalles, y un mapa de carreteras ofrece una imagen distorsionada de la topografía de un territorio. Y así sucesivamente. Además, este tipo de malas representaciones (*misrepresentations*) no solo se dan en las representaciones visuales: las *teorías científicas* también pueden representar mal. La termodinámica asume que muchos procesos son cuasiestáticos (es decir, que ocurren infinitamente lentos), aunque los procesos reales ocurren en un tiempo finito, y la dinámica de fluidos asume que la materia es continua, aunque no lo es.

---

aspectos del objetivo de forma exacta; y Alexandrova y Northcott (2013) sostienen que los modelos económicos no explican nada. Véase Reiss (2012b, 2012a, 2013, cap. 7) para un debate general sobre los modelos en economía; véase Lawler y Sullivan (2021) para un debate sobre diferentes perspectivas de cómo explican los modelos.

[481] En Knuuttila (2011), Magnani (1999) y Peschard (2011) se analizan otros ejemplos de usos no representacionales de los modelos.

482 La misma opinión se expresa en Achinstein (1968, 215), Harré (1960, 103), Hutten (1954, 286), Nowakowa y Nowak (1998, 35) y Stachowiak (1973, 132), así como por los físicos Lambourne (citado en Bailer-Jones 2002b, 283) y Young y Freedman (2000, 3). Saatsi (2011) matiza esta opinión añadiendo que, aunque los modelos representan mal, normalmente lo hacen solo de forma parcial.

Se podría intentar salvar el argumento haciendo hincapié en que los modelos *siempre* representan mal sus objetivos, mientras que otras representaciones solo lo hacen ocasionalmente. Este argumento es difícil de evaluar sin unos criterios estrictos de qué es una mala representación, pero, al menos a nivel intuitivo, esta afirmación no parece muy plausible. Los retratos y los mapas suelen representar mal sus objetivos de una forma u otra, y nada impide que los modelos proporcionen representaciones precisas, al menos si la representación se limita a ciertos aspectos. Pero independientemente de cómo se resuelva esta cuestión, la opinión de que los modelos proporcionan representaciones simplificadas o distorsionadas sigue enfrentándose al segundo problema de la opinión de que los modelos son representaciones, a saber, que los modelos pueden desempeñar funciones distintas de la de representar un objetivo. Sustituir la representación por una representación inexacta no cambia este hecho.

En un artículo titulado "Who is a Modeler?" (¿Quién es un modelador?), Weisberg sugiere una forma diferente de restringir la representación (2007). Según su punto de vista, los modelos ofrecen lo que él denomina "representaciones indirectas". Los modelos son objetos distintos de sus objetivos y, a menudo (aunque no siempre), se construyen deliberadamente con el fin de ser objetos modelo. Una vez que se dispone de un objeto modelo, este se convierte en el centro del estudio y gran parte de la investigación se lleva a cabo sobre el modelo en lugar de sobre el sistema objetivo en sí. Esto es posible porque el modelo representa al objetivo, lo que permite a los científicos trasladar los hallazgos del modelo al objetivo. Por lo tanto, analizar el modelo equivale a analizar el objetivo, aunque de forma indirecta. Por eso los modelos ofrecen representaciones indirectas.

La caracterización de Weisberg del modelado como representación indirecta es válida,[483] pero no es lo suficientemente sólida como para diferenciar los modelos de otras formas de representación. Las pinturas, las fotografías, las estatuas e incluso los mapas son también representaciones indirectas: presentan a los usuarios objetos secundarios que estudian para, en última instancia, sacar conclusiones sobre el objetivo. Y, al igual que en el caso de la representación inexacta, sigue siendo cierto que algunos modelos desempeñan funciones distintas de la representación.

La conclusión es que ni la representación *tout court*, ni la representación inexacta o indirecta ofrecen una definición funcional general de los modelos. Esto no es una prueba de que no exista una definición funcional de los modelos. En principio, podría existir una definición funcional diferente, que no se expresara en términos de representación, y que englobara todas estas actividades bajo un mismo

[483] Los defensores de la representación directa, que hemos discutido en la sección 9.3, no estarían de acuerdo con esta caracterización de la modelización. Liu apunta a una distinción similar cuando contrasta los modelos "puramente simbólicos" con los que son "vehículos epistémicos" (2015a, 41, 2015b, 287).

paraguas. Sin embargo, la variedad de modelos que encontramos en la práctica científica hace que tal proyecto parezca bastante inútil.[484],

14.3 Caracterizaciones ontológicas de los modelos

Pasemos ahora a la segunda lectura de "¿qué son los modelos?". Según esta lectura, la pregunta pide una caracterización ontológica de los modelos: ¿qué tipo de objetos son los modelos? Plantear la pregunta de esta manera conlleva el riesgo de caer en una falacia. La falacia consiste en que la pregunta podría entenderse como una presuposición de que los modelos pertenecen a una categoría ontológica distinta, y que el problema que se plantea es dar una explicación de esa categoría. Entonces habría que clasificar los componentes del mundo en cosas que son modelos y cosas que no lo son, y ofrecer una explicación ontológica de las cosas que son modelos.

Este es un enfoque erróneo de la cuestión. Como nos recordó Harré, "nada es un modelo en sí mismo" (1988, 122). Esto se debe a que "un objeto, real o imaginario, no es un modelo en sí mismo. Pero funciona como modelo cuando se considera que tiene ciertas relaciones con otras cosas. Por lo tanto, la clasificación de los modelos es, en última instancia, una clasificación de las formas en que las cosas y los procesos pueden funcionar como modelos" (2004, 6, cf. 1970, 40). Los músicos no son una categoría especial de seres humanos; son seres humanos que tocan música. En la sección 9.2 hemos visto un punto paralelo en relación con la representación. Las representaciones no son una categoría particular de cosas; las representaciones son objetos que funcionan de manera representativa. Cualquier cosa, desde un conjunto de vasos sobre la mesa hasta un personaje de ficción, y desde una ecuación de segundo orden hasta un sueño, puede funcionar como modelo.[485] Un programa que pretende identificar una categoría especial de cosas que son modelos (o representaciones) parte con mal pie. ¿Nos hemos metido en un callejón sin salida? En la sección anterior concluimos que los modelos no pueden definirse funcionalmente, y ahora decimos que no pueden definirse ontológicamente y que, en cambio, deben definirse funcionalmente. Afortunadamente, hay una salida a este dilema. El proyecto de una caracterización ontológica de los modelos no tiene por qué entenderse como la búsqueda de un análisis de los modelos como una categoría ontológica distinta. El proyecto puede entenderse de otra manera. Contessa nos muestra el camino:

---

[484] O'Connor y Weatherall llegan a una conclusión similar cuando discuten la perspectiva de Weisberg sobre los modelos. Se oponen a su proyecto de caracterización uniforme de los modelos y señalan que "el término "modelización", al igual que el término "ciencia", designa un conjunto de prácticas que no constituyen ningún tipo de categoría natural" (2016, 614). Bailer-Jones (1999), Gelfert (2017, 8-12) y Leatherdale (1974) ofrecen reseñas de las caracterizaciones de los modelos que han propuesto diversos autores.

[485] Más adelante analizaremos los objetos materiales, los personajes de ficción y las ecuaciones. Para los sueños, véase Windt y Noreika (2011).

> incluso si, desde un punto de vista ontológico, los modelos científicos pueden ser un conjunto heterogéneo y la mejor caracterización general que se puede dar de ellos es una caracterización funcional, no se deduce que sea imposible desarrollar una explicación de la ontología de los modelos científicos. Aunque no todos los modelos científicos pertenezcan a un único "tipo" ontológico, podrían pertenecer a varios tipos y podríamos ser capaces de formular descripciones de lo que es cada uno de estos tipos de modelos. En otras palabras, la heterogeneidad de los modelos sin duda dificulta la tarea de formular una explicación de su ontología, pero no exime al filósofo de la ciencia de esa tarea. Tampoco se deduce que las cuestiones relativas a la ontología de los modelos científicos sean menos apremiantes. Al contrario, incluso si los modelos se caracterizan de forma puramente funcional, es difícil entender cómo un determinado objeto puede desempeñar la función pertinente si no tenemos idea de qué es ese objeto. (2010, 216)

El proyecto consiste en ver qué tipo de cosas utilizan los científicos como modelos y, a continuación, analizarlas. El proyecto tiene dos partes. La primera parte es el proyecto descriptivo de reducir el tipo de cosas que los científicos reconocen de facto como modelos. La segunda parte consiste en analizar estos objetos. El proyecto podría perfeccionarse escribiendo explícitamente en la pregunta la caracterización funcional específica utilizada para caracterizar los modelos y preguntando: dada la caracterización funcional *X* de los modelos, ¿qué tipo de cosas reconocen de facto los científicos como que realizan la función *X* y cómo pueden caracterizarse ontológicamente estos objetos? La *X* podría ser, por ejemplo, una caracterización representativa o una caracterización explicativa. Se plantea una cuestión interesante: ¿dan lugar diferentes caracterizaciones funcionales a listas muy diferentes de objetos que los científicos reconocen como modelos? ¿Utilizan, por ejemplo, un tipo de objeto para explicar y otro tipo de objeto para representar? Por lo que yo veo, no es así, pero lo formulo como una conjetura. En lo que sigue, trabajaré con una caracterización representacional, y queda abierta la cuestión de si las conclusiones a las que llegaríamos serían diferentes si hubiéramos elegido una caracterización funcional diferente.

¿Por qué tienen que involucrarse los filósofos de la ciencia en esto? La primera parte del proyecto parece ser en gran medida una cuestión sociológica que puede dejarse a los estudios científicos, y la segunda parte parece ser un problema para los metafísicos. Por lo tanto, parecería haber una división del trabajo, y los filósofos de la ciencia parecerían poder pasar estos problemas a disciplinas adyacentes sin perjuicio alguno. Hay buenas razones para que los filósofos de la ciencia no lo hagan. En cuanto a la primera parte, el tipo de objetos que los científicos utilizan como modelos tiene importantes repercusiones en el modo en que los modelos desempeñan funciones relevantes, como la representación, y en el método científico en general.[486] Como veremos más adelante, estas cuestiones son de interés filosófico, por lo que la cuestión de qué tipo de objetos se utilizan como modelos no es "solo sociología". En cuanto a la segunda parte, la cuestión podría dejarse efectivamente a los metafísicos si los objetos que se utilizan de facto como modelos se comprendieran bien y no dejaran ninguna pregunta abierta, al menos en la medida en que estas preguntas tengan relación con la comprensión de la función del modelo. Si, por ejemplo, los objetos modelo se comprendieran lo suficientemente bien como para explicar cómo representan, entonces el caso podría darse por zanjado en lo que respecta a la filosofía de la ciencia. Como veremos más adelante, no siempre es así. Si bien es cierto que algunos tipos de objetos que se utilizan como modelos se comprenden suficientemente bien a efectos de la filosofía de la ciencia y las cuestiones pendientes pueden dejarse sin problema a los metafísicos, no ocurre lo mismo con otros tipos de objetos.

¿Qué significa "entender" un objeto? Se puede decir mucho sobre los objetos, por lo que debemos seleccionar las preguntas que consideramos relevantes en el contexto de la modelización. Para añadir especificidad al debate, nos centraremos en la comprensión necesaria para una teoría de la representación. Pero la lista de preguntas sería muy similar, si no idéntica, si nos centráramos en otra caracterización funcional. Las siguientes son las cuestiones que debemos abordar si queremos comprender los objetos que pueden funcionar representativamente (Frigg 2010c, 256-257):

(1) *Condiciones de identidad*. En diferentes contextos, los modelos pueden presentarse de diferentes maneras. Se pueden utilizar diferentes objetos materiales y se pueden emplear diferentes descripciones verbales para especificar el modelo.[487] En algunos casos, los modelos también se pueden especificar por medios distintos a las descripciones verbales, por ejemplo, mediante gráficos o dibujos. A pesar de las diferencias circunstanciales, los científicos pueden tratar el mismo modelo. Es importante saber cuándo estamos tratando el mismo modelo y cuándo no, por lo que necesitamos condiciones de identidad que nos indiquen cuándo los modelos son idénticos.

(2) *Atribución de propiedades*. En el análisis de la representación en los capítulos 6, 8 y 9, hemos visto que la atribución de propiedades a los modelos es crucial

[486] Ducheyne plantea un argumento similar cuando señala que "si aceptamos que los modelos son entidades funcionales... no debería sorprendernos que, cuando tratamos los modelos científicos ontológicamente, no podamos permanecer en silencio sobre cómo funcionan dichos modelos como portadores de conocimiento científico" (2008, 120).

[487] De hecho, como señala Vorms (2011, 2012), los modelos se presentan a menudo en diferentes "formatos", lo que puede implicar el uso de un aparato conceptual diferente, así como un formalismo matemático diferente. El formato de un modelo es importante en la práctica porque gran parte de lo que los científicos hacen con un modelo en el proceso de investigación depende de cómo se presenta el modelo.

en muchas explicaciones de la representación. La explicación de la similitud, por ejemplo, dice que tanto el modelo como el objetivo tienen propiedades, y que las propiedades del modelo son similares a las del objetivo. ¿Qué significa que un objeto tenga una propiedad? Como hemos visto en la sección 8.5, esta pregunta se vuelve particularmente desconcertante cuando los modelos no son objetos físicos. En el contexto del modelo de Newton del movimiento planetario, ¿qué sentido tiene, por ejemplo, afirmar que la esfera grande es más pesada que la esfera pequeña, dado que los objetos abstractos no tienen masa alguna?

(3) *Afirmaciones comparativas*. Comparar un modelo y su objetivo es esencial para muchos aspectos de la modelización. Solemos decir cosas como "los agentes reales no se comportan como los agentes del modelo" y "la superficie del sol real es diferente a la superficie del sol del modelo". ¿Cómo debemos analizar estas afirmaciones?

Aunque pueden ser relativamente fáciles si el modelo es un objeto material, no son tan sencillas cuando el modelo no es algo que se pueda poner sobre la mesa de un laboratorio. ¿Cómo podemos hacer afirmaciones comparativas sobre el sol real y el sol del modelo cuando el sol del modelo no existe? Del mismo modo, ¿cómo podemos analizar afirmaciones que comparan características de dos sistemas modelo entre sí cuando los sistemas modelo no existen?

(4) *La verdad en los modelos*. En un discurso sobre modelos hay cosas correctas e incorrectas. Es cierto que un planeta en el modelo de Newton se mueve en una órbita elíptica; es falso que se mueva en una órbita cuadrada. ¿Sobre qué base se califican como verdaderas o falsas las afirmaciones sobre un modelo, en particular si las afirmaciones se refieren a cuestiones sobre las que la especificación original del modelo no se pronuncia? Necesitamos una explicación de la verdad en los modelos que, en primer lugar, explique qué significa que una afirmación sobre un sistema modelo sea verdadera o falsa y, en segundo lugar, establezca la línea divisoria entre las afirmaciones verdaderas y falsas en el lugar adecuado.

(5) *Aprender sobre los modelos*. Las verdades sobre un modelo no deben ocultársenos para siempre. Debemos poder investigar los modelos y descubrir cosas sobre ellos. ¿Cómo descubrimos lo que es verdadero en un modelo y cómo justificamos nuestras afirmaciones? Es decir, ¿cuál es la epistemología de los modelos?

Antes de discutir cómo responder a estas preguntas para los objetos que los científicos eligen como modelos, vale la pena echar un vistazo, al menos brevemente, a cómo se hace esa elección. En principio, los científicos gozan de total libertad en la elección de un objeto como modelo.

Como señalamos al principio de esta sección, cualquier cosa puede elegirse como modelo. Sin embargo, esto no significa que, de facto, cualquier cosa sea elegida. La elección de objetos como modelos está limitada por una serie de factores estrechamente relacionados con las funciones que se espera que desempeñen los modelos. El primer factor es que, si se está interesado en utilizar un modelo como representación, los objetos deben ser adecuados para encajar en la explicación de la representación que se prefiera. Un objeto que no puede entrar en una relación de morfismo no es un objeto modelo adecuado para alguien que suscribe una concepción estructuralista de la representación. El segundo factor es que un modelo debe mostrar un comportamiento específico de interés que pueda ser examinado en un proceso de investigación. Como dice Hughes, un modelo tiene "vida propia": es un objeto con "una dinámica interna cuyos efectos podemos examinar" (1997, 331). Morgen sostiene que los modelos son "objetos pequeños" que "tienen una cualidad autónoma e independiente", debido a que "los modelos funcionan tanto como objetos que se investigan como objetos con los que se investiga" (2012, 31, énfasis en el original). Investigamos con un modelo si consideramos que este representa algo; investigamos el modelo si estudiamos el modelo en sí mismo. Pero estudiar el modelo en sí mismo solo tiene sentido si hay algo que estudiar. Los objetos que son demasiado inertes para mostrar un comportamiento interesante o demasiado obstinados para permitirnos comprender su funcionamiento interno son inútiles como modelos. Una forma de investigar el modelo es manipularlo. Morgan y Morrison enfatizan este punto cuando escriben que "los modelos se manipulan para enseñarnos cosas sobre sí mismos" y que "cuando manipulamos el modelo... aprendemos, en primera instancia, sobre el mundo del modelo" (1999, 33). Por estas razones, los científicos elegirán como modelos objetos que tengan características interesantes por sí mismos. Pero esta elección es pragmática: viene dictada por lo que los científicos pretenden hacer con el modelo. No viene dictada por algún imperativo ontológico de que los modelos sean objetos de un tipo determinado.

14.4 Modelos materiales

Algunos modelos son objetos materiales. Si se utiliza un objeto material como modelo, lo denomino *modelo material*.[488] En términos generales, un modelo material es un objeto material que funciona como modelo según alguna caracterización funcional de los modelos. Si se caracterizan los modelos de forma representativa, entonces un modelo material es un objeto material que representa. El atractivo de utilizar tales objetos como modelos es obvio. Como hemos visto al final de la sección anterior, los modelos deben ser objetos que tengan una dinámica interna y cualidades autónomas; deben ser objetos que se puedan investigar; e idealmente, se debe poder estudiar el modelo manipulándolo. Estos requisitos se cumplen fácilmente con los objetos materiales, que tienen propiedades propias que se pueden estudiar, al menos en principio, interviniendo en ellos.

[488] Otras denominaciones alternativas son "modelo concreto" (Thomson-Jones 2012, 761; Weisberg 2013, 24) y "modelo físico" (O'Connor y Weatherall 2016, 615).

Los objetos materiales pertenecen al tipo de objetos en los que la división del trabajo mencionada anteriormente es viable. Los modelos materiales, *como objetos*, no plantean cuestiones que vayan más allá de las que se plantean con todos los objetos materiales. Las preguntas (1) a (5) de la sección anterior pueden plantearse sobre todos los objetos materiales, y la respuesta que se daría en el caso de los objetos que son modelos no es diferente de la que se daría sobre los objetos que no lo son. Por supuesto, estas preguntas son serias: las condiciones de identidad de los objetos, la naturaleza de las propiedades, la semántica de las afirmaciones, la naturaleza de la verdad y cómo aprendemos sobre los objetos materiales que nos rodean son temas de investigación actuales en metafísica, filosofía del lenguaje y epistemología. Sin embargo, tenemos una comprensión suficiente de estas cuestiones para continuar con el estudio de los modelos sin tener que profundizar primero en estos campos. Y, lo que es más importante, lo que acabemos diciendo sobre los modelos no debería depender de ninguna visión filosófica concreta sobre estas cuestiones. Un análisis filosófico de, por ejemplo, la verdad debería ser capaz de dar sentido a nuestro uso prefilosófico de la palabra "verdad" cuando decimos cosas como "es verdad que el péndulo oscila tres veces por segundo". Un estudio de los modelos puede operar en este nivel prefilosófico y recurrir a análisis filosóficos de estos conceptos solo cuando surgen problemas.

Sin embargo, hay que añadir una salvedad en relación con el quinto reto. Cuando utilizamos modelos, no estamos limitados a la "epistemología cotidiana", sino que podemos recurrir a los ricos recursos de la metodología científica de los experimentos. Esto se debe a que el uso de modelos materiales puede interpretarse como la realización de un experimento. Como señalan Rosenblueth y Wiener, "un modelo material puede permitir la realización de experimentos en condiciones más favorables que las que se darían en el sistema original" (1945, 317).[489] De hecho, la capacidad de realizar experimentos puede servir como criterio de selección de los modelos materiales: "si el modelo material no sugiere ningún experimento cuyos resultados no pudieran haberse anticipado fácilmente... entonces el modelo material es superfluo" (*ibid.*, 318).

Los modelos materiales pueden clasificarse de diferentes maneras, pero los esquemas de clasificación se dividen en dos grandes familias. Las clasificaciones de la primera familia se centran en el carácter del objeto modelo en sí mismo cuando clasifican los modelos materiales. Diversos organismos, tanto animales como el gusano *Caenorhabditis elegans* y plantas como la *Arabidopsis thaliana*, se clasifican como *organismos modelo* porque son organismos en sí mismos y se utilizan como modelos para otros organismos (Ankeny y Leonelli 2011).[490] Los

[489] Véase también Achinstein (1968, 211) y Groenewold (1961, 98). Por esta razón, Wilde y Williamson se refieren a los modelos materiales como "modelos experimentales" (2016, 272).

[490] Existe una creciente bibliografía sobre organismos modelo. Véase, por ejemplo, Ankeny (2001), Atanasova (2015), Bechtel (2009, 2014), Leonelli (2016), Love y Trevisano (2013) y Weber (2014). Para un análisis de cómo representan los organismos modelo, véase Ankeny y Leonelli (2020); y para un análisis de los paralelismos con los modelos en física, véase Rowbottom (2009).

denominados *modelos robóticos* son robots que se utilizan como modelos para otra cosa. La investigadora en biorobótica Barbara Webb construye robots que comparten ciertos mecanismos cognitivos con los insectos y los utiliza como modelos de insectos para estudiar su comportamiento, por ejemplo, en la navegación y el aprendizaje (Webb 2001, 2009); en otros contextos, los robots se utilizan para modelar trastornos neurológicos (Pronin et al. 2021). Clasificamos los modelos como *modelos fluidos* cuando la característica más destacada del sistema modelo es el flujo de un líquido. Entre los modelos de esta categoría encontramos los denominados "agujeros mudos" (*dumb holes*), sistemas fluidos que imitan la gravedad y que se utilizan como modelos de agujeros negros (Dardashti et al. 2017); una gran cuenca, llena de agua y equipada con bombas, que se propone como modelo del sistema hidrológico de la bahía de San Francisco (Weisberg 2013); y la máquina de depósitos y tuberías de Bill Phillips y Walter Newlyn, que funciona como modelo económico (Barr 2000; Morgan y Boumans 2004).

Las clasificaciones de la segunda familia se centran en la relación que el sistema modelo tiene con su sistema objetivo. Algunos modelos materiales son *modelos materiales analógicos* porque se relacionan con su objetivo a través de una analogía. Hemos visto ejemplos de estos modelos en la sección 10.4, y algunos de los modelos mencionados en el párrafo anterior, como los agujeros mudos, también son modelos analógicos. Otros ejemplos de modelos de este tipo son los circuitos eléctricos que se estudian como modelos de la función cerebral (Sterratt et al. 2011); la *cámara oscura*, cuando se estudia como modelo del ojo humano (Wade y Finger 2001); y los cilindros metálicos llenos de magma endurecido que se estudian como modelos de volcanes en erupción (Spieler et al. 2004).

El tipo más importante de modelo de la segunda familia son los *modelos a escala*. Como su nombre indica, un modelo a escala es aquel en el que "la relación entre el modelo material y el sistema original puede ser simplemente un cambio de escala" (Rosenblueth y Wiener 1945, 317).[491] La réplica del Tower Bridge en el museo de arquitectura y el modelo de un barco en el escaparate de una agencia de viajes son ejemplos típicos. Pero no todos los modelos a escala son miniaturas. La réplica a tamaño real de una pulga en el museo de historia natural y el modelo de una molécula de agua con bolas y palitos en la clase de química son modelos a escala que son más grandes que sus objetos de referencia.[492]

Aunque la idea de un modelo que reduce o amplía ciertas características de un objeto de referencia parece intuitivamente clara, el concepto de "cambio de escala" debe matizarse de varias maneras. Este es el plan para el resto de esta sección. Las dimensiones estándar de la escala son las tres dimensiones espaciales:

---

[491] Véase también Black (1962, 219-220) y Hutten (1954, 285).

[492] Véase, por ejemplo, Black (1962, 219-221), Groenewold (1961, 98) y Weinert (1999, 314). Black clasifica explícitamente los modelos a escala como iconos (ibid., 221).

construimos el modelo a escala del Tower Bridge reduciendo su longitud, anchura y profundidad, por ejemplo, en un factor de 100, que es el factor de escala del modelo. El modelo se denomina entonces comúnmente modelo 1:100. Se trata de un caso especial de modelo a escala, ya que, en principio, se podrían tener diferentes factores de escala en diferentes dimensiones. Por ejemplo, se podría reducir la anchura del puente en un factor de 100, su altura en un factor de 200 y su profundidad en un factor de 300. El resultado sería un modelo que parecería "aplastado", pero que seguiría siendo un modelo a escala. La especificación de los parámetros que se escalan y sus factores de escala es crucial, ya que los factores de escala de los diferentes parámetros guardan relaciones complejas entre sí. Supongamos que le interesa el volumen del puente más que su extensión en las tres dimensiones espaciales (por ejemplo, porque quiere estimar el peso del puente antes de planificar el refuerzo de sus pilares). Sabe que la escala del modelo es 1:100 y ha conseguido medir el volumen del modelo. Si entonces piensa que el volumen del puente real es simplemente 100 veces el volumen del modelo (al igual que la longitud del puente real es 100 veces la longitud del modelo), está cometiendo un error fundamental. Un poco de geometría elemental muestra que el volumen se escala con 100^3, por lo que el volumen del puente real es un millón de veces el volumen del modelo.

El ejemplo de la relación entre la longitud y el volumen no es una excepción: la mayoría de los parámetros no se escalan con el mismo factor de escala que la extensión de un modelo en las tres dimensiones espaciales. Por desgracia, no todos los casos son tan sencillos como la relación entre la longitud y el volumen. La ingeniería naval ofrece un ejemplo claro de las complejidades que implica el escalado. Los ingenieros de un astillero quieren saber qué resistencia experimentará el barco cuando se mueva a 15 nudos. Medir la resistencia cuando el barco está en el mar es difícil o, si el barco solo se encuentra en fase de proyecto, imposible. Por lo tanto, construyen una maqueta y determinan la resistencia del barco utilizando la maqueta. Los ingenieros construyen, por ejemplo, una réplica a escala 1:500, que tiene exactamente la misma forma que el barco original. A continuación, arrastran el modelo por un tanque de agua y miden la resistencia que experimenta cuando se mueve a 15 nudos. ¿Qué les dice esto sobre la resistencia del barco real? No hay una respuesta fácil a esta pregunta. Al igual que en el caso del volumen, no se puede simplemente multiplicar la resistencia del modelo por la escala del modelo para obtener la resistencia del barco real. Pero, a diferencia del caso del volumen, la geometría elemental no ayuda. Las resistencias del modelo y del barco real guardan una complicada relación de escala. Determinar la naturaleza de esa relación es un problema formidable, y la solución a menudo solo surge como resultado de un estudio exhaustivo de la situación.[493] Problemas similares surgen cuando se utilizan modelos a escala de coches para

[493] Para un análisis de las relaciones de escala, véase Nguyen y Frigg (2022, cap. 4), Pincock (2019) y Sterrett (2002, 2006, 2017a, 2021). Para un análisis de los modelos de barcos, véase Leggett (2013).

determinar la resistencia al aire de los coches reales, o cuando se utilizan modelos de edificios para comprobar sus propiedades estáticas.

Un tipo clásico de modelos a escala son los modelos de bolas y palos utilizados en química.[494] Estos modelos consisten en bolas de diferentes tamaños y, a veces, de diferentes colores, que representan elementos como el carbono, el hidrógeno y el oxígeno. Las bolas tienen agujeros en los que se pueden insertar varillas. Las varillas se pueden utilizar para conectar diferentes bolas y, de este modo, representar los enlaces químicos entre los átomos. Al unir diferentes bolas, el estudiante de química puede construir representaciones de diferentes moléculas, por ejemplo, H_20. Los agujeros se encuentran en determinadas posiciones y las varillas tienen determinadas formas. Esto impone restricciones a la forma en que se pueden unir las bolas y las varillas, y no todas las combinaciones son posibles. Las bolas y las varillas están diseñadas de manera que las restricciones para combinar bolas con varillas representan las restricciones para combinar elementos mediante enlaces químicos. Por lo tanto, manipulando las bolas y las varillas y averiguando qué bolas se pueden combinar mediante varillas y cómo, las bolas y las varillas se pueden utilizar para descubrir qué elementos se pueden unir para formar moléculas.

Aunque los modelos estándar de moléculas simples con bolas y palos se utilizan ahora predominantemente en las aulas para enseñar química básica a los estudiantes, modelos similares han desempeñado un papel crucial en importantes descubrimientos. Laszlo cuenta que, mientras estaba en cama con gripe, Linus Pauling jugaba con modelos de papel de elementos químicos y, al hacerlo, descubrió el componente alfa hélice de la estructura de las proteínas (2000, 92). Y Pauling no fue el único químico que utilizó modelos materiales. Al estudiar la estructura del ADN, James Watson y Francis Crick idearon diferentes conjuntos de piezas de cartón y metal que podían combinarse de diferentes maneras.[495] Las diferentes piezas representaban diferentes elementos químicos y la forma en que podían combinarse encarnaba lo que se sabía sobre la química estructural en ese momento. La estructura de doble hélice del ADN se descubrió finalmente al averiguar cómo se podían combinar estas piezas bajo ciertas restricciones. Los modelos materiales también desempeñaron un papel crucial en el descubrimiento de la estructura de la mioglobina, una proteína globular que se encuentra en muchas células animales. Para estudiar la estructura de la mioglobina, el bioquímico John Kendrew construyó un modelo material de la mioglobina que ahora se conoce como el "modelo de la salchicha". El modelo consiste en una serie de varillas verticales de soporte (que se parecen un poco a una cama de clavos con clavos muy largos) que servían de soporte para una salchicha de plastilina, que podía pegarse a las varillas de diferentes maneras. A partir de este modelo, Kendrew

[494] Para un análisis de los modelos de bola y palo, véase Toon (2011) y Laszlo (2000). La historia de estos modelos está documentada en Meinel (2004).

495 Para una historia detallada del descubrimiento del ADN, véase Olby (1974). Watson (1998) ofrece una perspectiva personal de los acontecimientos.

pudo establecer que la mioglobina se plegaba para formar un disco plano con una extensión de aproximadamente 43Å × 35Å × 23Å, donde "Å" denota la unidad Ångström, que es una unidad de longitud igual a 10^{-10} m.[496]

14.5 Modelos no materiales

No todos los modelos son objetos materiales. El modelo newtoniano del sistema solar, el modelo de Lotka-Volterra de la interacción entre depredadores y presas y el modelo de Smale de la herradura que se estira y se pliega no son objetos materiales. En palabras de Hacking, son "algo que se tiene en la cabeza y no en las manos" (1983, 216). En la sección 8.5 llamamos a estos modelos "modelos no materiales".[497]

Pero clasificar un modelo como no material es tan informativo como decir que un animal no es un elefante. En la sección 6.2 introdujimos el problema de los portadores, que consiste en proporcionar una lista de las cosas que reconocemos como modelos y dar una explicación de lo que son estas cosas. En la literatura se han introducido varios tipos de modelos que pueden considerarse una respuesta al problema de los portadores: anteriormente en el libro ya hemos encontrado estructuras teóricas de conjuntos (sección 5.2), objetos abstractos (sección 8.5) y descripciones (sección 9.3), y otros candidatos son los modelos matemáticos, las ecuaciones, los modelos computacionales, los objetos ficticios y los artefactos. Así pues, hay al menos ocho candidatos para cosas que se utilizan como modelos no materiales. La tarea de esta sección es presentar los tipos de modelos que aún no hemos discutido y examinar cómo se relacionan entre sí.[498]

Ahora nos enfrentamos a la pregunta de cuál es la relevancia de estas categorías para comprender los modelos no materiales. No hay duda de que los científicos se encuentran con modelos en todas estas formas en su trabajo práctico. Sin embargo, esto no significa *ipso facto* que sean categorías ontológicas independientes, y existe la posibilidad de que algunos elementos de la lista sean indistinguibles entre sí o simplemente variantes notacionales. Alguien podría responder ahora que la pregunta ontológica "¿cuántos tipos de modelos hay fundamentalmente?" no merece la pena plantearse, ya que el objetivo de una teoría de los modelos es comprender la práctica científica y no contribuir a la ontología fundamental. Esta objeción apunta en la dirección correcta, pero malinterpreta el

---

[496] Para una perspectiva del descubrimiento de la estructura de la mioglobina, véase de Chadarevian (2004).

[497] También se refieren a ellos como modelos "no concretos" (Thomson-Jones 2012, 762), "abstractos" (Weisberg 2004, 1073) y "formales o intelectuales" (Rosenblueth y Wiener 1945, 317).

[498] Antoniou (2021) prefiere disolver el problema argumentando que lo que son los modelos, ontológicamente hablando, es una cuestión teórica interna o una cuestión externa relativa al lenguaje apropiado de la ciencia. Por las razones expuestas en la sección 14.3, soy menos optimista a la hora de dejar de lado esta cuestión.

objetivo de la investigación. No buscamos una ontología fundamental de los modelos, sino identificar diferentes tipos de modelos. Para ello, debemos comprender qué tipos de objetos no materiales se utilizan como modelos.

Como primer paso para abordar el problema, resulta útil dividir los modelos no materiales en dos grandes categorías: modelos formales y modelos no formales. Los modelos formales son aquellos que se estudian en disciplinas formales como las matemáticas, la lógica y la informática;[499] los modelos no formales son aquellos que no encajan en ese molde. Entre los elementos de nuestra lista del párrafo anterior, los modelos matemáticos, las estructuras de teoría de conjuntos, las ecuaciones y los modelos computacionales son modelos formales; los modelos ficticios, los artefactos y las descripciones son modelos no formales; los objetos abstractos pueden entrar en cualquiera de las dos categorías, dependiendo del tipo de objetos abstractos en los que nos centremos.

A continuación, analizaremos los modelos formales, comenzando por los modelos matemáticos. Thomson-Jones ofrece una caracterización mínima de los modelos matemáticos. Define "modelo matemático" como "una presentación estándar en un contexto científico que emplea herramientas matemáticas" (2012, 761).[500] Según esta definición, ser un modelo matemático es una categoría general que engloba otros modelos formales. Las estructuras teóricas de conjuntos, que hemos analizado en la sección 5.2, se presentan utilizando las herramientas de la teoría de conjuntos, que es una rama de las matemáticas, por lo que las estructuras teóricas de conjuntos se consideran modelos matemáticos según la definición de Thomson-Jones. Como hemos visto en la sección 8.5, los objetos abstractos son una clase amplia y heterogénea que contiene objetos tan variados como el número dos y el Infierno de Dante. Algunos de ellos, por ejemplo los números, son el tipo de cosas que pueden ser modelos formales. En la medida en que los objetos abstractos son el tipo de cosas que pueden ser modelos formales, también son modelos matemáticos. Los números se presentan utilizando las herramientas de la aritmética, que es una rama de las matemáticas, y así sucesivamente.

---

[499] En este sentido, Hesse dice que un modelo formal "es la expresión de la forma o estructura de entidades y procesos físicos, sin ningún contenido semántico que se refiera a objetos o propiedades específicos" (Hesse 2000, 299).

[500] Bunge da esencialmente la misma definición cuando dice que si un modelo teórico "está expresado en términos exactos (matemáticos), a menudo se le llama modelo matemático" (1973, 97, énfasis en el original), y lo mismo hace Black cuando señala que en un modelo matemático "el campo original se considera "proyectado" sobre el dominio abstracto de conjuntos, funciones y similares que es el objeto de la teoría matemática correlacionada" (1962, 223). A veces se intenta especificar con más detalle en qué consiste un modelo matemático. Altschul y Biser, por ejemplo, mencionan nociones fundamentales como la coincidencia espacio-tiempo como componentes de los modelos matemáticos (1948, 12). Sin embargo, los modelos matemáticos pueden operar a diferentes niveles e implicar diferentes partes de las matemáticas, por lo que parece dudoso que se pueda dar una especificación general de los componentes.

Lo siguiente en nuestra lista son las ecuaciones. El físico Andrew Fowler afirma que "por lo general, un modelo *matemático* adopta la forma de un conjunto de ecuaciones que describen una serie de variables" (1997, 3); Contessa señala que "cuando se habla del modelo de crecimiento logístico en biología de poblaciones, por ejemplo, los científicos suelen referirse a una ecuación" (2010, 217); y Pincock habla de un "modelo de ecuaciones" (2007, 961). Por lo tanto, las ecuaciones son modelos formales. Sin embargo, es obvio que las ecuaciones también son modelos matemáticos porque se presentan utilizando herramientas matemáticas.

Así pues, lo que hemos descubierto hasta ahora es que las estructuras teóricas de conjuntos, los objetos abstractos como los números y las ecuaciones son todos modelos matemáticos. Se podría decir que se trata simplemente de una cuestión de clasificación trivial que no dice nada sobre lo que son realmente estos objetos. Thomson-Jones estaría de acuerdo y, de hecho, subraya que "clasificar un modelo como matemático en el sentido actual no dice nada sobre qué tipo de objeto es" (2012, 761). Para quienes se interesan por la ontología de las matemáticas, esta situación es insatisfactoria. Sin embargo, para nuestros propósitos es suficiente. La respuesta actual se reduce a decir que los modelos matemáticos son todo aquello que las matemáticas consideran su objeto de estudio, y eso es suficiente para dar cuenta de los modelos científicos. Llegados a este punto, los filósofos de la ciencia pueden pasar el problema a los filósofos de las matemáticas. De hecho, las diversas cosas que se han etiquetado como modelos matemáticos se corresponden perfectamente con diferentes posiciones en la filosofía de las matemáticas —objetos abstractos para el platonismo, estructuras teóricas de conjuntos para el estructuralismo y ecuaciones para el formalismo— y la cuestión de cuáles de ellos son, en última instancia, los objetos de las matemáticas es una cuestión para los filósofos de las matemáticas.[501]

De lo que aún no hemos hablado es de los modelos computacionales, y ahí es donde las cosas se ponen interesantes. Weisberg propone una clasificación de los modelos en la que los modelos matemáticos y los modelos computacionales son distintos (2013, cap. 2). Según este punto de vista, los modelos computacionales difieren de los modelos matemáticos y no pueden subsumirse bajo los modelos matemáticos de la misma manera que las ecuaciones, las estructuras y los objetos abstractos.[502] Weisberg no ofrece una definición general de modelo computacional, sino que introduce el concepto con el ejemplo del modelo de segregación social de Schelling (Schelling 1978).[503] El modelo es un modelo denominado "basado en agentes". Consiste en un tablero de ajedrez en el que cada casilla

[501] Véase, por ejemplo, Shapiro (2000) para una introducción a las diferentes posiciones.

[502] Esto concuerda con el excepcionalismo de Humphreys (2002, 2004) y Winsberg (2010), quienes afirman que las simulaciones por ordenador son un método científico diferente a cualquier otro. Para un debate crítico sobre este excepcionalismo, véase Frigg y Reiss (2009).

[503] Se puede encontrar una implementación computacional del modelo en http://nifty.stanford.edu/2014/mccown-schelling-model-segregation/.

puede ser azul, roja o estar en blanco. El tablero representa una ciudad y los dos colores representan agentes de diferentes tipos. Si una casilla es azul o roja, significa que el lugar está ocupado por un agente del tipo azul o rojo; si una casilla está en blanco, el lugar está desocupado. Los actores de este modelo tienen preferencia por vivir con otros actores de su mismo tipo (es decir, los actores azules prefieren vivir cerca de actores azules y los actores rojos prefieren vivir cerca de actores rojos). La preferencia tiene diferentes intensidades, y la intensidad se mide por el porcentaje de otros actores del otro tipo que un actor está dispuesto a tolerar como vecinos. Si el porcentaje supera un umbral determinado, los actores se trasladan a un lugar que cumple sus requisitos. La dinámica de este modelo puede implementarse fácilmente en un ordenador y los efectos pueden mostrarse visualmente. Las simulaciones muestran que incluso pequeñas preferencias por vivir con agentes del mismo tipo pueden dar lugar a una segregación a gran escala.

Este ejemplo muestra que los modelos computacionales suelen consistir en algoritmos o procedimientos que pueden implementarse en ordenadores digitales. La pregunta ahora es: ¿son estos algoritmos tan diferentes de los modelos matemáticos que deben considerarse una categoría aparte? O'Connor y Weatherall examinan la distinción de Weisberg entre modelos matemáticos y computacionales y sostienen que la diferencia entre ambos es superficial y se desmorona al analizarla (2016, 620-622). Discuten el ejemplo de la dinámica replicadora, una de las principales herramientas de la teoría de juegos evolutivos y la dinámica de poblaciones para describir cómo evoluciona una población a lo largo del tiempo, y señalan que la dinámica puede caracterizarse igualmente bien utilizando tiempo continuo o discreto. Si se trabaja con tiempo continuo, la ecuación que describe la dinámica es una ecuación diferencial continua, que, según Weisberg, es un modelo matemático. Sin embargo, si se trabaja con tiempo discreto (considerando que las poblaciones cambian en pasos de tiempo discretos), se obtiene un algoritmo que la clasificación de Weisberg considera un modelo computacional. Por lo tanto, dependiendo de la decisión pragmática de trabajar con tiempo continuo o discreto, se obtienen dos tipos diferentes de modelos. Sin embargo, ambos modelos describen la misma dinámica. Las similitudes entre ambos son aún más profundas. O'Connor y Weatherall señalan que el modelo continuo puede derivarse del modelo discreto mediante un proceso limitante cuando el tamaño del paso de tiempo se aproxima a cero, y que ambos dan resultados demostrablemente similares para la evolución de una población (*ibid.*, 621). Y la derivación también puede proceder, y a menudo lo hace, en la otra dirección, de continuo a discreto. Los modelos como el de Schelling se adaptan perfectamente a los ordenadores porque la "regla de movimiento" del modelo tiene naturalmente la forma de un algoritmo informático. Pero no todos los modelos computacionales se construyen de esta manera. En muchos casos, los científicos primero escriben una ecuación diferencial continua y luego le aplican un esquema de discretización para convertirla en una ecuación discreta que puede estudiarse en un ordenador. La razón de ello es que a menudo es difícil, o imposible, resolver ecuaciones diferenciales y obtener resultados relevantes de forma analítica. Los científicos recurren entonces a los ordenadores, que les permiten obtener respuestas a preguntas que de otro modo serían imposibles de resolver. Pero si las ecuaciones continuas y discretas pueden derivarse unas de otras, pueden describir la misma dinámica, pueden representar los mismos procesos y pueden proporcionar aproximaciones entre sí, entonces no parecería natural decir que son tipos diferentes de modelos. Más bien, parecería que son versiones alternativas del mismo modelo. En este sentido, Giere señala que "una simulación por ordenador no es más que una forma elegante de investigar las características matemáticas de un modelo abstracto caracterizado por un conjunto de ecuaciones" (Giere 2001, 1060). Por esta razón, los modelos computacionales son también modelos matemáticos y la clase de modelos formales coincide, de hecho, con la clase de modelos matemáticos.

La lista de candidatos para modelos no formales incluye objetos ficticios, objetos abstractos (de tipo no formal), artefactos y descripciones. Comencemos con los objetos ficticios. Como hemos visto en la sección 1.2, el modelo newtoniano del sistema solar consiste en esferas perfectas homogéneas en el espacio vacío que se atraen entre sí por la gravedad. Cuando Maxwell estudió el campo electromagnético, utilizó un modelo que consistía en un fluido imaginario incompresible y se propuso estudiar el flujo de este fluido (véase la sección 10.5). Y cuando Aharonov y Bohm estudiaron el efecto que ahora lleva su nombre, investigaron un "sistema ficticio caracterizado por características que, aunque físicamente posibles, no se dan en el mundo real" (Earman 2019, 1991). Por lo tanto, ninguno de estos objetos existe en el mundo físico, y si la descripción del modelo correspondiente se entendiera como una descripción de un sistema real, sería falsa.

Los ejemplos del párrafo anterior no son casos aislados. Como señala Thomson-Jones (2010), los científicos suelen considerar sistemas que no existen en el mundo físico como modelos de sus objetivos. Esto está arraigado en lo que él denomina la "práctica del valor nominal" (*ibid.*, 285): la práctica de hablar y pensar sobre estos modelos *como si* fueran reales. Esto motiva la opinión de que los modelos están a la par con los objetos de la ficción literaria. Godfrey-Smith resume la idea de la siguiente manera:

> Acepto al pie de la letra el hecho de que los modeladores a menudo *se consideran* a sí mismos describiendo poblaciones biológicas imaginarias, redes neuronales imaginarias o economías imaginarias. . . . Aunque estas entidades imaginarias son enigmáticas, sugiero que, al menos en la mayoría de los casos, podrían tratarse de forma similar a algo con lo que todos estamos familiarizados: los objetos imaginarios de la ficción literaria. Me refiero a entidades como el Londres de Sherlock Holmes y la Tierra Media de Tolkien. [...] Los sistemas modelo de la ciencia suelen funcionar de manera similar a estas ficciones familiares. (2006, 735)

La idea de que los modelos son similares a los lugares y personajes de la ficción literaria se ha dado en llamar "visión ficticia de los modelos".[504] La palabra "ficción" se utiliza en dos sentidos diferentes: ficción como inexactitud (*infidelity*) y ficción como imaginación.[505] Cuando se utiliza en el primer sentido, "ficción" significa algo que se desvía de la realidad. Una afirmación puede calificarse de "ficción" para expresar que es falsa, por ejemplo, cuando decimos que el relato de los hechos por parte del primer ministro era una ficción; o un objeto puede calificarse de "ficción" para transmitir que no existe, por ejemplo, cuando decimos con sarcasmo que los nuevos escáneres de resonancia magnética del Servicio Nacional de Salud son una ficción. Cuando se utiliza en el segundo sentido, "ficción" se aplica a un texto e indica que dicho texto pertenece a un género concreto, a saber, la ficción literaria. Los acontecimientos y personajes de una obra de este tipo deben ser imaginados; esa es la característica definitoria del género. A pesar de los prejuicios generalizados, la falsedad no es un requisito para ello. El lector de *Guerra y paz*, de Tolstói, lee mucho sobre Napoleón y la novela le obliga a imaginar a Napoleón haciendo diversas cosas, pero Napoleón no es una ficción en el primer sentido. Ser una ficción en el segundo sentido es compatible con la verdad, pero, por supuesto, no implica ni presupone la verdad. *Guerra y paz* también nos obliga a imaginar cosas sobre Pierre Bezukhov, aunque no existe ni ha existido nunca ningún Pierre Bezukhov.

Esto demuestra que nuestros dos usos de la ficción no son mutuamente excluyentes. Muchos lugares y personajes que aparecen en la ficción literaria, y que deben imaginarse al leer una obra de ficción, no existen y, por lo tanto, son ficciones también en el primer sentido. Pero no todos lo son. Del hecho de que algo aparezca en una obra de ficción (en el segundo sentido) no se debe deducir que también sea una ficción en el primer sentido. Pierre Bezukhov y Napoleón aparecen ambos en *Guerra y paz*, pero solo el primero es una ficción en el primer sentido.

Estos puntos son pertinentes en el contexto actual porque es el segundo y no el primer sentido de "ficción" el que opera en la visión ficticia de los modelos. Cuando un modelo se califica de ficción, no se pretende transmitir que todo lo que hay en él es falso. Lo que la calificación transmite es que los modelos prescriben ciertas cosas que deben imaginarse, sin comprometerse sobre si las entidades o procesos del modelo existen o no, o si las afirmaciones que surgen del modelo son verdaderas o falsas. Por lo tanto, la visión ficticia de los modelos no

---

[504] La opinión de que los modelos son ficciones tiene una larga tradición que se remonta a principios del siglo XX. Para una lista de referencias, véase mi (2010a, 101). Liu (2016) denomina esta postura "nuevo ficcionalismo". Véase Levy (2020) para un análisis crítico de la analogía entre los modelos y los objetos imaginarios de la ficción literaria.

[505] Para un análisis de estos dos sentidos, véase Frigg (2010b) y Frigg y Nguyen (2020, cap. 6). Para más discusiones sobre la noción de imaginación que opera en contextos científicos, véase, por ejemplo, McLoone (2019), Meynell (2014), Murphy (2020), Nersessian (2007), Salis (2020a, 2020b), Salis y Frigg (2020), Stuart (2017, 2020) y Toon (2017).

se compromete a afirmar que todo lo que aparece en un modelo es falso. Al igual que una novela puede contener personajes que existen y otros que no, y hacer afirmaciones que son verdaderas y afirmaciones que son falsas, un modelo, entendido como ficción, puede contener cosas que existen y cosas que no, y hacer afirmaciones que son verdaderas y afirmaciones que son falsas. La cuestión de cuáles de los elementos de un modelo existen y cuáles de sus afirmaciones son verdaderas depende de cómo representa el modelo, y esto no está en modo alguno predeterminado por el hecho de que un modelo sea una ficción.

La forma en que se ve la relación entre la visión de la ficción y una explicación de los modelos que los considera objetos abstractos depende del análisis que se haga de la ficción. La naturaleza de los objetos ficticios se ha debatido ampliamente en la estética y la metafísica, y hay una gran variedad de posiciones entre las que elegir. Una revisión de estas posiciones excede el alcance de este libro, pero vale la pena esbozar brevemente algunas opciones.[506] *Los realistas ficticios* insisten en que, a pesar de las primeras apariencias, *existen* entidades ficticias como Sherlock Holmes y la Tierra Media de Tolkien. Simplemente no tienen existencia física, pero la existencia física no es la única forma de existencia. Así, cuando los científicos hablan de planetas perfectamente esféricos y fluidos incompresibles, hablan de cosas reales, y cuando investigan un modelo descubren propiedades de estas cosas. El pionero del realismo ficticio fue Meinong (1904), quien pensaba que, además de los objetos físicos ordinarios que existen, "*hay*, en un sentido ontológicamente comprometido, cosas que no existen" (Friend 2007, 141). Esta postura se conoce como *meinongianismo*. Más recientemente, Thomasson (1999) desarrolló una postura según la cual las entidades ficticias no son objetos meinongianos ni possibilia, sino lo que ella denomina *artefactos abstractos*. Según esta interpretación, los personajes ficticios son objetos abstractos, pero no de tipo platónico; estos personajes son artefactos porque son creados por un acto creativo de un escritor, al igual que un jarrón es creado por el acto creativo de un alfarero. Thomasson (2020) y Thomson-Jones (2020) han adaptado recientemente este enfoque a la modelización científica y sostienen que los modelos son artefactos abstractos en este sentido. Según este enfoque, los objetos de la ficción son al mismo tiempo objetos abstractos, por lo que la visión ficticia de los modelos y la visión de que los modelos son objetos abstractos coinciden.

Los antirrealistas ficticios no están de acuerdo e insisten en que no existen entidades ficticias y que el "como si" en la práctica del valor nominal debe tomarse en serio. No se debe tomar al pie de la letra el habla de entidades ficticias, y la referencia a entidades ficticias es solo aparente y puede parafrasearse. Discutiremos una visión antirrealista de la ficción con más detalle en la siguiente sección. Por ahora, solo señalaremos que, según el antirrealismo ficticio, los modelos no son objetos abstractos. De hecho, un antirrealista ficticio eliminará los objetos

[506] Para encuestas, véase Crittenden (1991), Friend (2007), Kroon y Voltolini (2018) y Salis (2013). Contessa (2016) ofrece un análisis de los argumentos influyentes sobre la ontología de la ficción.

abstractos de la lista de cosas que funcionan como modelos porque los objetos abstractos (o al menos el tipo de objetos abstractos que podrían ser modelos no formales) no existen. Como hemos visto al principio de la sección 9.3, algunos autores consideran los modelos como descripciones. Knuuttila desarrolló esta visión hasta convertirla en una posición que ella denomina "explicación artefactual". El núcleo de esta explicación es "considerar los medios representativos reales con los que se construye un modelo y a través de los cuales se manipula como partes irreductibles del modelo" (2021a, 5087). La explicación recibe su nombre del hecho de que estos "medios representativos" —descripciones, fórmulas matemáticas, diagramas, dispositivos tridimensionales, etc. (*ibid.*, 3)— son "artefactos creados a propósito" (*ibid.*, 3) y que estos artefactos son "partes irreducibles de cualquier vehículo representativo, como un modelo" (*ibid.*, 12).[507] El artefactualismo de Knuuttila enfatiza la primacía de las descripciones de modelos, y a menudo lo hace contrastándolas con la ficción. La dicotomía entre ficción y artefactos se presenta como basada en la "separación del objeto imaginado de las llamadas descripciones de modelos" de la visión ficticia y en el hecho de que, como consecuencia, la visión ficticia debe considerar las "entidades imaginadas (es decir, ficticias)" como "el lugar de la representación científica" (*ibid.*, 3).

Hay dos lecturas de esta posición. En una lectura estricta, los "medios representativos" —descripciones de modelos, etc.— *son* literalmente modelos. Es decir, el modelo no es nada más que la descripción o el diagrama que los usuarios del modelo ven impresos en la página, y estos objetos materiales son las unidades representativas de la ciencia. Knuuttila parece llegar a esta conclusión cuando, al final del artículo, resume su punto de vista diciendo que "los artefactos externos, y no los objetos imaginados, proporcionan el lugar real de la representación científica, incluso en el caso de la modelización ficticia" (*ibid.*, 19). Si es así, entonces la explicación artefactual se vuelve indistinguible de la representación directa, que considera las descripciones como modelos. Si es así, entonces la explicación se enfrenta a todos los problemas de la representación directa, que hemos discutido en la sección 9.3.

Sin embargo, la afirmación de Knuuttila de que las descripciones de modelos y cosas similares son "partes" de los modelos puede interpretarse como que ella se inclina por una interpretación más débil, según la cual las descripciones de modelos (y otros artefactos materiales) no agotan un modelo, y según la cual un modelo es una entidad compleja que también tiene otras partes. Parece acercarse a esta posición cuando afirma que la explicación artefactual podría "complementar" la visión ficticia (*ibid.*, 11). Esto deja abiertas dos preguntas: en primer lugar, de qué manera habría que complementar la visión ficticia y, en segundo lugar,

[507] Nótese que la noción de artefacto de Knuuttila difiere de la de Thomasson. Los artefactos a los que se refiere Thomasson son objetos abstractos; los artefactos que considera Knuuttila son objetos materiales como diagramas y descripciones (véase Knuuttila 2005, 2011). Para un debate sobre el artefactualismo en la modelización económica, véase Knuuttila (2021b) y Morgan (2014).

en qué consiste esta complementación. Como veremos en la siguiente sección, diferentes versiones de la visión ficticia han dado diferentes explicaciones de la relación entre las descripciones de modelos y los modelos, y de hecho del papel que desempeñan las descripciones de modelos en una explicación de la modelización, pero ninguna versión de la visión ficticia ha desterrado las descripciones de modelos de una explicación de la modelización. Por lo tanto, la necesidad de complementación puede ser un poco menos acuciante de lo que sugiere Knuuttila.

En resumen, la clase de modelos no formales coincide con la clase de modelos ficticios.

Recapitulemos. Comenzamos distinguiendo entre dos grandes familias de modelos: los modelos formales y los modelos no formales. Consideramos varios tipos de modelos propuestos que se consideran pertenecientes a estas familias, y nuestro análisis nos llevó a la conclusión de que la familia de los modelos formales está formada por los modelos matemáticos y la familia de los modelos no formales está formada por los modelos ficticios. La siguiente pregunta obvia es, entonces, cómo se relacionan entre sí. Nuestro análisis hasta ahora sugiere que los dos tipos de modelos suelen ir de la mano. Por un lado, los modelos matemáticos parecen necesitar modelos ficticios para relacionarse con algo no matemático. En la sección 6.5 hemos visto que los modelos matemáticos (analizados como estructuras) por sí solos no representan y que necesitan ser complementados con descripciones para relacionarse con un objetivo. En casos especiales, estas descripciones físicas pueden ser descripciones directas de un sistema objetivo. Sin embargo, tan pronto como las matemáticas implicadas van más allá de la aritmética, las descripciones necesarias rara vez son descripciones directas del objetivo. En el caso del modelo newtoniano, los planetas deben representarse como esferas perfectas con distribuciones de masa homogéneas, lo que no es una descripción precisa de ningún planeta. Estas descripciones se entienden mejor como descripciones de un modelo ficticio, que luego se relaciona en un sentido aún por especificar con el objetivo.

Por otra parte, los modelos ficticios rara vez son útiles por sí solos.[508] Se obtiene poca información al reflexionar sobre una caja imaginaria llena de bolas de billar, separadas de cualquier formalismo matemático. El modelo de bolas de billar de un gas es un instrumento útil para la investigación científica porque proporciona una puerta de entrada a la descripción matemática de los gases, y es esa descripción matemática la que proporciona los resultados cruciales. De hecho, el modelo de bolas de billar se entiende mejor como un modelo interpretativo del tipo

[508] Esto no quiere decir que no existan modelos "puramente ficticios". Los modelos celulares de Downes son ejemplos de modelos ficticios que no están matematizados (1992, 145). Pero muchos (de hecho, probablemente la mayoría) de los modelos ficticios se utilizan junto con una descripción matemática.

que encontramos en la sección 13.5: las bolas de billar que se mueven sin fricción, que chocan elásticamente y que interactúan con otros objetos solo al impactar proporcionan el objeto altamente idealizado al que se puede aplicar el formalismo de la mecánica.

Por lo tanto, los modelos son objetos compuestos que consisten en partes ficticias y matemáticas. La cuestión es cómo se analizan exactamente estas partes y cómo se integran. Hay muchas opciones, y la respuesta a estos retos depende de los compromisos filosóficos de cada uno, en particular de cómo se analiza la representación. En la siguiente sección presentaré mi propia explicación favorita de los modelos para ilustrar cómo podría ser esa respuesta.

14.6 Modelos y fingimiento

En esta sección, desarrollamos una versión particular de la visión ficticia de los modelos, explicamos cómo se integra con los modelos matemáticos e indicamos cómo aborda la representación. La visión en la que nos centraremos analiza los modelos en términos de la teoría del fingimiento (*pretence theory*), que encontramos en la sección 9.3, y luego vincula los modelos con la perspectiva DEKI de la representación que discutimos en la sección 9.5. Existen otras formas de desarrollar la visión ficticia de los modelos.[509] El debate de esta sección es una "demostración de la validez" (*proof of concept*) de la visión ficticia de los modelos y añade especificidad a las vagas afirmaciones que hicimos al final de la sección anterior. El debate de esta sección también sirve para abordar una preocupación persistente que algunos lectores pueden haber tenido al leer la sección anterior. La preocupación es que los lugares y los personajes de la ficción literaria están plagados de tantos enigmas filosóficos como los propios modelos, y una considerable literatura filosófica intenta dar respuesta a estos enigmas.[510] Entonces, ¿por qué la visión ficticia de los modelos no se limita a explicar *obscurum per obscurius*? Se trata de un reto importante, y los defensores de la visión ficticia deben hacer plausible que comparar los modelos con la ficción tiene valor filosófico. Este es el objetivo de esta sección.

Antes de explicar con detalle qué trabajo filosófico se espera que realice exactamente la visión ficticia, y antes de explicar cómo lo lleva a cabo, vale la pena articular con más detalle las motivaciones de la visión ficticia. En la última sección hemos visto que los científicos parecen recurrir a ficciones cuando reflexionan sobre cosas como los planetas esféricos y los fluidos imaginarios. Pero ¿por

---

[509] La presentación de la visión ficticia en esta sección se basa en mi (2021). La visión que se analiza en esta sección se articula originalmente en mi obra (2010a, 2010c, 2010b) y se desarrolla posteriormente en Salis y Frigg (2020), Frigg y Nguyen (2016, 2020, capítulos 6 y 9) y Salis, Frigg y Nguyen (2020). Se pueden encontrar formas alternativas de articular la analogía entre modelos y ficción en Barberousse y Ludwig (2009), Contessa (2010), Godfrey-Smith (2009) y Salis (2016, 2021), así como en varias contribuciones a Levy y Godfrey-Smith (2020).

[510] Para reseñas, véanse las referencias en la nota 31 al final.

qué es bueno hacerlo y por qué se construiría una perspectiva filosófica de los modelos sobre ello? Veo cuatro razones para ello. La primera es que la ficción es un género que da libertad creativa al autor. Las ficciones pueden contener personajes y lugares que no existen, y a menudo no hay nada en el mundo que sea una descripción fiel del texto de una novela. Volviendo a los ejemplos de Godfrey-Smith, Sherlock Holmes no es una persona real y la Tierra Media no es un lugar real. Por supuesto, los lectores son plenamente conscientes de ello y no confunden las oraciones de una novela con una descripción directa de algo del mundo real. Lo mismo ocurre en la modelización científica. Cuando razonan con esferas perfectas y fluidos imaginarios, los científicos no hablan ni describen sistemas físicos reales. Los objetos de investigación son imaginarios, al igual que los objetos de la ficción literaria, y se eligen porque son convenientes en sus respectivos contextos.

La segunda razón para reflexionar sobre el paralelismo entre los modelos y la ficción surge de la necesidad de evitar un error frecuente. Como se ha señalado anteriormente, decir que las ficciones pueden contener personajes y lugares que no existen no equivale a decir que los modelos, o incluso las ficciones literarias, son simples falsedades. La visión de la ficción no dice ni implica que los modelos científicos no sean más que fabricaciones falsas que no contienen información factual correcta sobre sus objetivos. La ficción, ya sea científica o literaria, no se define a través de la falsedad. Las ficciones históricas como *Guerra y paz*, de Tolstói, contienen muchos elementos verdaderos, y el hecho de que un informe gubernamental difiera de los hechos en varios puntos no lo convierte en ficción. Lo que hace que un texto sea ficticio no es su falsedad (o una proporción particular de afirmaciones falsas y verdaderas), sino la actitud que se espera que adopte el lector hacia él.[511] Se invita a los lectores de una novela a imaginar los acontecimientos y los personajes descritos. No se pretende en absoluto que tomen las oraciones que leen como informes de hechos, y mucho menos como informes falsos de hechos. La imaginación es, por así decirlo, neutral con respecto a la verdad. Sin embargo, la literatura a menudo proporciona una visión de algo. Al leer, podemos establecer comparaciones entre las situaciones de la ficción y las situaciones que hemos encontrado en la vida real y, de ese modo, aprender sobre el mundo a través de la lectura de ficción. Una vez más, esto tiene paralelismos en el contexto de la modelización, donde aprendemos del mundo a través de los modelos. Una vez que pensamos en los modelos como ficciones, este paralelismo se hace evidente y nos impulsa a pensar en cómo se produce la "transferencia de conocimiento" de un escenario ficticio al mundo real. Al menos en el contexto de la ciencia, esta transferencia implica considerar la ficción como

[511] Este es un punto importante en Walton (1990). Para un debate sobre la epistemología de este enfoque de la ficción, véase Poznic (2016).

una representación del sistema objetivo. Lo que importa por ahora es que la visión de la ficción no se compromete con la posición nihilista de que los modelos científicos son falsedades sin conexión con la realidad.[512]

La tercera razón es que la ficción viene equipada con una noción de "verdad interna" que también es interesante en el contexto de los modelos. En *El viejo y el mar*, de Hemingway, es cierto que Santiago es un pescador cubano y que salió a pescar solo. También es cierto en la historia que Santiago tiene corazón y hígado, y que no tiene un título en literatura japonesa. Solo las dos primeras afirmaciones se expresan explícitamente en la historia; las demás se deducen indirectamente. El hecho de que algo no se diga explícitamente no lo convierte en arbitrario. La corrección de las afirmaciones sobre el contenido de una historia viene determinada por el texto, sin formar parte de su contenido explícito. Del mismo modo, las descripciones de los modelos suelen especificar solo unas pocas propiedades esenciales, pero se entiende que el modelo tiene otras propiedades además de las mencionadas en la descripción del modelo. De hecho, los modelos son interesantes precisamente porque en ellos hay más verdades de las que especifica explícitamente la descripción del modelo. Esto es lo que los hace interesantes como objetos de estudio. Por ejemplo, en el modelo newtoniano es cierto que los planetas del modelo se mueven en órbitas elípticas estables, pero esto no forma parte del contenido explícito de la descripción original del modelo. Los filósofos de la ciencia tienen que comprender qué significa que una afirmación sea verdadera en un modelo y estar atentos a cómo la "verdad en la ficción" puede ser útil heurísticamente a la hora de abordar este problema.

La cuarta razón se deriva de la tercera y se refiere a la epistemología de las afirmaciones sobre lo que es verdadero en una historia. Una historia no solo tiene un contenido que va más allá de lo que se afirma explícitamente; también tenemos los medios para descubrir cuál es ese "contenido extra". De hecho, es parte integral de nuestra respuesta a la ficción que complementemos el contenido explícito y "llenemos los vacíos" de la trama donde el texto no dice nada. Lo mismo ocurre con los modelos. Descubrir qué es verdadero en un modelo más allá de lo que se especifica explícitamente en la descripción pertinente es un aspecto crucial del compromiso de los científicos con un modelo, y la mayor parte de la investigación que se dedica a explorar un modelo suele consistir en averiguar si ciertas afirmaciones sobre el modelo son verdaderas o no. Por esta razón, la articulación de una epistemología de los modelos puede beneficiarse de los conocimientos adquiridos sobre cómo aprendemos sobre la ficción. Esta lista de puntos en común entre la modelización científica y la ficción literaria no es exhaustiva ni debe entenderse como una sugerencia de que no existen diferencias entre ambas. El propósito de esta lista es simplemente hacer plausible que pensar en los modelos como ficciones es, al menos, un punto de partida plausible. Una vez

[512] Para un debate extenso sobre este punto, véase Frigg y Nguyen (2020, cap. 6, 2021).

encontrado un punto de partida, debemos definir el propósito del viaje. Este propósito es abordar los retos que formulamos en la sección 14.3: formular condiciones de identidad para los modelos, comprender la atribución de propiedades, analizar enunciados comparativos, proporcionar una perspectiva de la verdad en los modelos y explicar cómo aprendemos sobre los modelos. Las respuestas a estos retos deben satisfacer dos requisitos. El primero es que deben ser capaces de explicar cómo se emplean los modelos en la práctica científica. Una teoría filosófica de los modelos que convierte en un misterio cómo los científicos utilizan los modelos en la práctica de su trabajo es inútil, por lo que las respuestas a las preguntas anteriores deben ser compatibles con la forma en que los científicos trabajan con modelos y, de hecho, dar una perspectiva de ello. El segundo requisito pertenece al ámbito de la filosofía: debemos tener una noción clara de los compromisos ontológicos que asumimos en nuestras respuestas y debemos ser capaces de justificarlos, si es necesario.

La tesis del enfoque corriente es que la 'teoría del fingimiento' (*Pretence Theory*: PT) de Walton (1990) ofrece respuestas convincentes a los cinco retos. Ya hemos discutido las ideas básicas de la PT en la sección 9.3. Aquí recapitulamos brevemente algunos puntos importantes y ampliamos aspectos que son cruciales en el contexto actual. Podemos hacerlo porque la PT no está vinculada en modo alguno a la representación directa. Walton formuló originalmente la perspectiva como una contribución a la estética, y son posibles diferentes usos de la misma fuera de ese contexto. La visión de la ficción que se discute en esta sección hace un uso bastante diferente de ella que la representación directa. El punto de partida de la PT es la capacidad de los seres humanos para imaginar cosas.

A veces imaginamos algo sin una razón concreta. Pero hay casos en los que nuestra imaginación se ve provocada por la presencia de un objeto concreto. Si es así, ese objeto es un *accesorio de utilería* (*prop*). Un objeto se convierte en accesorio de utilería debido a la imposición de un *principio de generación*, que prescribe lo que se debe imaginar en respuesta a la presencia del objeto. Si alguien imagina algo debido a la presencia de un accesorio de utilería, está participando en un *juego de hacer de cuenta que* (*make-believe*). Alguien que participa en un juego de este tipo está fingiendo (*pretending*). Por lo tanto, "fingir" es solo una forma abreviada de describir la participación en un juego de este tipo y no tiene nada que ver con el engaño. Algunos principios de generación son *ad hoc*, por ejemplo, cuando un grupo de niños impone espontáneamente el principio de que los troncos son osos y juegan al "atrapa al oso". Otros principios se acuerdan públicamente y, por lo tanto, son (relativamente) estables. Los juegos basados en principios públicos son "autorizados"; los juegos que implican principios *ad hoc* son "no autorizados".

Los tipos de accesorios de utilería que se utilizan en los juegos de hacer de cuenta que pueden variar ampliamente, desde novelas hasta películas, desde pinturas hasta obras de teatro, y desde música hasta juegos infantiles. En el presente contexto nos centramos en el caso en que el accesorio de utilería es un texto. Las obras de ficción literaria son, desde la presente perspectiva, accesorios de utilería, ya que incitan al lector a imaginar ciertas cosas. Al hacerlo, una ficción genera su propio juego de hacer de cuenta que. Al leer *El viejo y el mar*, el texto obliga al lector a imaginar a un pescador cubano llamado Santiago y que Santiago salió a pescar solo. Al hacerlo, el texto funciona como un accesorio de utilería.

Los accesorios de utilería generan verdades ficticias en virtud de sus características y principios de generación. Las verdades ficticias pueden generarse directa o indirectamente; las verdades generadas directamente son *primarias*, y las generadas indirectamente son *implícitas*. La idea intuitiva es que las verdades primarias se derivan inmediatamente del accesorio de utilería, mientras que las implícitas resultan de la aplicación de algunas reglas de inferencia. Entonces, se puede llamar a los principios de generación que generan verdades primarias *principios de generación directa*, y a los que generan verdades implícitas, *principios de generación indirecta*. Al lector de *El viejo y el mar* se le dice que Santiago es un pescador cubano que lleva 84 días sin pescar nada. Se trata de verdades primarias que el lector debe imaginar porque están explícitamente expresadas en el texto. El lector también debe imaginar que Santiago se vio envuelto en una lucha épica, que era decidido e implacable, y que tiene corazón e hígado. Nada de esto se afirma explícitamente en la historia. Son verdades inferidas, que los lectores deducen del texto a partir de sus conocimientos previos sobre la psicología y la anatomía humanas.

PT tiene los recursos necesarios para desarrollar la idea de que los modelos son como los personajes y los lugares de la ficción literaria y para responder a los cinco retos sobre los modelos. Los modelos se nos suelen presentar mediante descripciones, que antes hemos denominado "descripciones de modelos". Estas descripciones deben entenderse como accesorios de utilería en juegos de hacer de cuenta que. Esto concuerda con la práctica del modelado, en la que las descripciones de modelos suelen comenzar con "considera", "supón" o "imagina", lo que deja claro que las descripciones que siguen no pretenden ser descripciones de objetos del mundo real, sino que deben entenderse como una prescripción para imaginar situaciones concretas. Aunque a menudo se entiende que las situaciones son tales que no ocurren en ningún lugar de la realidad, esto *no es* un requisito previo en la PT. Volveremos sobre este punto en breve.

¿Dónde encaja la matemática en este panorama? La clave es darse cuenta de que la matemática puede formar parte tanto de la descripción del modelo como de los principios de generación. Los aspectos matemáticos no suelen ser prominentes en la ficción literaria, pero muchas novelas contienen aritmética básica (por ejemplo, porque se utiliza dinero en la trama) y geometría (por ejemplo, porque los aspectos geográficos y topográficos de un territorio desempeñan un papel importante). En la PT no es un requisito previo que un accesorio de utilería esté "libre de matemática".

Este hecho puede aprovecharse en la modelización, donde las descripciones matemáticas pueden ser parte integrante de la descripción original del modelo y de los principios de generación. Así, el lenguaje en el que se describe el modelo y en el que se generan las inferencias a partir de las verdades primarias ya puede incluir conceptos matemáticos. Esto ocurre, por ejemplo, en la descripción del modelo de Newton, cuando especificamos que los planetas del modelo son esferas perfectas y que se atraen entre sí con una fuerza $1/r2$. Vuelve a ocurrir cuando especificamos los principios de generación. El principio crucial de generación es la ecuación del movimiento de Newton, que rige el movimiento de los planetas y se utiliza para determinar que en el modelo es cierto que los planetas se mueven en órbitas elípticas.[513] Las matemáticas que forman parte de la descripción del modelo pueden considerarse entonces como una descripción de un modelo matemático. Así pues, desde este punto de vista, un modelo matemático puede formar parte de un modelo ficticio, y la PT ofrece una visión ampliada de la ficción que considera que el modelo se compone de partes formales y no formales.

Pasemos ahora a nuestros cinco retos, comenzando por la verdad en la ficción (el cuarto reto de nuestra lista). Las afirmaciones como "Santiago es un pescador cubano" se hacen dentro de la ficción. No se pretende que se crean, sino que se imaginen. Aunque algunas afirmaciones son verdaderas en la ficción y también verdaderas *tout court* ("Cuba está en el Caribe" es verdadera y verdadera en la historia de Hemingway), a menudo calificamos las afirmaciones falsas como verdaderas en la ficción ("Santiago es pescador" es verdadera en la ficción, pero falsa porque no existe ningún Santiago) y las afirmaciones verdaderas como falsas en la ficción ("Cuba está gobernada por un régimen comunista" es verdadera, pero falsa en la historia, cuya trama tiene lugar antes de la revolución). Así pues, la verdad y la verdad en la ficción no solo son nociones distintas, sino que tampoco son coextensivas. Walton llega a afirmar que la verdad en la ficción no es en absoluto una especie de verdad (1990, 41).[514] No veo ningún inconveniente en utilizar el término "verdad en la ficción" y utilizo la abreviatura "$T_w(p)$" para "es verdadero en la obra w que p", donde p es un marcador de posición para una afirmación.

Ahora podemos definir $T_w(p)$. Sea el juego de hacer de cuenta que w el juego de hacer de cuenta basado en la obra w, y de manera similar para "w-prop" y "w-principios de generación". Entonces, p es verdadero en w si y solo si p debe imaginarse en el juego de hacer de cuenta que w (1990, 39), o, más detalladamente: $T_w(p)$ si y solo si el *w-prop* junto con los w-principios de generación prescriben que p debe imaginarse. Nada en esta definición depende de que w sea una

[513] El uso de las matemáticas en la visión ficticia de los modelos se analiza con más detalle en Frigg y Nguyen (2020, secciones 4.5, 9.1-9.2). Para una visión alternativa sobre la aplicabilidad de las matemáticas en la teoría del fingimiento, véase Leng (2010).

[514] Quienes se muestran escépticos ante la noción de "verdad en la ficción" introducen la noción de que una afirmación es "ficticia". Para un debate al respecto, véase Frigg (2010c, 261-262).

obra literaria, por lo que esta definición se aplica igualmente a contextos científicos. Podemos tomar *w* como la obra de Newton sobre el movimiento planetario. La descripción del modelo newtoniano (que hemos visto en la sección 1.2) es un accesorio de utilería *w* y los principios científicos que se consideran operativos en este contexto, incluida la ecuación de movimiento de Newton, son los principios de generación *w*. La afirmación "los planetas modelo se mueven en órbitas elípticas" es entonces verdadera en el juego de hacer de cuenta que de Newton porque el accesorio de utilería *w*, junto con los principios de generación *w*, prescribe a los participantes que imaginen que los planetas modelo se mueven en órbitas elípticas.

Este análisis de la verdad en la ficción alivia dos preocupaciones. La primera preocupación se refiere a la supuesta subjetividad de las imaginaciones. Se podría argumentar que la imaginación es una actividad privada y que la imaginación de cada persona es diferente. Por lo tanto, entender los modelos como imaginaciones los convierte en subjetivos, ya que cada persona imagina algo diferente. Esto no es así. La PT considera que las imaginaciones en un juego autorizado de hacer de cuenta que son sancionadas por el accesorio de utilería y los principios de generación, ambos compartidos públicamente por una comunidad relevante. Si alguien juega a hacer de cuenta que, sus imaginaciones se rigen por principios intersubjetivos y estos principios obligan a todos los que participan en el juego a tener las mismas imaginaciones. Además, para que una proposición sea ficticia en la obra *w*, no es necesario que sea realmente imaginada por nadie: las proposiciones ficticias son aquellas para las que existe una prescripción en el sentido de que *tienen que ser imaginadas*, y si tal proposición es realmente imaginada por alguien es una cuestión totalmente diferente. Los accesorios de utilería, a través de los principios de generación, hacen que las proposiciones sean verdaderas en una ficción independientemente de las imaginaciones *reales de* las personas, y por esta razón puede haber verdades ficticias que nadie conoce.

La otra preocupación se refiere al punto mencionado en la segunda motivación anterior, a saber, que la visión de la ficción considera los modelos como falsedades. Como acabamos de ver, ser verdadero y ser verdadero en la ficción son conceptos diferentes y no correlacionados. Una afirmación puede ser ficticia y, al mismo tiempo, verdadera ("Cuba está en el Caribe"). Por lo tanto, entender los modelos como ficción *no* nos obliga a aceptar la visión absurda de que todos los modelos deben considerarse falsos. Esta visión simplemente deja abierta la cuestión de la verdad, y así debe ser. Los modelos se introducen a menudo como una sugerencia que vale la pena considerar, y su relación exacta con la realidad se determina una vez que se comprende el modelo. Esto es especialmente evidente en la física de partículas elementales, donde a menudo se plantea un escenario concreto simplemente como una sugerencia que merece la pena explorar y solo más tarde, cuando se han elaborado todos los detalles del modelo, se plantea la cuestión de si las partículas del modelo existen realmente. No estamos obligados a considerar que estas partículas no existen simplemente porque aparecen en un modelo, ni debemos aceptarlas como reales por la insistencia de que "¡la ciencia se ocupa de la realidad!". La pregunta de si las partículas existen se responde experimentalmente, normalmente en una gran instalación de investigación como el CERN.

Esta visión de la verdad en la ficción también nos proporciona una respuesta a la pregunta sobre la epistemología de los modelos: investigamos un modelo averiguando qué se deduce de las verdades primarias del modelo y de los principios de generación indirecta, donde estos principios incluirán principios generales y leyes de la naturaleza que se consideran operativos en el contexto en el que se utiliza el modelo. Por ejemplo, deducimos que los planetas se mueven en órbitas elípticas a partir de los supuestos básicos del modelo newtoniano y las leyes de la mecánica clásica. Esto se explica de forma natural en términos de la teoría del fingimiento. Lo que se afirma explícitamente en una descripción del modelo son las verdades primarias del modelo, y lo que se deduce de ellas a través de leyes o principios generales son las verdades implícitas.

Para formular las condiciones de identidad, introducimos primero la noción de "mundo ficticio" o "mundo de una ficción": el mundo de trabajo *w* es el conjunto de todas las proposiciones que son verdaderas en *w*. Entonces es natural decir que dos modelos son idénticos si y solo si los mundos de los dos modelos son idénticos. Nótese que esta condición no dice que los modelos son idénticos si las descripciones de los modelos tienen el mismo contenido. De hecho, dos modelos con las mismas descripciones de modelo (el mismo accesorio de utilería) *pueden* ser diferentes porque se supone que están en funcionamiento principios de generación diferentes. Este es el caso, por ejemplo, cuando lo que podría parecer "el mismo modelo" se trata primero en el contexto de la física clásica y luego en el contexto de la mecánica cuántica. Una descripción común de un modelo de un átomo de hidrógeno dice que el modelo consiste en un electrón y un protón, y que ambos se atraen entre sí con una fuerza de Coulomb. Si asumimos que las leyes de la mecánica clásica sirven como principios de generación en el modelo, obtenemos el modelo de Bohr, y en este modelo es cierto que los electrones se mueven en trayectorias definidas con precisión. Si asumimos que las leyes de la mecánica cuántica sirven como principios de generación en el modelo, obtenemos el modelo de Schrödinger del átomo y es falso en ese modelo que los electrones se muevan en trayectorias definidas con precisión. Considerar estos como modelos diferentes a pesar de estar basados en la misma descripción del modelo es el veredicto correcto.

La atribución de una propiedad *P* a un modelo se explica como algo verdadero en el mundo del modelo, es decir, que el modelo tiene *P*. Decir que el modelo-planeta se mueve en una órbita elíptica es como decir que Santiago es pescador. Ambas afirmaciones se derivan de un accesorio de utilería junto con los principios de generación. En otras palabras, decir que una entidad hipotética posee ciertas propiedades no implica nada más que decir que, dentro de un determinado juego de hacer de cuenta que, estamos obligados a imaginar que la entidad tiene esas propiedades. Por esta razón, no hay nada misterioso en atribuir propiedades concretas (como fluir regularmente) a cosas inexistentes, ni es un error de categoría hacerlo.

Las comparaciones son más complejas. El problema es que comparar un modelo con otro modelo o con un objeto del mundo real implica elementos que no forman parte del juego autorizado de hacer de cuenta que, y por lo tanto no están cubiertos por él. La mejor manera de superar este problema es objeto de controversia, y se han hecho diferentes sugerencias. La sugerencia de Walton es que ideemos un juego de hacer de cuenta que no está autorizado para realizar tales comparaciones, uno que contenga los componentes de ambos modelos, o del modelo y el objeto real, y luego llevemos a cabo las comparaciones dentro de ese juego ampliado de hacer de cuenta. Recomiendo que sigamos esta sugerencia.

Ahora vemos cómo responde la PT a los cinco retos relativos a los modelos que formulamos en la sección 14.3. Pero algunos lectores pueden preguntarse: ¿dónde está *el modelo*? La perspectiva propuesta tiene un gran número de partes móviles, y no es obvio cuál de ellas, si es que hay alguna, debería llamarse "el modelo". Las diferentes versiones de la visión ficticia dan respuestas diferentes, lo que también conduce a diferentes compromisos ontológicos. En la formulación original de la visión en mi (2010c), consideré que los modelos son las imaginaciones que tienen los científicos cuando participan en el juego de hacer de cuenta que. Se trata de una visión firmemente antirrealista según la cual los modelos no existen: son producto de la imaginación. Como hemos visto en la sección anterior, Knuuttila sostiene que las descripciones de los modelos deben formar parte del modelo. Salis (2021) plantea un argumento similar y sostiene que un modelo debe considerarse un objeto complejo compuesto por una descripción del modelo junto con el contenido de la descripción del modelo (generado conjuntamente por los principios de generación directa e indirecta). Según esta visión, los modelos existen, al menos en la medida en que existen los textos y su contenido.

Si nuestro objetivo es comprender el funcionamiento interno de los modelos, no depende mucho de cómo se resuelva esta cuestión. Se vuelve relevante sobre todo cuando la visión ficticia se combina con una teoría de la representación. Como hemos visto en el capítulo 9, muchas perspectivas sobre la representación implican la noción de que los modelos denotan sus sistemas objetivo. La denotación es una relación diádica entre ciertos símbolos y ciertos objetos. Pero las relaciones solo pueden darse entre dos cosas que existen. Por lo tanto, una visión antirrealista de los modelos socava la posibilidad de que los modelos denoten objetivos, y los antirrealistas tendrán que recurrir a la noción de que los modelos tienen una denotación fingida en lugar de una denotación "real". Si se insiste en la denotación real, entonces el modelo tiene que existir, y la versión de Salis de la visión ficticia lo hace posible.[515] ¿Cómo se comporta la versión PT de la visión ficticia de los modelos con respecto a nuestros dos requisitos? Yo diría que obtiene una buena medida por ser capaz de explicar cómo se emplean los modelos en la práctica científica. Especificar supuestos básicos y estudiar sus consecuencias cuando se combinan con principios generales como las leyes de la naturaleza parece ser exactamente lo que hacen los científicos cuando investigan un modelo. Los compromisos ontológicos que se contraen dependen de la versión de la visión ficticia que se adopte. Como acabamos de ver, la versión original de la visión no contrae ningún compromiso, mientras que la versión de Salis se compromete con la existencia de los textos y su contenido. Lo que importa es que la perspectiva puede evitar una expedición a la jungla de Meinong porque en ningún momento del argumento se ve obligada a introducir entidades ficticias o abstractas en su ontología. Esto, por supuesto, no significa que deba evitarse la expedición. Los realistas ficticios que ven una virtud en la introducción de tales entidades en la visión ficticia son libres de hacerlo (como hemos visto en la sección anterior); la observación en este punto es solo que la introducción de tales entidades no nos viene impuesta por los requisitos internos de la visión, y eso es algo bueno.

Lo que hemos discutido hasta ahora se refiere a la estructura interna de un modelo. La pregunta ahora es: ¿cómo representa un modelo así un sistema objetivo? En principio, la visión ficticia de los modelos tal y como se ha desarrollado hasta ahora puede combinarse con cualquier perspectiva de la representación que hayamos discutido en los capítulos 6, 8 y 9, excepto la representación directa, que renuncia por completo al compromiso con los sistemas modelo. Mi favorita es la perspectiva DEKI (sección 9.5) y ahora esbozaré brevemente cómo se integra la visión ficticia en esa perspectiva. Para empezar, recordemos los principios fundamentales de la perspectiva DEKI. Consideramos un agente *A*, y el agente elige un objeto y lo convierte en una *Z*-representación adoptando una interpretación. El modelo *M* es el paquete formado por el objeto junto con la interpretación que lo convierte en una *Z*-representación. El modelo *M* es una representación científica de *T* si y solo si *M* representa *T* como *Z*. *M* representa *T* como *Z* si y solo si se cumplen las cuatro condiciones siguientes: (i) *M* denota *T* (y, posiblemente, partes de *M* denotan partes de *T*); (ii) *M* es una *Z*-representación que ejemplifica ciertas *Z*-propiedades; (iii) *M* viene con una clave *K* que especifica cómo las propiedades *Z* ejemplificadas en el modelo se traducen en otras propiedades, y (iv) *M* imputa al menos una de estas otras propiedades a *T*.

La formulación de la perspectiva habla de un “objeto”. Si el modelo es un modelo material, entonces esto debe tomarse literalmente porque es un objeto físico el que figura en la perspectiva. La clave para comprender cómo se aplica el mecanismo DEKI a los modelos no materiales es que nada depende de que el objeto sea material y que el objeto al que se refiere la definición de DEKI puede ser

[515] Para un debate exhaustivo sobre la cuestión de la denotación, véase Salis et al. (2020).

igualmente un "objeto imaginado" del tipo introducido en PT.[516] En otras palabras, la idea central es simplemente sustituir el objeto material por un objeto ficticio en la afirmación de la perspectiva. Los "objetos" relevantes en el modelo newtoniano son las dos esferas perfectas. No tienen existencia física: son imaginadas, y eso es suficiente. Podemos interpretarlas como el sol y la tierra en nuestra imaginación, y pueden tener todo tipo de propiedades en el sentido explicado en respuesta al segundo desafío. Y ni la clave ni el acto de imputación dependen de si el modelo es material o imaginado. Una vez que nos damos cuenta de esto, vemos que todo el mecanismo DEKI se aplica a los modelos casi sin cambios.

El "casi" se refiere a la naturaleza de las descripciones de los modelos. Como se presenta en la sección 9.5 (y se resume en la figura 9.1), la descripción D_X es una descripción simple de un objeto material. Ahora se reinterpreta como una descripción de modelo que sirve como accesorio de utilería en un juego de hacer de cuenta que y obliga al científico a imaginar el contenido de la descripción. Este cambio es imperceptible y puede efectuarse utilizando palabras indicativas como "supongamos" o "consideremos" al principio de la descripción. Sin embargo, hay un segundo cambio que, aunque tampoco plantea problemas, es menos trivial. Los modelos son objetos que exhiben un determinado comportamiento. Si el modelo es material, su comportamiento es generado por los propios objetos materiales. El objeto simplemente se comporta como lo hace, y los científicos descubren este comportamiento a través de todos los medios habituales de observación y experimentación del arsenal del método científico. Si el modelo es un modelo no material, la dinámica interna del modelo no es el resultado de algún mecanismo material, sino más bien de los principios de generación. Se considera que el modelo opera en el contexto de ciertos principios de generación y son estos principios los que generan el comportamiento interno. En el modelo newtoniano, por ejemplo, el movimiento de los planetas es el resultado de la aplicación de la ecuación de movimiento de Newton, que es un principio de generación en este contexto, y los científicos exploran el comportamiento de un modelo ficticio averiguando qué se deduce de los supuestos básicos del modelo establecidos en la descripción del modelo y los principios de generación. El resultado es que, al trasladar DEKI de modelos materiales a no materiales, la descripción del modelo D_X es el accesorio de utilería, y D_B, la descripción de fondo, que ahora debe considerarse como contenedora de los principios de generación. Interpretado así, DEKI, tal y como se resume en la figura 9.1, ofrece una perspectiva de cómo representan los modelos ficticios. Por lo tanto, tomadas en conjunto, la perspectiva DEKI y la visión de la ficción ofrecen una perspectiva completa de qué son los modelos y cómo representan.[517]

---

[516] Para un debate detallado sobre cómo se aplica DEKI en el contexto de los modelos no materiales, véase Frigg y Nguyen (2016, 2020, Sec. 9.1).

[517] Esta perspectiva no es universalmente aceptada y ha sido objeto de numerosas críticas. Se puede encontrar un debate detallado sobre estas críticas en Frigg y Nguyen (2021).

14.7 Conclusión

Hemos visto que la pregunta "¿qué es un modelo?" puede entenderse de dos maneras: funcional y ontológicamente. Hemos analizado las respuestas a ambas preguntas. Nuestra conclusión es que, al menos hasta ahora, no existe una caracterización funcional completa y concluyente de los modelos. Para analizar la ontología de los modelos, primero hay que distinguir entre modelos materiales y modelos no materiales. La ontología de los primeros es clara, al menos en la medida en que lo es la ontología de los objetos materiales. La cuestión más difícil se refiere a la ontología de los modelos no materiales. Hemos considerado varias opciones y, finalmente, hemos propuesto una versión de la visión ficticia de los modelos que incorpora los modelos matemáticos como una opción plausible. Sin embargo, existen otras opciones y será interesante explorarlas en futuras investigaciones.

Capítulo 15 DOMAR LA ABUNDANCIA

15.1 Introducción

En muchos contextos, la comunidad científica produce múltiples modelos diferentes, y a veces contradictorios, del mismo sistema objetivo. ¿Qué impulsa la construcción de múltiples modelos y qué estrategias existen para hacer frente a la abundancia resultante? Comenzamos introduciendo el problema y tratando de comprender por qué y cómo surge una abundancia de modelos del mismo objetivo (sección 15.2). A continuación, pasamos al análisis de robustez, un método para intentar extraer conclusiones verídicas de conjuntos de modelos (sección 15.3). El perspectivismo ofrece un enfoque alternativo que considera que los diferentes modelos encarnan diferentes perspectivas sobre el mismo objetivo (sección 15.4). En algunas situaciones, existe una gran libertad en la construcción de modelos y los científicos discrepan sobre la forma adecuada de modelar el objetivo. Se trata de situaciones de gran incertidumbre científica, y se plantea la cuestión de cómo gestionarlas (sección 15.5). Llegamos a la conclusión de que las situaciones multi-modelos (*multi-model situations*) plantean cuestiones que aún no se comprenden del todo (sección 15.6).

15.2 Un objetivo, múltiples modelos

Es habitual en muchos contextos científicos que existan múltiples modelos del mismo objetivo. Morrison analiza los modelos en física nuclear y señala que hay más de treinta modelos *diferentes* del núcleo, cada uno basado en supuestos diferentes y que ofrecen perspectivas diferentes (2011, 346-351).[518] Ella clasifica los modelos nucleares en tres grupos: modelos microscópicos, modelos colectivos y modelos mixtos. En el primer grupo encontramos modelos como el modelo de capas, que representa el núcleo como si estuviera formado por partículas individuales que presentan una estructura de capas similar a la que encontramos en los electrones del átomo. En el segundo grupo encontramos modelos como el modelo de gota líquida, que representa el núcleo como un único objeto que se comporta como una gota líquida. El tercer grupo contiene modelos que tienen elementos tanto microscópicos como colectivos. El modelo de gota líquida más corrección de la capa (*liquid-drop-plus-shellcorrection-model*), por ejemplo, es, como su nombre indica, un modelo de gota líquida que ha sido modificado incorporando ciertos elementos del modelo de capas. La física nuclear no es una excepción, y encontramos situaciones similares de multi-modelos, por ejemplo, en hidrodinámica (Morrison 2011), biología de poblaciones (Weisberg 2006b),

[518] Para más información sobre los modelos nucleares, véase Morrison (1998, 74-76, 2000, 47-52) y Portides (2005, 2006, 2011).

biología de sistemas (Green 2013), química cuántica (Accorinti 2019), ciencia del clima (Betz 2009)[519] y modelización de catástrofes (Roussos et al. 2021b).[520]

¿Cuál es la razón de esta proliferación de modelos? Desde lejos, a veces parece que las cosas "simplemente suceden así". Los científicos se enfrentan a un problema, a menudo en situaciones en las que solo tienen un conocimiento parcial del dominio objetivo, y prueban diferentes ideas y enfoques, lo que, finalmente, da lugar a una multiplicidad de modelos. Esta impresión no es errónea, pero omite el papel de las virtudes teóricas. Si la multiplicidad de modelos fuera *solo* el resultado de un conocimiento incompleto y una comprensión insuficiente, cabría esperar que el número de modelos disminuyera a medida que avanza la ciencia. Aunque los modelos se descartan a medida que aumenta el conocimiento, esto no suele reducir significativamente el número de modelos. La multiplicidad de modelos permanece y, a menudo, no se puede señalar un modelo como "verdadero" o "mejor" que haga que todos los demás sean superfluos. Esta multiplicidad puede atribuirse al hecho de que los modelos encarnan diferentes virtudes teóricas y que estas virtudes a menudo compiten entre sí. El alcance, la precisión, la especificidad, la exactitud, la generalidad, la exhaustividad, la simplicidad, la transparencia, la comprensibilidad, la manejabilidad, la capacidad de proporcionar comprensión, ser explicativo y tener éxito en la predicción son virtudes que los científicos pueden apreciar en los modelos, pero ningún modelo puede encarnarlas todas a la vez. Levins llama la atención sobre el problema de las virtudes contrapuestas y destaca la generalidad, el realismo y la precisión como las tres virtudes clave que entran en conflicto entre sí:

> La multiplicidad de modelos viene impuesta por las exigencias contradictorias de una naturaleza compleja y heterogénea y de una mente que solo puede hacer frente a unas pocas variables a la vez; por los desiderátums contradictorios de generalidad, realismo y precisión; por la necesidad de comprender y también de controlar; incluso por los estándares estéticos opuestos que enfatizan la simplicidad y el poder de un teorema general frente a la riqueza y la diversidad de la naturaleza viva. Estos conflictos son irreconciliables. Por lo tanto, los enfoques alternativos, incluso de escuelas rivales, forman parte de una estrategia mixta más amplia. Pero el conflicto es sobre el método, no sobre la naturaleza, ya que los modelos individuales, aunque son esenciales para comprender la realidad, no deben confundirse con la realidad misma. (1966, 431)

Así pues, el conflicto entre los *desiderata* clave es irresoluble y, por lo tanto, no es posible maximizar todos los desiderata simultáneamente. Por esta razón,

---

[519] En 2020 se presentaron 89 modelos de 35 grupos de modelización a la fase 6 del Proyecto de Intercomparación de Modelos Acoplados, el proyecto de modelización en el que se basan muchas de las proyecciones del IPCC.

[520] Los primeros reconocimientos de la existencia de múltiples modelos en la literatura sobre filosofía de la ciencia se encuentran en Achinstein (1968, 215) y Hutten (1954, 298).

existe una compensación entre los *desiderata* conflictivos, y la multiplicidad de modelos es el resultado de que diferentes científicos, o diferentes escuelas de pensamiento, compensan estos desiderata entre sí de diferentes maneras.[521]

El análisis de Levins ha suscitado un debate sobre los valores que intervienen en la construcción de modelos y sobre la naturaleza exacta de la compensación (*trade-off*).[522] Surgen muchas preguntas interesantes sobre el uso y, de hecho, la legitimidad de los valores, y sobre cómo se equilibran entre sí. Sin embargo, dejando de lado los detalles, la idea de que existen diferentes *desiderata* en juego a la hora de construir modelos y que existen compensaciones entre ellos parece indiscutible. Por lo tanto, la cuestión no es cómo eliminar la multiplicidad de modelos, sino cómo gestionarla. A primera vista, la multiplicidad de modelos genera confusión. ¿Qué modelo debemos utilizar en una situación determinada y qué hacemos cuando los modelos dan resultados contradictorios? El resto de este capítulo analiza diferentes enfoques de este problema.

La ruta que se elija dependerá, al menos en parte, de la naturaleza de la situación y de los modelos involucrados. En algunos casos, los modelos incompatibles representan diferentes partes del mismo sistema y, por lo tanto, no son realmente incompatibles entre sí. Morrison (2011, 343-346) analiza el caso de los modelos hidrodinámicos de flujos turbulentos y señala que los modelos aparentemente incompatibles representan en realidad diferentes partes o aspectos del mismo sistema que pueden modelarse de forma aislada. Por lo tanto, estos modelos son *complementarios* de una manera similar a como lo son los mapas de un atlas. En conjunto, estos modelos ofrecen una comprensión mejor y más completa del objetivo que la que podría proporcionar cualquier modelo individual de forma aislada.

No todas las situaciones multi-modelos son así. Los modelos nucleares mencionados al principio de esta sección no son complementarios en este sentido. Como señala Morrison, son modelos del mismo objetivo, solo que lo representan de manera diferente y dicen cosas diferentes sobre él. Por ejemplo, un modelo dice que los nucleones son aproximadamente independientes, mientras que otro modelo dice que están fuertemente acoplados. En tales casos, la complementariedad "tipo atlas" no ofrece ninguna vía de salida. Los modelos nucleares no son espe-

[521] Mitchell (2002) considera que los modelos múltiples son una manifestación del pluralismo en la ciencia. Veit (2020) va un paso más allá y sostiene que los modelos múltiples son necesarios para un análisis adecuado de casi cualquier fenómeno.

[522] Para un análisis del análisis de Levins y de la compensación entre las virtudes teóricas en general, véase Gelfert (2013, 2016, cap. 3), Levins (1993, 550), Matthewson (2011), Matthewson y Weisberg (2009), Odenbaugh (2003, 2006), Orzack (2005), Orzack y Sober (1993), Weisberg (2006a) y Yoshida (2020). Para un análisis de la actitud de Levin hacia la modelización, véase Winther (2006). Grüne-Yanoff y Marchionni (2018) discuten una perspectiva, atribuida a Rodrik, según la cual la existencia de múltiples modelos del mismo objetivo es aceptable siempre que cada modelo sea el mejor modelo para un propósito particular. Veit (2021) responde críticamente a Grüne-Yanoff y Marchionni.

ciales en este aspecto. Los otros ejemplos mencionados al principio de esta sección tampoco son complementarios, y muchos de los modelos terminan siendo inconsistentes entre sí.[523]

Hay al menos tres reacciones a esta situación, que pueden considerarse como un alejamiento cada vez más significativo de una situación en la que se espera tener un modelo correcto. La primera es el análisis de robustez, cuyo objetivo es encontrar un denominador común en los diversos modelos. La segunda es el perspectivismo, que considera que los diferentes modelos encarnan perspectivas diferentes e igualmente legítimas sobre el mismo objetivo. Los fenómenos tienen características diferentes cuando se observan desde distintos puntos de vista, y la pluralidad de modelos no es más que una manifestación de la pluralidad de perspectivas. Si no es posible interpretar razonablemente que los diferentes modelos encarnan perspectivas diferentes, entonces nos encontramos en un territorio de gran incertidumbre y el reto consiste en gestionar de alguna manera esta incertidumbre. En este punto, la modelización entra en contacto con la teoría de la decisión, y los modelos deben entenderse como aportaciones a algoritmos de decisión diseñados para hacer frente a la incertidumbre. Analizaremos estos enfoques en el resto del capítulo.

15.3 Análisis de robustez

En la sección 13.2 encontramos el modelo de Lotka-Volterra, que estudia la interdependencia entre una población de depredadores y otra de presas y descubre que el tamaño de ambas poblaciones oscila. El modelo también muestra que las poblaciones tienen lo que ahora se conoce como la *propiedad de Volterra*: un biocida general aumentará el tamaño relativo de la población de presas. Esto coincidía con las observaciones de D'Ancona, que inicialmente llevaron a Volterra a investigar los sistemas predador-presa. Pero, ¿cuál es exactamente el estatus del modelo? El modelo no solo se refiere a las especies del mar Adriático que observó D'Ancona, sino a los sistemas depredador-presa en general. ¿Justifica el modelo la afirmación de que todos los sistemas depredador-presa tienen la propiedad de Volterra? Además, la presencia de la propiedad de Volterra en el modelo es una consecuencia del mecanismo específico de interacción predador-presa en el que se basa el modelo. ¿Justifica esto la afirmación de que este mecanismo también está presente en los sistemas predador-presa reales?

Si el modelo de Lotka-Volterra fuera una representación exacta de los sistemas predador-presa en todos los aspectos, la respuesta a estas preguntas sería "sí, obviamente". Pero el modelo no es una representación exacta. De hecho, está lejos de serlo. El modelo se basa en una serie de idealizaciones y simplificaciones importantes. Por ejemplo, asume que el crecimiento de la población es lineal,

---

[523] Para un debate general sobre la inconsistencia y los modelos inconsistentes, véase también Frisch (2005) y Rice (2020b).

que la interacción entre las poblaciones es proporcional al producto de las dos densidades y que no hay factores ambientales (aparte de la depredación) que limiten el crecimiento de las presas. Estas suposiciones no son ciertas en los sistemas predador-presa reales. Teniendo esto en cuenta, la respuesta a las preguntas anteriores no puede ser "sí, obviamente". El análisis de robustez (AR) tiene como objetivo demostrar que la respuesta sigue siendo "sí", aunque ya no "obviamente".[524]

La idea básica del AR es examinar varios modelos diferentes del mismo sistema objetivo. Todos los modelos pueden idealizarse y simplificarse, pero deben basarse en *diferentes* idealizaciones y simplificaciones. A continuación, el análisis busca puntos en común entre estos diferentes modelos. Si hay un resultado en el que todos los modelos coinciden, se trata de un resultado *robusto*. El análisis concluye que el resultado robusto es real, ya que tenemos buenas razones para creer que está presente en el sistema objetivo. Levins resumió esta idea en su memorable frase "nuestra verdad es la intersección de mentiras independientes" (1966, 423), donde las "mentiras" son los modelos idealizados y simplificados y la "verdad" es el resultado robusto. El objetivo de esta sección es articular esta idea y explorar su validez.

Weisberg (2006b) ilustra el funcionamiento del AR con el modelo de Lotka-Volterra, y Weisberg y Reisman (2008) analizan con considerable detalle los diferentes modelos que intervienen en un análisis de los sistemas predador-presa. Comenzamos nuestro análisis del AR siguiendo su narrativa.[525] El primer paso de todo AR consiste en considerar modelos alternativos del mismo objetivo. Weisberg y Reisman consideran tres familias diferentes de modelos alternativos. La primera, que es la que se aleja menos del modelo original, contiene modelos que tienen las mismas ecuaciones que el modelo original de Lotka-Volterra, pero en los que los parámetros toman valores diferentes (*ibid.*, 115-116). De manera más formal, en la sección 13.2 hemos visto que el modelo de Lotka-Volterra se

[524] Quisiera dar las gracias a Margherita Harris por sus útiles debates sobre RA y por sus comentarios sobre una versión anterior de esta sección.

[525] Para más debates, véase Weisberg (2006a, 2013, cap. 9). Räz (2017) ofrece una generalización de los resultados de Weisberg y Reisman. La idea de estudiar la robustez en el contexto de los modelos se remonta a Levins (1966), y el término "análisis de robustez" fue acuñado por Wimsatt (1981) en su reconstrucción de la metodología de Levins. La idea básica de la robustez tiene una larga historia. Stegenga (2009) señala que el término "robustez" fue utilizado por primera vez como concepto metodológico por el estadístico George Box en 1953. Para un análisis y una clasificación de los diferentes tipos de robustez, véanse Houkes y Vaesen (2012), Raerinne (2013) y Woodward (2006). Lisciandra (2017) destaca que el AR difiere de la desidealización, aunque a veces se confunden ambos conceptos. La afirmación de que un enfoque basado en múltiples modelos es superior puede considerarse un caso especial de "triangulación metodológica", la opinión de que el uso simultáneo de múltiples métodos es ventajoso porque, si estos métodos producen los mismos resultados, estos se confirman con mayor solidez que si se basaran en un solo método (Heesen et al., 2019). El término "análisis de solidez" también aparece con frecuencia en el contexto de la investigación operativa, donde, sin embargo, designa un método diferente al que discutimos aquí (véase, por ejemplo, Wong y Rosenhead 2000).

define mediante las ecuaciones 13.1. Estas ecuaciones contienen cuatro parámetros: la tasa de natalidad de la presa *r*, la tasa de mortalidad de los depredadores *m* y dos parámetros de respuesta lineal *a* y *b*. En una discusión inicial del modelo, se supone que estos parámetros tienen valores específicos. Ahora se abandona esta suposición y se estudia cómo se comporta el modelo si los valores de los parámetros varían dentro de un rango plausible. Weisberg y Reisman estudian cómo se comporta el modelo bajo este tipo de variación y llegan a la conclusión de que las propiedades clave del modelo de Lotka-Volterra, en particular la propiedad de Volterra, son robustas, lo que significa que son estables bajo la variación de los valores de los parámetros. En otras palabras, la propiedad de Volterra se cumple independientemente de los valores de los parámetros (dentro del rango considerado).

La segunda familia de modelos introduce variaciones en la forma matemática de las ecuaciones. Weisberg y Reisman consideran una variación particular de la estructura del modelo, que denominan *dependencia de la densidad* (*ibid.*, 116-121). En el modelo original no hay ningún factor ambiental que limite el crecimiento de la población de presas: en ausencia de depredadores, no hay límite para el crecimiento de la población. Esto es obviamente poco realista, ya que la disponibilidad de alimento y espacio vital impondrá un límite natural al crecimiento de la población. Esto puede tenerse en cuenta incorporando en las ecuaciones una capacidad de carga del medio ambiente, que limita el crecimiento de la población de presas incluso en ausencia de depredadores. Matemáticamente, esto equivale a sustituir rV en la primera ecuación (de las ecuaciones 13.1) por $r(1\text{-}V/K)V$, donde K es la capacidad de carga del sistema. Así, la primera ecuación cambia de $\dot{V}=rV\text{-}(aV)P$ a $\dot{V}=r(1\text{-}V/K)V\text{-}(aV)P$. El nuevo modelo es considerablemente más complicado de analizar, pero resulta que incluso este nuevo y más complejo modelo sigue mostrando la propiedad de Volterra. Este no es en absoluto un resultado trivial, ya que otras propiedades del modelo original, como la presencia de oscilaciones no amortiguadas, se destruyen con la adición del nuevo término. Así pues, la propiedad de Volterra resulta ser robusta bajo esta variación, mientras que las oscilaciones no amortiguadas no lo son.

Después de variar los valores de los parámetros y la estructura de las ecuaciones, se puede profundizar el análisis variando también los supuestos básicos del modelo. Los modelos que hemos discutido hasta ahora abordaban el problema a nivel de agregados y conceptualizaban el objetivo como dos poblaciones que interactúan entre sí. Los animales individuales son invisibles desde esta perspectiva. *Los modelos basados en individuos* dejan atrás esta "perspectiva agregada" y representan organismos individuales y sus comportamientos. El modelo incluye variables para cada individuo de la población y formula supuestos sobre cómo se comportan, interactúan y se desarrollan estos individuos a lo largo del tiempo. Weisberg y Reisman (*ibid.*, 121-129) formulan y estudian un modelo de este tipo y descubren que, siempre que el modelo sea tal que coexistan diferentes especies (como es el caso del modelo original), incluso el modelo basado en individuos tiene la propiedad de Volterra.

La conclusión de este ejercicio es que la propiedad de Volterra es robusta en una amplia clase de modelos. Por lo tanto, se trata de una *propiedad robusta*. Pero identificar una propiedad robusta es solo el primer paso del AR. El segundo paso consiste en identificar una característica que todos los modelos tienen en común y que es responsable de la propiedad robusta. Es decir, el AR ahora tiene como objetivo identificar una estructura compartida por todos los modelos. Weisberg denomina a esto la "estructura común" (2006b, 737).[526] Un examen detenido de todos los modelos muestra que esta estructura común es lo que se conoce como "acoplamiento negativo": "el aumento de la abundancia de depredadores disminuye la abundancia de presas y el aumento de la abundancia de presas aumenta la abundancia de depredadores" (Weisberg y Reisman 2008, 114).

El tercer y último paso del AR es la formulación de un *teorema robusto*, que vincula la estructura común con la propiedad robusta. El teorema robusto dice que, en determinadas condiciones, la estructura común da lugar a la propiedad robusta (Weisberg 2006b, 737-738). En el caso del sistema depredador-presa que se investiga, el teorema robusto dice que, en determinadas condiciones, el acoplamiento negativo da lugar a la propiedad de Volterra. Este resultado también se refiere al *Principio de Volterra* (*ibid.*).[527] Este principio tiene una gran importancia porque muestra que las medidas que conducen al biocida general (como la aplicación de pesticidas) favorecerán a las presas frente a los depredadores, lo cual es un factor importante a tener en cuenta en muchas intervenciones ecológicas.

Las condiciones mencionadas en el teorema robusto son la parte más difícil de determinar del AR. Weisberg y Reisman aseguran que "el análisis de robustez ha demostrado que el principio es muy general y se mantendrá en una amplia variedad de condiciones" (2008, 129-130), pero luego dicen poco sobre cuáles son esas condiciones y cómo pueden identificarse. Obviamente, se pueden examinar los modelos considerados en el primer paso y afirmar que las condiciones del teorema robusto son simplemente las hipótesis de los modelos. Pero eso daría lugar a un conjunto de condiciones bastante limitado. En nuestro ejemplo solo hemos considerado la variación de los parámetros, la introducción de la dependencia de la densidad y una dinámica particular basada en los individuos. Un teorema que dice que el acoplamiento negativo da lugar a la propiedad de Volterra *exactamente si* se cumplen las condiciones de uno de estos modelos tiene una utilidad limitada, ya que estas condiciones rara vez, o nunca, se dan (¡véanse

[526] En este punto, el término "estructura" se utiliza en su significado habitual, y no en el sentido técnico discutido en el capítulo 2.

[527] Weisberg se refiere a estas condiciones como condiciones ceteris paribus (ibid.). Prefiero evitar la referencia a las cláusulas ceteris paribus porque estas cláusulas tienen una larga y problemática historia en el contexto de las leyes de la naturaleza, y parece preferible mantener estas cuestiones separadas. Para un debate sobre las leyes ceteris paribus, véase Reutlinger et al. (2015).

las condiciones que introdujimos al derivar el modelo en la sección 13.2!). De hecho, el punto de partida del AR es que los modelos son idealizados y no ofrecen representaciones realistas; si los modelos, o uno de ellos, pudieran interpretarse como una representación fiel del objetivo, el AR sería innecesario. Por lo tanto, las condiciones del teorema robusto deben ser más amplias que las del principio para que este sea útil; deben ser, en cierto sentido, una generalización de las propiedades de los modelos que se han estudiado. Sin embargo, sigue sin estar claro cómo determinar las condiciones pertinentes. Pero dejemos este problema de lado por ahora.

Un aspecto crucial del AR es que su objetivo es llegar a conclusiones sobre el sistema objetivo y no solo sobre los modelos en sí mismos. Como hemos visto anteriormente, Levins afirma que la *verdad* es la intersección de mentiras independientes. Weisberg señala que lo que realmente le interesa al AR son "las propiedades de los fenómenos del mundo real, no las estructuras matemáticas" y que, por eso, el siguiente paso en el AR "implica interpretar las estructuras matemáticas como descripciones de fenómenos empíricos" (2006b, 738). Del mismo modo, Eronen interpreta el AR como un método para justificar compromisos ontológicos (2015, 3962), y Schupbach destaca que el principio de Volterra, que consideramos establecido a través del AR, es una "afirmación biológica, que no debe confundirse con afirmaciones sobre las representaciones matemáticas de los sistemas biológicos" (2015, 306). Como veremos en breve, la afirmación de que el AR arroja conclusiones sobre el mundo real es controvertida, y varios autores se han esforzado por matizarla o la han rechazado por completo.

Antes de pasar a las críticas, resumamos la estructura general del AR. Para ello, es útil introducir la noción de conjunto de modelos. Un *conjunto de modelos* Ω es una colección de modelos. La colección puede ser finita o infinita (ya sea numerable o no numerable), y sus miembros pueden especificarse de cualquier manera que resulte conveniente en una situación determinada. Por ejemplo, los modelos considerados por Weisberg y Reisman en su discusión sobre los sistemas depredador-presa pueden considerarse como un conjunto. Como veremos en breve, existen diferentes tipos de conjuntos de modelos, lo que tiene implicaciones para el estudio de sus propiedades. Sin embargo, estas diferencias son irrelevantes para una afirmación abstracta del AR.

Ahora estamos en condiciones de ofrecer una afirmación general del AR, que abstraemos de nuestro análisis del modelo de Lotka-Volterra. La afirmación general consta de tres pasos. Los tres pasos son los que encontramos en el análisis de Weisberg y Reisman: el descubrimiento de la propiedad robusta, la identificación de la estructura común y la formulación de un teorema robusto. Cada paso consta de una premisa y una conclusión. La premisa establece un resultado sobre el conjunto de modelos; la conclusión afirma que el mismo resultado también se cumple en el objetivo. En otras palabras, el paso *inferencial* de la premisa a la conclusión equivale a trasladar un resultado del conjunto de modelos al sistema objetivo. En la práctica, estos pasos no suelen estar claramente separados, pero un análisis conceptual del AR debe distinguir claramente entre las afirmaciones que se refieren al conjunto de modelos y las que se refieren al sistema objetivo.

Supongamos que tenemos un conjunto de modelos Ω formado por modelos que representan el sistema objetivo *T*. El AR implica entonces lo siguiente:

Paso 1 – propiedad robusta

Premisa 1: *propiedad robusta del conjunto*: todos los modelos de Ω tienen la propiedad *R*. Esta propiedad se denomina "propiedad robusta".

Conclusión 1: *propiedad robusta del objetivo*: *T* tiene *R*.

Paso 2 – estructura común

Premisa 2: *estructura común del conjunto*: todos los modelos de Ω tienen la estructura *S*. Esta estructura se denomina "estructura común".

Conclusión 2: *estructura común del objetivo*: *T* tiene la estructura *S*.

Paso 3 – Teorema robusto

Premisa 3 – *Teorema de robustez del modelo*: En todos los modelos de Ω, bajo las condiciones *C*, *S* da lugar a *R*. Esta proposición se denomina "teorema robusto".[528]

Conclusión 3 – *Teorema de robustez del objetivo*: Bajo las condiciones *C*, *S* da lugar a *R* en *T*.

Como se ha señalado, esta formulación del AR enfatiza intencionadamente el hecho de que cada paso consiste en una premisa que se refiere a los modelos del conjunto y una conclusión sobre el sistema objetivo en sí mismo.[529]

El análisis del principio de Volterra podría sugerir que el AR parte de un modelo y que se construyen otros modelos para intentar justificar los resultados del modelo inicial. A veces, este es efectivamente el procedimiento del AR. Sin em-

---

[528] Dejo aquí de lado la difícil cuestión de qué significa exactamente "dar lugar a". En la mayoría de los casos se tratará de una conexión causal de algún tipo, lo que, sin embargo, requeriría un análisis más profundo. Para una introducción a las diferentes opciones, véase, por ejemplo, Reiss (2017).

[529] En algunos casos, el enfoque puede ser más restringido y los científicos solo estén interesados en partes del esquema completo. Esto ocurre, por ejemplo, si el objetivo es establecer únicamente que una determinada propiedad es robusta sin atribuirla también a una estructura común. En este caso, solo se lleva a cabo el paso 1. En otros casos, los científicos pueden llevar a cabo los pasos 1 y 3 y luego inferir a partir de ellos que S está presente tanto en los modelos como en el objetivo (es decir, el resultado del paso 2) mediante alguna forma de inferencia a la mejor explicación (IBE). Para un debate general sobre la IBE, véase Lipton (2004); para un debate sobre la IBE en el contexto del AR, véase Odenbaugh (2011).

bargo, no hay nada intrínseco en el AR que requiera este procedimiento. El análisis podría proceder de manera opuesta, partiendo de un conjunto de modelos, y a veces lo hace. En el caso de los modelos climáticos globales, por ejemplo, los científicos no construyen primero un modelo y luego añaden otros para demostrar que los resultados del primero son robustos. El proceso científico consiste en que diferentes grupos de modelización construyen modelos climáticos (más o menos) de forma independiente y, cuando resulta que estos modelos son diferentes, se busca una forma de lidiar con esta diversidad de modelos.

El AR tiene un gran atractivo y su uso no se limita a la ecología. Por mencionar solo algunos: Plutynski (2006) aplica el AR a modelos de genética de poblaciones; Guala y Salanti (2002), Kuorikoski et al. (2010) y Thoma (2012) analizan el AR en el contexto de la modelización económica; Lloyd (2010) analiza modelos climáticos en términos de AR;[530] Gueguen (2020) investiga el AR en el contexto de la cosmología; Sprenger (2012) considera el AR en el contexto del análisis de riesgos medioambientales; y Eronen (2015) defiende el AR como instrumento filosófico en el debate sobre el realismo científico.

Debido a su estructura, cada paso del AR plantea dos preguntas. La primera pregunta se refiere a la premisa del argumento. La premisa hace una afirmación sobre el conjunto de modelos y tenemos que aclarar cómo establecemos esta afirmación o, si establecerla está fuera de nuestro alcance, qué se puede decir en su apoyo. La segunda pregunta se refiere a la conclusión. Los argumentos no son, obviamente, deductivamente válidos. El hecho de que una determinada afirmación sea cierta en un conjunto de modelos no implica, como cuestión de lógica, que la afirmación también sea cierta en el objetivo: es posible que la conclusión sea falsa incluso si la premisa es verdadera. Por lo tanto, la transferencia de los resultados del conjunto de modelos al objetivo necesita una justificación. En lugar de seguir los pasos de arriba abajo, primero discutiremos todas las premisas y luego pasaremos a las conclusiones.

Para aclarar lo que implica la premisa 1, es útil distinguir dos tipos de conjuntos de modelos.[531] Como hemos visto, el modelo de Lotka-Volterra depende de los cuatro parámetros *r*, *m*, *a* y *b*. Esto es habitual, ya que los modelos de otros ámbitos también dependen de parámetros. Se puede construir un conjunto de modelos tomando las ecuaciones del modelo y especificando que todos los parámetros del modelo varían dentro de un determinado rango. Un conjunto de modelos

530 De hecho, el debate sobre el AR en el contexto de los modelos climáticos se ha convertido en un subcampo en sí mismo. Para más información, véase, por ejemplo, Carrier y Lenhard (2019), Knutti y Sedláček (2013), Lloyd (2009, 2015), Odenbaugh (2018), Parker (2011, 2013, 2018), Pirtle et al. (2010) y Vezér (2016).

531 Para una introducción a los conjuntos de modelos, véase Frigg et al. (2015b) y Parker (2013).

construido de esta manera se refiere como un *conjunto de parámetros perturbados*.[532] El estudio de un conjunto de este tipo proporciona información sobre la sensibilidad de los resultados de un modelo en función de los parámetros, por lo que el conjunto puede utilizarse para explorar el impacto de la incertidumbre paramétrica en los resultados relevantes. Por el contrario, un "conjunto multimodelos" consiste en varios modelos diferentes: modelos que difieren en sus supuestos de modelización sustantivos y en su estructura matemática, y no solo en los valores de sus parámetros.[533] El conjunto de dos modelos formado por el modelo original de Lotka-Volterra y el modelo "modificado" con el término añadido para reflejar la dependencia de la densidad es un ejemplo sencillo de conjunto multi-modelos. Los conjuntos de este tipo pueden utilizarse para investigar cómo los resultados relevantes del modelo se ven afectados por la incertidumbre sobre la estructura del modelo. Por supuesto, estos tipos de conjuntos no son mutuamente excluyentes, y se puede tener un conjunto que contenga diferentes modelos y varíe sus valores de parámetros.

Los dos tipos de conjuntos de modelos se exploran mediante diferentes técnicas. El estudio de un conjunto de parámetros perturbados requiere variar los parámetros del modelo y comprobar si los resultados deseados cambian y, en caso afirmativo, cómo lo hacen. Esto es sencillo en teoría, pero a menudo difícil de llevar a la práctica. El número de parámetros puede ser elevado y las ecuaciones pueden no ser solucionables analíticamente. En tales casos, los científicos tienen que recurrir a simulaciones por ordenador y ejecutar múltiples versiones del mismo modelo, en las que cada versión incorpora un conjunto diferente de valores de parámetros. Pero ninguna simulación puede explorar todo el rango de valores de los parámetros, y siempre hay lagunas. Estas lagunas son especialmente significativas si los modelos son grandes y su exploración requiere un gran esfuerzo computacional. Los modelos climáticos contemporáneos, por ejemplo, tienen cientos de parámetros y, sin embargo, la infraestructura computacional disponible solo permite a los científicos realizar un número relativamente pequeño de simulaciones, lo que da lugar a que gran parte del espacio de parámetros quede

---

[532] En el contexto de la ciencia climática, estos conjuntos también se denominan conjuntos de física perturbada (Parker 2013, 215). Yo prefiero la etiqueta más neutral conjunto de parámetros perturbados. En primer lugar, la etiqueta neutral también se aplica a modelos de disciplinas distintas de la física (en el modelo de Lotka-Volterra, no hay física que perturbar). En segundo lugar, mientras que algunos parámetros representan magnitudes físicas (como la viscosidad del agua), otros son resúmenes efectivos de procesos como la cobertura nubosa, que no se resuelven explícitamente en el modelo, por lo que cambiar los valores de los parámetros perturba el modelo y no la física.

[533] Los conjuntos multi-modelos pueden, en principio, abarcar modelos que implican tanto cambios en la relación funcional entre variables como cambios en el tipo de variables utilizadas. El primero se utiliza para estudiar lo que Weisberg y Reisman (2008, 116) denominan "robustez estructural", que interviene, por ejemplo, cuando se prueban diferentes tipos de dependencias de densidad. El segundo sirve para probar lo que ellos (ibid., 120) denominan "robustez representativa", que interviene, por ejemplo, cuando las variables a nivel de población se sustituyen por variables individuales.

sin explorar.[534] Comprender cómo los cambios en los parámetros del modelo afectan al resultado del modelo de interés ante dificultades como estas se ha convertido en una disciplina científica por derecho propio, denominada *análisis de sensibilidad*.[535]

Las cosas se complican aún más cuando pasamos a los conjuntos multi-modelos. El objetivo de estos conjuntos es evaluar si un resultado es robusto ante cambios estructurales del modelo. Esto implica cambiar los supuestos de modelización sustanciales y la estructura matemática del modelo. Esta estabilidad es necesaria porque, si un modelo es idealizado y resulta que un resultado desaparece cuando se eliminan o modifican las idealizaciones, entonces el resultado no es epistémicamente significativo.[536] Hacer honor a esta intuición es una tarea difícil. A diferencia de los conjuntos de parámetros perturbados, donde el problema es establecer resultados sobre un conjunto bien definido, el problema ahora es cómo definir el conjunto para empezar. En nuestro ejemplo, Weisberg y Reiman consideraron un pequeño conjunto multi-modelos compuesto por tres modelos y luego estudiaron cada modelo individualmente. Pero, ¿qué justifica esta elección? ¿Por qué estos tres modelos? ¿Por qué no un conjunto de cuatro o cinco modelos, o un conjunto con un número mayor, o incluso infinito, de modelos? Esta pregunta está, por supuesto, profundamente entrelazada con la inferencia de que los resultados del modelo se transfieren al objetivo. Desde un punto de vista puramente formal, se puede estudiar cualquier conjunto, y es muy posible que cualquier conjunto sea tan bueno como cualquier otro. Sin embargo, si más adelante se desea basar las conclusiones sobre el sistema objetivo en este estudio, los modelos del conjunto deben ser "informativos" sobre el objetivo. En un mundo ideal, esto significaría que el conjunto contendría todos los modelos plausibles del objetivo. Sin embargo, no solo no está claro qué significa esto, sino que, incluso si supiéramos qué significa "plausible", en general seguiría sin estar claro cómo construir realmente un conjunto de este tipo. Simplemente no se sabe cómo es la clase de todos los modelos plausibles de un sistema depredador-presa. Una segunda opción podría ser decir que el conjunto no tiene por qué contener todos los modelos plausibles y que basta con tener un conjunto que proporcione una buena muestra del conjunto de todos los modelos plausibles (de la misma

---

[534] Por ejemplo, en la exploración del HadCM3, un modelo climático global en el que se basaban hasta hace poco las políticas climáticas oficiales del Reino Unido, hay cientos de parámetros (lo que da lugar a miles de millones de combinaciones de valores) y, sin embargo, los resultados comunicados a los responsables políticos se basaban en menos de 300 ejecuciones del modelo, de las cuales solo 17 eran ejecuciones del modelo completo. Para un análisis de este caso, véase Frigg et al. (2015a).

[535] Se pueden encontrar debates filosóficos sobre el análisis de sensibilidad en Bokulich y Oreskes (2017, sec. 41.6) y Raerinne (2013, sec. 2); su lugar en el edificio más amplio del AR se analiza en Justus (2012, 801) y Weisberg y Reisman (2008, 115). Para un debate técnico, véase Saltelli et al. (2004).

[536] Fletcher (2020) remonta esta exigencia a Duhem y Maxwell y, a continuación, analiza los conceptos topológicos de estabilidad en los sistemas dinámicos. Para más información sobre este tipo de estabilidad, véase Frigg et al. (2014).

manera que un conjunto relativamente pequeño de personas puede ser una muestra de toda la población de un país). Sin embargo, si es difícil decir cuál es la clase de modelos plausibles, también lo es decir cómo es una muestra representativa de esa clase. En la práctica, los científicos suelen agrupar simplemente todos los modelos disponibles y considerarlos como un conjunto. Sin embargo, como señala Parker, los modelos construidos de este modo son "conjuntos de oportunidad" y, como tales, "no están diseñados para muestrear o delimitar sistemáticamente las incertidumbres, sino que se asemejan más a una colección de las mejores conjeturas" (2013, 216).[537] Por lo tanto, cómo construir y explorar un conjunto multi-modelos representativo es, en gran medida, una cuestión abierta.[538]

Pasemos ahora a la premisa 2, la identificación de la estructura común. El establecimiento de esta premisa se basa en el hecho de que cada modelo *Mi* del conjunto puede descomponerse en un núcleo y un conjunto de idealizaciones: *Mi* = *S* & *Ii* donde *i* es un índice que abarca todos los modelos del conjunto. El aspecto crucial aquí es que, si bien las idealizaciones son particulares de cada modelo (de ahí el índice para las idealizaciones), la estructura *S* debe ser común a todos los modelos. Rice llama a esto la "estrategia de descomposición" y sostiene que es un callejón sin salida: "muchos de nuestros mejores modelos científicos no pueden descomponerse de la manera requerida por la estrategia de descomposición" (Rice 2019, 180). Esto se debe a que las contribuciones de *S* al resultado de un modelo no pueden aislarse de las contribuciones de *Ii*, ya que ambas están inextricablemente entrelazadas con el modelo y colaboran para producir el resultado del mismo. Las idealizaciones se introducen para que los marcos matemáticos básicos sean aplicables, y a menudo distorsionan las características que marcan la diferencia. Por lo tanto, no existe tal cosa como la contribución de la idealización que pueda aislarse del resultado del núcleo (*ibid.*, 189-195).

Esto es motivo de gran preocupación y quienes deseen realizar un AR en un conjunto determinado tendrán que argumentar que los modelos en cuestión no se enfrentan al problema que describe Rice. Incluso si esto fuera posible y la descomposición no fuera una limitación en principio, existen obstáculos prácti-

---

[537] Un ejemplo destacado de este tipo de conjunto es el conjunto CMIP5, una recopilación de unos 20 modelos climáticos globales diferentes que se han utilizado para alcanzar algunos de los resultados fundamentales del quinto informe de evaluación del IPCC (Stocker et al. 2013). Volveremos brevemente a este caso en la sección 15.4. Para un análisis de los problemas a los que se enfrenta este conjunto de modelos, véase Thompson et al. (2016).

[538] Señalo que las técnicas del grupo de renormalización que mencionamos en relación con los modelos mínimos en la sección 12.5 también pueden considerarse como una fuente de resultados robustos en toda una clase de modelos. De hecho, Batterman y Rice parafrasean en ocasiones la renormalización como el establecimiento de la "robustez" de ciertos comportamientos (véase, por ejemplo, 2014, 364, 371), y Rice sostiene que las idealizaciones se justifican al demostrar que los modelos pertenecen a una determinada clase de universalidad (véase, por ejemplo, 2020a, 829). Sin embargo, la renormalización no parece discutirse mucho en el contexto del AR.

cos. Pocos conjuntos estarán formados por modelos cuya estructura se descomponga de forma natural en un núcleo y unas idealizaciones, y es posible que incluso se formulen modelos diferentes en marcos matemáticos diferentes. En ese caso, resulta difícil encontrar una estructura central que todos tengan en común. El conjunto de Weisberg y Reisman es un buen ejemplo de ello. Los modelos utilizan formalismos diferentes y aislar el acoplamiento negativo como estructura común implicaba mucho más que buscar elementos compartidos en las formulaciones matemáticas de los modelos. Weisberg reconoce esta dificultad y señala que "estos casos son mucho más difíciles de describir en general, ya que dependen de la capacidad del teórico para juzgar estructuras relevantes similares" (2006b, 738). Incluso si se confía en la capacidad de los teóricos para hacerlo, ciertos casos pueden presentar obstáculos insuperables. Justus analiza el caso de los modelos climáticos y señala que estas grandes estructuras computacionales son opacas, y que el mero número y la complejidad de las ecuaciones implicadas socavan cualquier intento de duplicar el tipo de análisis que Weisberg y Reisman pudieron llevar a cabo en los modelos relativamente simples del sistema depredador-presa (2012, 802-803). Por lo tanto, existen dudas sobre la identificación de una estructura común, tanto en principio como en la práctica, cuando se trata de conjuntos de modelos complejos.

Como ya hemos señalado al analizar el principio de Volterra, la formulación de las condiciones pertinentes del teorema robusto, que es el núcleo de la premisa 3, es un problema formidable. El problema está relacionado con los problemas que hemos visto en relación con la construcción de conjuntos multi-modelos. Si supiéramos qué modelos hay en el conjunto y cómo caracterizarlos, y si pudiéramos demostrar que en todos estos modelos *S* da lugar a *R*, probablemente tendríamos al menos una idea de lo que entra en las condiciones *C*. Pero dado que la pertenencia al conjunto sigue siendo difícil de determinar, no es de extrañar que la formulación de los criterios pertinentes siga siendo un hueso duro de roer.

Pasemos ahora a las conclusiones, que transfieren los hallazgos sobre el conjunto de modelos al sistema objetivo. A diferencia de las tres premisas, que plantean cuestiones diferentes, las tres conclusiones plantean las mismas cuestiones, por lo que podemos discutirlas juntas. Para facilitar la discusión, me refiero a los hechos de que los modelos tienen *R* y *S*, y que el teorema robusto (que dice que *S* da lugar a *R* en condiciones *C*) es válido en ellos, como "resultados del modelo". Como se ha señalado, los argumentos de los tres pasos no son deductivamente válidos, por lo que cabe preguntarse qué justifica la inferencia de la premisa (que un resultado se cumple en un conjunto de modelos) a la conclusión (que el mismo resultado se cumple en el sistema objetivo del mundo real).

En algunos casos, esta puede ser una cuestión que puede resolverse mediante pruebas empíricas, lo que en la práctica haría innecesario el argumento del paso 1. En el caso del depredador-presa, por ejemplo, las observaciones de D'Ancona proporcionan pruebas de la presencia de *R* en el sistema de peces del mar Adriático. La solidez de estas pruebas depende del alcance que se le dé al análisis. Si se limita la atención al mar Adriático, las pruebas son sólidas; si se considera que el alcance del modelo son los sistemas depredador-presa en general, se necesitan más pruebas. Sin embargo, esto no tiene nada de especial: nos encontramos ante un caso en el que se comprueba una hipótesis con datos, y el caso que nos ocupa no plantea cuestiones que vayan más allá de las preguntas habituales que surgen en relación con la confirmación de teorías a partir de observaciones.

Sin embargo, como señala el propio Weisberg (2006b, 739), el AR se utiliza a menudo en casos en los que no es posible realizar pruebas empíricas y se supone que el AR sustituye a las pruebas empíricas al proporcionar ***razones*** para creer que *R*, *S* y el teorema robusto que conecta *S* y *R* se cumplen en el objetivo. Si, por ejemplo, se lleva a cabo un AR con modelos climáticos para establecer una afirmación sobre el clima en el año 2050 (por ejemplo, que la trayectoria de emisiones "sin cambios" conduce a un aumento de la temperatura media global de más de 2 grados para 2050), entonces esta afirmación, por el momento, no es empíricamente verificable y el AR se utiliza precisamente para proporcionar pruebas de ello; de hecho, es posible que la afirmación nunca pueda comprobarse porque la trayectoria de las emisiones puede cambiar y la trayectoria utilizada en los modelos no es la que ha seguido el mundo real.

Cómo el AR puede establecer la veracidad de una afirmación sobre el objetivo es, al menos a primera vista, enigmático. Hablando de modelos econométricos, Cartwright formula así su preocupación:

> Ahora bien, aquí está el razonamiento que no entiendo: "El econometrista X utilizó una forma lineal, Y una logarítmica, Z otra diferente; y los resultados son los mismos. Dado que los resultados son tan robustos, debe haber algo de verdad en ellos". Pero... sabemos que, en el mejor de los casos, solo una de estas hipótesis puede ser correcta. Podemos examinar treinta formas funcionales, pero si la función de Dios es la número treinta y uno, las treinta primeras no nos enseñan nada... Estoy de acuerdo en que es una coincidencia que todos encuentren los mismos resultados. Pero no veo qué razón tenemos para suponer que la explicación correcta de la coincidencia es que cada uno de los instrumentos, a pesar de sus defectos, está leyendo correctamente el resultado. (1991b, 154)

Orzack y Sober comparten esta perplejidad y sugieren llegar al fondo del asunto de forma gradual. Con este fin, distinguen tres casos y argumentan que los casos son poco realistas o no respaldan la conclusión (1993, 538). El primer caso es aquel en el que "sabemos que uno de un conjunto de modelos [Ω] es verdadero, pero no sabemos cuál" (*ibid.*).[539] Bajo este supuesto, AR establece con éxito que

[539] Por "verdadero" se entiende que el modelo representa T de manera exacta en los aspectos relevantes.

el resultado del modelo es verdadero: un resultado es robusto si todos los modelos de Ω coinciden en el resultado y, si Ω contiene el modelo verdadero, entonces todos los modelos coinciden en la verdad y, por lo tanto, el resultado robusto es verdadero. Desgraciadamente, este escenario no es realista. En primer lugar, no es nada obvio por qué un modelo verdadero debería formar parte de Ω, dado que los modelos suelen implicar simplificaciones y omisiones. En segundo lugar, incluso si tuviéramos la suerte de contar con un conjunto que contuviera el modelo verdadero, rara vez, o nunca, estaríamos en condiciones de saber que ese es el caso. Se podría decir que estaríamos en una situación tan afortunada si supiéramos que Ω es un conjunto *completo*, en el sentido de que contiene todos los modelos plausibles de *T*. Eso es correcto, pero normalmente no disponemos de tales conjuntos. Si un conjunto no es completo en este sentido, tendríamos que saber *de alguna manera* que el modelo verdadero está en él, pero no está claro cómo podríamos llegar a saberlo; y si pudiéramos simplemente identificar el modelo verdadero, entonces no necesitaríamos AR para empezar. Así pues, la primera opción es válida en principio, pero irrelevante en la práctica. La segunda opción de Orzack y Sober es que se sabe que Ω no contiene el modelo verdadero: todos los modelos de Ω son falsos. En este caso, el AR parece poco sólido porque "si sabemos que cada uno de los modelos es falso (cada uno es una "mentira"), entonces no está claro por qué el hecho de que *R* esté implícito en todos ellos es una prueba de que *R* es verdadero" (*ibid.*, 538). Su tercera opción es que se desconoce si Ω contiene el modelo verdadero. Orzack y Sober concluyen que AR tampoco es útil en este caso porque "si no sabemos que uno de los modelos es verdadero, entonces tampoco está claro por qué una predicción conjunta debe considerarse verdadera" (*ibid.*, 538-539). Por lo tanto, AR nos dice algo sobre los modelos, pero no nos informa sobre los sistemas del mundo real que los modelos representan.

En su respuesta a Orzack y Sober, Levins insiste en que "la estructura lógica del argumento es bastante diferente de la representación que hacen Orzack y Sober" (1993, 553). Levins sostiene que debemos partir de un conjunto de modelos que tengan la estructura $M_i = S \& I_i$ para todos los *i*. Además, los componentes del modelo deben cumplir los siguientes requisitos: el conjunto de los I_i es tal que el conjunto de modelos "agota todas las alternativas admisibles" (*ibid.*) y *S* se considera plausible antes del AR. Las observaciones desempeñarán un papel importante a la hora de evaluar si se cumplen estas condiciones: "la observación interviene primero en la elección del modelo básico y en la selección de las partes variables plausibles, y más tarde en la comprobación de las predicciones que se derivan del modelo básico" (*ibid.*, 554). Por lo tanto, Ω no es un conjunto cualquiera, sino un conjunto formado por modelos con credenciales empíricas. Esto, según Levins, cambia completamente el argumento, ya que las conclusiones robustas extraídas de *tal* conjunto *sí que* dan credibilidad a las afirmaciones robustas: "la robustez, tal y como se entiende aquí, es una estrategia válida para separar las conclusiones que dependen del núcleo biológico común de un modelo de las simplificaciones, distorsiones y omisiones introducidas para facilitar el análisis, y para llegar a las implicaciones de verdades parciales" (*ibid.*).[540]

Veamos más de cerca lo que está sucediendo aquí. Orzack y Sober sostienen que el hecho de que una conclusión sea robusta en un conjunto de modelos que son todos falsos no respalda la afirmación de que la conclusión es verdadera para el objetivo. Levins responde, en efecto, que esto, aunque fuera cierto, no viene al caso porque tenemos que considerar un conjunto formado por modelos con credenciales observacionales, y en esas condiciones un resultado robusto sí respalda la afirmación de que es verdadero para el objetivo. ¿Por qué sería así? En principio, es posible que incluso los modelos que tienen credenciales empíricas coincidan en una característica que no se da en el objetivo. ¿Qué nos permite descartar esta posibilidad?

La clave de la respuesta parece estar en la noción de que los modelos del conjunto son independientes. Como hemos visto anteriormente, Levins insiste en que la verdad es la intersección de mentiras *independientes*. Esto abre la puerta a un argumento muy conocido en la filosofía de la ciencia: el argumento de la *variedad de la evidencia*. El argumento tiene una larga historia y se ha articulado de diferentes maneras en diferentes momentos, pero la intuición básica es simple: si varias líneas de evidencia apuntan a la misma conclusión, entonces esta conclusión debe ser verdadera, o al menos nuestro grado de creencia en ella debería ser mayor a la luz de la evidencia que antes de que la evidencia estuviera disponible. Perrin se basó en este tipo de razonamiento cuando concluyó que los átomos deben existir porque trece métodos diferentes de observación llevan a esa conclusión.[541] También nos basamos en este tipo de razonamiento cuando afirmamos que una cantidad física tiene un valor particular *v* porque se han realizado varias mediciones con diferentes instrumentos de medición y todas han dado el mismo valor. Kuorikoski, Lehtinen y Marchionni se basan en este tipo de razonamiento cuando motivan el razonamiento de la robustez diciendo que "sería una coincidencia notable que formas de determinación separadas e independientes llegaran a la misma conclusión si esta no se correspondiera con algo real" (2010, 544).[542]

Sin embargo, esto no parece ayudar a Levins. Aunque afirma que los modelos deben ser independientes, Orzack y Sober señalan que el método de Levins para

[540] Weisberg hace una sugerencia relacionada según la cual los modelos tienen "confirmación de bajo nivel", que es "lo que permite a los teoremas robustos hacer afirmaciones sobre los fenómenos del mundo real" (2006b). Harris (2021a, cap. 3) analiza este argumento y concluye que no logra justificar las conclusiones. Para una elaboración de la opinión de que las conclusiones del AR pueden fundamentarse firmemente insistiendo en que los modelos se confirman de forma independiente, véase Lehtinen (2016, 2018).

[541] Para un análisis del argumento de Perrin, véase Salmon (1984, cap. 8).

[542] La perspectiva de Schupbach sobre la robustez (2015, 2018) también se basa en esta observación. Harris (2021b) analiza esta perspectiva y llega a la conclusión de que, en última instancia, se encuentra con problemas similares a los de perspectivas anteriores.

determinar una predicción robusta no solo no garantiza que los modelos sean independientes, sino que, por el contrario, "garantiza que los modelos considerados *no son* independientes" (1993, 540, énfasis en el original). La razón de ello es que Levins nos insta a llevar a cabo el AR con un conjunto de modelos que se basan todos en el *mismo* núcleo, lo que introduce una dependencia entre los modelos. Esta dependencia puede ser problemática porque puede introducir un sesgo sistemático en los modelos. Parker analiza esta cuestión en el caso de los modelos climáticos y llega a una conclusión sobria:

> Cuando los modelos climáticos actuales coinciden en que una hipótesis interesante sobre el cambio climático futuro es cierta, no se puede inferir [...] que la hipótesis sea cierta o que la confianza de los científicos en la hipótesis deba aumentar significativamente o que la afirmación de que se dispone de pruebas para la hipótesis sea ahora más segura. (2011, 579)

Esto se debe a que estos modelos tienen las mismas limitaciones tecnológicas que están arraigadas en la infraestructura computacional actual y a que se basan en la misma comprensión del sistema climático, lo que significa que inevitablemente tienen algunos errores comunes.[543] O, si estudiamos un sistema mecánico y construimos un conjunto basado en las leyes del movimiento de Newton, estos modelos pueden tener todo tipo de resultados estables que, sin embargo, son falsos porque los modelos no tienen en cuenta los efectos descritos en la mecánica cuántica y la teoría de la relatividad. El postulado de que debemos construir Ω tomando un núcleo y añadiéndole diferentes idealizaciones socava la independencia y puede dar lugar a sesgos sistemáticos.

Esto pone el foco en la independencia. La pregunta crucial para el AR es: ¿qué tipo de independencia deben tener los modelos en Ω para que las conclusiones del AR tengan una base sólida? Los debates recientes sobre el AR se han centrado en esta pregunta. Kuorikoski et al. (2010, 544) argumentaron que los modelos de un conjunto satisfacen condiciones de independencia similares a las que satisfacen diferentes instrumentos de medición y que esto justifica el AR. Odenbaugh y Alexandrova (2011) no están de acuerdo. Argumentan que los modelos en un conjunto no cumplen las condiciones de independencia requeridas; por lo tanto, el AR no tiene el poder de establecer conclusiones y es mejor considerarla un método de descubrimiento que de confirmación. Kuorikoski et al. (2012) responden a esta crítica y argumentan que, una vez aclarados ciertos puntos, su argumento original se mantiene. Kuorikoski y Marchionni (2016) aportan más argumentos a favor de la conclusión de que la condición de independencia fundamenta el valor añadido confirmatorio de una variedad de pruebas.[544] Harris

---

[543] Esto ha sido ampliamente reconocido; véase, por ejemplo, Knutti et al. (2010). Bishop y Abramowitz (2013) y Jun et al. (2008b, 2008a) han demostrado y debatido la falta de independencia de los modelos. Para un debate más detallado sobre la comparación de modelos en el contexto de los modelos climáticos, véase Bokulich y Oreskes (2017).

[544] Lisciandra y Korbmacher proponen un enfoque que considera que el AR se refiere a "la información, no la confirmación" y enfatizan que el objetivo del AR debe verse como la formulación

(2021c) identifica problemas con el enfoque que van más allá de las críticas de Odenbaugh y Alexandrova, argumentando que las condiciones de independencia fallan por una cuestión de principio y no solo por una cuestión de práctica.

En resumen, el AR es un método que, a pesar de su atractivo intuitivo, no ha encontrado hasta la fecha una formulación canónica que alivie las preocupaciones sobre sus conclusiones en casos reales.

15.4 Perspectivismo

Los objetos se ven diferentes cuando los observamos desde distintos puntos de vista. La montaña se ve diferente cuando se observa desde el norte y cuando se observa desde el sur, y la torre se ve diferente cuando se observa desde un lado del río y cuando se observa desde el otro lado. Lo que percibimos depende de nuestro punto de vista. La premisa fundamental del *perspectivismo* es que esta observación es válida más allá del ámbito de la experiencia visual.[545] Desde que Kant declaró que los objetos deben ajustarse a nuestra cognición y no al revés, los filósofos se han esforzado por articular la idea de que los objetos no se nos dan simplemente "tal como son", y que la forma en que los percibimos, conceptualizamos, conocemos y comprendemos depende de quiénes somos, de nuestro punto de vista. Esta idea básica desempeña un papel importante en varios campos y disciplinas. Por mencionar solo algunos: los padres fundadores de la sociología del conocimiento consideraban que la cognición estaba ligada a una ubicación particular en un sistema social; la epistemología del punto de vista desarrolla sistemáticamente la idea de que todo conocimiento está ligado a un punto de vista; y la historia perspectivista pretende describir los acontecimientos tal y como se presentan a actores situados en posiciones diferentes.[546] Desarrollos similares han dado forma a las opiniones en la epistemología contemporánea, la filosofía del lenguaje, la filosofía del tiempo, la causalidad y las teorías de la representación.[547]

de una perspectiva de "cómo modelos mutuamente inconsistentes pueden decir algo coherente sobre un sistema objetivo compartido, no una perspectiva de si lo que dicen es cierto, confirmado o similar" (2021, 187, énfasis en el original). Esto resuelve los problemas anteriores a costa de declararlos irrelevantes.

[545] El perspectivismo también se conoce como perspectivalismo. Los términos se utilizan habitualmente de forma intercambiable (Massimi y McCoy 2020a, 1).

[546] El locus classicus del llamado giro copernicano de Kant es el prefacio de la segunda edición de la Crítica de la razón pura. Para la sociología del conocimiento, véase, por ejemplo, Mannheim (1954); para la epistemología del punto de vista, véase, por ejemplo, Harding (1986); y para la historia perspectivista, véase, por ejemplo, Rossi (2015).

[547] Para un debate sobre la representación, véase, por ejemplo, Moore (1997); para un breve debate sobre epistemología, filosofía del lenguaje, filosofía del tiempo y causalidad, véase Massimi y McCoy (2020a) y las referencias allí citadas. Para una introducción general al perspectivismo, véase Massimi (2017).

Giere articuló una visión perspectivista en la filosofía de la ciencia. Según su punto de vista, las perspectivas se definen a través de teorías.[548] Al escribir sobre principios teóricos generales, Giere afirma que

> los grandes principios que los objetivistas citan como leyes universales de la naturaleza se entienden mejor como modelos altamente generalizados que caracterizan una perspectiva teórica. Así, las leyes de Newton caracterizan la perspectiva mecánica clásica; las leyes de Maxwell caracterizan la perspectiva electromagnética clásica; la ecuación de Schrödinger caracteriza una perspectiva mecánica cuántica; los principios de la selección natural caracterizan una perspectiva evolutiva, y así sucesivamente. (2006, 14-15)

Las perspectivas que se definen a través de principios teóricos "se filtran" hacia los modelos de una manera directa. Como hemos visto en el capítulo 8, Giere considera las teorías como colecciones de modelos. Pero estas colecciones no son colecciones aleatorias de modelos; los modelos que pertenecen a una teoría se construyen utilizando los principios teóricos de la teoría. Un modelo newtoniano, por ejemplo, es un objeto abstracto que ha sido construido de acuerdo con los principios de la mecánica newtoniana, sobre todo la ecuación del movimiento de Newton, y que, por lo tanto, satisface estos principios. La función de los principios teóricos, desde este punto de vista, "es actuar como plantillas generales para la construcción de modelos más específicos" (2006, 62). Esta construcción tiene dos aspectos. El primer aspecto es la "interpretación", en la que "los principios de la mecánica newtoniana, por ejemplo, ayudan a interpretar los términos fuerza y masa desde una perspectiva newtoniana, mostrando sus relaciones con los términos posición, velocidad y aceleración" (*ibid.*). El segundo aspecto es la "identificación", en la que se establece una relación de correspondencia entre cosas específicas del mundo y elementos de un modelo (*ibid.*).

Los modelos encarnan los principios teóricos que son constitutivos de una teoría y, por lo tanto, heredan las perspectivas que estos principios definen. Decir que un modelo es un "modelo newtoniano" equivale a decir que es un modelo construido desde una perspectiva newtoniana y que representa su sistema objetivo (si lo hay) desde un punto de vista newtoniano. Tal representación puede ser verdadera, pero su verdad es relativa a una perspectiva. La verdad absoluta se sustituye así por la "verdad dentro de una perspectiva" (*ibid.*, 81), y el realismo en toda su extensión se convierte en "realismo perspectivista" (*ibid.*, 88). El perspectivismo llega hasta el final, por así decirlo. No solo afirma (algo relativamente trivial) que una misma cosa puede parecer diferente desde diferentes perspectivas, sino

[548] Un segundo aspecto del perspectivismo científico de Giere son las "perspectivas instrumentales" (ibid., 63). Señala que la percepción humana es perspectivista y añade "que los instrumentos que ahora dominan la observación científica son igualmente perspectivistas parece casi igualmente indiscutible. Están diseñados para interactuar selectivamente con el mundo de maneras determinadas por los propósitos humanos" (ibid., 93). En este capítulo nos centramos en el aspecto teórico de su perspectivismo.

que afirma de manera más radical que, desde diferentes perspectivas, un mismo objetivo tiene características diferentes y que son ciertas afirmaciones diferentes sobre él. Por esta razón, hay que abandonar la suposición de que solo hay un modelo correcto, es decir, el modelo que capta *la verdadera* naturaleza del objetivo. El objetivo tiene un conjunto de características desde una perspectiva y otro conjunto de características desde otra perspectiva.[549] Por ejemplo, un objeto puede moverse en una trayectoria bien definida en cualquier momento desde la perspectiva de la mecánica clásica, sin tener una posición bien definida en ningún momento desde la perspectiva de la mecánica cuántica.

A primera vista, parece que esto resuelve el problema de los modelos múltiples de la sección 15.2. Los diferentes modelos encarnan diferentes perspectivas, y cuando se ve desde diferentes perspectivas, el mismo objetivo puede tener diferentes propiedades. Por lo tanto, el hecho de que tengamos un conjunto de modelos diferentes y aparentemente contradictorios del mismo objetivo no indica que haya un problema de inconsistencia, sino que simplemente hay diferentes perspectivas científicas, cada una con sus propias verdades perspectivales. Este enfoque de los modelos parece funcionar bien cuando los modelos se refieren a diferentes partes o aspectos de un sistema objetivo. Si tenemos, por ejemplo, dos modelos de la Tierra, uno que representa la dinámica de las placas tectónicas y otro que representa las corrientes oceánicas, entonces se puede hablar naturalmente de diferentes perspectivas y de que no hay conflicto entre ellas. Como hemos visto anteriormente, Morrison analiza el ejemplo de la dinámica de fluidos, en el que se utilizan diferentes modelos para representar aspectos distintos del fluido, en lugar de representar las mismas estructuras de diferentes maneras. Rueger analiza el caso de los modelos que son aproximaciones diferentes a la misma teoría unificada. Estos modelos, aunque a primera vista son incompatibles, captan aspectos diferentes de la misma teoría subyacente (2005). Como señalan tanto Morrison como Rueger, el perspectivismo es plausible en estos casos porque no existe un conflicto real entre los modelos perspectivistas y los modelos operan de manera complementaria.[550]

Sin embargo, cabe preguntarse si el perspectivismo conserva esta plausibilidad si nos fijamos en casos de contradicción genuina, casos en los que diferentes modelos dicen cosas diferentes sobre la misma parte o aspecto del objetivo. Morrison se refiere al caso de los modelos nucleares (sección 15.2) y señala que

> no está claro cómo el perspectivismo puede ayudarnos a resolver el problema de interpretar la información que proporcionan los modelos in-

[549] Mitchell argumenta además que si, como dice Giere, "los modelos representacionales son tanto parciales como perspectivales, entonces, para adquirir conocimiento de los sistemas naturales, la ciencia debe emplear una pluralidad de modelos, métodos y representaciones" (Mitchell 2020, 178).

[550] Pincock (2011) analiza cómo los modelos que representan diferentes aspectos de un fenómeno pueden seguir apoyando una forma modesta de realismo científico.

> consistentes. Sabemos que el núcleo es un fenómeno cuántico, pero utilizamos modelos clásicos para representar la fisión. A pesar del éxito del modelo, nadie está dispuesto a afirmar que el modelo de la gota líquida sea una representación exacta del núcleo. Por lo tanto, adoptar una perspectiva particular no ayuda en estos contextos. En otras palabras, no nos ayuda decir que, desde la perspectiva clásica, el núcleo se comporta como una gota líquida si sabemos que las partículas dentro del núcleo son cuánticas. (2011, 343)

Continúa señalando que el perspectivismo nos obliga a decir que "el núcleo no tiene naturaleza en sí mismo y solo podemos responder a preguntas sobre él una vez que se ha especificado una perspectiva concreta" (2015, 160). Giere parece respaldar esta conclusión y sostiene que esto es lo que permite a la posición evitar el "relativismo absurdo" y salvar el realismo frente a diferentes perspectivas (2006, 13). Morrison argumenta que tal reconciliación de modelos contradictorios no resiste un examen minucioso. Aunque puede haber diferentes modelos de la misma cosa, "no se debe deducir de ello que podamos tener perspectivas contradictorias sobre cómo está constituido un sistema", algo que permite el perspectivismo de Giere (2015, 160). El perspectivismo es, en última instancia, incompatible con el realismo y está comprometido con una "versión no trivial del instrumentalismo" (*ibid.*). Por esta razón, Morrison concluye que "a pesar de las apariencias de éxito, el perspectivismo no ayuda a resolver el problema de los modelos contradictorios" (*ibid.*, 161).

La cuestión de si el perspectivismo puede conciliarse con el realismo y, en caso afirmativo, cómo, ha suscitado un considerable interés en la literatura reciente sobre el realismo científico.[551] Sin embargo, nuestra principal preocupación en este momento no es si el perspectivismo es compatible con el realismo, sino si ofrece una respuesta convincente, realista o no, al problema de los modelos múltiples. Y hay al menos tres dudas al respecto, independientemente de cómo se resuelva la cuestión del realismo. La primera duda se refiere a la relación entre las perspectivas y las cuestiones prácticas. Las políticas basadas en la evidencia fundamentan sus decisiones en el conocimiento científico. Pero, ¿qué conocimiento? Las cuestiones políticas en sí mismas no suelen pertenecer a ninguna perspectiva concreta. Si, por ejemplo, la Agencia de Medio Ambiente quiere saber en qué zonas es probable que se produzcan inundaciones en los próximos veinte años, esta pregunta no pertenece a ninguna perspectiva científica concreta. Si a continuación se le dice a la agencia que hay tres modelos pertenecientes a tres perspectivas teóricas diferentes, y que estos modelos hacen predicciones contradictorias, ¿en qué modelo debería basar sus decisiones la agencia? Uno se

[551] Véanse, por ejemplo, las contribuciones a Massimi y McCoy (2020b) y a Massimi (2020), así como Brown (2009), Chakravartty (2010, 2017, cap. 6), Giere (2009), Massimi (2012, 2018a, 2019a), Rueger (2014, 2016), Ruyant (2020), Saatsi (2016) y Teller (2018b, 2018a).

siente tentado a responder que debería utilizar el modelo más cercano a los hechos, pero eso va en contra de la esencia del perspectivismo, que considera que los hechos sobre el objetivo están determinados por una perspectiva.

La segunda duda es que no todos los modelos contradictorios encajan en el molde perspectivista. Los más de treinta modelos nucleares de la lista de Morrison no están todos construidos desde perspectivas diferentes. De hecho, como hemos visto, ella los clasifica en tres grupos —modelos microscópicos, modelos colectivos y modelos mixtos— por lo que hay como máximo tres perspectivas (y posiblemente solo dos, ya que la tercera es un cruce de las otras dos). Algunos modelos son simplemente incompatibles entre sí, y esta incompatibilidad no puede explicarse diciendo que encarnan perspectivas diferentes y, por lo tanto, captan hechos perspectivales diferentes del objetivo. Y los modelos nucleares no son un caso especial. Tomemos el ejemplo de los modelos climáticos. Existen docenas de modelos climáticos globales desarrollados y gestionados por centros nacionales de modelización, como la Oficina Meteorológica del Reino Unido y el Centro Climático de Pekín. Muchos de estos modelos participan en el llamado Proyecto de Intercomparación de Modelos Acoplados (CMIP), que define un conjunto de tareas estandarizadas que se ejecutan en cada modelo y cuyos resultados se comparan. La fase 5 de este proyecto proporcionó los datos de modelización para muchos de los resultados del IPCC en el Quinto Informe de Evaluación (Stocker et al. 2013). Los modelos discrepan entre sí en aspectos importantes, proporcionando valores diferentes para variables climáticas cruciales como la temperatura media global y la sensibilidad climática, además de mostrar una variabilidad interna diferente. Aunque los modelos del CMIP producen proyecciones diferentes y utilizan técnicas de modelización y computación diferentes, funcionan dentro del mismo marco teórico general. Por lo tanto, cualquier intento de atribuir las discrepancias entre estos modelos a una diferencia de perspectivas del tipo que caracteriza la diferencia entre, por ejemplo, un modelo cuántico y un modelo clásico del mismo sistema, resultaría bastante poco natural. La tercera duda es que a menudo no está claro qué perspectiva encarna un modelo. Como hemos visto en la sección 13.7, los modelos suelen integrar elementos de diferentes teorías. Los modelos climáticos son nuevamente un caso ilustrativo. Estos modelos están diseñados para integrar tanto conocimiento actual como sea posible, el cual proviene de diversas teorías, incluyendo la mecánica, la dinámica de fluidos, la electrodinámica, la teoría cuántica, la química y la biología. Si uno sigue a Giere y ve una perspectiva como definida por principios teóricos generales como la ecuación de Newton o la ecuación de Schrödinger, entonces no está claro qué perspectiva encarna un modelo como un modelo climático, el cual integra elementos de varios campos diferentes. El problema se vuelve aún más acuciante cuando se observan modelos como los que hemos discutido en las secciones 13.2-13.4, que son en gran medida independientes de las teorías y no encarnan ningún principio general.

Para evitar dificultades como estas, Massimi insta a una reconceptualización del perspectivismo.[552] En lugar de individualizar las perspectivas a través de las teorías, como hace Giere, ella ve una perspectiva como definida a través de la práctica de la ciencia:

> Una perspectiva científica... es la práctica científica real —situada histórica e intelectualmente— de una comunidad científica real en un momento histórico determinado. La práctica científica debe entenderse aquí como: (i) el conjunto de afirmaciones de conocimiento científico avanzadas por la comunidad científica en ese momento; (ii) los recursos experimentales, teóricos y tecnológicos disponibles para la comunidad científica en ese momento para hacer de manera fiable esas afirmaciones de conocimiento científico; y (iii) las afirmaciones de segundo orden (metodológicas-epistémicas) que pueden justificar las afirmaciones de conocimiento científico avanzadas. Las creencias metafísicas, filosóficas y religiosas que pudieran estar presentes en la comunidad en ese momento no cuentan como parte de una perspectiva científica. Esto es así porque no pueden explicar cómo la comunidad llega a formular o justificar de manera fiable esas afirmaciones de conocimiento científico. (2018c, 152)

Los modelos entran en la categoría (ii) de esta perspectiva. Por lo tanto, los diferentes modelos pueden considerarse perspectivales no porque se construyan utilizando principios teóricos diferentes, sino porque pertenecen a prácticas científicas históricamente situadas diferentes.

La segunda diferencia importante con la perspectiva de Giere es que Massimi no considera que el objetivo principal de los modelos perspectivales sea proporcionar representaciones veraces de sus objetivos que nos informen sobre lo que *realmente* sucede. Ella considera que el objetivo principal de estos modelos es proporcionar información *modal* sobre el objetivo: información sobre lo que es posible. Desde este punto de vista, los modelos siguen teniendo contenido representacional y siguen refiriéndose a un objetivo. Pero en lugar de estar "en cualquier relación de mapeo con estados de cosas mundanos", su uso está orientado a "explorar y descartar el espacio de posibilidades en dominios que aún están muy abiertos al descubrimiento científico" (2018b, 338).[553] Por lo tanto, "los modelos perspectivales son un ejercicio de [...] concebir físicamente algo sobre el sistema objetivo para proporcionar conocimiento modal sobre lo que podría ser *posible* en relación con el sistema objetivo" (*ibid.*, 339, énfasis en el original).

---

[552] Para un análisis más detallado, véase su obra (2022). Su noción de perspectiva se analiza en su obra (2018c) y, para un análisis de los modelos, véase su obra (2018b, 2019b).

[553] Por lo tanto, los modelos perspectivistas son, al mismo tiempo, modelos exploratorios. Volveremos a los modelos exploratorios en la sección 16.6.

Massimi ilustra su noción de modelización perspectival con varios ejemplos. En su obra (2018b, sec. 5), investiga modelos en física de partículas elementales,[554] y en su obra (2022) ofrece amplios debates sobre modelos nucleares, modelos climáticos y modelos de contingencia del desarrollo para la dislexia. Su análisis de las partículas elementales se centra en dos ejemplos de investigación llevados a cabo en el CERN: la exploración del llamado Modelo Supersimétrico Mínimo (MSSM) en el experimento ATLAS y el estudio de modelos supersimétricos simplificados en el experimento CMS. Veamos la perspectiva de Massimi sobre el primero. Las teorías supersimétricas postulan que las partículas de los modelos estándar tienen "partículas compañeras" supersimétricas, las llamadas "espartícles", que emparejan los quarks con los "squarks", los leptones con los "sleptones", y así sucesivamente. Dadas las pruebas actuales, estas partículas son hipotéticas. La búsqueda experimental de estas partículas se complica por el hecho de que el modelo que las incluye tiene 19 parámetros para cantidades físicas como las masas de las hipotéticas "sparticles", y cada parámetro puede adoptar un rango de valores diferentes. Encontrar pruebas de la existencia de partículas concretas implicaría escanear exhaustivamente el espacio de parámetros del modelo y comparar cada punto del mismo con los datos de ATLAS. Esto es imposible de hacer con los recursos computacionales disponibles. Para sortear el problema, el proyecto eligió aleatoriamente 310327 puntos en el espacio de parámetros e investigó estos puntos. Cada punto se refiere como un "punto modelo" porque cada punto representa en efecto una versión particular del modelo supersimétrico, es decir, la versión en la que los parámetros asumen el valor particular especificado por ese punto en el espacio de parámetros. Estos modelos forman lo que en la sección 15.3 llamamos un conjunto de parámetros perturbados. Massimi se refiere a los modelos de este conjunto como "modelos perspectivales" (2018b, 353), argumentando que cada uno de ellos ofrece una perspectiva sobre las partículas supersimétricas. A través de un cálculo a gran escala, los físicos determinan las propiedades de cada modelo, en particular los espectros de las partículas. El resultado de este ejercicio es un conjunto de espectros posibles. De este modo, los modelos perspectivales son un "ejercicio de modelización de estados físicamente concebibles para partículas supersimétricas" y sirven "como guía de lo que podría ser objetivamente posible en la naturaleza" (*ibid.*).[555]

Esta noción de perspectiva plantea dos preguntas. La primera pregunta es si ofrece un enfoque convincente de cómo los modelos son perspectivales. Para responder a esta pregunta, simplifiquemos ligeramente la definición anterior y digamos que una perspectiva *P* es un quíntuplo (*C, K, E, M, S*): una comunidad

[554] Véase también su (2019b, Sec. 3); el caso también se analiza en McCoy y Massimi (2018).

[555] El concepto de posibilidad al que se hace referencia aquí es un concepto epistémico. Decir que una determinada partícula "podría ser objetivamente posible en la naturaleza" es decir que, dado nuestro conocimiento actual, es concebible que realmente exista tal partícula. En términos más generales, el estado X del mundo es una posibilidad si, dado el conocimiento actual, no podemos descartar que el mundo se encuentre realmente en el estado X. En otras palabras, no podemos descartar X como estado real dado lo que sabemos.

C con conocimiento científico *K*, técnicas experimentales *E*, un conjunto de modelos *M*, y principios de segundo orden *S*. Supongamos ahora que tenemos dos perspectivas $P_1 = (C_1, K_1, E_1, M_1, S_1)$ y $P_2 = (C_2, K_2, E_2, M_2, S_2)$ y supongamos que los componentes son genuinamente diferentes, es decir, $C_1 \neq C_2$, y así sucesivamente. En este caso, parecería natural decir que los modelos en M_1 y en M_2 son perspectivales porque son modelos diferentes que pertenecen a perspectivas diferentes. Pero, ¿qué pasa si ambas perspectivas utilizan el mismo conjunto de modelos (es decir, $M_1 = M_2$)? Se trata de un escenario en el que existen diferentes comunidades con diferentes técnicas experimentales, pero todas utilizan el mismo conjunto de modelos. En tal caso, parecería que no hay nada de perspectivo en los modelos *en sí mismos*, porque, aunque son utilizados por diferentes comunidades, son intrínsecamente iguales. Los modelos no se vuelven perspectivos por asociación, por así decirlo.

Esto plantea la cuestión de si los ejemplos de Massimi son del primer tipo ($M_1 \neq M_2$) o del segundo tipo ($M_1 = M_2$). Los casos de Massimi son complejos y es necesario llegar a una conclusión definitiva mediante una investigación más detallada de la que podemos ofrecer aquí. Sin embargo, parece que hay al menos una prueba *prima facie* para pensar que algunos de sus casos son del segundo tipo y no del primero. Consideremos el caso MSSM anterior. Solo hay un modelo, definido por un conjunto de supuestos teóricos y un conjunto de ecuaciones, y los 310 327 cálculos solo diferían en los valores de los parámetros. Pero unos valores de parámetros diferentes no constituyen modelos diferentes. Así pues, incluso si este modelo fuera utilizado por diferentes comunidades con *K*, *E* y *S*, ¿por qué esto haría que el modelo en sí mismo fuera perspectivista?

El mismo problema se plantea en el caso del clima. Existen diferentes comunidades que utilizan diferentes técnicas experimentales. Una comunidad trabaja con anillos de árboles, otra con núcleos de hielo y otra con corrales. Pero los modelos CMIP son compartidos entre ellas (en la medida en que estas comunidades están interesadas en los modelos); es decir, no es el caso de que la "comunidad de los anillos de árboles" utilice un modelo climático global y la "comunidad de los núcleos de hielo" utilice otro modelo climático global.

Entonces, ¿en qué sentido son perspectivistas los modelos CMIP? Parecería que estos modelos trascienden las diferentes perspectivas porque no están vinculados a ninguna de ellas. Se podría responder que exigir que los modelos en sí mismos incorporen una perspectiva para ser perspectivistas es un requisito demasiado riguroso. Se podría argumentar que los modelos son perspectivistas simplemente porque forman parte de la ciencia, y la ciencia en su conjunto es un esfuerzo perspectivista. Si, por el bien del argumento, se admite que la ciencia en su conjunto es perspectivista, entonces eso podría ser cierto.[556] Sin embargo, existe la preocupación de que este no sea un sentido sustancial de ser perspectivista.

La segunda pregunta se refiere a la relación entre el perspectivismo y el conocimiento modal. Massimi presenta estos dos conceptos como dos caras de la misma moneda. Pero, ¿son realmente inseparables? No lo parece. De hecho, hay varios enfoques de los modelos que consideran que estos proporcionan conocimiento sobre posibilidades sin comprometerse con ningún tipo de perspectivismo. Stainforth et al. (2007) sostienen que los modelos climáticos nos dan información sobre lo que es posible. Más concretamente, sostienen que la difusión de un conjunto adecuadamente diseñado de simulaciones de modelos climáticos presenta la gama de resultados que no pueden descartarse, y denominan a los límites de este conjunto de resultados la "envoltura del cambio climático no descontable". Del mismo modo, Katzav (2014) sostiene que los modelos climáticos no deben considerarse como predicciones de acontecimientos reales, sino que deben utilizarse para mostrar que ciertos escenarios son posibilidades reales. Pero ni Stainforth ni Katzav relacionan estas afirmaciones con una filosofía perspectivista de la ciencia. Por lo tanto, parece que se puede considerar que los modelos proporcionan conocimiento modal sin considerarlos perspectivistas.[557]

Dejando de lado el perspectivismo y centrándonos en la modalidad, se plantea otra cuestión: si un conjunto de parámetros perturbados (o, de hecho, un conjunto multi-modelos) puede realmente servir de guía para lo que es objetivamente posible en la naturaleza. Estos modelos se construyen sobre la base de un determinado trasfondo teórico y parten de ciertos supuestos. Betz (2015) sostiene que los resultados de los modelos climáticos no pueden interpretarse de manera sencilla como posibilidades, ya que se sabe que sus supuestos son falsos. Los modelos de partículas elementales pueden estar en una posición ligeramente mejor en este sentido, ya que, al menos, no se sabe que sus supuestos sean falsos, pero tampoco están confirmados empíricamente, al menos en la medida en que los supuestos van más allá del llamado modelo estándar (como es el caso de los modelos supersimétricos). Pero, ¿qué razones hay para creer que los modelos basados en supuestos falsos o no confirmados proporcionan información sobre posibilidades reales en la naturaleza? ¿Por qué no se limitan a decirnos lo que está dentro del ámbito de las teorías actuales, donde siempre tenemos que contemplar la posibilidad de que estas teorías resulten ser erróneas? Esta es una pregunta abierta.

---

[556] Sin embargo, también existe la preocupación de que aquí estemos cometiendo una falacia de composición. Cometimos esta falacia cuando atribuimos erróneamente propiedades de un agregado a sus partes, o viceversa (Copi et al. 2016, 149). El agua es húmeda, pero las moléculas de agua no lo son, y cada músico de una orquesta toca un instrumento, pero la orquesta en su conjunto no lo hace. ¿Qué razones hay para pensar que la inferencia de que la ciencia en su conjunto es perspectivista a que los modelos son perspectivistas no es un caso de falacia de composición?

[557] Para un estudio sobre el modelado modal, véase Sjölin Wirling y Grüne-Yanoff (2021).

15.5 Gestión de la incertidumbre grave

La existencia de múltiples modelos puede ser el resultado de la libertad en la construcción de los modelos, que no está suficientemente limitada por los datos o la teoría, o puede ser el resultado de un desacuerdo sistemático entre los científicos sobre la naturaleza del sistema y la forma adecuada de modelarlo. Se trata de situaciones de incertidumbre científica. La incertidumbre se refiere tanto a la estructura del modelo como a los valores de los parámetros del mismo, y la existencia de un conjunto de modelos puede considerarse una expresión de esta incertidumbre. La incertidumbre es grave si es imposible reducirla dado el estado actual de los conocimientos. Los modelos construidos en condiciones de incertidumbre grave a menudo no coincidirán entre sí y producirán una gama de resultados diferentes. Por lo tanto, el conjunto de modelos resultante no produce resultados robustos, lo que descarta el AR como método adecuado para tratar dicho conjunto. Al mismo tiempo, como hemos visto en la sección anterior, es posible que los modelos de dicho conjunto no sean lo suficientemente diferentes como para entenderlos como representaciones alternativas.

¿Cómo debemos pensar sobre la incertidumbre grave y cómo debemos tomar decisiones ante ella? La incertidumbre es un concepto poco comprendido, por lo que el objetivo de esta sección es aclàrar cuáles son los problemas, más que introducir y evaluar soluciones.[558] Lo haré con el ejemplo de las proyecciones del IPCC sobre la temperatura media global.

El Quinto Informe de Evaluación del IPCC (Stocker et al. 2013) contiene proyecciones de la temperatura media global para 2100, acompañadas de una evaluación de su incertidumbre.[559] Por ejemplo, el informe proyecta que habrá un aumento de la temperatura media global de 2,67 °C a 4,87 °C a finales del siglo XX según el llamado escenario RCP8.5, que supone un "futuro posible" en el que las emisiones de gases de efecto invernadero siguen aumentando sin cesar. El IPCC califica esta proyección como "probable". Esta aclaración utiliza el lenguaje estandarizado del IPCC que cuantifica la incertidumbre en una proyección utilizando intervalos de probabilidad, en los que un resultado es "prácticamente seguro" si su probabilidad es superior al 99 %, "muy probable" si su probabilidad es superior al 90 %, "probable" si su probabilidad es superior al 66 % y "más probable que improbable" si su probabilidad es superior al 50 %. Por lo tanto, el hecho de que esta proyección se califique como "probable" significa que, según la proyección, la probabilidad de que el aumento de la temperatura media global en el mundo real (suponiendo que el escenario RCP8.5 resulte ser cierto) se sitúe entre 2,67 °C y 4,87 °C es de entre el 66 % y el 100 %. El rango de 2,67 °C a

[558] Para estudios introductorios, véase Frigg et al. (2015b) y las referencias allí citadas.

[559] El debate sobre las proyecciones del IPCC y la elicitación estructurada de expertos en esta sección sigue a Thompson et al. (2016). Para debates generales sobre la incertidumbre, véase Smith y Stern (2011), Spiegelhalter y Riesch (2011) y Wit et al. (2012).

4,87 °C es el resultado de un análisis de los modelos de la fase 5 del Proyecto de Intercomparación de Modelos Acoplados (CMIP5), que hemos visto en la sección anterior. Todos los modelos del conjunto se ejecutaron bajo el escenario RCP8.5 y produjeron un resultado para el cambio de temperatura previsto para 2100. Estos resultados no coincidían entre sí, por lo que no se obtuvo un resultado sólido del conjunto. El IPCC reaccionó a esta situación utilizando los resultados de los modelos para determinar los parámetros de una distribución de probabilidad gaussiana. En concreto, calculó la media y la varianza de los resultados de los modelos y los introdujo en una distribución gaussiana. El rango de 2,67 °C a 4,87 °C resulta ser el intervalo que abarca simétricamente el 90 % de esa distribución. Por lo tanto, según el conjunto de modelos, existe un 90 % de probabilidad de que el aumento de la temperatura media global del mundo real (suponiendo que las emisiones sigan el escenario RCP8.5) se sitúe dentro del rango de 2,67 °C a 4,87 °C.

En la terminología del IPCC del último párrafo, esto significaría que el rango es "muy probable". Pero hemos dicho que el IPCC califica el resultado como "probable", no "muy probable". ¿De dónde viene esta diferencia? Los autores del IPCC señalan que, aunque los modelos del conjunto CMIP5 son modelos de última generación, existen incertidumbres sobre los modelos y estos comparten sesgos sistemáticos (Knutti et al. 2010): se enfrentan a las mismas limitaciones computacionales, utilizan el mismo conjunto de parametrizaciones limitadas y todos están calibrados para reproducir aspectos del clima del siglo XX que pueden ser menos relevantes para la evolución del siglo XXI. Por estas razones, los autores del IPCC decidieron rebajar la cuantificación de la incertidumbre "muy probable" derivada del conjunto de modelos para el rango de 2,67 °C a 4,87 °C a "probable". Esto significa que, si bien existe una probabilidad superior al 90 % de que un modelo resulte en un aumento de la temperatura media global entre 2,67 °C y 4,87 °C, los autores consideran que la probabilidad de que esto ocurra en el mundo real es solo superior al 66 %. Esto equivale a decir que hay hasta un 24 % de probabilidad de que el aumento real de la temperatura media global (para el escenario RCP8.5) se sitúe fuera del rango de 2,67 °C a 4,87 °C. Esto es una clara indicación de que los autores del IPCC reconocen la incertidumbre que rodea a los modelos y consideran esencial realizar ajustes en los resultados de los modelos al traducirlos a resultados del mundo real.

El cambio del rango de probabilidad de más del 90 % a más del 66 % es el resultado de un proceso informal de evaluación por expertos, que consiste principalmente en debates entre los autores durante el prolongado proceso de redacción y revisión del informe. Esto es importante porque pone de relieve que los propios resultados y métodos del IPCC implican la afirmación de que existen incertidumbres sobre los resultados de los modelos y que estas deben evaluarse y cuantificarse mediante opiniones de expertos.

Antes de examinar algunos detalles del tratamiento de los modelos por parte del IPCC, cabe señalar que este caso no es ni una excepción ni un caso particularmente problemático. De hecho, la temperatura media global se considera ampliamente como una de las variables más fiables, y cabría esperar grados mucho más elevados de incertidumbre para las variables a escala local que interesan a los planificadores de la adaptación al clima. El problema tampoco es específico del clima. Los conjuntos de modelos se utilizan en muchos ámbitos de la ciencia y la ingeniería, como la modelización de catástrofes naturales, la toxicología, la salud pública y la seguridad nuclear. En todos estos ámbitos, cuando los resultados de múltiples modelos deben sintetizarse en resultados que sirvan de base para la toma de decisiones, surgen problemas similares a los que hemos visto en nuestro ejemplo.

Hay dos aspectos del ejemplo que merecen un análisis más detallado. El primero es el uso de los resultados de los modelos como base para la construcción de una distribución de probabilidad. En efecto, el método ajusta una distribución gaussiana a un número finito de resultados de modelos. Esto presupone que los resultados de los modelos individuales pueden considerarse fuentes de información intercambiables (en el sentido de que no hay razón para confiar más en un miembro del conjunto que en cualquier otro). Hay dudas sobre la validez de esta suposición. En primer lugar, como hemos señalado anteriormente, los modelos climáticos no son independientes porque comparten supuestos y código informático, y los conjuntos de modelos como el CMIP5 son "conjuntos de oportunidad" que no están diseñados para explorar sistemáticamente todas las posibilidades relevantes (por lo que es concebible que existan clases sustanciales de modelos que produzcan resultados totalmente diferentes). En segundo lugar, la suposición de dar la misma ponderación a cada modelo puede no ser justificable, y varios físicos climáticos han instado a abandonar la "democracia de los modelos" y su enfoque de "un modelo, un voto", al menos en algunos casos (para un debate al respecto, véase Knutti 2010).

El segundo aspecto que requiere un examen minucioso es el uso de un proceso informal de juicio de expertos para ajustar las probabilidades derivadas del conjunto de modelos. Hay que elogiar a los autores del IPCC por la franqueza con la que reconocen la presencia de incertidumbre y el hecho de que la tengan en cuenta mediante un proceso de juicio de expertos. Sin embargo, este enfoque adolece del inconveniente de que ni el proceso ni los principios que lo guían son transparentes, por lo que sigue sin estar claro por qué se ha llegado a un resultado y no a otro, y cómo se justifica el resultado final. ¿Por qué rebajar a "probable" en lugar de "más probable que improbable"? La cuestión aquí no es que deba evitarse por completo el juicio de los expertos, ya que es inevitable. La cuestión es que sería preferible un proceso estructurado a uno no estructurado. Esta constatación conecta los conjuntos de modelos con la denominada "*obtención estructurada de opiniones de expertos*", una familia de métodos diseñados para incorporar los conocimientos de los expertos a la gestión de la incertidumbre. El método de la elicitación estructurada de expertos se utilizó originalmente en la planificación de la defensa y la ingeniería aeroespacial, y desde allí se ha extendido a otros ámbitos. Existen diversos métodos y enfoques, que difieren en la forma de utilizar a los expertos y de procesar sus opiniones. No es este el lugar para revisar y debatir estos métodos.[560] Lo que se quiere señalar aquí es simplemente que estos métodos son necesarios y que merecen ser debatidos en el contexto de los conjuntos de modelos.

Las situaciones multi-modelos suelen surgir en contextos en los que el problema tiene un aspecto decisorio. Nos interesa el aumento de la temperatura media global no solo porque queremos comprender la física de la atmósfera, sino también (o incluso principalmente) porque tenemos que actuar contra el cambio climático. Lo mismo ocurre con problemas en otros campos, como la modelización de catástrofes naturales y la modelización de la salud pública. Esto nos lleva a considerar estos problemas como problemas de decisión: ¿cómo tomamos, o cómo deberíamos tomar, decisiones en condiciones de incertidumbre? Esta es una cuestión que ha suscitado un gran interés en el campo de la teoría de la decisión.[561] Hasta ahora, los debates sobre conjuntos de modelos y la toma de decisiones en condiciones de incertidumbre se han desarrollado en comunidades académicas muy dispares, y la interacción entre ambos campos ha sido limitada. El establecimiento de una colaboración fructífera entre estos campos abrirá vías prometedoras para la investigación futura y ampliará nuestra comprensión de cómo podemos y debemos actuar en situaciones en las que los modelos discrepan.

15.6 Conclusión

La conclusión sensata al final de este capítulo solo puede ser que las situaciones multi-modelos plantean cuestiones que aún no se comprenden del todo y que los métodos y enfoques que se han ideado para abordarlas aún no han alcanzado un grado de madurez suficiente. Quedan cuestiones importantes por resolver, que deberán abordarse en futuras investigaciones.

---

[560] Para revisiones de diferentes enfoques y debates sobre aplicaciones, véase Goossens et al. (2008) y Martini y Boumans (2014).

[561] Para un estudio introductorio, véase Bradley y Steele (2015). En Roussos et al. (2021b, 2021a) se analiza una propuesta detallada sobre cómo tomar decisiones en condiciones de incertidumbre con modelos de huracanes.

Capítulo 16 UN DESCONCIERTO DE MODELOS

16.1 Introducción

Desde que los filósofos y las filósofas de la ciencia comenzaron a estudiar los modelos en serio en la década de 1950, el debate ha visto la introducción de un gran número de tipos diferentes de modelos. Un recuento reciente arrojó más de 120 tipos diferentes. Esta proliferación de tipos de modelos es desorientadora y desconcertante, y da la impresión de que nadie sin un título en "estudios de modelos" podrá navegar por la literatura sobre modelos sin sufrir daños y perjuicios.[562] El objetivo de este capítulo es imponer cierto orden en lo que parece ser una multiplicidad amorfa y confusa de tipos de modelos. Con este fin, presentamos cada tipo de modelo (y explicamos explícitamente cuando un tipo tiene varias caracterizaciones alternativas); explicamos cómo se relacionan entre sí los diferentes tipos de modelos; y clasificamos los diferentes tipos en grupos amplios. Esto facilitará la comprensión y el manejo de la colección de modelos.

Comenzamos este capítulo describiendo cómo han proliferado los tipos de modelos y haciendo un inventario de los tipos de modelos que existen (sección 16.2). Para ordenar y comprender esta multiplicidad de modelos, clasificamos los tipos de modelos en cuatro grupos. Los tipos de modelos del primer grupo distinguen diferentes formas en que los modelos pueden relacionarse con sus objetivos (sección 16.3). Los tipos de modelos del segundo grupo diferencian entre diferentes tipos de objetos modelo, es decir, diferentes soportes (sección 16.4). Los tipos de modelos del tercer grupo califican los diferentes procesos de construcción de modelos y las diferentes formas en que los modelos pueden relacionarse con la teoría (sección 16.5). Los tipos de modelos del cuarto grupo captan los diferentes usos y funciones de los modelos en la práctica científica (sección 16.6). Concluimos expresando la esperanza de que las consideraciones de este capítulo hagan menos desconcertante la existencia de una multiplicidad de tipos de modelos diferentes (sección 16.7).

16.2 Tipos de modelos

En un ensayo escrito originalmente en 1966, Wartofsky lamentaba encontrarse en una "confusión de modelos", donde "el síntoma de la confusión es la proliferación de entidades extrañas y sin relación entre sí que llegan a denominarse modelos" (1979, 1). En los más de cincuenta años transcurridos desde el diagnóstico de Wartofsky, la situación no ha hecho más que empeorar: la lista de cosas que han llegado a denominarse "modelos" ha crecido aún más y se han

[562] La entrada "Models in Science» (Modelos en ciencia) de la Stanford Encyclopedia of Philosophy (Frigg y Hartmann, 2020) incluye una lista con diferentes tipos de modelos. Una búsqueda en Google de esta lista en agosto de 2021 arrojó más de 500 resultados y, en muchos casos, los debates en torno a esta lista presentan la multiplicidad de tipos de modelos como una complejidad que debe abordarse; véase, por ejemplo, Gelfert (2017, 6-7).

introducido un gran número de tipos de modelos diferentes. La propia salida de Wartofsky de la confusión fue proponer "una tipología de modelos", que consiste en ordenarlos "jerárquicamente en función de los aspectos que cada tipo sugiere" (ibid., 2). Esta es una reacción natural para alguien que se centra en el debate sobre el realismo científico. Sin embargo, nosotros no nos ocupamos, al menos no principalmente, del realismo científico, por lo que tomaremos un camino diferente. Nuestro enfoque es el funcionamiento de los modelos en el proceso científico en sentido amplio, por lo que agruparemos los diferentes modelos bajo conceptos generales que conectan con las nociones que hemos encontrado anteriormente en el libro.

Antes de reflexionar más detenidamente sobre lo que esto supone, aclaremos la naturaleza y el alcance de la confusión sobre los modelos. La mejor manera de hacerlo es recopilando una lista de los diferentes tipos de modelos que se encuentran en la literatura sobre modelos. Para elaborar dicha lista, necesitamos unas reglas básicas. La lista está prevista para contener tipos de modelos que pertenecen a las cuestiones filosóficas y conceptuales que hemos estado tratando en este libro, tales como "modelo analógico", "modelo teórico" y "modelo fenomenológico". Para ello, debemos excluir otras seis formas de caracterizar los modelos. En primer lugar, excluimos las caracterizaciones que especifican el sistema objetivo de un modelo. El "modelo atómico", por ejemplo, no figura en la lista porque un modelo atómico es un modelo de un átomo y, por lo tanto, la etiqueta especifica el sistema objetivo del modelo. La exclusión se extiende a objetivos generalizados como las relaciones causales o los mecanismos, por lo que "modelo causal" y "modelo mecanicista" no figuran en la lista. En segundo lugar, se excluyen las aclaraciones disciplinarias o la especificación de un enfoque. Esto descarta etiquetas como "modelo mecánico", "modelo econométrico", "modelo funcionalista" y "modelo conductista". En tercer lugar, excluimos etiquetas como "modelo de Bohr" o "modelo de Ising", que incluyen los nombres de los progenitores de los modelos. En cuarto lugar, excluimos nombres como "modelo de autómata celular" y "modelo bayesiano", que se refieren a técnicas de modelización concretas, así como nombres como "modelo de muchos cuerpos", "modelo de red" y "modelo basado en agentes", que especifican la constitución interna del modelo. En quinto lugar, excluimos nociones como "modelo tradicional", "modelo actual", "modelo complejo", "modelo simple" y "modelo enriquecido", porque aclaraciones como "tradicional" y "actual" son tan genéricas que podrían aplicarse a casi cualquier cosa, por lo que etiquetas como "modelo tradicional" no permiten distinguir un tipo de modelo claramente identificable. Por último, excluimos los nombres propios de posiciones que contienen la palabra "modelo", como "modelo de ley de cobertura" y "modelo unificacionista", porque no se refieren a modelos en el sentido que nos interesa aquí (recuerde las aclaraciones de la introducción).

Aquellos que esperaban que estas restricciones fueran lo suficientemente estrictas como para que la lista fuera relativamente manejable se sentirán decepcionados. Por orden alfabético (en el original en inglés, NT), los tipos de modelos con los que tenemos que tratar son los siguientes:[563]

modelo abstracto
modelo adecuado
modelo analógico
modelo animal
modelo aproximado
modelo arcaico
modelo de comportamiento
modelo de caja negra
modelo ascendente
modelo caricaturesco
modelo complementario
modelo computacional
modelo conceptual
modelo concreto
modelo acoplado
modelo de análisis de datos
modelo de datos
modelo descriptivo
modelo de desarrollo
modelo didáctico
modelo digital
modelo discriminativo
modelo distorsionado

modelo lógico
modelo de correspondencias
modelo material
modelo matemático
modelo mediador
modelo megamórfico
metamodelo
modelo metafórico
modelo metriomórfico
modelo micromórfico
modelo minimalista
modelo minimalista
modelo neutro
modelo no concreto
modelo no material
modelo no lineal
modelo nulo
modelo numérico
modelo observacional
modelo abierto
modelo de optimalidad
modelo paramorfo
modelo perspectivo

[563] Se trata de una versión ampliada de la lista de Frigg y Hartmann (2020). Para las tres últimas letras del alfabeto, me he tomado algunas libertades con respecto a mis propias reglas de exclusión. Si tiene alguna sugerencia mejor, póngase en contacto conmigo.

modelo empírico
modelo de ecuaciones
modelo experimental
modelo explicativo
modelo exploratorio
modelo fantástico
modelo ficticio
modelo flotante
modelo formal
modelo funcional
modelo fundamental
modelo generativo
modelo global
modelo glocal
modelo gráfico
modelo caja gris
modelo heurístico
modelo homeomorfo
modelo horizontal
modelo híbrido
modelo hipotético
modelo icónico
modelo ideal
modelo idealizado
modelo imaginario
modelo independiente
modelo in silico
modelo in vitro
modelo in vivo
modelo inconsistente
modelo fenomenológico
modelo fenomenológico
modelo vegetal
modelo post hoc
modelo de sondeo
modelo protésico
modelo cualitativo
modelo cuantitativo
modelo de reanálisis
modelo representacional
modelo representativo
modelo robusto
modelo a escala
modelo sentencial
modelo de simulación
modelo estadístico
modelo estructural
modelo de estudio
modelo sustitutivo
modelo de apoyo
modelo simbólico
modelo sin objetivo
modelo teleiomorfo
modelo teórico
modelo tinkertoy
modelo descendente
modelo de juguete
modelo verdadero
modelo poco realista
modelo verbal

modelo instrumental
modelo intelectual
modelo interpretativo
modelo basura
modelo kairetico
modelo límite
modelo local
modelo visual
modelo de trabajo
modelo de caja blanca
modelo de sistema completo
modelo xenodiagnóstico
modelo yang
modelo zombi

Aunque esta lista contiene más de cien entradas, no pretende ser exhaustiva. Inevitablemente, se me habrá pasado algo y surgirán nuevos tipos de modelos a medida que avance el debate. Pero no es necesario añadir nada más para demostrar que hablar de confusión en torno a los modelos no es exagerado.

El objetivo de este capítulo es aclarar qué hacen estos modelos y cómo se relacionan entre sí. Esto implica dos tareas. La primera es caracterizar cada uno de los tipos de modelos de nuestra lista. Esto requiere un trabajo desigual. Algunos tipos de modelos ya se han tratado ampliamente en capítulos anteriores, por lo que no es necesario repetir lo que ya se ha dicho. En estos casos, solo añado un breve recordatorio de lo que es el tipo y remito al lector a la sección pertinente del libro. Otros tipos de modelos aparecen por primera vez en este capítulo. Algunos de ellos se explican por sí mismos y pueden tratarse rápidamente; otros plantean cuestiones sustantivas y requieren un debate más extenso. Por lo tanto, el lector encontrará perspectivas de diferente extensión sobre los distintos tipos de modelos, lo cual se debe al objetivo de evitar duplicaciones y llenar lagunas.

La segunda tarea consiste en comprender la topografía del panorama de los tipos de modelos. Esto implica identificar grupos de tipos de modelos, comprender a qué grupo pertenecen los tipos individuales y aclarar cómo se relacionan los diferentes tipos. Para imponer cierta estructura a la diversidad de tipos de modelos, los ordenaré en cuatro grupos:

(1) Tipos de modelos vinculados a las relaciones modelo-objetivo.

(2) Tipos de modelos vinculados a los portadores.

(3) Tipos de modelos vinculados con el proceso de construcción de modelos y con la relación de los modelos con la teoría.

(4) Tipos de modelos vinculados con los usos y funciones de los modelos en el proceso científico.

En el resto de este capítulo, analizo estos cuatro grupos de modelos.[564]

[564] Para un debate sobre clasificaciones alternativas de modelos, véase Downes (2021, cap. 3).

16.3 Relaciones entre modelo y objetivo

Comencemos con los tipos que pertenecen a la relación entre modelo y objetivo. Como hemos visto en los capítulos 6, 8 y 9, muchos modelos son representaciones de algo que va más allá de ellos mismos. Un modelo que representa un sistema objetivo es un *modelo representacional*.[565] A veces, los modelos representacionales también se refieren como *modelos descriptivos*. Así es como Gibbard y Varian utilizan el término cuando dicen que "los modelos descriptivos intentan describir, *en cierto sentido*, la realidad económica" (1978, 665, énfasis en el original). La restricción a la realidad económica es prescindible y se debe al hecho de que los modelos económicos son el tema del artículo de Gibbard y Varian. Sin embargo, la aclaración "en cierto sentido" es importante porque subraya que los modelos idealizados y distorsionados también son descriptivos. Hesse, por el contrario, tiene una noción más restrictiva de los modelos descriptivos cuando afirma que los modelos "pueden denominarse modelos descriptivos" si están previstos "como una descripción fáctica" y muestran "una analogía positiva y ninguna analogía negativa en todos los aspectos probados hasta el momento" (1961, 27). Esto equivale a decir que los modelos descriptivos son representaciones exactas, por lo que a nosotros respecta. Sin embargo, la etiqueta "descriptivo" es problemática porque sugiere que los modelos son descripciones verbales y, como hemos visto, esto es controvertido (capítulos 9 y 14). El término más neutral "modelo representacional" evita (aparentemente) tomar partido en este debate. Los modelos representacionales suelen representar su objetivo desde un determinado punto de vista o perspectiva. Un modelo que representa de esta manera es un *modelo perspectival* (véase la sección 15.4).

Si un modelo no representa un sistema objetivo, entonces es un *modelo sin objetivo* (sección 6.2). Si aún no se sabe si el sistema que el modelo pretende representar existe, entonces tenemos un *modelo hipotético*. Massimi analiza la práctica del modelado hipotético y la ilustra con modelos de partículas supersimétricas que tienen un "objetivo hipotético" porque las partículas supersimétricas "han sido hipotetizadas, pero aún no se han descubierto a día de hoy" (2019, 870). Un modelo puede carecer de objetivo por varias razones. Gibbard y Varian afirman que un modelo sin objetivo es un *modelo ideal* si "se ocupa de la descripción de algún caso ideal", que, sin embargo, no se da en el mundo real (1978, 665). Hansen denomina "modelo fantástico" a un modelo que "no tiene una aplicación coherente a los fenómenos reales" y ofrece como ejemplo el modelo de

---

[565] Véase Portides (2017, 26). Una etiqueta alternativa es "modelo representativo» (Groenewold 1961, 98; Cartwright 1999, 180). Achinstein ofrece una definición más restrictiva según la cual un modelo representacional es "una representación física tridimensional de un objeto que permite, al examinarla, determinar hechos sobre el objeto que representa» (1968, 209). Sin embargo, como hemos visto en capítulos anteriores, la noción de representación no se limita a los objetos físicos tridimensionales, por lo que no es necesario restringir los modelos representacionales a dichos objetos.

Maxwell sobre la propagación de las ondas electromagnéticas (1982, 53). Anteriormente hemos visto que un modelo puede ser una Z-representación sin ser también una representación de una Z o, de hecho, de cualquier otro objeto (sección 9.5). Una *Z-representación* que no es una representación de nada es también un modelo sin objetivo.

Los modelos pueden relacionarse con sus sistemas objetivo de diferentes maneras. Pincock denomina modelo de correspondencia a un modelo que es perfectamente paralelo a "todas las características físicas de la situación física" que representa (2007, 962). Un *modelo analógico* se encuentra en una relación analógica con su objetivo (sección 10.4). Un *modelo metafórico* es un modelo analógico que viene acompañado de una descripción verbal que expresa la analogía en una metáfora (sección 10.6). Un *modelo aproximado* es un modelo que se aproxima a su objetivo, y un *modelo idealizado* es un modelo que proporciona una idealización de su objetivo (sección 11.2). Si la idealización es una idealización límite (sección 11.5), entonces el modelo idealizado es un *modelo límite*. Si un modelo abstrae características específicas de la situación concreta, entonces es un *modelo abstracto* (sección 11.2), aunque cabe señalar que el término "modelo abstracto" se utiliza con un significado diferente en el contexto del debate sobre la ontología de los modelos (sección 8.5). Si se entienden literalmente, los modelos que abstraen, aproximan e idealizan acaban siendo poco realistas. Por esta razón, Mäki habla de un *modelo poco realista* cuando las suposiciones del modelo difieren del objetivo (2009, 68). Hesse habla de un *modelo arcaico* cuando el modelo se "utiliza deliberadamente con fines prácticos" a pesar de que "se sabe que es falso" (1961, 26). La razón para llamar "arcaico" a un modelo de este tipo es que se ha desarrollado en el contexto de una teoría que ahora se considera obsoleta y falsa. Esto ocurre, por ejemplo, cuando se modela el calor como un fluido. Este modelo sigue siendo útil, pero tiene su origen en la teoría calórica del calor, que ahora se considera falsa (Hesse 1967, 355).

Algunos modelos son a la vez poco realistas y simples. En su análisis de los modelos en economía, Gibbard y Varian afirman que estos modelos son "caricaturas" (1978, 665), por lo que se les puede llamar *modelos caricaturescos*. Las suposiciones de un modelo de este tipo "no se eligen para aproximarse a la realidad, sino para exagerar o aislar alguna característica de la realidad", y al llamar caricatura a un modelo "no solo queremos decir que la aproximación es burda y simple, sino que el grado de aproximación no es una consideración importante en el diseño del modelo" (*ibid*., 673).Los modelos caricaturescos enfatizan mediante la distorsión y aíslan mediante la exageración, y al hacerlo resaltan una característica particular sin pretender representarla con ningún grado de exactitud. Pero, ¿cómo pueden los modelos ayudar a los científicos a comprender una situación si los supuestos de los modelos son radicalmente falsos cuando se aplican al sistema objetivo previsto? Gibbard y Varian sugieren dos posibilidades. La primera es que un modelo sea robusto en el sentido de que sus principales resultados no dependan de los supuestos falsos (*ibid*., 674). Ya hemos hablado de los *modelos robustos* en la sección 15.3. La segunda posibilidad es que se intente domesticar un modelo caricaturesco entendiéndolo como una "aproximación", aunque el grado de aproximación se haya considerado irrelevante en la construcción del modelo. En el caso de las aproximaciones, "el investigador establece un nivel de aspiración para la exactitud de las conclusiones" y, si el modelo es una caricatura, "eso solo significa que el nivel de aspiración es bajo, de modo que varios modelos extremadamente simples lo alcanzan" (*ibid.*, 676).

Estrechamente relacionados con las caricaturas están los *modelos de juguete*. Reutlinger, Hangleiter y Hartmann los caracterizan como modelos "fuertemente idealizados" y "extremadamente simples", pero que, sin embargo, "se refieren a un fenómeno objetivo" (2018, 1070).

Desde esta perspectiva, los modelos de juguete y los modelos caricaturescos coinciden porque ambos están muy idealizados y son simples, al tiempo que representan un objetivo (¡las caricaturas son caricaturas *de* algo!). Ejemplos de modelos que se clasifican con frecuencia como modelos de juguete son el modelo de Ising en mecánica estadística, el modelo de Lotka-Volterra de interacción depredador-presa, el modelo de Schelling de segregación social (*ibid.*, 1070), y el modelo del "mercado de limones" de Ackerlof (Nguyen 2020, 1014), así como el modelo del anillo de Kac, el modelo de la urna de Ehrenfest, la transformación del panadero y el mapa del gato de Arnold (Luczak 2017, 1).[566] Reutlinger, Hangleiter y Hartmann señalan que los modelos de juguete no ofrecen representaciones exactas, no explican y no proporcionan predicciones; los modelos de juguete sirven a otro objetivo, a saber, proporcionar comprensión (*ibid.*, 1071).[567] Nguyen analiza cómo podemos aprender sobre los objetivos a partir de los modelos de juguete y señala que esto solo parece problemático si se asocia la representación exacta con la similitud. Sin embargo, la representación no tiene por qué, y de hecho no debe, comprometerse a que un modelo y un objetivo sean similares, y una vez que se comprende esto, los modelos de juguete pueden considerarse representaciones exactas de sus sistemas objetivo, de la misma manera que los modelos más complejos pueden ser representaciones exactas de sus objetivos (2020, 1013-1014). Luczak discrepa de la tercera cláusula de la caracterización

[566] El modelo de Lotka-Volterra se introdujo en la sección 13.2. Para más información sobre los demás modelos, véase, por ejemplo, Lavis (2015, cap. 3) para el modelo de Ising, Schelling (1978) para el modelo de Schelling, Akerlof (1970) para el modelo del "mercado de limones», Jebeile (2020) para el modelo del anillo de Kac, Karlin y McGregor (1965) para el modelo de la urna de Ehrenfest, y Tabor (1989) para la transformación del panadero y el mapa del gato de Arnold. Nowakowa y Nowak van un paso más allá y afirman que la construcción de modelos caricaturescos es característica de toda la ciencia: "La ciencia consiste en el mismo procedimiento que encontramos en la caricatura. Ambos deforman el mundo en el que vivimos» (2000, 9-10).

[567] Reutlinger, Hangleiter y Hartmann distinguen además entre modelos de juguete "integrados» y "autónomos». Los primeros están integrados en una teoría empíricamente bien confirmada, mientras que los segundos no están relacionados con ninguna teoría de este tipo (2018, sec. 2).

anterior y sostiene que "los modelos de juguete no desempeñan una función representacional" e insiste en que "no representan nada" (2017, 1).[568] En lugar de ser representaciones fuertemente idealizadas de un objetivo, los modelos de juguete tienen un valor heurístico, ya que ayudan a los científicos a comprender ciertas técnicas formales como la renormalización, arrojan luz sobre ciertos conceptos teóricos y comprueban la coherencia de las hipótesis. Así caracterizados, los modelos de juguete se parecen más a los modelos exploratorios (que discutiremos más adelante) que a los modelos caricaturescos.

Otro tipo de modelos estrechamente relacionados son los *modelos mínimos* (también referidos como *modelos minimalistas*). Como hemos visto en la sección 12.5, los modelos mínimos son aquellos que solo incluyen factores que marcan la diferencia (es decir, factores sin los cuales el fenómeno en cuestión no se habría producido). Batterman y Rice analizan estos modelos en detalle y señalan que "quizás *la* característica más notable de los modelos mínimos es que son caricaturas exhaustivas de los sistemas reales" (2014, 349-350, énfasis en el original). Esto subsumen los modelos mínimos bajo los modelos caricaturescos.[569]

Sin embargo, esta no es la única caracterización de los modelos mínimos que se encuentra en la literatura. En la literatura sobre modelos económicos ha surgido una caracterización diferente de los modelos mínimos. Grüne-Yanoff caracteriza los modelos mínimos como modelos que "se supone que carecen de cualquier relación de similitud, isomorfismo o semejanza con el mundo, que no están limitados por leyes naturales o identidad estructural, y que no aíslan ningún factor real" (2009, 83), y por lo tanto también los sitúa en la familia de los modelos caricaturescos. Pero, a diferencia de Batterman y Rice, Grüne-Yanoff considera que los modelos mínimos no tienen un sistema objetivo y, por lo tanto, no necesitan ninguna perspectiva sobre cómo se relacionan con partes o aspectos del mundo real (lo que hace superflua la renormalización, incluso si fuera posible en el contexto de los modelos económicos). Sin embargo, los modelos mínimos pueden seguir utilizándose para aprender sobre el mundo. Pero, en lugar de instruirnos sobre las características universales de los objetivos, el propósito de los

---

568 Esta noción de modelo de juguete también parece estar presente en Hartmann (1995, 57-58, 1999, 328).

569 Batterman (2002, 21-26) también ha destacado el carácter caricaturesco de los modelos mínimos. La caracterización de los modelos mínimos en términos de universalidad y renormalización tiene su origen en Batterman (2002) y se desarrolla posteriormente en Batterman y Rice (2014) y Rice (2018, 2021, cap. 3). Chirimuuta (2014) analiza el uso de modelos mínimos en la neurociencia computacional; Fletcher (2019) sostiene que las estrategias que subyacen a los modelos mínimos pueden extenderse más allá de los modelos, en particular al tipo de aproximaciones que se encuentran en casos como el domo de Norton (2008); Shech (2018) ofrece una explicación del efecto Aharonov-Bohm en términos de modelos mínimos. Para un debate crítico del análisis de Batterman y Rice sobre los modelos mínimos, véase Lange (2015) y Povich (2018). Batterman (2019) y Rice (2020b) contienen debates sobre los modelos mínimos que también responden a las críticas. Para una comparación entre los modelos mínimos y los modelos de juguete, véase Gelfert (2019).

modelos mínimos, argumenta Grüne-Yanoff, es establecer hipótesis de necesidad o imposibilidad. Para ello, el modelo "(1) presenta una posibilidad relevante que (2) contradice una hipótesis de imposibilidad que los potenciales aprendices sostienen con un grado de confianza suficientemente alto" (*ibid.*, 97).[570] Aunque la noción de *modelo icónico* aparece con frecuencia en los debates sobre modelos, es sorprendentemente difícil encontrar una caracterización clara, y diferentes autores parecen enmarcar la noción de maneras diferentes. Entre los significados de "icono" que figuran en el *Oxford English Dictionary*, tres son relevantes para nuestro debate. El primero caracteriza un icono como una "representación o descripción realista por escrito"; el segundo como una "imagen, figura o representación; un retrato; una imagen, un "recorte" o una ilustración en un libro"; el tercero como una "imagen en el sólido; una figura monumental; una estatua". En línea con la primera caracterización, Grobler señala que debemos considerar que los realistas científicos están comprometidos con la afirmación de que los modelos "son intentos de modelos icónicos de la realidad investigada" (1995, 38). Según este análisis, los modelos icónicos son representaciones veraces. Sin embargo, queda una pregunta importante sobre lo que esto significa (véase el capítulo 9 para un debate al respecto). En línea con la segunda caracterización, Frey destaca que un modelo icónico "debe tener una relación visual y pictórica con el objeto representado" (1961, 94, traducción mía), y Harré afirma que un "modelo icónico es una "imagen" de un mecanismo posible para producir fenómenos" (1970, 54, cf. 2004, 14, 30). Sin embargo, dado lo que hemos dicho hasta ahora sobre los modelos, no está muy claro qué significaría que un modelo fuera una imagen de un objetivo, y el hecho de que Harré ponga "imagen" entre comillas parece reconocer este problema.

La tercera caracterización es la más influyente. En su teoría de los signos, Peirce define un icono como "un signo por semejanza" (Hartshorne y Weiss 1931-1935, CP 2.255). Ambrosio amplía esta definición y señala que, para Peirce, "la característica distintiva de las representaciones icónicas es que exhiben aspectos o cualidades de los objetos que representan" (2014, 256). Black, refiriéndose explícitamente a Peirce, dice que un icono debe entenderse como "que encarna literalmente las características de interés del original" (1962, 221), y Harré describe los modelos icónicos como modelos que "están relacionados con sus sujetos y con sus fuentes por relaciones de similitud y diferencia en las propiedades materiales" (1988, 120, cf. 2004, 78). Esto, señala Harré, equivale a decir que algo es un modelo icónico si "puede verse como si tuviera una cierta relación analógica" con su objetivo (*ibid.*, 122). Según esta interpretación, los modelos icónicos son modelos analógicos. La similitud se entiende más naturalmente como el hecho de compartir propiedades (sección 8.4) y esto, a su vez, ocurre

---

[570] Para un debate más detallado, véase Grüne-Yanoff (2013). Varios autores han rechazado esta explicación de los modelos mínimos argumentando, en esencia, que no se puede aprender sobre el mundo sin representación. Para un debate al respecto, véase Casini (2014) y Fumagalli (2015, 2016).

más naturalmente entre dos objetos materiales. Por esta razón, muchos modelos icónicos son modelos materiales, por lo que "a menudo es posible construirlos en el laboratorio o en el taller de ingeniería y experimentar directamente con ellos" (*ibid.*, 120). Sin embargo, Harré reconoce la existencia de modelos icónicos no materiales cuando afirma que algunos modelos "no son realizables en metal o madera" (*ibid.*, 120).[571]

En la sección 14.4 hemos visto que *los modelos a escala* son modelos que se relacionan con sus objetivos mediante un cambio de escala: son réplicas de objetos en un tamaño diferente.

Esto convierte a los modelos a escala en una especie de modelos icónicos (Black 1962, 221). Como hemos visto, algunos modelos a escala reducen sus objetivos, otros los amplían. Harré denomina "modelo megamórfico" a un modelo a escala ampliado y "modelo micromórfico" a un modelo a escala reducido (1970, 38-39). Si se utilizan diferentes escalas para diferentes aspectos o partes del modelo (como en nuestro ejemplo, en el que hemos escalado la anchura del puente por un factor de 100, su altura por un factor de 200 y su profundidad por un factor de 300), entonces tenemos un modelo distorsionado (ibid., 210). El propósito de un modelo a escala es mostrar en un tamaño manejable lo que de otro modo sería demasiado pequeño para ver o demasiado grande para manejar. La intuición es que un modelo a escala es una réplica naturalista del objetivo, que es la razón por la que Achinstein llama a los modelos a escala modelos verdaderos (1968, 209). Si un modelo a escala omite ciertas características de interés y, por lo tanto, ofrece solo una representación parcial del objetivo, entonces Achinstein habla de un modelo adecuado (ibid., 209-210). Es de suponer que la etiqueta se debe al hecho de que el modelo es adecuado en aquellos aspectos que realmente representa.

Los modelos a escala son ejemplos de lo que Harré denomina *modelos homeomorfos*, modelos en los que "el sujeto del modelo es también la fuente del modelo". Un ejemplo es un coche de juguete, porque "un coche de juguete es un modelo en el que la fuente y el sujeto son idénticos, ya que el juguete está modelado a partir de un coche y es un modelo del mismo coche" (1970, 38-39). Los modelos homeomorfos contrastan con los *modelos paramorfos*, que son aquellos en los que el sistema modelo y el sistema objetivo proceden de dominios diferentes. Esto ocurre, por ejemplo, con los modelos mecánicos del éter, que proceden de la mecánica, aunque el éter en sí mismo no es un objeto mecánico (*ibid.*,

[571] Harré también señala que "el modelo icónico se imagina y su comportamiento se estudia en un experimento gedanken» (1988, 121-122); Del Re observa que exploramos modelos físicos en experimentos mentales (2000, 6); y Cartwright insiste en que los modelos "son a menudo experimentos en el pensamiento» (2010, 19, énfasis en el original). Murphy no está de acuerdo y sostiene que el uso de la imaginación en los modelos es diferente de su uso en los experimentos mentales (2020a, cap. 4, 2020b). Para debates sobre los experimentos mentales, véanse, por ejemplo, las contribuciones a Stuart et al. (2018).

38-39, 43-44). Por esta razón, los modelos analógicos son también modelos paramorfos. Los modelos homeomorfos que son "en algunos aspectos, una mejora de sus sujetos" son modelos *teleomorfos* (*ibid.*, 41). Pueden "mejorar" su sujeto, por ejemplo, mediante idealizaciones. Un tipo especial de modelos homeomorfos son los *modelos metriomorfos*. Su objetivo es una clase de objetos en lugar de un solo elemento, y representan la clase reflejando métricamente sus propiedades. Un ejemplo típico de este tipo de modelo es la familia media (*ibid.*, 43).

El término "modelo fenomenológico" se utiliza en dos sentidos distintos, uno de los cuales es pertinente aquí (el otro se discutirá en la siguiente sección).[572] En este primer sentido, un *modelo fenomenológico* es aquel que solo representa las propiedades observables de su sistema objetivo y se abstiene de postular mecanismos ocultos o entidades no observables. Un modelo fenomenológico tiene un valor instrumental en el sentido de que genera predicciones, pero no proporciona información sobre la naturaleza del sistema objetivo.[573] Así descritos, los modelos fenomenológicos coinciden con los *modelos fenomenológicos* de Craver, que "describen la función que relaciona las entradas de un mecanismo con sus salidas" (2010, 841) y con los *modelos de comportamiento* de Bunge, que "satisfacen los requisitos de las filosofías empiristas (positivismo, pragmatismo, operacionalismo, fenomenalismo), así como del convencionalismo, ya que, sin ir mucho más allá de los datos, permiten condensar estos últimos e incluso predecir la evolución del sistema" (1973, 102-103). Sin embargo, los modelos fenomenológicos no son idénticos a los modelos de un fenómeno, donde el fenómeno se entiende como en la sección 6.4. Como hemos visto, "fenómeno" se entiende como un término genérico que abarca todas las características relativamente estables y generales del mundo, que pueden ser observables o no observables.

Un "modelo global" es un modelo cuyas condiciones de aplicación no se limitan a un dominio particular y, por lo tanto, son universales; un "modelo local" es un modelo cuyas hipótesis se limitan a un dominio determinado; y un "modelo glocal" es un modelo que conecta un modelo local y un modelo global (Ohsawa et al. 2017, 1016, 1023). Un *modelo de sistema completo* es un modelo que representa todo el sistema objetivo en su totalidad, principalmente en el contexto de la arqueología (Wylie 2017, 991, 996). Un *modelo fundamental* representa entidades y leyes que se consideran fundamentales en un dominio determinado. Como señala Hesse, "un modelo solo será fundamental en relación con una situación histórica concreta; por ejemplo, los átomos de Demócrito, las partículas atractivas y repulsivas de Newton, la electrodinámica clásica y la electrodinámica cuántica son fundamentales en relación con su contexto histórico" (Hesse 1961, 28). En el contexto de la ciencia cognitiva, un *modelo discriminativo* "re-

---

[572] De hecho, existe un tercer sentido: en su obra (1983), Cartwright utiliza "modelo fenomenológico» como sinónimo de "modelo representativo»; para un debate al respecto, véase Cartwright (1999, 180).

[573] Véase Bokulich (2011, 44), McMullin (1968, 390-391) y Wimsatt (1987, 29).

presenta la dependencia de variables objetivo no observadas en variables observadas", mientras que un *modelo generativo* ofrece "una perspectiva basada en principios de los efectos descendentes" (Williams 2021, 5-6) (encontraremos un significado alternativo de "modelo generativo" en la sección 16.5). En biología evolutiva y en ecología, un *modelo neutral* es aquel que no incluye selección (Wimsatt 1987, 25).

Un *modelo de datos* es un resumen procesado, corregido, rectificado y regimentado de los datos que obtenemos de la observación inmediata; un *modelo estadístico* es una representación matemática de los datos observados (sección 3.6); un modelo de datos es también un *modelo observacional* "en el sentido de que, una vez recopilados los datos, se analizan utilizando las herramientas de la teoría de la probabilidad y la estadística" (Russo 2017, 955). Los modelos de datos no tienen por qué ser matemáticos; en principio, pueden adoptar cualquier forma (por ejemplo, pueden ser gráficos o imágenes). En el contexto de la estadística descriptiva, los modelos estadísticos, los modelos de datos y los modelos observacionales son lo mismo. En el contexto de la comprobación de hipótesis estadísticas, la hipótesis nula es la posición por defecto, o la opinión comúnmente aceptada, que el investigador pretende comprobar y, potencialmente, refutar (de ahí el nombre "hipótesis nula"). Si esta hipótesis adopta la forma de un modelo, entonces ese modelo puede denominarse "modelo nulo". Como señala Kovaka (2020) en referencia a los modelos de elección de pareja en biología, pueden surgir cuestiones sustantivas sobre qué modelo debe elegirse como modelo nulo. También en estadística, un *modelo instrumental* es una hipótesis auxiliar necesaria para probar la hipótesis principal (Dhaene et al. 1998). Este uso del término es contrario a la intuición de los filósofos. El término "instrumentalismo" se refiere a una posición antirrealista, por lo que cabría esperar que "modelo instrumental" caracterizara a los modelos que generan predicciones pero no proporcionan información sobre los aspectos no observables del objetivo. Aunque intuitivo, no es así como parece utilizarse el término en la literatura. A veces, un modelo de datos no puede construirse únicamente con métodos estadísticos y se utiliza un modelo para "llenar los huecos" entre los puntos de datos. En el contexto de la ciencia atmosférica, este proceso se conoce como "asimilación de datos"; cuando la asimilación de datos se aplica a registros históricos con el objetivo de construir conjuntos de datos a largo plazo para períodos pasados, el proceso se conoce como "reanálisis". Los modelos utilizados para este proceso son "modelos de reanálisis" y pertenecen al grupo de "modelos de análisis de datos", que son los modelos que se utilizan para procesar registros históricos meteorológicos y climáticos (sección 3.6).

16.4 La naturaleza de los portadores

En la sección 6.2 introdujimos el problema de los portadores. El portador de una representación es aquello que realiza la representación, y si la representación es un modelo, entonces el portador es el objeto que sirve como modelo. En términos generales, el problema de los portadores consiste en comprender y caracterizar los objetos que se utilizan como representaciones. Este problema se puede dividir en dos subproblemas: el problema de la ontología y el problema del manejo (Frigg y Nguyen 2020, 15-16). El primero se refiere a la ontología de los objetos que se utilizan como portadores, mientras que el segundo nos pide que comprendamos qué implica el manejo de estos objetos en el proceso científico. A continuación, analizamos los tipos de modelos que se refieren a estos problemas, comenzando por el problema de la ontología. Un modelo es un *modelo abstracto* si es una entidad abstracta (sección 8.2).[574] Los modelos abstractos pertenecen al grupo de los *modelos no concretos*, o *modelos no materiales*, que son modelos cuyos soportes no son objetos materiales (sección 8.5); Rosenblueth y Wiener los denominan *modelos intelectuales* (1945, 317). Un *modelo ficticio* es aquel que se asemeja a los objetos y lugares de la ficción literaria (sección 14.5). En su nivel más básico, un *modelo imaginario* es un modelo que se imagina, lo que puede ocurrir, por ejemplo, en un acto de simulación (sección 14.6). Achinstein sostiene que el acto de imaginar se basa en suposiciones y afirma que tenemos un modelo imaginario si "un objeto o sistema se describe mediante un conjunto de suposiciones", por lo que "el proponente del modelo no se compromete con la veracidad, ni siquiera con la plausibilidad, de las suposiciones que formula" (1968, 220). El soporte de un *modelo concreto* o *modelo material*, por el contrario, es un objeto material (sección 14.4). Si el soporte material es un animal, hablamos de un *modelo animal* (Fülöp et al. 2013, 58); también se puede hablar de *modelos vegetales* si el soporte es una planta. Hablamos de un "modelo in vivo" si "se utiliza el animal vivo completo para investigar el efecto de cualquier candidato terapéutico o para estudiar cualquier proceso biológico" (Khan et al. 2017, 432). Por lo tanto, los modelos animales y los modelos *in vivo* son lo mismo (siempre que el animal esté vivo). Nos encontramos ante *modelos in vitro* si los portadores son "microorganismos, células aisladas, moléculas biológicas, sistemas de cultivo celular, preparaciones de cortes de tejido u órganos aislados en condiciones óptimas fuera de su contexto biológico normal" (*ibid.*). Estos modelos contrastan con los denominados *modelos in silico*, que son modelos computacionales implementados en un ordenador (Leung et al. 2001, 622).[575] Pasemos ahora a las nociones relacionadas con el problema del manejo. Achinstein afirma que, si un modelo material es tal que "al examinarlo se pueden determinar hechos sobre el objeto que representa", entonces se trata de un *modelo tinkertoy* (1968, 209). Sus ejemplos son "modelos de moléculas, modelos del sistema solar que se encuentran en los museos de ciencias, modelos de ingeniería

[574] Nótese que este es el segundo significado de "modelo abstracto»; para el primer significado, véase la sección 16.3.

[575] La expresión hace referencia al elemento químico silicio (el elemento con el símbolo Si y el número atómico 14), ya que los microchips están fabricados con silicio. El nombre latino del silicio es "silicium», por lo que también se puede ver "in silicio» como variante de "in silico» (véase, por ejemplo, Gruner 2013, 251).

de presas" (*ibid.*). Es de suponer que la etiqueta se debe al hecho de que estos modelos pueden explorarse "jugando con ellos" (*tinkering around*). Si los materiales utilizados para construir un modelo material son piezas recicladas que, de otro modo, se habrían desechado, se trata de un *modelo de chatarra*, aunque los modelos de chatarra parecen ser predominantemente juguetes más que instrumentos para la investigación científica (Institute of Imagination 2021). Si el modelo material es capaz de realizar, a pequeña escala, la misma tarea que realiza (o se espera que realice) el objeto real, entonces se trata de un *modelo funcional*.[576] Un ejemplo de este tipo de modelo es una pequeña locomotora capaz de tirar de pequeños vagones.

Un modelo que es visual en sí mismo o se presenta de forma visual es un *modelo visual*. Giere analiza los mapas de Wegener que representan la ruptura de los continentes y la representación visual de Holmes y Hess de las corrientes de convección que dividen un continente como ejemplos de modelos visuales (1996, 1999). Evagorou, Erduran y Mäntylä hacen hincapié en que los modelos visuales pueden ser tanto bidimensionales como tridimensionales, y citan como ejemplos de modelos visuales las líneas de campo de Faraday y el modelo de ADN de Watson y Crick (2015). Un concepto estrechamente relacionado es el de *modelo gráfico*. La plataforma de aprendizaje study.com define los modelos gráficos como "representaciones visuales, gráficos que representan datos o diagramas que simplifican la visualización de datos con fines comparativos. Todos ellos pueden estar dibujados a mano o realizados con un ordenador y el software adecuado". Según esta definición, los modelos gráficos son modelos visuales bidimensionales. Sin embargo, el término "modelo gráfico" también se utiliza de forma más específica, concretamente para referirse a "un gráfico con vértices que son variables aleatorias y un conjunto asociado de distribuciones de probabilidad conjunta sobre las variables aleatorias, todas las cuales comparten un conjunto de relaciones de independencia condicional" (Spirtes 2005, 1).

Un modelo es un *modelo matemático* si sus presentaciones estándar en un contexto científico emplean herramientas matemáticas (sección 14.5). Esto incluye los *modelos simbólicos* y los *modelos numéricos*. Frey afirma que "un sistema de ecuaciones constituye un modelo simbólico" y que dicho modelo "no tiene ninguna similitud pictórica inmediata con el objeto representado" (Frey 1961, 95, traducción mía). Bokulich y Oreskes afirman que "los modelos numéricos son modelos matemáticos que representan sistemas naturales y sus interacciones mediante un sistema de ecuaciones" (2017, 895). En un sentido amplio, un *modelo formal* es un modelo formalizado en algún formalismo, normalmente matemáticas o lógica formal. En esta línea, Davidsson, Klügl y Verhagen definen un *modelo formal* como aquel que está "representado mediante un lenguaje formal con una sintaxis y una semántica tan claramente definidas que el modelo puede

[576] Esta definición aparece en la versión en línea del diccionario Merriam-Webster.

ejecutarse utilizando un ordenador" (2017, 785). Si el formalismo es tal que representa "la dependencia funcional de los parámetros", entonces, según Weinert, tenemos un *modelo funcional* (1999, 315-316). Si un modelo representa la estructura de un sistema objetivo, entonces tenemos un *modelo estructural* (*ibid.*). A veces, las ecuaciones de un modelo no pueden resolverse analíticamente o, de manera más general, las expresiones formales de un modelo se resisten a ser exploradas con métodos tradicionales. Un *modelo computacional* es aquel que puede implementarse en un ordenador, que luego puede utilizarse para estudiar el comportamiento del modelo (sección 14.5). Como hemos visto, existe controversia sobre si los modelos computacionales son *sui generis* o si son un tipo específico de modelo matemático. La actividad de realizar cálculos de modelos en un ordenador también se denomina simulación, y por esta razón los modelos implementados en un ordenador se denominan *modelos de simulación*.[577] Estos modelos también se denominan "*modelos digitales*" (Imbert 2017), aunque el término "modelo digital" también se utiliza para referirse al proceso de creación de una réplica tridimensional exacta de la forma de un objeto mediante un proceso en el que primero se mide el objeto con escáneres láser, luego se procesan los datos en el ordenador y, finalmente, se imprime el resultado con una impresora 3D. En este último sentido, un modelo digital es un modelo icónico tridimensional generado por ordenador. Volviendo a los modelos matemáticos, un modelo es un *modelo no lineal* si las ecuaciones que lo definen son ecuaciones no lineales (Herfel 1995). Un modelo es un *modelo acoplado* si consta de determinadas partes que interactúan entre sí. El concepto se utiliza con frecuencia en la modelización del clima, donde los modelos constan de diferentes módulos para diferentes partes del sistema climático (por ejemplo, la atmósfera, los océanos, las masas terrestres y el hielo), y estos módulos se acoplan entre sí para simular la interacción física entre ellos (Bokulich y Oreskes 2017, 896).

Un modelo es un *modelo de caja negra* si su soporte es (o se trata como) una unidad única cuya estructura interna es desconocida o se ignora. Por lo tanto, un modelo de caja negra correlaciona las entradas con las salidas sin proporcionar ninguna información sobre su funcionamiento interno, que sigue siendo opaco para el usuario. Los modelos de caja negra contrastan con los *modelos de caja blanca*, que proporcionan información sobre el funcionamiento interno de un sistema de forma que los usuarios del modelo pueden comprender y que les ofrece una explicación del comportamiento manifiesto (Boumans 2009, 211). Un *modelo de caja gris* es un modelo modular, es decir, un conjunto de módulos que realizan diferentes tareas. Los módulos son cajas negras autónomas que, sin embargo, están conectadas a otros módulos de una manera conocida (*ibid.*, 212).

---

[577] Para un análisis de las simulaciones por ordenador y el uso de modelos de simulación, véase Humphreys (2004) y Winsberg (2010), aunque ninguno de los dos ofrece una definición de "modelo de simulación». Para una evaluación crítica de algunas de las afirmaciones audaces que se han hecho en relación con las simulaciones por ordenador, véase Frigg y Reiss (2009).

Un *modelo conceptual* es una descripción verbal de una situación, normalmente en un lenguaje natural (Haefner 2005, 10). Los modelos conceptuales también se conocen como *modelos verbales* o *modelos cualitativos* (*ibid.*, 10, 32). El objetivo de un modelo cualitativo es "proporcionar un marco conceptual para la consecución de los objetivos", donde "el marco resume el pensamiento actual del modelador sobre el número y la identidad de los componentes necesarios del sistema (objetos) y las relaciones entre ellos" (*ibid.*, 32).[578] Un ejemplo de este tipo de modelo es un modelo de precios que afirma que el precio de los bienes en una economía viene determinado por la cantidad de dinero que circula en la economía (sección 13.4). Como señala Haefner, un modelo cualitativo "no contiene ecuaciones explícitas, pero su propósito es proporcionar suficientes detalles y estructura para que se pueda escribir un conjunto coherente de ecuaciones", donde hay que tener en cuenta que "un modelo cualitativo no determina de forma única las ecuaciones" (*ibid.*). Cuando se formulan ecuaciones basadas en las relaciones descritas en el modelo cualitativo, transformamos el modelo cualitativo en un *modelo cuantitativo*. Los modelos cuantitativos tienen una estructura matemática y sus resultados son de naturaleza matemática, a menudo números (*ibid.*, 13). Esta conversión se produjo, por ejemplo, cuando Fisher formuló su ecuación de intercambio basándose en el modelo de precios que acabamos de ver (sección 13.4).[579]

16.5 Construcción de modelos y relaciones entre modelos y teoría

Pasamos ahora a los tipos de modelos que se refieren a cómo se construyen y cómo se relacionan con la teoría, comenzando por los primeros. Como hemos visto en la sección 13.2, un *modelo ascendente* (*bottom-up*) es aquel que se construye partiendo únicamente de lo que sabemos sobre el objetivo y los hechos básicos sobre el dominio de interés, sin hacer suposiciones teóricas, o haciéndolas en muy poca medida, y sin basarse en teorías generales. Los modelos ascendentes contrastan con los descendentes (*top-down*). Un *modelo descendente* es aquel cuya construcción parte de un marco teórico y luego va descendiendo desde la teoría general hasta los fenómenos. Un *modelo híbrido* tiene elementos de ambos. Por un lado, un modelo híbrido incluye una teoría amplia y bien corroborada, como la mecánica newtoniana; por otro lado, el modelo no es solo teoría aplicada, sino que también contiene elementos que no se derivan de la

[578] Weinert utiliza el término de forma diferente, concretamente como término genérico para modelos analógicos y experimentos mentales (Weinert 2016, 37).

[579] Al hablar de modelos en química, Weisberg propone trazar la línea divisoria entre modelos cualitativos y cuantitativos de forma diferente. Según Weisberg, la distinción "no se refiere al uso de números; ambos tipos de modelos pueden ser numéricos. Se trata más bien de una distinción basada en grados de aproximación e idealización. Los modelos cualitativos contienen más aproximaciones y están más idealizados que los modelos cuantitativos» (2004, 1071-1072). Sin embargo, esta forma de trazar la línea parece ser específica de la química.

teoría, como datos empíricos y dependencias funcionales determinadas empíricamente (Katzav 2013, 114-115).[580] *Los modelos horizontales* no se construyen ni de arriba abajo ni de abajo arriba, ni mediante una mezcla de ambos. Un modelo es horizontal si, como dice Bokulich, "el principio rector principal en la construcción del modelo no proviene de la teoría ni de un conjunto particular de fenómenos experimentales, sino más bien de la analogía con modelos pertenecientes a teorías vecinas" (2003, 611, cf. 623-624). Los ejemplos de modelos horizontales de Bokulich son versiones cuánticas de mapas de la teoría clásica del caos (como el mapa de herradura de la sección 13.3), que se desarrollaron estableciendo analogías con sus homólogos clásicos. Un *modelo generativo* es aquel que tiene la capacidad de producir nuevos modelos a través de un proceso generativo (Tee 2020).[581] Un *modelo abierto* es un modelo computacional cuyo código de programación es de dominio público y, por lo tanto, está disponible para todo el mundo (véase, por ejemplo, openmod 2021).

Veamos ahora la relación entre modelos y teorías. En términos generales, un *modelo teórico* es un modelo estrechamente relacionado con una teoría. Hay diferentes opiniones sobre lo que esto significa exactamente. Una primera opción es seguir a Hesse al afirmar que los modelos teóricos "son modelos en un sentido lógico, en el sentido de que son interpretaciones de un sistema teórico formal o semiformal" (1967, 356). Giere está de acuerdo con esta caracterización cuando dice que los modelos son objetos abstractos que satisfacen las ecuaciones de la teoría (Giere 1988, 78-79). Los modelos teóricos están estrechamente relacionados con los *modelos interpretativos* (sección 13.5) y los *modelos sustitutivos* (Groenewold 1961, 99), que fundamentan la aplicación de las teorías matemáticas a objetivos del mundo real. Los modelos teóricos son lo que Pincock denomina "modelos de ecuaciones", una clase de modelos "seleccionados" por una ecuación (2007, 961). Tanto los modelos teóricos como los modelos de ecuaciones son ejemplos de "modelos lógicos", modelos que son colecciones de objetos que hacen que una frase formal sea verdadera si los términos de la frase se interpretan como referidos a estos objetos junto con sus propiedades y relaciones (sección 2.2). Según Hesse, un modelo lógico es un *modelo post hoc* si ha sido "inventado para encarnar una teoría matemática existente, en gran parte o únicamente con el fin de facilitar la aplicación de la teoría matemática o de demostrar su coherencia" (1961, 27). Si la frase formal está escrita en el lenguaje de modelización de datos YANG, entonces es un *modelo yang*. Un *metamodelo* es una definición de lenguaje de modelado (Dodig-Crnkovic y Cicchetti 2017, 710).

Una segunda forma de explicar la noción de modelo teórico es seguir a Achinstein al decir que un "modelo teórico es un conjunto de supuestos sobre algún

---

[580] En el caso de los modelos climáticos, estas características no teóricas suelen aparecer en forma de parametrizaciones, que captan el supuesto efecto neto de procesos que no pueden resolverse en el modelo (Katzav 2013, 117-118).

[581] Nótese que esta caracterización de un modelo generativo es diferente de la que hemos visto en la sección 16.3.

objeto o sistema" (1968, 212). A menudo, esto equivale a atribuir al sistema "lo que podría llamarse una estructura interna, una composición o un mecanismo, cuya referencia explicará diversas propiedades que exhibe ese objeto o sistema" (1965, 103). Estas suposiciones, y las estructuras atribuidas, son a menudo simplificaciones, por lo que un "modelo teórico se trata como una aproximación simplificada útil para determinados fines" (1968, 214).[582] El segundo significado de "modelo fenomenológico" marca el antípoda de los modelos teóricos (hemos discutido el primer significado en la sección 16.3). Según esta interpretación, un *modelo fenomenológico* es un modelo independiente de las teorías. En la sección 13.2 lo llamamos *modelo independiente*. La cuestión es cuán fuerte se supone que es esta independencia, y diferentes autores han dado diferentes respuestas. McMullin dice que un modelo fenomenológico es "una correlación expresada matemáticamente y elegida arbitrariamente de parámetros físicos a partir de la cual se pueden derivar las leyes empíricas de algún dominio" (1968, 390-391), y Wimsatt dice que se "deriva únicamente para dar descripciones y/o predicciones de fenómenos sin hacer ninguna afirmación sobre si las variables del modelo existen" (1987, 29). Esto sugiere que los modelos fenomenológicos tienen una independencia total de la teoría. Esto haría que los modelos fenomenológicos se alinearan con los modelos ascendentes, con lo que Bunge denomina "modelos de comportamiento" (sección 16.3) y con lo que Basso, Lisciandra y Marchionni denominan "modelos empíricos", es decir, modelos que "se construyen para probar y medir relaciones entre variables y se basan en datos empíricos" y que "no describen sistemas hipotéticos" (2017, 414). Hartmann opta por una lectura más liberal de la relación entre los modelos fenomenológicos y las teorías. Considera que los modelos fenomenológicos son modelos que no pueden derivarse de una teoría y, sin embargo, pueden incorporar principios y leyes asociados a las teorías. Afirma que los supuestos subyacentes al modelo "pueden estar *inspirados* en una teoría" y que los modelos "imitan muchas de las características de la teoría, pero son mucho más fáciles de manejar" (1999, 327, cursiva en el original). Sin embargo, también puede darse el caso de que los supuestos del modelo contradigan la teoría pertinente (*ibid.*). En la misma línea, Portides afirma que los modelos fenomenológicos "se construyen mediante el despliegue de resultados semiempíricos, a menudo mediante el uso de hipótesis ad hoc, o mediante el uso de un aparato conceptual que no está directamente relacionado con la teoría fundamental y que no siempre es directamente compatible con el cálculo teórico" (2011, 335). Esto aleja los modelos fenomenológicos de la teoría, pero no los hace completamente independientes de ella. De hecho, deja margen para que los modelos fenomenológicos sean *modelos inconsistentes*, es decir, modelos que son inconsistentes con una teoría de fondo o, alternativamente, con otros modelos (Morrison 2011, 344).

---

[582] Se pueden encontrar caracterizaciones similares de los modelos teóricos en Black (1962, 226-230) y Bunge (1973, 97).

Los *modelos complementarios* son importantes cuando las teorías están incompletas, ya que pueden intervenir para proporcionar lo que falta (sección 13.4).[583] Un *modelo mediador* actúa como mediador entre las teorías y el mundo (sección 13.6). Un *modelo flotante* es, en cierto sentido, lo contrario de un modelo mediador. Un modelo mediador está anclado tanto en la teoría como en el objetivo y, por lo tanto, une ambos. Tal y como los describe Redhead, los modelos flotantes están desconectados de ambos (1980, 158-160). Están desconectados de la teoría a través de una brecha computacional, en el sentido de que las aproximaciones que hay que hacer para pasar de la teoría al modelo no pueden justificarse. Están desconectados del objetivo en el sentido de que sus predicciones fallan. Así pues, el modelo "flota" en ambos extremos.

Por último, Harré analiza el concepto de *modelo sentencial* (1970, 36). Consideremos dos teorías *T* y *T'*. Supongamos que para cada sentencia *p* en *T* existe una sentencia *p'* en *T'* tal que se cumple lo siguiente: si *p'* es aceptable, entonces *p* es verdadera, y si *p* es falsa, entonces *p'* es inaceptable. Si este es el caso, entonces *T'* es un modelo sentencial de *T*.

16.6 Usos y funciones de los modelos

El último grupo de tipos de modelos que vamos a examinar se refiere a los usos y funciones de los modelos en el proceso de investigación científica. Una primera familia de modelos se refiere al proceso de desarrollo y descubrimiento de teorías. Algo tiene una función heurística si sirve para resolver problemas, aprender y descubrir. Como señala Redhead, los modelos pueden desempeñar un papel heurístico en el desarrollo de nuevas teorías (1980, 155-156). Un modelo que sirve a este propósito es un *modelo heurístico*.[584] Los modelos heurísticos entendidos de esta manera son *modelos de desarrollo* (Sección 13.2). A veces el problema es el contrario: tenemos una teoría, pero no sabemos cómo se comporta. Como señala Hartmann, los físicos pueden entonces utilizar modelos simples para sondear el "tipo cualitativo de comportamiento de una teoría dada" (1995, 54). Un modelo que sirve para este propósito es un *modelo de sondeo*. Groenewold describe el mismo uso de los modelos para explorar las propiedades de las teorías y llama a estos modelos como *modelos de estudio*, porque sirven para

[583] Hesse tiene una interpretación alternativa del "modelo complementario»: "existen modelos complementarios, como los modelos de onda y partícula en la física cuántica, que se excluyen mutuamente en ciertos aspectos y, por lo tanto, limitan la analogía positiva entre ellos, pero cuya analogía positiva potencial no se agota en otros aspectos, de modo que cada uno puede seguir funcionando como un modelo útil en circunstancias particulares» (1961, 27). Sin embargo, esta interpretación es específica de la teoría cuántica y no puede generalizarse a otros ámbitos de investigación.

[584] Aunque el término "modelo heurístico» también puede aplicarse a cualquier modelo que ayude a resolver un problema. Es en este sentido que, por ejemplo, Grandori (2010) habla de un "modelo heurístico» de la toma de decisiones económicas.

estudiar una teoría (1961, 99). Menciona el ejemplo de la teoría cuántica de campos, en la que las dificultades con las divergencias, la renormalización, los estados fantasma, etc., se estudian en un modelo simplificado que proporciona información sobre la naturaleza de la teoría. Entendidos así, los modelos de estudio son como los modelos de juguete caracterizados por Luczak (sección 16.3). Gelfert ha introducido recientemente la noción de "*modelo exploratorio*" y caracteriza los modelos de este tipo a través de cuatro funciones. Estos (i) proporcionan puntos de partida; (ii) aparecen en una prueba de principio; (iii) generan posibles explicaciones; y (iv) ayudan a evaluar el objetivo, es decir, ayudan a identificar un objetivo adecuado para un modelo dado (2016, 83-94). Massimi sostiene que los modelos perspectivistas son un tipo especial de modelos exploratorios, ya que también sirven para proporcionar conocimiento sobre (v) "posibilidades causales" y (vi) "posibilidades objetivas para entidades hipotéticas" (Massimi 2019, 870).

Un *modelo explicativo* es aquel que proporciona una explicación. Existen diversas opiniones sobre cómo lo hacen los modelos, lo que refleja las muchas explicaciones diferentes que se han propuesto en la literatura. Bokulich (2017) ofrece un estudio de las diferentes posiciones en el debate sobre la función explicativa de los modelos. Entre ellas se encuentran la explicación kairetica y la explicación de la optimalidad. Según el enfoque kairetico de Strevens, un modelo puede dividirse en una parte con diferenciadores y otra con idealizaciones; la primera es verdadera y la segunda es falsa; la parte verdadera es relevante desde el punto de vista explicativo, mientras que la falsa es inofensiva pero irrelevante (2008, 318). Un modelo que explica de esta manera puede denominarse *modelo kairetico (kairetic model). Los modelos de optimalidad* se basan en la teoría de la optimización, cuyo objetivo es identificar los valores de las variables de control que optimizan los valores de algunas variables de diseño bajo ciertas restricciones, y la explicación radica en la identificación del óptimo (Rice 2015, 591).

Una prótesis es un dispositivo capaz de sustituir una parte funcional de un sistema. Un brazo protésico, por ejemplo, puede realizar ciertas funciones de un brazo real, aunque se parezca poco a un brazo humano. Los mecanismos suelen ser partes de sistemas de nivel superior e interactúan con otras partes a través de interfaces. Según Craver, un "modelo protésico" es "una simulación diseñada de un mecanismo integrado causalmente en un sistema biológico para sustituir la función del objetivo", donde "el objetivo de construir un modelo protésico es sustituir el comportamiento de la parte que falta en su contexto, preservando al mismo tiempo el comportamiento del sistema en su conjunto" (2010, 841-842).

Un *modelo experimental* es un modelo material sobre el que se realizan experimentos reales (Sterrett 2017b, 391; Wilde y Williamson 2016, 272). Weisberg describe el caso del modelo de la bahía de San Francisco del Cuerpo de Ingenieros del Ejército (2013, 1-3). El modelo es un inmenso tanque de agua con la topografía de la bahía. Ocupa una superficie de unos 6000 m2 y cuenta con diversas bombas hidráulicas que permiten a los ingenieros simular las corrientes, las mareas y los caudales fluviales de la bahía. Los ingenieros realizaron experimentos con este modelo. Por ejemplo, construyeron presas y estudiaron el efecto que estas tendrían sobre las mareas. De hecho, la mayoría de los modelos materiales son también modelos experimentales (sección 14.4). *A fortiori*, los modelos animales y los modelos vegetales (sección 16.4) también son modelos experimentales, ya que a menudo se utilizan en laboratorios para realizar experimentos con ellos. Un modelo animal es un *modelo xenodiagnóstico* si puede utilizarse para diagnosticar la presencia de una enfermedad infecciosa. Por ejemplo, los ratones C3H/HeJ se utilizan como modelos xenodiagnósticos para la detección de Ehrlichia chaffeensis (Lockhart y Davidson 1999).

Un *modelo didáctico* es aquel que sirve para enseñar o comunicar resultados, pero que no se utiliza como herramienta de investigación. El modelo material del sistema solar en el museo de ciencias es un modelo didáctico: los escolares pueden aprender sobre la constitución del sistema solar interactuando con el modelo, pero este no participa en un proceso de investigación.[585] Un ejemplo específico de modelo didáctico es el *modelo zombi*, que, como su nombre indica, simula una invasión zombi. El propósito de este modelo no es estudiar tal evento (lo cual descartamos con total seguridad), sino proporcionar un ejemplo que haga "el modelado matemático y la epidemiología de enfermedades infecciosas más accesibles para los profesionales de la salud pública, los estudiantes y el público en general" (Lofgren et al. 2016). Así, al estudiar una invasión de zombis, los estudiantes adquieren una comprensión de los mecanismos básicos de transmisión de enfermedades y las herramientas para modelarlos matemáticamente.

Un "modelo de apoyo" es un modelo cuyo objetivo es "generar apoyo para el ser humano mediante el razonamiento basado en el modelo de dominio" (Gerritsen y Bosse 2017, 1055). Un ejemplo es un modelo para la prevención de delitos, que "toma como entrada cierta información sobre el escenario futuro para el que el usuario desea apoyo" y luego "genera consejos sobre las estrategias recomendadas para prevenir delitos en ese escenario" (*ibid.*, 1060).

16.7 Conclusión

Los lectores que hayan llegado al final de este capítulo merecen un premio por su perseverancia y determinación. Recorrer esta larga lista de distinciones no es una tarea fácil, y soy muy consciente de que el texto no fluye con la naturalidad que lo haría si se tratara de desarrollar un argumento. Sin embargo, espero que

[585] Aunque he oído utilizar a menudo el término en este sentido, no he podido encontrarlo en la bibliografía. Las búsquedas de "modelo didáctico» me han llevado invariablemente a la bibliografía sobre enseñanza, donde un modelo didáctico es una forma de enseñar o de aprender. Entendido así, el término "didáctico» en el nombre del modelo especifica el objetivo del mismo y, por lo tanto, no se incluye en la lista.

el esfuerzo haya merecido la pena y que la multiplicidad de tipos de modelos que pueblan los debates filosóficos resulte ahora menos desconcertante.

EPÍLOGO

La naturaleza de los modelos y las teorías ha ocupado a los filósofos desde los albores de la ciencia moderna. En los 16 capítulos de este libro, hemos debatido cuestiones filosóficas fundamentales que surgen en relación con los modelos y las teorías, y hemos examinado las posiciones que se han defendido en los debates desde la década de 1920. No es deseable ni factible ofrecer un resumen de los argumentos esgrimidos y las conclusiones alcanzadas. Nuestro objetivo en estas últimas páginas es dar un paso atrás y reflexionar sobre las implicaciones de los argumentos que hemos visto, y extraer conclusiones sobre hacia dónde puede y debe dirigirse el trabajo sobre modelos y teorías a partir de ahora.

El antagonismo percibido entre las visiones sintáctica y semántica de las teorías (que preferimos llamar la visión lingüística y el enfoque modelo-teórico) ha sido un leitmotiv en el debate filosófico sobre los modelos y las teorías durante los últimos 60 años, y apenas hubo una discusión sobre el tema en la que el antagonismo no apareciera de una forma u otra. Los debates fueron a menudo desiguales, ya que la visión sintáctica se consideraba muerta desde el principio y solo servía para resaltar la superioridad de la visión semántica. Es hora de cambiar de tono. No solo son prematuras las afirmaciones sobre la muerte de la visión sintáctica, sino que todo el debate se basa en una falsa dicotomía. Cualquier perspectiva defendible tendrá que considerar que las teorías están compuestas por elementos lingüísticos y no lingüísticos, y no se debería seguir discutiendo si las teorías son entidades lingüísticas o no lingüísticas. Sin embargo, dejar atrás el debate entre sintaxis y semántica no marca el final del debate sobre la naturaleza de las teorías. Decir que una teoría está compuesta por elementos lingüísticos y no lingüísticos deja abiertas muchas opciones en cuanto a qué son estos elementos y cómo se integran. Un debate fructífero sobre la naturaleza de las teorías se centrará en las preguntas de qué son las partes, cómo se unen para formar un todo armonioso y qué papel desempeña cada parte en el funcionamiento fluido de este todo.

Se han logrado algunos avances hacia este objetivo en debates recientes sobre la naturaleza de las teorías. Sin embargo, estos debates se han centrado predominantemente en la estructura formal de las teorías. Comprender el formalismo de una teoría es importante, pero es solo la mitad del proyecto. Las teorías tratan sobre un determinado dominio de objetos y fenómenos. Tratan sobre partículas elementales, moléculas, genes, microbios, animales, galaxias, poblaciones, etc. Es decir, las teorías tienen contenido. Comprender cómo las teorías adquieren contenido requiere ir más allá del formalismo de una teoría. Este problema tiene dos aspectos. El primer aspecto es comprender cómo se interpreta el lenguaje formal de una teoría en términos de la materia de la teoría o, si se considera que una teoría tiene tanto un lenguaje formal como un lenguaje objetivo, comprender cómo funcionan y se interrelacionan estos dos lenguajes. Este es un problema en el que la filosofía de la ciencia puede colaborar fructíferamente con la filosofía del lenguaje. Es lamentable que estas dos ramas de la filosofía se hayan distanciado. En cierta medida, esto puede ser consecuencia de la creciente especialización profesional dentro de la filosofía, pero las actitudes también han influido. Ver a los principales exponentes de la filosofía de la ciencia insistir en que las teorías son entidades extralingüísticas y que las cuestiones lingüísticas no tienen importancia filosófica no crea un entorno propicio para una colaboración fructífera con los filósofos del lenguaje. Es hora de pulsar el botón de reinicio y redescubrir los intereses comunes.

El segundo aspecto del problema es comprender cómo representan los modelos de una teoría. Este problema ha atraído cierta atención durante la última década, y se han propuesto varias perspectivas sobre cómo representan los modelos. Sin embargo, muchas de ellas operan en niveles elevados de abstracción y, en última instancia, siguen siendo programáticas. Las perspectivas abstractas pueden ser fructíferas para centrar las cuestiones y orientar la investigación, pero no pueden suplantar un compromiso profundo con los detalles de las representaciones reales. Los debates sobre la idealización, la analogía y la robustez pueden considerarse una parte productiva de este compromiso. Sin embargo, no solo quedan muchas cuestiones abiertas sobre estos modos de representación, sino que también hay representaciones que no encajan en ninguno de estos moldes. El siguiente paso en el debate sobre la representación será llegar a una mejor comprensión de las relaciones particulares de representación y los estilos a los que pertenecen, así como integrar una perspectiva sobre cómo representan los modelos en una comprensión más amplia de la estructura de las teorías.

Una comprensión más profunda de la representación también ayudará a la investigación en otras áreas de la filosofía. Las cuestiones relativas al uso de simetrías en las teorías físicas, la equivalencia teórica y empírica, las contribuciones de las teorías/modelos a la explicación y la comprensión científicas (y, en concreto, el papel que desempeña la facticidad en ello), la articulación del realismo selectivo y la relación entre la ciencia y el arte son solo algunas de las áreas de la investigación filosófica que pueden beneficiarse de una comprensión detallada de la representación científica.

Hasta ahora, la filosofía de los modelos y las ciencias de la decisión han seguido su curso sin prestarse mucha atención entre sí, la primera ocupándose de las cuestiones tratadas en este libro y la segunda investigando los métodos de toma de decisiones a diferentes niveles. En diversos ámbitos de la vida pública hay que tomar decisiones políticas difíciles, y existe un amplio consenso en que estas decisiones deben basarse en las mejores pruebas científicas disponibles. Este es el principio rector de la elaboración de políticas basadas en pruebas. En algunos ámbitos, las pruebas se presentan en forma de datos experimentales y hechos observados. Sin embargo, en otros ámbitos, gran parte, o al menos una parte importante, de las pruebas que alimentan el proceso de decisión se presenta en forma de resultados de modelos. Las decisiones relativas al cambio climático, la salud pública y la protección contra catástrofes naturales son ejemplos de ello.

¿Cómo se incorporan, o deberían incorporarse, los resultados de los modelos en un proceso de toma de decisiones? Si bastara con ejecutar modelos para pronosticar el comportamiento de los sistemas pertinentes, la respuesta a esta pregunta sería sencilla: los modeladores ejecutarían su mejor modelo, posiblemente con diferentes condiciones iniciales y límite, y luego entregarían sus resultados a los responsables políticos, que los utilizarían como datos de entrada para sus algoritmos de decisión. Por desgracia, las cosas rara vez son tan sencillas. En particular, en ámbitos relevantes para las políticas, los modelos se construyen a menudo con un grado de incertidumbre más o menos grave, por lo que la comunidad científica acaba produciendo un conjunto completo de modelos diferentes y a menudo incompatibles, en lugar de un modelo «óptimo». Pero, ¿cómo podemos tomar decisiones que cumplan las normas de la elaboración de políticas basadas en pruebas si las mejores pruebas disponibles son ambiguas? La respuesta a esta pregunta dependerá de una comprensión más profunda de qué son los modelos, cómo se construyen, cómo funcionan y qué incertidumbres incorporan, así como de la disponibilidad de algoritmos de decisión que puedan utilizar esa información como datos de entrada. Ni la filosofía de la modelización ni las ciencias de la decisión podrán aportar por sí solas respuestas viables. La toma de decisiones en condiciones de incertidumbre científica es un reto al que tendrán que enfrentarse conjuntamente, y ha llegado el momento de realizar un esfuerzo de colaboración.

Referencias

Accorinti, H. L. 2019. Incompatible Models in Chemistry: The Case of Electronegativity. *Foundations of Chemistry* 21: 71–81.

Achinstein, P. 1964. Models, Analogies, and Theories. *Philosophy of Science* 31: 328–350.

Achinstein, P. 1965. Theoretical Models. *The British Journal for the Philosophy of Science* 16: 102–120.

Achinstein, P. 1968. *Concepts of Science: A Philosophical Analysis*. Baltimore: Johns Hopkins Press.

Akerlof, G. A. 1970. The Market for 'Lemons': Quality Uncertainty and the Market Mechanism. *Quarterly Journal of Economics* 84: 488–500.

Alexandrova, A. 2008. Making Models Count. *Philosophy of Science* 75: 383–404.

Alexandrova, A. and R. Northcott 2013. It's Just a Feeling: Why Economic Models Do Not Explain. *Journal of Economic Methodology* 20: 262–267.

Altschul, E. and E. Biser 1948. The Validity of Unique Mathematical Models in Science. *Philosophy of Science* 15: 11–24.

Ambrosio, C. 2014. Iconic Representations and Representative Practices. *International Studies in the Philosophy of Science* 28: 255–275.

Ankeny, R. A. 2001. Model Organisms as Models: Understanding the 'Lingua Franca' of the Human Genome Project. *Philosophy of Science* 68(Supplement): 251–261.

Ankeny, R. A. and S. Leonelli 2011. What's So Special About Model Organisms. *Studies in History and Philosophy of Science* 42: 313–323.

Ankeny, R. A. and S. Leonelli 2020. *Model Organisms*. Cambridge: Cambridge University Press.

Antoniou, A. 2021. A Pragmatic Approach to the Ontology Ofmodels. *Synthese* 199: 6645–6664.

Apostel, L. 1961. Towards the Formal Study of Models in the Non-Formal Sciences. In H. Freudenthal (ed.), *The Concept and the Role of the Model in Mathematics and Natural and Social Sciences*. Dordrecht: Reidel, pp. 1–37.

Argyris, J., G. Faust, and M. Haase 1994. *An Exploration of Chaos: An Introduction for Natural Scientists and Engineers*. Amsterdam: Elsevier.

Atanasova, N. A. 2015. Validating Animal Models. *Theoria* 30: 163–181.

Bacaër, N. 2011. *A Short History of Mathematical Population Dynamics*. London: Springer.

Bailer-Jones, D. M. 1999. Tracing the Development of Models in the Philosophy of Science. In L. Magnani, N. J. Nersessian, and P. Thagard (eds.), *Model-Based Reasoning in Scientific Discovery*. New York: Kluwer Academic; Plenum Publishers, pp. 23–40.

Bailer-Jones, D. M. 2000. Modelling Extended Extragalactic Radio Sources. *Studies in History and Philosophy of Modern Physics* 31: 49–74.

Bailer-Jones, D. M. 2002a. Models, Metaphors, and Analogies. In P. Machamer and M. Silberstein (eds.), *The Blackwell Guide to Philosophy of Science*. Oxford: Blackwell, pp. 108–127.

Bailer-Jones, D. M. 2002b. Scientists' Thoughts on Scientific Models. *Perspectives on Science* 10: 275–301.

Bak, P. 1997. *How Nature Works: The Science of Self-Organised Criticality*. Oxford: Oxford University Press.

Barberousse, A. and P. Ludwig 2009. Models as Fictions. In M. Suárez (ed.), *Fictions in Science: Philosophical Essays in Modeling and Idealizations*. London: Routledge, pp. 56–73.

Barr, N. 2000. The History of the Phillips Machine. In R. Leeson (ed.), *A. W. H. Phillips: Collected Works in Contemporary Perspective*. Cambridge: Cambridge University Press, pp. 89–114.

Basso, A., C. Lisciandra, and C. Marchionni 2017. Hypothetical Models in Social Science. In L. Magnani and T. Bertolotti (eds.), *Springer Handbook of Model-Based Science*. Dordrecht and Heidelberg: Springer, pp. 413–433.

Batterman, R. W. 2002. Asymptotics and the Role of Minimal Models. *The British Journal for the Philosophy of Science* 53: 21–38.

Batterman, R. W. 2019. Universality and Rg Explanations. *Perspectives on Science* 27: 26–47.

Batterman, R. W. and C. C. Rice 2014. Minimal Model Explanations. *Philosophy of Science* 81: 349–376.

Beatty, J. 1981. What's Wrong with the Received View of Evolutionary Theory? In P. Asquith and R. Giere (eds.), *Philosophy of Science (Proceedings)* (Vol. 2). East Lansing: Philosophy of Science Association, pp. 397–426.

Bechtel, W. 2009. Some Virtues of Modeling with Both Hands. *Adaptive Behavior* 17: 293–295.

Bechtel, W. 2014. Cognitive Biology: Surprising Model Organisms for Cognitive Science. *Proceedings of the Annual Meeting of the Cognitive Science Society* 36: 158–163.

Berkovitz, J., R. Frigg, and F. Kronz 2006. The Ergodic Hierarchy, Randomness and Chaos. *Studies in History and Philosophy of Modern Physics* 37: 661–691.

Betz, G. 2009. Underdetermination, Model-Ensembles and Surprises: On the Epistemology of Scenario-Analysis in Climatology. *Journal for General Philosophy of Science* 40: 3–21.

Betz, G. 2015. Are Climate Models Credible Worlds? Prospects and Limitations of Possibilistic Climate Prediction. *European Journal for Philosophy of Science* 5: 191–215.

Bishop, C. H. and G. Abramowitz 2013. Climate Model Ependence and the Replicate Earth Paradigm. *Climate Dynamics* 41: 885–900.

Black, M. 1962. Models and Archetypes. In *Models and Metaphors: Studies in Language and Philosophy*. Ithaca and New York: Cornell University Press, pp. 219–243.

Bokulich, A. 2003. Horizontal Models: From Bakers to Cats. *Philosophy of Science* 70: 609–627.

Bokulich, A. 2009. Explanatory Fictions. In M. Suárez (ed.), *Fictions in Science: Philosophical Essays on Modelling and Idealization*. London and New York: Routledge, pp. 91–109.

Bokulich, A. 2011. How Scientific Models Can Explain. *Synthese* 180: 33–45.

Bokulich, A. 2017. Models and Explanation. In L. Magnani and T. Bertolotti (eds.), *Springer Handbook of Model-Based Science*. Dordrecht, Heidelberg, London, and New York: Springer, pp. 103–118.

Bokulich, A. and N. Oreskes 2017. Models in Geosciences. In L. Magnani and T. Bertolotti (eds.), *Springer Handbook of Model-Based Science*. Dordrecht, Heidelberg, London, and New York: Springer, pp. 891–911.

Boltzmann, L. 1911. Model. In B. McGuinness (ed.), *Theoretical Physics and Philosophical Problems: Selected Writing*. Dordrecht and Boston: Reidel, 1974, pp. 213–220.

Boumans, M. 1999. Built-in Justification. In M. S. Morgan and M. Morrison (eds.), *Models as Mediators: Perspectives on Natural and Social Science*. Cambridge: Cambridge University Press, pp. 66–96.

Boumans, M. 2009. Understanding in Economics. Gray-Box Models. In H. W. de Regt, S. Leonelli, and K. Eigner (eds.), *Scientific Understanding, Philosophical Perspectives*. Pittsburgh: University of Pittsburgh Press, pp. 2011–2029.

Box, G. E. P. 1976. Science and Statistics. *Journal of the American Statistical Association* 71: 791–799.

Bradley, R. and K. Steele 2015. Making Climate Decisions. *Philosophy Compass* 10: 799–810.

Brown, M. J. 2009. Scientific Perspectivism: Behind the Stage Door. *Studies in History and Philosophy of Science* 40: 213–220.

Bueno, O., S. French, and J. Ladyman 2002. On Representing the Relationship between the Mathematical and the Empirical. *Philosophy of Science* 69: 452–473.

Bueno, O., S. French, and J. Ladyman 2012. Models and Structures: Phenomenological and Partial. *Studies in History and Philosophy of Modern Physics* 43: 43–46.

Bunge, M. 1973. *Method, Model, and Matter*. Dordrecht: Reidel.

Bushkovitch, A. V. 1974. Models, Theories, and Kant. *Philosophy of Science* 41: 86–88.

Campbell, N. R. 1920. *Physics: The Elements*. Cambridge: Cambridge University Press (Reprinted as *Foundations of Science*. New York: Dover, 1957).

Carrier, M. and J. Lenhard 2019. Climate Models: How to Assess Their Reliability. *International Studies in the Philosophy of Science* 32: 81–100.

Cartwright, N. 1983. *How the Laws of Physics Lie*. Oxford: Oxford University Press.

Cartwright, N. 1999. *The Dappled World: A Study of the Boundaries of Science*. Cambridge: Cambridge University Press.

Cartwright, N. 1991a. Fables and Model. *Proceedings of the Aristotelian Society. Supplementary Volue* 65: 55–68.

Cartwright, N. 1991b. Replicability, Reproducibility, and Robustness: Comments on Harry Collins. *History of Political Economy* 23: 143–155.

Cartwright, N. 1997. Models: The Blueprints for Laws. *Philosophy of Science* 64:292–303.

Cartwright, N. 1999a. *The Dappled World: A Study of the Boundaries of Science*. Cambridge: Cambridge University Press.

Cartwright, N. 1999b. Models and the Limits of Theory: Quantum Hamiltonians and the Bcs Models of Superconductivity. In M. Morgan and M. Morrison (eds.), *Models as Mediators: Perspectives on Natural and Social Science*. Cambridge: Cambridge University Press, pp. 241–281.

Cartwright, N. 2010. Models: Parables V Fables. In R. Frigg and M. C. Hunter (eds.), *Beyond Mimesis and Convention: Representation in Art and Science*. Berlin and New York: Springer, pp. 19–32.

Cartwright, N. and H. Mendell 1984. What Makes Physics' Objects Abstract? In J. Cushing, C. F. Delaney, and G. M. Gutting (eds.), *Science and Reality*. Notre Dame: University of Notre Dame Press, pp. 134–152.

Cartwright, N., T. Shomar, and M. Suárez 1995. The Tool-Box of Science: Tools for the Building of Models with a Superconductivity Example. In W. E. Herfel, W. Krajewski, I. Niiniluoto, and R. Wojcicki (eds.), *Theories and Models in Scientific Processes* (Poznań Studies in the Philosophy of Science and the Humanities 44). Amsterdam: Rodopi, pp. 137–149.

Casini, L. 2014. Not-So-Minimal Models: Between Isolation and Imagination. *Philosophy of the Social Sciences* 44: 646–672.

Castle, D. G. A. 2001. A Semantic View of Ecological Theories. *Dialectica* 55: 51–65.

Cat, J. 2005. Modeling Cracks and Cracking Models: Structures, Mechanisms, Boundary Conditions, Constraints, Inconsistencies and the Proper Domains of Natural Laws. *Synthese* 146: 447–487.

Cercignani, C. 2006. *Ludwig Boltzmann: The Man Who Trusted Atoms*. Oxford: Oxford University Press.

Chakravartty, A. 2010. Perspectivism, Inconsistent Models, and Contrastive Explanation. *Studies in History and Philosophy of Science* 41: 405–412.

Chakravartty, A. 2017. *Scientific Ontology: Integrating Naturalized Metaphysics and Voluntarist Epistemology*. Oxford: Oxford University Press.

Chirimuuta, M. 2014. Minimal Models and Canonical Neural Computations: The Distinctness of Computational Explanation in Neuroscience. *Synthese* 191: 127–153.

Colyvan, M. and L. R. Ginzburg 2003. The Galilean Turn in Population Ecology. *Biology and Philosophy* 18: 401–414.

Contessa, G. 2010. Scientific Models and Fictional Objects. *Synthese* 172: 215–229.

Contessa, G. 2016. It Ain't Easy: Fictionalism, Deflationism, and Easy Arguments in Ontology. *Mind* 125: 763–773.

Copi, I. M., C. Cohen, and K. McMahon 2016. *Introduction to Logic* (14th ed.). Harlow: Pearson.

Crasnow, S. L. 2001. Models and Reality: When Science Tackles Sex. *Hypatia* 16: 138–148.

Craver, C. 2010. Prosthetic Models. *Philosophy of Science* 182: 840–851.

Crittenden, C. 1991. *Unreality: The Metaphysics of Fictional Objects*. Ithaca and London: Cornell University Press.

Currie, A. 2015. Philosophy of Science and the Curse of the Case Study. In C. Daly (ed.), *The Palgrave Handbook of Philosophical Methods*. Houndsmills and New York: Palgrave Macmillan, pp. 553–572.

Cushing, J. T. 1982a. Models and Methodologies in Current Theoretical High-Energy Physics. *Synthese* 50: 5–101.

Cushing, J. T. 1982b. Models, High-Energy Theoretical Physics and Realism. *Proceedings of the Biennial Meeting of the Philosophy of Science Association 1982* (Vol. 2), pp. 31–56.

Da Costa, N. C. A. and S. French 1990. The Model-Theoretic Approach in the Philosophy of Science. *Philosophy of Science* 57: 248–265.

Da Costa, N. C. A. and S. French 2000. Models, Theories, and Structures: Thirty Years On. *Philosophy of Science* 67(Supplement): 116–127.

Da Costa, N. C. A. and S. French 2003. *Science and Partial Truth: A Unitary Approach to Models and Scientific Reasoning*. Oxford: Oxford University Press.

Dardashti, R., K. P. Y. Thébault, and E. Winsberg 2017. Confirmation Via Analogue Simulation: What Dumb Holes Could Tell Us About Gravity. *The British Journal for the Philosophy of Science* 68: 55–89.

Davidsson, P., F. Klügl, and H. Verhagen 2017. Simulation of Complex Systems. In L. Magnani and T. Bertolotti (eds.), *Springer Handbook of Model-Based Science*. Dordrecht, Heidelberg, London, and New York: Springer, pp. 783–797.

de Chadarevian, S. 2004. Models and the Making of Molecular Biology. In S. de Chadarevian and N. Hopwood (eds.), *Models: The Third Dimension of Science*. Stanford: Stanford University Press, pp. 339–368.
de Regt, H. W. 1999. Ludwig Boltzmann's 'Bildtheorie' and Scientific Understanding. *Synthese* 119: 113–134.
Del Re, G. 2000. Models and Analogies in Science. *Hyle* 6: 5–15.
Dennett, D. C. 1995. Cognitive Science as Reverse Engineering: Several Meanings of 'TopDown' and 'Bottom-Up'. In D. Prawitz, B. Skyrms, and D. Westerstahl (eds.), *Logic, Methodology and Philosophy of Science IX*. Amsterdam: North Holland, pp. 680–689.
Deutsch, K. W. 1948. Some Notes on Research on the Role of Models in the Natural and Social Sciences. *Synthese* 7: 506–533.
Deutsch, K. W. 1951. Mechanism, Organism, and Society: Some Models in Natural and Social Science. *Philosophy of Science* 18: 230–252.
Dhaene, G., C. Gourieroux, and O. Scaillet 1998. Instrumental Models and Indirect Encompassing. *Econometrica* 66: 673–688.
Dieks, D. 2009. Understanding in Physics: Bottom-up Versus Top-Down. In H. W. de Regt, S. Leonelli, and K. Eigner (eds.), *Scientific Understanding, Philosophical Perspectives*. Pittsburgh: University of Pittsburgh Press, pp. 230–248.
Dodig-Crnkovic, G. and A. Cicchetti 2017. Computational Aspects of Model-Based Reasoning. In L. Magnani and T. Bertolotti (eds.), *Springer Handbook of Model-Based Science*. Dordrecht, Heidelberg, London, and New York: Springer, pp. 695–718.
Downes, S. M. 1992. The Importance of Models in Theorizing: A Deflationary Semantic View. *Proceedings of the Biennial Meeting of the Philosophy of Science Association 1992*. East Lansing, MI: Philosophy of Science Association, (Vol. 1), pp. 142–153.
Downes, S. M. 2011. Scientific Models. *Philosophy Compass* 6: 757–764.
Downes, S. M. 2021. *Models and Modeling in the Sciences: A Philosophical Introduction*. New York and London: Routledge.
Ducheyne, S. 2008. Towards an Ontology of Scientific Models. *Metaphysica* 9: 119–127.
Duhem, P. 1906. *La Théorie Physique, Son Objet Et Sa Structure* (2nd ed.). Paris, 1914 (Engl. trans. by Philip P. Wiener: *The aim and Structure of Physical Theory*. Princeton, 1954).
Earman, J. 2019. The Role of Idealizations in the Aharonov – Bohm Effect. *Synthese* 196: 1991–2019.
Emch, G. G. 2007a. Models and the Dynamics of Theory-Building in Physics. Part I – Modeling Strategies. *Studies in History and Philosophy of Modern Physics* 38: 558–585.
Emch, G. G. 2007b. Models and the Dynamics of Theory-Building in Physics. Part II – Case Studies. *Studies in History and Philosophy of Modern Physics* 38: 683–723.
Emch, G. G. and C. Liu 2002. *The Logic of Thermostatistical Physics*. Berlin: Springer.
Fisher, I. 1911. *The Purchasing Power of Money: Its Determination and Relation to Credit and Crisis*. New York: Macmillan.
Eronen, M. I. 2015. Robustness and Reality. *Synthese* 192: 3961–3977.
Evagorou, M., S. Erduran, and T. Mäntylä 2015. The Role of Visual Representations in Scientific Practices: From Conceptual Understanding and Knowledge Generation to 'Seeing' How Science Works. *International Journal of STEM Education* 2: 1–13.
Fletcher, S. C. 2019. Minimal Approximations and Norton's Dome. *Synthese* 196: 1749–1760.

Fletcher, S. C. 2020. The Principle of Stability. *Philosopher's Imprint* 20: 1–22.
Fowler, A. C. 1997. *Mathematical Models in the Applied Sciences* (Cambridge Texts in Applied Mathematics). Cambridge: Cambridge University Press.
French, S. 2000. The Reasonable Effectiveness of Mathematics: Partial Structures and the Application of Group Theory to Physics. *Synthese* 125: 103–120.
French, S. and J. Ladyman 1997. Superconductivity and Structures: Revisiting the London Account. *Studies in History and Philosophy of Modern Physics* 28: 363–393.
French, S. and J. Ladyman 1998. Semantic Perspective on Idealisation in Quantum Mechanics. In N. Shanks (ed.), *Idealization IX: Idealisation in Contemporary Physics. Posnan Studies in the Philosophy of the Sciences and the Humanities* (Vol. 63). Amsterdam: Rodopi, pp. 51–73.
French, S. and J. Ladyman 1999. Reinflating the Semantic Approach. *International Studies in the Philosophy of Science* 13: 103–121.
Frey, G. 1961. Symbolische Und Ikonische Modelle. In H. Freudenthal (ed.), *The Concept and the Role of the Model in Mathematics and Natural and Social Sciences*. Dordrecht: Reidel, pp. 89–97.
Friend, S. 2007. Fictional Characters. *Philosophy Compass* 2: 141–156.
Frigg, R. 2008. A Field Guide to Recent Work on the Foundations of Statistical Mechanics. In D. Rickles (ed.), *The Ashgate Companion to Contemporary Philosophy of Physics*. London: Ashgate, pp. 99–196.
Frigg, R. 2010a. Fiction and Scientific Representation. In R. Frigg and M. Hunter (eds.), *Beyond Mimesis and Convention: Representation in Art and Science*. Berlin and New York: Springer, pp. 97–138.
Frigg, R. 2010b. Fiction in Science. In J. Woods (ed.), *Fictions and Models: New Essays*. Munich: Philiosophia Verlag, pp. 247–287.
Frigg, R. 2010c. Models and Fiction. *Synthese* 172: 251–268.
Frigg, R. 2021. Scientific Modelling and Make-Believe. In S. Sedivy (ed.), *Art, Representation, and Make-Believe: Essays on the Philosophy of Kendall L. Walton*. London: Routledge, pp. 367–383.
Frigg, R. and J. Nguyen 2016. The Fiction View of Models Reloaded. *The Monist* 99: 225–242.
Frigg, R. and J. Nguyen 2020. *Modelling Nature: An Opinionated Introduction to Scientific Representation* (Synthese Library). Berlin and New York: Springer.
Frigg, R. and J. Nguyen 2021. Seven Myths About the Fiction View of Models. In A. Cassini, and J. Redmond (eds.), *Idealizations in Science: Fictional and Artifactual Approaches*. Berlin and New York: Springer, pp. 133–157.
Frigg, R. and J. Reiss 2009. The Philosophy of Simulation: Hot New Issues or Same Old Stew? *Synthese* 169: 593–613.
Frigg, R. and S. Hartmann 2020. Models in Science. In E. N. Zalta (ed.), *The Stanford Encyclopedia of Philosophy*. https://plato.stanford.edu/archives/spr2020/entries/models-science/.
Frigg, R., E. Thompson, and C. Werndl 2015b. Philosophy of Climate Science Part II: Modelling Climate Change. *Philosophy Compass* 10: 965–977.
Frigg, R., L. A. Smith, and D. A. Stainforth 2015a. An Assessment of the Foundational Assumptions in High-Resolution Climate Projections: The Case of Ukcp09. *Synthese* 192: 3979–4008.
Frigg, R., S. Bradley, H. Du, and L. A. Smith 2014. The Adventures of Laplace's Demon and His Apprentices. *Philosophy of Science* 81: 31–59.

Frisch, M. 2005. *Inconsistency, Asymmetry, and Non-Locality: A Philosophical Investigation of Classical Electrodynamics*. Oxford: Oxford University Press.
Fülöp, A., Z. Turócz, D. Garbaisz, L. Harsányi, and A. Szijártó 2013. Experimental Models of Hemorrhagic Shock: A Review. *European Surgical Research* 50: 57–70.
Fumagalli, R. 2015. No Learning from Minimal Models. *Philosophy of Science* 82: 798–809.
Fumagalli, R. 2016. Why We Cannot Learn from Minimal Models. *Erkenntnis* 81: 433–455.
Gelfert, A. 2013. Strategies of Model-Building in Condensed Matter Physics: Trade-Offs as a Demarcation Criterion between Physics and Biology? *Synthese* 190:253–272.
Gelfert, A. 2016. *How to Do Science with Models: A Philosophical Primer*. Cham: Springer.
Gelfert, A. 2017. The Ontology of Models. In L. Magnani and T. Bertolotti (eds.), *Springer Handbook of Model-Based Science*. Dordrecht, Heidelberg, London, and New York: Springer, pp. 5–23.
Gelfert, A. 2019. Probing Possibilities: Toy Models, Minimal Models, and Exploratory Models. In Á. Nepomuceno-Fernández, L. Magnani, F. J. Salguero-Lamillar, C. BarésGómez, and M. Fontaine (eds.), *Model-Based Reasoning in Science and Technology: Inferential Models for Logic, Language, Cognition and Computation*. Cham: Springer, pp. 3–19.
Gerritsen, C. and T. Bosse 2017. Model-Based Reasoning in Crime Prevention. In L. Magnani and T. Bertolotti (eds.), *Springer Handbook of Model-Based Science*. Dordrecht and Heidelberg: Springer, pp. 1051–1063.
Gibbard, A. and H. R. Varian 1978. Economic Models. *The Journal of Philosophy* 75: 664–677.
Giere, R. N. 1988. *Explaining Science: A Cognitive Approach*. Chicago: Chicago University Press.
Giere, R. N. 1996. Visual Models and Scientific Judgement. In B. S. Baigrie (ed.), *Picturing Knowledge: Historical and Philosophical Problems Concerning the Use of Art in Science*. Toronto: University of Toronto Press, pp. 269–302.
Giere, R. N. 1999. *Science without Laws*. Chicago: University of Chicago Press.
Giere, R. N. 1999. Visual Models. In R. N. Giere (ed.), *Science without Laws*. Chicago: University of Chicago Press, pp. 118–146.
Giere, R. N. 2001. The Nature and Function of Models. *Behavioral and Brain Sciences* 24: 1060.
Giere, R. N. 2006. *Scientific Perspectivism*. Chicago and London: University of Chicago Press.
Giere, R. N. 2009. Scientific Perspectivism: Behind the Stage Door. *Studies in History and Philosophy of Science* 40: 221–223.
Glennan, S. and P. Illari (eds.) 2017. *The Routledge Handbook of Mechanisms and Mechanical Philosophy*. London: Routledge.
Godfrey-Smith, P. 2006. The Strategy of Model-Based Science. *Biology and Philosophy* 21: 725–740.
Godfrey-Smith, P. 2009. Abstractions, Idealizations, and Evolutionary Biology. In A. Barberousse, M. Morange, and T. Pradeu (eds.), *Mapping the Future of Biology: Evolving Concepts and Theories. Boston Studies in the Philosophy and History of Science* (Vol. 266). Dordrecht: Springer, pp. 47–56.

Godfrey-Smith, P. 2020. Models, Fictions and Conditions. In A. Levy and P. GodfreySmith (eds.), *The Scientific Imagination: Philosophical and Psychological Perspectives*. Cambridge: Cambridge University Press, pp. 154–177.
Goossens, L. H. J., R. M. Cooke, A. R. Hale, and L. Rodić-Wiersma 2008. Fifteen Years of Expert Judgement at Tudelft. *Safety Science* 46: 234–244.
Graham Kennedy, A. 2012. A Non Representationalist View of Model Explanation. *Studies in History and Philosophy of Science* 43: 326–332.
Grandori, A. 2010. A Rational Heuristic Model of Economic Decision Making. *Rationality and Society* 22: 477–504.
Green, S. 2013. When One Model Is Not Enough: Combining Epistemic Tools in Systems Biology. *Studies in History and Philosophy of Biological and Biomedical Science*: 170–180.
Grobler, A. 1995. The Representational and the Non-Representational in Models of Scientific Theories. In W. E. Herfel, W. Krajewski, I. Niiniluoto, and R. Wojcicki (eds.), *Theories and Models in Scientific Processes* (Poznań Studies in the Philosophy of Science and the Humanities 44). Amsterdam: Rodopi, pp. 37–48.
Groenewold, H. J. 1961. The Model in Physics. In H. Freudenthal (ed.), *The Concept and the Role of the Model in Mathematics and Natural and Social Sciences*. Dordrecht: Reidel, pp. 98–103.
Gruner, S. 2013. Eric Winsberg: Science in the Age of Computer Simulation. *Minds & Machines* 23: 251–254.
Grüne-Yanoff, T. 2009. Learning from Minimal Economic Models. *Erkenntnis* 70: 81–99.
Grüne-Yanoff, T. 2013. Appraising Models Nonrepresentationally. *Philosophy of Science* 80: 850–861.
Grüne-Yanoff, T. and C. Marchionni 2018. Modeling Model Selection in Model Pluralism. *Journal of Economic Methodology* 25: 265–275.
Guala, F. and A. Salanti 2002. On the Robustness of Economic Models. *Quaderni di ricerca del Dipartimento di Scienze Economiche "Hyman P. Minsky"* 8: 1–24.
Gueguen, M. 2020. On Robustness in Cosmological Simulations. *Philosophy of Science* 87: 1197–1208.
Hacking, I. 1983. *Representing and Intervening*. Cambridge: Cambridge University Press.
Haefner, J. W. 2005. *Modeling Biological Systems: Principles and Applications*. New York: Springer.
Halvorson, H. 2016. Scientific Theories. In P. Humphreys (ed.), *The Oxford Handbook of Philosophy of Science*. Oxford: Oxford University Press, pp. 585–608.
Hansen, A. J. 1982. The Meeting of Parallel Lines: Science, Fiction, and Science Fiction. In G. E. Slusser, E. S. Rabkin, and R. Scholes (eds.), *Bridges to Fantasy*. Carbondale and Edwardsville: Southern Illinois University Press, pp. 51–58.
Harding, S. 1986. *The Science Question in Ferminism*. Ithaca and London: Cornell University Press.
Harré, R. 1960. Metaphor, Model and Mechanism. *Proceedings of the Aristotelian Society* 60: 101–122.
Harré, R. 1970. *The Principles of Scientific Thinking*. Chicago: The University of Chicago Press.
Harré, R. 1988. Where Models and Analogies Really Count. *International Studies in the Philosophy of Science* 2: 118–133.
Harré, R. 2004. *Modeling: Gateway to the Unknown*. Amsterdam: Elsevier.

Harris, M. 2021a. *Conceptualizing Uncertainty: The Ipcc, Model Robustness and The-weight of Evidence*. PhD Thesis, London School of Economics.
Harris, M. 2021b. *Schupbach's Account of Robustness*. Manuscript.
Harris, M. 2021c. Ambiguous Artefacts: On the Epistemic Value of Robustness Analysis. *Synthese* 199: 14577–14597.
Hartmann, S. 1995. Models as a Tool for Theory Construction: Some Strategies of Preliminary Physics. In W. E. Herfel, W. Krajewski, I. Niiniluoto, and R. Wojcicki (eds.), *Theories and Models in Scientific Processes* (Poznań Studies in the Philosophy of Science and the Humanities 44). Amsterdam: Rodopi, pp. 49–67.
Hartmann, S. 1995a. Modelle Und Forschungsdynamik: Strategien Der Zeitgenössischen Physik. *Praxis der Naturwissenschaften – Physik* 44: 33–41.
Hartmann, S. 1995b. Models as a Tool for Theory Construction: Some Strategies of Preliminary Physics. In W. E. Herfel, W. Krajewski, I. Niiniluoto, and R. Wojcicki (eds.), *Theories and Models in Scientific Processes* (Poznań Studies in the Philosophy of Science and the Humanities 44). Amsterdam: Rodopi, pp. 49–67.
Hartmann, S. 1997. Modelling and the Aims of Science. In P. Weingartner, G. Schurz, and G. Dorn (eds.), *The Role of Pragmatics in Contemporary Philosophy: Contributions of the Austrian Ludwig Wittgenstein Society*. Wien und Kirchberg: Digi-Buch, pp. 380–385.
Hartmann, S. 1999. Models and Stories in Hadron Physics. In M. Morgan and M. Morrison (eds.), *Models as Mediators: Perspectives on Natural and Social Science*. Cambridge: Cambridge University Press, pp. 326–346.
Hartmann, S., C. Hoefer, and L. Bovens (eds.) 2008. *Nancy Cartwright's Philosophy of Science*. New York: Routledge.
Hartshorne, C. and P. Weiss (eds.) 1931–1935. *Collected Papers of Charles Sanders Peirce* (Vols. I–VI). Cambridge, MA: Harvard University Press.
Heesen, R., L. K. Bright, and A. Zucker 2019. Vindicating Methodological Triangulation. *Synthese* 196: 3067–3081.
Heidelberger, M. 2006. Applying Models in Fluid Dynamics. *International Studies in the Philosophy of Science* 20: 49–67.
Herfel, W. E. 1995. Nonlinear Dynamical Models as Concrete Construction. In W. E. Herfel, W. Krajewski, I. Niiniluoto, and R. Wojcicki (eds.), *Theories and Models in Scientific Processes* (Poznań Studies in the Philosophy of Science and the Humanities 44). Amsterdam: Rodopi, pp. 69–84.
Hesse, M. B. 1953. Models in Physics. *The British Journal for the Philosophy of Science* 4: 198–214.
Hesse, M. B. 1961. *Forces and Fields: The Concept of Action at a Distance in the History of Physics*. London and Edinburgh: Thomas Nelson and Sons.
Hesse, M. B. 1963. *Models and Analogies in Science*. London: Sheed and Ward.
Hesse, M. B. 1967. Models and Analogy in Science. In P. Edwards (ed.), *Encyclopedia of Philosophy*. New York: Macmillan, pp. 354–359.
Hesse, M. B. 2000. Models and Analogies. In W. H. Newton-Smith (ed.), *A Companion to the Philosophy of Science*. Oxford: Blackwell, pp. 299–307.
Hirsch, M. W., S. Smale, and R. L. Devaney 2004. *Differential Equations, Dynamical Systems, and an Introduction to Chaos* (2nd ed.). San Diego: Elsevier.
Hoefer, C. 2003. For Fundamentalism. *Philosophy of Science* 70: 1401–1412.
Hofbauer, J. and K. Sigmund 1998. *Evolutionary Games and Population Dynamics*. Cambridge: Cambridge University Press.

Houkes, W. and K. Vaesen 2012. Robust! Handle with Care. *Philosophy of Science* 79: 345–364.
Hughes, R. I. G. 1997. Models and Representation. *Philosophy of Science* 64(Supplement): 325–336.
Humphrey, T. M. 1974. The Quantity Theory of Money: Its Historical Evolution and Role in Policy Debates. *Economic Review*: 2–19.
Humphreys, P. 1995. Abstract and Concrete. *Philosophy and Phenomenological Research* LV: 157–161.
Humphreys, P. 2002. Computational Models. *Philosophy of Science* 69. Humphreys, P. 2004. *Extending Ourselves: Computational Science, Empiricism, and Scientific Method*. Oxford: Oxford University Press.
Humphreys, P. 2004. *Extending Ourselves: Computational Science, Empiricism, and Scientific Method*. Oxford: Oxford University Press.
Hutten, E. H. 1954. The Rôle of Models in Physics. *The British Journal for the Philosophy of Science* 4: 284–301.
Imbert, C. 2017. Computer Simulations and Computational Models in Science. In L. Magnani and T. Bertolotti (eds.), *Springer Handbook of Model-Based Science*. Dordrecht, Heidelberg, London, and New York: Springer, pp. 735–781.
Institute of Imagination 2021. *Try Out Junk Modelling at Home*. https://ioi.london/latest/ new-video-try-out-junk-modelling-at-home/ (accessed 25 August 2021).
Jebeile, J. 2020. The Kac Ring or the Art of Making Idealisations. *Foundations of Physics* 50: 1152–1170.
Jun, M. Y., R. Knutti, and D. W. Nychka 2008a. Local Eigenvalue Analysis of Cmip3 Climate Model Errors. *Tellus A: Dynamic Meteorology and Oceanography* 60:992–1000.
Jun, M. Y., R. Knutti, and D. W. Nychka 2008b. Spatial Analysis to Quantify Numerical Model Bias and Dependence: How Many Climate Models Are There? *Journal of the American Statistical Association* 103: 934–947.
Justus, J. 2012. The Elusive Basis of Inferential Robustness. *Philosophy of Science* 79: 795–807.
Karlin, S. and J. McGregor 1965. Ehrenfest Urn Models. *Journal of Applied Probability* 2: 352–376.
Katzav, J. 2013. Hybrid Models, Climate Models, and Inference to the Best Explanation. *The British Journal for the Philosophy of Science* 64: 107–129.
Katzav, J. 2014. The Epistemology of Climate Models and Some of Its Implications for Climate Science and the Philosophy of Science. *Studies in History and Philosophy of Modern Physics* 46: 228–238.
Kellert, S. 1993. *In the Wake of Chaos*. Chicago: Chicago University Press.
Khan, A., K. Waqar, A. Shafique, R. Irfan, and A. Gul 2017. In Vitro and in Vivo Animal Models: The Engineering Towards Understanding Human Diseases and Therapeutic Interventions. In D. Barh and V. Azevedo (eds.), *Omics Technologies and Bio-Engineering: Towards Improving Quality of Life*. Amsterdam: Academic Press (Elsevier), pp. 431–448.
Kingsland, S. E. 1985. *Modelling Nature: Episodes in the History of Population Ecology*. Chicago: University of Chicago Press.
Knutti, R. 2010. The End of Model Democracy? *Climate Change* 102: 395–404.
Knutti, R. and J. Sedláček 2013. Robustness and Uncertainties in the New Cmip5 Climate Model Projections. *Nature Climate Change* 3: 369–373.

Knutti, R., R. Furrer, C. Tebaldi, J. Cermak, and G. A. Meehl 2010. Challenges in Combining Projections from Multiple Climate Models. *Journal of Climate* 23:2739–2758.

Knuuttila, T. 2005. *Models as Epistemic Artefacts: Toward a Non-Representationalist Account of Scientific Representation* (Department of Philosophy). Helsinki: University of Helsinki.

Knuuttila, T. 2011. Modelling and Representing: An Artefactual Approach to Model-Based Representation. *Studies in History and Philosophy of Science* 42: 262–271.

Knuuttila, T. 2021a. Imagination Extended and Embedded: Artifactual Versus Fictional Accounts of Models. *Synthese* 198: 5077–5097.

Knuuttila, T. 2021b. Epistemic Artifacts and the Modal Dimension of Modeling. *European Journal for Philosophy of Science* 11: Article 65.

Knuuttila, T. and A. Loettgers 2017. Modelling as Indirect Representation? The Lotka – Volterra Model Revisited. *The British Journal for the Philosophy of Science* 68: 1007–1036.

Koperski, J. 1998. Models, Confirmation, and Chaos. *Philosophy of Science* 65: 624–648.

Koperski, J. 2006. Models. *Internet Encyclopedia of Philosophy*. https://iep.utm.edu/models/.

Kovaka, K. 2020. Mate Choice and Null Models. *Philosophy of Science* 87: 1096–1106.

Kroes, P. 1989. Structural Analogies between Physical Systems. *The British Journal for the Philosophy of Science* 40: 145–154.

Kroon, F. W. and A. Voltolini 2018. Fictional Entities. In E. N. Zalta (ed.), *The Stanford Encyclopedia of Philosophy*. https://plato.stanford.edu/archives/win2018/entries/fictionalentities/.

Kuorikoski, J. and C. Marchionni 2016. Evidential Diversity and the Triangulation of Phenomena. *Philosophy of Science* 83: 227–247.

Kuorikoski, J., A. Lehtinen, and C. Marchionni 2010. Economic Modelling as Robustness Analysis. *The British Journal for the Philosophy of Science* 61: 541–567.

Kuorikoski, J., A. Lehtinen, and C. Marchionni 2012. Robustness Analysis Disclaimer: Please Read the Manual before Use! *Biology and Philosophy* 27: 891–902.

Lange, M. 2015. On 'Minimal Model Explanations': A Reply to Batterman and Rice. *Philosophy of Science* 82: 292–305.

Laszlo, P. 2000. Playing with Molecular Models. *Hyle* 6: 85–97.

Lavis, D. A. 2008. Boltzmann, Gibbs, and the Concept of Equilibrium. *Philosophy of Science* 75: 682–696.

Lavis, D. A. 2015. *Equilibrium Statistical Mechanics of Lattice Models*. Cham: Springer.

Lawler, I. and E. Sullivan 2021. Model Explanation Versus Model-Induced Explanation. *Foundations of Science* 26: 1049–1074.

Le Poidevin, R. 1991. Abstraction and Explanation in Physics. *Proceedings of the Aristotelian Society. Supplementary Volue* 65: 69–82.

Leatherdale, W. H. 1974. *The Role of Analogy, Model and Metaphor in Science*. Amsterdam: North Holland Publishing Company.

Leggett, D. 2013. Replication, Re-Placing and Naval Science in Comparative Context, C. 1868–1904. *The British Journal for the History of Science* 46: 1–21.

Lehtinen, A. 2016. Allocating Confirmation with Derivational Robustness. *Philosophical Studies* 173: 2487–2509.

Lehtinen, A. 2018. Derivational Robustness and Indirect Confirmation. *Erkenntnis* 83: 2487–2509.
Leng, M. 2010. *Mathematics and Reality*. Oxford: Oxford University Press.
Leonelli, S. 2016. *Data- Centric Biology: A Philosophical Study*. Chicago and London: University of Chicago Press.
Leplin, J. 1980. The Role of Models in Theory Construction. In T. Nickles (ed.), *Scientific Discovery, Logic, and Rationality*. Dordrecht: Reidel, pp. 267–283.
Leung, Y. F., D. S. C. Lam, and C. P. Pang 2001. *In Silico* Biology: Observation, Modeling, Hypothesis and Verification. *TRENDS in Genetics* 17: 622–623.
Levins, R. 1966. The Strategy of Model Building in Population Biology. *American Scientist* 54: 421–431.
Levins, R. 1993. A Response to Orzack and Sober: Formal Analysis and the Fluidity of Science. *The Quarterly Review of Biology* 68: 547–555.
Levy, A. 2020. Models and Fictions: Not So Similar after All? *Philosophy of Science* 87: 819–828.
Levy, A. and A. Currie 2015. Model Organisms Are Not (Theoretical) Models. *The British Journal for the Philosophy of Science* 66: 327–348.
Lipton, P. 2004. *Inference to the Best Explanation* (2nd ed.). London: Routledge.
Lisciandra, C. 2017. Robustness Analysis and Tractability in Modeling. *European Journal for Philosophy of Science* 7: 79–95.
Lisciandra, C. and J. Korbmacher 2021. Multiple Models, One Explanation. *Journal of Economic Methodology* 28: 186–206.
Liu, C. 1997. Models and Theories I: The Semantic View Revisited. *International Studies in the Philosophy of Science* 11: 147–164.
Liu, C. 2015a. Re-Inflating the Conception of Scientific Representation. *International Studies in the Philosophy of Science* 29: 41–59.
Liu, C. 2015b. Symbolic Versus Modelistic Elements in Scientific Modeling. *Theoria* 30: 287–300.
Liu, C. 2016. Against the New Fictionalism: A Hybrid View of Scientific Models. *International Studies in the Philosophy of Science* 30: 39–54.
Lloyd, E. A. 1984. A Semantic Approach to the Structure of Population Genetics. *Philosophy of Science* 51: 242–264.
Lloyd, E. A. 1994. *The Structure and Confirmation of Evolutionary Theory*. Princeton: Princeton University Press.
Lloyd, E. A. 2006. Theories. In S. Sarkar and J. Pfeifer (eds.), *The Philosophy of Science: An Encyclopedia*. New York: Routledge, pp. 822–828.
Lloyd, E. A. 2009. Varieties of Support and Confirmation of Climate Models. *Proceedings of the Aristotelian Society Supplementary Volume*: 213–232.
Lloyd, E. A. 2010. Confirmation and Robustness of Climate Models. *Philosophy of Science* 77: 971–984.
Lloyd, E. A. 2015. Model Robustness as a Confirmatory Virtue: The Case of Climate Science. *Studies in History and Philosophy of Science* 49: 58–68.
Lockhart, J. M. and W. R. Davidson 1999. Evaluation of C3h/Hej Mice for Xenodiagnosis of Infection with *Ehrlichia Chaffeensis*. *Journal of Veterinary Diagnostic Investigation* 11: 55–59.
Lofgren, E. T., K. M. Collins, T. C. Smith, and R. A. Cartwright 2016. Equations of the End: Teaching Mathematical Modeling Using the Zombie Apocalypse. *Journal of Microbiology & Biology Education* 17: 137–142.

Lotka, A. J. 1925. *Elements of Physical Biology*. Baltimore: Williams & Wilkins Company.
Love, A. C. and M. Travisano 2013. Microbes Modeling Ontogeny. *Biology and Philosophy* 828: 161–188.
Luczak, J. 2017. Talk About Toy Models. *Studies in History and Philosophy of Modern Physics* 57: 1–7.
Machamer, P., L. Darden, and C. F. Craver 2000. Thinking About Mechanisms. *Philosophy of Science* 67: 1–25.
Magnani, L. 1999. Model-Based Creative Abduction. In L. Magnani, N. Nersessian, and P. Thagard (eds.), *Model-Based Reasoning in Scientific Discovery*. New York: Kluwer Academic; Plenum Publishers, pp. 219–238.
Mäki, U. 2009. Realistic Realism About Unrealistic Models. In H. Kincaid and D. Ross (eds.), *The Oxford Handbook of Philosophy of Economics*. Oxford: Oxford University Press, pp. 68–98.
Mannheim, K. 1954. *Ideology and Utopia*. New York: Harcourt, Brace & Co.
Martini, C. and M. Boumans (eds.) 2014. *Experts and Consensus in Social Science*. NewYork: Springer.
Maslin, M. 2004. *Global Warming a Very Short Introduction*. Oxford: Oxford University Press.
Massimi, M. (ed.) 2020. Perspectivism in Science: Metaphysical and Epistemological Reflections. *Topical Collection of European Journal for Philosophy of Science* 10.
Massimi, M. 2012. Scientific Perspectivism and Its Foes. *Philosophica* 84: 25–52.
Massimi, M. 2017. Perspectivism. In J. Saatsi (ed.), *The Routledge Handbook of Scientific Realism*. London and New York: Routledge, pp. 164–175.
Massimi, M. 2018a. Four Kinds of Perspectival Truth. *Philosophy and Phenomenological Research* 96: 342–359.
Massimi, M. 2018b. Perspectival Modeling. *Philosophy of Science* 85: 335–359.
Massimi, M. 2018c. A Perspectivalist Better Best System Account of Lawhood. In W. Ott and L. Patton (eds.), *Laws of Nature*. Oxford: Oxford University Press, pp. 139–157.
Massimi, M. 2019a. Realism, Perspectivism, and Disagreement in Science. *Synthese* 198: 6115–6141. https://doi.org/10.1007/s11229-019-02500-6.
Massimi, M. 2019b. Two Kinds of Exploratory Models. *Philosophy of Science* 86: 869–881.
Massimi, M. 2022. *Perspectival Realism*. New York: Oxford University Press.
Massimi, M. and C. D. McCoy (eds.) 2020b. *Understanding Perspectivism*. New York: Routledge.
Massimi, M. and C. D. McCoy 2020a. Introduction. In M. Massimi and C. D. McCoy (eds.), *Understanding Perspectivism*. New York: Routledge, pp. 1–9.
Matthewson, J. 2011. Trade-Offs in Model-Building: A More Target-Oriented Approach. *Studies in History and Philosophy of Science* 42: 324–333.
Matthewson, J. and M. Weisberg 2009. The Structure of Tradeoffs in Model Building. *Synthese* 170: 169–190.
May, R. 1976. A Simple Mathematical Equation with Very Complicated Dynamics. *Nature* 261: 459–469.
McCoy, C. D. and M. Massimi 2018. Simplified Models: A Different Perspective on Models as Mediators. *European Journal for the Philoxophy of Science* 8: 99–123.
McGuffie, K. and A. Henderson-Sellers 2005. *A Climate Modelling Primer* (3rd ed.). New York: Wiley.

McLoone, B. 2019. Thumper the Infinitesimal Rabbit: A Fictionalist Perspective on Some “Unimaginable” Model Systems in Biology. *Philosophy of Science* 86(4): 662–671.

McMullin, E. 1968. What Do Physical Models Tell Us? In B. van Rootselaar and J. F. Staal (eds.), *Logic, Methodology and Science III*. Amsterdam: North Holland, pp. 385–396.

Meinel, C. 2004. Molecules and Croquet Balls. In S. de Chadarevian and N. Hopwood (eds.), *Models: The Third Dimension*. Stanford: Stanford University Press, pp. 242–275.

Meinong, A. 1904. Über Gegenstandtheorie. In A. Meinong (ed.), *Untersuchungen Zur Gegenstandtheorie Und Psychologie*. Leipzig: Barth, pp. 1–50.

Mellor, D. H. 1968. Models and Analogies in Science: Duhem Versus Campbell? *Isis* 59: 282–290.

Meynell, L. 2014. Imagination and Insight: A New Acount of the Content of Thought Experiments. *Synthese* 191: 4149–4168.

Mitchell, S. D. 2002. Integrative Pluralism. *Biology and Philosophy* 17: 55–70.

Mitchell, S. D. 2020. Perspectives, Representation, and Integration. In M. Massimi and C. D. McCoy (eds.), *Understanding Perspectivism*. New York: Routledge, pp. 178–193.

Moore, A. W. 1997. *Points of View*. Oxford: Clarendon Press.

Morgan, M. S. 1999. Learning from Models. In M. S. Morgan and M. Morrison (eds.), *Models as Mediators: Perspectives on Natural and Social Science*. Cambridge: Cambridge University Press, pp. 347–388.

Morgan, M. S. 2012. *The World in the Model: How Economists Work and Think*. Cambridge: Cambridge University Press.

Morgan, M. S. 2014. What If? Models, Fact and Fiction in Economics. *Journal of the British Academy* 2: 231–268.

Morgan, M. S. and M. Boumans 2004. The Secrets Hidden by Two-Dimensionality: The Economy as a Hydraulic Machine. In D. S. Chadarevian and N. Hopwood (eds.), *Model: The Third Dimension of Science*. Stanford: Stanford University Press, pp. 369–401.

Morgan, M. S. and M. Morrison (eds.) 1999b. *Models as Mediators: Perspectives on Natural and Social Science*. Cambridge: Cambridge University Press.

Morgan, M. S. and M. Morrison 1999. Models as Mediating Instruments. In M. Morgan and M. Morrison (eds.), *Models as Mediators: Perspectives on Natural and Social Science*. Cambridge: Cambridge University Press, pp. 10–37.

Morrison, M. 1998. Modelling Nature: Between Physics and the Physical World. *Philosophia Naturalis* 35: 65–85.

Morrison, M. 1999. Models as Autonomous Agents. In M. S. Morgan and M. Morrison (eds.), *Models as Mediators*. Cambridge: Cambridge University Press, pp. 38–65.

Morrison, M. 2000. *Unifying Scientific Theories*. Cambridge: Cambridge University Press.

Morrison, M. 2007. Where Have All the Theories Gone? *Philosophy of Science* 74: 195–228.

Morrison, M. 2008. Models as Representational Structures. In S. Hartmann, C. Hoefer, and L. Bovens (eds.), *Nancy Cartwright's Philosophy of Science* (Routledge Studies in the Philosophy of Science, Vol. 3). New York: Routledge, pp. 67–90.

Morrison, M. 2011. One Phenomenon, Many Models: Inconsistency and Complementarity. *Studies in History and Philosophy of Science* 42: 342–353.

Morrison, M. 2015. *Reconstructing Reality: Models, Mathematics, and Simulations*. New York: Oxford University Press.

Morrison, M. 2016. Models and Theories. In P. Humphreys (ed.), *The Oxford Handbook of Philosophy of Science*. Oxford: Oxford University Press, pp. 378–396.

Murphy, A. 2020a. *Thought Experiments and the Scientific Imagination*. PhD Thesis, University of Leeds.

Murphy, A. 2020b. Towards a Pluralist Account of the Imagination in Science. *Philosophy of Science* 87: 957–967.

Nersessian, N. 2007. Thought Experimenting as Mental Modeling: Empiricism without Logic. *Croatian Journal of Philosophy* 7: 125–154.

Nguyen, J. 2020. It's Not a Game: Accurate Representation with Toy Models. *The British Journal for the Philosophy of Science* 71: 1013–1041.

Nguyen, J. and R. Frigg 2022. *Scientific Representation*. Cambridge: Cambridge University Press.

Norton, J. D. 2003. Causation as Folk Science. *Philosopher's Imprint* 3: 1–22.

Norton, J. D. 2008. The Dome: An Unexpectedly Simple Failure of Determinism. *Philosophy of Science* 75: 786–798.

Nowakowa, I. and L. Nowak 1998. Model(S) and Experiment(S) as Homogeneous Families of Notions. In N. Shanks (ed.), *Idealization IX: Idealization in Contemporary Physics* (Poznań Studies in the Philosophy of the Sciences and the Humanities 63). Amsterdam: Rodopi, pp. 35–50.

Nowakowa, I. and L. Nowak 2000. Introduction. Science as a Caricature of Reality. In I. Nowakowa and L. Nowak (eds.), *Idealization X: The Richness of Idealization* (Poznań Studies in the Philosophy of the Sciences and the Humanities 69). Amsterdam: Rodopi, pp. 9–14.

O'Connor, C. and J. O. Weatherall 2016. Black Holes, Black-Scholes, and Prairie Voles: An Essay Review of Simulation and Similarity, by Michael Weisberg. *Philosophy of Science* 83: 613–626.

Odenbaugh, J. 2003. Complex Systems, Trade-Offs, and Theoretical Population Biology: Richard Levin's 'Strategy of Model Building in Population Biology' Revisited. *Philosophy of Science* 70: 1496–1507.

Odenbaugh, J. 2006. The Strategy of 'the Strategy of Model Building in Population Biology'. *Biology and Philosophy* 21: 607–621.

Odenbaugh, J. 2011. True Lies: Realism, Robustness, and Models. *Philosophy of Science* 78: 177–188.

Odenbaugh, J. 2018. Building Trust, Removing Doubt? Robustness Analysis and Climate Modeling. In E. A. Lloyd and E. Winsberg (eds.), *Climate Modelling: Philosophical and Conceptual Issues*. Cham: Palgrave Macmillan, pp. 297–321.

Odenbaugh, J. and A. Alexandrova 2011. Buyer Beware: Robustness Analyses in Economics and Biology. *Biology and Philosophy* 26: 757–771.

Ohsawa, Y., T. Hayashi, and H. Kido 2017. Restructuring Incomplete Models in Innovators Marketplace and Data Jackets. In L. Magnani and T. Bertolotti (eds.), *Springer Handbook of Model-Based Science*. Dordrecht, Heidelberg, London, and New York: Springer, pp. 1015–1031.

Olby, R. 1974. *The Path to the Double Helix: The Discovery of DNA*. Seattle: University of Washington Press.

openmod 2021. *Open Models*. https://wiki.openmod-initiative.org/wiki/Open_Models (accessed 25 August 2021).

Orzack, S. H. 2005. What, If Anything, Is 'the Strategy of Model Building in Population Biology?'A Comment on Levins (1966) and Odenbaugh (2003). *Philosophy of Science* 72: 479–485.

Orzack, S. H. and E. Sober 1993. A Critical Assessment of Levins's the Strategy of Model Building in Population Biology (1966). *The Quarterly Review of Biology* 68: 533–546.
Ott, E. 1993. *Chaos in Dynamical Systems*. Cambridge: Cambridge University Press.
Parker, M. W. 1998. Did Poincaré Really Discover Chaos? *Studies in History and Philosophy of Modern Physics* 29: 575–588.
Parker, W. S. 2011. When Climate Models Agree: The Significance of Robust Model Predictions. *Philosophy of Science* 78: 579–600.
Parker, W. S. 2013. Ensemble Modeling, Uncertainty and Robust Predictions. *Wiley Interdisciplinary Reviews: Climate Change* 4: 213–223.
Parker, W. S. 2018. The Significance of Robust Climate Projections. In E. A. Lloyd and E. Winsberg (eds.), *Climate Modelling: Philosophical and Conceptual Issues*. Cham: Palgrave Macmillan, pp. 273–296.
Peschard, I. 2011. Making Sense of Modeling: Beyond Representation. *European Journal for Philosophy of Science* 1: 335–352.
Pincock, C. 2007. Mathematical Idealization. *Philosophy of Science* 74: 957–967.
Pincock, C. 2011. Modeling Reality. *Synthese* 180: 19–32.
Pincock, C. 2019. Concrete Scale Models, Essential Idealization and Causal Explanation. *The British Journal for the Philosophy of Science*. https://doi.org/10.1093/bjps/axz019.
Pirtle, Z., R. Meyer, and A. Hamilton 2010. What Does It Mean When Climate Models Agree? A Case for Assessing Independence among General Circulation Models. *Environmental Science and Policy* 13: 351–361.
Plutynski, A. 2006. Strategies of Model Building in Population Genetics. *Philosophy of Science* 73: 755–764.
Portides, D. 2005. Scientific Models and the Semantic View of Theories. *Philosophy of Science* 72(Supplement): 1287–1298.
Portides, D. 2006. The Evolutionary History of Models as Representational Agents. In L. Magnani (ed.), *Model-Based Reasoning in Science and Engineering, Texts in Logic* (Vol. 2). London: College Publications, pp. 87–106.
Portides, D. 2008. Models. In S. Psillos and M. Curd (eds.), *The Routledge Companion to Philosophy of Science*. Abingdon: Roudledge, pp. 385–395.
Portides, D. 2011. Seeking Representations of Phenomena: Phenomenological Models. *Studies in History and Philosophy of Science* 42: 334–341.
Portides, D. 2017. Models and Theories. In L. Magnani and T. Bertolotti (eds.), *Springer Handbook of Model-Based Science*. Dordrecht and Heidelberg: Springer, pp. 25–48.
Povich, M. 2018. Minimal Models and the Generalized Ontic Conception of Scientific Explanation. *The British Journal for the Philosophy of Science* 69: 117–137.
Poznic, M. 2016. Make-Believe and Model-Based Representation in Science: The Epistemology of Frigg's and Toon's Fictionalist Views of Modeling. *Theorema* 35: 201–218. https://doi.org/10.1007/s10838-015-9307-7.
Pronin, S., L. Wellacott, J. Pimentel, R. C. Moioli, and P. A. Vargas 2021. Neurorobotic Models of Neurological Disorders: A Mini Review. *Frontiers in Neurorobotics* 15: 634045. https://doi.org/10.3389/fnbot.2021.634045.
Raerinne, J. 2013. Robustness and Sensitivity of Biological Models. *Philosophical Studies* 166: 285–303.
Räz, T. 2017. The Volterra Principle Generalized. *Philosophy of Science* 84: 737–760.

Redhead, M. 1980. Models in Physics. *The British Journal for the Philosophy of Science* 31: 145–163.

Reiss, J. 2012a. The Explanation Paradox. *Journal of Economic Methodology* 19:43–62.

Reiss, J. 2012b. Idealization and the Aims of Economics: Three Cheers for Instrumentalism. *Economics and Philosophy*: 363–383.

Reiss, J. 2013. *Philosophy of Economics: A Contemporary Introduction*. New York and London: Routledge.

Reiss, J. 2017. *Causation, Evidence, and Inference*. London and New York: Routledge.

Reutlinger, A., D. Hangleiter, and S. Hartmann 2018. Understanding (with) Toy Models. *The British Journal for the Philosophy of Science* 69: 1069–1099.

Reutlinger, A., G. Schurz, and A. Hüttemann 2015. Ceteris Paribus Laws. In E. N. Zalta (ed.), *The Stanford Encyclopedia of Philosophy*. http://plato.stanford.edu/archives/ fall2015/entries/ceteris-paribus.

Rice, C. 2015. Moving Beyond Causes: Optimality Models and Scientific Explanation. *Nous* 49: 589–615.

Rice, C. 2018. Idealized Models, Holistic Distortions, and Universality. *Synthese* 195: 2795–2819.

Rice, C. 2019. Models Don't Decompose That Way: A Holistic View of Idealized Models. *The British Journal for the Philosophy of Science* 70: 179–208.

Rice, C. 2020a. Universality and Modeling Limiting Behaviors. *Philosophy of Science* 87: 829–840.

Rice, C. 2020b. Universality and the Problem of Inconsistent Models. In M. Massimi and C. D. McCoy (eds.), *Understanding Perspectivism*. New York: Routledge, pp. 85–109.

Rice, C. 2021. *Leveraging Distortions: Explanation, Idealization, and Universality in Science*. Cambridge, MA: MIT Press.

Rosenblueth, A. and N. Wiener 1945. The Role of Models in Science. *Philosophy of Science* 12: 316–321.

Rossi, B. 2015. *From Slavery to Aid: Politics, Labour, and Ecology in the Nigerien Sahel, 1800–2000*. Cambridge: Cambridge University Press.

Roussos, J., R. Bradley, and R. Frigg 2021a. Environmental Decision-Making under Uncertainty. In W. J. González (ed.), *Current Trends in Philosophy of Science: A Prospective for the Near Future* (Synthese Library). Cham: Springer, pp. TBA.

Roussos, J., R. Bradley, and R. Frigg 2021b. Making Confident Decisions with Model Ensembles *Philosophy of Science* 88: 439–460.

Rowbottom, D. P. 2009. Models in Biology and Physics: What's the Difference? *Foundations of Science* 14: 281–294.

Rueger, A. 2005. Perspectival Models and Theory Unification. *The British Journal for the Philosophy of Science* 56: 579–594.

Rueger, A. 2014. Idealized and Perspectival Representations: Some Reasons for Making a Distinction. *Synthese* 191: 1831–1845.

Rueger, A. 2016. Perspectival Realism and Incompatible Models. *Axiomathes* 26: 401–410.

Ruetsche, L. 2011. *Interpreting Quantum Theories*. Oxford: Oxford University Press.

Russo, F. 2017. Model-Based Reasoning in the Social Sciences. In L. Magnani and T. Bertolotti (eds.), *Springer Handbook of Model-Based Science*. Dordrecht, Heidelberg, London, and New York: Springer, pp. 953–970.

Ruyant, Q. 2020. Perspectival Realism and Norms of Scientific Representation. *European Journal for Philosophy of Science* 10: Article 20.

Saatsi, J. 2011. Idealized Models as Inferentially Veridical Representations. In P. Humphreys and C. Imbert (eds.), *Models, Simulations, and Representations*. New York: Routledge, pp. 234–249.
Saatsi, J. 2016. Models, Idealisations, and Realism. In E. Ippoliti, F. Sterpetti, and T. Nickles (eds.), *Models and Inferences in Science*. Cham: Springer, pp. 173–189.
Salis, F. 2013. Fictional Entities. *Online Companion to Problems in Analytical Philosophy*. http://compendioemlinha.letras.ulisboa.pt.
Salis, F. 2016. The Nature of Model-World Comparisons. *The Monist* 99: 243–259.
Salis, F. 2020a. Of Predators and Prey: Imagination in Scientific Modeling. In K. Moser and A. C. Sukla (eds.), *Imagination and Art: Explorations in Contemporary Theory*. Leiden and Boston: Brill Rodopi, pp. 451–474.
Salis, F. 2020b. Scientific Discovery through Fictionally Modelling Reality. *Topoi* 39: 927–937.
Salis, F. 2021. The New Fiction View of Models. *The British Journal for the Philosophy of Science* 72(3): 717–742. https://doi.org/10.1093/bjps/axz015.
Salis, F. and R. Frigg 2020. Capturing the Scientific Imagination. In P. Godfrey-Smith and A. Levy (eds.), *The Scientific Imagination: Philosophical and Psychological Perspectives*. Oxford: Oxford University Press, pp. 17–50.
Salis, F., R. Frigg, and J. Nguyen 2020. Models and Denotation. In C. Martínez-Vidal and J. L. Falguera (eds.), *Abstract Objects: For and Against*. Cham: Springer, pp. 197–219.
Salmon, W. C. 1984. *Scientific Explanation and the Causal Structure of the World*. Princeton, NJ: Princeton University Press.
Saltelli, A., S. Tarantola, F. Campolongo, and M. Ratto 2004. *Sensitivity Analysis in Practice: A Guide to Assessing Scientific Models*. Chichester: John Wiley & Sons Ltd.
Schindler, S. 2014. Explanatory Fictions – for Real? *Synthese* 191: 1741–1755.
Schelling, T. C. 1978. *Micromotives and Macrobehavior*. New York: Norton.
Schupbach, J. N. 2015. Robustness, Diversity of Evidence, and Probabilistic Independence. In U. Mäki, I. Votsis, S. Ruphy, and G. Schurz (eds.), *Recent Developments in the Philosophy of Science: Epsa13 Helsinki*. Cham: Springer, pp. 305–318.
Schupbach, J. N. 2018. Robustness Analysis as Explanatory Reasoning. *The British Journal for the Philosophy of Science* 69: 275–300.
Shapiro, S. 2000. *Thinking About Mathematics*. Oxford: Oxford University Press.
Shech, E. 2018. Idealizations, Essential Self-Adjointness, and Minimal Model Explanation in the Aharonov – Bohm Effect. *Synthese* 195: 4839–4863.
Sintonen, M. 1991. How Evolutionary Theory Faces the Reality. *Sythese* 89: 163–183.
Sjölin Wirling, Y. and T. Grüne-Yanoff 2021. The Epistemology of Modal Modeling. *Philosophy Compass* e12775: 1–11.
Sklar, L. 1993. *Physics and Chance: Philosophical Issues in the Foundations of Statistical Mechanics*. Cambridge: Cambridge University Press.
Sklar, L. 2003. Dappled Theories in a Uniform World. *Philosophy of Science* 70: 424–441.
Sloep, P. and W. van der Steen 1987. The Nature of Evolutionary Theory: The Semantic Challenge. *Biology and Philosophy* 2: 1–15.
Smith, L. A. 2007. *Chaos: A Very Short Introduction*. Oxford: Oxford University Press.

Smith, L. A. and N. Stern 2011. Uncertainty in Science and Its Role in Climate Policy. *Philosophical Transactions of the Royal Society A* 369: 1–24.

Smith, P. 1998. *Explaining Chaos*. Cambridge: Cambridge University Press.

Smith, S. R. 2001. Models and the Unity of Classical Physics: Nancy Cartwright's Dappled World. *Philosophy of Science* 68: 456–475.

Spiegelhalter, D. J. and H. Riesch 2011. Don't Know, Can't Know: Embracing Deeper Uncertainties When Analysing Risks. *Philosophical Transactions of the Royal Society A* 369: 4730–4750.

Spieler, O., D. B. Dingwell, and M. Alidibirov 2004. Magma Fragmentation Speed: An Experimental Determination. *Journal of Volcanology and Geothermal Research* 129: 109–123.

Spirtes, P. 2005. Graphical Models, Causal Inference, Andeconometric Models. *Journal of Economic Methodology* 12: 1–22.

Sprenger, J. 2012. Environmental Risk Analysis: Robustness Is Essential for Precaution. *Philosophy of Science* 79: 881–892.

Stachowiak, H. 1973. *Allgemeine Modelltheorie*. Vienna and New York: Springer.

Stainforth, D. A., T. E. Downing, R. Washington, A. Lopez, and M. New 2007. Issues in the Interpretation of Climate Model Ensembles to Inform Decisions. *Philosophical Transactions of the Royal Society A* 365: 2163–2177.

Stegenga, J. 2009. Robustness, Discordance, Andrelevance. *Philosophy of Science* 76: 650–661.

Sterratt, D., B. Graham, A. Gilles, and D. Willshaw 2011. *Principles of Computational Modelling in Neuroscience*. Cambridge: Cambridge University Press.

Sterrett, S. G. 2002. Physical Models and Fundamental Laws: Using One Piece of the World to Tell About Another. *Mind and Society* 3: 51–66.

Sterrett, S. G. 2006. Models of Machines and Models of Phenomena. *International Studies in the Philosophy of Science* 20: 69–80.

Sterrett, S. G. 2017a. Experimentation on Analogue Models. In L. Magnani and T. Bertolotti (eds.), *Springer Handbook of Model-Based Science*. Dordrecht, Heidelberg, London, and New York: Springer, pp. 857–878.

Sterrett, S. G. 2017b. Physically Similar Systems – A History of the Concept. In L. Magnani and T. Bertolotti (eds.), *Springer Handbook of Model-Based Science*. Dordrecht, Heidelberg, London, and New York: Springer, pp. 377–411.

Sterrett, S. G. 2021. Scale Modeling. In D. Michelfelder and N. Doorn (eds.), *Routledge Handbook of Philosophy of Engineering*. London: Routledge, pp. 394–408.

Stocker, T. F., D. Qin, G.-K. Plattner, M. M. B. Tignor, S. K. Allen, J. Boschung, et al. (eds.) 2013. *Climate Change 2013. The Physical Science Basis. Working Group I Contribution to the Fifth Assessment Report of the Intergovernmental Panel on Climate Change*. Cambridge: Cambridge University Press.

Strevens, M. 2008. *Depth: An Account of Scientific Explanation*. Cambridge, MA: Harvard University Press.

Stuart, M. T. 2017. Imagination: A Sine Qua Non of Science. *Croatian Journal of Philosophy* 17: 9–32.

Stuart, M. T. 2020. The Productive Anarchy of Scientific Imagination. *Philosophy of Science* 87: 968–978.

Stuart, M. T., Y. Fehige, and J. R. Brown (eds.) 2018. *The Routledge Companion to Thought Experiments*. London: Routledge.

Suárez, M. 1999. The Role of Models in the Application of Scientific Theories: Epistemological Implications. In M. S. Morgan and M. Morrison (eds.), *Models as Mediators:*

Suárez, M. 2005. The Semantic View, Empirical Adequacy, and Application. *Crítica* 37: 29–63.

Suárez, M. and F. Pero 2019. The Representational Semantic Conception. *Philosophy of Science* 86: 344–365.

Suárez, M. and N. Cartwright 2008. Theories: Tools Versus Models. *Studies in History and Philosophy of Modern Physics* 39: 62–81.

Suppe, F. 2000. Understanding Scientific Theories: An Assessment of Developments, 1969–1998. *Philosophy of Science* 67: 102–115.

Tabor, M. 1989. *Chaos and Integrability in Nonlinear Dynamics: An Introduction.* New York: Wiley.

Tee, S.-H. 2020. Generative Models. *Erkenntnis*: 1–19. https://doi.org/10.1007/s10670-020-00338-w.

Teller, P. 2001. Twilight of the Perfect Model Model. *Erkenntnis* 55: 393–415.

Teller, P. 2004. How We Dapple the World. *Philosophy of Science* 71: 425–447.

Teller, P. 2018a. Making Worlds with Symbols. *Synthese*: 1–22. https://doi.org/10.1007/ s11229-018-1811-y.

Teller, P. 2018b. Referential and Perspectival Realism. *Spontaneous Generations* 9: 151–164.

Thoma, J. 2012. *On the Robustness of Economic Models*. Master Thesis in Philosophy and Economics, University of Rotterdam. www.google.com/url?sa=t&rct=j&q=&esrc=s&source=web&cd=&ved=2ahUKEwiEodOX_NjxAhWX_7sIHSunBt4QFjABegQIBBAD&url=https%3A%2F%2Fthesis.eur.nl%2Fpub%2F11440%2FMAthesis%2520Thoma.pdf&usg=AOvVaw0_VmkLXyXXRI-vQ0Yrif1U.

Thomasson, A. L. 1999. *Fiction and Metaphysics*. New York: Cambridge University Press.

Thomasson, A. L. 2020. If Models Were Fictions, Then What Would They Be? In A. Levy and P. Godfrey-Smith (eds.), *The Scientific Imagination: Philosophical and Psychological Perspectives*. New York: Oxford University Press, pp. 51–74.

Thompson, E., R. Frigg, and C. Helgeson 2016. Expert Judgment for Climate Change Adaptation. *Philosophy of Science* 83: 1110–1121.

Thompson, P. 1983. The Structure of Evolutionary Theory: A Semantic Approach. *Studies in History and Philosophy of Science* 14: 215–229.

Thompson, P. 1987. A Defence of the Semantic Conception of Evolutionary Theory. *Biology and Philosophy* 2: 26–32.

Thomson-Jones, M. 2010. Missing Systems and Face Value Practise. *Synthese* 172: 283–299.

Thomson-Jones, M. 2012. Modeling without Mathematics. *Philosophy of Science* 79: 761–772.

Thomson-Jones, M. 2020. Realism About Missing Systems. In A. Levy and P. GodfreySmith (eds.), *The Scientific Imagination: Philosophical and Psychological Perspectives*. New York: Oxford University Press, pp. 75–101.

Toon, A. 2011. Playing with Molecules. *Studies in History and Philosophy of Science* 42: 580–589.

Toon, A. 2017. Imagination in Scientific Modeling. In A. Kind (ed.), *The Routldege Handbook of Philosophy of Imagination*. London and New York Routledge, pp. 451–462.

Uffink, J. 2001. Bluff Your Way in the Second Law of Thermodynamics. *Studis in History and Philosophy of Modern Physics* 32: 305–394.
Uffink, J. 2007. Compendium of the Foundations of Classical Statistical Physics. In J. Butterfield and J. Earman (eds.), *Philosophy of Physics*. Amsterdam: North Holland, pp. 923–1047.
van Fraassen, B. C. 1985. Empiricism in the Philosophy of Science. In P. M. Churchland and C. A. Hooker (eds.), *Images of Science*. Chicago: Chicago University Press, pp. 245–308.
van Fraassen, B. C. 1989. *Laws and Symmetry*. Oxford: Clarendon Press.
van Fraassen, B. C. 1991. *Quantum Mechanics*. Oxford: Clarendon Press.
Veit, W. 2020. Model Pluralism. *Philosophy of the Social Sciences* 50: 91–114. https://doi. org/10.1080/1350178X.2021.1898660.
Veit, W. 2021. Model Diversity and the Embarrassment of Riches. *Journal of Economic Methodology* 28(3): 291–303. https://doi.org/10.1080/1350178X.2021.1898660.
Vezér, M. A. 2016. Computer Models and the Evidence of Anthropogenic Climate Change: An Epistemology of Variety-of-Evidence Inferences and Robustness Analysis. *Studies in History and Philosophy of Science* 56: 95–102.
Volterra, V. 1926. Fluctuations in the Abundance of a Species Considered Mathematically. *Nature* 118: 558–560.
Vorms, M. 2011. Representing with Imaginary Models: Formats Matter. *Studies in History and Philosophy of Science* 42: 287–295.
Vorms, M. 2012. Formats of Representation in Scientific Theorising. In P. Humphreys and C. Imbert (eds.), *Models, Simulations, and Representations*. New York: Routledge, pp. 250–273.
Wade, N. and S. Finger 2001. The Eye as an Optical Instrument: From Camera Obscura to Helmholtz'sperspective. *Perception* 30: 1157–1177.
Walton, K. L. 1990. *Mimesis as Make-Believe: On the Foundations of the Representational Arts*. Cambridge, MA: Harvard University Press.
Wartofsky, M. W. 1979. *Models: Representation and the Scientific Understanding*. Dordrecht: Reidel.
Watson, J. D. 1998. *The Double Helix: Personal Account of the Discovery of the Structure of DNA*. New York: Scribner.
Webb, B. 2001. Can Robots Make Good Models of Biological Behaviour? With Peer Commentary. *Behavioral and Brain Sciences* 24: 1033–1050.
Webb, B. 2009. Animals Versus Animats: Or Why Not Model the Real Iguana? *Adaptive Behavior* 17: 269–286.
Weber, M. 2014. Experimental Modeling in Biology: In Vivo Representation and Stand-Ins as Modeling Strategies. *Philosophy of Science* 81: 756–769.
Weinert, F. 1999. Theories, Models and Constraints. *Studies in History and Philosophy of Science* 30: 303–333.
Weinert, F. 2016. *The Demons of Science: What They Can and Cannot Tell Us About Our World*. Cham: Springer.
Weisberg, M. 2004. Qualitative Theory and Chemical Explanation. *Philosophy of Science* 71: 1071–1081.
Weisberg, M. 2006a. Forty Years of 'the Strategy': Levins on Model Building and Idealization. *Biology and Philosophy* 21: 623–645.
Weisberg, M. 2006b. Robustness Analysis. *Philosophy of Science* 73: 730–742.

Weisberg, M. 2007. Who Is a Modeler? *The British Journal for the Philosophy of Science* 58: 207–233.
Weisberg, M. 2013. *Simulation and Similarity: Using Models to Understand the World*. Oxford: Oxford University Press.
Weisberg, M. and K. Reisman 2008. The Robust Volterra Principle. *Philosophy of Science* 75: 106–131.
Wilde, M. and J. Williamson 2016. Models in Medicine. In M. Solomon, J. R. Simon, and H. Kincaid (eds.), *The Routledge Companion to Philosophy of Medicine*. Abingdon: Routledge, pp. 271–284.
Williams, D. 2021. Imaginative Constraints and Generative Models. *Australasian Journal of Philosophy* 99: 68–82.
Wimsatt, W. C. 1981. Robustness, Reliability, and Overdetermination. In M. B. Brewer and B. E. Collins (eds.), *Scientific Inquiry and the Social Sciences: A Volume in Honor of Donald T. Campbell*. San Francisco: Lexington Books, pp. 123–162.
Wimsatt, W. C. 1987. False Models as Means to Truer Theories. In M. H. Nitecki, and A. Hoffman (eds.), *Neutral Models in Biology*. New York and Oxford: Oxford University Press, pp. 23–55.
Wimsatt, W. C. 2007. *Re-Engineering Philosophy for Limited Beings: Piecewise Approximations of Reality*. Cambridge, MA: Harvard University Press.
Windt, J. M. and V. Noreika 2011. How to Integrate Dreaming into a General Theory of Consciousness – A Critical Review of Existing Positions and Suggestions for Future Research. *Consciousness and Cognition* 20: 1091–1107.
Winsberg, E. 2010. *Science in the Age of Computer Simulation*. Chicago: University of Chicago Press.
Winther, R. G. 2006. On the Dangers of Making Scientific Models Ontologically Independent: Taking Richard Levins' Warnings Seriously. *Biology and Philosophy* 21: 703–724.
Wit, E., E. van den Heuvel, and J.-W. Romeijn 2012. 'All Models Are Wrong . . . ': An Introduction to Model Uncertainty. *Statistica Neerlandica* 66: 217–236.
Wong, H.-Y. and J. Rosenhead 2000. A Rigorous Definition of Robustness Analysis. *The Journal of the Operational Research Society* 51: 176–182.
Woodward, J. 2006. Some Varieties of Robustness. *Journal of Economic Methodology* 13: 219–240.
Wylie, A. 2017. Representational and Experimental Modeling in Archaeology. In L. Magnani and T. Bertolotti (eds.), *Springer Handbook of Model-B*
Yoshida, Y. 2020. Multiple-Models Juxtaposition and Trade-Offs among Modeling Desiderata. *Philosophy of Science* 88: 103–123.
Young, H. D. and R. Freedman 2000. *University Physics with Modern Physics* (10th ed.). San Francisco and Reading, MA: Addison Wesley.

Este trabajo fue posible gracias al apoyo de ANID: FONDECYT Regular Nº 124193

).

mpliance

1 4 6 *